湖南省隆回县气候与特色农业

卿燃莉　吕中科　贺颂东　付昭光
杨志军　陆魅东　陈耆验　等 编著

气象出版社
China Meteorological Press

内容简介

湖南省隆回县是国家扶贫开发工作重点县、中部崛起比照执行西部大开发政策县、湘西地区开发重点项目县和革命老区县,是国家林业局命名的"中国金银花之乡"。本书面向精准扶贫,统计了隆回县的历史气象资料,分析了隆回县的农业气候资源与农业气象灾害特点,科学地做出了农业气象灾害气候风险区划,深入探讨了气候资源与特色农业的关系,提出发展特色农业抵御自然灾害的技术方法。本书内容简明扼要,针对性强,具有可操作性,可作为党政领导和农业、林业、水利及公交、建筑、医药卫生、电力、商业等部门领导与学校科研服务部门和农民专业合作社、农民家庭农场、农业种植大户掌握隆回县气候资源和农业气象灾害情况,合理利用气候资源减轻和防御气象灾害,因地制宜,扬长避短,科学规划决策和指挥农业生产的参考。

图书在版编目(CIP)数据

湖南省隆回县气候与特色农业/卿燃莉等编著. ——
北京:气象出版社,2017.4
ISBN 978-7-5029-6535-8

Ⅰ. ①湖… Ⅱ. ①卿… Ⅲ. ①农业气象-气候资源-隆回县 Ⅳ. ①S162.226.44

中国版本图书馆 CIP 数据核字(2017)第 070151 号

湖南省隆回县气候与特色农业

出版发行:气象出版社

地　　址:北京市海淀区中关村南大街 46 号	邮政编码:100081	
电　　话:010-68407112(总编室)　　010-68408042(发行部)		
网　　址:http://www.qxcbs.com	E-m a i l:qxcbs@cma.gov.cn	
责任编辑:孔思瑶	终　　审:邵俊年	
责任校对:王丽梅	责任技编:赵相宁	
封面设计:博雅思企化		
印　　刷:北京中石油彩色印刷有限责任公司		
开　　本:787 mm×1092 mm　1/16	印　　张:13.875	
字　　数:344 千字		
版　　次:2017 年 4 月第 1 版	印　　次:2017 年 4 月第 1 次印刷	
定　　价:58.00 元		

湖南省隆回县气候与特色农业
编委会名单

主　任：卿燃莉　吕中科

副主任：贺颂东　付昭光　杨志军

编　委：陆魁东　陈耆验　胡军首　阳小娟　文远红

　　　　李双来　贺哲民　阮小龙　邹定珊

前　言

　　隆回县位于云贵高原向江南丘陵倾斜过渡地带的雪峰山脉中段东侧，27°00′N～27°40′N，110°38′E～115°15′E，居湖南省中部稍偏西南，南北长74.6 km，东西宽64 km，总面积2855.5 km²，占湖南省总面积的1.35%。全县人口130多万，是国家级贫困县。

　　隆回县地势北高南低，自西北向东南呈阶梯递降，大东山、九龙山东西延伸，以其南麓为界，将全县分为南、北两部分，北部属雪峰山地，地貌以山地类型为主，海拔1000 m以上的有白马山、望云山、九龙山、大东山呈品字形隆起，山势高峻，垂直高度差异大，是隆回县森林、茶叶的主产地；其间夹有较大的剪刀型盆地，是隆回县双季稻与一季稻混栽的粮食产区；西北部雪峰山脉纵贯，是沅水与资水两大水系的分水岭，白马山海拔1780 m为隆回县最高山峰，小沙江中山山原，海拔高度1380 m，风大，雾多，湿度大，降水量多，气温低，光照少，农业生产条件差，多为林业与中药材金银花用地。南部地势较低，平均海拔高度在500 m以下，云丰乡大田张村赧水河畔海拔高度为230 m，为全县海拔最低点，南部地貌以丘陵为主，岗地、丘陵呈垅状相间，熔岩地貌发育，光热资源丰富，耕地土壤条件较好，是双季稻粮油作物和经济作物的主要产区。同时适宜柏木、马尾松、楠竹、油桐等树木生长。主要河流赧水由西向东南倾斜贯穿，南部西洋江、辰水河、白竹河、小江河呈树枝状汇入赧水。

　　上述地形地貌特征，在很大程度上，影响着隆回县光、热、水资源的地带性分布规律。隆回县属东亚热带季风湿润气候区域，南北差异明显，夏季南部受娄邵盆地东南侧越城岭山脉的影响，气流下沉产生焚风效应，温度高、光照强，降水量少，蒸发量大，夏秋干旱明显；北部山地对东南季风有抬升作用，加之森林植被覆盖率高，空气中水汽含量丰富，多地形性降水，因而夏秋干旱不严重。海拔1000 m以上的有望云山（1492.5 m），九龙山（1142 m），大东山（1120 m），夏季是天然的气候"凉棚"，是适宜夏季避暑的最佳场所，西北部中山山原，白马山1780 m，小沙江1380 m，夏季炎热期间（7月、8月）月平均气温也只有20.0℃左右，没有高温酷热天气，而且满山遍野的金银花，鲜艳美丽，是避暑度假、健康养生、延年益寿的人间天堂。

　　由于地形地貌错综复杂，光、热、水资源分布不均匀，也形成了暴雨、洪涝、夏秋干旱和低温冷害、大风、冰雹和雷击、冰冻等气象灾害，对隆回县的工农业生产和经济发展以及人民生命财产安全，造成了严重灾害和经济损失。

　　为此，在湖南省、邵阳市，以及邵阳气象部门和隆回县委、县政府领导重视和大力支持下，隆回县气象局经过3年的努力，整理出1957年建站以来，历年气象观测资料，深入各部门，有关单位搜集洪涝、干旱、低温、冰冻、大风、冰雹等各种气象灾害与水稻、中药材、蔬菜等特色农业生产试验研究资料，并将气象资料进行计算，从中找出水稻、中药材、蔬菜与气象条件的关系，找出农业气象指标，做出农业气象灾害气候风险区划，为充分合理地利用气候资源，扬长避短发展隆回县现代特色农业生产提供科学依据，从气象科学角度助力隆回县现代特色农业发展，为农业增效，农民增收，实现农业可持续发展，为农民脱贫致富奔小康，实现国强民富的中国梦做出一点贡献。

　　本书共八章,其中第一章隆回县的自然地理环境及气候特点,第二章农业气候资源,第三章主要农业气象灾害及防御,由卿燃莉撰写,胡军首、阳小娟、文远红、李双来协助搜集资料,肖新凡、肖妮、刘小艳协助进行气象资料统计整理,第四章隆回县农业气象灾害气候风险区划,由陆魁东负责撰写,杨志军协助资料搜集,肖新凡、肖妮负责资料整理,第五章农业气候区划及农业气候资源利用,由贺颂东撰写,贺哲民、阮小龙、邹定珊协助搜集有关资料,第六章水稻生产与气象由付召光、卿燃莉撰写,王艳青负责资料搜集整理;第七章气象与中药材,由陈耆验撰写,吴重池、陈栋负责资料搜集统计;第八章气象与三辣,由吕中科、卿燃莉撰写,吕渊参与资料搜集,附录由杨志军撰稿。

　　全书由卿燃莉统稿。湖南省气象局建设办主任,高级工程师,原邵阳市气象局局长卿国清和中国科学院闵庆文研究员对本书提出了许多宝贵意见,并审阅全稿,本书的出版是在湖南省气象局,邵阳市气象局和隆回县委、县政府领导的大力支持下完成的,隆回县委、县政府领导对本书编写提出了要求,邵阳市气象局局领导和隆回县农业委、林业局、国土局、民政局、水利局等领导和专家给予了大力支持,气象出版社专家亲临指导,在此对所有关心支持本书编写出版的领导与专家同仁一并表示衷心的感谢。

　　本书在编写中引用了许多他人相关研究成果,所列参考文献可能有所疏漏,敬请相关作者谅解,并深表歉意。

　　本书集科研和各方面科技工作者研究成果,由于内容较多,涉及面广,编写人员专业水平有限,加之时间仓促,谬误之处在所难免,恳请批评雅正。

编著者

2016 年 6 月 18 日

目　录

第一章　隆回县的自然地理环境及气候特点

第一节　隆回县的自然地理环境

一、地理位置

隆回县位于湖南省中部偏西南,东靠新邵县,西抵洞口县,南与邵阳、武冈接壤,北与新化、溆浦相邻,南北长约 74.6 km,东西宽约 61.4 km,总面积 2867.67 km²,占全省面积的 1.35%。

二、地貌的基本特征

隆回县地处涟邵盆地西缘向雪峰山脉中段过渡地带,大东山、九龙山东西延伸,以其南麓为界,将全县自然分成南、北两部分。北部属雪峰山地,地貌以山地类型为主,海拔 1000 m 以上的望云山、九龙山、大东山呈品字形隆起,山势高峻,具有垂直差异大的气候特征,是本县林、茶的主产地,其间夹有较大的剪刀形盆地,是本县双季稻、中稻混栽的粮食种植区。西北部雪峰山山脉纵贯,是沅、资两水的分水岭,其上部为一个丘状中山原,地势高、风大、雾多、光照少、气温低,农业生产条件差,多为林业用地。南部地势较低,地貌以丘陵为主,岗地、丘陵呈垅状相间,熔岩地貌发育,光热充足,耕地土质条件较好,是本县最宜双季稻栽培的粮、油和经济作物主要产区;同时,适宜柏木、马尾松、楠竹、油桐等林木生长。主要河流中,赧水由西向东南角斜贯南部,西洋江、辰水河、白竹河、小江河呈树枝状流经本县并汇入赧水。

1. 地势北高南低,自西北向东南呈阶梯递降

县境北部山峦起伏,地势较高,海拔 800 m 以上的山峰 647 个,其中 800～1000 m 的 209 个,1000～1500 m 的 365 个,1500 m 以上的 73 个。雪峰山山脉呈北北东走向纵贯西北,最高峰白马山的顶山堂海拔 1780 m,为全县最高点。它与其南侧支脉主峰 1120 m 的大东山连为群山,构成西北部和西部的天然屏障。东北部望云山,主峰 1492.5 m,呈独立状屹立。东南部九龙山,主峰 1142 m,其北侧山脚的延伸部分与望云山山脚相触;西侧被辰河河谷纵切而与大东山对峙。金石桥、七江盆地朝北敞口,高坪盆地向东开口,海拔均在 500 m 以下。整个北部地形呈"三山一脉夹盆地"的自然景观。

大东山、九龙山以南地势下降呈岗丘地貌,海拔 350 m 左右。东南部云丰公乡的大田张村赧水河畔海拔 230 m,为全县最低点。从白马山的最高处到大田张村的最低处高差 1550 m,比降 28%。全县地势自西北向东南大体从 1400 m 的中山原,向 500～800 m 的中低山,直至 350 m 的丘岗呈三个阶梯逐渐倾斜递降。

上述地貌特征,在很大程度上影响着本县光、热、水的地带性分布规律。本县属中亚热带季风湿润气候区,南北差异明显。南部夏季受涟邵盆地东南侧越城岭山脉的影响,产生焚风效应,温度高,降雨偏少;冬季易受寒流影响,温度低,具有冬冷夏热的特点。北部山地对季风具有抬升作用,加之植被覆盖比南部好,水汽含量较丰富,使夏季温度相应降低,降雨增多;但山体之间向北有缺口,冬季寒流入侵首当其冲,气温低,具有冬冷夏凉的气候特点。西北部地势高,降水充沛,雨、雾日多,湿度大,光照少,冬季冰冻期长,冬冷夏凉的特点更加突出。(见表1.1)

表 1.1 南北气候差异对照

代表地	观测点	海拔(m)	年平均气温(℃)	年极端低温(℃)	年极端高温(℃)	年降水量(mm)	≥10℃积温(℃·d)	年日照时数(h)
南部	县气象站	265.6	16.9	−11.3	39.1	1293.2	5312.3	1539.9
北部	金石桥气象哨	500	15.2	−14.7	36.6	1567.6	4692.8	1307.9
西北部	小沙江气象哨	1380	11.0	−17.2	30.2	1678.3	3127.8	1084.4

从上表可见,海拔每上升100 m,气温下降0.53 ℃,年降水量增加34.6 mm,≥10 ℃的年积温减少196 ℃·d。

北部山势结构导致冷气流易从三处入侵,构成三大风口:一是从正北部高洲、鸭田乡入境,沿金石桥、七江盆地南下;二是从望云山北侧的罗洪谷地入口,一路经侯田乡转入新邵县,一路经颜公到鸟树下乡;三是从小沙江入口,经磨子坪直下麻矿山。

寒流从北部缺口入境,沿河谷及低平地带长驱,风大而集中,沿途对农业生产影响很大,成为北部地区自然灾害之一,也是导致年气温低的一个因素。故北部山地对入侵寒流南下起不到大的屏障作用,南部易受其侵袭。据县气象站(南部)多年资料分析,五月寒占35.7%;九月寒占80%,平均出现在每年9月22日,对双季稻生产影响较大。

总之,县内气候南北差异大,在同一海拔500 m高度上,年平均气温相差0.6 ℃,≥10 ℃积温相差170 ℃·d,无霜期约相差9天。因此南北双季稻种植适宜海拔高度约相差50 m,南部的种植上限为450 m,北部为400 m。

2. 地貌类型多样,具有集中连片的分布特点

本县地质构造与岩性组合比较复杂,在内外营力的长期作用下,形成多种多样的地貌类型。全县山原215.73 km²,占全县面积7.53%;山地1156.47 km²,占40.35%;丘陵724.67 km²,占25.29%;岗地531.91 km²,占18.56%;平原161.73 km²,占5.64%;水域75.29 km²,占2.63%。山原、山地、丘陵、岗地、平原、水域的比例分别约为0.8∶4.0∶2.5∶1.9∶0.6∶0.2。上述以山、丘为主的多种地貌类型结构,为本县农业生产的综合发展提供了较好的自然条件。

全县地貌类型组合分布(见地貌类型图):西北部主要分布中山、中山原;北部的中间分布丘陵、岗地;东侧和南侧分布山地;南部主要分布丘陵、岗地。地貌类型总的分布趋势:北部以山地为主,占全县山地面积89.47%;南部以丘陵、岗地为主,占全县丘岗面积76.74%。本县大致以九龙山、大东山南麓、苏河一线为界,形成南、北自然条件和农业生产差异的天然分界。因而,耕地和双季稻面积南多北少,林地面积北多南少(见表1.2),这为本县农业主体布局和区域化定向发展提供了依据。

表 1.2 南北主要用地面积比较

部位 \ 分类	林地面积占全县百分比(%)	耕地面积占全县百分比(%)	双季稻面积占全县百分比(%)	土地面积占全县总面积百分比(%)
南部	36.7	60.5	76.4	43.3
北部	63.3	39.5	23.6	56.7

3. 北部剥蚀、堆积地貌发育,南部岩溶地貌遍布

本县具有年内温差大,四季分明,雨量集中的特点。因而物理、化学风化作用强烈,对地表形态塑造明显。

北部山地降雨较多而集中,山高坡陡,溪河落差大,易涨易落。地表组成物质以花岗岩为主,占北部面积的 56.87%。风化壳厚而疏松,加之人工垦殖,植被破坏,从而加速了地表的剥蚀、侵蚀的物质搬运作用。水土流失面积 655.33 km²,占北部面积 40.99%,流失的泥沙向低缓地和水域堆积、淤塞。因而在山麓及沟谷地带到处可见冲积、堆积等各种形态的堆积地貌,形成现代较为开阔、平缓的溪谷冲积平原。这些地方土层较深厚,是粮油作物稻田耕作的主要用地和部分园林用地。

流经花岗岩地段的河流,河床普遍抬高。如石马江上游高坪河段的部分河床已高出农田 0.8 m,稻田地下水位上升,山圹、水库淤塞严重。鸟树下乡斗照楼水库 1959 年建成,原库容为 317 万立方米,1981 年降至 197 万立方米,淤塞达 37.9%。每逢山洪暴发,洪水泛滥,田土被水冲沙压。因此,控制水土流失,是本区的一个重要问题。

南部石灰岩分布面积广,占南部面积 73.04%。在长期的流水溶蚀作用下,岩溶化强烈,土壤淋溶作用明显。地表具有垅岗、垅丘沟谷型和岗丘洼地及山地峰丛型。丘陵、山地基岩大多裸露,土层瘠薄,荒丘秃岭面积大。石芽、峰林、漏斗、溶洞、溶蚀洼地等各种岩溶地貌到处可见。地下暗河较发育,已发现大小暗河 43 条,流量一般大于 5 L/s。地表水渗透较大,干旱较突出。因而增加植被覆盖,开发地下水,修建蓄水工程,是解决灰岩区干旱缺水,提高农业生产水平的重要途径之一。

4. 水系较发育,多数河流呈树枝状汇入赧水

本县处于资江上游,水系较发育。以赧水为主干,流域面积大于 5 km²,流程大于 5 km 的支流有 80 条,其中一级支流 8 条,二级 34 条,三级 31 条,四级 7 条,全县水系总长度 2073.5 km,辰水河是流经本县最长的支流,全长 88 km。全县水系密度 0.77 km/km²。溪河除小江河外,均发源于境内。全县溪河受地势影响流入两大水系,以磨子坪和冷溪山为分水岭,以西绝大多数流入沅水,以东汇入资水。又以白马山、丫吉山、望云山作为县境内资水流域南北流向的分水岭,北部的大洋江自西向北,石马江自西向东分别经新化和新邵汇入资水;辰水河、西洋江和南部的白竹河自北向南汇集赧水。赧水自西向东南呈弓状流经南部。一级支流一般河流弯曲,下段河谷较开阔呈 U 型,以侧蚀为主。主干和一级支流的中、下游Ⅰ~Ⅲ级阶地较明显,Ⅰ级高出河床 5 m 左右,Ⅱ级为 8~10 m,Ⅲ级约为 30 m,Ⅰ、Ⅱ级为良好耕地。二级支流流程一般较短,呈树枝状发育,河谷型态以 V 型为主,阶地不发育。

由于地貌和气候条件的影响,北部年降水较多而集中,达 1500~1700 mm,且 40% 以上集中在 4—6 月。加之河流弯曲狭窄、淤塞严重、排水不畅,造成常有不同程度的山洪危害。

溪谷、冲垅稻田的地下水位普遍较高,潜育化田较多。南部年降水量相应偏少,为 1300 mm 左右。地表岩溶化强烈,蒸发量较大,渗透性强,河网密度分布不均。加之河床深、水位低,引提较困难,地下水埋藏较深,大多难开发,干旱较严重,尤以周旺、滩头、荷香桥区的部分地方较突出。故北部的山洪、地下水和南部的干旱,是影响本县农业生产的主要障碍因素。

三、水资源

隆回县水资源总量(包括客水)62.12 亿立方米,其中自产地表水资源量 21.7 亿立方米,地下水资源量 5.83 亿立方米,全县入境水量 34.59 亿立方米,其中洞口 33.14 亿立方米,武冈 1.45 亿立方米;可利用水资源 11.21 亿立方米,自产可利用水资源 9.15 亿立方米(自产可利用中地表水可利用量 7.23 亿立方米,客水可利用水资源 1.92 亿立方米);地下水可利用量 2.06 亿立方米。天然水资源总量 23.09 亿立方米(自产地表水资源量 21.71 亿立方米 ＋地下水资源 5.83 亿立方米－河川基流 5.24 亿立方米＋还原水量 0.79 亿立方米)。

1. 地表水资源

(1)大气降水

县内平均降水量 1427.5 mm,年降水总量约 40.763 亿立方米,降水地域分布上自东南向西北递增。南部的滩头、周旺、雨山、北山、桃洪镇、三阁司,多年平均降水量 1300 mm 左右;西北部的虎形山、小沙江、麻塘山等地,多年平均降水量 1500～1700 mm 左右。降水多集中在 4—6 月,平均降水量 594.5～730 mm,占全年降水量的 42.87％～47.96％,5 月降水最多,占全年总量的 15.77％～17.89％,12 月最少,占全年总量 2.12％～3.52％。

降水量年际变化较大。最大年降水量为最少年降水量的 1.6 倍左右。年降水量的月变化也较大,7—9 月多年平均降水量 275.3～527.8 mm。降水少于蒸发,形成夏末干旱或夏秋连旱。

1963—1987 年,隆回县城总降水量为 32107.3 mm,年平均降水量 1284.3 mm;1988—2012 年总降水量 32348.0 mm,年平均降水量 1293.9 mm,比 1963—1987 年平均降水多 9.6 mm;两个时期降水量最多的年份是 1975 年和 1994 年,1975 年降水量 1621.3 mm,1994 年降水量 1809.9 mm,1994 年比 1975 年多 188.6 mm,是县城气象记载以来最多的一年,两个时期降水量最少的是 1974 年和 2011 年,1974 年全年降水量 1047.1 mm,2011 年全年降水量 835.6 mm,比 1974 年少 211.5 mm,由于全球气温不断变暖,加速了冰川溶化和海洋陆地地表水气化,增加了降水量,也由于环境的破坏,造成降水量不均衡,洪涝、干旱现象严重。

(2)蒸发

水面蒸发,据 20 型蒸发皿实测,多年平均水面蒸发量 1362.3 mm,换算成 E-601 型蒸发皿值为 800 mm。全县多年平均水面蒸发值为 763.9 mm(E-601 型)。水面蒸发的年际变化很大,年内分配不均匀,水面蒸发主要集中在 7—9 月,占全年蒸发量的 43.39％。7 月最大,占全年总量的 16.16％。

陆面蒸发,县内多年平均陆面蒸发量 642.1 mm(E-601 型),区域变化不大,多年平均值为 550～750 mm。

(3)河川径流

全县多年平均径流深 785.4 mm,年径流总量 22.4659 亿立方米。年平均径流系数 0.55,径流模数 18～35 L/s·km²,径流深随降水量而变化,自东南向西北递增。南部丘岗区的三阁司、山界、桃洪镇、雨山、周旺、白马山等地多年平均径流深 1100 mm 左右;径流深年内分配不均匀,主要集中于 4 6月,径流深占全年总量的 44.2%-57.97%,其中以 5月最大,占全年总量 18.5%左右。7—9月径流深只占全年总量的 16.03%~25.66%。径流变差 $CV=28(CS=2CV)$ 变化范围 0.23~0.30。

全县各典型径流量:$P=20\%$ 年径流深 1022.7 mm,径流总量 27.408 亿立方米;$P=50\%$ 年径流深 866.6 mm,径流总量 21.7919 亿立方米;$P=75\%$ 年径流深 656.9 mm,径流总量 17.7481 亿立方米;$P=95\%$ 年径流深 482.3 mm,径流总量 13.2549 亿立方米。

全县多年平均还原水量 2.0047 亿立方米,基流水量 5.2413 亿立方米。按境内产水 21.71 亿立方米计算,按 120 万人共享,人均地表水资源 1809.17 t,接近全国水平。按农业区划调绘面积,耕地亩均 1962 m³,水田亩均 2648.5 m³,全县现有可利用地表水资源 7.23 亿立方米,占境内产水的 23.67%。

隆回县的水质由于山林植被的破坏,现代造纸等工业的废水排污,赧水河、辰河采砂淘金,农业生产广泛使用有机磷和有机氯等农药以及大量的城乡生活污水排入河道,水质受到了严重污染,中共隆回县委,县人民政府通过加强水土保持、控制工业污染源、成立河道整治指挥部禁砂、使用低毒农药、建设生态隆回、在饮用水源地划定保护区等措施,使水流污染得到了控制,同时县里成立农村安全饮水工程建设管理项目部,专门解决农村饮水不安全的问题。

2. 地下水资源

(1)地下水类型

全县地下水分布面积 2855.5 km²,储量 3.6~4.8 亿立方米/年,地下水分为三大类七个亚类。

1)松散岩类孔隙水

主要分布于赧水河及其支流沿岸堆积阶地河滩地区,面积 14.3 km²,占全县总面积的 0.5%。含水岩组为更新统和全新统砂碎石层中,浅井和单层流量 0.08~26.7 L/s。

2)基岩裂隙水

碎屑岩孔隙裂隙水。零星分布于宣阳亭、九龙湾、茶叶山等地,面积 13.2 km²,占总面积的 0.46%。含水岩组为紫红色粉砂岩、砂岩、沙砾岩和角砾岩,泉涌量 0.14~0.35 L/s。

碎屑岩裂隙水。呈条带状分布于谷脚底至南阳、大园至云丰、城江至温塘、和平至柳山一带,面积 272.4 km²,占总面积 9.5%,含水岩组为砂质岩、砂岩、粉砂岩、页岩和煤层裂隙中,泉涌量 0.08~0.894 L/s,地下径流模数 0.06~2.24 L/s·km²。

浅变质岩裂隙水。赋存于石桥铺至西山、九龙山至红花一带和周朋、苗田等地的板岩、硅质岩、细粒石英砂岩和板状裂岩裂隙中,面积 456.3 km²,占总面积的 16%,泉涌量 0.039~0.8 L/s,地下径流模数 0.03~11.25 L/s·km²。

岩浆岩风化裂隙水。分布于小沙江、白马山、金石桥、高平、罗洪等地,面积 979.2 km²,占总面积的 34.29%,泉涌量 0.14~0.45 L/s。

3)碳酸岩裂隙岩溶水

碳酸岩夹碎屑岩裂隙溶水。主要分布于老虎界、梨子冲、廖家、洪家塘、石子冲至隆家,孙家至长扶,当阳至谭江一带,面积 164.5 km²。地下水赋存于灰岩、泥灰岩、白云质灰岩夹硅质岩、页岩、砂岩溶洞的溶蚀,裂隙及构造裂隙中泉,涌最大流量 60.6 L/s,最小流量 0.114 L/s,平均流量 4.585 L/s。

碳酸岩岩溶水。包括裸露型和覆盖型岩溶水,主要分布于梅塘、大观、桐木桥、苏河、横板桥、周旺、天壁、三阁司等地,面积 955.5 km²,占总面积的 33.5%。主要赋存于灰岩泥灰岩、生物灰岩,含硅质团块灰岩和白云岩岩洞的溶蚀管道及裂隙中。地下河 43 条,实测出口总流量 29.87 万立方米/日,大于 5 L/s 的岩溶,大泉 73 处,总流量 11.35 万立方米/天。地下河岩溶大泉实测天然排泄量 41.2 万立方米/天,一般流量 0.1～0.5 L/s,地下径流模数 2.65～14.24 L/s·km²。

4)碳酸岩溶岩水构造

褶皱富水构造。罗子团至车田背斜富水区,成北东向倾斜,分布于鲤鱼塘、新田等地,面积 58 km²。地下河 5 条,岩溶泉 12 处,总流量 30215.38 L/s,每平方公里天然排泄量 6.03 L/s。

大东山背斜富水区:呈南西向倾斜,分布于拱桥铺,张家庙等地,面积 40 km²,地下河 4 条,岩溶泉 7 处,总流量 36270.29 L/s,每平方公里天然排泄量 10.5 L/s。

滩头富水块段:成东南向倒转向斜,北起井湾,南至极山,面积 64.7 km²。地下河 3 条,流量 1 L/s 以上的岩溶泉 32 处,实测天然排泄量 1049.4 L/s,平均每平方公里排泄量 16.22 L/s。

三阁司至山界富水块段:东至新屋,北以赧水河为界,面积 51 km²,地下河 4 条,岩溶泉 12 处,总流量 1105.85 L/s,每平方公里天然排泄量 21.68 L/s。

断裂富水构造。田心断裂富水带:断裂长 50 km,北端位于喻家院子,沿断裂及其影响带发育,地下河 1 条,岩溶泉 3 处,总排泄量 22.69 L/s。

雨山铺至丁家断裂富水段:南西起于石山脚,北止严塘,长 17 km,流量 1 L/s。以上岩溶泉 6 处,实测天然排泄量 67.43 L/s,每平方公里天然排泄量 3.97 L/s。

此外,还有北部岩浆岩地区的报木田、罗洪、苗田断裂外带富水区,望云山至麻罗断裂端头富水区,高平地段岩浆岩内外接触富水块区等。

(2)地热温泉水

县内已发现地热温泉 5 处(详见表 1.3),均出露于加里东期、印支期和燕山早期花岗岩体中,并近岩带分界线与围岩接触部位的断裂带上。热水一般无色、透明、微甜。泄出时有气泡伴随逸出,除龙坪热水井外,均有硫化氢气味,在泉眼一带有少量泉华堆积物。

地热温泉水的化学基本特征与冷水泉相似,温泉出露于断裂发育带,为中温至低温热水,动态比较稳定。地热温泉水的主要补给源是大气降水,降水沿断裂下渗至深部,受岩浆余热和放射性元素衰变热及地下正常增温的影响,使水温增高,再沿裂隙循环上升,在地形较低的谷中排出地表。

表 1.3 地热温泉分布表

温泉地点	水温(℃)	日流量(t)	水质类型	矿化物	PH 值
高洲热泉井	48.5	161.83	HCO_3-Na	0.218	9.0
兴隆热泉井	41.2	89.86	HCO_3-CO_3 Na	0.23	9.0
青山庙热泉井	35.5	114.91	HCO_3-CO_3 Na	0.1	8.5
马落桥热泉井	32	86.4	HCO_3-K^+ Na	0.149	9.3
龙坪热泉井	23	61.95	HCO_3-NaCa	0.06	9.5

（3）水系河流

隆回县境内有长度大于 5 km,流域面积大于 5 km² 的河流 81 条,按水系分,资水水系 73 条,流域面积 2602.4 km²,占总流域面积的 91.14%;沅水水系 8 条,流域面积 253.1 km²,占总流域面积的 8.86%。按河流长度分,5~9 km 的 48 条,10~49.9 km 的 29 条。50~99.9 km 的 4 条;按流域面积分:5~10 km² 的 11 条,10~49 km² 的 54 条,50~99 km² 的 8 条,100~499 km² 的 5 条,500km² 以上的 3 条。主要河流有:

赧水河(资水上游): 发源于城步县青界山黄马界,流经城步、武冈、洞口、自南岳庙乡乔家村入境,流经三阁司、桃洪镇、山界、北山等五个乡镇,在北山乡大田张村出境,进入邵阳县。斜贯县境南部,境内流域长 58 km,河宽 150~240 m,最大流量 4660 m³/s,最枯流量为 7.9 m³/s,平均流量 1794.9 m³/s,落差 29.6 m,平均坡降 0.51%。

辰水河: 又名辰溪发源于县内望云山北麓平岗,流经金石桥、司门前、羊古坳、六都寨、荷香桥、石门等 5 个乡镇,在桃洪镇铜盆江村入赧水河,全长 88 km,流域面积 844 km²,最大流量 1180 m³/s,最枯流量 0.15 m³/s,平均流量 22.37 m³/s,平均坡降 2.21%。是县内纵贯南北的一条主要河道。

西洋江: 发源于县内小沙江镇杉木坪村。流经黄弯、大水田、木瓜山、苏家洞、张家庙、碧山、柳山、横板桥、南岳庙等地入洞口县,在洞口县双江口汇入赧水河一级支流平溪河。全长 89 km,流域面积 703.2 km²,县境内长 78.3 km,流域面积 390.9 km²。平均流量 11.56 m³/s,平均坡降 8.84%,天然落差 787 m。

白竹河: 发源于县内岩口乡应塘村的猪婆岭,流经伏龙岗、岩门前、屺石、双江桥、白竹桥等地,在桃洪镇寺山村汇入赧水河。全长 53 km,流域面积 366 km²,境内河长 15.8 km,流域面积 50.7 km²,平均坡降 2.8%,天然落差 260 m,平均流量 6.4 m³/s。

小江河: 发源于武冈市峦山铺大田湾,流经武冈龙从桥、隆回县车田、三阁司,在三阁司乡小江桥村汇入赧水河,全长 57 km,流域面积 416 km²,境内河长 15.8 km,流域面积 50.7 km²,平均坡降 6.1%,天然落差 47 m,平均流量 0.223 m³/s,县内长 15.8 km,流域面积 15.7 km²。

石马江: 发源于望云山南麓望首亭,流经洪山塘、颜公庙、大桥边,在高平镇棠下桥流入新邵县境,在新邵县大禹庙汇入资水。全长 76 km,流域面积 840 km²,坡降 23.9%,天然落差 485 m,平均流量 3.6 m³/s,境内河长 22 km,流域面积 401 km²,其中干流 150.8 km²,毗连下(大观河)162.2 km²。其他小支流 84.2 km²,平均坡降 24.4%。

大洋江: 发源于小沙江镇芒花坪村红岩山,流经兰草田、黄金井、金石桥、高州等地。在金石桥镇龙口湾村流入新化县,在新化县大洋江汇入资水,全长 91 km,流域面积 1285 km²,县内属河源段,长 31.7 km,流域面积 284.9 km²,其中干流 150.8 km²,支流鸭田河 34.3 km²,苗田河 30.2 km²,晓阳溪 69.6 km²,坡降 2.66%,天然落差 844 m,平均流量 47.88 m³/s。

四都河: 发源于望云山,流经石田、鸟树下、七江、千古坳、十里山等地,至六都寨汇入辰河。河长 27 km,流域面积 138 km²,坡降 2.24%,天然落差 660 m,平均流量 3.171 m³/s。全流域系花岗岩,流沙最多,河床淤积严重。

洋溪河: 发源于望云山北麓,流经罗洪。在罗洪村剥龙注洲下入新化县境,经半山、洋溪而汇入资水。县内河长 50 km,流域面积 361 km²,坡降 60.4%,天然落差 950 m,平均流量 1.95 m³/s。

云丰河:发源于斜岭大柱庵,河长 13.1 km,流域面积 60.5 km²,流经斜岭、石门、云丰,在北山乡荷叶村流入赧水河,平均坡降 8.2‰,天然落差 110 m,平均流量 1.1 m³/s。

转溪江:发源于白马山林场磨子坪,河长 22.4 km,流域面积 71.7 km²,坡降 0.31‰,天然落差 70 m,平均流量 1.785 m³/s,流经九道坪、鸡毛洞、在麻塘山乡塘家湾流入溆浦县注入溆水。

九溪江:发源于虎形山乡崇木水。河长 18.3 km,流域面积 69.7 km²,平均坡降 50.27‰,天然落差 920 m,平均流量 1.901 m³/s,流经锯木冲、万贯冲、茅坳,在茅坳茶坪村流入溆浦县境内,汇入溆水。

背龙江:发源于小沙江镇肖家坳村三花形,河长 14.6 km,流域面积 83.2 km²,源头高程海拔 1300 m,出口海拔高程 990 m,坡降 2.51‰,天然落差 370 m,平均流量 1.507 m³/s,流经小沙江镇的肖家坳、白艮、龙坪、响龙等村,在响龙村流入溆浦县境内,汇入溆水。

县境内河流的特点是:多发于海拔 1000 m 左右,雨量充沛的山区,基流较稳定,受降水量季节性强的影响,有明显的洪枯期;小溪河流程短,除赧水河外的 80 条河流中,境内流程 10 km 以下的有 48 条,占 60%;坡降大,水流急,绝大多数支流的平均坡降在 10‰ 以上,最大的为 114‰;西北、北部河流含沙量大。

(4)水资源开发利用

县内有可开发利用水资源量 11.21 亿立方米,其中地表水可利用水资源 9.15 亿立方米,地下水可利用量 2.06 亿立方米;已开发水资源利用量 10.71 亿立方米。

灌溉水资源利用。县内已建成了三大灌区为主干,北水南灌为龙头,五小工程控死角的抗旱排渍相结合的农业灌溉体系,农业供水 28600 万立方米。

城乡饮水水资源利用。城乡人民生活供水,牲畜饮水除县自来水公司供水外,自 1988 年以来,城乡建成大小饮水工程 767 处,解决饮水人口 36.248 万人,生活供用水量 1700 万立方米。

水电站水资源利用。县境内水资源丰富,水能资源理论蕴藏量 13.26 万千瓦,技术可开发量 12.85 万千瓦。到 2012 年底,县内已建成 100 kW 以上水电站 90 处,水力发电供水量 75754 万立方米。

温泉水资源利用。高洲温泉位于隆回县金石桥镇热泉村,温泉的开发利用始于汉代,当时井长 2 m、宽 1.5 m、深 0.3 m,供人们饮用、洗澡。清朝乾隆庚戌年曾由当地豪绅复修。新中国成立后,1981 年,政府拨款重修扩井,1990 年,几家单位和热泉村合股开发,1992 年,高洲温泉建成年产万吨瓶装矿泉水生产线。其后,高洲温泉又历经几次转让开发,到 2012 年底,高洲温泉扩大到了集矿泉水、度假、餐饮、住宿、会议于一体;融娱乐、休闲、疗养、保健于一身的高洲温泉度假村;度假村建有室内外温泉浴场,设药浴池和水疗中心,拥有停车场、宾馆、别墅、农家乐园等服务配套设施。

高洲温泉经省 418 地质队钻探打井,深 127 m,每小时可产 40 m³ 常温 49 ℃水。经化验富含偏硅酸(含量达 132 L/m³,超过国际医疗矿泉水命名标准 3.5 倍)等二十多种人体必需的微量元素,是罕见的特种医疗温泉,又是极为稀有珍贵的饮用天然矿泉水。高洲温泉生产的"正康"牌优质天然矿泉水,曾荣获中国国际饮品展览会金奖、亚太国际博览会金奖。

魏源温泉。魏源温泉的前身是兴隆温泉,位于司门前镇中山村四组的月台山上,汉代发现,清乾隆开凿。1970 年由 734 部队设点勘探,钻井 164 m,测试平均水温为 41.2 ℃,日产水量为 1620 m³,水质类型为 HCO_3,含硫指数适当,为医药温泉,对人体有很好的药疗作用;1996 年由中山村四组村民欧阳坤,欧阳录生兄弟俩自建水池,供用洗浴,因投入资金有限,洗浴设施简略,周围环境条件较差,洗浴客人少;2004 年通过招商引资,建成了集洗浴、休闲娱乐、商务住宿、餐饮为一体的休闲度假村,项目占地面积 1.4 万平方米,其中室内洗浴中心面积 2000 m²,室外露天洗澡池 1500 m²,其他休闲建筑物、停车场、绿化地和有待漂流开发场地 10500 m²,2005 年投入营业。

全县自产水资源总量 23.09 亿立方米,人均约 1924 m³,属水资源较丰富的县,客观上是能够满足全县工农业生产和城乡人民生活需要,但由于各个方面的原因,局部缺水和季节性缺水经常存在,主要原因如下:

降雨时空分布不均。县内降雨时间集中在 4—7 月,占全年降水量 55% 左右,一年中月降水量最多是 5 月,最少是 12 月。早稻全生育期 4—7 月,除 7 月有缺水现象外,其余各月都绰绰有余;而晚稻全生育期 7—10 月,除少数年份外,缺水现象都比较严重。据不完全统计,缺水概率 7 月份为 58.3%,8 月份为 37.5%,9 月份为 66.7%。

雨量南少北多,水量供求南缺北余。隆回县由北向南,随着地势的降低,雨量明显减少。年平均雨量,南部丘岗地区 1300 mm 左右,中部六都寨 1440 mm,北部金石桥 1567.6 mm,西北部的小沙江等地达 1700 mm 左右。周旺为全县少雨中心,年均降雨量 1224.8 mm;虎形山是全县多雨中心,年雨量多达 1709 mm,两者相差 484.2 mm。

水土流失加剧,植被涵养水源能力有待提高。由于森林植被遭不断破坏,20 世纪 50 年代初全县水土流失面积只有 20 km²,1983 年达到 991.78 km²。据 2012 年度水土流失普查,全县尚有水土流失面积 880 km²。

四、土地资源

1. 土地面积

1992 年土地详查时,全县土地面积 430.67 万亩[①]。其中耕地 98.86 万亩、林地 212.64 万亩、水域 13.98 万亩、各类园地 11.10 万亩、城镇村居和工矿用地 17.54 万亩、交通用地 2.02 万亩、未利用地 74.53 万亩。

2. 成土母质

花岗岩母质　分布在虎形山、麻塘山、小沙江、罗洪、高平、鸭田、金石桥、司门前、羊古坳、大水田、七江、六都寨等北部乡镇,面积 159.36 万亩,占全县总面积的 37.2%。发育的土壤有花岗岩红壤、黄壤、黄红壤、黄棕壤、麻砂草田土等。被垦殖后主要发育为麻砂泥田、麻砂土等。一般土层深厚,通透性好,但保水保肥能力差,植被破坏后易引起水土流失。土壤含硒量在 0.5~28 ppm 之间。

石灰质母质　分布在西洋江、横板桥、南岳庙、荷香桥、石门、岩口、滩头、周旺、雨山铺、北山、三阁司、山界、桃洪镇、荷田等南部乡镇,面积 123.98 万亩,占全县总面积的 29.06%。发育的自然土壤有石灰岩黄红壤、黑色石灰土、红色石灰土等。被垦殖后主要发育为灰泥田、鸭尿泥田、灰红土等。一般质地黏重,土壤自然肥力低,土层厚度不一,地表水潜入地下,易遭干旱。土壤含硒量在 1.71~25.22 ppm 之间。

---

① 1 亩 =1/15 hm²。

砂岩母质 交错分布于石灰岩、花岗岩、页岩母质之间,散见于六都寨、大水田、三阁司、北山、横板桥、西洋红、高平、滩头、司门前、荷田、岩口等乡镇,面积 111.38 万亩,占总面积的 26%。发育的自然土壤有砂岩红壤、黄红壤、黄壤、黄棕壤等。被垦殖后发育为黄沙泥土、黄沙土等,土壤砂质,耕性好,土层深厚,含钾丰富。

板页岩母质 主要分布于滩头、三阁司、北山、桃洪镇、石门、荷香桥、南岳庙、虎形山等乡镇的部分地区,面积 22.08 万亩,占全县总面积的 5.2%。发育的自然土壤有板页岩红壤、黄壤、黄棕壤等。被垦殖后主要发育为黄泥田、岩渣子田、岩渣子土等。一般质地粘重,结构不良,通气性较差,矿物质养分较丰富,磷、钾、硒含量较高。

河流冲积物母质 分布于赧水、西洋江、辰水、大洋红、石马江、白竹河、小江河及其支流两岸的一级阶地和河漫滩,面积 5.57 万亩,占全县总面积的 1.3%。所形成的土壤,一般地势平坦,水源方便,土层深厚,通透性好,土质肥沃。

此外,境内还有少量第四纪红土母质、紫色砂页岩母质分布,面积 5.3 万亩,占全县总面积的 1.24%。

3. 土壤性状

水田土壤 据 1980 年第二次土壤普查,全县水田土壤有 1 个土类、6 个亚类、28 个土属、58 个土种。其性状为:深度小于 15 cm 的占 17%,大于 15 cm 的占 83%,耕作层深度相对符合高产农田要求;较沙或过沙土壤占 67.84%,过黏土壤占 4.65%,适度的壤土或黏壤土占 27.51%;酸性至微酸性土壤占 76.81%,碱性土壤占 19.43%;地下水位在 30 cm 以下的占 19.67%,30~60 cm 的占 10.81%,60 cm 以上的占 69.52%;碱解氧缺乏的占 3.27%,中平和丰足的占 96.73%;速效磷缺乏的占 31.18%,丰足的占 16.61%;速效钾缺乏的占 44.73%,丰足的占 11.09%,土壤丰氮缺磷少钾;犁底层或犁底层以下有亚铁反映的占 39.6%,其中中度以上亚铁反应,障碍水稻生长的占 30.58%。

山地土壤 全县山地土壤(含旱土)有 8 个土类、10 个亚类、41 个土属、84 个土种。其性状是:旱土过沙或偏沙的占 52.62%,适度的壤土或黏壤土占 41.19%,过硬黏的占 5.47%;山地过沙或偏沙的占 69.79%,适度的壤土或黏壤土占 22.46%,过黏的占 7.75%。旱土耕层在 15 cm 以上的占 92.85%,15 cm 以下的占 7.15%;山地土层深度达 80 cm 以上的占 92.56%,80 cm 以下的占 7.44%。旱土酸性、微酸性土壤占 88.8%,过酸的占 4.33%,碱性占 5.63%,中性占 1.24%;山地土壤过酸的占 29.47%,酸性或微酸性的占 68.56%;中性占 0.48%,碱性占 1.49%。山地土壤腐殖质层微薄或不明显的占 94.51%,腐殖质层厚度 10~20 cm 的占 3.29%,大于 20 cm 的占 2.2%。旱土有机质含量平均 2.29%,全氮含量为 0.1%,速效磷含量,速效钾含量为 76.26 ppm;山地土壤有机质含量平均为 1.32%,全氮为 0.07%,速效磷平均为 0.80 ppm,速效钾平均为 34.15 ppm。

五、动植物生物

1. 植被资源

隆回属中亚热带常绿阔叶林区,自然森林植被主要有常绿阔叶林、常绿落叶阔叶混交林、马尾松林、楠竹林和灌木、草丛五大类。有木本植物 94 科、638 种(含引进 70 种),其中乔木 265 种、灌木 323 种、藤本 50 种。木本植物主要有杉科、松科、柏科、壳斗科、樟科、木兰科、山茶科、蔷薇科、蝶形花科、火戟科、榆科、冬青科、芸香科、茜草科、山矾科、杜鹃科、槭树科、金缕梅科及竹亚科等。有草本植物 100 余科、800 余种。海拔高度不同,植物群落亦不同。以白马山为例,600～800 m 之间,主要为马尾松、木—铁芒萁群落,混生杉木、木荷、油茶、枧木、化香、栲、槠、栎等树种。800～1000 m 处,主要为杉木、杜鹃—白茅群落,混生楠竹、白栎、枧木、总状山矾、毛叶木姜子。1000～1200 m 处,主要为楠竹、白栎—白茅群落,混生江南桤木、光皮桦、枧木、长蕊杜鹃。1200～1400 m 处为光皮桦、映山红—冬茅群落,混生鸡婆柳、水马桑、白栎、长蕊杜鹃。1400～1600 m 处为映山红—冬茅群落,混生鸡婆柳、水马桑、胡枝子。1600～1780 m 的山顶为箭竹—冬茅群落,混生映山红、胡枝子等。

1980 年普查,全县有草山草坡面积 46.90 万亩,占全县总面积的 10.94%。其中 150 亩以上集中连片草场 33 处,面积 4.78 万亩,农林隙地零星草场 12.12 万亩,林间、疏林草场 30 万亩。可利用的牧草有禾本科、豆科、伞形科和报春花科等 12 科 42 种,其中禾本科占 85%,豆科占 10%,其他科占 5%。禾本科牧草有芒、白茅、黄茅、狗牙根、牛筋草、马唐、黄背草和狗尾草等。豆科有大叶胡枝子、葛藤、山绿豆等。伞形科有积雪草、胡荽、天胡荽等。

20 世纪 50 年代以前,隆回植被状况良好,仅森林覆盖率就达 65% 以上。1958 年以后,植被破坏严重。农村实行家庭联产承包责任制和山林定权发证、退耕还林后,植被状况明显好转,境内除常耕地外,基本已无裸露地面。2002 年,境内森林覆盖率达到 52.5%。

2. 动物

1982 年农业区划调查,县内主要野生动物畜类有:野兔、黄鼠狼、麂、獐、獾、果子狸、狐、豺、狼、狈、刺猬、穿山甲、水獭、野猪、貂子、豪猪、竹鼠、鼠等。禽类有:八哥、画眉、杜鹃、猫头鹰、啄木鸟、喜鹊、黄鹂、寿带鸟、燕子、苍鹭、灰鹤、相思鸟、锦鸡、雉鸡、岩鹰、麻雀、山麻雀、云雀、白头翁、伯劳、红咀鸟、翠鸟、乌鸦、鹞子、禾鸡、斑鸡、竹鸡、鹌鹑、野鸭等。水生生物有:草、鲢、鳙、青、鲤、鲫、鳊、红眼鳟、刺鱼巴、泉水鱼、黄刺鱼、白条鱼、黄尾刁、鲶、鳜、泥鳅、鳝、龟、鳖、虾、蟹等。爬虫类有:黄领蛇、银环蛇、乌梢蛇、眼镜蛇、竹叶青、五步蛇、蝮蛇、蜥蜴、蜂、蚊、蝇、蛾、蛙、蚯蚓、蜗牛、蜈蚣、蝉、蜘蛛、螳螂、蟋蟀、蝼蛄、蚂蚁、蜻蜓等。

近年来,隆回县人民政府加强对野生动物的保护和森林植被的恢复,生态环境逐渐改善,有些绝迹的动物已在境内山区出现。

第二节　隆回县的农业生产概况

隆回县设 26 个乡镇,1005 个村、(居)委员会,据 2013 年统计,有耕地 73.46 千公顷,其中水田 54.34 千公顷,占耕地面积的 73.97%,旱土 19.12 千公顷,占耕地面积的 26.03%。人均拥有耕地,按总人口计算 0.91 亩/人,按农业人口计算,1.02 亩/人,按农村劳动力计算,人均 1.5 亩/人。全县总人口为 121.90 万人,常住人口 110.29 万人。

农村人口户数 29.96 万户,其中农业户 28.46 万户,乡村人口 106.78 万人,其中农业人口 77.86 万人,乡村劳动力 73.22 万人。

农业经济发展平衡,2013 年实现 GDP112.17 亿元,农、林、牧、渔及服务业总产值 43.66 亿元,其中农业总产值 27.7 亿元,林业总产值 1.79 亿元,牧业总产值 12.82 亿元,渔业总产值 1.02 亿元,服务业总产值 0.34 亿元。

2013 年牧粮食作物播种面积 74.17 千公顷,粮食总产量 44.44 万吨,农业机械动力292560 kW,全年农村用电量 13285 万度,全年存栏生猪 128.13 头,当年出售和自宰的牛

4.11 万头,羊 6.31 万只。家禽 563.01 万羽,兔 4.38 万只,年末存栏牛 97844 头,生猪存栏 55.96 万头,羊存栏 5.4 万头,养蜂箱数 1756 箱,存笼家禽 326.56 万羽,淡水养鱼面积 3.35 千公顷,养殖产量 9233 t,捕捞产量 652 t。

一、农作物播种面积

隆回县 2013 年农作物总播种面积 134.58 千公顷,粮食作物播种面积 74.17 千公顷,其中水稻播种面积 57.94 千公顷,其中早稻 15.72 千公顷,中稻 22.21 千公顷,晚稻 20.01 千公顷;小麦 0.37 千公顷;薯类 6.78 千公顷,其中红薯 4.78 千公顷,马铃薯 2 千公顷;经济作物播种面积 20.17 千公顷,其中玉米 6.53 千公顷,豆类 1.85 千公顷,油料作物播种面积 6.55 千公顷,其中油菜 5.13 千公顷,花生 1.23 千公顷,芝麻 0.19 千公顷,棉花 0.06 千公顷,麻类 0.05 千公顷,甘蔗 0.06 千公顷,烟叶 1.86 千公顷,中药材 11.59 千公顷;蔬菜播种面积 26.91 千公顷,果用瓜 0.96 千公顷,其中西瓜 0.93 千公顷,茶园 0.54 千公顷,当年采摘 0.32 千公顷,果园 3.44 千公顷,其中柑桔 1.53 千公顷,梨 0.55 千公顷,葡萄 0.01 千公顷。饲料播种面积 5.55 千公顷,绿肥 4.02 千公顷。

二、农林牧渔业总产值

农林牧渔业总产值 436627 万元,其中农业总产值 276977 万元,粮食作物总产值 146800 万元,蔬菜园艺作物 57602 万元,水果及饮料类 11878 万元,中药材 60698 万元;林业总产值 17850 万元;牧业总产值 128214 万元;渔业产值 10189 万元;农村林牧渔业服务产值 3395 万元。

三、化肥农药施用量

农用化肥施用量,化肥施用总量 108745 t,其中氮肥 50199 t,折纯 N14986 t,磷肥 21740 t,折纯磷 2847 t,钾肥 12990 t,折纯 K6358 t,复合肥 23815 t,折纯量 10558 t。单位面积施用量,按耕地面积 1480 t/千公顷,折纯量 473 t/千公顷;按播种面积 872 t/千公顷,折纯量 258 t/千公顷。

农用塑料薄膜使用量 178 t。

农药使用量 1734 t。

第三节　隆回县气候特点

隆回县地处全国地势由第二阶梯向第三阶梯即云贵高原向江南丘陵倾斜的过渡地带,位于雪峰山脉东侧中段(该山脉湖南省自然地理气候东西部的分水岭),地势由东南向西北呈阶梯式抬升,其气候特点为四季分明、生长季长、春寒频繁,秋多晴暖,雨水集中,夏秋有旱,夏多炎热,冬少严寒,海拔高低悬殊,立体气候明显。

一、四季分明、生长季长

隆回县属东亚热带季风湿润气候区,气候温暖,年平均气温 17.1 ℃,1 月平均气温 5.0 ℃,4 月平均气温 16.6 ℃,7 月平均气温 28.1 ℃,10 月平均气温 18.2 ℃。

气候学季节划分标准繁多,以日平均气温稳定高于 22 ℃初日至终日为夏季,以日平均气温稳定低于 10 ℃初日至终日为冬季,以日平均气温稳定低于 22 ℃高于 10 ℃初日至终日为春季和秋季,统计隆回县历年气象资料,得出隆回县四季划分差异如表1.4。

表 1.4　隆回县四季划分表

| 地点 | 海拔高度（m） | 春 | | 夏 | | 秋 | | 冬 | |
		起止日期（日/月）	天数（d）	起止日期（日/月）	天数（d）	起止日期（日/月）	天数（d）	起止日期（日/月）	天数（d）
桃洪镇	265	24/3—31/5	69	1/6—15/9	107	16/9—23/11	69	24/11—23/3	120
金石桥	500	27/3—7/6	72	8/6—10/9	95	11/9—21/11	72	22/11—26/3	125
小沙江	1380	11/4—25/7	106			26/7—31/10	98	1/11—10/4	161

由表1.4可看出:隆回县城桃洪镇春季平均开始日期为3月24日,终止日期为5月31日,持续期为69天,3—4月寒流频繁常出现"倒春寒"天气,影响早稻播种育秧常造成早稻烂秧死苗,5月中下旬常出现"四月八,冻死鸭"的五月寒天气,影响早稻分蘖发苑,偶尔有早稻僵苗死苗现象发生。夏季自6月1日开始至9月15日结束,持续107天,6月份是大雨、暴雨和连续性降水发生,降水量集中的时段,全年有3/4的大暴雨出现在这一时段,常引起山洪暴发,河水猛涨,造成滑坡、泥石流等重大山洪地质危害。6月下旬至7月初雨季结束,进入高温炎热的酷暑季节,7—9月在西太平洋副热带高压稳定控制下,天气炎热,高温酷暑,降水量少,太阳辐射强烈、蒸发量大,常造成规律性的伏旱。秋季自9月16日开始至11月23日结束,持续69天,前秋多旱,自秋分边开始常有较强冷空气爆发南下侵入本县,俗称"寒露风"天气,是影响双季晚稻抽穗扬花的严重灾害;深秋受极地大陆高压控制,常出现秋高气爽的"十月小阳春"晴暖天气;冬季从11月24日开始,至次年3月23日结束,持续120天,为全年气温最低,降水量最少的寒冷干燥季节,在极地高压稳定控制下,强大的冷空气爆发南下侵入本县时,常出现降雪和冰冻天气。

隆回县平均初霜期出现在12月11日,终霜期出现在2月21日,初终霜期间日数83.7天,无霜期281天,以无霜期作为农作物的生长期,则隆回县的农作物生长期为281天,有利于多种农作物的生长繁殖。

二、春寒频繁,秋多晴暖

春季和秋季,是冬季风和夏季风互相转换的过渡季节,由于气流活动状况不同,表现在气候上有明显的差异。

春季,是冬季风向夏季风过渡的时期,由于北方冷空气活动频繁,冷暖空气交替常停滞在本县,气温升降异常激烈。有时受南方暖湿气团控制,天气骤晴,温度陡升,温度高,而一旦北方冷空气南下侵入,天气阴雨,气温明显下降,甚至达到寒潮的程度。一般3月和4月各有3~4次冷空气侵入,5月有3次冷空气入侵,3月份以中等和强冷空气为主,4月份以中等和弱冷空气为主,5月份以弱冷空气为主,由于冷空气活动频繁,阴雨低温寡照天气较多,晴天较少,俗语云"春无三日晴",较形象地描述了这一时期的天气特征。

秋季是夏季风向冬季风转换的过渡季节,副热带高压减弱南移,极地大陆高压南下变性后,往往分裂为静止的小高压,停留在隆回县上空,使隆回县多晴朗天气,见表1.5。

表1.5 春秋季气温和日照时数比较表

季	月平均气温累计(℃)	日照时数累计(h)	日照百分率(%)
春(3—5月)	48.8	356.7	76
秋(9—11月)	54.3	411.7	118
差值	5.5	55.0	42

从表1.5可见,秋季9—11月的3个月平均气温累计比春季3—5月三个月高5.5 ℃,日照时数多55.0 h,日照百分率高42%。由此可看出,虽然春秋季皆属季节性转换时段,但由于大气环流不同,气候上存在着明显的差异。春季寒流频繁,多阴雨低温寡照天气,秋季多晴朗天气,日照较多,气温较高。

三、降水集中,夏秋多旱

春末夏初,西太平洋副热带高压北上抵达华南,北方冷空气南下受阻于长江以南、南岭以北,常形成南岭静止锋,致使极锋雨带滞留在隆回,并配合南支西风气旋活动,影响本县常出现持续阴雨或大到暴雨天气,形成本县的雨季。

盛夏和初秋,随着副热带高压北挺西伸,致使极锋雨带北移,本县稳定受西太平洋副热带高压控制,降水量少,蒸发量大,此时正值双季稻收早挣脱的高温炎热时期,地面蒸发和作物蒸腾都很大,经常发生水分供不应求的不同程度的干旱,称为本地的旱季。

雨季的主要时段在4—6月,其特点是降水多,平均降水量616.6 mm,占全年总降水量的41.7%左右,雨季的降水强度也大,全年的暴雨有63%以上出现在这一时段。

7—9月是本县的主要干旱时段,降水量较少,总降水量323.5 mm,占全年总降水量的22.0%左右,常出现规律性的夏秋干旱。

四、夏多炎热,冬少严寒

夏季,本地受西太平洋副热带高压稳定控制,温度高、相对湿度小,常形成酷热天气,俗称"火炉"。若以日最高气温≥30 ℃为酷势期标准,平均每年为88.1天,最多的1963年达125天,最少的1973年仅13天,以极端最高气温≥35 ℃的日数来看,平均每年有16.3天,最多的37天,最少的9天,1963年9月1日极端最高气温达39.1 ℃。

冬季,本地在变性的大陆气团控制下,源出于北欧和西伯利亚一带的冷气团南下过程中发生变性,温度增高,水汽增多,失去其固有的干冷特性,造成严寒天气不多,若以日平均气温≤0 ℃作为严寒期指标,历年平均为19.7天,最多的1976年为11月18日至1977年2月18日达36天;再从极端最低气温来看,≤−5 ℃的日数平均为0.7天,但个别年份也有寒冷异常,如1977年1月30日最低气温−11.3 ℃,1991年12月29日最低气温−10.3 ℃,年降雪日数平均为7.6天,但1956—1957年与1973—1974年达13天,1963—1964年达15天,1995年、2007年降雪日数达20天以上(见表1.6)。

表 1.6　严寒酷热期比较表

	冬季严寒期		资料年代		夏季酷热期		资料年代
	平均(d)	最多(d)			平均(d)	最多(d)	
日最低气温 ≤0 ℃天数	11.3	28	1957—1980	日最高气温 ≥30 ℃天数	86.9	115	1957—1980
	19.7	36	1981—2010		88.1	125	1981—2010
日最低气温 ≤−5.0 ℃天数	0.3	3	1957—1980	日最高气温 ≥35 ℃天数	16.3	937	1957—1980
	0.7	3	1981—2010		16.6	42	1981—2010

五、海拔高低悬殊,立体气候明显

隆回县地势北高南低,北部属雪峰山地,山峦起伏,地势陡峻,西北有白马山,主峰顶山堂海拔 1780 m,为全县最高点,其南侧与雪峰山 1120 m 的大东山互相衔接,连为群山结构。大东山以东是海拔 1142 m 的九龙山,其间为辰河纵切,两山对峙。九龙山北侧的山脚延伸部分,与海拔 1492.5 m 的望云山,山脚相触,其间夹有朝东开口的高坪盆地。东西山体之间互不衔接,因而从鸭田—金石桥至七江一线,地势较低,海拔高度一般在 400～500 m 之间,其中金石桥与七江为一向北开口的山间盆地。在大东山、九龙山以南多为起伏不平的丘岗地带,海拔一般在 300～500 m 之间,其中云峰乡大田张村郝水河边,海拔 230 m,为全县海拔最低点。最高点白马山与最低点郝水边海拔高度相差 1550 m。由于海拔高度相差悬殊,致使立体气候极为明显。根据 1983 年 4 月—1986 年 4 月不同海拔高度的剖面观测资料见表 1.7。

表 1.7　不同海拔高度平均气温表

月 ＼ 温度(℃) ＼ 地点	隆回桃花坪 (266 m)	新化 (212 m)	兴田 (320 m)	金石桥 (510 m)	槐花坪 (810 m)	龙塘 (1030 m)	小沙江 (1380 m)
1	4.6	4.5	3.5	2.7	1.5	−0.1	−0.6
4	16.7	16.8	16.0	4.9	13.6	12.0	10.8
7	27.8	28.9	27.4	26.3	24.4	23.0	21.3
10	17.4	18.0	16.8	15.9	14.4	12.9	12.6
年平均	16.6	16.8	15.7	14.8	13.2	11.7	10.8

从表 1.7 可看出,平均气温随着海拔升高而降低。隆回县城桃花坪海拔高度 266 m,年平均气温 16.6 ℃,而小沙江海拔高度 1380 m,年平均气温为 10.8 ℃,二地海拔高度相差 1114 m,年平均气温相差 5.8 ℃,海拔高度每上升 100 m,年平均气温降低 0.5206 ℃,取一位小数,年平均气温垂直递减率为 −0.52 ℃/100 m。

海拔高度每上升 100 m,气温降低 −0.52 ℃,相当于水平方向由南向北增加一个纬距

(110 km),隆回县小沙江为 27°N,气温相差 5.8 ℃,等于水平方向由隆回向北增加 5.8 个纬距,即小沙江相当于 33°N 的热量条件。

白马山气温相差 7.9 ℃,即水平方向北移 7.9 个纬距,相当于 35°N,即小沙江、白马山相当于河南鲁山至郑州的热量条件,在垂直方向由桃花坪至小沙江、白马山,具有中亚热带,北亚热带,暖温带的气候特色,有利于生物的多样性和农作物种的多熟性。

第二章 农业气候资源

第一节 热量资源

热量是农作物生长发育的动力,每一种农作物生长发育都要求一定的热量条件即最适宜温度、最高温度、最低温度,简称"三基点"温度。

热量资源是指一个地区可供农业生产利用的热量,它是一种主要的农业气候资源,主要包括生长季节的长短、多年温度的平均状况和极端(最高、最低)状况。各级界限温度的初终日期及持续时间,总热量及其在年内的时间与空间分配状况等。农作物的生长发育,产量形成以及各种农作物的地理分布,种植制度的地域分布都受热量资源的制约。隆回县位于长江以南的雪峰山脉中段,属东亚热带季风湿润气候区,热量充足,无霜期长,四季都适宜于农作物的生长发育。因而查清楚隆回的热量资源,并充分利用隆回县的热量资源。因地制宜地种植各种农作物,和科学地搭配不同熟期的农作物品种。发挥区域热量资源的生产潜力,对隆回的农业生产发展具有十分重要的意义。

一、平均气温

1. 年平均气温

年平均气温是全年热量状况的总标志。隆回县地处中亚热带地区,太阳入射角较大,太阳辐射较强,气温较高,纬度较低,桃花坪(267.7 m)1981—2010 年的多年平均气温 17.1 ℃。1957—2010 年平均气温的年际变化,最高年平均气温为 18.1 ℃,出现在 2007 年,最低年平均气温为 16.1 ℃,出现在 1984 年。海拔 1380 m 的小沙江年平均气温为 10.8 ℃。

2. 月平均气温

月平均气温变化由表 2.1 和图 2.1 可看出,呈低—高—低的态势,1 月份平均气温 1957—1980 年为 5.0 ℃,1981—2010 年为 5.4 ℃,为全年的月平均气温最低值。7 月份平均气温 28.1 ℃,为全年月平均气温最高峰,12 月份平均气温为 7.5 ℃(1957—1980 年)、7.6 ℃(1981—2010 年)。

表 2.1 隆回县各月平均气温、最高气温、最低气温(1957—1980 年,1981—2010 年)

月	1	2	3	4	5	6	7	8	9	10	11	12	年	资料年代
平均气温	5.0	6.3	11.1	16.6	21.1	25.1	28.1	27.5	23.8	18.2	12.3	7.5	16.9	1957—1980 年
(℃)	5.4	7.3	11.2	17.2	22.0	25.3	28.1	27.5	23.8	18.5	13.0	7.6	17.1	1981—2010 年
极端最高气温(℃)	28.4	28.4	30.4	34.8	35.2	36.7	39.0	38.8	39.1	34.7	30.2	26.1	39.1	1963 年
极端最低气温(℃)	−11.3	−6.8	−0.9	2.7	8.5	14.5	19.8	18.3	11.2	4.1	−3.6	−4.5	−11.3	1977 年

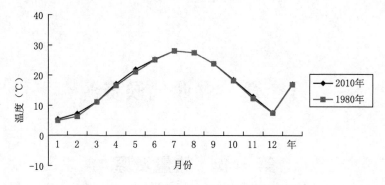

图 2.1　1980 年和 2010 年月平均气温变化图

二、极端温度

极端最高气温:从表 2.1 可看出,桃花坪极端最高气温 1957—1980 年为 39.1 ℃。出现在 1963 年 9 月 1 日。

极端最低气温:桃花坪极端最低气温 1957—1980 年为 −11.3 ℃,出现在 1977 年 1 月 30 日。

三、气温的四季变化

冬季气温

冬季本县受极地大陆气团控制,天气寒冷,从 12 月开始,极地高压稳定控制本县。气温较低,月平均气温在 10 ℃以下,12 月平均气温为 7.5～7.6 ℃,1 月是冬季风最强盛的月份,气温最低,多年平均气温在 5.0 ℃左右,1981—2010 年 30 年间,1 月平均气温最低为 2.3 ℃,出现在 2008 年,最高值为 8.4 ℃,出现在 2003 年;2 月气温逐渐回升,多年平均气温为 7.3 ℃,最低值为 3.7 ℃,出现在 2005 年,最高值 10.8 ℃,出现在 2009 年。

春季气温

春季是冬季风向夏季风转换的过渡时期,3 月份气温继续回升,随着太阳高度角的增大,气温升高较快,3 月多年平均气温为 11.2 ℃,最低月平均气温为 7.7 ℃,出现在 1985 年;最高月平均气温为 15.2 ℃,出现在 2008 年,4 月份平均气温为 17.2 ℃,5 月份平均气温上升到 22.0 ℃,最低值为 19.7 ℃,出现在 1993 年。

夏季气温

6 月份起,西太平洋副热带高压逼近海岸,大陆低压已见发展,大气环流初步建立起夏季形势,这时太阳辐射较强,平均气温上升到 25.3 ℃,7 月份是夏季风最强盛的时期,也是本县气温最高的时期。多年月平均气温为 28.1 ℃,最高值为 31.6 ℃,出现在 2003 年,8 月份太阳辐射开始减弱,气温略有降低,月平均气温为 27.5 ℃,7 月中旬至 8 月上旬为全年最炎热的高温时段,两旬平均气温分别为 29.5 ℃,29.6 ℃。

秋季气温

秋季是夏季风向冬季风转换的过渡季节,9 月份太阳辐射仍较强,气温仍较高,月平均气温为 23.8 ℃,但秋分开始受极地大陆气团影响,10 月份气温明显下降到 20 ℃以下,10 月份多年月平均气温为 18.5 ℃,最低月平均气温 16.0 ℃,出现在 1981 年,11 月份平均气温

13.0 ℃,最低月平均气温 10.5 ℃,出现在 1981 年。

四、界限温度

界限温度又称农业指标温度,是对农业生产有指示或临界意义的温度。界限温度出现的日期,间隔日数和持续时间中积温的多少,对一地作物布局和品种搭配与农事关键季节安排都具有十分重要的意义。

1. 各级界限温度初终日期与间隔日数

0 ℃是冰冻的界限温度,0 ℃以下土壤将冻结,出现霜冻现象,故日平均气温在 0 ℃以上称为农耕期,隆回县日平均气温稳定低于 0 ℃的天数,多年平均为 6.0 天(多年平均初日为 1 月 15 日,终日为 1 月 21 日)。

5.0 ℃是越冬作物或果树冬季停止生长和春季开始萌发,与越冬作物(如油菜、冬小麦)开始恢复缓慢生长的界限温度。故日平均气温在 5.0 ℃以上的间隔日数称为作物生长期。隆回县多年日平均气温稳定通过 5.0 ℃的初始日期为 2 月 26 日,终止日期为 12 月 17 日,多年初终间平均持续日数为 295 天。

10.0 ℃是大部分喜温农作物活跃生长的界限温度。日平均气温稳定通过 10 ℃后,水稻、红薯等喜温作物的生长呈现活跃景象。隆回县多年日平均气温稳定高于 10 ℃的初日平均为 3 月 24 日左右,这是双季早稻的适宜播种期指标。终日出现在 11 月 21 日,初终间持续日数为 243 天。

15.0 ℃是喜温作物生长的适宜界限温度。隆回县多年日平均气温稳定高于 15 ℃的平均初日出现在 4 月 21 日,终日出现在 10 月 26 日,初终间持续日数为 189 天。

20.0 ℃是喜温作物开花结实的正常发育温度。隆回县多年日平均气温稳定高于 20 ℃的平均初日出现在 5 月 18 日,终日出现在 9 月 28 日,初终间持续日数为 134 天。通常把日平均气温稳定高于 20 ℃作为常规双季晚籼稻正常抽穗开花的温度指标。日平均气温稳定高于 20 ℃的初终日期,各年出现时间的相差很大,如隆回县日平均气温稳定高于 20 ℃的初日,最早为 4 月 19 日,出现在 2005 年,最迟为 6 月 3 日,出现在 1981 年,高于 20 ℃的终日最早出现在 1982 年 9 月 10 日,最迟出现在 2006 年 10 月 23 日,迟早相差 43 天。

22.0 ℃是籼型杂交水稻正常抽穗开花的界限温度指标,隆回县日平均气温稳定高于 22 ℃的初日多年平均为 6 月 21 日,最早出现在 2007 年 5 月 2 日,最迟出现在 1992 年 6 月 28 日,高于 22 ℃终日多年平均为 9 月 17 日,最早为 8 月 17 日,出现在 2002 年,最迟为 10 月 8 日,出现在 2009 年。(见表 2.2)

表 2.2　隆回县各级界限温度初终日期及持续天数表

温度(℃)		0	5	10	15	20	22
初日 (日/月)	平均	15/1	26/2	24/3	21/4	18/5	1/6
	最早	12/12	17/1	5/3	27/3	19/4	2/5
	最迟	20/2	24/3	16/4	9/5	3/6	28/6
终日 (日/月)	平均	21/1	17/12	21/11	26/10	28/9	17/9
	最早	7/12	15/11	31/10	2/10	10/9	17/8
	最迟	16/2	12/1	11/12	16/11	23/10	8/10

续表

温度(℃)		0	5	10	15	20	22
持续 日数(d)	平均	361	294	243	189	134	109
	最早	412	356	280	154	171	154
	最迟	332	256	212	133	113	89

2. 各级界限温度,初终期升温及降温速度

在春夏温度上升过程中,两界限温度初日之间的间隔日数称为界限温度初日的持续天数,同样在秋冬温度下降过程中两界限温度终日之间的间隔日数称为界限温度终日的持续天数。它们可以反映春夏升温或秋冬降温的速度,对农作物生长发育和产量形成有密切关系。

从表2.3可知,春夏各界温度升温速度从0℃上升到22℃,升温22℃历时136天,平均气温每升高1℃需6.2天,而0℃升至5.0℃需42天,每升高温度1℃需8.4天,5~10℃每升温1℃需5.2天,10~15℃每升温1℃需5.6天、15~20℃每升温1℃需5.4天、20~22℃每升高1℃只需2.8天,从表2.4可看出,日平均气温稳定从22℃降低到0℃,降温22℃,历时123天,平均每降低温度1℃需5.6天。22℃降至20℃,每降低1℃需5.5天,20℃降至15℃,每降低温度1℃仅需5.5天,15~10℃每降温1℃需5.0天,10~5℃每降温1℃需4.8天,5~0℃每降温1℃需7.0天。

表2.3　隆回县春夏各界限温度初日持续日数表

界限温度(℃)	0	5	10	15	20	22	合计
平均初日(日/月)	15/1	26/2	24/3	21/4	18/5	1/6	
持续天数(d)		42	25	28	27	14	136
升温速度(1.0℃/d)		8.4	5.2	5.6	5.4	2.8	6.2

表2.4　隆回县秋冬各界限温度终日持续日数表

界限温度(℃)	22	20	15	10	5	0	合计
平均初日(日/月)	17/9	28/9	26/10	21/11	17/12	21/1	
持续天数(d)		11	28	24	25	35	123
降温速度(1.0℃/d)		5.5	5.5	4.8	5.0	7.0	5.6

五、积温

作物在其生长发育过程中,不仅要求有一个适宜的温度条件,而且还需要有一定热量的总和,即累积温度,简称积温。积温是一个地区热量资源的重要标志,它可以表示某一段时间内可用热量的多少,因而常用积温来研究各种农作物在整个生长发育过程中对热量的要求,这里所用的积温是活动积温。隆回县历年各级界限温度的活动积温如表2.5。

表 2.5　隆回县历年各级界限温度的活动积温统计表

界限温度(℃)	平均活动积温(℃·d)	最多年活动积温(℃·d)	出现年份	最少年活动积温(℃·d)	出现年份
0.0	5982.2	6736.9	2007	5817.0	1996
5.0	5672.7	6651.0	2007	5476.7	1993
10.0	5284.8	5896.0	2008	4738.5	1987
15.0	4399.2	5516.4	1998	4096.1	1989
20.0	35984.4	4549.7	2005	2789.3	1981
22.0	2937.3	3545.7	1996	1739.5	1989

六、气温年较差与日较差

1. 气温的年较差

气温在一年内有着周期的变化,一般用气温年较差来表示变化的程度。气温年较差是一年内最热月平均气温与最冷月平均气温的差值。其差值的大小,反映出一个地方气候的大陆性程度。差值大,则表示受大陆性气候影响大,冷热悬殊;差值小,则表示受大陆性气候影响小,一年内冷热变化不大。由于隆回县离海洋较远,夏季海洋风难于抵达,而冬季可受寒潮侵袭,因此气温的年较差比同纬度地区要大,隆回县的气温年较差多年平均值为 23.0 ℃,高于台湾、福建、两广、云贵、川藏等地,小于我国的北京、西安、呼和浩特、乌鲁木齐、哈尔滨等北方地区,与江西及江苏、浙江等地区接近(见表 2.6)。

表 2.6　各地平均气温年较差表

地名	台北	隆回	福州	广州	南宁	昆明	贵阳	拉萨	成都	西宁
年较差(℃)	14.0	23.0	18.5	15.2	15.5	12.3	18.9	17.6	20.1	25.8

地名	西安	南昌	杭州	南京	汉口	北京	呼和浩特	乌鲁木齐	哈尔滨
年较差(℃)	27.4	24.6	25.2	26.3	25.9	31.2	35.2	40.9	42.2

2. 气温的日变化与日较差

(1)气温的日变化,具有一定的周期性规律,只有当某种特殊天气(寒潮、暴雨)出现时,这种周期性规律才可能被破坏。通常情况下,一天中最低气温出现在日出前后(即早上 04—07 时)一天中的最高气温多出现在午后 14—15 时。由于决定气温高低的主要因素是太阳辐射,季节不同太阳辐射值的大小也不同,所以最高最低气温在一日中的出现时间各季节亦有差异。最低气温出现的时间,在夏季略早(05—06 时),冬季稍迟(07 时左右),春秋季相近(06—07 时),最高气温出现时间相反,夏季略迟(16 时左右),冬季略早(15 时左右),春季最高气温出现在 15—16 时,秋季最高气温出现在 14—15 时(见表 2.7)。

表 2.7　隆回县一天中最高、最低气温出现时间统计表

出现时间(时)	1 月	4 月	7 月	10 月
最低气温	7	06—07	05—06	06—07
最高气温	15	15—16	16	14—15

（2）气温的日较差：是指一日中最高气温与最低气温的差值。隆回县的气温日较差在一年内，以盛夏和秋初最大，秋季和春季次之，冬季最小，见表2.8。

表2.8　各月气温日较差比较表　　　　　　　　单位：℃

地点	隆回	广州	成都	杭州	汉口	北京	哈尔滨
1月	7.0	9.1	7.7	8.1	10.0	11.7	11.2
2月	6.6	7.5	7.3	8.2	9.5	11.9	13.0
3月	7.5	7.1	8.5	8.5	9.3	12.4	12.2
4月	8.0	6.8	8.8	8.4	8.7	12.6	13.2
5月	7.4	7.0	8.6	8.1	9.0	14.2	13.6
6月	7.6	6.7	8.0	7.4	8.8	13.2	12.6
7月	9.0	7.3	7.7	8.4	8.0	9.9	9.5
8月	8.9	7.6	8.1	8.4	8.6	9.3	9.8
9月	8.9	7.8	7.1	7.5	8.9	12.0	11.8
10月	8.6	8.6	5.9	8.7	9.8	12.1	11.9
11月	7.9	8.9	6.7	8.8	9.3	9.0	10.2
12月	7.3	9.3	7.0	8.1	9.2	10.8	10.3
全年	7.9	7.9	7.6	8.2	9.0	11.7	11.7

夏季白天太阳辐射强，气温高，晴天少云，白天增热多，而夜间辐射冷却失热也多，温度低，故温差大，秋季云量也少，白天增热多，夜间辐射冷却热量散失多，温度较低，所以温差也较大，春季昼夜长短相差较小，雨水较多，缩小了白天增温和夜间降温的幅度，温差小；冬季是本县云量较多的季节，白天太阳辐射弱，时间短，昼夜温差不大。

从表2.8可看出，隆回县的气温日较差相对较小，从全年的平均值来看，比我国的西北、东北、华北及华中地区都小，与广东相近，但大于成都地区。

隆回县气温日较差偏小的原因是由于我县处于低纬度，雪峰山区气旋活动频繁，锋面云系较多，常造成阴雨天气，除7—9月在副热带高压控制下，云量偏少外，其他季节云量均比较多，春季和冬季更为明显，气温日较差偏小，对农作物有机物质的积累和品质的形成是一个不利的因素。

七、土壤温度

土壤温度除能影响贴近地面层空气温度的变化及其物理过程变化外，还直接影响农作物的生长发育和土壤中有机物质的腐烂分解。因此，土壤温度也是重要的气候因素之一。

1.地面温度

地面温度是指土壤表面温度。隆回县多年平均地面温度为19.6℃，比多年平均气温（16.9℃）高2.7℃，其季节变化是：1—2月最低，平均为6.1～7.6℃，3月份为12.5℃，4月为18.5℃，5月攀升至23.6℃，7月最高为33.6℃，8月33.5℃，而后下降，9月下降至28.5℃，10月21.3℃，11月为13.9℃，12月8.9℃。（见表2.9和图2.2）

表 2.9　各月地面温度与气温对照表

月	1	2	3	4	5	6	7	8	9	10	11	12	年
地面温度(℃)	6.1	7.6	12.5	18.5	23.6	28.4	33.6	32.5	28.5	21.3	13.9	8.9	19.6
气温(℃)	5.0	6.3	11.1	16.6	21.1	25.1	28.1	27.5	23.8	18.2	12.3	7.5	16.9
地气差值(℃)	1.1	1.3	1.4	1.9	2.5	3.3	5.5	5.0	4.7	3.1	1.5	1.4	2.7

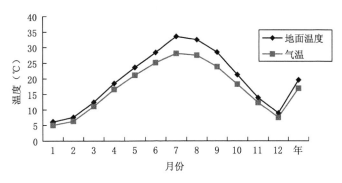

图 2.2　各月地面温度与气温变化图

2. 地面极端最高和极端最低温度

隆回县多年地面极端最高温度为 71.8 ℃,出现在 1965 年 7 月 20 日;次高值为 69.4 ℃,出现在 1966 年 8 月 16 日。地面极端最低气温为 −17.8 ℃,出现在 1997 年 1 月 30 日;次低值为 −8.3 ℃,出现在 1979 年 2 月 6 日。地面平均最高气温为 32.7 ℃,地面平均最低气温为 12.7 ℃,见表 2.10。

表 2.10　地面最高、地面最低温度与空气最高、最低温度比较表

月	1	4	7	10	年
地面极端最高温度(℃)	38.0	57.3	71.8	58.2	71.8
空气极端最高温度(℃)	28.4	34.8	39.0	30.2	39.1
差值(℃)	9.6	22.5	32.8	28.0	32.7
地面极端最低温度(℃)	−17.8	0.8	17.8	1.8	−17.8
空气极端最低温度(℃)	−11.3	2.7	19.8	4.1	−11.3
差值(℃)	−6.5	−1.9	−2.0	−2.3	−6.5

3. 土壤温度

土壤温度指地面以下土壤中的温度。土壤中热量主要来源于地面,而地面热量又主要来源于太阳辐射能量。地面吸收太阳辐射热量,通过传导作用传至土壤中,使土壤中的温度也有日变化、月变化及年变化。这种变化愈往深处愈小。见表 2.11 和图 2.3,在 4—9 月的暖季里,地表面受热逐渐强烈,温度增高很快,但土壤中 5~20 cm 的温度,随深度增加而递降,5~20 cm 的年平均土壤温度基本保持恒温在 18.7 ℃左右摆动。

表 2.11　各月平均土壤温度　　　　　　　　　　　　　　　　单位：℃

月	1	2	3	4	5	6	7	8	9	10	11	12	年
0 cm	6.1	7.6	12.5	18.5	23.6	28.4	33.6	32.5	28.5	21.3	13.9	8.9	19.6
5 cm	6.7	8.5	12.3	17.4	21.9	26.7	30.6	30.2	26.5	20.5	14.2	9.5	18.7
10 cm	7.2	8.6	12.2	17.2	21.5	26.2	30.0	29.9	26.5	20.8	14.7	10.1	18.7
15 cm	7.6	8.8	12.3	17.0	21.2	25.8	29.6	29.6	26.5	21.0	15.1	10.5	18.6
20 cm	7.9	8.9	12.2	16.9	21.0	25.4	29.3	29.5	26.5	21.2	15.4	10.9	18.7

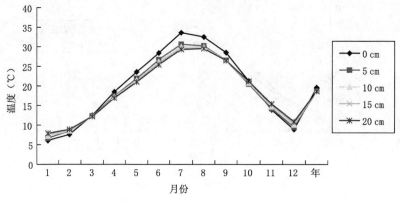

图 2.3　各月平均土壤温度变化图

第二节　降水

降水是指从天空降落到地面的液态或固态的水。

降水量是指某一时段内未经蒸发、渗透、流失的降水，在水平面上积累的深度。以毫米（mm）为单位，取一位小数。

一、降水量的分布

1. 年降水量

隆回县多年年平均降水量在 1293.2(1957—1980 年)～1312.7 mm(1981—2010 年)之间，最多年降水量达 1809.9 mm，出现在 1994 年，次多年降水量为 1651.2 mm，出现在 1982 年。最少年降水量为 835.6 mm，出现在 2011 年。

2. 历年年降水量保证率（见表 2.12）

表 2.12　隆回县历年降水量的保证率（％）统计表（1981—2011 年）

降水量级（mm）	保证率（％）	降水量级（mm）	保证率（％）
1801～1900		1301～1400	40
1701～1800	3	1201～1300	65
1601～1700	10	1101～1200	87
1501～1600	19	1001～1100	97
1401～1500	29	900～1000	100.00

3. 降水量的季节变化

降水量在季节分布上差异很大,夏季最多,春季次之,秋季居三,冬季最少。基本上是按夏春秋冬依时递减。见表 2.13。

表 2.13　隆回县各季降水量占年总降水量的百分率表

季	春(3—5 月)	夏(6—8 月)	秋(9—11 月)	冬(12—次年 2 月)
降水量(mm)	430.5	483.8	210.1	188.1
占全年总降水量百分比(%)	32.8	36.9	16.0	14.3

这一变化的主要原因是由于在季风气候的影响下,夏半年受海洋气团的控制,而冬半年受极地大陆气团的控制,在水汽供应上造成明显差异所致。

4. 从表 2.14 和图 2.4 可看出降水量的月变化、降水量的月变化特点为

(1)雨水集中,春夏两季降水量占全年总降水量的 69.7%,秋冬两季降水量只占全年总降水量的 30.3%,且夏季比春季多,秋季比冬季多。

在一年之中,以 6 月份的降水量最多。平均为 211.2 mm,占全年总降水量的 16.1%,相当于秋季(9、10、11)三个月降水量的总和,3—6 月四个月的降水量达 641.7 mm,占全年总降水量的 48.9%,3—8 月六个月降水量达 914.3 mm,占全年总降水量的 69.7%。

(2)上半年从冬到夏,降水量是不断递增的,如 1 月份降水量 65.2 mm,2 月份 82.3 mm,3 月份上升到 114.1 mm 至 6 月份达 211.2 mm,为全年各月降水量的高峰值。

(3)6 月份以后,降水量逐渐减少,7 月份降水量 143.0 mm 至 10 月份降水量为 86.1 mm,12 月份降水量 40.6 mm,为全年各月降水量的最低值。

表 2.14　历年各月降水量表

月	1	2	3	4	5	6	7	8	9	10	11	12	年
降水量(mm)	65.2	82.3	114.1	142.2	174.2	211.2	143.0	129.6	62.3	86.1	61.8	40.6	1312.6

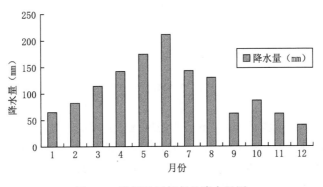

图 2.4　隆回县历年各月降水量图

5. 降水量的旬变化

从表 2.15 可看出降水量旬变化的特点为:

(1)在一年中以 5 月上旬降水量最多,平均值为 83.1 mm。

(2)1月上旬、中旬,2月下旬,9月下旬,10月下旬,12月上旬、中旬、下旬,各旬降水量均在 20 mm 以下。

(3)在农作物生育旺季中的 7—10 月有三个显著的少雨时期。7月下旬降水量为 24.6 mm,8月上旬为 37.5 mm,正值双季稻收早插晚需水关键期,常因缺水而出现干旱。8月下旬 36.0 mm,此时高温又缺水,常出现干旱,9月上旬 21.5 mm,中旬 22.5 mm,下旬 10.7 mm。双季晚稻抽穗杨花,旱土作物红薯壮薯期也是需水最多的关键期,常因缺水而出现秋旱,是制约一季中稻高产丰收的瓶颈。

表 2.15　隆回县历年各旬降水量表

月	1			2			3			4			5			6		
旬	上	中	下	上	中	下	上	中	下	上	中	下	上	中	下	上	中	下
降水量(mm)	10.3	17.8	22.2	23.2	25.3	19.7	25.5	32.9	45.3	58.8	67.5	61.5	83.1	74.4	71.3	40.4	64.5	71.4
月	7			8			9			10			11			12		
旬	上	中	下	上	中	下	上	中	下	上	中	下	上	中	下	上	中	下
降水量(mm)	40.4	45.2	24.6	37.5	41.0	36.0	21.5	22.5	10.7	17.6	32.1	32.5	28.2	29.9	13.9	14.8	13.6	16.0

6. 降水量的日变化(见图 2.5)

(1)降水量在 1 日中的变化趋势,最高值在隆回县常出现在深夜 02—04 时,最低值常出现在 14—16 时。

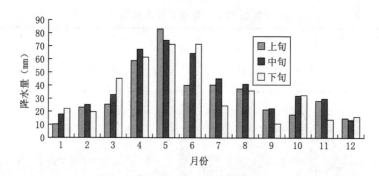

图 2.5　历年各旬降水量图

随着季节不同,日降水量的最高、最低值的出现时间略有变化,冬春季节,日降水量最高值出现在凌晨,即出现时间约推迟 2～4 小时,而降水量最低值则提前 2～4 小时在 10—14 时出现。夏季,日降水量最高值出现在早晨前后,最低值出现在傍晚 18—20 时左右。

(2)降水量的日变化与气温最低值的出现时间相接近

降水量最高值与温度最低值的出现时间基本相同。夜晚因辐射而使地面和近地层温度降低,空气湿度增大,加之夜雨多,湿度增加更大,趋于饱和状态,更有利于水汽凝结,因凝结放出潜热,增强了蒸发作用,消耗潜热,又引起降温,使地面对辐射热量的吸收和放射具有惰性落后的缘故。

根据隆回县降水量自记记录资料,按上午(06—12 时),下午(12—18 时),前半夜(18—24 时),后半夜(00—06 时)等四个时段进行统计,并计算出四季与全年各个时段降水量的百分比如表 2.16。

从下表可见:隆回县春夏秋季上午降水量最多,春季 06—12 时降水量占 36%。夏季(7月)06—12 时占 35%,秋季(10 月)06—12 时占 32%,冬季后半夜(00—06 时)降水量最多占 44%。全年以后半夜(00—06 时)降水量最多占 31%。

表 2.16　隆回县各时段降水量百分比(%)统计表

季节	时段(时)	百分比(%)
春(4 月)	00—06	27
	06—12	36
	12—18	19
	18—21	18
夏(7 月)	00—06	27
	06—12	35
	12—18	20
	18—21	19
秋(10 月)	00—06	35
	06—12	32
	12—18	22
	18—21	21
冬(1 月)	00—06	44
	06—12	20
	12—18	17
	18—21	18
全年	00—06	31
	06—12	29
	12—18	19
	18—21	22

二、雨季和旱季

1. 雨季和旱季的降水量

4—6 月极锋雨带滞留本县,致使降水量高度集中,多年平均降水量为 524.4 mm,占年总降水量的 40.2%。最多年的 1998 年 4—6 月降水量 685.7 mm,占全年总降水量的 52.2%,最少年的 2008 年 4—6 月降水量仅 395.2 mm,占全年总降水量的 30.1%。(见表 2.17)

7—9 月本县常受西太平洋副热带高压稳定控制,降水量少,高温炎热,蒸发量大,作物需水量多,常出现雨水不足,形成干旱,故称之为旱季。7—9 月本县多年平均降水量为 334.9 mm,占全年总降水量的 25.5%,但个别年份雨季结束特迟,或出现较多的台风或热雷雨,7—9 月降水也会出现特多的现象,如 1994 年 7—9 月降水量 727.3 mm,占全年降水量的 55.2%。而也有个别年份出现雨季结束偏早,降水量偏少的情况,如 2005 年 7—9 月降水量仅 45.5 mm,占年总降水量的 3.5%,是本县 7—9 月降水量的最少值。

表 2.17　雨季(4—6 月)和旱季(7—9 月)降水量表

降水量(mm)	雨季(4—6 月)	旱季(7—9 月)
平均降水量(mm)	524.4	334.9
占全年百分比(%)	40.2	25.5
最多年降水量(mm)	685.7(1998 年)	727.3(1994 年)
占全年百分比(%)	52.2	55.4
最少年降水量(mm)	395.2(2008 年)	45.5(2005 年)
占全年百分比(%)	30.1	3.5

2. 雨季起止日期

每年春季,极地大陆气团势力逐渐减弱,南方海洋暖湿气团开始活跃影响本县,使雨水逐渐增多,形成雨季开始。此后随着西太平洋副热带高压的不断推进,极锋雨带北移,当副热带高压脊线北跃至 28°N 附近时,本县稳定受副热带高压控制,天气晴热、高温,雨季结束。

根据省气象台 2005 年制订的天气气候标准。雨季是指入汛后至西太平洋副热带高压季节性北跳之前的一段时期。雨季开始:是指日降水量≥25 mm 或三天总降水量≥50 mm,且其后两旬中任意一旬降水量超过历年同期平均值。

雨季结束:是指一次大雨以上降水过程以后 15 天内基本无雨(总降水量<20 mm),则无雨日的前一天为雨季结束日。雨季中若有 15 天或以上间歇,间歇后还出现西风带系统降水(15 天总降水量≥20 mm),间歇时间虽达到以上标准,雨季仍不算结束。

按此标准统计隆回县雨季开始日期一般为 3 月 31 日,最早出现在 2 月 22 日,最迟出现在 5 月 26 日。

雨季结束日期一般为 7 月 2 日,最早出现在 6 月 13 日,最迟出现在 7 月 21 日。初终间持续日数平均为 93.8 天,最多为 134 天,最少为 58 天。

3. 干燥指数

一地的干湿状况是降水、热量等要素的综合反映,干燥指数是能较好地反应我县暖季干湿状况的指标。其经验公式为:

$$K = \frac{E}{Y} = \frac{0.16\sum t}{Y} \times 100\%$$

式中:K——为干燥指数

E——为可能蒸发量(mm)

$\sum t$——为日平均气温稳定通过 10 ℃期内的积温(℃)

Y——为日平均气温稳定通过 10 ℃期内的降水量(mm)

采用上式计算结果如下表 2.18

表 2.18　隆回县 4—10 月干燥度表

月	4	5	6	7	8	9	10	4—10 月平均
干燥度	0.58	0.63	0.57	0.98	1.05	1.84	1.07	0.96
干湿类型	湿润	湿润	湿润	半湿润	半湿润	半干旱	半湿润	半湿润

从表 2.18 可看出,4 月份降水量增多,本县气候温暖湿润,5 月、6 月份湿润;7 月、8 月、10 月半湿润;9 月降水较少,秋高气爽,半干旱。

隆回县 4—10 月平处于半湿润气候状态,对农作物生长发育和高产丰收有利。

第三节 日照

日照是指太阳在一地实际照射的时数,在一个给定时段,日照时数定义为太阳直接辐射照度达到或超过 120 瓦/平方米(W/m^2)的那段时间的总和。以小时(h)为单位,取 1 位小数。日照对数也称实照时数。

可照时数(天文可照时数),是指在无任何遮蔽条件下,太阳从日出至日没,其光线照射到地面所经历的时间。可照时数由公式计算,也可从天文年历或气象常用表查出。年日照时数及年日照百分率,日照百分率=日照时数/可照时数×100%

一、年日照时数与年日照百分率

隆回县历年年日照时数在 1539.9(1951—1980 年)~1373.3 小时(1981—2010 年)之间,最多年 1963 年日照时数达 1864.5 小时,日照百分率 42%,1971 年达 1826.4 小时,日照百分率 41%,最少年日照时数 1181.1 小时,日照百分率 27%,出现在 1997(见表 2.19 和图 2.6)。

表 2.19 各月日照时数及日照百分率统计表

月	1	2	3	4	5	6	7	8	9	10	11	12	年	资料来源(年)
日照时数(h)	54.7	45.4	62.4	90.3	123.8	128.7	217.6	195.1	148.2	111.8	106.5	89.0	1373.3	1981—2010
	73.0	58.6	78.4	103.2	115.1	140.5	244.4	227.2	171.8	133.9	106.0	87.8	1539.9	1971—1980
日照百分率(%)	17	14	17	23	30	31	52	49	41	32	33	28	31	1981—2010
	22	18	21	27	28	34	58	56	47	38	33	27	35	1971—1980

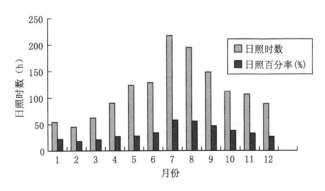

图 2.6 历年各月日照时数与日照百分率

二、月日照时数与日照百分率,月日照百分率

1.月日照时数的变化:12 月、1 月、2 月、3 月各月日照时数均小于 100 小时,4 月份日照

时数增加到 103.2 小时,到 7 月份达到 217.6 小时,为全年日照时数的最高值,而后又逐月下降,8 月份为 195.1 小时,至 12 月份为 89.0 小时。

2.月日照百分率(1957—1980 年)12 月、1 月、2 月、3 月、4 月、5 月各月均小于 30%,其中 2 月份为 18%,为全年的最低值。(1981—2010 年),6 月为 34%,7 月达 58%,为全年最高值,8 月份为 56%,而后 9 月降低 47%。10 月份 38%、11 月份 33%、12 月份 27%。

三、旬日照时数的变化

从表 2.20 看出旬日照时数的变化特点为:

1.1 月下旬至 2 月上旬、下旬,各旬日照时数均在 20 小时以下;11 月上旬、中旬,2 月中旬,3 月上旬、中旬,4 月上旬,12 月下旬等各旬日照时数在 30 小时以下。

2.3 月下旬,4 月中、下旬,5 月上、中旬及 11 月上中下旬与 12 月上、中旬,各旬的日照时数均在 40 小时以下;

3.4 月下旬,6 月中下旬,10 月上、中、下旬等各旬日照时数均在 40～50 小时之间。

4.5 月下旬,6 月上旬,各旬在 50～60 小时之间,7 月上旬日照时数上升到 71.6 小时,7 月下旬达 95.4 小时,为全年各旬日照时数的最大值。8 月下旬 82.7 小时为次高值。自 9 月中旬开始逐旬递减至 50 小时以下,至 12 月下旬降至 23.8 小时。

表 2.20　旬日照时数变化

月	1			2			3			4			5			6		
旬	上	中	下	上	中	下	上	中	下	上	中	下	上	中	下	上	中	下
日照时数(h)	27.7	26.5	18.8	19.1	20.9	18.6	23.1	22.7	32.6	27.8	34.9	40.6	31.3	31.0	52.9	50.5	43.1	46.8

月	7			8			9			10			11			12		
旬	上	中	下	上	中	下	上	中	下	上	中	下	上	中	下	上	中	下
日照时数(h)	71.6	77.4	95.4	76.0	68.5	82.7	66.8	66.4	48.7	44.3	43.2	46.4	39.2	32.1	34.7	31.8	32.1	23.8

第三章　主要农业气象灾害及防御

直接危害人类生命财产和生存发展条件的自然异常事件称为灾害。以自然变异为主因并表现为自然现象的,如旱、涝、冰雹等称为自然灾害。

农业灾害:直接危害农业生物、农业设施和农业生产环境,影响农业生产的正常进行,并进而影响人类生存或利益的灾害称为农业灾害。农业灾害属于自然灾害。

导致灾害发生的自然原因称为灾害源,在灾害过程中具有破坏作用的事物为灾害载体,受到损害的对象为受灾体。人类的历史就是一部灾害史,将来在人类改造自然能力极大增强后,也还会存在人类能力所不及抗御的灾害。因此,减灾是永恒的事业。

自然灾害一般都不是孤立存在的,有联系的自然灾害组合的整体称为自然灾害系统。

自然灾害具有下列特性:

自然灾害的时空群发性:地球表面各圈层构成统一的自然环境,决定了各种自然灾害在空间上的联系;各圈层运动变化韵律又具有同步性,决定了各种自然灾害在时间上的联系。常在某一时段或区域内相对集中形成多种灾害的群发现象,特别是重大灾害。

灾害链现象:重大自然灾害发生后诱发一系列次生灾害的现象叫作灾害链。如暴雨—山洪—泥石流和滑坡形成了一条灾害链。

自然灾害的周期性:自然灾害的发生具有一定的周期性。与天文因素、地球圈层运动及致灾因素的周期变化有关。如地震、旱涝存在 11 年、22 年的准周期,与太阳黑子的周期变化相一致,海平面升降有 11 年、5～6 年、月及日的周期变化,与太阳活动、月球的绕地公转和地球自转周期有关。

农业气象灾害:农业气象灾害是农业生产过程中发生的不利天气或气候条件的总称。我国农业受灾损失的 70%～80% 都是由气象灾害引起的。

农业气象灾害按其致灾气象因子可作如下分类(图 3.1):

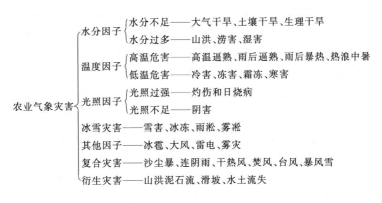

图 3.1　农业气象灾害分类

光、热、水、气等气候要素既是农业生产的必需因子,又构成其生存环境。在满足农业作物的要求时成为有利的环境气象条件,可看作是一种气候资源。不利气象条件是指光、热、水、气等气象要素不能满足农业作物生长发育和农业生产活动的正常进行,成为一种胁迫因素。当严重到能造成显著的危害和经济损失时称为农业气象灾害。气象要素的数量或强度在一定范围内才能满足农业作物的需求,过强过弱、过高过低都可能产生不利影响,甚至形成灾害。这是农业气象灾害与其他灾害的一个显著区别。

不同农业作物对环境气象条件的要求不同,对某种作物不利的气象条件,对另一种作物却可能有利。因此,农业气候资源与农业气象灾害具有一定的相对性,两者之间没有绝对的界限。但就某一个农业区域而言,已形成了适应当地常年气候条件的农业结构及技术体系,一旦气候异常由于不适应会导致经济损失酿成灾害。

气候异常是古今中外常见的现象,一般来说,大陆性气候和季风气候的季节和年际变化较大,气象灾害更为频繁。国家的经济实力强弱和生态环境保护的水平也决定着对自然灾害的调节、缓冲和抗御能力。土地利用强度大,复种指数高,产量水平也较高的地区,农业生产对气象灾害也更敏感。我国大部地区为大陆性季风气候,又是人多地少复种指数很高的国家,经济发展水平不高,几千年来农业生态环境持续恶化,总体抗灾能力薄弱。

这些都决定了我国是世界上农业气象灾害非常严重的国家。

气候是一种重要的农业自然资源和国土资源。首先,气候提供了农产品能量和物质的主要来源;其次,气候提供了光、热、水、气等农业作物生存发展的基本环境条件;气候还在很大程度上影响着土壤、水体、植被、生物种质等其他农业自然资源的演变和兴衰。因此,充分合理地利用气候资源是实现农业可持续发展的重要前提。

农业气候资源与农业气象灾害是相对的,需要根据农业生物对环境气象条件的要求来确定。某种气象条件对于某一类作物能形成灾害,对另一些作物却可能是有利的。因此,掌握气候变化规律和农业生物与气象条件相互关系的原理,就有可能趋利避害,甚至化害为利。

农业作物对各种气象因子都有其最适、抑制和致死点,以温度对作物生长发育的影响为例,存在着临界致死低温、生长发育下限温度、最适温度生长发育上限温度、临界致死高温温度五基点。农业作物对气象条件的反应有两种情况,一是外界气象条件超出生物正常生活的范围,但未达到致死指标。所产生的生理反应,有的是弹性的即具有恢复能力,有的是塑性的即不能恢复到原来状况。如果不利条件持续维持下去,这两种情况都能造成生长发育延缓,成本提高,产量下降,严重的可形成灾害,一般属累积型灾害。另一种情况是外界气象条件严酷或变幅太大,达到和超过临界致死指标,或长期处于受害指标范围内,使生物体受伤或致死。这种情况通常都会形成灾害,有的是突发性的,有的是伤害不断加重,仍属累积型灾害。在农业生产实践中累积型灾害的危害并不亚于突发型灾害,但往往容易被人们忽视。

农业气象灾害的发生有三种情况,第一种是外界特殊不利气象条件所造成;第二种是乱伐、滥垦、过牧、烧荒造成水土流失、草原退化,破坏了生态平衡,导致气候恶化灾害增多;第三种是气候并无异常,由于在生产中违背气候规律而人为导致的气象灾害。

不利气象条件除直接对农业作物造成危害外,还可能通过诱发病虫害或影响生态环境而形成其他次生灾害,这也是与其他农业自然灾害不同的特点。

第一节　干旱灾害

一、干旱的概念及干旱分类

1. 干旱的定义

干旱是指长时期降水量偏少,造成空气干燥,土壤缺水,使农作物体内水分发生亏缺,影响正常生长发育而减产的一种农业气象灾害。

干旱灾害是指某一具体的年、季或月的降水量比多年平均降水量显著偏少而发生的危害。

世界气象组织定义干旱为:在较大范围内相对长时期平均水平而言降水减少,从而导致自然生态系统和雨养农业生产力下降。

2. 干旱的分类

美国气象学会在总结各种干旱定义的基础上将干旱分为气象干旱、农业干旱、水文干旱和社会经济干旱4种类型。

(1)气象干旱:是指降水量小于正常的降水量。即某时段内由于蒸发量和降水量的收支不平衡,水分支出大于水分收入而造成的水分短缺现象。气象干旱的实质是缺水。气象干旱指标主要考虑降水量和气温,从天气状况出发,抓住了干旱形成的主要因素,使大范围监测干旱及不同地区旱情时具有可比性等。但由于气象干旱指标没有考虑地下垫面的水分需求状况,不能准确地表达干旱造成的影响。

(2)农业干旱:是指农作物由于气温和降水等气象原因,不能从土壤或空气中获得生长发育足够的水分,造成其生长发育不良甚至死亡,导致农业减产或农产品质量下降的一种灾害现象。农业干旱主要是由大气干旱或土壤干旱导致农作物生理干旱而引发的。

大气干旱:空气干燥,大气蒸发力强,使植物蒸腾过快,根系从土壤中吸收的水分难以补偿蒸腾消耗水分,收支失去平衡而造成危害。

土壤干旱:由于土壤含水量少,作物根系难以吸收足够水分补偿蒸腾消耗,使作物体内水分失去平衡,而不能正常生长发育。

生理干旱:土壤环境不良使植物生理活动发生障碍,体内水分失去平衡。有时土壤并不缺水也能出现生理干旱。如作物被淹根系缺氧不能正常吸收水分而发生萎蔫。

(3)水文干旱:是指河川径流低于其正常值或含水层水位降落的现象。水文干旱的定义为某一特定的水资源管理下,河川径流在一定时期内满足不了供水需要。如果在某一段时期内,流量持续低于某一特定的阈值,则认为发生了水文干旱。阈值的选择可以根据流量的变化特征,或者根据需水量的要求而定。

(4)社会经济干旱:是指在自然系统和人类社会经济系统中,由于水分短缺影响生产、消费等社会经济活动的现象。

气象干旱、农业干旱、水文干旱和社会经济干旱,它们之间既有联系,又有不同。长期的气象干旱可形成农业干旱和水文干旱,而长期的农业干旱又可导致社会经济干旱。

3. 干旱的标准

干旱是因长期无雨或少雨,造成空气干燥、土壤缺水的气候现象。干旱标准如下(见表

3.1)：

表 3.1　干旱等级表

干旱等级	干旱标准(以下二条达到其中任意一条)
一般干旱	出现 1 次连旱 40～60 天或出现二次连旱总天数 60～75 天
大旱	出现一次连旱 61～75 天或出现二次连旱总天数 76～90 天
特大旱	出现一次连旱 76 天以上或出现二次连旱总天数 91 天以上

冬旱：12 月至次年 2 月,降水总量比历年同期偏少 3 成或以上。

春旱：3 月上旬至 4 月中旬,降水总量比历年同期偏少 4 成或以上。

夏秋干旱主要是雨季结束后,长时间(一般连续 20 天以上)无有效降水,形成的干旱。

夏旱：雨季结束至立秋前,出现连旱。

秋旱：立秋后至 10 月,出现连旱。

夏秋连旱时段是雨季结束至 10 月。

连旱：在连续 20 天内基本无雨(总降水量≤10.0 mm)才作旱期统计；40 天内总雨量 <30.0 mm,41 天内总雨量<40.0 mm；61 天以上总雨量<50.0 mm；在以上旱期内不得有大雨或以上降水过程；山区各级干旱在上述标准基础上降低 10 天。

雨季结束一般是指夏季一次大雨以上降水过程以后 15 天内基本无雨(总降水量 ≤20 mm),则无雨日的前 1 天为雨季结束。一般发生在夏季的 6 月底至 7 月份。若立秋前后雨季还未结束,则可认为该年无明显雨季结束。

二、隆回县干旱灾害概况

1. 隆回县干旱概况

干旱灾害是隆回县主要的灾害。清光绪《邵阳县志》记载,原邵阳县从清顺治三年至同治八年(1646—1869 年)的 223 年间,有 24 年大旱。民国时期档案资料记载,从民国 10 年至民国 37 年的 27 年中,原邵阳县有 10 年为干旱,平均 2.7 年一遇,其中特大干旱年有民国 10 年(1921 年)和民国 23 年(1934 年),大旱 4 年,小旱 4 年。新中国成立后,县内从 1956 年建立气象站有资料记载起,至 2010 年中有小旱 8 年(1958 年、1965 年、1973 年、1977 年、1981 年、1983 年、1984 年、1987 年),中旱 10 年(1961 年、1962 年、1967 年、1969 年、1975 年、1976 年、1979 年、1982 年、1986 年、1991 年),大旱 10 年(1964 年、1970 年、1971 年、1972 年、1978 年、1980 年、1985 年、1992 年、1998 年、2006 年),特大旱 8 年(1957 年、1959 年、1960 年、1963 年、1966 年、1968 年、1974 年、2011 年)。

2. 隆回县干旱灾害的特点

(1)干旱灾害具有明显的季节性。以夏、秋干旱为多,春旱、秋旱、冬旱也偶有发生。

夏旱：一般在 6 月下旬至 7 月初雨季结束后开始,立秋边解除,旱期平均 42 天,有 71.4％的年份出现夏旱,尤以 1959 年、1963 年、1966 年、1972 年、1974 年、1976 年、1977 年、1980 年、1981 年、1985 年、1986 年、1989 年、1992 年、1997 年、2001 年、2003 年、2005 年、2006 年、2008 等年较为严重。

秋旱：一般在立秋边或 8 月中旬初开始至 9 月下旬结束,严重的 10 月底才能缓解。平均旱期 56 天。有 89％的年份出现秋旱,尤以 1957 年、1959 年、1960 年、1961 年、1964 年、

1966 年、1968 年、1970 年、1971 年、1972 年、1974 年、1976 年、1977 年、1980 年、1981 年、1985 年、1986 年、1989 年、1992 年、1997 年、2001 年、2003 年、2006 年、2008 年较为严重。

夏秋连旱,出现概率为 44.3%,尤以 1959 年、1960 年、1963 年、1966 年、1972 年、1974 年、1976 年、1978 年、1981 年、1982 年、1989 年、1990 年、1991 年、1992 年、2005 年等较为严重。

冬旱,出现概率为 23.8%,尤以 1960 年、1961 年、1962 年、1973 年、1975 年、1988 年、2003 年、2007 年、2009 年较为严重。

春旱,出现概率为 28.6%,尤以 1963 年、1969 年、1974 年、1977 年、1978 年、1982 年、1995 年、2003 年、2005 年、2006 年等年较为严重。

(2)干旱灾害具有块块旱、插花旱的特点。西北部山区干旱轻,南部丘陵区干旱严重。干旱严重区主要分布在南部丘岗地区。周旺、滩头、横板桥、荷香桥等地区。

(3)干旱灾害还具有阶段性,据公元 1100 年至公元 1900 年共计 800 年的干旱史料统计,隆回县共出现干旱灾害 138 次,其中 1101—1200 年 12 次,1401—1500 年 27 次,1501—1600 年 26 次,1601—1700 年 28 次,1701—1800 年 18 次,1801—1900 年 27 次,1901—2008 年的 108 年中共出现干旱灾害 53 次,其中 1901—1949 年出现 19 次,1950—2008 年 34 次。由此可看出:15 世纪以来旱灾危害尤以 1601—1700 年最为严重,其次为 1401—1500 年、1801—1900 年和 1501—1600 年。1950 年以来以 20 世纪 60 年代、80 年代的干旱较为严重。

(4)干旱灾害还具有普遍性和连续性及周期性。查阅 900 多年的历史文献资料,隆回县境内几乎年年都有不同程度的干旱灾害出现,且干旱具有连续性。连旱二年的出现 25 次,连旱三年的 11 次,连旱四年的 4 次,连旱五年的 1 次,连旱八年的 1 次;1950 年以来共出现连旱 8 次,其中连旱二年的 3 次,连旱三年的 3 次,连旱五年的 1 次,连旱六年的 1 次。干旱灾害还具有周期性,受太阳黑子周期影响,也有 11 年左右的周期性。

(5)干旱灾害具有交替性。常出现前涝后旱的现象,即 4—6 月雨季的水灾结束后,7—9 月接着出现干旱少雨的旱灾。

三、干旱形成的原因

1. 大气环流,太阳辐射对天气气候的影响季风反常是形成干旱的主要原因。隆回县地处湘中腹地,距东南沿海 700 多千米,大陆度高,北部为高山环绕,夏季南方暖湿气流翻越南岭后常于衡邵盆地上空下沉增温,天气炎热,降水量少,海洋上的台风对隆回县的影响已是强弩之末。因而常出现夏秋干旱;秋冬季北方冷空气一扫而过,直抵南岭山脉,常出现秋高气爽的秋冬干旱天气。

2. 特殊的地理、地形、地貌、环境亦是形成隆回县干旱的原因之一,由于地形条件限制,南部石灰岩分布面广,占南部面积的 73.04%,水资源保蓄调节能力差;同时地质构造多碳酸盐熔岩地层(占 62.4%),植被稀少,岩石裸露,地表水下渗到地下面而不能蒸发,空中水汽少,云雨降水少,地表径流少,致使本县南部地区降水偏少,干旱严重。

3. 农业复种指数提高,加剧了水资源供不应求的矛盾。1949 年本县复种指数 24.5%,2008 年达 23.6%,且又是以喜水的水稻为主,自然降水量只能保证晚稻需水的 23.7%,加剧了夏秋干旱的危害程度。

4. 水利工程设施老化,病险水库增加,蓄水量减少,人口增加,煤矿开采,小城镇发展,工业用水与城镇居民生活用水猛增,人为地加剧了水资源供不应求的矛盾,降水稍少,旱灾就凸显了。

四、防御干旱的对策

防御干旱的主要途径有三个:一是采取生物措施,植树造林种草,从根本上减少和防御干旱的发生;二是采取工程措施,兴修水利,拦蓄地表水,发展灌溉农业;三是采取农业技术措施和物理化学方法,利用空中云水资源,开展人工降雨,增加降水量,减少干旱威胁,走节水农业之路。

1.掌握干旱规律,躲开干旱危害。根据降水量蓄水量资源,合理安排农业耕作制度。据试验双季稻亩平均需水量 700～800 m³ 左右,一季稻 450～500 m³ 左右,干旱威胁稻田耕地面积 50% 以上。亩平均需水量 700 m³ 以上的占稻田总面积 44.2%,分布在丘岗平区,靠近资水和中型水库附近,是双季稻高产稳产区;亩平均水量 450～500 m³ 的稻田占 37.6%,靠近小型水库的丘岗边缘,种一季稻可稳产,但热量浪费 2500 ℃,而种双季稻亩平均缺水 150 m³ 左右,因而干旱缺水是隆回县双季稻亩产过吨粮的瓶颈;亩平均水量 300～400 m³ 的稻田占 14% 左右,分布在石灰岩边缘地区,种一季稻尚缺水 100 m³ 左右,易受伏旱威胁;亩平均水量 300 m³ 以下的稻田占 4.2% 左右,分布在石灰岩干旱死角区,种一季稻尚有 25% 的年份亩平均缺水 150 m³ 左右。受伏旱威胁,种水稻难以稳产保收,但光热充足,适宜于烤烟、花生、玉米、黄花、大豆、红茹、金银花药材的优质高产。同时可采用水旱轮作,种一季早熟早稻或玉米、红茹、蔬菜、大豆,可躲开夏旱威胁。

2.加强水利工程设施建设,拦截地表径流,增加蓄水量。兴修水利以内涵为主,修复病险水库、山塘堤坝和渠道。开源节流,因地制宜,修建一些小型水库、山塘、堤坝、水井、小蓄水池。在干旱地区的房前屋后田边,土边开挖一些小型蓄水池、小水窖,尽可能多地拦截地表水源,增加干旱区内的基础水量,在有能源条件的干旱区,适当修建一些电灌、机灌设施,增加人工提引水量。

3.植树造林种草,封山育林,增加植被覆盖率,改善气候环境,调节雨水。据研究,每公顷森林可蓄水 1500 m³,即营造 1 万亩森林可相当于修建一座蓄水量 100 万立方米的水库,同时有林地比裸露地水土流失减少 47.4%。山清水秀,林茂粮丰,这是防御干旱的根本大计。

4.充分利用空中云水资源,积极开展高炮、火箭人工降雨试验研究应用,增加降水量;因地制宜推广 FA 旱地龙抗旱剂,抑制稻田水面蒸腾,保持土壤水分。

附:隆回县历年旱灾年表:

△清咸丰二年(1852 年):邵阳旱。

△清同治五年(1866 年):邵阳旱。

△民国 10 年(1921 年):入春以来无雨,五月荒象已成,及至夏秋,禾苗大部枯死,饥民遍地,武冈、邵阳等处饥饿死亡更多,人口大减。

△民国 14 年(1925 年):邵阳大旱,颗粒无收,米每石价银 20 元。

△民国 23 年(1934 年):邵阳夏秋久晴不雨,溪坝断流,禾苗枯萎。受旱灾农田 96 万余亩,灾民迫于饥馑,自杀的约 400 余人。

△民国 27 年(1938 年):邵阳自立春以来长期不雨,又遭秋旱。

　　△民国 34 年(1945 年)：春夏之际,全省 54 县大旱,尤以湘潭、邵阳等县为最严重,大部分地方不雨 52 天,民众以树皮泥土充饥,胀死及自尽的不可计数。

　　△1951 年：县境 7 月中旬旱象露头,月余无雨,一、四、五区灾情最重,受灾田 12 万亩,减产 37％。

　　△1953 年：大旱,自 5 月下旬至 8 月中旬无雨,共 85 天,全县 210 个乡受灾,受灾田 35.4 万亩,占总田亩 51％,其中 7.9 万亩颗粒无收,10 万亩严重减产,总产比常年减 26％。

　　△1954 年：8 月底至 12 月初干旱。

　　△1955 年：夏秋两次受旱共 70 天左右,受旱田 28 万亩,减产稻谷 12685 t。

　　△1956 年：夏秋连旱,部分地方自 5 月 14 日至 10 月下旬无雨,受灾田 30 万亩,减产稻谷 38630 t,经济作物减产 41.2％。

　　△1957 年：夏秋连旱 111 天,受灾田 32 万亩,减产稻谷 2.4 万吨。

　　△1959 年：从 7 月 11 日至 10 月 29 日,仅 8 月中旬初下过一场雨,旱象未除,致夏秋连旱 109 天,23 万亩晚稻和秋杂受灾,占当年晚稻秋杂总面积 56％,成灾 5 万亩,减产 8565 t。

　　△1960 年：夏旱 44 天,秋旱 59 天,受灾 53.7 万亩,成灾 43.9 万亩,当年粮食总产又比上年减 38.2％。

　　△1961 年：夏旱 35 天,14 万亩稻田受灾。

　　△1962 年：7 月,夏旱 25 天,7 万亩水稻受灾,减产稻谷 3000 余吨。

　　△1963 年：特大干旱,从 1962 年 12 月下半月起,春夏秋少雨,至 10 月中旬旱象解除,春夏秋连旱 245 天,受灾田 40.1 万亩,粮食减产 4.95 万吨。

　　△1966 年：夏秋连旱 89 天,中稻、晚稻和旱土作物受灾减产 1.5 万吨。

　　△1968 年：夏秋旱,9.2 万亩作物受灾,粮食减产 9500 t。

　　△1971 年：7 月旱 30 天,9 月起秋冬连旱 157 天,冬种作物和蔬菜受损最大。

　　△1972 年：春雨不足,夏秋酷旱 75 天,早、中稻受旱 28 万亩,晚稻受旱 30.8 万亩,253 个生产队饮水困难。

　　△1974 年：4 月 19 日才普降大雨,延误了季节,全县少插早稻 1.3 万亩;7 月 17 日起又发生夏秋冬连旱至年底,旱期 130 余天,7 万多亩早稻脱水,开坼 3 万多亩,比上年少插红薯 1.6 万亩,晚稻枯萎失收 5 万亩,减产稻谷 1.5 万吨,红薯 1.8 万吨,302 个生产队缺饮水。

　　△1978 年：6 月 28 日 1—9 月 25 日,连旱 70 余天,早、中稻脱水 22 万亩,白坼 13 万亩,晚稻脱水 9.1 万亩,开坼 4 万亩。

　　△1982 年：7 月降水仅 36.9 mm,早稻田开坼 10 万余亩,枯萎 2 万余亩,经济作物受旱 6 万亩。

　　△1985 年：4 月 13 日—8 月 24 日,连旱 134 天,县内 81 条河流有 76 条断流,圮石中型水库干涸,242 座小型水库干涸 164 座,早稻少插 3 万亩,晚稻少插 9 万亩,农作物全面受灾,减产严重。

　　△1988 年：7 月 1 日—8 月 20 日,秋旱 50 天,受灾面积 10.71 千公顷,成灾面积 1 千公顷,减产粮食 10800 t,经济损失 631 万元。

　　△1989 年：7 月 2 日断雨脚,至 9 月 22 日持续干旱 82 天,受灾面积 15.18 千公顷,减产粮食 13800 t,直接经济损失 718 万元。

　　△1991 年：6 月 21 日断雨脚夏旱 37 天,接着秋旱至 10 月 11 日,夏秋连旱,严重干旱,

全县 41 座小一型水库干涸 27 座,198 座小二型水库干涸 108 座,27065 口山塘干涸 9588 座,受旱灾面积 11.67 千公顷,成灾面积 2.51 千公顷,35.1 万亩晚稻受旱灾 26.6 万亩,其中脱水 1.5 千公顷,开坼 7.2 万亩,枯萎失收 1.1 万亩,全县 1056 个村民小组 10.2 万人饮水困难,直接经济损失 878 万元。

△1992 年:7 月 6 日断雨脚,连旱 42 天,至 12 月 24 日秋旱 171 天,期间降水量仅 826 mm,为历史最少,县内 183 个村 1400 个组受灾,22 万户 12.3 万人和 7.6 万头牲畜饮水发生困难,受灾面积 2.7 千公顷,减产粮食 877.5 千吨,23.4 千公顷经济作物和旱粮作物严重受旱,其中枯萎 8.2 千公顷,直接经济损失 1.5 亿元。

△1998 年:7 月 25 日至 9 月 15 日,县境持续高温少雨,受旱人口 49.5 万人,1.85 万人、6500 头大牲畜饮水困难。农作物 33.5 万亩受灾,7.5 万亩绝收,减产粮食 9600 万公斤,直接经济损失 1.6 亿元。

△2000 年:6 月中旬至 7 月底,连续干旱 43 天,受旱面积 14.7 千公顷,其中,中、晚稻受旱面积 5.83 千公顷,水稻枯萎 1.25 千公顷,粮食减产 3800 t,有 440 个村民小组 2.7 万人发生饮水困难,直接经济损失 500 万元。

7 月份以后,南部小雨高温,县内 11 个乡镇 327 个村遭受旱灾,8 月 26 日—9 月 26 日县城降水量 6.4 mm,六都寨水库库区降水量 8.3 mm,70% 的小型水库干旱见底,85% 的山塘干枯,16 条小溪河断流,22 个乡镇 527 个村不同程度地遭受旱灾,受旱灾面积达 14.3 千公顷,其中晚稻受旱 5000 公顷,旱土作物 9.3 千公顷,共有 150 个村民小组 1.43 万人饮水困难。

2011 年,县内出现历史上罕见的大面积干旱灾害,南部 14 个乡镇严重干旱,北部的高坪等干旱也比较严重,县防汛抗旱指挥部及时启动了 IV 级应急措施,从六都寨水库、木瓜山水库调水 350 余万立方米,灌溉六都寨、石门、荷香桥、滩头、周旺、雨山、北山等乡镇 90 个村 10 多万亩水田,出动消防车、市政工程车送水 80 车次,解决严重干旱地区 3000 多人的生活用水困难。

第二节 暴雨、洪涝灾害

春末夏初,南方海洋上的暖湿气流日渐增强,天气形势场上有低槽、低涡、东风波、台风等天气系统影响,近地面有冷锋、静止锋的配合,气流辐合强烈,常造成降水急骤,雨量多,强度大的暴雨,据历史气象资料统计,隆回县 3—8 月春夏两季的降水量为 914.3 mm,占全年降水总量的 70% 左右,其中 5—7 月的暴雨约占全年暴雨的 60% 左右。雨季的短时大量降水倾注不及,极易造成山洪暴发、河水泛滥、城市渍水、内涝、冲毁房屋和淹没农田作物、公路交通,给人民生命财产造成巨大损失。因此,暴雨洪涝是隆回县的严重农业气象灾害之一。

一、暴雨、洪涝的标准

暴雨:是指 24 小时降水量 50.0~99.9 mm,大暴雨是指 24 小时降水量 100.0~200.0 mm;特大暴雨是指 24 小时降水量大于 200 mm。

洪涝:是由于降水过多而引起河流泛滥、山洪暴发和积水。

轻度洪涝:以下三条,达到其中任意一条。

4—9月任意10天内降水总量为200～250 mm;或4—9月降水总量比历年同期偏多二成以上至三成;或4—6月降水总量比历年同期偏多三成以上至四成。

中度洪涝:以下三条,达到其中任意一条。

4—9月任意10天内降水总量为251～300 mm;或4—9月降水总量比历年同期偏多三成以上至四成;或4—6月降水总量比历年同期偏多四成以上至五成。

重度洪涝:以下三条,达到其中任意一条。

4—9月任意10天内降水总量为301 mm以上;或4—9月降水总量比历年同期偏多四成以上;或4—6月降水总量比历年同期偏多五成以上。

二、洪涝和湿害的类型:降水过多给农业生产造成的灾害有以下几种情况

洪水:包括江河洪水和山洪。一般由突发暴雨或长时期降雨引起。

涝害:大量降水后未能及时排水使农田出现积水,使农作物受害,房屋被淹。

湿害:可分为空气湿害和土壤湿害,空气湿害是指持续阴湿天气、作物水分蒸腾受抑制,诱发多种病害;土壤湿害,是指土壤长期处于水分饱和状态,植物根系缺氧受害发育不良,又称渍害,可导致作物多种病害发生。

三、暴雨、洪涝灾害概况

水涝灾害是危害本县人民生命财产和工农生产较常见的严重自然灾害之一。其特点是来势凶猛、灾害剧烈。绝大多数发生在4—8月,4—5月南部重于北部,带全县性。6—8月北部重于南部,带局地性,北部山高坡陡易成山洪,南部是河岸低洼常遭水淹。以24小时雨量≥50.0 mm为暴雨日,统计本县气象站1957—2010年气象资料,年平均每年为3.1天。北部为3.5天,最多为9天(1969年小沙江),最少只一天(1963年、1965年桃花坪)。

近百年来最大一次全县性水灾发生在1912年(壬子年),其次是1954年,据调查,1912年六都寨辰水河最高水位11.66 m,为20世纪最高水位,沿河房屋良田尽淹,人民生命财产遭受严重损失;1954年六都寨辰水河最高水位11.21 m(调查数字)。该年6—7月遭四次水害,受灾面积30多万亩,重灾6万多亩,冲毁房屋996间,全县死亡40人。

全县性的洪水灾害有:1912年、1915年、1924年、1926年、1931年、1935年、1937年、1943年、1948年、1949年、1954年、1955年、1959年、1962年、1965年、1967年、1968年、1969年、1970年、1972年、1973年、1976年、1977年、1981年、1988年、1989年、1990年、1992年、1993年、1994年、1995年、1996年等19年,平均6～7年一遇。

从1954年以来,发生山洪的年份有1954年、1955年、1959年、1965年、1967年、1968年、1969年、1970年、1972年、1973年、1976年、1977年、1984年、1988年、1989年、1990年、1992年、1993年、1994年、1995年、1996年、1998年、2000年、2001年、2005年、2006年、2008年、2010年等29年,平均2年一次。山洪主要分布在北五区(小沙江、司门前、金石桥、高坪、六都寨等地区)。多局地性,一般一个乡至几个乡。1950年以来,危害最严重的是1968年,位于白马山的大水田乡的源江村,8月28日00时到00时50分源江、大坪等四个村,突降特大暴雨,100 mm以上,遭到了特大山洪袭击。15分钟内,洪水大浪铺天盖地而来,席卷房屋,树木人畜,一扫而光。据统计,源江、大坪、白马山、白溪、木瓜山五个村有32个生产队受灾严重,死亡97人,冲走房屋23座,冲烂17座,冲走水田630亩,旱土600亩,粮食 414900 斤[①],耕牛 14 头,生猪 43 头,羊 16 只,库存粮食 8280 斤,损失财产据统计达 14 万多元。

四、洪涝灾害的特点

季节性:暴雨洪涝灾害时序分布上具有明显的季节性,隆回县的暴雨、洪涝灾害主要出现在 4—6 月的雨季。据气象资料统计,暴雨、洪涝灾害易发时段为:4 月上、中旬之交、中旬后期、下旬后期,5 月上、中旬之交,下旬后期,6 月上、中旬之交,中旬中期(端午水)、中旬和下旬,1957—1980 年以 5 月份的降水量最多,常出现 5 月峰,平均月降水量为 228.8 mm,1981—2010 年以 6 月份降水量最多,平均月降水量为 211.2 mm,为一年中的月降水量峰值。

地域性与不均衡性:暴雨、洪涝灾害发生的空间分布具有明显的地域性与不均衡性。主要空间分布区域有两种类型:

一是热对流暴雨形成强烈的坡面逆流,造成局部暴雨、山洪暴发。

二是资江沿岸主要支流与溪流河谷,由于短时间倾注大量雨水或上游普降暴雨、大暴雨,使江河水位猛涨。

周期性:暴雨、洪涝灾害的发生具有周期性,据气象资料统计,4—6 月每 2.5～3 年发生 1 次洪涝灾害,其中大洪涝灾害 7 年 1 遇,特大洪涝 10 年左右 1 次;7—8 月的洪涝灾害每 15 年左右 1 遇,洪涝灾害的发生与太阳黑子、厄尔尼诺变化也有一定的关系;也具有 11 年、22 年、34 年、60 年、110 年、186 年的准周期性,太阳黑子的峰谷前或峰值年与低值年常出现洪涝灾害。

洪涝灾害的发生还具有连续性。据气象历史资料统计,1950 年以来,隆回县的洪涝灾害往往连续出现,1950—2010 年,洪涝灾害连续 2 年出现的 4 次(1954 年、1955 年、1972 年、1973 年、1976 年、1977 年、2005 年、2006 年),连续 3 年出现的 2 次(1988 年、1989 年、1990 年、2000 年、2001 年、2002 年),连续 4 年出现的 1 次(1967 年、1968 年、1969 年、1970 年),连续 5 年出现的 1 次(1992 年、1993 年、1994 年、1995 年、1996 年)。

五、洪涝灾害形成的原因

1. 大气环流季风反常是形成洪涝灾害的主要原因

春末夏初,南方海洋上的暖湿气流势力不断增强,西太平洋副热带高压西伸北进,脊线位置由 15°N 以南北跳到 20°N 以北,而北方冷空气势力日渐减弱,常在长江流域至南岭之间静止形成极锋雨带,降水量多集中在 4—8 月,占全年总降水量的 70% 左右,降水区域自东南向西北递增,局部高强度的降水作用于地形地质复杂的山丘区,再加上境内水系发达,河流的流程短,坡度大,季节强等特点,极易形成泥石流、滑坡、山崩等山洪地质灾害。

2. 特殊的地形地貌、地质条件是形成山洪灾害的一个重要条件

隆回县地处雪峰山脉山地弧形山系东列的东南侧,为海洋上南来暖湿气流的迎风面,气流沿山坡受阻抬升,空气冷却,水汽凝结,常形成地形热对流雨,在西北部的小沙江、麻塘山山区形成多雨中心。

---

① 1 斤=0.5 kg。

隆回县南部多丘岗,北部是雪峰山区,成土母质为花岗岩风化物,雪峰山脉纵贯南北,其间山高坡陡,孤石林立,土质疏松,植被稀薄,地表径流迅速,一遇暴雨冲刷,极易形成滑坡泥石流,导致突发性山洪灾害。

3. 人为因素

一是河道人为设置障碍,如河道上筑坝引水抬高河床,违章建桥、建房、不切实际的裁弯取直等导致河道变窄,行洪断面减少,降低了河道的行洪能力,一遇暴雨,导致浸堤、溃堤等灾害;二是建筑制砖的大部分土石方工程均处在高山坡陡低端,水土流失严重,极易引发滑坡;三是盲目开垦山地,人为破坏植被,造成水土流失严重,滑塌沟、崩岗等甚为发育,沟头侵蚀发展快,水流切割作用影响明显,容易形成具有较大冲击力的地表径流,加剧山洪泛滥。

4. 防洪设施方面

隆回县境内病险水库多、分布面广,水利建设资金有限,难以兼顾,目前全县尚有120余座病险水库由于资金缺乏而无法修复加固,再加上2008年的冰雪灾害中水利设施受损严重,冰冻使堤、坝土质疏松,崩、滑、垮现象普遍存在。同时境内各河流基本没有设堤防,已建堤防大多质量差,沿河农田、道路极易被冲毁。

六、洪涝灾害的防御对策

暴雨、洪涝灾害防御是一项庞大的系统工程,任务重大,涉及面广,是防汛抗灾工作的重点和难点,必须采取系统综合的防御治理。

树立水患灾害意识,立足于防洪抗灾夺丰收。把减轻洪涝灾害作为落实科学发展观,实现农业可持续发展的一项基础设施来抓。加强水利建设,疏通河道以水流宣泄为主,清除水库山塘淤泥,充分发挥现有水利工程设施的最佳效益,持之以恒,常抓不懈。

加强对暴雨、山洪水涝灾害发生机理规律研究。建立暴雨、山洪、气象、水文、地质灾害监测网络,及时捕捉暴雨、洪涝灾害信息,增强洪涝灾害预报预警能力,防患于未然。

加强生态文明建设,植树造林种草,绿化荒山和城镇,保持水土,增强森林对小气候降水的调节作用,维护生态平衡,发展生态农业和生态林业,建设森林城市,力争山清水秀,林茂粮丰。

加强领导,加大资金投入,统一规划,部门协作,坚持依法治山治水,防治山洪灾害。

制订紧急避险预案,建立洪涝灾害预警监测系统。提高预测水平,减少山洪水灾损失,确保人民生命财产安全。

搞好农田基本建设,保持水土,改善生态环境;调整农业结构,选育优良品种,增强气候适应性。

附:隆回县洪涝灾害年表

水灾是隆回主要灾害之一。清光绪《邵阳县志》载,原邵阳县(隆回大部属之)从明洪熙元年至崇祯八年(1425—1635年)的210年间,发生了8次大水灾;从清顺治三年至光绪二年(1646—1876年)的230年间,发生了17次大水灾。民国元年至民国38年(1912—1949年)的37年中,原邵阳县共遇洪水11年,平均3.3年一次;新中国成立后至1987年的38年中,共出现洪水17年,平均2.1年出现一次,其中属全县性的12年。

历年水灾年表:

△清道光二十一年(1841年):3月、4月,邵阳久雨,大水。

△清同治二年(1863年):4月16日,隆回山水暴涨,坏田舍无数。

△清同治八年(1869年):6月,资江水坏沿河堤田,桥梁十倾八九。

△民国元年(1912年):6月26日特大洪水,沿河房屋尽淹,黄金井冲走几十家铺子,苏河水淹至陈家祠堂,六都寨辰水猛涨10 m多,是20世纪以来的最大洪水。

△民国4年(1915年):邵阳全县大水。冲毁房屋,溺死人口无数。

△民国13年(1924年):8月隆回大水,赧水水位猛涨,辰水洪峰被阻,倒溢至曾家坳金盆里,冲倒罗公庙30多间铺子。桃花坪横街、下节街被淹,倒店铺60多座。

△民国20年(1931年):高平大水,街上水淹1.3 m多深,房屋全毁,冲走48人。

△民国36年(1947年):6月25日,资水上溢。

△民国37年(1948年):5月、6月久雨,5月18日,赧水暴涨5 m多高,桃洪镇低处冲走20多间房子,水位达今紫阳区公所北墙边。

△1949年:隆回自6月1—7日连降暴雨,6月8日赧水上涨,大洪水。

△1952年:全县水灾,淹田1.05万亩,成灾2千余亩。

△1954年:全县特大洪水,6月16—18日连降暴雨,山洪暴发,淹田13万亩,完全冲毁田1.4万余亩,土1万余亩,冲走房屋107栋,毁塘坝2337口(座),水库8座,死31人,伤17人,受重灾人口21.9万,占总人口43.3%。6月25日第二次水灾,6月28日第三次水灾,7月23—24日第四次水灾,平地起水数尺[①],全县10个区、102个乡受灾,重灾乡41个,冲走房屋18座,冲毁215座,死6人,伤10人,垮水库2座。

△1956年:5月28日全县大水。

△1957年:5月山洪暴发,15个乡受灾,冲毁房屋39间,淹死1人,伤5人,毁山塘166口,水坝84座,12111亩田受损。

△1959年:5月4日,局部山洪。6月10日,小沙江、肖家垅等地水灾。

△1961年:6月9—13日,县内部分地区大雨、暴雨成灾。

△1962年:6月27日全县暴雨,水淹田1万余亩。

△1965年:7月6日,县境北部特大暴雨,六都寨9小时降雨266.4 mm,5个区、16个公社、171个大队、110个生产队受灾,淹死3人,冲走猪16头,房屋89间,受灾耕地2.4万亩,冲垮冲坏水库5座、山塘2590口。

△1968年:8月28日00时至00时50分,白马山东侧的广坪、沅江、白马山、白凼、木瓜山等5个大队发生特大山洪,冲走101人,其中死亡99人,冲走房屋24座,耕牛14头,生猪43头,山羊16只,粮食4.1 t,冲毁田630亩,共损失财产约14万元。沅江湾生产队28户112人,有11户淹死42人,其中有9户35人全家俱灭,谭成华一家10口无一幸存。

△1969年:7月1日,金石桥、司门前、小沙江暴雨持续约5小时,平地起水尺余,受灾田1.8万余亩,当年无法恢复的6958亩,冲走房屋92座,淹死4人。

△1970年:4月30日全县普降暴雨,58%的大队受灾,毁房屋115座,死4人。六都寨最高水位高于正常水位10.20 m。

△1972年:4月19—20日,高平大暴雨,大桥、马落、颜公、侯田、孟公5个公社受灾。5月9日,石桥铺公社杏峰山山洪,冲走屋3座,死9人。5月22日,县境北部大暴雨,望云山

---

① 1尺=1/3 m。

209 mm，小沙江 108 mm，司门前 112 mm，六都寨 155 mm，损失惨重。

△1973 年：5 月 31 日全县暴雨，县城 85.1 mm，望云山 160 mm，六都寨、荷香桥、苏河 80～90 mm，水淹耕地 8.6 万亩，冲垮水库 1 座，冲毁房屋 20 座，死 7 人。

△1975 年：5 月 4 日、9 日、12 日、16 日、25 日，全县连续暴雨，县城月雨量 485.3 mm，受灾田 9.3 万亩，冲倒房屋 43 座，淹死 8 人。

△1976 年：6 月 16 日下午 8 时至 17 日凌晨 2 时，东风公社暴雨，死 1 人，倒房 4 栋。6 月 23 日，孙家垅公社暴雨，淹死 1 人，冲毁田 756 亩，土 75 亩。

△1977 年：5 月 13 日，六都寨镇因涨水过河翻船，淹死 10 人。

△1978 年：5 月 30 日，望云山一带大暴雨，羊牯坳两小时降雨 165.4 mm，司门 130 mm，受灾田 3.6 万亩，冲走木材 250 m³，牛 8 头，猪 84 头，倒屋 219 座，死 8 人，伤 15 人。

△1979 年：6 月 26 日下午至 27 日上午，全县普降大到暴雨，淹田 8.3 万亩，冲烂房屋 231 座，崩垮公路 206 处，死 15 人，伤 61 人，丁子山洪水满垅，溪河改道。

△1980 年：4 月 11 日，曾家坳暴雨，对江水库冲垮，冲走一小孩。

△1982 年：6 月 15—17 日连降暴雨，县城总雨量 226.9 mm，全县淹没禾苗 13.7 万亩，冲毁 2.5 万亩，8 人受伤，6 人死亡，中断公路 66 处。

△1984 年：5 月 31 日全县暴雨成灾，15 万亩禾苗被淹，冲倒房屋 34 座，淹死 2 人，损失约 175 万元。

△1988 年：5 月 21 日，县内大部分乡镇降暴雨，部分地区大暴雨，死 2 人，伤 25 人，死伤牲畜 324 头，公路受损 13 km，翻车 4 辆，冲垮山塘 247 口。

△1993 年：7 月份出现三次暴雨，尤以 29 日为最。死 2 人，重伤 111 人。倒房屋 1150 间，死牲畜 127 头，大面积耕地受灾，直接经济损失 2700 万元。8 月 11 日，县境北部普降暴雨，部分地区大暴雨，造成 4 人死亡，87 人受伤，250 头牲畜死亡，损坏房屋 3600 间，倒塌房屋 1450 间，毁公路 615 处，翻车 3 辆，毁公路桥梁 11 座，涵洞隧道 46 处，直接经济损失 4200 万元。

△1994 年：6 月 26 日，小沙江地区大暴雨，3 小时降暴雨 176 mm，死 1 人，死牲畜 320 头，倒塌房屋 17 间，损坏房屋 75 间，直接经济损失 872.5 万元。7 月 17 日 17 时—18 日 17 时，全县普降大暴雨，县城雨量 155.7 mm，木瓜山水库雨量 179.3 mm。全县死 3 人，重伤 2 人，冲走淹死牲畜 7540 头，倒塌房屋 847 间，损坏房屋 1836 间，毁耕地 11.8 万亩，冲垮桥梁 32 座，直接经济损失 7241 万元。

△1995 年：6 月 26 日，县境普降大雨，死 2 人，冲走牲畜 500 余头、成鱼 12 万余尾，损坏房屋 640 余间，倒塌房屋 125 座，冲毁和损坏河坝、山塘及其他公共设施 3600 余处，直接经济损失 4500 万元。6 月 30 日，县境北部普降特大暴雨，小沙江雨量 239.2 mm，六都寨水库库区降雨量 188.4 mm。全县死亡 39 人，损坏房屋 6200 间，倒塌房屋 360 座，损失牲畜 6500 头，公路冲断 48 条，冲毁桥梁、涵洞 485 处，直接经济损失 4 亿元。

△1996 年：7 月 10—18 日，县境连降大到暴雨，9 天总雨量 381.7 mm。全县 75 万人受灾，赧水河沿岸 6 个乡镇的 3.5 万人被洪水围困，死 26 人，死牲畜 2.3 万头，倒房屋 10.3 万间，6 个自来水厂被淹，损坏塘坝 9000 处，桥涵 916 处，冲垮渠道 508 处，山体滑坡 1860 处，毁坏电灌站 326 处、公路 810 km。部分早中稻失收，粮食减产 6.2 万吨，直接经济损失 10.64 亿元。

△1997年:5月15日,县境北部特大暴雨,死2人,倒房屋216间,农作物受灾9.6万亩,毁坏公路、桥涵210处,直接经济损失2050万元。

△1998年:4月30日、5月7日和5月22日,县境北部暴雨,死3人,伤83人,冲毁房屋6229间,损坏屋屋6743间,冲走牲畜3056头,冲毁桥涵125处、公路50 km、耕地3.1万亩、机电井30口,直接经济损失1.25亿元。6月14日晚,全县普降暴雨,部分乡镇特大暴雨,小沙江达192.3 mm。全县死5人,伤76人,冲毁房屋2300间,损坏房屋3000间,冲走大牲畜1475头,毁耕地1.2万亩,受灾农作物13.9万亩,直接经济损失8500万元。

△2001年:5月5日,县境南部大到暴雨,山洪暴发,受灾人口25万,死1人,伤30人,直接经济损失1500万元。5月6日、7日,县境北部连降暴雨,8个乡镇遭灾。受灾人口12万,死1人,倒塌房屋95间,损坏房屋65间,交通中断2小时,直接经济损失650万元。6月9—11日,全县大部分乡镇大到暴雨,雨量120 mm以上。受灾人口25万,死1人。水淹村庄4个、倒塌房屋540间,死大牲畜53头,直接经济损失4200万元。

△2002年:6月28日9时—29日10时,部分乡镇遭遇大到暴雨,死2人,伤20人,倒塌房屋260间,损坏房屋450间,冲走大牲畜35头,农作物受灾12.2万亩,冲毁人行桥梁12座,直接经济损失2750万元。

第三节　低温冷害

一、低温冷害的概念

农业生物在0℃以上的相对低温下受到的伤害称为冷害。

低温冷害是指农作物生育期间,在重要阶段的气温比要求的偏低(但仍在0℃以上),引起农作物生长发育相延迟,或使生物器官的生理机能受到损害,造成农业减产的农业气象灾害。

低温系属气象状态(条件),即出现在某一地区或某一时段的偏低的气温;冷害是指农作物在一定的低温条件下的反应生理活动受到的伤害。由于不同地区农作物的种类不同,同一农作物在不同发育时期,对温度条件的要求也不同,因此,低温冷害具有明显的地域性,有不同的名称。隆回县的低温冷害主要有春季发生的低温烂秧天气,称为倒春寒。5月低温、8月倒秋寒和秋季在双季晚稻抽穗开花期遇到的低温冷害,叫寒露风。

二、低温冷害的类型

低温冷害类型,可从两个方面划分:是不同环流型出现的低温天气类型,低温连阴雨的天气气候特点是:①低温阴雨天气是一种能量尺度的超长波过程,其时间尺度为4~9天,最长可达15~20天;②与低温连阴雨相联系的超长波是一种混合超长波,有无低温连阴雨过程取决于低纬度和赤道附近的经向超长波的发展,南北半球经向超长波的发展相伴出现南北半球过赤道气流的相互掺和、穿透,造成我国南方冷暖空气的汇合,形成大范围的低温连阴雨;③在低温阴雨发展和维持期间,超长波具有明显的西倾特征,温度场上是一种"超级锢囚"结构,低温阴雨结束时,超长波西倾显著减小,"超级锢囚"结构完全破坏;④一次低温连阴雨过程系由多次天气尺度扰动组成。

异常低温天气是冷空气从高纬度暴发而引起的一种大范围的天气现象,一是根据低温出现的天气气候特点,基本上可分为三种低温天气类型:

①低温、寡照、多雨的湿冷型天气型。在欧亚上空基本上是西风环流,有稳定的阻塞高压,切断低压及大型低涡等系统,存在南北两支急流,源源不断地输送着冷暖空气;交汇于长江以南、南岭以北的湘中地区,形成隆回县的春季低温阴雨天气。

②天气晴朗,有明显降温的晴冷型天气型,阻塞高压和急流分支消失,经向环流明显发展,东亚大槽显著加深,槽后强冷空气迅速南下,在隆回出现晴朗天气,并有明显的降温过程。

③持续低温天气类型。在高层有较深的极涡偏向东半球,北半球的大部分地区为负距平,对流层中层盛行经向气流,高纬度地区出现暖高脊或阻塞高压,距平场呈北高南低形势,低层极地附近有较多的冷空气聚集,并频频扩散南下,从而出现夏季低温天气。

二是根据低温对农作物危害的特点及作物受害的症状也可分为三种冷害类型:

①延迟型冷害:是指在农作物生育期间,特别是营养生长阶段出现低温,引起农作物生育期明显延迟的冷害。其特点是使农作物在较长的时间内处在较低的温度条件下,导致农作物出苗、分蘖、拔节、抽穗开花等发育期延迟。

②障碍型冷害:在作物生殖生长期间遇低温使生理过程发生障碍,造成不育而减产甚至失收。其特点是低温的时间较短(数小时至几天),主要发生在作物对低温较敏感的孕穗期和抽穗开花期。使生殖器官的生理机能受到破坏,导致发育不健全。如引起花器官障碍,妨碍授粉、授精,造成不育,产生空壳秕粒。

③混合型冷害:指延迟型冷害与障碍型冷害在同年度发生,也叫兼发型冷害。一般农作物在营养生长期遇到低温,延迟抽穗开花,而使抽穗开花期又遇低温,农作物不能正常抽穗、开花授粉、授精,造成空壳减产,甚至失收。

三、隆回县低温冷害的概况

1. 春季低温倒春寒

春季3—5月是隆回县早、中稻播种育秧、插秧和喜温作物,育苗、移栽及油菜生长收割的季节,春季频繁的冷空气活动,造成剧烈降温,大风、阴雨寡照和局部地区的大风、冰雹,对早、中稻育秧及蔬菜育苗极为不利。

(1)冷空气、寒潮与倒春寒标准(见表3.2)

表 3.2　倒春寒等级标准

等　　级	降温幅度
轻度倒春寒	$\Delta T > 3.5$ ℃
中度倒春寒	-5.0 ℃ $< \Delta T < 3.5$ ℃
重度倒春寒	$\Delta -5.0$ ℃或多旬(含两旬)出现倒春寒

冷空气:是指受北方冷空气侵袭,致使当地48小时内任意同一时刻的气温下降5℃以上,且有升压和转北风现象。

强冷空气:是指受北方冷空气侵袭,致使当地48小时内任意同一时刻的气温下降8℃以上,同时最低气温≤8℃,且有升压和转北风现象。

寒潮:是指北方冷空气侵袭,致使当地 48 小时内任意同一时刻的气温下降 12 ℃以上,同时最低气温≤5 ℃,且有升压和转北风现象。

强寒潮:是指北方冷空气侵袭,致使当地 48 小时内任意同一时刻的气温下降 16 ℃以上,同时最低气温≤5 ℃,且有升压和转北风现象。

春寒:是指 3 月中旬至 4 月下旬旬平均气温低于该旬平均值 2 ℃或以上。

倒春寒:是指 3 月中旬至 4 月下旬旬平均气温低于该旬平均值 2 ℃或以上,并低于前旬平均气温,则该旬为倒春寒。

ΔT 表示出现倒春寒的旬平均气温与历年同期旬平均气温的差值。

(2)隆回县春季低温倒春寒出现概况(见表 3.3)

表 3.3　隆回县历年春季倒春寒时段表

年份	可播期 (月.日)	倒春寒 时段 (月.日)	烂秧率 等级	年份	可播期 (月.日)	倒春寒 时段 (月.日)	烂秧率 等级	年份	可播期 (月.日)	倒春寒 时段 (月.日)	烂秧率 等级
1957	3.17	4.11—13	3	1975	3.16	4.7—11	1	1993	3.31		1
1958	3.9	3.26—31	2	1976	4.6	4.10—12	5	1994	3.19		1
1959	3.18	4.8—11	1	1977	3.22	4.1—8	0	1995	3.19		2
1960	4.3	4.10—18	5	1978	3.25		1	1996	4.5		4
1961	3.25	4.8—11	1	1979	3.25		5	1997	3.22		2
1962	3.24	4.11—12	5	1980	3.19	4.13—15	4	1998	3.28		1
1963	3.17	4.6—9	2	1981	3.29	4.6—8	4	1999	3.25		1
1964	4.10	4.18—25	4	1982	3.6	4.5—	4	2000	3.12		
1965	3.27	4.4—9	2	1983	3.30			2001	3.8		
1966	3.11	4.4—13	4	1984	3.29		2	2002	3.6		
1967	3.22	4.4—18	3	1985	3.28		1	2003	3.21		
1968	3.28	4.15—19	3	1986	4.2		4	2004	3.26		
1969	4.3	4.15—17	4	1987	3.20		2	2005	3.17		
1970	3.27	4.9—13	3	1988	3.31		5	2006	3.16		
1971	3.16	4.14—19	2	1989				2007	3.20		
1972	4.4	4.7—11	5	1990	3.27		2	2008	3.28		
1973	3.16	4.7—9	1	1991	3.29		3	2009	3.7		
1974	3.18	4.7—9	1	1992	4.2		4	2010	3.26		

注:部分资料不齐。

(3)冷空气活动的一般规律

冷空气活动概率:根据 1957—2010 年 54 年间,3—5 月份的资料统计,3 月份冷空气活动占 40%,4—6 月份占 36%,5 月份占 25%。平均 3、4 月份每月有 3 次左右的冷空气活动,多的达 4 次,少的年份只有 1 次,5 月份平均有 2 次,多的达 3 次。

在 3—5 月份的冷空气活动中,达寒潮强度的占 25%,中等冷空气占 40%,弱冷空气占 38%,平均 3—5 月份寒潮每年有 1.7 次,中等冷空气每年有 2.8 次,弱冷空气每年 3.0 次。有的年份 3—5 月份没有出现过一次寒潮,但有的年份可出现 4 次(如 1960 年),中等冷空气每年都可出现。各强度的冷空气在 3—5 月期间出现的资料统计如表 3.4。

表 3.4　3—5 月各强度冷空气出现的概率

月份 \ 强度	寒潮		中等冷空气		弱冷空气	
	次数	百分比(%)	次数	百分比(%)	次数	百分比(%)
3	64	26	104	43	76	31
4	52	21	108	43	92	36
5	38	19	60	30	100	51

从表 3.4 可以看出:3 月、4 月份各级强度的冷空气出现概率基本上相近,只是 4 月份的强度有所减弱,5 月份随着南方暖空气势力的加强,北方弱冷空气势力大为减弱,故以弱冷空气活动为主。

(4)春季低温倒春寒的危害

①春季低温倒春寒影响双季早稻播种育秧,是引起双季早稻烂秧死苗的主要原因。延误双季早稻播种、移栽季节,增加了双季晚稻抽穗杨花期遭遇秋季低温寒露风危害的风险。

②春季低温、阴雨、寡照,影响蔬菜及旱土作物的播种期和幼苗生长,造成蔬菜数量少、价格高而出现菜荒,是造成蔬菜早春淡季的主要原因。

③春季长期低温阴雨天气,也影响油菜等春收作物的开花授粉,且容易诱发病菌滋生蔓延。

(5)减轻防御春季倒春寒的措施

①掌握春季倒春寒发生规律,适时播种,躲开春季倒春寒危害。

②提高科学种田水平,采取薄膜覆盖温室大棚育秧、育苗,减轻和防御低温危害。

③做好开沟排水,做到雨停水干,田地不积水,防止渍害发生。

④加强田间管理,施足底肥,合理追肥,及时中耕除草,防治病虫害,提高作物抗逆性能。

2.5 月低温

5 月,隆回县常受高空切变和地面静止锋影响,造成低温阴雨寡照天气,影响早稻返青、分蘖和幼穗分化,使空壳秕粒增加,严重减产。

(1)5 月低温标准,5 月 5 天或以上,日平均气温≤20 ℃(见表 3.5)。

表 3.5　5 月低温标准表

等级	标准
轻度五月低温	日平均气温 18～20 ℃,连续 5～6 天
中等五月低温	日平均气温 18～20 ℃,连续 7～9 天
	日平均气温 15.6～17.9 ℃,连续 7～8 天
重度五月低温	日平均气温 18～20 ℃,连续 10 天或以上
	日平均气温≤15.5 ℃,连续 5 天或以上

(2)五月低温出现概况

据资料统计,五月份寒潮出现概率为 22％左右,中等冷空气出现频率为 15％,弱冷空气出现频率为 40％(见表 3.6)。

表 3.6　隆回县历年五月低温

年份	低温时段 (月.日)	经历日数	最低温度 (℃)	年份	低温时段 (月.日)	经历月数	最低温度 (℃)
1958	5.11—20	10	10.2	1984	5.13—20	8	16.9
1959	5.5—16 5.21—24	12 4	10.0 15.5	1987	5.2—8	7	14.7
1960	5.5—12 5.18—26	8 9	10.0 13.7	1988	5.8—13	6	14.4
1962	5.4—12 5.17—19	9 3	14.4 17.3	1990	5.22—26	5	15.0
1964	5.1—6 5.18—20	6	13.7 17.8	1991	5.1—13	13	12.3
1966	5.14—19	3 6	16.2	1992	5.12—14	3	17.4
1967	5.5—8	4	17.9	1993	5.14—18	5	15.0
1968	5.5—12	8	11.1	1996	5.4—12	9	16.3
1970	5.13—15	3	17.1	1998	5.10—14 5.23—25	5 8	14.7 17.8
1972	5.15—18	4	15.8	2002	5.1—5 5.7—10	5 4	16.7 15.7
1973	5.9—12 5.17—23	4 7	15.5 16.0	2003	5.8—11 5.21—23	4 3	16.5 17.4
1974	5.6—10	5	15.1	2004	5.3—7 5.16—18	5 3	14.3 19.1
1975	5.1—11 5.19—23	11 5	13.9 15.5	2006	5.11—14	4	14.7
1977	5.9—11 5.14—20	3 7	18.0 11.6	2008	5.4—6	3	17.4
1978	5.9—13	5	11.0	2009	5.26—29	4	18.2
1981	5.11—15 5.19—21	5 3	15.6 15.5	2010	5.7—9 5.14—16	3 3	16.2 17.2

(3)五月低温对早稻的危害及防御措施

低温对早稻危害

5月上旬日平均气温低于 18～20 ℃以下连续 5 天或以上,对早稻返青分蘖极为不利,常因低温阴雨连绵或暴雨摧残而引起大面积的僵苗死苗现象。

5月中下旬低温,对早稻幼穗分化影响很大。幼穗分化期特别是花粉母细胞减数分裂期(抽穗前 12～16 天)对低温反应最敏感,低温对花粉母细胞发育有害,严重影响花器官的形成,可造成大量空壳。

防御措施:

①合理选择品种,使幼穗分化期避开五月低温危害。

②看天气移栽,选晴天移栽,早返青、早生快发。

③施足底肥,科学施肥,及时中栽除草,提高泥温,促使早生新根,早分蘖。

④科学灌溉,以水调温,幼穗分化期,遇低温灌深水,提高泥温,保护生长点,减轻低温威胁。

3. 秋季寒露风

(1)寒露风是 9 月份日平均气温≤20 ℃连续 3 天或以上的低温阴雨天气过程(见表3.7)。

表 3.7 寒露风的标准

等级	标准
轻度寒露风	日平均气温 18.5～20 ℃,连续 3～5 天
度寒露风	日平均气温 17.0～18.4 ℃,连续 3～5 天
重度寒露风	以下二条,达到其中任意一条,即为重度寒露风 日平均气温≤17.0 ℃连续 3 天或以上 日平均气温≤20.0 ℃连续 6 天或以上

寒露风俗称秋分暴、社风,通常是指秋分至寒露节期间出现的冷空气活动。由于冷空气活动造成的低温危害,对不同耐寒性能的晚稻品种的影响有差异。据多年试验研究,一般耐寒性能较强的粳稻型品种,在日平均气温连续 3 天或以上低于 20 ℃的低温阴雨天气条件下,抽穗扬花将受到不同程度的危害;而耐寒性较弱的晚籼稻品种。一般日平均气温连续 3天或以上低于 22 ℃就对抽穗开花有影响;杂交晚稻感温性较强,抽穗开花对温度的要求更高,一般日平均气温连续 3 天或以上低于 23 ℃时,就不利于开花授粉。

(2)隆回县历年秋季低温寒露风出现概况

隆回县 1957—2010 年秋季低温寒露风出现时间统计如表 3.8、表 3.9。

表 3.8 隆回县历年秋季低温寒露风(1957—2010 年)

年份	低温时段(月.日)	经历日数	最低温度(℃)	年份	低温时段(月.日)	经历月数	最低温度(℃)	年份	低温时段(月.日)	经历月数	最低温度(℃)
1957	9.24—30	7	17.6	1965	10.3—20	18	16.0	1973	10.6—20	15	15.9
1958	9.20			1966	10.10			1974	9.18—21	4	17.3
1959	9.23—25	3	18.8	1967	9.28—30	3	16.2	1975	10.12—20	9	15.2
1960	10.1—7	7	17.2	1968	9.28—30	3	17.4	1976	10.11—20	10	16.1
1961	9.30—10.2	3	17.1	1969	9.27—30	4	14.7	1977	9.22—27	6	18.1
1962	10.4—7	3	16.2	1970	9.20—22	3	17.7	1978	9.22		
1963	10.4—20	17	14.5	1971	9.23—25	3	16.5	1979	9.22		
1964	9.28	3	17.9	1972	10.3—6	3	18.0	1980	9.21		

年份	低温时段（月.日）	经历日数	最低温度（℃）	年份	低温时段（月.日）	经历月数	最低温度（℃）	年份	低温时段（月.日）	经历月数	最低温度（℃）
1981	9.13—15	3	17.3	1991	10.5 10.6—8	3	18.1	2001	10.5—10	6	181
1982	9.11—16	6	18.0	1992	10.3 10.4—30	27	12.0	2002	9.13 9.14—17	4	18.4
1983	10.6			1993	9.30 10.1—4	4	18.2	2003	10.1 10.2—8	7	14.7
1984	9.26—29	4	18.6	1994	9.16—22	7	18.0	2004	9.30 10.1—8	8	15.8
1985	9.21—24	3	17.0	1995	10.2 10.3—11	9	14.1	2005	10.13 10.14—18	5	12.3
1986	9.30			1996	10.5 10.6—29	24	12.1	2006	10.23 10.24—31	8	16.0
1987	9.27—29	3	19.2	1997	9.14—29	14	14.7	2007	10.11 10.12—26	15	15.3
1988	9.29			1998	10.13 10.14—31	17	16.4	2008	9.26 9.27—30	3	17.4
1989	9.30			1999	10.3—6 10.2	4	14.2	2009	10.8 10.9—14	5	17.6
1990	9.29			2000	10.11 10.12—31	20	11.5	2010	9.21 9.22—30	9	16.3

注：部分资料不齐。

表 3.9　隆回县日平均气温稳定通过 20 ℃ 终日不同时段出现概率及保证率表

月	时段（日）	发生年份	频数	频率（%）	保证率（%）
9 月	6—10	1967(9 月 10 日),1982(9 月 10 日)	2	3.7	100
	11—15	1981(9 月 12 日),1994(9 月 15 日),1997(9 月 13 日), 2002(9 月 13 日)	4	7.4	96.4
	16—20	1958,1971,1974	3	5.6	89.0
	21—25	1957,1959,1972,1977,1980,1984,1985,2010	8	14.8	83.4
	26—30	1960,1961,1968,1969,1970,1986,1987,1988,1989 1973,1979,1990,1993,1904,1908	15	27.8	68.6
10 月	1—5	1962,1963,1965,1978,1991,1992,1995,1996,1999,2003	10	18.5	40.8
	6—10	1964,1966,1976,1983,2001,2009	6	11.1	22.3
	11—15	1975,1998,2000,2005,2007	5	9.3	11.2
	15—20				
	21—25	2006(10 月 23 日)	1	1.9	1.9

注：部分资料不齐。

　　根据1957—2010年共54年的气象资料统计,日平均气温稳定通过20.0℃终日80%保证到出现在9月21—24日之间,按其出现时间可分为5个时段,其出现概率为:

　　早年9月15日前,出现6年,概率为11.1%;1967年(9月10日)1982(9月10日)1981(9月12日)1997(9月13日)2002(9月13日)。

　　偏早年9月16—20日,出现3年,概率为5.6%;

　　正常年9月21—31日,出现23年,概率为42.6%;

　　偏迟年10月1—10日,出现16年,概率为29.6%;

　　特迟年2006年10月23日,概率为1.9%(见表3.10)。

表3.10　隆回县日平均气温稳定通过终日<22.0℃不同时段出现概率统计表

月	时段(日)	发生年份(日/月)	频数	频率(%)	保证率(%)
8月		1980(13/8),1988(25/8),2002(17/8),2005(20/8)	4	7.4	100
9月	6—10	1965,1967,1970,1972,1973,1978 1982,1984,1989,1994,2000,2006,2006	13	24.1	92.7
	11—15	1961,1971,1977,1981,1986,1997,2004	7	13.0	68.9
	16—20	1958,1960,1964,1974,1976,1987,1999,2003	8	14.8	55.6
	21—25	1957,1959,1962,1966,1968,1979,1985,1990,1991,2008,2010	11	20.4	40.8
	26—30	1969,1983,1992,1993,1995,1998	6	11.1	20.4
10月	1—5	1963,1976,2001	3	5.6	9.3
	6—10	1975,2009	2	3.7	3.7
	11—15				

　　根据1957—2010年54年间气象资料统计,日平均气温稳定通过22.0℃终日80%保证率出现在9月10日左右,不同时段出现概率可分为:

　　特早年,出现在8月份有4年,概率为7.4%,1980(8月13日)1988(8月25日)2012年(8月17日)2005年(8月20日)。

　　偏早年:出现在9月6—10日,有13年,概率为24.1%;

　　正常年:出现在9月11—20日,有15年,概率为27.8%;

　　偏迟年:出现在9月21—30日,有17年,概率为31.5%;

　　特迟年:出现在10月1—10日,有5年,概率为9.3%。

　　(3)秋季低温寒露风的防御措施

　　合理搭配早、晚稻品种。

　　①掌握秋季低温寒露风规律,适时播种,根据晚稻播种至抽穗期间寒露风80%保证率的天数,避免寒露风危害,中迟熟品种应在6月25日前播种,使抽穗开花期避开低温寒露风危害,实行安全栽培。

　　②选用耐低温品种。加强秋季低温寒露风预报研究,提高长期气候预测水平,及早做好品种安排,对寒露风出现较早的年份,尽量多搭配些早、中稻种,对寒露风出现迟的年份,可扩大迟熟品种的种植比例,增强抵御秋季低温寒露风的综合经济实力,减轻秋季低温寒露风的损失。

　　③提高科学种田水平,加强田间管理,科学灌溉。以水调温,改善田间小气候,提高抗御

低温寒露风的能力,减轻危害。

④科学施肥,早施肥,促进禾苗早生快发。抽穗前 10～18 天增施壮籽肥,可提早 1～3 天抽穗,有利于躲避寒露风冷害,降低空秕率。

⑤采取应急措施,抽穗开花期发生冷害时,喷施赤霉素,增产灵,2.4-D 尿素、磷酸二氢钾、氯化钾等可减少空秕率,喷施叶面抑制蒸发剂,在 1～2 天内可提高叶温 1～3 ℃,在 3～5 天内仍有增温效果。

第四节　冰雹与大风

一、冰雹

1. 冰雹灾害发生概况

冰雹是一种剧烈的天气现象,在它下降时常有狂风暴雨,是本县的主要自然灾害之一。它产生于强烈的雷雨云中,随着雷雨云移动路径而横扫一线,影响范围不大,故有"雹打一线"的说法。冰雹一般小的黄豆大,大的如鸡蛋,而个别的重量达 2～3 kg。从形状来看有圆的、扁的、块状的、三角形、犁头形的,群众称之为三角雹、犁头雹。

冰雹能否造成灾害,主要决定于冰雹和伴随狂风的大小,下降的密度,持续的时间长短。大而密的冰雹可积地一层,深达几厘米至 30 多厘米,它对秧苗、茄种、草子、油菜、麦子等农作物和果木森林的危害极大。有的地方甚至摧毁打烂房屋,打死打伤人畜,使人们生命财产造成严重损失。但大多数为小而稀的雹,故真正造成灾害的冰雹则不是年年都有。从本县历年气象资料来看:1957 年、1964 年、1966 年、1967 年、1969 年、1972 年、1973 年、1977 年等年在本县境内发生了较为严重的冰雹,平均为 2～3 年一遇。从本县调查的近 90 年不完整的资料来看,严重冰雹年达 70 多次,这说明本县是历史性冰雹灾害区之一。

(1)从冰雹的地理分布来看:本县 53 个乡,有一半以上都曾下过冰雹,经调查分析,全县可分南北两个雹区。北部雹区:主要是麻塘山、龙坪、廖家坳、小沙江、黄金井乡一线。南部雹区:主要在横板桥、荷香桥、紫阳、周旺四乡及滩头的部分。北部雹区的雹,大多小而稀,而南部雹区,大多密而大,范围也比北部广,损害情况也严重。

(2)冰雹大风的移动路径。县内各地均有冰雹发生,以南部为重。冰雹路径有 4 条:第一条来自洞口县山门区,自西向东经横板桥南部及荷香桥、滩头、周旺入邵阳县,为县内冰雹出现概率最高、破坏最大的主冰雹路径;1967 年、1969 年、1973 年、1977 年等几次大雹灾都出现在这一线上。第二条来自洞口县黄桥铺及武冈市北部,在三阁司乡和罗白乡入境,经山界、五里、桃花坪、北山、雨山、高田、周旺、塘市等乡镇入邵阳县或新邵县。第三条从溆浦县入境,影响小沙江和金石桥;第四条从新化县入境,影响高平和六都寨。也有在紫阳和横板桥生成,或途经这些地方加强的。出现时间主要在 3 月、4 月。雹粒小的如蚕豆,大的如鸡蛋,最大的雹粒重达好几克。降雹时一般伴有狂风暴雨,故破坏力很大,常摧倒房屋,古树连根拔起,农作物夷为平地。

(3)从冰雹发生的时间来看,一般出现在 3—5 月和 7—8 月,以 3—5 月发生的次数最多,影响也较严重。

据民间说法:1949 年前,下雹的次数较少,范围也小,1949 年后,特别是近十多年来,下雹的次数有所增多,受灾范围也有所扩大。

冰雹,除它本身造成灾害外,伴随而来的暴雨常造成山洪暴发,冲毁房屋庄稼,水利设施,淹死或冲走人畜,有时伴随而来的大风,将古树连根拔起,推倒房屋,打死人畜,若伴有雷击,则危害更大,击死击伤人畜,破坏建筑器材,发电设备等,故有时冰雹本身所造成的损坏尚不及伴随而来的狂风暴雨所造成的危害大。

2. 冰雹的防御措施

(1)加强冰雹预报,在冰雹到来之前采取抢收或防护措施。

(2)开展人工消雹作业,在烤烟集中种植区域建立高炮消雹作业基地,在云层中播撒催化剂,促使雹胚不能增长而形成降水。

(3)植树种草,改善生态环境,破坏雹云形成条件。

(4)加强农业灾害保险,减轻农户损失风险。

(5)采取适宜补救措施,加强灾后田间管理,争取获得好收成。

二、大风灾害

大风灾害是指由大风引起建筑物倒塌、人员伤亡、农作物受损的灾害。

1. 大风灾害的标准(见表 3.11)

表 3.11　大风灾害等级标准表

等级	标准
轻度风灾	风力≥8 级,≤9 级,农作物受灾轻,财产损失少,无人、畜伤亡
中度风灾	风力≥9 级,≤10 级,农作物和财产受损较重,人畜伤亡较少
重度风灾	风力≥10 级,农作物、财产损失与人备伤亡严重

2. 大风灾害发生概况及成因

(1)隆回县大风的形成原因有三个:

一是寒潮大风,由于寒潮入侵时气压梯度较大而形成,以 10—12 月,1—3 月为多。

二是雷雨大风,在暖湿气流条件下,由于强烈的气流辐合作用形成,以 4—6 月为多。

三是偏南大风,由于高空偏南气流与强劲的地面偏南气流相互叠置而形成。以 8 月出现较多。

(2)隆回县大风平均每年出现 6~7 次,最多的年份有 13 次。各月都有大风出现,但以春夏之交和秋冬季节转换的过渡时期,出现的大风次数最多,如 4 月份平均出现大风 1.2 次,最多年 6 次,8 月份 1.0 次,最多年 5 次。7 月份最多年出现大风 2 次,11 月最多年大风 4 次。历年各月大风日数见表 3.12。

表 3.12　历年各月大风日数表(天)

月	1	2	3	4	5	6	7	8	9	10	11	12	年平均
平均	0.2	0.4	0.5	1.2	0.7	0.3	0.6	1.0	0.5	0.4	0.3	0.1	0.3
最多	3	2	2	6	4	1	2	5	2	2	2	1	3
最少	0	0	0	0	0	0	0	0	0	0	0	0	0

3. 大风灾害的防御措施

(1)植树造林,营造防风林带和风障,减轻大风危害。

(2)种植抗风性强的农作物品种。

(3)加强对大风的监测和预报,完善和健全防灾减灾体系,提高作好防御大风的准备工作,减轻风灾危害。

(4)加强田间管理,促进作物根系和茎秆发育良好,提高抗风能力。

附:隆回县历年冰雹大风年表

△清同治八年(1869 年):4 月,6 都寨、荷香桥大风雨冰雹,重的有 1 斤多,倒屋无数。

△清光绪二十三年(1897 年):北山雨雹,大如饭碗。

△清宣统元年(1909 年):周旺铺雹大如菜碗。

△清宣统三年(1911 年):初夏,金石桥大冰雹,莜麦全损。

△民国 3 年(1914 年):3 月,周旺铺冰雹大如鹅蛋。

△民国 14 年(1925 年):正月初,雹由西至,大如鸡蛋。

△民国 15 年(1926 年):春,斜岭雹大如蛋,树叶打光。

△民国 18 年(1929 年):横板桥、南岳庙、北山春降冰雹如鸡蛋,刮断树木,打死飞鸟。

△民国 21 年(1932 年):春,三阁司雹大如蛋,莜麦受损。

△民国 28 年(1939 年):谷雨前后,北山、斜岭遭冰雹袭击,雹重的约 5 g,房屋、古树受损。

△民国 32 年(1943 年):春,斜岭降雹,打坏房屋及农作物。

△1952 年:春,冰雹由洞口县入横板桥、南岳庙、龙拱等地雹大的如碗口,拔树倒屋伤人,两万多户受灾,减产粮食 310 t。

△1953 年:4 月,雨山、高田、长扶降雹,莜麦受损。

△1957 年:7 月下旬,高洲北部降雹约 40 分钟,中稻谷打落一半。

△1958 年:3 月中旬,小沙江、龙坪、麻塘山降雹,大者如茶杯。小沙江分水村一棵两人围古树被刮倒,吹倒学校 1 座。4 月,狂风、冰雹夹着暴雨,兴隆、中团、高平、侯田、三阁司等地 47 个农业社受灾,死 1 人,伤 38 人。

△1959 年:3—4 月,南岳庙、龙拱降雹,最大雹粒重斤许。夏,龙坪至黄金井及金石桥降雹,中稻受损。

△1963 年:4 月,小沙江地区降雹,打死野猪 1 头。

△1964 年:4 月初,冰雹自武冈入罗白、山界,莜麦受损严重。7 月 23 日 16 时左右,雨山、高田、长扶降雹 35 分钟,稻谷击落一层,损屋 480 座。

△1966 年:4 月 23 日 4 时许,滩头、紫阳降雹,当晚 21 时许,罗自、山界又降雹,刮倒房屋两座,1.2 万亩农作物受损。

△1967 年:春夏,县内 6 次降雹。2 月,苏河降三角雹、犁头雹。3 月黄金井降雹。5 月 2 日,白马山、九龙山降雹。5 月 4 日 18 时紫阳地区降雹,倒房 33 座,砸烂 1245 座,伤 32 人,死 2 人,雹大如碗口,地上积雹尺余,飞禽走兽有被打死者。5 月中旬,长铺降雹,倒房 10 座,死 1 人。8 月小沙江降雹,中稻谷被击落。

△1969 年:3 月 20 日 16 时,冰雹由洞口县花桥入境,经横板桥、六都寨、荷香桥、滩头至周旺铺出境,风力 10 级以上,死 3 人,伤 137 人,倒屋 145 座,损坏 7811 座,20 个公社 5 万余

人口受灾。

△1972年:3月24日黄金井降雹。4月18日、19日六都寨、金石桥、高平、荷香桥、小沙江、横板桥降雹。4月底三阁司、罗白、五里、斜岭降雹。5月8日2时40分,小沙江降雹伴暴雨,大的如菜碗,毁房屋5座,一牛被砸掉角,农作物受损严重。

△1973年:4月10日晚,冰雹由洞口县入,遍县境南部5个区32个公社,成灾26个公社,密度大,秧田1 m²内有雹洞107个(南岳庙乡茅塘村),倒屋7座,伤1人,10万余亩农作物受灾。7月18日长铺又降雹。

△1976年:4月28日17—18时,南岳庙、横板桥、罗子团、沙子坪降雹,大者如鹅蛋,地面积雹5寸,倒屋4座,伤10人,6800余亩农作物受损。

△1977年:4月13日晚11—12时,雹从洞13县入,横板桥、荷香桥、六都寨、滩头、周旺等5个区12个公社遭灾,倒屋153座,受损4255座,死12人,伤116人,伤农作物2.7万亩。

△1978年:4月15日,高平、金石桥冰雹、骤雨、狂风齐发,死1人,死耕牛1头,损房屋67座。

△1980年:6月25日18时许,高平冰雹大风齐至,倒屋7座,伤7人,1 m围大树连根拔起。

△1981年:5月2日13时19分—16时34分,全县遭冷空气大风袭击(县城最大风速21 m/s),死9人,伤128人,死猪、牛8头,倒屋38座,损坏1.2万余座。

△1983年.4月8日20—21时,长铺、山界、天福、北山受10~12级大风和冰雹袭击,倒屋17座,损673座,倒电杆14根。14日、15日、25日、27日、28日,小沙江遭5次大风冰雹袭击,其中27日1—2时,茅坳乡岩儿塘遭12级大风冰雹袭击,围径2 m以上古树有17棵被连根拔起,拦腰折断的23株,死1人,伤7人,倒屋13座,损1390座。

△1985年:7月31日15时40分,三阁司冰雹大风,折毁摧倒树600余株,倒屋1座,损37座。

△1986年:4月10日16—17时,全县遭冰雹雷雨大风袭击。县城最大风速24 m/s,最大雹径8 cm,死2人,伤38人,倒屋441间,损4.4万余间,倒电杆434根。

△1987年:3月14日桃洪镇,15日建华、高平,18日岩口、梅塘、大观、马头、塘市、添壁、树竹、桐木桥下冰雹,大的如鸡蛋,地面积冰雹1~2寸[①],农作物严重受损。10月13日14时30分至15时30分,沙子坪、南岳庙等地遭10级以上大风和蚕豆大小冰雹及大雨袭击。死2人,伤45人,死耕牛2头、猪65头,损坏房屋15600间,折断电杆186根,大水冲垮桥梁47座,山塘26口。

△1990年:3月22日16时12—15分,六都寨、横板桥、司门前、荷香桥、滩头等地下冰雹,最大直径5 cm,1万余亩油菜损失40%,打烂民房无数,直接经济损失720万元。

△1997年:9月1日15—18时,荷香桥等地受大风袭击,2.5万人受灾,死2人,重伤6人,倒房90间,损坏房屋591间,农作物受灾1.95万亩,直接经济损失620万元。

△1998年:4月10日23时,罗洪乡、高平镇、鸭田乡25个村遭雷雨大风和冰雹袭击,持续1小时30分,受灾人口3.75万,受灾农作物5500亩,倒房180间,损房2100间,折断树木

---

① 1寸=1/30 m。

1.5 万根,电杆 78 根,直接经济损失 255 万元。9 月 9 日,岩口乡、金石桥镇的 13 个村遭大风和冰雹袭击,1.24 万人、9250 亩农作物受灾,损坏房屋 218 间,损失粮食 9600 万千克,直接经济损失 270 万元。

2002 年 4 月 5—8 日,大部分乡镇遭遇 8 级以上大风,5 日县城最大风速 19 m/s。1.5 万人受灾,倒房 40 间,春收作物受灾 1 万余亩,摧毁蔬菜、育苗大棚 5543 个,直接经济损失 2200 万元。6 月 12 日,麻塘山、小沙江、高平、荷香桥等地受雷雨大风袭击。18 万人、11.5 万亩农作物受灾。损坏房屋 620 间,倒折电杆 160 余根、树木 17 万株、毁公路 40 余处、水渠 8000 m、河堤 50 处 6000 余米,直接经济损失 2500 万元。

第五节　高温热害与干热风

一、高温热害与干热风的标准

1. 高温热害:是指高温对农业生产、人们健康及户外作业产生的直接或间接的危害。高温热害的标准见表 3.13。

表 3.13　高温热害等级标准

等　　级	标　　准
轻度高温热害	日最高气温≥35 ℃连续 5～10 天
中度高温热害	日最高气温≥35 ℃连续 11～15 天
重度高温热害	日最高气温≥35 ℃连续 16 天或以上

2. 干热风

干热风是指日平均气温≥30 ℃,14 时相对湿度小于或等于 60％,偏南风风速≥5.0 m/s 连续 3 天或以上。

二、隆回县高温热害与干热风的出现规律及危害

隆回县的高温热害与干热风多出现在 7—8 月,主要高温热害的集中时段为:7 月 3—8 日、7 月 10—13 日、7 月 19—21 日,7 月 29—8 月 2 日,其中 7 月 19—21 日、7 月 29—8 月 2 日,出现概率最大在 60％以上。主要危害早稻灌浆成熟和中稻的抽穗杨花。

隆回县干热风出现的集中时段为 7 月 3—8 日,7 月 11—12 日,7 月 22—25 日,7 月 29—30 日。其中以小暑边(7 月 3—8 日)这一时段的干热风持续时间最长,出现概率在 30％以上(即 3.5 年一遇),此时正值小暑节边,故俗称为小暑南风十八朝,刮得南山竹叶焦,主要危害早稻灌浆成熟和中稻抽穗开花。

三、防御高温热害与干热风的措施

1.选用耐热性强的作物和品种,减轻高温、干热风危害。

2.适时播种移栽,避开高温热害与干热风威胁。隆回县的高温热害与干热风集中时段在 7 月 16—8 月 15 日之间,出现概率占 86.7％。故一季中稻和一季晚稻抽穗开花期必须避开高温期,控制在 8 月 16—9 月 5 日之间抽穗开花,则既可躲开高温热害又可避开秋季寒露

风威胁。

3.合理灌溉、洒水、降温、喷洒植物生长调节剂。

4.植树造林,改善生态环境。

5.充分利用空中云水资源,实施人工增雨作业,降低气温,改善田间小气候。

第六节　雷击灾害

雷暴是在强对流条件下发生的天气现象。

一、雷击灾害发生概况

隆回县雷暴终年皆有发生,但以春夏季出现最多。10月至次年1月强对流天气少,空气中水汽也不多,雷暴发生少,平均每年仅0.2～0.5天,即2～5年一遇。3—4月和7月、8月份较多,平均每月雷暴日10—19日,尤以7月份最多为19天,8月份17天,其他月份为2～8天(表3.14)。

雷暴出现的平均初日为2月10日,最早年份为1月8日,最迟出现在3月13日。

雷暴平均终日出现在10月21日,最早出现在9月3日,最迟出现在12月28日,初终日间日数平均为254天。

雷暴持续时间一般在4小时以下,以持续2小时以下者最多,4小时以上也尔有出现,2—8月曾出现过雷暴持续时间6小时以上的记录。

表3.14　各月雷暴日数表(日)

月	1	2	3	4	5	6	7	8	9	10	11	12	年平均
平均雷暴	0.5	2.1	5.9	9.0	7.7	7.7	10.5	11.4	3.5	0.7	0.4	0.2	59.6
最多	5	8	10	15	14	12	19	17	7	3	3	4	79
最少	0	0	0	0	0	0	0	0	0	0	0	0	15

在强雷暴下往往会发生雷击,它能击毙人畜,烧毁房屋,击断树木、电杆、电线、击毁电器等,造成人身生命财产的严重伤亡损失。

隆回县雷暴历年平均日数为60天,其中4—8月占40天,7月为19天。10月至次年1月,各月历年平均日数均不到一天,1973年7月雷暴达19天之多。大多数雷暴并不造成灾害,造成灾害的雷击往往打死人畜,劈开电杆、古树,打断电线,损坏照明、通信等用电设备,甚至引起火灾。

隆回县4—8月为雷击时段,各地时有伤人伤物的雷击事故发生。据调查隆回县1954年以来的不完全统计,共发生雷击事件57次,其中被雷击死的达38人(其中紫阳地区8人),1970年8月鸟树下乡粮库附近因雷火烧毁楼房一栋。

因此,随着电力的发展、农业用电的增加、通信设备和广播事业的发展等,引起雷击的因素也将增加,因此安装此类用电设备的需注意搞好避雷装置,并经常检查维修,大雷雨时,人不要在大树下、高坳处或变压器电杆下躲雨,不要在孤立和突出地方活动,以免受雷击伤害。

隆回县雷击区主要在紫阳的龙拱、五里、天付、云丰一线,其次是白马山至西洋河上游沿岸和辰水河中上游一带。

二、雷击灾害的防御措施

1.作好雷电灾害的预警预报服务工作,普及雷电科学知识。

2.做好建筑物防雷设施的安装,应包括接地体、引下线、避雷网络、避雷带、避雷针、均压环、等电位、避雷器等八个技术环节的现代雷电的综合防护工作。

3.定期做好防雷设施的检测工作。

4.雷电发生时应注意做好防护工作。

①留在室内,关好门窗。

②关上电器和天然气开关,不要使用无防雷措施或防雷措施不齐全的电器。

③切勿接触天线、水管、铁丝网、金属门窗、建筑物外墙等带电设备或其他类似金属装置。

④不要或减少使用电话和手机电话。

⑤雷电天气切勿游泳,不要使用带金属杆尖的雨伞。

⑥不宜骑自行车、驾驶摩托车和手扶拖拉机。

隆回县雷击灾害性天气年(见表 3.15)。

表 3.15 隆回县雷击灾害性天气年表

年	发生日期		发生地点	受灾情况
	月	日		
1954	8		紫阳地区	云丰观二队一人在田间捆草被雷打死
1956			高坪	望云山牧场雷击死一个看牛人
1958	7	18	桃洪镇	雷击死一人。
1963			滩头	滩头邮电支局雷击一话务员耳膜
1964	5	9		云丰黄白大队一社员在放水时被雷打死。
1965	5			雷击此渡河口古树株,压坏木房一座,使室内二人受重伤。
1966	5			
1967	4			能头东风村雷打死 1 人。
1968				龙拱公社一社员在田里犁田被雷打死,牛同时击死;长扶公社被雷打死一人。
1969	8	29		天付公社只阳八队被雷打死一人。王星张家庙被雷打死 1 人。
1970	8		六都寨	乌龙下公社粮库附近雷击烧毁楼房一栋
1970				荷田公社黄庭小学雷击烂屋柱,死伤 5 个学生
1972	6			麻风医院被雷打死一人,麻塘公社学田大队电话机子被雷打坏。
1972	7			麻塘山公社金山大队被雷打烂电杆,一段线路被烧烂,断线。
1973	4	10		龙拱公社雷劈开七根电杆。
1973	5			天付青锋大队被雷打死室内床上一妇女和一小孩。

发生日期			发生地点	受灾情况
年	月	日		
1973	4—5			五星公社处田垅中间被雷劈开一根电杆,同时三里之外碧山公社被雷打死一人,苏河粮店打烂一屋柱。
1974	4	30		近两年来,乌龙下、七江、丁山、马坪一带雷击常打坏树、电杆、特别是广播常被打坏。
				天付五星公社,被雷击劈开电杆 4 根。
1974				桐木桥大坪大队被雷击死一人。
1975				建华公社被雷击死一人。
1976				大水田一个生产队在一次雷击中,被雷击死二人,击伤 10 余人。
1977	4	13		丁山公社朝阳九队在田中抢水犁田的社员三人遭雷击,后被救活。

注:部分资料不齐。

第七节　冰冻灾害

冰冻是指雨淞、雾淞、冻结雪、湿雪层。

一、冰冻灾害标准(见表 3.16)

表 3.16　冰冻灾害标准

等级	标准
轻度冰冻	连续冰冻日数 1～3 天
中等冰冻	连续冰冻日数 4～5 天
重度冰冻	连续冰冻日数 7 天以上

二、隆回县冰冻出现情况

冰冻是当气温降到 0 ℃以下,水汽或雨滴黏附在地面物体上的一种冰结构,常出现在树木、电线、房屋、作物等物体上,常造成交通断绝,通讯中断,冻死牲畜,对森林和越冬作物带来危害。

隆回县冰冻主要发生在 12 月至次年 2 月,但小沙丘等高寒山区,可发生在 11 月到 3 月,根据调查近 70 年来的特大冰冻 1929 年冬,结冰封冻 48 天,高寒山区则长达 50～70 天,造成冰天雪地,河流冻结,交通断绝,人畜冻死甚多,为近百年来罕见之奇寒。连续 10 天以上之大冰冻年有:1916 年、1929 年、1954 年、1963 年、1976 年等年份。

自有气象记录资料记载以来,较大的冰冻年有:1956—1957 年、1963—1964 年、1966—1967 年、1968—1969 年、1971 年、1973 年、1976 年、1984—1985 年、1987 年、1989 年、1991—1992 年、1996—1997 年、2003 年、2005 年、2006 等年份。

在隆回县南部持续1～3天的轻度冰冻,平均每年为1.4天;4～6天的中度冰冻,22年中出现过六次,连续7天以上的只在1976年、2008年发生了2次。在北部高寒山区,其持续时间可达60天,如小沙江冬季冰冻常造成汽车不能过车的日数可达20天以上,在冬季每年的强寒潮均可产生冰冻。

从冰冻的强度来看:其冻结厚度,本县南部一般不足1 cm,而在小沙江等高寒山区,其直径在10 cm以上都较为常见。

隆回县冰冻期一般发生在12月上旬至翌年二月中、下旬,其间有两个多月。(见表3.17)

表3.17　隆回县历年各月降雪、积雪日数及初终期

项目	月	11	12	1	2	3	全年	初日	终日	初终间日数
降雪日数	平均	0.1	0.7	3.7	3.0	0.2	7.6	12.18	2.24	69.3
	最多(早)	1	3	9	7	2	15	11.15	1.17	128
	最少(晚)	0	0	0	0	0	2	1.20	4.8	14
积雪日数	平均		0.4	2.0	2.3	0.2	4.9	1.18	2.11	23.0
	最多(早)		6	9	10	1	15	12.11	12.31	100
	最少(晚)		0	0	0	0	0	2.10	3.19	0

隆回县冰冻现象年平均3.7次,最多年达14次,以1月出现最多,平均达1.9次,最多年平均的1月份达7次,2月平均1.2次,最多年出现9次(见表3.18)。

表3.18　冰冻日数统计表

月份	冰冻日数						最长连续时数			最大重量			
	11	12	1	2	3	年	时	分	起止时间	直径(mm)	日期	重量m/g	日期
平均		0.6	1.9	1.2	0.0	3.7							
最多(长、大)		7	7	9	14		248	32	12.27—次年1.6	62	2.9	47.2	1.17
最少		0	0	0	0	0			1954年—1955年				

1. 冰冻的强度

(1)冰冻持续时间

冰冻从开始形成到消失的整个过程称为一次冰冻。一次冰冻的持续时间长短不一,有的仅几小时,甚至几分钟,有的持续几天,甚至持续数十天的情况。

隆回县5小时以内出现冰冻的频率为25%,5～12小时出现频率为21%,12～24小时出现频率为21%,1～5天出现频率为29%,5天以上出现频率为40%,一次最长连续冰结数为11天。

(2)冰冻厚度。隆回县的冰冻厚度一般为50～70 mm,最大直径62 mm,最大厚度35 mm,最大重量472 g/m,电力线路上的冰冻厚度比气象台站在雨凇架上测得的厚度一般要大1.8倍。

三、冰冻灾害的防御措施

1. 掌握冰冻灾害发生规律,提高冰冻灾害预警预报水平,做好冰冻灾害的预防工作。

2. 建立农村灾害防御体系,加强冰冻灾害的科普宣传工作,树立灾害意识。

3. 加强棚圈建设,确保牲畜安全越冬。

4. 做好果树防冻工作,夏季适时摘心,秋季控制灌水,冬季修剪,果树主干包草、刷白、幼苗覆盖草帘和架设风障以及经济作物覆盖塑料膜等防冻工作,减轻冰冻损失。

5. 作好水管防冻保暖的包扎工作,防止水管破裂,确保供水安全。

6. 加强道路结冰和电线积冰的防御工作,及时做好电线积冰的溶冰工作,确保供电安全。

附:隆回县历年降雪、冰冻灾害年简表

△清咸丰十一年(1861年):十二月邵阳大雪,奇寒冰冻,棕榈桔柚皆冻死。

△1954年:冰冻严重,第一段是12月上旬,第二段是1954年底至1955年初,冰雪天气以后一段为重,持续将近半月。池塘冰坚可行,折断树木,中断通讯,耕牛冻死很多。

△1957年:2月上旬冰冻严重。

△1961年:12月29日晚下雪一夜,地面积雪10 cm以上。

△1964年:2月中下旬之交,全县出现冰雪天气10天以上,其中冰冻天气5天左右,冻死耕牛665头、冻死生猪492头,压倒房屋14间,有1900多户人家因缺柴被迫烧家具。

△1969年:元月到2月,出现多次冰雪天气,持续时间较长,主要表现为干冻。

△1972年:2月4—10日冰冻,折断树木,中断交通。

△1974年:1月16—2月6日冰冻,元月底至2月初最严重,小沙江地区冰冻73天,冻死耕牛300多头,压倒房屋20余座,区内电话数月未通。

△1976—1977年:自1976年12月底至1977年2月上旬,全县各地多次出现冰冻。1977年1月27—2月3日,县城最低气温−11.3 ℃,出现了近几十年来的最低值。全县大范围蜜桔树冻死或冻伤60%,柑桔总产量由上年517 t骤降到128 t。

△1982年:2月3—17日,海拔400～800 m地区发生罕见冰冻,连日细雨绵绵,滴水成冰,全县折毁树木902万株,楠竹239万根,折断电杆688根。

△1992年:3月18—24日,小沙江地区强冰冻,雾凇厚度5～8 cm。冻死2人,冻死牛10头、冻死猪46头,倒塌房屋1间,森林受灾30万亩,折断树木215万根,楠竹62万根;中断交通288小时,折断电杆128根,电话线杆23程,停电72小时,中断通讯72小时,直接经济损失350万元。

△1993年:1月14日,县境普降大到暴雪,县城积雪12 cm。柑桔受冻面50%,油菜花苔断裂、叶片枯萎,树木亦受损严重。全县交通中断2～3天,小沙江地区交通中断半月。

△1997年:2月2—14日,县境北部15个乡镇出现大雪、冰冻,冻死1人,冻死大牲畜790头,倒房屋824间,8500亩油菜、4560亩小麦、3200亩蔬菜受冻严重,折断树木10万立方米、楠竹100余万根、电杆1887根跨距146 km。

△2002年:12月25日21时至27日8时,县境普降暴雪,局部地区最低气温−8 ℃,50万人受灾,倒房385间,损坏房屋12361间,冻死大牲畜1200头,其中耕牛280头。损毁楠竹81.58万根、树木46.2万株,损坏电杆460根,农作物受灾4.2万亩,直接经济损失4600

万元。

△2008 年 1 月 13—2 月 6 日,大雪冰冻灾害持续 23 天,小沙江等高寒山区积雪结冰达 70 天,为近百年所罕见,50 万人受灾,冻死 7 人,冻死耕牛 290 头,冻死生猪 1300 头,积雪冰冻压断树木 57 万株,压断楠竹 120 万根,损坏电杆 670 根,农作物受损 5 万亩,直接造成经济损失 1 亿多元。

第八节　水土流失

一、隆回县水土流失现状、成因及区划与对策

隆回县位于湖南省中部稍偏西南。地理坐标:110°38′E～111°15′E,27°00′N～27°40′N,属涟邵盆地向雪峰山地过渡地带。东靠新邵县,西抵洞口县,南与邵阳、武冈市交界,北同溆浦、新化县毗邻,南北长约 74.6 km,东西宽约 61 km。总面积(区划调绘)2865.8 km²,占全省总面积 1.35%。最高点西北角白马山顶山堂海拔 1780 m,最低点东南部云峰乡田张村赧水出口处海拔 230 m,相对高差 1550 m。全县主要河流除赧水外,较大河流共 6 条,20 km² 以上的小流域 40 个,其河流情况见表 3.19。

表 3.19　隆回县河流基本情况调查表

干流名称	支流名称	发源地	河长 (km)	比降 (‰)	20 km² 以上支流(条)	流域面积 (km²)
	辰水河	望云山平岗	88	2.21	12	844
	西洋江	小沙江乡杉木坪村	89	4.73	2	390.9
	小江河	武冈市峦山铺	15.8	2.64	2	50.7
资水	白竹河	梅圹乡应圹村	53	2.5	3	366
	石马江	望云山望首亭	22	24.45	7	401
	大洋江	小沙江乡芒花坪村	31.7	31.35	6	284.9
	其他				3	275.2
沅水	溆水	溆浦县			5	253.1
合计					40	2865.8

注:部分资料不齐。

隆回县地层从古代板溪群的上亚群至第四纪,除缺志留系中、上统、下泥盆,三叠系中、上统,上、中侏罗,白垩系上、中统和第三系上统的地层外,其他均有出露和分布。岩石以石灰岩、花岗岩分布较广。石灰岩占全县总面积 36%,花岗岩占 32.21%,变质岩占 16.86%,砂页岩占 8.36%,第四纪松散堆积物占 6.55%。土壤有 9 个土类,16 个亚类,69 个土属,142 个土种。大部分为红壤,在县境北部分布有黄壤、黄棕壤及少量山地草甸土,南部部分地方分布有石灰土。森林植被面积 1155 km²,覆盖率 40.3%。主要是天然次生林,占植被面积 57.1%。农田生态类型基本分为四种:沟谷平地,0°～5°约占耕地总面积 66.2%;缓坡地,5°～15°约占耕地总面积 14.4%;陡坡地,15°～25°约占耕地总面积 11.1%;挂丽地,26°以上约占耕地总面积 8.3%(见表 3.20)。

表 3.20　隆回县土地分类表

项目 地区	总面积 (km²)	耕地面积(km²)										林地(km²)				河流 水域 (km²)	占总 面积 (%)	其他 用地 (km²)	占总 面积 (%)
		小计	占总面 积(%)	平地	占总耕 地面积 (%)	缓坡地	占总耕 地面积 (%)	陡坡地	占总耕 地面积 (%)	挂画地	占总耕 地面积 (%)	小计	占总 面积 (%)	其中 荒山 荒地	占总 面积 (%)				
地区共计	2865.8	771.94	26.9	510.89	66.2	111.5	14.4	85.86	11.1	63.69	8.3	1465.55	51.2	287.67	10	75.3	2.6	550.01	19.2
小沙江	304.55	50.70	16.6	30.64	60.4	6.28	12.4	8.38	16.5	5.4	10.7	208.75	68.5	45.54	15	1.77	0.6	43.34	14.2
金石桥	246.8	60.70	24.6	43.44	72.1	4.87	8	7.3	12	4.76	7.9	130.06	52.7	26.69	10.8	3.41	1.4	52.63	21.3
司门前	316.9	59.60	18.8	36.36	61	5.72	9.6	6.95	11.7	10.57	17.7	207.33	65.4	29.31	9.2	6.94	2.2	43.03	13.6
高坪	221.7	67.93	30.6	43.68	64.3	7.54	11.1	12.66	18.6	4.05	6	104.9	47.3	14.96	6.7	4.69	2.1	44.18	19.9
六都寨	328.7	77.82	213.7	50.48	64.9	9.53	12.2	8.97	11.5	8.84	11.4	186.1	56.6	16.25	4.9	6.52	2	58.26	17.7
荷香桥	202.2	65.06	32.2	42.42	65.2	11.15	17.1	5.84	9	5.65	8.7	77.32	38.2	18.86	9.3	6.09	3	53.73	26.6
横板桥	265.38	74.66	28.1	47.9	64.2	14.36	19.2	7.57	10.1	4.83	6.5	126.67	47.7	21.81	8.2	8.58	3.2	55.47	20.9
紫阳	352.53	134.47	38.1	94.58	70.3	21.97	16.3	11.92	8.9	6.0	4.5	117.04	33.2	44.05	12.5	18.38	5.2	82.64	23.4
周旺	160.34	66.0	41.1	47.85	72.5	8.24	12.5	5.32	8.1	4.59	6.9	50.85	31.7	11.95	72.5	6.98	4.4	36.51	22.8
滩头	364.7	108.25	29.7	69.06	63.8	20.89	19.3	10.48	9.7	7.82	7.2	174.87	47.9	44.60	12.2	10.50	2.9	71.08	19.5
其他	102	6.75	6.6	4.15	61.5	0.95	14	0.47	7	1.18	17.5	84.67	83	13.67	13.4	1.43	1.4	9.15	9

备注:1.本表为区划调绘的数据。2.其他指国营农、林、场、所、站和桃洪镇

隆回县属中亚热带季风湿润气候区，因受地形的影响，气候南北差异明显。气温由北向南递增，最高气温出现在 7 月，月平均 21～28.10 ℃；最低出现在 1 月，月平均 0.4～5 ℃；多年极端最高气温 30.2～39.1 ℃，最低 -17.2～-11.3 ℃；≥10 ℃年活动积温 3127.8～5312.3 ℃·d。无霜期 206～281 天，多年平均年降雨量 1678.3～1293.2 mm，4 月、5 月、6 月、7 月四个月占全年降水量的 55%，最大 24 小时降雨 262.7 mm。年水面蒸发量 1367.4 mm（县站 20 型蒸发皿）。夏季多南风和东南风，冬季多北风和西北风，风力一般为 1～3 级，最大达 8～9 级。

1. 水土流失现状、发展过程、特点及危害

（1）水土流失现状

据区划考察勾绘计算，隆回县水土流失面积共 1,487,677 亩，折合为 991.78 km² ，占总面积 34.6%。其中强度流失面积 181.34 km²，占流失面积 18.3%；中度流失面积 338.4 km²，占 39.2%；轻度流失面积 422.04 km²，占 42.5%。全县强度流失的有鸟树下、中团、高洲、鸭田、罗洪、侯田、大桥七个乡（表 3.21）。中度偏强的有黄金井、金石桥、小沙江、龙坪、兴隆五个乡；中度流失的有茅坳、虎形山、麻塘山、颜公、石桥铺、金潭、长鄄、七江八个乡；轻度流失的有丁山、荷田、西山、六都寨、大水田等三十四个乡。

全县 20 km² 以上的小流域 40 个。其中强度流失的有大桥河、杨桥河、罗洪河、侯田河、鸭田河、大洋江、三都河、四都河八个小流域；中度偏强的有孙家坳河、龙坪河、孟公河三个小流域；中度流失的有虎形山河、茅坳河、麻塘山河、桐木溪河、一都河、丁山河和西洋江上游七个小流域，轻度流失的有西山河、白竹河、双江河等二十二个小流域。

表 3.21　隆回县强度流失乡流失面积表　　　　　　　　　单位：亩

项目公社	总面积	水土流失面积					流失面积占总比例（%）	强度流失面积占总流失面积（%）
		轻度	中度	强度	剧烈	合计		
鸟树下	67687	6689	20951	13548	65	41253	61	33
中团	57549	5595	13648	10320	41	29604	51.4	35
高洲	102292	18657	2445	21186	43	64331	62.9	33
鸭田	93253	14663	22807	16777	57	54304	58.2	31
罗洪	95808	15331	25755	20174	62	61322	64	33
侯田	66169	9706	16051	11158	413	37328	56.4	31
大桥	88701	11598	17396	12411	14	4149	46.7	30
小计	571459	82239	119053	105574	695	292291	57.7	36

（2）水土流失发生和发展过程

隆回县历来山地林木茂密，溪河清水长流，水土流失轻微。据水保站 1956 年调查记载：解放初全县水土流失面积只有 20 km²，不到总面积的 1%，仅分布在现七江、鸟树下乡带。后来，因开荒扩大耕地，忽视水土保持，水土流失面积逐年扩大。到 1963 年增加到 331.7 km²，占总面积 11.6%，平均每年增加 48 km²。据 1963 年统计，全县水土流失面积达 577.6 km²，占土地总面积的 20%。20 世纪 60 年代中期到 70 年代末期，搞人造平原、陡坡种茶、种油莎豆、全垦造林等，加速了水土流失，使全县流失面积扩大到现在的 991.78 km²，占总面积的 34.6%。

（3）水土流失的特点与严重程度

因受地貌、地质、土壤、气候的影响，隆回县水土流失的特点是南轻北重。北部的金石桥、司门前、高坪、六都寨、小沙江五个乡水土流失面积 717.95 km²,占北五乡土地总面积 48%,占全县流失面积的 72.4%。而南五乡流失面积 273.83 km²,占南五区土地总面积的 20.2%,占全县流失面积的 27.6%。流失最严重的地区,是望云山周围的 6 个乡流失面积达 219.7 km²,占 6 乡土地面积的 57.7%,占全县流失面积的 22.2%。其中有 4 个乡属强度流失,流失面积 124.3 km²,占 4 乡土地面积的 59.3%。水土流失发展速度快,由小块到大块再连成片。过去鸟树下乡只在马鞍村有零星小片的流失面积,后来扩大到寨冲、石田、明星等 9 个村,面积达 18.99 km²。占 9 个村总面积的 68.2%,占全乡地面积 42.1%。流失程度不断加剧,从轻度到中度再到重度。少数地方甚至达到剧烈。全县沟蚀、崩塌面积达 5.98 km²,其中较大的侵蚀沟有 2370 条,侵蚀面积 0.8 km²;崩塌 1760 处,侵蚀面积 0.59 km²。

(4)水土流失的危害

① 土肥流失,肥力降低。土壤是生物生存的基础,是形成自然肥力主要条件。水土流失时带走大量的土体,使土壤养分和有机质随之减少,地力减退。中团乡禾木山和韩家铺两个大村,地理位置相邻,自然条件相同;但从土壤养分含量分析,区别很大。禾木山村坚持封山育林,森林植被较好,控制了水土流失,土壤养分含量就高;韩家铺村由于破坏植被,导致了严重的水土流失,土壤养分含量就低(表 3.22)。

表 3.22　中团乡两个村土壤侵蚀和养分含量比较表

村名称	总面积(亩)	水面土流失积(亩)	占总面积(%)	所属等级	水田(斤/亩)			旱土(斤/亩)			林地(斤/亩)			平均(斤/亩)			郁闭度
					氮	磷	钾	氮	磷	钾	氮	磷	钾	氮	磷	钾	
禾木山	4430	404	9.1	轻	40	1.6	21	35.1	3.45	42.45	27.3	1.89	49.8	34.1	2.31	37.75	0.7~0.8
韩家铺	4338	2886	66.5	重	28.3	1.3	31	18.9	1.77	49.8	7.5	0.33	15.3	18.23	1.13	32.0	0.2~0.8

水土流失导致大量泥沙下泄,根据对十六口山塘和各种侵蚀沟的测定:初步推算出旱土轻度侵蚀 2840 t/km²·a,中度侵蚀 8530 t/km²·a.重度侵蚀 15900 t/km²·a;林地、草、荒地轻度侵蚀 360 t/km²·a,中度侵蚀 980 t/km²·a,重度侵蚀 2498 t/km²·a;沟蚀、崩塌侵蚀 107650~314700 t/km²·a。据全县各种不同类型的流失面积推算(表 3.23),隆回县每年流失泥沙约 217 万立方米。按农田耕作层 16 cm 计,相当于冲走 20356 亩耕作层。损失氮 3743 t,磷 222 t,钾 3227 t,有机质 58000 t。

② 耕地受水冲沙压。隆回县水土流失区每年都有不同程度的泥沙灾害.直接受水冲沙压的水田有 73750 亩,占水田面积 12.7%。罗洪乡 1978 年 6 月 27 日一场暴雨,造成严重水灾,水冲沙压危害的水田 8043 亩,占全乡水田面积 52.7%,其中冲毁 705 亩。沙压 2185 亩;旱土受影响 560 亩,占旱土面积的 81%。水冲沙压严重的地方,水田变为旱土,旱土变为荒地。

表 3.23　隆回县土壤流失量计算表

流失类型	流失面积(km²)	流失等级	年侵蚀模数(t/km²·a)	土壤容量(t/m²)	每平方公里流失量(L)	相当流失表土(mm)	年流失量(万立方米)
旱土	89.6	轻	2840	1.5	1890	1.9	16.9
	84.32	中	8530	1.5	5690	5.7	48.0
	50.16	重	15900	1.5	10600	10.6	53.0

流失类型	流失面积（km²）	流失等级	年侵蚀模数（t/km²·a）	土壤容量（t/m²）	每平方公里流失量（L）	相当流失表土（mm）	年流失量（万立方米）
小计	224.08	剧					117.9
	330.47		360	1.5	240	0.24	7.9
林地草荒地	301.48	轻	980	1.5	650	0.65	19.6
	129.78	中	2498	1.5	1665	1.67	21.6
小计	761.73	重					49.1
沟崩蚀塌	5.98		107650～314700	1.5	71760～209800	71.8～209.8	50.0
合计	991.78	轻～剧					217.0

③ 山塘、水库、河坝淤塞，河道变为不稳定游荡型河库。由于水土流失，泥沙下泄，严重影响水利工程效益，降低灌溉效能，全县1958—1982年因淤塞减少蓄水2460万立方米。据统计，隆回县现有的24819口山塘中，因淤塞报废的1172口，占山塘数4.7%；严重淤塞的3205口，占12.9%；其余山塘也都有不同程度的淤塞。高洲乡有山塘61口，严重淤塞的19口，其余42口都有不同程度的淤塞，每年每口山塘需担沙用工约800个，蓄水量比20世纪50年代减少30280 m³。北五区小Ⅰ、Ⅱ型水库35座，严重淤塞的达12座，占34.2%。鸟树下乡斗照楼水库，1959年建成，原库容317万立方米，到1981年复测，库容只有197万立方米，减少120万立方米，占库容37.9%。22年平均每年淤塞5.45万立方米，集雨面积内每平方米年输沙6813立方米，年侵蚀模数10220 t/km²a。全县7条较大的河流，总长329 km，已淤塞119 km，占36.1%。4800处河坝，严重淤塞1250处，占26%。解放初期，辰水河正常水深1.5～2 m，河水清澈见底，从县城可通航至六都寨。北部的木材、楠竹、土纸等通过水路运输，远销益阳、汉口。到20世纪60年代，因河流淤塞、沿途筑坝，不能再通航。石马江上游过去河床窄深，现已演变为宽浅式游荡型河床。1964年前，泥沙淤塞甚少，正常水深1.5～2.5 m，河宽10～35 m；现在水深仅0.2～0.4 m，河面扩宽到30～65 m。根据沿河8个点的实测，1964—1981年淤积深为2.5～3.5 m，年平均淤积深14.7～20.5 cm，造成橱河水田排水不良，潜育化面积增加。大桥乡大桥村因受石马江上游淤塞的影响，新增潜育化水田240亩，占水田面积35.4%。

④ 水旱灾害频繁。由于破坏植被，土壤吸水、保水能力降低.短期降雨即可形成倾泻而下的地表径流，极易造成洪水灾害。新中国成立32年来，隆回县发生水灾18次，其中全县性水灾7次，局部性水灾11次。另一方面.由于植被破坏，减少了大气降水的地下渗入量，增大地表层的潜水蒸发，使地下径流减少，枯季河水断流，加速了旱情的发展。新中国成立以来全县发生过旱灾的年份有20年。鸟树下乡中心村，五十年代有泉水68处，现已干枯20处。因水源缺乏，将40亩水田改作旱土，减少水田面积7%。

2. 水土流失形成的原因

(1)自然因素分析

① 气象因素。各种不同的气象因素影响水土流失的发生，其中以降水最为密切，强度愈大，水土流失愈严重，雨滴大小也有明显影响。隆回县北部位于雪峰山暴雨区内，据气象资料统计，年降水量从1400～1709 mm，年暴雨日(日雨量≥50 mm)次数由北向南递减:小

沙江、高坪等地多年平均暴雨日 4.1 次,六都寨 3.6 次,南部(县城)8 次。小沙江、高坪等地暴雨次数比六都寨多 14%,比县城多 37%。因此,北部水土流失重于南部。同时隆回县降雨有明显的季节性,降雨时间集中,一般年份集中在 4~7 月,占全年降水量 55% 左右。这时正是夏粮收获和秋收作物的播种、生长期,翻耕过的农地表土层裸露,直接遭受雨滴的溅击和地表径流的冲刷,大量疏松的表土层被冲走。西北部的小沙江降雪较多,冰冻期长,春天解冻后,土壤疏松对造成水土流失也有一定影响。

② 土壤、地质因素。隆回县北部成土母岩主要为花岗岩。花岗岩含长石、石英、黑云母等矿物,由于各种矿物受热后膨胀系数不同,容易产生物理崩解、破碎风化,所形成的土壤质地松散,含沙多,黏结力差,透水通气良好;但不保水保肥,在暴雨的溅击和地表径流冲刷下,容易造成水土流失。南部成土母岩主要为石灰岩,石灰岩发育的土壤质地黏重,黏结力强,透水通气性差;但保水保肥较好,面蚀较轻,土壤与基岩分界明显,暴雨时容易滑坡。

③ 地形因素。根据水土流失的内在关系,水是破坏力,土是被破坏的对象,土体抵抗力和水破坏力的大小,还要看坡度和坡长,坡度越陡,下滑力越大,土壤流失量越多。不同坡度土壤流失量(表 3.24)。

表 3.24 不同坡度土壤流失量表

测点	坡度(度)	流失量		增加(%)	备注
		流失量(公斤/亩/年)	增加流失量(公斤/亩/年)		
金潭乡石山湾村潭家冲	18	969			
兴隆乡木公田村堰塘冲	23	1425	456	47	
兴隆乡木公田村垅冲	25	1830	405	28.4	

④ 生物因素。森林中乔木、灌木和攀缘植物的枝叶,可以分散雨滴,使雨水随树冠缓慢地下流。森林中枯枝落叶层有吸收水分、缓冲和过滤地表径流的作用。植物根系盘根错节、纵横交错,能固结土体。森林有蒸腾水分、减轻冰雹和霜冻的作用。颜公乡采用生物措施控制水土流失,效果显著。该社 1957 年前,水土流失面积只有 4725 亩,仅占总面积的 6%。后来由于破坏植被,坡地垦荒等影响,水土流失日益严重,据 1972 年测定,流失面积扩大到 33795 亩,占总面积 42.9%。1972 年以来,全乡共营造各种林木 27860 亩.封山育林 12016 亩。通过多年连续治理,现人工林郁闭度一般达 0.7 左右,天然次生林郁闭度达 0.6~0.8,大部分森林中覆盖着 10~15 cm 厚的腐殖质层,基本控制了面蚀。目前水土流失面积比 1972 年下降 12.2%,其中强度流失面积由原来 15937 亩减少到 4451 亩,下降了 72%。

综上所述,自然界影响水土流失的五大因子中,水是破坏力,基岩、土体是被破坏的对象,坡度是关键,植被起决定作用。隆回县北部暴雨多而集中,土质松散,坡度陡,是容易形成土壤侵蚀的自然因素。南部由于土质黏重,坡度平缓,暴雨次数较少,土壤侵蚀较北部轻。

(2)人为因素分析

① 毁林开荒造成水土流失

1957 年前,隆回县森林面积有 1360.8 km²,覆盖率为 48.6%,后来大量毁林开荒,致使森林面积逐年减少。东北部中低山区在 1961—1981 年间,新增旱土 71430 亩,比原上报面积增加 1.75 倍,其中通过改造可作常耕地只有 42817 亩,应退耕还林的陡坡地 28613 亩,占新增旱土面积 40.7%。鸟树下乡 1957 年只有旱土 917 亩,现在增加到 7879 亩,比原来增加 7.6 倍,植被覆盖度下降了 18.5%(表 3.25)。

表 3.25　鸟树下乡坡地与植被变化表

项目年份	总面积(亩)	总耕地(亩)				植被面积(亩)			
		小计	占总面积(%)	坡耕地	平地	小计	植被覆盖度(%)	比1957年减少面积(亩)	减少(%)
1957	67687	13905	20.54	917	12988	42061	62		
1965	67687	20820	30.76	7832	12988	35146	52	6915	16.4
1982	69227	21331	30.8	7879	13452	30145	43.5	11916	28.3

由于乱垦滥伐,到 1975 年龟县有林地下降到 1019.7 km²,森林覆盖率只 35.7%,比 1957 年减少 12.9%。中团乡 26 年中共减少林业用地 21147 亩,比 1957 年减少 44.6%,植被复盖度下降 24.6%,森林蓄积量减少 67.3%(表 3.26)。

表 3.26　中团乡森林复盖面积及蓄积量变化表

年份	总面积(亩)	林业用地(亩)	植被覆盖度(%)	其中(亩)				非林地(亩)	森林蓄积量(m³)
				有林地	疏林地	荒山	其他		
1957	58375	47397	68.1	13515	19245	13975	662	10978	43756
1975	57549	28470	46.6	18671	6500	3294	5	29079	19282
1982	57549	26250	43.5	14164	9731	2280	75	31299	14326

新中国成立 30 多年来,隆回县习惯于春秋两季组织群众在田边、土边、路边、山边铲草皮和烧火土灰的"三光"积肥运动,破坏了植被和土地,也是导致水土流失的原因之一。

② 不合理利用土地,加剧水土流失。

隆回县西北中山原区少数地方至今仍保留着刀耕火种、广种薄收的旧习惯。该区原来只有旱土 10600 亩,现增加了 2.5 倍,其增加的大部分旱地系刀耕火种逐步开垦的,这种原始落后的生产方式,是造成水土流失的重要原因。

隆回县北部地区 1974—1978 年搞百亩以上的人造平原 18 处,面积 1848 亩,其中毁田 105 亩,毁林 768 亩。搞成功的面积 361 亩,只占总面积 26.8%,其余 987 亩已荒废,造成了严重水土流失,使下游 700 多亩农田遭受泥沙灾害。

不因地制宜发展多种经营,陡坡毁林种茶栽乌柏,高山种植油莎豆等,加剧了水土流失,鸟树下乡马鞍大队 1973 年在坡度为 20°～30°的尹家山毁林建茶园 120 亩,由于土壤瘠薄、坡度陡,不仅茶树生长不良,而且造成水土流失,下游 80 余亩农田受害。该乡明星大队 1977 年在土壤瘠薄、水源缺乏的山头上植桑树 172 亩,其中毁林 70 亩,造成水土流失严重,下游 40 多亩良田受害。罗洪、颜公等 8 个乡 1977 年以来陡坡种油莎豆,对造成北部水土流失严重也有明显的影响。

③ 各项工程建设缺乏水土保持措施

兴修水利忽视水土保持措施。全县共修建水库干渠 158 条,其中造成水土流失的有 41 条,占 26%。大桥乡洋寨冲水库 1968 年修建,渠长 18.02 km,原计划灌溉 10 个大队。由于土壤侵蚀严重,通水仅 3 个村,长 1.25 km,其余部分杂草丛生,淤塞严重。产生沟蚀、崩塌 22 处,侵蚀面积达 18 亩。

修筑公路未注意水土保持。全县共修筑公路(不包括机耕道)59 条,长 838.6 km,其中水土流失较为严重的 26 条,占公路条数 44%,侵蚀长度 14.4 km,占长度 1.7%。如虎形山乡至茅坳乡新修一条公路,长 5 km,被洪水切割得支离破碎,路面布满纵横的侵蚀沟,侵蚀面积占开挖面积 70%以上。

全垦造林造成水土流失。20 世纪 70 年代以来,隆回县北五区推广大面积全垦造林,把原有林木、树蔸、茅草全部砍完、挖光,破坏了植被和土体,引起水土流失。小沙江乡黄湾村,1978—1979 年陡坡全垦造林 400 亩。造成极为严重的水土流失。在四沟一条冲里堆积沙石约 2 万立方米,1981 年有 322 亩水田受水冲沙压,占水田面积 57.7%,其中 50 亩水田失收,减产 3 万余斤。

修建房屋引起水土流失。全县 1881 年度修建房屋 18063 间,建筑面积 555671 m^2。其中北五区私人建房 7970 间,建筑面积 257941 m^2,60%以上的房屋建在山坡上。根据调查估算,土石未经妥善处理,每年有 5 万～6 万立方米泥沙下泄.造成水冲沙压良田,淤塞溪河等。

3. 水土保持工作的对策

(1)提高认识,稳定政策,是搞好水土保持工作的关键

隆回县自 1956 年开展水土保持工作以来,由于党和政府的重视,上级主管部门的支持,群众的积极努力,取得了一定的成绩。到 1980 年止.初步治理水土流失面积 259.2 km^2,相当于该县 20 世纪 50 年代中期水土流失面积的 78%。在治理过程中,采用生物措施和工程措施相结合,历年人工造林 151.46 万亩(保存 80 万亩),其中水保林 5.5 万亩,退耕还林 2.94 万亩;常年封山育林 40 万亩。修建塘坝 16857 座,容积 12775 万立方米;拦沙坝 24 座,容积 19.7 万立方米;谷坊 2700 处,固沟 82.5km,防崩工程 2310 处,防护面积 2170 亩;坡土改梯土 13.8 立方米/亩。

由于不少地方破坏大于治理,有些治理过的地方又遭到破坏,水土流失日益严重。1977 年后,特别是党的十一届三中全会以后,各级党和政府逐渐把水土保持工作列入议事日程,恢复了机构,增加了技术力量,省拨专款进行小流域治理,摸索防治水土流失的经验和措施,为大面积治理做出示范和样板,使隆回县水土保持工作开始向好的方向发展。

(2)因地制宜,全面规划,抓好小流域治理,是控制水土流失的有力措施

隆回县从 1980 年以来,在颜公、鸟树下两个乡,13 个大队、109 个生产队,两个流域、39.1 km^2 面积进行小流域治理。坚持防治并重、治管结合、因地制宜、全面规划、综合治理、除害兴利的方针,以生物措施为主,工程措施为辅,取得较好的效果。至 1981 年底止,采用生物措施,造林 7332 亩(其中荒山造林 716 亩、退耕还林 2979 亩、重造补植 3637 亩),占林业用地 23%,封山育林面积扩大到 11840 亩,占林地面积 37%;四旁植树 12.3 万株,人均 11 株。采用工程措施,修建塘坝 32 处,增加库容 17.2 万立方米;防护沟 36 处,防护面积 146 亩;修建谷坊 132 处,防护面积 121 亩;河堤护岸 238 处,长 9.52 km;坡土改梯土 417 亩。共完成土石方 20.1 万立方米。由于山、水、田、林、路综合治理,已初见成效,封山育林仅三年时间,郁闭度提高了 0.2～0.3,其中有 5000 余亩已达(0.7 以上)验收标准。水保工程大部分已完成,基本能起到拦沙防洪的作用,初步治理水土流失面积 11.3 km^2,占原流失面积 58%。

(3)迅速恢复植被,是防治水土流失的重要途径

过去隆回县水土保持工作搞得好、治理速度快、效果显著的单位,主要抓了生物措施。

颜公乡红山村从 1972 年起,突出抓了植树造林,10 年中,共营造各种林木 1480 亩,占林地面积 57％,退耕还林 250 亩,封山育林 900 亩,经过连续治理,现森林郁闭度达 0.6～0.8,治理水土流失面积 2236 亩,占 1972 年水土流失面积的 80％。中团乡禾木山村主要抓了封山育林,从 1965 年 3 月起,封山育林面积 1606 亩。18 年来,制度健全,赏罚分明,现森林郁闭度达 0.7～0.8 以上,据测定该村仅有轻度流失面积 404 亩,只占总面积的 9.12％,基本控制了水土流失。

4. 土壤侵蚀分区论述及防治方法和途径

根据隆回县地貌条件、地质特征、土壤侵蚀现状及气象特点等因素,在保持村界限完整的前提下,将全县划分为四个土壤侵蚀区。分区命名和分区论述(分区范围见表 3.27)。

表 3.27　隆回县土壤侵蚀分区表

编号	分区命名	土壤侵蚀面积（km²）	占本区总面积(％)	地貌特征	主要岩石	气候特点	土壤侵蚀类型	侵蚀等级
I	东北部中低山花岗岩土壤强度侵蚀区	428.55	51.1	中低山	花岗岩	多暴雨集中	农地土壤片蚀沟蚀	强
II	西北部中山、中山原花岗岩土壤中度侵蚀区	193.24	49.2	中山中山原	花岗岩	多暴雨低温	林地鳞片状侵蚀农地土壤片蚀	中
III	中西部中山砂页岩土壤中度偏轻侵蚀区	96.4	35.7	中山	砂页岩	多暴雨集中	林地鳞片状侵蚀	中度偏轻
IV	南部丘岗石灰岩土壤轻度侵蚀区	273.59	19.9	丘岗	石灰岩	少暴雨	农地土壤片蚀林地鳞片状侵蚀	轻

I 东北部中低山花岗岩土壤强度侵蚀区。

II 西北部中山、中山原花岗岩土壤中度侵蚀区。

III 中西部中山砂页岩土壤中度偏轻侵蚀区。

IV 南部丘岗石灰岩土壤轻度侵蚀区。

I　东北部中低山花岗岩土壤强度侵蚀区

本区包括高坪区全部,金石桥区大部分地区,司门前、六都寨及滩头区一部分地区。共19 个乡的 272 个大队,五个县属场所。本区海拔一般在 500～800 m,比高 200～600 m,坡度 15°～45°之间,成土母岩主要为黑云母花岗岩和花岗闪长岩、土壤以红壤为主及部分黄壤和黄棕壤,总面积 828.9 km²,占全县总面积 28.9％,人口密度每平方公里 319 人,人平耕地1.26 亩。本区以望云山为中心,全县七个强度流失的乡,三条严重淤塞的主要河流(石马江、大洋江、辰水上游),八个强度侵蚀的小流域都在本区。全区土壤侵蚀面积 428.55 km²,占全县流失总面积 43.21％,占本区总土地面积 51.1％。其中强度侵蚀面积 107.8 km²,占本区流失面积 25.02％。沟蚀、崩塌面积分别占全县沟蚀、崩塌面积的 68.5％和 74.6％。(各种流失面积所占比例见表 3.28)。

表 3.28　隆回县 I 区各种流失面积占本区和全县同类流失面积比例　　单位：km²

项目	总流失面积	其中				旱土	林地	草荒地	沟蚀	崩塌
		轻度	中度	强度	剧烈					
本区各种流失面积	428.56	134.7	186.06	107.21	0.59	74.61	344.97	4.84	3.64	0.50
全县各种流失面积	991.78	422.04	388.4	180.6	0.74	224.08	749.78	11.95	5.31	0.67
占本区流失面积(%)	100	31.43	43.42	25.02	0.13	17.41	80.5	1.13	0.85	0.11
占全县同类流失面积(%)	43.21	31.91	47.9	59.36	79.73	33.3	46.01	40.5	68.5	74.6

本区以农地侵蚀为主,林地侵蚀次之,大部分地区沟蚀、崩塌严重。土壤侵蚀强烈,时间发生较早,速度快,影响范围广,并涉及很多方面,是隆回县今后水土保持工作的重点。

防治措施与途径:本区为中低山区,山高坡陡,土质松散,由于长期陡坡开荒,近山、低山旱土流失严重,今后应以改造旱土为重点。一是退耕还林,将现有 25° 以上的 28613 亩陡坡地退耕还林,增加植被;二是改进耕作制度,改直耕为横耕等高耕作,改单种为复种,提倡套种等一系列农业技术措施,避免暴雨期对旱土的冲刷,将 10°～25° 的 51250 亩坡耕地改为梯地,三是在四边(即土边、屋边、路边、河边)栽培雪花皮、黄花等,既保持水土,又增加收入。本区山地面积比重大,人平有 2.55 亩林地,土壤多呈酸性、微酸性反应,钾肥含量丰富,雨量充沛,适合松、杉、杂、楠竹等多种林木生长。应抓好以森林为主体的生物措施,控制水土流失。一是抓好封山育林,坚持以封为主,封、造、管结合,对现有 55.37 万亩有林地加强管理;对疏残林地应坚持封禁和补植;二是大量营造水土保持林和薪炭林,既可以防止水土流失,又解决群众烧柴问题;三是对少数茶叶、乌桕、桑树等效益不高的经济林应进行改造或补植;四是对原已还林的坡耕地应停止耕作,加强抚育,早日郁闭成林;五是严禁乱砍滥伐,特别要禁止毁林开荒、刨草皮、挖树苑等不良习惯,保护好乔、灌、草多层覆盖。本区大部分社、队沟蚀、崩塌严重,在采用林草措施、农业技术措施的同时,必须辅以工程措施,减少泥沙流失。对岸蚀严重的河流,应进行砌堤护岸。同时修建一批蓄水灌溉、拦沙防洪兼用的山塘、水库、河坝。今后在修建水电工程、建房屋、筑公路、采矿和造林建设中,必须加强水土保持措施。

Ⅱ　西北部中山、中山原花岗岩土壤中度侵蚀区

本区包括小沙江区全部,高洲甚衽上银、中银、益民村,黄金井乡的泉溪、兰草、兰草田、槐花村,大水田乡广坪、白马山村。共七个乡的 54 个村,一个县属林场。

本区海拔在 800 m 以上,一般比高在 250 m 以下,坡度 15°～45°。成土母岩为二长花岗岩,黑云母花岗岩,土壤为山地黄壤和黄棕壤及少量草甸土。面积 392.7 km²,占全县土地总面积 13.7%,人口密度每平方千米 121 人,人均耕地 1.90 亩。土壤侵蚀面积 193.24 km²,占全县侵蚀总面积 19.5%,占本区土地面积 49.2%,在流失面积中,轻度占 39.1%,中度占 41.5%,重度占 19.4%,属中度流失区。

本区以林地鳞片状侵蚀为主,占侵蚀面积的 80%,坡耕地次之,占 16%。少数地方沟蚀、崩塌严重,土壤侵蚀时间发生较迟而速度快。

防治方法和治理途径:本区地广人稀,人均土地面积 12.13 亩,林地 8.51 亩,山多田少,合理利用山地是防治土壤侵蚀的根本途径。因此,必须加强对现有 25.48 万亩有林地的抚育管理,严格封禁;其中未成林的进行补造。对 9.19 万亩搁、荒地应逐步植树造林,恢复多层植被。树种必须以适合本地生长的华山松、黄山松、楠竹和高山阔叶树种为主。要坚持以山养山、以地养地相结合,严禁烧山耕种,彻底改变刀耕火种、广种薄收的习惯。应将 25°以上 11140 亩陡坡地退耕还林,10°～25°的 11136 亩坡耕地逐步改为梯土。沟蚀、崩塌严重的小沙江乡黄湾、小沙江大队,龙坪乡光龙、光化大队,虎形山乡水洞坪大队,麻塘山乡兴屋场大队和茅坳乡的茅坳大队,要辅以工程措施。对本区公路水土流失严重的地段应采取工程措施。今后在发展交通事业和造林整地必须同时考虑水土保持措施。

Ⅲ 中西部中山砂页岩土壤中度偏轻侵蚀区

本区包括西山乡,大水田乡(除广坪、白马山村)和六都寨、七江、丁山、兴隆、金潭、石桥铺、苏河乡部分村,共 9 个乡的 47 个村,一个县属林场。该区海拔 500～1000 m,比高 200～500 m,坡度 20°～45°之间。成土母岩主要为变质岩中的砂页岩,土壤为黄壤和红壤。全区总面积 269.5 km²,占全县总面积 9.4%,人口密度每平方千米 112 人,人均土地面积 13.38 亩,人均耕地 1.36 亩,土壤侵蚀面积 96.4 km²,占全县侵蚀面积 9.7%,占本区土地面积 35.7%,在流失面积中,其中中度占 39.7%,轻度占 49.3%,重度占 11%,属中度偏轻侵蚀区。本区以林地鳞片状侵蚀为主,占总侵蚀面积 86%,部分地区由于陡坡开荒造成旱土流失。

防治措施:本区为隆回县主要木材产区,是人平林地面积最多的一个区,人平 10.69 亩。该区雨量充沛,土壤养分较丰富,气温适宜,有利于杉、松、杂、楠竹等生长。今后要严禁毁林开荒,保护好植被,提高郁闭度;并加速绿化荒山,防止水土流失。对 25°以上的 12787 亩陡坡地退耕还林,10°～25°的 13380 亩坡耕地改为水平梯土。

Ⅳ 南部丘岗石灰岩土壤轻度侵蚀区

本区包括周旺、紫阳、荷香桥区和桃洪镇全部,横板桥区大部及六都寨、滩头区一部分地区。共 31 个乡的 605 个大村 4 个镇,5 个县属场所。本区海拔一般在 350 m 左右,比高 30～50 m,坡度 10°～20°之间,成土母岩主要为石灰岩,土壤为红壤和石灰土,总面积 1374.7 km²,占全县土地面积 48%,人口密度每平方千米 390 人,人均耕地 1.4 亩。土壤侵蚀面积 273.6 km²,占全县侵蚀面积 27.6%,占本区土地面积 19.9%,其中轻度占 60%,中度占 31%,重度只占 9%,属轻度流失区。

本区坡度平缓,土壤质地黏重,侵蚀程度较其他区轻,但因群众缺燃料、木料和有机肥,滥伐森林,刨草皮破坏植被,并存在陡坡开荒。在荷香桥区的树竹乡;横板桥的苏河乡,紫阳的云峰、三阁司乡,周旺的斜岭乡,滩头的大观乡等陡坡耕地还存在明显的水土流失。今后要在加强封山育林的同时,提倡四旁植树。对 25°以上的 42993 亩坡耕地,土壤瘠薄,要逐步植树造林,将 52390 亩坡耕地改为水平梯田、梯土。

5. 对今后水土保持工作的初步设想

目前,要继续抓好小流域治理工作,巩固治理效果。在搞好重点流域治理的同时,逐步稳妥地扩大治理范围,争取对强度、中度偏强侵蚀的小流域和乡进行重点治理。本着治理成片,对影响较大的流域优先安排的原则。初步计划"六五"期间,争取在 1983 年冬或 1984 年春,把颜公乡境内的杨桥河、六都寨水库上游三都河列入重点治理的小流域,用七年左右的时间,到 1990 年治理好,控制流失面积 61 km²。在"七五"期间把四都河、大洋江、鸭田河、罗洪河、大桥河、侯田河、孙家垅河七条小流域列入重点治理范围,用 7～10 年的时间治理好,控制流失面积 288 km²。当前政府还拿不出更多的资金进行大面积治理,在进行重点治理的同时,全县应普遍提倡封山育林,封、造、管相结合,提高林分郁闭度和森林覆盖率,使森林在控制水土流失中发挥主导作用。今后水土保持工作要以重点治理和大面积治理相结合,争取在 20 世纪末把隆回县水土流失基本治理好,恢复生态平衡(表 3.29)。

表 3.29　隆回县水土流失分区附表

分区编号	分区名称	所属中范围
I	东北部中、低山花山冈岩土壤强度侵蚀区	高坪区,六都寨区的长鄄、鸟树下、七江乡(排溪村除外)、六都寨乡的背山、桥边、荆田、荆溪村。荷田乡的牛寨岭、石桥湾、黄皮、永乐、枞树、欧菜、广庄、秋田、上背溪、下背溪、鹅立、韭菜大队。滩头区的梅塘乡、大观乡的虎形、双青、茶仁、黄金洞大队。司门前区的中团乡、金潭乡(白芽山、石丰、众乐村除外)、兴隆乡(竹山桥、仁里、杨柳田村除外)、石桥铺的畲溪、新庄、竹山院、沙坪、兴明、宝山、宝丰、众善、五通村。金石桥区的金石桥乡、鸭田乡、高洲乡(上银、中银、益民村除外)、黄金井乡(槐花、兰草田、兰草、泉溪村除外)、望云山林场、九龙山林场、县农科所、原种场、水土保持站。 共 19 个乡的 272 个村,5 个县属场、所、站。
II	西北部中山、中山原花岗岩土壤中度侵蚀区	小沙江区,白马山林场,黄金井乡的槐花、兰草田、兰草、泉溪村,高洲乡的上银、中银、益民村,大水田乡的广坪、白马山村。 共 8 个乡的 54 个村,一个县属林场。
III	中西部中山变质岩土壤中度偏轻侵蚀区	大东山林场,西山乡,六都寨乡的排竹、瓦屋村,丁山乡的青田村、七江乡的排溪村,金潭乡的白芽山、石丰、众乐村,兴隆乡的竹山桥、里仁、杨柳田村,石桥铺乡的红光、风云亭、金山、大茅坪、禾梨坪、永明村,大水田乡(广坪、白马山村除外)和苏河乡的远山、双江田、田心桥、新东村。 共 9 个乡的 47 个村,1 个县属林场。
IV	南部丘岗石灰岩土壤轻度侵蚀区	周旺、紫阳、荷香桥区和桃洪镇。滩头区的塘市、滩头、苏塘、添壁、岩口乡和滩头镇,大观乡(虎形、双青、茶仁、黄金洞四个村除外)。横板桥区(苏河乡的远山、双江口、田心桥、新东四个村除外)。六都寨区的丁山乡(青田村除外),荷田乡的石观音、石山、汉江、青龙桥、大井、荷田、恒江、社凼村、六都寨乡的向东、洪江、下新民、巷口、金龙、桃花村。还有六都寨镇、荷香桥镇、县园艺场、县林科所、洞山苗圃场、县水产场、三阁司渔场等。 共 31 个乡的 605 个村,四个镇,5 个县属场所。

二、封山育林是恢复森林的重要途径

对凡有母树或有一定数量萌芽树苑的残林和部分荒山,加以封禁和必要的人工促进,让其发展成为天然次生林,被称为封山育林。1982 年,重点调查了隆回县封山育林搞得较好的 21 个村和 9 个生产队。这些单位共封山育林 25400 亩,占用材林面积的 85% 以上。他们封山几年、十几年、二十多年,都取得了可喜的成绩。用材、烧柴自给有余;收入多,贡献大;发挥了森林的特殊效益,促进了粮食生产,富裕了农村经济。为隆回县全面开展封山育林积累了经验,树立了榜样。他们的共同特点是贵在坚持和"三有":一有一个过得硬的领导班子;二有一班坚持原则的专职看山员;三有一套护林公约和批砍制度。

1. 森林育林的成绩与效益

(1)花工少、成本低,成林快、收益大

封山育林是靠母树飞籽或萌芽更新,禁止人畜破坏,实行封禁而成林。一般是 4~5 年成林,10 年后即可间伐利用。在封禁的过程中,只要有计划地开山砍地柴,注意选留目的树种,即可长期保存森林资源。仅花少量的用工,就可获得产量较高、经济价值较大的林分。七江公社排溪大队,678 人,山地面积 5913 亩,1958—1960 年,森林遭受严重破坏。1962 年开始封山育林,1966 年起,山林全部由村经营管理,制订乡规民约,指派看山员,对 3374 亩松、杉、杂残林和 1794 亩疏竹采行全面封禁。加上开山及时,砍伐合理,森林恢复很快,林木蓄积量大幅度上升。1969 年以来,解决本队集体和社员自用材 3050 m³;上交国家木材 680 m³,楠竹 3.75 万根,土纸 3500 担;支援兄弟社队木材 1500 m³,楠竹上万根。1974—1981 年,八年合计林业收入为 32.42 万元,占农业总收入的 52.8%,每人年平均业纯收入 113 元。而林业用工(包括采运、看山、造纸、林业会议用工等)仅占农业总用工的 27.5%。林业工价比其他工价高两倍。据测定:全队现有蓄积量 19387 m³,亩均 5.746 m³,人均 28.6 m³;楠竹 21.5 万根。林木山价达 58 万元,人均 855 元。人均山地少的大队,通过封山育林,森林蓄积量也不断增加,用材、烧柴自给有余(见表 3.30)。

(2)合理采伐利用,保持林分较高的生长量。

隆回县南部丘陵岗地,人多山少,由于长期乱砍滥伐和人畜践踏,林木稀疏,生长不良,产量很低,群众用材、烧柴十分困难。为了改变这种状况,不少地方逐步对疏林实行封禁,禁止人畜进山,有计划地开山砍柴和择伐利用,森林恢复很快。由于实行封山育林,林地枯枝落叶多,增加了土壤有机质,土层疏松,保水保肥性能好,土壤肥力高,为林木生长创造了一个良好的生态环境,使林木的生长量保持较高的水平。地处南部丘陵的三阁司乡白羊二、三生产队,是一个自然村。58 户,232 人,山地面积 155 亩,人均 0.67 亩。1954 年合作化时期,村里就建立了"山会",制订了山规,实行封山育林,指派看山员统一看管。定期开山砍柴,合理间伐,有计划择伐成材树木。28 年来,共生产各种规格的木材 1200 多立方米,满足了集体和社员生产生活用材的需要,并支援外队木材 20 m³。全村建房 26 座,都是用自产木材;同时解决了全村村民 90% 的烧柴。现有森林郁郁葱葱,郁闭度在 0.8 以上。据测定,每亩有胸径 6 cm 以上的松、杂、杉等各种林木 339 株,蓄积 6.245 m³。总蓄积量达 967 m³,人均 4.17 m³。

表 3.30　封山育林效益统计表

项　　目	开始封山年度	封山面积(亩)	人均(亩)	74 年清查蓄积(m³)	现有蓄积(m³)	比 75 年增加(%)	人均蓄积(m³)	比全县人均多(m³)	烧柴余缺情况
高田乡井田村	1966	966	1.49	966	2029	110	3.13	1.43	余
横板桥乡花冲村	1963	3626	2.34	4732	9626	103	6.22	4.52	余
北山乡新莲村	1964	1217	1.43	1041	4503	333	5.29	3.59	余
曾家坳乡傅家堉村	1964	689	1.50	775	1543	99	3.36	1.66	余

(3)保护植被,减少了水土流失

封山育林是利用森林植被的自然再生能力恢复和发展森林。不需进行人工整地,植被保护完好,形成乔、灌、草三层楼。它能保护表土,涵养水源,减少地表径流,有效地控制水土流失。颜公公社红山大队,地处花岗岩地区。新中国成立初期,2680 亩山地都是茂密的森林,山清水秀,农田稳产,合作化时期粮食亩产就达到 600 多斤。在"大跃进"中,森林遭到破坏,大树所剩无几;随后"向荒山要粮",乱挖乱种,植被破坏严重,水土流失加剧,雨来泥走,水动沙流。沟蚀十分严重,出现了"卧龙坑""大龙坑",两沟共长 520 m、最宽 19 m、最深 21 m;21 条引水沟被洪水冲毁;红山小溪淤沙高了 1 m 多,清流变成了黄泥水;5 口山塘被淤塞;74 口水井到了秋季有 50 口断流干枯;900 多亩耕地 80% 以上有不同程度的永冲沙压,粮食亩产下降到 400 斤左右。为了控制水土流失,自 1974 年起就大力开展了封山育林和植树造林。封禁残林疏竹 870 亩;荒山造林和退耕还林 1690 亩,郁闭后亦全面封禁,不准修枝刨草。这样,仅 3~4 年功夫,就基本控制了水土流失。现在出现了林茂粮丰的兴旺景象:山上林木郁郁葱葱,山下溪流清澈见底;井水复流,水旱无忧。促进了农业生产新发展,粮食亩产达到 1100 多斤。森林资源猛增,据测定,全大队立木蓄积量达 8854 m³,比 1975 年增加六倍,人均 6.3 m³。

(4)乔灌木混交,用材林、薪炭林有机结合

封山育林地只要管理恰当,注意选留树种。控制一定的郁闭度,就可以做到乔木、灌木生长繁茂,用材林和薪炭林有机结合。据在周旺乡洞冲等村的调查测定,中等立地条件的丘陵林地,乔木郁闭度 0.6～0.7,封禁一年的地柴亩产 400～500 斤(干重);两年的 1600～1800 斤;三年的 3600～3700 斤;四年的 4000 斤左右。林木年生长量亩平为 0.25～0.35 m³。中团乡禾木山村自 1964 年以来,封山育林 1606 亩,人均 1.6 亩,用材烧柴双丰收。除满足本村自用外,还支援兄弟乡村木材 70 多立方米。现全乡的山地;松杉茂密,杂柴满坡。有立木蓄积 4429 m³,人均 4.41 m³。而相邻的韩家铺和柽木山村,禁山不严,人均山地虽近 1 亩,而人均立木蓄积却只有禾木山村的十九分之一,用材、烧柴靠"进口"。

(5)保护了树种资源,形成多树种混交的复层林

通过封山育林,把在长期自然选择中保存下来的适应性强的优良乡土树种全部保存下来,形成了天然混交的复层林,加上林下的灌木、草本及其他生物,构成了一个较为完整的森林体系,有利于维持生态平衡。斜岭乡井邵大队的岩龙山,面积 25 亩,系裸露石灰岩丘陵山地,自 1963 年全面封禁,形成了树种多、郁闭度大的杂木林。有栓皮栎、黄连术、刺楸、麻栎、枫香、马尾松等乔木树种 29 个,灌木藤本 72 种。云峰乡牡石江乡苦槠山,面积 80 亩,1964 年开始封禁,现有苦槠、樟树、枫香、小叶栎等乔木 17 种。经测定,亩均胸径 6 cm 以上的树木 284 株,立术蓄积 12.87 m³,亩均年生长量 0.715 m³。多树种混交的复层林,其经济、防护效益均高。主要表现在:①保存了乡土树种,抗性强,产量高;②喜光和喜荫树种、浅根性和深根性树种自然组合,充分利用了地力和阳光;③能维持森林内部的生态平衡,天敌多,病虫不致成灾;④森林结构复杂,阻留降水、涵养水源、保持水土的作用大;⑤林地枯枝落叶多,有利于提高土壤肥力;⑥树种资源丰富,材多,经济价值大。

2. 措施与建议

综上所述,封山育林成本低、成林快、效益大,是恢复森林的重要途径,亦是维护生态平衡、保障农牧业稳产的关键措施。隆回县现有疏林面积 70943 亩,具有天然更新能力的荒山迹地 258920 亩,合计 329863 亩,只要采取全面封山育林的方法,即可迅速恢复森林。同时还有百万亩用材中幼林,需要实行全封或半封,使其免受破坏。

(1)调整营林方针,大抓封山育林

隆回县各地历来都有封山育林的习惯。只要在森林更新方式上遵循客观规律,改变过去只重视人工造林,而忽视封山育林的偏向,把封山育林和人工造林摆在同等地位抓紧抓好,并不断总结和推广先进经验,解决前进中的问题,定能抓出成效,收到事半功倍的效果。特别是北部花岗岩山地和南部丘岗地区,森林植被破坏严重,用材烧柴极缺,就更应把封山育林摆在林业生产的首位。从全县林业生产的实际情况出发,应大力发展人工造林,积极开展封山育林,实行封、造、管相结合的营林方针,尽快改变隆回县林业生产的落后面貌。

(2)讲究科学技术,提高封山育林水平

封山育林山地既要严格封禁,又要科学管理、合理采伐;使森林既能经常不断地向社会提供产品,又能长期保持稳定的森林结构,发挥其多种效益。因此,当前要着重注意以下几

点:一是要乔木、灌木一齐封,改变过去那种封天不封地的做法;二是既要封松、杉,也要封阔叶树木,改变过去那种单封松、杉,不禁杂木的做法;三是既要封禁,又要辅之以人工补植(对飞籽不到和没有萌芽树蔸的空地,要及时补栽适生树种),以提高山地利用率。

(3)坚持定期开山,解决农村烧柴

为了解决群众的烧柴,对封山育林地要有计划地分批开山砍柴。在开山时间上,以冬季为好。要根据当地的实际情况,按山场分片,轮流开山,做到年年有柴砍。一块山地则应是2～4年开山一次,进行修枝砍柴,以获得较高的薪柴产量。每次开山,要保护上层乔木,只能砍伐灌木杂草和有病虫害的乔木。同时,还必须掌握两条:一是要均匀保留多种适生乔木树种的幼树,作为后备资源,保证永续作业;二是修枝必须适当,要保证林木有足够的叶面积,松树树枝必须保留5～6盘,杉木严禁修枝。否则,不仅影响林木的正常生长,而且使下属薪柴减产。

(4)合理采伐利用,保证永续作业

封山育林和人工造林一样,在林木郁闭数年以后,种间、株间竞争激烈,林木迅速分化,一般在影响林分生长量的时候,要及时进行间伐。要切实做到砍密留稀、砍劣留优,每亩保留上、中层目的树种150～200株为宜。若不及时间伐,则生长量下降,且易遭冰冻、风灾等危害,造成严重损失。高田乡文仙村对门山的马尾松林,因没有及时伐,上层林木过密(亩平达350株),有的树高13 m,胸径才8 cm。1982年春的冰冻(雨凇),树木折断90%多,而附近经过间伐、每亩保留150株左右的松林,冰冻损失就只有20%～30%。封山育林地主要是采用择伐的方式获得木材,达到了数量成熟的林木,根据需要可适当择伐利用。要砍老留壮、砍衰留强、砍密留稀,保留林木要分布均匀,每亩林地乔木数不少于100株,使林分保持较高的生产水平。这样,可使林地始终维持有林状态,实现青山常在,永续利用。

三、采用林草措施控制水土流失

颜公乡原是隆回县水土流失严重的乡之一,近10年来采取了以林草措施为主的综合治理,使森林植被得到恢复,水土流失基本控制,生态环境逐步改善,农业生产出现了新的面貌。

1. 基本情况

(1)自然概貌

颜公乡位于隆回县东北部。全乡十七个村,163个生产队,总面积53.36 km²。土地构成以林地、耕地为主(表3.31)。

该乡地处隆回县东北部中低山区,三面环山,由西南向东北倾斜。最高点顶山大王顶峰海拔1201 m,最低点新鲜村桥边340 m,相对高差861 m,坡度15°～45°,坡长300～500 m。境内有两条较大溪河均发源于本乡汇入石马江上游。贯穿中部的颜公河发源于梅花山,全长10 km,流经十个村,流域面积47612亩,有支流9条;北部杨桥河发源于大水村,全长7 km,流经7个村,流域面积324亩,有支流6条。

该乡处花岗岩与页岩衔接处,80%以上地区属花岗岩风化物,土质松散。多年平均降雨量1505 mm。年径流量3958万立方米。降雨集中,多暴雨,因而容易引起水土流失。

全乡植被较好,森林面积40240亩,植被覆盖率50.3%,其中以松、竹为主的天然次生林17385亩,占森林面积42.1%,郁闭度0.6～0.8;人工林面积22855亩,占森林面积57.9%,郁闭度0.4～0.0,其中退耕还林502亩。

表 3.31 颜公乡林草措施统计表

项 目			颜公面积(km²)
合计			80050
耕地	合计		24527
	其中	纯水田	15008
		纯旱土	9519
		沟峪平地	16389
		坡土	8138
	占总面积(%)		30.68
山地	林业用地		40240
	其中	有林地	35081
		疏林地	84
		未成林造林地	295
		灌草荒地	4780
	占总面积(%)		50.27
其他	其他用地合计		15283
	其中	园地	1737
		居住用地	1578
		交通用地	347
		水域占地	1310
		其他田间隙地	10311
	占总面积%		19.05

林种分布：人造杉林 16400 亩,占植被面积的 40.7%;以松为主的松灌混交林 6135 亩,占植被面积的 15.2%;纯松林 5207 亩,占植被面积的 12.9%;纯竹林 6043 亩,占植被面积的 15%;阔叶林 571 亩,占植被面积的 1.4%;经济林 581 亩,占植被面积的 1.5%;其余灌木、荒草地 5303 亩,占植被面积的 13.3%。

该乡从 1972 年来,发展林业实行了造、管、封粗结合的政策方针。使森林得到了逐步恢复和发展,水土流失得以基本控制,生态环境逐步改善。

(2)社会经济状况

该乡以农为主,人均耕地 1.41 亩,1980 年前粮食亩产 600～800 斤,人均口粮 300～500 斤。林业生产正在恢复和发展中,多种经营工副业有所发展,但收入不高,基本还是以粮食为主的单一农业经济,群众生活水平不高。1981 年社经情况见表 3.32。

表 3.32 社会经济状况调查表

乡别	村(个)	生产队(个)	户数	农业人口(人)	农业劳动力(个)	耕地面积(亩)	人均耕地人(亩)	人口密度(人/km²)	1981年粮食产量			1981年收入分配			
									总产(kg)	亩产(斤)	人均(kg)	总收入(万元)	人均(元)	纯收入(万元)	人均(元)
颜公	17	163	4095	17354	5972	24527	1.2541	291	6352300	625	253	144.8	85	118.03	68

2. 水土流失的发生发展过程与治理情况

1949 年,该乡植被覆盖度高,基本没有水土流失。随着人口的增长,开荒种粮的面积逐年扩大,水土流失也随之发生。1957 年水土流失面积达到 3.15 km²。1958 年以后,森林遭到更为严重的破坏：1965 年，水土流失面积猛增到 11.06 km²，其中林地侵蚀 10.5 km²。1966—1976 年植被破坏更严重，水土流失面积增加到 22.53 km²，占总面积的 41.7%。其中林地侵蚀 13.83 km²，农地侵蚀 6.99 km²，沟蚀崩塌发展到 1.48 km²。据 1972 年实地测算，全乡每年有 32 万立方米肥沃的表土被冲走。一遇暴雨，山洪成灾。1970 年 4 月 30 日降雨 95.1 mm，全乡受灾冲毁早稻秧田 43.3 亩，冲走谷种 9480 斤。严重受害的 8 个村 52 个生产队。冲毁田土 3443 亩，冲垮河堤 515 处，共长 5930 m，冲走木桥 21 座，毁坏山塘 110 m，房屋四座，死伤各两人，损失稻谷 3300 多斤。1972 年 4 月 19 日一次降水 47.2 mm，就有 5730 亩农田受害，损失稻谷 15900 多千克。

在大自然的严重惩罚下，全乡人民总结了历史的教训，认识到植树造林，保护植被控制水土流失的重要性。从 1972 年开始，10 年共营造各种林木 22855 亩，郁闭度一般 0.4~0.6，最高的达 0.8；四旁植树 17.22 万株，人均 10 株；封山育林 12016 亩，郁闭度 0.6~0.8。在治山造林的同时，对 2527 亩旱土进行了改造，其中坡土改梯田 850 亩，改梯土 1175 亩，坡地退耕还林 502 亩。10 年共修谷坊和跌水 578 处，排水渠道 82 条，防冲工程 238 处。流失面积从 33671 亩减少到 29678 亩，其中强度流失由 1972 年的 115937 亩减少到 4451 亩。其变化情况详见表 3.33。

表 3.33　三个时期水土流失状况变化表　　　　　　　　单位：亩

| 时间\项目 | 土壤侵蚀面积 | 占地总面积(%) | 其中 | | | | | | | | 结论 |
			轻度侵蚀	占侵蚀面积(%)	中度侵蚀	占侵蚀面积(%)	强度侵蚀	占侵蚀面积(%)	强烈侵蚀	占侵蚀面积(%)	
1965 年	16590	20.7	7071	42.6	2255	13.6	7247	43.7	15	0.1	中度轻蚀
1972 年	33671	42.1	8496	25.2	8915	26.5	15937	47.4	323	0.9	重度轻蚀
1982 年	29678	37.1	11872	40	13355	45	4414	14.88	37	0.12	中度轻蚀

综上表所述，颜公乡水土流失的发展和治理恢复过程可用以下变化说明

时间：1949 年——1965 年——1972 年——1982 年

植被：比较完整——破坏——严重破坏——恢复

土壤侵蚀：正常——中度——重度——中度

泥沙下泄量：少量——7.7 万立方米——32 万立方米——4.2 万立方米

3. 林、草措施的效益

该乡经过 10 年的造林、封山育林，对控制水土流失，减少泥沙下泄量效果显著。从乡内两个小流域对比可以看出，颜公河流域治理早，措施得力，恢复植被快，土壤侵蚀明显减弱。而杨桥河流域治理迟，措施稍次。恢复植被慢，土壤侵蚀比颜公河流域严重。详见表 3.34、表 3.35。

表 3.34　两个流域植被情况对照表　　　　　　　　单位：亩

| 流域名称 | 流域面积 | 森林覆盖面积 | 占总面积(%) | 其中 | | | | | | | | | | | |
				营造杉竹林	占森林覆盖面积(%)	平均郁闭度	封山育林	占覆盖面积(%)	郁闭度	工程造林	郁闭度	退耕还林	郁闭度	四旁植树	每人株数
颜公河	47612	25467	53.5	13476	52.9	0.6	10950	43	0.7	270	0.6	395	0.4	376	12
杨桥河	32438	14783	45.6	7586	51.3	0.4	6800	46	0.6	84	0.4	107	0.4	198	8

表 3.35　两个流域水土流失对照表

流域名称	流失面积（亩）	占流域面积（%）	水土流失分类									1978 年 6 月 14 日				河床淤塞（万立方米）
			轻度面积（亩）	占侵蚀面积（%）	中度面积（亩）	占侵蚀面积（%）	重度面积（亩）	占侵蚀面积（%）	剧烈面积（亩）	占侵蚀面积（%）	毁灭农田（亩）	冲毁房屋（座）	死伤人数（人）	冲毁河段（处）	沟蚀崩塌处（处）	
颜公河	13799	28.9	6352	46	6544	47.45	883	6.4	20	0.15	138			13	21	1.44
杨桥河	15879	48.9	5520	34.8	6811	42.9	3531	22.2	17	0.1	698	2	1	37	38	18.6

据实测颜公河河床仅河口淤塞 400 m 长，其余河段已恢复原貌，一般大雨河水不浊。该河流域的红山大队，在治理水土流失过程中坚持以林草措施为主，工程措施为辅，已取得较好成绩。该大队总面积 4680 亩，其中耕地 937 亩，林业用地 2600 亩，1972 年测定水土流失面积 2795 亩，占总面积 60%；经过 10 年治理，在荒山荒坡上造杉树 1400 亩，楠竹 50 亩，泡桐 30 亩，封山育林 900 亩，25°陡坡地退耕还林。同时结合工程措施，对 67 条沟壑进行了整治，控制水土流失面积 2236 亩。山上有了林，保持了水土，涵养了水源，改善了生态环境，粮食产量由 1972 年的亩产 250 kg 增加到 1980 年的 490 kg，人均口粮由 150 kg 增加到 225 kg，人均收入由三十元增加到六十元。预计 5 年后林业产值一项可达 16 万元，到 1990 年全大队森林蓄积量预计可达 20 万多立方米，按生长量逐年进行采伐更新，人均林业年收入可达 150 元以上。

4. 林草措施的重要作用

（1）育林、护草的重要作用

① 合理利用土地，调整五业结构

该乡人均占有土地面积 4.61 亩，每人耕地 1.41 亩，林业用地每人近 3 亩。过去由于土地利用不合理，五业结构基本上是单一的种植业，在种植业中主要是粮食生产，林牧比重很小，以 1979 年为例，农业收入占 74.77%，林业占 2.96%，牧业占 1.48%，副业占 20.29%，林牧合计只占 4.44%。现在已开始改变这种局面，每人 3 亩林地已基本利用，一万多亩杉林已基本成林，6043 亩楠竹已开始计划砍伐，五年以后，林业比重将提高数倍。

② 控制水土流失达到治本的目的

造林、种草护草，保护和增加植被，拦蓄暴雨，减少径流，保护土坎，防止侵蚀，减轻或消除水土流失，发挥正本清源的效能。该社从新中国成立初期到 1973 年，22 年时间内破坏植被面积 33000 多亩，占整个植被面积的 78%。恢复植被只有 7 年时间，到 1978 年冬，大面积植树造林结束，剩下的就是补造和退耕还林。10 年时间，植被已基本恢复，对控制水土流失起到治本的作用。

③ 保护美化环境，保持生态平衡

该乡 1972 年以前，由于人为活动的破坏，造成环境恶化，失去生态平衡，远看光山秃岭，近看沟壑纵横，干旱、洪水、水土流失三大自然灾害频繁。旱灾由每五年一遇发展到每年都有，水灾由十年一遇增加到三年一遇。1971 年仅干旱 20 多天，过去水旱无忧的稻田就有 80 多亩水稻因干旱颗粒无收。1974 年春，一场暴雨红山村就有 200 多亩稻田被水淹没，700 多亩稻田受不同程度的水冲沙压，21 亩稻田变成沙洲。几年来该乡对颜公河流域进行了综合治理，植被覆盖率达到了 50.3%，郁闭度 0.4～0.7，现在高山翠绿，绿树成荫，一般大雨河水清悠，美化了环境，促进了生态平衡。

(2)造林种草的几点经验

① 搞好水土保持必须提高植树造林,封山育林和种草的认识。该乡广大干部群众经历了破坏生态平衡造成严重水土流失,到控制水土流失恢复生态平衡的过程,深刻地认识到农业靠单一抓粮食,忽视林业和多种经营是不能发展农业生产的。该乡 1965—1972 年,旱土增加 11000 多亩,人均口粮仍然只有 150～250 kg,吃饭问题并未解决,还要吃国家的返销粮。1972 年后,全乡开展植树造林、封山育林、退耕还林、种草护草等,发展了林、牧业,林木蓄积量逐年增加,林副产品为发展加工业提供了原料,粮食生产也逐步增长。

② 认真贯彻落实政策,调动群众造林种草的积极性,党中央关于农村工作两个文件下达和《森林法》的公布,调动了群众造林种草的积极性。该乡在落实政策上是这样做的:

四旁植树谁造谁管谁受益,在政策的鼓舞下,四旁植树 17.22 万株,每人平均 10 株。300 多亩退耕还林,树木生长良好。迅速将零碎荒地、陡坡耕地和疏林地划给村民自留山。订立乡规民约印发各户,对维护和违反者赏罚分明。

③ 坚持以防为主,防治结合。预防与治理并重是水土保持的重要原则,是防止水土流失,保障农业生产,保持生态平衡的重要手段。该社 1972 年以来,对 17000 多亩次生林和楠竹进行封禁,很快恢复了植被,起到了防治的作用。同时对 22000 多亩荒山营造用材林,并做到造一片,管一片,成一片。

④ 造林种草控制水土流失要注意做到几个结合:a. 生物措施与工程措施相结合,这是治山治水的关键。以工程养护生物,以生物保护工程,相辅相成,才能有效控制水土流失,发展生产,做到事半功倍。b. 种植与养护相结合。该乡 1972 年前造林不见林,主要原因是重造轻管;1972 年后他们采取造一片林,并办起乡村林场或专业队,专人管护,健全制度,赏罚分明,收到了良好效果。c. 防护林和用材林、经济林结合,在林种规划布局上,既考虑保持水土,又增加群众收入。该社在造好水保林、用材林的同时,还造了 1078 亩经济果木林,红山和新鲜,现在每年摘柑桔一万多斤。d. 乔、灌、草相结合。封山育林,保护乔、灌、草,构成多层植被。该社自然地理条件适合乔、灌、草生长,不需栽植,现在只要有计划砍伐林木,不刨草皮,逐步恢复植被,就可防治水土流失。

第四章 隆回县农业气象灾害气候风险区划

第一节 气象灾害等级概述

气象灾害等级划分是根据 DB43/T234-2004《气象灾害术语和等级》,气象灾害风险指数评价指标引用了相关研究成果,灾害气候风险指数 I（某种灾害的不同强度指数 S 及其相应出现频率 P 的函数）作为灾害区划指标,其表达式为:

$$I_j = F(S, P) = \sum_{i=1}^{3} S_i \times P_i \qquad (4.1)$$

式中,I 为灾害强度（$I=1$ 为轻度灾害,$I=2$ 为中度灾害,$I=3$ 为重度灾害）;S_i 为灾害强度指数;P 为灾害发生频次;j 为灾害类别。

基于多种气象灾害气候风险指数,根据隆回县地形地貌、农业布局、各地防灾减灾能力的差异,通过专家打分法开展气象灾害综合风险区划。

由于气象灾害风险评定基本上基于气象灾害的强度和发生频率,与地形地势、作物的布局、防灾抗灾能力等因素考虑较少,因此,制作完成的气象灾害风险图与实际灾害发生情况可能存在一定的差异,但对指导防灾抗灾救灾仍具有较强的指导意义。

第二节 隆回县农业气象灾害气候风险区划

一、暴雨洪涝

洪涝指因大雨、暴雨或持续降雨使低洼地区淹没、渍水的现象。不同类别的洪涝对农业影响不同。洪水是持续性强降水或暴雨引起山洪暴发,河水泛滥,淹没作物或农田、农业设施等;涝害是由于雨量过大或降水过于集中,造成农田积水,使作物部分或全部淹没在水中,使作物受害,所以也称淹涝;涝害主要发生排水不畅的低洼地带或河道周边因河水暴涨淹水。实际上,洪涝有时候是洪水、涝害、湿害交替影响,有时候同时发生。隆回县春夏季节多暴雨或集中强降水,易造成洪涝多发,特别是雨季的4—6月份,降水更集中,更易发洪涝。

1. 区划指标

根据 DB43/T234-2004《气象灾害术语和等级》洪涝指标,将洪涝分为三个等级。

轻度洪涝（1级）:（4—9月）任意10天内降水总量为 200～250 mm。

中度洪涝（2级）:（4—9月）任意10天内降水总量为 251～300 mm。

重度洪涝（3级）:（4—9月）任意10天内降水总量为 301 mm 以上。

洪涝气候风险指数＝1级年频次×1/6＋2级年频次×2/6＋3级年频次×3/6

2. 洪涝灾害风险等级分布

根据上述指标,隆回县的洪涝灾害分为高风险区和中风险区（见图4.1）,其中:

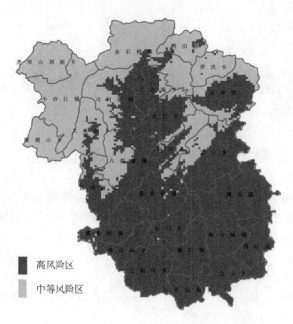

图 4.1　隆回县洪涝灾害风险等级分布图

高风险区:主要分布在隆回县中部及以南的乡镇,包括羊古坳乡大部分地区、司门前镇东部、高坪镇、七江乡、六都寨镇东部、荷田乡、西洋江镇、岩口乡大部分地区、荷香桥镇、滩头镇、横板桥镇、石门乡、雨山铺镇、南岳庙乡、桃洪镇、周旺镇、三阁司乡、山界回族乡和北山乡等地。

中等风险区:主要位于隆回县的北部,包括虎形山瑶族乡、金石桥镇、鸭田镇、小沙江镇、麻塘山乡、大水田乡大部分地区、司门前镇西部、罗洪乡和岩口乡西部等。

3. 洪涝灾害对农业生产的影响及对策

(1)洪涝灾害危害

洪涝灾害按照发生季节,可分为春涝、夏涝、秋涝等,不同季节的洪涝对农业生产影响不同。

春涝:虽有强降水发生,但持续时间不长,主要影响地势低洼地段农田积水,引起春季作物烂根、早衰,还可诱发病害发生流行。

夏涝:由于春末夏初,前期降水较多,塘坝水库蓄水较充足,仲夏以后的暴雨洪涝易形成严重的大范围的灾害,对农业生产而言,造成田间积水,作物倒伏,成熟期作物发芽霉烂,旱粮作物烂根,灌浆成熟推迟。此外,还可造成房屋倒塌,道路损坏等。

秋涝:秋涝虽然发生概率较低,但一旦发生,对双季晚稻、蔬菜等秋收作物生长、发育和产量形成影响较大,仲秋以后的秋涝,有时还影响秋收秋种。

(2)洪涝灾害防御

兴修水利:根据地形地势特点。整治病险塘坝水库,疏通沟渠,保障小流域水利畅通。

植树造林:增加森林覆盖面积,既能储集水分于森林土壤中,又能减少地表径流和水土流失。

因地制宜发展特色农业:低洼易涝地区,应调整农业结构,发展水产养殖,选择性地种植经济价值较高的耐涝作物。

合理调置水库蓄水量:由于降水量年际间存在较大差异,根据天气预报,合理调置水库的蓄水,在强降水来临之际,做到有水能蓄而不致灾。

及时救灾:在洪涝灾害发生时,根据受灾情况,及时救灾,尽量减轻洪涝赞成的危害。

二、干旱

隆回县一年四季均可出现干旱,按出现季节可分为春旱、夏旱、秋旱、冬旱以及夏秋连旱,虽然各季均有干旱发生,但危害严重的夏旱、秋旱和夏秋连旱。干旱是该区域影响最大的气象灾害,发生频率高,影响范围广。2013年隆回县雨季降水偏少,旱季降水严重不足,导致出现了1951年以来罕见的干旱,对农业和产带来了严重的危害。

1. 区划指标

根据湖南地方标准,结合主要农作物需水时段,选择4—9月降水量距平百分率指标作为气象干旱指标。

$$4\text{—}9\text{月降水量距平百分率 } P_a = \frac{P - \overline{P}}{\overline{P}} \times 100\% \qquad (4.2)$$

式4.2中,P 为4—9月降水量(mm)$\overline{P}$ 为计算时段同期气候平均降水量。

轻度气象干旱(1级):$-30\% < P_a \leqslant -20\%$

中度气象干旱(2级):$-40\% < P_a \leqslant -30\%$

重度气象干旱(3级):$-50\% < P_a \leqslant -40\%$

特重气象干旱(4级):$P_a \leqslant -50\%$

干旱气候风险指数=1级年频次×1/6+2级年频次×2/6+3级年频次×3/6

2. 干旱灾害风险区划

根据上述指标,隆回县的干旱灾害分为低风险区和中风险区(见图4.2),其中:

图 4.2 隆回县干旱灾害风险等级分布图

中等风险区:主要位于隆回县的南部,包括荷香桥镇南部、岩口乡东南部、滩头镇、横板桥镇、石门乡、雨山铺镇、南岳庙乡、桃洪镇、周旺镇、三阁司乡、山界回族乡和北山乡等地。

低风险区:除中等风险区外,其他乡镇均为低风险区。

3. 干旱的危害及对策

(1)干旱的危害

隆回县四季发生干旱的可能性均有,春季干旱主要影响春插阶段,虽不会对作物构成致命的危害,但由于降水偏少,对春耕生产进度会导致一定的影响。夏秋干旱对农业生产危害最大,特别是在双季晚稻移栽分蘖期遭遇干旱,致使晚稻无法栽插或分蘖数减少,影响大田基本苗数,严重的干旱将导致作物大幅减产或绝收。冬季干旱主要影响冬季作物正常生长,影响壮苗,死苗现象较难发生。

(2)干旱防御对策

保障河渠畅通:对一些易旱区域,对塘坝沟渠进行冬修,同时提高农田灌溉能力。

改进种植模式:各地根据灌溉条件的差异,对天水田或灌溉条件较差的耕地,可采取早稻和旱作的种植模式,尽量不要种植一季稻,一旦发生干旱,可能造成颗无收。

植树造林:改善区域气候,减少蒸发,降低干旱风的危害。

人工增雨:在干旱发生时,及时开展人工增雨作业,可缓解或解除干旱的威胁。

三、高温热害

高温是指日最高气温≥35 ℃的天气,高温热害是指连续5天以上出现高温天气。雨季结束后,受副热带高压的控制,往往以晴热高温天气为主,因此高温热害集中期主要出现在7中旬至8月中旬,且有从丘岗区向平原区减少的分布趋势。

高温往往伴随干旱,持续高温天气,导致蒸发量增加,往往引发大面积干旱,致使河流断流,山塘水库干枯,造成农业用水和城市供水供电紧张,给社会经济发展带来重大的危害。

1. 区划指标

根据 DB43/T234-2004《气象灾害术语和等级》高温热害(连续5天或以上日最高气温≥35 ℃)定义,将高温热害分为三个等级。

轻度高温热害(1级):日最高气温≥35 ℃连续(5～10)天。

中等高温热害(2级):日最高气温≥35 ℃连续(11～15)天。

重度高温热害(3级):日最高气温≥35 ℃连续16天或以上。

高温热害气候风险指数＝1级年频次×1/6+2级年频次×2/6+3级年频次×3/6

2. 高温热害风险区划

根据上述指标,隆回县的高温热害分为中等风险区和低风险区(见图4.3),其中:

中等风险区:主要分布在隆回县中部及以南的乡镇,包括羊古坳乡西部、司门前镇东部、高坪镇大部、七江乡大部、六都寨镇东部、西洋江镇西部、岩口乡东部、荷香桥镇大部、滩头镇、横板桥镇、石门乡、雨山铺镇、南岳庙乡、桃洪镇、周旺镇、三阁司乡、山界回族乡和北山乡等地。

低风险区:除中等风险区外,其他区域均为低风险区。

3. 高温热害的危害及对策

(1)高温热害的危害

① 水稻

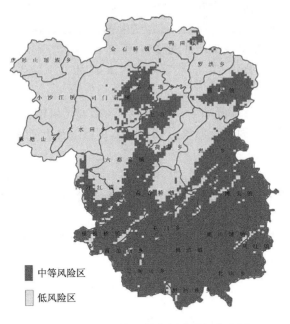

图 4.3　隆回县高温热害风险等级分布图

早稻开花授粉遇高温热害,导致空粒率增加;灌浆成熟期遇高温热害,造成高温逼熟,致使千粒重下降,晚稻在移栽分蘖期遇高温热害,造成分蘖速度减慢,甚至出现高温灼苗现象。

② 蔬菜

夏季晴天中午,菜地地表温度常达 40~50 ℃,高温抑制根系与植株生长和诱发病虫害,导致产低质劣;夏季晴天中午高温强光灼伤植株,导致叶片萎蔫,光合能力降低;夏季雨后转晴曝晒,土表温度急剧上升,土表水分汽化热使叶片烫伤,造成果菜类蔬菜落花落果等。

③ 果树

夏季日灼常常在干旱的天气条件下产生,主要危害果实和枝条皮层,由于水分供应不足,使植物蒸腾作用减弱。在夏季灼热的阳光下,果实和枝条的向阳面剧烈增温,因而遭受伤害。受害果实的表面出现淡紫色或淡褐色的干陷斑,严重时表现裂果,枝条表面出现裂斑。夏季日灼实质是高温和干旱失水的综合危害。

(2)高温热害防御对策

① 水稻

一是适时播种。双季早稻播种期最好安排在 3 月 25 日之前,确保在 6 月中旬齐穗,尽量避开盛夏高温酷暑对开花齐穗期及籽粒灌浆期的危害。

二是适度深灌,降低田间温度。在灌浆成熟期遇高温热害,应适当增加稻田灌水深度,提高根系的吸水能力,增加气孔蒸腾强度,降低叶面温度。

三是喷施生长调节剂。在早稻田高温酷热期间,在适度增加田间水分的同时,喷施"谷粒饱",提高叶片光合作用和籽粒活力,延缓叶片衰老,提高结实率和饱满度。

② 畜禽

生猪

遮阴冲洗降温。在盛夏高温季节,应在猪舍前搭一个临时凉棚遮阴,防止直射光照射。

实行夜间喂猪。饲喂时间可在晚上 19 时、23 时和凌晨 4 时进行,每天喂 3 次。另外,白天可在上午 10 时和下午 15 时各喂一次 0.5% 的食盐水和青绿多汁饲料。

用水冲猪体降温。用喷雾或淋浴冲洗猪体,每天 2～4 次,帮助猪体散热;刚打出来的井水,温度较低,先可在阳光下晒一会儿,然后冲洗猪体;用水冲洗猪体,应安排在喂食前,喂食后 30 分钟内不能冲洗。

搞好猪体、猪舍卫生。应打开猪舍所有通风窗(孔),使猪体凉爽舒服,另外,每天可用 20% 的石灰水喷洒墙壁和地面进行消毒,并用 3% 苯酚溶液消毒所有的饲具。

鸡

防暑降温。首先舍内通气透气,能透气的地方全部透气,其次鸡舍要避免阳光直射。

巧调食粮结构。夏天,鸡的食欲减少,中午炎热时多喂西瓜皮、块根、青菜类的青绿多汁饲料。

供给充足的饮水。圈养的鸡舍要设置足够的水槽,水温保持在 10 ℃ 左右,并且要勤换水,每天洗刷、消毒饮水工具一次,保障供给充足的清洁饮水。

四、倒春寒

每年 3 月中旬至 4 月下旬,是早稻大面积播种、育秧、移栽和油菜开花、结荚、壮籽等重要农事季节。正常情况下这段时间的气候是逐渐转暖的。但是,由于这段时间内冷空气势力仍较强,如果正巧遇到势力相当的暖湿气流,冷暖空气在华南江南一带形成胶着形势,就会在江南形成长时间的低温阴雨天气,气候非但没有继续转暖反而比前期更冷,当达到一定程度时,就形成了倒春寒。主要造成影响双季早稻育秧,会造成烂种、烂秧,油菜授粉不足、结荚率降低、阴角率升高等现象。

1. 区划指标

3 月中旬至 4 月下旬任意 10 天平均气温低于历史同期平均值 2 ℃ 或以上,并低于前 10 天平均气温,则该 10 天为倒春寒。ΔT_i 表示出现倒春寒的连续 10 天平均气温与历年同期平均气温的差值。

轻度倒春寒(1 级):$\Delta T_i > -3.5$ ℃

中度倒春寒(2 级):-5.0 ℃ $< \Delta T_i \leqslant -3.5$ ℃

重度倒春寒(3 级):$\Delta T_i > -5.0$ ℃ 或多段(含两段)出现倒春寒;

倒春寒气候风险指数 = 1 级年频次 × 1/6 + 2 级年频次 × 2/6 + 3 级年频次 × 3/6

2. 倒春寒灾害风险区划

根据上述指标,隆回县的倒春寒灾害分为中等风险区和低风险区(见图 4.4),其中:

中等风险区:包括虎形山瑶族乡、金石桥镇西部和南部、小沙江镇、麻塘山乡、大水田乡大部、司门前镇西部、六都寨镇西部和岩口乡西北部等。

低风险区:除中等风险区外,其他区域均为低风险区。

3. 倒春寒危害及对策

(1)倒春寒的危害

倒春寒是隆回县春播和幼苗期间的主要灾害性天气之一,往往与阴雨寡照相天气伴随,是造成早稻烂种烂秧的主要原因。如遇倒春寒天气,不仅造成早稻烂种烂秧,从而因补种延误播种季节,使早稻成熟期延迟;此外,对造成春季蔬菜生长缓慢,根系腐烂,诱发病虫害的

中等风险区

低风险区

图 4.4　隆回县倒春寒灾害风险等级分布图

发生,产量下低;对正处于开花授粉的油菜,造成角果发育不正常。

(2)倒春寒防御对策

① 双季早稻

一是确定双季早稻的适宜播种和移栽期。根据气候条件和当地周年生产实际情况,本区域水稻露地育秧安全播种期为 3 月 25 日左右,如考虑适度风险(50％以上的保证率),播种期可适当提前 3~5 天,但不可盲目抢季刻意提早。

二是抓"冷尾暖头"天气播种。对尚未播种的早稻,在倒春寒天气期间,注意抓住冷尾暖头天气,抢在回暖天气前夕播种下泥;对已浸种的早稻种子因低温阴雨而无法下泥的,应均匀摊开放在室内,并注意经常翻动,降低芽谷温度、减缓芽谷生长速度、减少烂芽。

三是大力推广旱育秧与软盘抛栽技术。旱育秧的秧苗根系生长较旺盛,耐低温能力强,成秧率高,秧龄弹性大,软盘抛栽后返青快,有利于早稻的早生快发。水育秧时,应注意采用多层薄膜覆盖,提高秧田的地温,要注意在气温回升较高时及时通风透气,防止晴天中午因温度过高而造成烧苗现象。

四是合理水、肥管理,科学用肥用药。在育秧期间,注意采用以水调温办法,做到"冷天满沟水,阴天半沟水,晴天排干水";同时,早稻谷种扎根扶针后要以有机肥适当催苗,三叶期施"送嫁肥";适当喷施多效唑,以增强秧苗的抗逆性,提高秧苗素质。

五是搞好秧田管理。秧苗扎根扶正之后灌浅水,强寒潮时灌深水是防止死苗烂秧的有效措施。在秧苗一叶一心发生青枯死苗或黄枯死苗之前,用 65％可湿性敌克松 500~1000 倍液均匀浇洒,可有效地预防发生;在发生之后,又可用来防治。

六是及时补种。如遇严重的低温连阴雨天气或重度以上的倒春寒,造成秧苗死亡较多,要及时补种。

② 春播蔬菜

一是早播蔬菜采取农膜育苗。如遇长期低温寡照天气或倒春寒,春季早播蔬菜棚要盖好农膜,并加固四周。由于春播蔬菜面积较小,遇长期低温天气,还可适当采取人工增温措施。

二是移栽后采取薄膜覆盖。早春蔬菜可采取膜下移栽方式,等温度升高至生物学起点温度以上时,方可揭开农膜。并将农膜带出蔬菜地,不要残留在农田。

三是及时排除田间渍水。春季连阴雨天气,往往造成田间湿度大,地势低洼的菜地要及时排除渍水,提高土壤泥温。

五、五月低温

五月是冷暖空气交错频繁的季节,当在双季早稻分蘖至幼穗分化期间出现连续 5 天日平均气温≤20 ℃的低温天气时,则会造成双季早稻分蘖不足或空壳率增加。如低温发生在前期,往往以形成延迟性冷害为主,如后期天气正常,对早稻产量影响不大。如低温发生在后期,导致早稻出现不同程度的减产。隆回县五月低温发生频率较高,发生概率约两年一遇,因此,此低温冷害也是制约早稻高产稳产的障碍因子。

1. 区划指标

5 月连续 3 天或以上日平均气温≤20 ℃。

轻度五月低温(1 级):日平均气温 18～20 ℃连续 5～6 天。

中度五月低温(2 级):日平均气温 18～20 ℃连续 7～9 天;或日平均气温 15.6～17.9 ℃连续 7～8 天。

重度五月低温(3 级):日平均气温 18～20 ℃连续 10 天或以上;或日平均气温≤15 ℃连续 5 天或以上。

五月低温气候风险指数＝1 级年频次×1/6＋2 级年频次×2/6＋3 级年频次×3/6

2. 五月低温灾害风险区划

根据上述指标,隆回县的五月低温灾害分为中等风险区和低风险区(见图 4.5),其中:

中等风险区:主要位于隆回县北部,包括虎形山瑶族乡、金石桥镇、鸭田镇、小沙江镇、麻塘山乡、大水田乡、司门前镇西部、罗洪乡、六都寨镇西部、荷田乡大部和岩口乡西部等。

低风险区:除中等风险区外,其他地方均低风险区。

3. 五月低温的危害及防御对策

(1)五月低温危害

在双季早稻分蘖发生五月低温,以形成延期性冷害为主,使分蘖速度减缓,如遇严重低温,则造成分蘖不足,影响大田基本苗数;如发生在幼穗分化期,则会造成双季早稻空壳率增加,导致早稻出现不同程度的减产。

(2)五月低温的防御对策

一是适时插秧。注意选择较好天气,尽量不在气温低于 15 ℃、风力大于 4 级的不利天气抛插秧田;但也应注意插田不宜过迟,以免影响晚稻生产季节。

二是尽量选择中迟熟抗低温强的早稻品种(组合)。热量条件允许的地区应尽量多选中迟熟早稻品种,以尽力避开五月低温对幼穗分化的可能影响。

中等风险区

低风险区

图 4.5　隆回县五月低温灾害风险等级分布图

三是合理灌溉,以水调温。适当深灌,用水保温防寒,对冷浸田、烂泥田等多水田块,要切实开好排水沟,排干冷浸水,降低地下水位,提高田间泥温。

四是露田中耕,提高泥温。待早稻大田分蘖到一定程度后,应及时排水晒田,并做好相应的中耕工作,以便提高泥温,促进根系生长,增加有效分蘖数。但如天气晴朗温度过高,则田间应保持一定水层。

五是增施速效肥,增温又保温。及时追施一些热性肥料,如灰肥等,既能增肥又能增温,有利于禾苗早生快发。

六是及时改种。若遇上严重的五月低温,造成早稻大面积死苗,则必须立即改种,可以改种中稻或一季晚稻,也可改种夏红薯、夏玉米等。

六、寒露风

进入 9 月以后,冷空气势力逐渐加强,当日平均气温≤20 ℃(≤22 ℃)连续≥3 天称为寒露风,从寒露风发生强度和出现频繁来看,该区域的寒露风属中等危害区域,根据寒露风发生特点,此区域常规晚稻抽穗扬花期安排在 9 月 16 日之前较为适宜。影响杂交晚稻寒露风抽穗扬花期应安排在 9 月 13 日之前。

1. 区划指标

9 月日平均气温≤20 ℃连续 3 天或以上。

轻度寒露风(1 级):日平均气温为 18.5~20 ℃连续 3~5 天。

中等寒露风(2 级):日平均气温 17.0~18.4 ℃连续 3~5 天。

重度寒露风(3 级):日平均气温≤17 ℃连续 3 天或以上;或日平均气温≤20 ℃连续 6 天或以上。

寒露风气候风险指数＝(1 级频次×1/6＋2 级频次×2/6＋3 级频次×3/6)×100/年份

2. 寒露风灾害风险区划

根据上述指标,隆回县的寒露风灾害分为中等风险区和高风险区(见图4.6),其中:

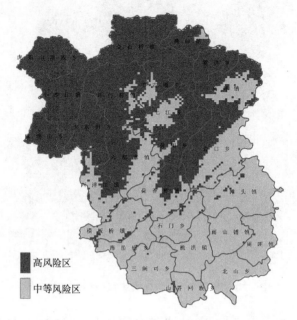

图 4.6　隆回县寒露风灾害风险等级分布

高风险区:包括虎形山瑶族乡、金石桥镇、鸭田镇、小沙江镇、麻塘山乡、大水田乡、司门前镇部、羊古坳乡、六都寨镇大部、高坪镇部分、罗洪乡、荷田乡、荷香桥镇北部和岩口乡西部等。

中等风险区:除中等风险区外,其他地方均为低风险区。

3. 寒露风的危害及对策

(1)寒露风的危害

寒露风是南方晚稻抽穗扬花期的主要气象灾害之一。每年秋季寒露节气前后,是晚稻抽穗扬花的关键时期,抽穗扬花期遇低温,主要使花粉粒不能正常受精,而造成空粒;在低温条件下,抽穗速度减慢,抽穗期延长,颖花不能正常开放、散粉、受精,子房延长受阻等,因而造成不育,使空粒显著增加。另外,在灌浆前期如遇明显低温,也会延缓或停止灌浆过程,造成瘪粒,水稻的植物营养生理也受到抑制,有的甚至出现籽粒未满而禾苗已先枯死的现象。

(2)寒露风的防御对策

一是适宜播种。根据晚稻播种至抽穗扬花期间的寒露风80%保障率的天数,尽量避开寒露风的危害。隆回县中迟熟品种应在6月25日前播种,如果因前期受灾,补种倒种春,可在7月20日之前播种。

二是合理搭配早、晚稻品种。积极引进抗逆性强、丰产性能好的新品种组合。根据寒露风天气预报,合理安排品种属性,对寒露风出现较早的年份,适当多搭配些早中熟品种;对寒露风出现较晚的年份,可扩大迟熟品种的种植比例。

三是提高农业技术水平,增强水稻抗低温能力。加强田间管理,培育壮秧,合理施肥,科学用水,提高水稻生长素质,增强抗逆性,提高抗御寒露风的能力。

四是以水增温。在寒露风来临之前,采用灌水、喷水方法,提高抗寒能力。试验表明,在寒露风来临时,灌水的田间比没灌水的田间可提高地温 1~2 ℃。

五是喷施叶面肥和根外追肥。实验表明,在寒露风来临前一星期,喷施磷肥加尿素,结实率可提高 13.5%;在寒露风来临前喷施也能提高结实率 4%,还可喷施 1.0% 食盐水、0.1% 腐殖酸钠、1.5% 氯化钾、2% 过磷酸钙、2% 尿素水等。

七、大风

大风是指风力≥8级,造成建构物倒塌、人员伤亡、财产受到损失的一种气象灾害。隆回县一年四季均可发生,但以春夏居多,占90%左右,秋冬较少。春季大风多伴随冰雹,夏季大风多伴随雷雨,秋冬大风多伴随寒潮。隆回县出现较多的大风种类主要有雷雨大风、寒潮大风、飑。

1. 区划指标

隆回及周边地面气象观测站大风现象观测记录。

2. 大风灾害风险区划(见图 4.7)

中等风险区:主要分布在西洋江镇、荷香桥镇北部、岩口乡北部及以北乡镇。

低风险区:全区其他乡镇均为低风险区。

图 4.7 隆回县大风灾害风险等级分布图

3. 大风的危害及防御对策

(1)大风的危害

一是对农业的危害。对农作物的危害包括机械性损伤和生理损害两方面。机械性损伤是指作物折枝损叶、落花落果、授粉不良、倒伏、断根和落粒等;生理损害主要是指作物水分代谢失调,加大蒸腾,植株因失水而凋萎。受害程度因风力的大小、持续时间和作物株高、株型、密度、行向和生育期而异。风能传播病原体,蔓延植物病害。高空风是粘虫、稻飞虱、稻纵卷叶螟、飞蝗等害虫长距离迁飞的气象条件。

二是对人民生命财产和其他各行业的危害。大风(龙卷风)造成人员直接或间接伤亡的事件时有发生。大风时常吹倒不牢固的建筑物、高空作业的吊车、广告牌、电线杆、账房等,造成财产损失和通讯、供电的中断。

三是风害有时可加剧其他自然灾害(干旱、雷雨、冰雹等)的危害程度。

(2)大风的防御措施

狂风期间尽量减少外出,必须外出时少骑自行车,不要在广告牌、临时搭建筑物下面逗留、避风。

如果正在开车时,应将车驶入地下停车场或隐蔽处。

如果住在帐篷里,应立刻收起帐篷到坚固结实的房屋中避风。

如果在水面作业或游泳,应立刻上岸避风,船舶要听从指挥,回港避风,帆船应尽早放下船帆。

在公共场所,应向指定地点疏散。

大风过后,应密切注意农作物迁飞性病虫害的发生、发展,及时对作物病虫害进行防范。农业生产设施应及时加固,成熟的作物尽快抢收。

八、雷电灾害

雷电是伴有闪电和雷鸣的一种雄伟壮观而又有点令人生畏的放电现象。雷电一般产生于对流发展旺盛的积雨云中,因此常伴有强烈的阵风和暴雨,有时还伴有冰雹和龙卷风。雷电分直击雷、电磁脉冲、球形雷、云闪四种。其中直击雷和球形雷都会对人和建筑造成危害,而电磁脉冲主要影响电子设备,主要是受感应作用所致;云闪由于是在两块云之间或一块云的两边发生,所以对人类危害最小。

1. 区划指标

雷电灾害风险区划是根据灾害危害度、敏感度、易损度三个要素进行区划,其计算公式如下:

$$I_{FDR} = (V_E)(V_H)(V_S)$$

式中:I_{FDR} 为雷电灾害风险指数,其值越大,则灾害风险程度越大,V_E,V_H,V_S 分别表示雷电灾害危险度、敏感度、易损度,并给予各评价因子的权重,利用 GIS 中自然断点分级法将雷电灾害风险区划按 5 个等级分区划分。

2. 雷电灾害风险等级分布

根据上述指标,隆回县的雷电分为中等风险区和低风险区(见图 4.8),其中:

中等风险区:主要集中在隆回县南部,包横板桥镇大部分地区、石门乡大部分地区、雨山铺镇、南岳庙乡、桃洪镇、周旺镇、三阁司乡、山界回族乡和北山乡等地。

低风险区:全区其他乡镇均为低风险区。

3. 雷电的危害及防御对策

(1)雷击易发生部位

缺少避雷设备或避雷设备不合格的高大建筑物、储罐等。

没有良好接地的金属屋顶。

潮湿或空旷地区的建筑物、树木等。

图 4.8　隆回县雷电灾害风险等级分布图

由于烟气的导电性,烟囱特别易遭雷击。

建筑物上有无线电而又没有避雷器和没有良好接地的地方。

各种照明、电讯等设施使用的架空线都可能把雷电引入室内。

(2)雷电防护措施

建筑物上装设避雷装置。即利用避雷装置将雷电流引入大地而消失。

雷雨时,人不要靠近高压变电室、高压电线和孤立的高楼、烟囱、电杆、大树、旗杆等,更不要站在空旷的高地上或在大树下躲雨;在室内应离开照明线、电话线、电视线等线路,以防雷电侵入被其伤害。

雷雨时,不要用金属柄雨伞,摘下金属架眼镜、手表、裤带,若是骑车旅游要尽快离开自行车,亦应远离其他金属物体,以免产生导电而被雷电击中。在郊区或露天操作时,不要使用金属工具,如铁撬棒等。

不要穿潮湿的衣服靠近或站在露天金属商品的货垛上。

雷雨天气时在高山顶上不要开手机,更不要打手机。

雷雨天不要触摸和接近避雷装置的接地导线。

雷雨天气时,严禁在山顶或者高丘地带停留,更要切忌继续登往高处观赏雨景,不能在大树下、电线杆附近躲避,也不要行走或站立在空旷的田野里,应尽快躲在低洼处,或尽可能找房间或干燥的洞穴躲避。

雷雨天气时,不要去江、河、湖边游泳、划船、垂钓等。

在电闪雷鸣、风雨交加之时,若旅游者在旅店休息,应立即关掉室内的电视机、收录机、音响、空调机等电器,以避免产生导电。打雷时,在房间的正中央较为安全,切忌停留在电灯正下面,忌依靠在柱子、墙壁边、门窗边,以避免在打雷时产生感应电而导致意外。

第三节　气象灾害综合风险区划

基于洪涝、干旱、高温热害、倒春寒、五月低温、大风、雷电、寒露风等 8 种气象灾害气候风险指数,根据隆回县地形地貌、下垫面、农业布局、各地防灾减灾能力的差异,划分为中北部(Ⅰ区)、中南部(Ⅱ区),见图 4.9。

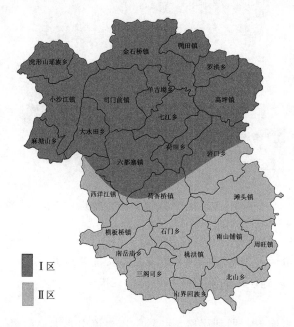

图 4.9　隆回县气象灾害风险综合区划图

Ⅰ区:该区地形以山地丘陵为主,海拔高度高于南部乡镇,倒春寒、五月低温、寒露风和大风灾害发生频率较高。包括虎形山瑶族乡、金石桥镇、鸭田镇、小沙江镇、麻塘山乡、大水田乡、司门前镇、罗洪乡、羊古坳乡大部分地区、高坪镇、七江乡、六都寨镇东部、荷田乡、岩口乡北部和荷香桥镇北部。

Ⅱ区:该区域干旱、洪涝、高温热害和洪涝灾害发生频率较高。包括西洋江镇、岩口乡南部、荷香桥镇大部分地区、滩头镇、横板桥镇、石门乡、雨山铺镇、南岳庙乡、桃洪镇、周旺镇、三阁司乡、山界回族乡和北山乡。

第四节　双季水稻种植适宜性气候区划

一、区划指标

1. 遵循的基本原则

(1)产量优先原则:区划因子要尽可能地使作物获得高产。

(2)因子从简原则:在众多影响作物生长发育的因子中选择关键因子。

(3)差异性原则:不同作物之间抗逆性和气候适宜性存在差异,应尽量选取对产量和质量有影响的关键性因子。

(4)适度尊重种植习惯的原则：在同一个气候区内，多种作物均可种植，则根据现有的种植习惯而选取合理的气候区划指标。

(5)作物生存至上原则：作物要能生存或者生存的概率很大。

2. 指标来源

(1)相关文献资料。

(2)其他地方以往的农业气候区划成果。

(3)调研事实及专家论证意见。

(4)试验分析结果。

二、双季稻种植气候适宜性区划

1. 生产情况

隆回县是一个农业大县，粮食作物基本上以水稻为主。双季稻主要种植在离隆回县城较远的乡镇，双季稻在该区域农业布局仍有着举足轻重的地位，为国家的粮食安全作出了一定的贡献。据 2011 年资料统计：水稻播种面积 888 万亩，稻谷总产 41.702 万吨，其中早稻播种面积 28.1 万亩，总产 11.81 万吨，晚稻播种面积 28.3 万亩，总产 12.285 万吨，一季稻面积仅 32.4 万亩，总产 17.607 万吨，因此，双季稻是本县的主要粮食作物，也是播种面积最大的农作物。

2. 气象条件

(1)气候资源

水稻是喜温作物，也是喜光作物。早稻品种具有感温性强的特点，早稻营养生长期的长短，主要决定于温度高低。晚稻品种的感光性、感温性都强，播种后即可遇到较高温度，因此生育期的长短，主要受日照长短的影响，其次受温度高低的影响。隆回县双季早稻一般在 3 月下旬播种，7 月 20 日左右成熟，全生育期 110～120 天，播种至成熟需日平均气温≥10 ℃以上活动积温 2100～2600 ℃·d，有效积温 1200～1500 ℃·d。双季晚稻一般 6 月中下旬播种，7 月中下旬移栽，10 月中下旬前后收获，全生育期 130 天左右。双季晚稻播种至成熟需日平均气温≥10 ℃以上活动积温 2300～2600 ℃·d。

水分对水稻生长发育具有极其重要的意义。在南方稻区，双季早稻秧田需水量变化为 36～107 mm，大田平均需水量 340～390 mm；双季晚稻秧田需水量的变化范围是 83～210 mm，大平均需水量为 320～600 mm；中稻秧田需水量为 85～180 mm，本田平均需水量为 540～770 mm。

(2)气象灾害

低温冷害：对水稻生成形成危害的低温冷害主要有倒春寒、五月低温和寒露风三种。倒春寒对水稻的危害主要是双季早稻秧苗期。严重的倒春寒会引起烂芽、死苗，轻至中度倒春寒使秧苗生育期延长或叶片枯黄。五月低温主要危害双季早稻分蘖至幼穗分化期产生不利影响，如发生在分蘖期，导致分蘖速度减慢、分蘖数减少，从而影响大田基本苗数不足；如发生在幼穗分化期，影响花粉母细胞分裂，则会造成空壳率，从而影响早稻的结实率。寒露风是影响双季晚稻抽穗扬花期的一种低温气象灾害，抽穗开花期出现低温，轻者出现包颈，黑壳现象，严重时损害花器，花粉部分不开裂或完全不开裂，不能正常授粉，使空壳率增多，其至全穗都是空壳。

高温热害:从水稻生长发育对温度的反应来看,高温对早稻的危害主要在生殖生长期。孕穗期和开花期遭遇高温时,会造成花药干枯,空粒增多,使结实率降低;灌浆期遇到高温,导致高温逼熟,使千粒重下降。

干旱:干旱对水稻的危害通常发生在以下三个发育阶段:一是移栽后到有效分蘖临界叶龄期,受旱会减少分蘖,特别是有效分蘖,使成穗数减少。二是拔节到孕穗期,尤其是幼穗分化处于花粉母细胞减数分裂到花粉形成阶段,这是水稻对水分最敏感的时期,干旱可引起花粉不育或不能形成花粉、子房,造成大量不实粒甚至死穗。三是乳熟灌浆期,这一发育期也是水稻对水分敏感的时期之一,受旱会影响有机物质向穗部运转,灌浆受阻,秕谷增多,千粒重下降。

洪涝:水稻遭受洪涝后,造成根系严重缺氧中毒,根系生长和功能受损,白根数明显减少。叶片从下至上逐渐变黄,直至枯萎死亡,致使单株绿叶数减少。受淹后植株高度变矮。在淹没期内,稻株的生长发育几乎停止,恢复生长后,整个生育进程向后推移,延误后茬作物的生长发育。水稻分蘖期淹水,对植株分蘖有明显影响,使有效穗减少。水稻生殖生长期遭遇洪涝造成的损失更严重。孕穗期一旦受淹,颖花和小枝梗退化,影响小穗生长、生殖细胞的形成和花粉发育;抽穗期开花期受淹,花粉活力降低,影响受精,降低结实率;灌浆期淹水,千粒重降低。此外,洪涝严重时还会毁坏农田设施,影响后期农业生产。

3. 双季稻生长期间气候分析

双季稻全生育期期间,本县温、光、水资源分布情况:

(1)热量资源

日平均气温在 10～12 ℃时,早稻适宜播种;≥15 ℃是水稻移栽返青成活、开始分蘖;≥20 ℃是早稻幼穗分化或常规晚稻安全育穗指标。本县日平均气温稳定≥10 ℃初日为 3 月下旬前期,因此,由于目前采用地膜覆盖和软盘抛秧技术,可调节育秧地段的田间小气候,因此,3 月中旬后期开始双季早稻可择时播种、育秧,能较好地保证早稻正常出苗;日平均气温稳定≥15 ℃初日为 4 月中旬后期,在 4 月中下旬开始合理地安排秧苗移栽;日平均气温稳定≥20 ℃初日为 5 月中旬中期,早稻幼穗分化可以安排在 5 月下旬进行。日平均气温稳定≥20 ℃终日出现在 9 月中旬中期,因此常规稻的安全育穗期应安排在 9 月 16 日前为宜。

(2)水资源

隆回县年降水量在 1420～1500 mm 之间,且降水集中期为 4—9 月的汛期,降水量为 910～970 mm,具有降水时段集中,年际变化大的特点。双季早稻秧田需水量变化为 36～107 mm,本田平均需水量 340～390 mm;双季晚稻秧田蓄水量的变化范围是 83～210 mm,本田平均需水量为 320～600 mm;中稻秧田需水量为 85～180 mm,本田平均需水量为 540～770 mm。因此在双季水稻生长季节,需要合理蓄、排水调节生产。冬季需蓄水保开春后水稻的育秧、整田,春夏间的雨季需排水防内渍,盛夏开始又需保水抗旱,双季稻的水分调节关系到水稻的优质高产,意义重大。

(3)光能资源

阳光是植物生长发育不可缺少的条件,隆回县光能资源是丰富的,年平均日照时数达 1400～1600 小时,完全可以满足作物生长的需要。日照的年内分配也比较合理,在作物生长的主要季节的春夏两季,光照充足。当气温在 10 ℃以上,适宜各类作物生长的时候,各月日照时数均在 110 小时以上,尤其是双季稻生长关键的 6—9 月份,其日照分别在 160 小时以上。逐旬的日照曲线变化也比较稳定,5 月下旬到 9 月中旬,其旬日照时数都有 50 小时左右,其中 7 月上旬到 9 月上旬,各旬日照均大于 65 小时。由于光热条件配合较好,所以对于双季稻夺高产是较为有利的。

4. 区划指标的建立

根据双季稻品种属性区划的研究成果,如纯从气候资源的角度考虑,影响双季稻种植的主要气候因子是温度,其次是光照。建立了隆回县双季稻气候精细化区划。值得注意的是:本次区划没有考虑土壤信息,如丘陵、森林、村庄等非耕地信息,因此,本次精细化区划仅从气候角度来考虑双季稻品种搭配,为水稻布局可提供重要的参考依据(表 4.1)。

表 4.1　双季稻品种属性区划指标

指标	迟熟＋迟熟	中熟＋迟熟	早熟＋迟熟（中熟＋中熟）	早熟＋中熟	早熟＋早熟	不适宜区	权重
10～22 ℃ 活动积温(℃·d)	≥4400	[4200,4400)	[4000,4200)	[3800,4000)	[3600,3800)	<3600	0.7
4～10 月 日照时数(h)	≥1150	[1100,1150)	[1050,1100)	[1000,1050)	[950,1000)	<950	0.3
编码	1	2	3	4	5	6	
综合指标	1～1.6	1.7～2.6	2.7～3.6	3.7～4.6	4.7～5.6	≥5.7	

5. 区划结果评述

由区划结果(图 4.10)可知:

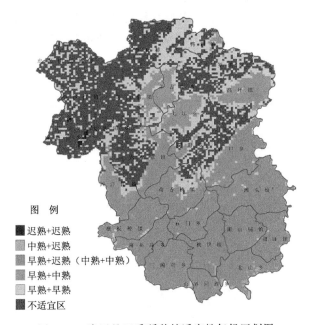

图例

■ 迟熟＋迟熟
▨ 中熟＋迟熟
▨ 早熟＋迟熟（中熟＋中熟）
▨ 早熟＋中熟
□ 早熟＋早熟
■ 不适宜区

图 4.10　隆回县双季稻种植适宜性气候区划图

早熟＋迟熟（中熟＋中熟）：主要分布在隆回南部的大部分乡镇；

早熟＋中熟：隆回北部的丘陵平原区，包括司门前镇的东部、羊古坳乡的西部、七江乡的大部分地区、高坪镇的大部分地区和六都寨镇的东部。

不适宜区：主要分布在隆回北部海拔较高的山地丘陵地区。

早熟＋早熟区：基本在不适宜区边缘。

6. 水稻生产建议

从气候条件分析和气候区划结果来看，本县中南部地区光温水资源丰富，东北部丘陵地带温光资源相对欠缺，中南部适宜双季水稻的生长。且至少以中熟配迟熟搭配，有利于产量的形成。

适时播种早稻：由于稳定通过 10 ℃初日平原地带在 3 月 22—26 日之间，目前大部分地方采用了软盘抛秧加地膜覆盖技术，播种期可适当提前 2～3 天。这种分析是基于气候平均状况得出来的结论，由于春季气温变化幅度大，每年稳定通过 10 ℃的日期有一定的差异，当年的播种情况应关注当地的气象预测，适时播种。切不可盲目提前播种，一方面如遇强冷空气入侵，造成烂种烂秧；另一方面，播种过早，由于田间气温较低，秧苗生长速度较慢。

机插秧播种：目前，随着种粮大户的涌现，机械化插秧技术得到迅速应用。但机插育秧与常规育秧有明显区别，由于机插育秧的播种密度高，秧龄弹性小，秧龄一般控制在 20 天左右，应根据种植面积大小、农机具的规模、适时播种，但应在 4 月底之前栽播完毕，有利于高产。

合理搭配品种属性。从区划结果来看，本区域热量条件较充足，早晚稻尽量不要种植早熟品种。众所周知，早熟品种，由于生育期短，产量较低。主要以中熟配迟熟为主。

五月低温防御措施。在低温来临之前，采取以水调温等田间管理措施；可增施磷肥，提高水稻抗寒能力，配合钾肥和微量元素，提高水稻对低温的抗逆性；受低温危害时，稻田容易诱发病虫害，要密切注意病虫害发生发展态势，及时喷药预防，严防病虫爆发成灾。

寒露风防御措施。一方面选种抗逆性强、丰产性能好的新品种组合；另一方面晚稻抽穗扬花期间，及时掌握天气信息，改善田间小气候（如日排夜灌、喷撒化学保温剂），增强抗御低温的能力；喷施生长调节剂、叶面肥和根外追肥，促使晚稻在寒露风来临前抽穗。

旱涝防御措施。根据各地地形地势特点，加强沟渠、塘坝治理，尽量做到水多能排，雨少能灌。特别是在水稻生长发育的关键时期，保障田间水分的正常供给。

第五章 农业气候区划及农业气候资源利用

第一节 农业气候区划的原则

运用农业气候相似原理,根据热量、降水、光照等农业气候条件的差异划分农业气候区。

按照主导因子与辅助因子相结合的原则,以热量因子为主导指标,水分因子为辅助指标,确定农业气候区划指标。

采取区域区划与类型区划相结合的原则,按照水平方向的农业气候差异划分为三个农业气候区,根据垂直方向不同海拔高度的不同气候差异划分为5个层次的农业气候立体类型区域。

第二节 农业气候区划的分区指标

光、热、水、气是生物生存必不可少、不可替代的基本环境因子。而热量又是决定一地农作物合理布局、种植制度与品种搭配及作物生长发育好坏及产量高低的主导因子;水分是确定作物布局和种植制度的限制因子。根据本县的光、热、水等气象要素的分布特点,初步将隆回县划分为三个农业气候区与五个农业气候类型层次,其标准如表5.1、表5.2。

表 5.1 隆回县农业气候区划分区表

区号	农业气候区名称	分区指标		自然概况		农业生产特征
		≥10 ℃积温(80％保证率)(℃·d)	年降水量(mm)	农业区一般海拔高度(m)	地貌类型	
Ⅰ	南部热量丰富,降水偏少,粮、经区。	[4800,5200]	[1225,1400]	[230,450]	丘岗	二熟制为主,经作种类多,粮食产量较高。
Ⅱ	北部热量较多,降水充沛,粮、林、茶区。	[4100～5000]	[1400～1650]	[300～800)	中低山为主,间有山间盆地。	种植制度多样,山地面积宽,增产潜力大。
Ⅲ	西北部热量少,降水偏多,药林、牧、粮区。	<4100	>1650	[800,1380]	丘状中山原	一季中稻不稳产,山多树少利用率低。

表 5.2　隆回县农业气候类型区划分层指标

区号	海拔高度（m）	地貌类型	气温 年平均（℃）	气温 ≥10.0℃积温（℃·d）	降水量（mm）	无霜期（d）	作物种植制度
一	＜450	丘岗平地	16.0～17.1	4900～5000	1250～1350	270～280	以双季稻为主,水稻高产区,辣椒、大蒜适宜区
二	(450,600]	低山岗地	15.0～16.0	4900～5100	1300～1450	250～260	单双季稻混作区,青蒿、生姜适宜区
三	(600,800]	低山、中山间有山间盆地	13.5～15.0	4100～4700	1400～1650	240～250	一季杂交稻高产区,杉、竹适宜区
四	(800,1200]	中山	12.0～13.5	3800～4100	1450～1650	220～240	一季稻不稳产,金银花中药材基地
五	(1200,1700]	中山山原	9.0～12.0	＜4100	＞1650	200～220	灌木林草山,金银花

第三节　分区评述

一、南部热量丰富,降水偏少,粮、经区

本区位于我县南部,包括罗子团、横板桥、沙子坪、桐子桥、石门、曾家坳、滩头、苏塘、塘市、周旺、斜岭、高田、雨山、云峰、北山、桃花坪、罗白、山界、天福、三阁司。

长铺等 21 个乡和碧山、丁山、荷香桥、添壁、岩口、大观等 6 个乡的大部分及苏河、六都寨、荷田、树竹等 4 个乡的小部份,桃洪镇、滩头、荷香桥、六都寨四个镇,县园艺场、林科所、三阁司渔场、双井鱼苗场、干山苗圃,也在本区范围内。本区海拔高度大部分地区在 450 m 以下,最低点云峰乡大田张村赧水河边海拔 230 m,最高点三阁司的白马山头海拔 584.5 m,属丘岗为主的地貌类型。

1.农业气候概况

(1)光照充足,光能潜力大,南部是全县光照条件最好的地区。以县气象站所在地为代表点,年太阳辐射总量为 103.68 千卡/cm²,年日照时数为 1539.9 h,年日照百分率为 35%,若按有效辐射光能利用率 3.5% 计算,每亩可产粮食 754 kg。

(2)热量丰富,作物生长季长,是全县热量资源最好的地区(见表 5.3)。

表 5.3　南部各高度热量垂直分布差异

海拔高度(m)		265.6	300	400	450
≥0℃积温(℃·d)		5992	5927	5757	5657
≥5℃	积温(℃·d)	5612	5548	5389	5295
	初日(日/月)	9/3	4/3	11/3	12/3
	终日(日/月)	6/12	5/12	4/12	3/12
	天数(d)	284	281	279	277
≥10℃	积温(℃·d)	5145	5081	4916	4814
	初日(日/月)	3/4	4/4	5/4	6/4
	终日(日/月)	12/11	11/11	9/11	8/11
	天数(d)	234	232	229	227

≥15 ℃	积温(℃·d)	4359	4284	4092	3985
	初日(日/月)	30/4	1/5	3/5	4/5
	终日(日/月)	20/10	19/10	16/10	15/10
	天数(d)	174	172	167	164
≥20 ℃	积温(℃·d)	3255	3166	2942	2805
	初日(日/月)	25/5	26/5	30/5	1/6
	终日(日/月)	22/9	21/9	18/9	16/9
	天数(d)	125	123	116	112
≥21 ℃终日(日/月)		17/9	16/9	12/9	10/9
10~20 ℃天数(d)		181	179	175	172
10~21 ℃天数(d)		177	175	170	166
年平均气温(℃)		16.9	16.7	16.3	16.1
1月平均气温(℃)		5.0	4.9	4.6	4.5
7月平均气温(℃)		28.1	27.9	27.3	27.0
无霜期(d)		281	280	277	275

注:积温、初终日期及初终间日数为80%保证率,以下各表及文字描述均同。

(3)降水量偏少,且分布不均匀。本区降水量是全县最少的地区,年降水量1225~1400 mm,苏塘—天福—北山—云峰一线以东地区少于1300 mm,其中滩头、周旺范围内最少,在1250 mm以下。年内降水量分布不均,主要集中在4—6月,以县城为例,这三个月的降水量占全年总量的46%,而7—9月正是农作物大量需水之时,降水量却只占全年总量的22%。

(4)本区的主要农业气象灾害有:春季倒春寒,秋季寒露风低温冷害、夏秋干旱、冬季冰冻以及局部地区的大风、冰雹。

1. 评述与建议

(1)本区光照充足,热量丰富,是本县双季稻的主要种植区。根据农业气候资源分析和生产实践证明,在海拔400 m以下的地区,≥10 ℃积温在4900 ℃·d以上,双季稻是一种可行的种植制度,其品种搭配可以中、迟熟为主。为充分利用气候资源,可复种绿肥、油菜等冬季作物。稻、稻、油的比例以占稻田面积的30%~50%为宜。稻、稻、麦因生育期长,受热量条件限制,不宜大面积种植。400 m以下水利未过关的天水田,为趋利避害,保种保收,以种一季迟熟早稻为宜,早稻收获后,再视情况复种其他秋杂作物。400~450 m,为双季稻与一季稻混栽区。450 m以上的地区,以种一季杂交水稻加一季冬作为宜。

(2)本区的气候条件为喜温好光的经济作物提供了适生环境。目前本县柑桔、烤烟、辣椒、花生、大蒜等大宗的经济作物主要分布在这里。为了充分发挥光、热充足的气候优势,今后发展方向,多年生作物以柑桔、黄花为主;一年生作物以辣椒、烤烟、大豆、花生、大蒜、百合为主。柑桔在本区适宜栽培,但冬季低温对其安全越冬仍有危害。为趋利避害,今后在新建桔园时,一定要注意选择在沿河两岸及背北向阳的山丘坡地,利用有利的小气候,防寒越冬。同时在柑桔园地周围,应种植适应性强的常绿速生树种(如松、杉、竹等),作为防风林。以减小风速,防寒保温,达到减轻冻害和避免枝叶机械损伤的目的。

(3)本区光、热、水资源适宜阳性耐干旱的树种生长。用材林以柏木、马尾松、枫香、落叶栎类、泡桐、香椿为主;经济林以油桐、油茶、乌柏、柿、枣为主。为了综合利用自然资源,以充分发挥各个树种的生长优势,宜在生长较快的阳性树种中,混栽较耐荫树种,如樟树、棕榈、苦楮、青冈等。

（4）本区降雨量相对偏少，又多是石灰岩地貌，溶洞多，蓄水保水能力差，夏秋干旱明显。为了提高防旱抗旱能力，除了封山育林、大力植树造林改善生态环境外，主要应从以下两个方面考虑：一是增加水利设施，充分发挥现有水利设施效益；二是掌握气候规律，抓住有利时机，蓄水防旱。

二、北部热量较多，降水量充沛，粮、林、茶区

本区位于本县北部，包括鸭田、中团、金潭、西山、七江、鸟树下、长鄄、梅塘、大桥、候田、罗洪、颜公 12 个乡和金石桥、石桥铺、大水田、兴隆、苏河、荷田、树竹、六都寨 8 个乡的大部分地区及高洲、黄金井、碧山、丁山、荷香桥、添壁、岩口、大观 8 个乡的小部分地区。望云山、大东山、九龙山三个林场，县农科所、县原种场、水土保持站也在本区范围内。高程相差悬殊，最低处罗洪乡龙洲村海拔 290 m，最高处望云山海拔 1492.5 m，主要属山地地貌，间有山间盆地。

1. 农业气候概况

本区降水量充沛，除七江、鸟树下小面积范围内年降水量在 1400 mm 以下外，其他地区在 1400～1650 mm 之间，年平均相对湿度为 81%（金石桥）。由于海拔高低悬殊，温度的垂直差异明显（表 5.4）。按全国气候区划标准，可划分为三种气候类型：

表 5.4　北部热量垂直分布差异

	海拔高度（m）	300	400	500	600	700	800	900	1000	1100
	≥0 ℃积温（℃·d）	5879	5734	5557	5363	5186	4992	4783	4589	4380
≥5 ℃	积温（℃·d）	5508	5366	5200	5009	4832	4647	4450	4259	4054
	初日（日/月）	8/3	11/3	13/3	16/3	18/3	20/3	23/3	26/3	29/3
	终日（日/月）	6/12	4/12	2/12	29/11	27/11	24/11	21/11	18/11	15/11
	天数（d）	284	279	275	269	265	260	254	248	242
≥10 ℃	积温（℃·d）	5017	4879	4713	4525	4337	4156	3955	3736	3532
	初日（日/月）	4/4	6/4	8/4	11/4	14/4	17/4	20/4	24/4	27/4
	终日（日/月）	11/11	9/11	7/11	4/11	1/11	30/10	27/10	23/10	20/10
	天数（d）	232	228	224	218	212	207	201	193	187
≥15 ℃	积温（℃·d）	4190	4051	3878	3691	3500	3306	3098	2896	2671
	初日（日/月）	2/5	4/5	6/5	9/5	12/5	15/5	18/5	22/5	25/5
	终日（日/月）	18/10	16/10	13/10	10/10	7/10	4/10	30/9	27/9	22/9
	天数（d）	170	166	161	155	149	143	136	129	121
≥20 ℃	积温（℃·d）	3036	2880	2668	2501	2272	2019	1772	1506	1266
	初日（日/月）	28/5	31/5	4/6	7/6	11/6	16/6	21/6	26/6	1/7
	终日（日/月）	19/9	17/9	14/9	12/9	8/9	4/9	31/8	26/8	22/8
	天数（d）	119	114	107	102	94	85	76	66	57
	≥21 ℃终日（日/月）	14/9	11/9	8/9	5/9	1/9	28/8	24/8	19/8	15/8
	10～20 ℃天数（d）	177	173	168	163	156	149	142	133	126
	10～21 ℃天数（d）	172	167	162	157	150	143	136	127	120
	年平均气温（℃）	16.6	16.3	15.8	15.3	14.8	14.3	13.7	13.2	12.6
	1月平均气（℃）	5.1	4.7	4.3	3.9	3.5	3.0	2.5	2.0	1.5
	7月平均气（℃）	27.5	27.1	26.6	26.1	25.5	24.9	24.3	23.7	23.0
	无霜期（d）	283	278	272	266	260	252	245	236	228

海拔 400 m 以下的地区，热量较丰富，属于中亚带气候类型；海拔 400～800 m 的地区，

热量较多,属于中亚热带向北亚热带过渡的气候类型;海拔 800 m 以上的地区,热量条件较差,类似北亚热带向南温带过渡的气候类型。

由于地形的影响,在望云山北侧到罗洪、金石桥一带地区,与本区同高度上的南部比较,温度要低,积温要少。经对比观测分析,500～800 m 地区,年平均气温低 0.6(500 m)～0.3 ℃(800 m),各级界限温度之积温平均减少 170 ℃·d(500 m)～54 ℃·d(800 m)无霜期约短 9 天左右。800 m 以上的地区,差距逐渐缩小。

本区的主要气象灾害是:春季倒春寒、秋季寒露风低温寒害、夏季暴雨山洪、冬季冰冻与严寒,以及朝北开口的山口、河谷地带的寒潮大风。

2. 评述与建议

(1)本区稻田种植制度因热量条件不同,在垂直方向上可划分为五个不同的耕作层:第一耕作层是 380 m 以下的地区(望云山以南),≥10 ℃积温在 4900 ℃·d 以上,热量条件可以满足双季稻的需要,品种搭配以中、迟熟为主,复种绿肥、油菜、马铃薯等,属一年三熟制地区;第二耕作层是 380～450 m 的地区,热量条件是双季稻向一季稻过渡;第三耕作层是 450～600 m 的地区(包括望云山北侧 450 m 以下的地区),热量条件属于两季不足,一季有余,以杂交中稻为主,复种部分油菜、绿肥、马铃薯等,属于一年两熟制地区;第四耕作是 600～850 m 的地区,以一季杂交中稻为主,复种少量绿肥、油菜;第五耕作层是 850 m 以上的地区,热量条件较差,以一季常规中稻为主,属一年一熟制地区。为了避免晚稻或一季中稻抽穗扬花期间的低温危害,力争安全齐穗,必须做好品种搭配。安全齐穗期 80%的保证率日期,在 300～380 m,杂交稻是 9 月 14 日—9 月 12 日,常规稻是 9 月 19 日—9 月 17 日;400～850 m 的地方,杂交稻是 9 月 11 日—8 月 26 日,常规稻是 9 月 17 日—9 月 2 日;900～1100 m 的地方,常规稻是 8 月 15 日—8 月 22 日。

(2)本区属亚热带季风湿润气候,山地面积宽广,对发展林业生产具有明显的气候优势。尤其是大东山林场、西山、大水田到石桥铺一带,由于西北有白马山做屏障,群山绵延起伏,多避风、湿润、温暖的气候环境,更适合林木生长。用材林以杉、松、竹为主;经济林宜漆树、棕榈、板栗、核桃、杜仲等生长。因各种树木对气候环境要求不一,要注意营造混交林,以取得更好的经济效益。

(3)本区气候条件为喜温、好湿、耐荫的经济作物提供了有利的适生环境。发展茶叶和生姜具有明显的气候优势。从充分利用气候资源出发,今后经济作物生产的重点是主攻茶叶单产,提高产品质量。其次是生姜,要打开销路,应因地制宜。雪花皮、生漆、黄花等种植。在小气候好的地带,如司门前、高坪等部分地区适当发展柑桔。

(4)本区水土流失严重,已由新中国成立初期 20 多平方公里扩大到 991.78 km²。因水土大量流失,良田受到水冲砂压,山塘水库淤塞,河床抬高等严重恶果。产生水土流失的原因,一是山林破坏,地面覆盖物减少;二是降水量多而集中,又多属花岗岩发育的土壤;三是陡坡耕作,表土受到侵蚀。因此在水土保持工作中首先要抓住根本,以生物措施为主,封山育林、育草,大力植树种草,特别是 25°以上的坡地要坚决退耕还林,以增加森林覆盖率,控制水土流失。

三、西北部热量少、降水量偏多,药、林、牧、粮区。

本区位于我县西北部,处于雪峰山脉中段东麓,包括麻塘山、龙坪、小沙江、虎形山、茅坳

5 个乡和高洲、黄金井等两个乡的大部分地区及金石桥、兴隆、石桥铺、大水田 4 个乡的小部分地区,白马山林场也在本区范围内。除茅坳乡及麻塘山乡的小部分地区地区外,其余海拔高度都在 800 m 以上,最高的白马山主峰 1780 m,属中山原、中山地貌类型。

1. 农业气候概况

(1)热量少,垂直差异大,作物生长季节短,是全县热量最少的地区(见表 5.5)。

表 5.5 西北部热量垂直分布差异

海拔高度(m)		800	900	1000	1100	1200	1300	1380
≥0 ℃积温(℃·d)		4909	4741	4563	4380	4184	3974	3809
≥5 ℃	积温(℃·d)	4561	4400	4238	4054	3880	3685	3529
	初日(日/月)	22/3	24/3	26/3	29/3	31/3	3/4	6/4
	终日(日/月)	22/11	20/11	18/11	15/11	13/11	10/11	8/11
	天数(d)	256	252	248	242	238	232	227
≥10 ℃	积温(℃·d)	4068	3894	3722	3532	3339	3132	2961
	初日(日/月)	19/4	21/4	24/4	27/4	30/4	5/5	6/5
	终日(日/月)	28/10	25/10	23/10	20/10	17/10	13/10	10/10
	天数(d)	203	198	193	189	181	174	168
≥15 ℃	积温(℃·d)	3233	3053	2869	2671	2467	2250	2047
	初日(日/月)	16/5	19/5	22/5	25/5	29/5	3/6	8/6
	终日(日/月)	2/10	29/9	26/9	22/9	19/9	16/9	13/9
	天数(d)	140	134	128	121	114	106	98
≥20 ℃	积温(℃·d)	1965	1743	1500	1266	944	654	405
	初日(日/月)	17/6	21/6	26/6	1/7	7/7	12/7	17/7
	终日(日/月)	3/9	30/8	26/8	22/8	15/8	8/8	2/8
	天数(d)	83	75	66	57	44	32	21
≥21 ℃终日(日/月)		29/8	25/8	21/8	17/8	10/8	3/8	28/7
10~20 ℃天数(d)		145	139	132	125	115	105	96
10~21 ℃天数(d)		141	135	128	121	111	101	92
年平均气温(℃)		14.0	13.6	13.1	12.6	12.0	11.5	11.0
1月平均气(℃)		2.6	2.3	1.9	1.5	1.1	0.7	0.4
7月平均气(℃)		24.8	24.2	23.6	23.0	22.3	21.6	21.0
无霜期(d)		246	240	234	228	220	212	206

(2)本区降水量是全县最多的地区。年降水量在 1650 mm 以上,其中虎形山多达 1700 mm 以上。本区无明显的雨季与旱季之分,以虎形山为例,4—6 月雨量为 766.0 mm,7—9 月也有 498.6 mm,属于无干旱的地区。

(3)雨日、雾日多,相对湿度大,日照时数少。以小沙江为例,全年雨日 213.0 天,雾日 137.5 天,相对湿度年平均 82%(其中 3—8 月 85%),年日照时数仅 1084.4 小时。

(4)农业气象灾害多,主要有春秋季的寒害,夏季的暴雨山洪,四季的大风和冬季的冰冻严寒。

2. 评述与建议

(1)践行科学发展,推行生态建设,保护环境资源,加强生态修复工作。封山育林、植树造林,在 1200 m 以下的山地,由于山峦重叠,多避风湿润的小气候,大部分地区地区适宜种植杉、竹等用材林。在 1200 m 以上的地方,地势高,风力大,只宜营造黄山松、油松、华山松、金钱松、亮叶水青冈、光皮桦及江南桤木等高山树种的用材林和防护林。在水土流失严重的地方,除营造水保林、用材林、薪炭林外,还要保护草本植被。对 25°以上的坡地,要坚决退耕还林,尽快提高森林覆盖率。

(2)趋利避害,充分利用气候资源,合理调整作物布局,因地制宜发展农林业生产。本区地势较高,光热条件较差,生长季节短,是粮食生产中最大的障碍因素。因此,要充分利用气候资源、合理布局作物,按照水稻不同品种生育期所需热量指标,该区稻田种植制度在垂直方向上可分成三个耕作层:第一耕作层是 850 m(指南坡、北坡降低 50 m,下同),$\geqslant 10 ℃$积温在 3900 ℃·d 以上,水稻 10～21 ℃安全生育期在 140 天以上,是杂交水稻适宜栽培区;第二耕作层是 850～1100 m,是台北 8 号适宜栽培区;第三耕作层是 1100 m 以上,以生育期较短的科情 3 号、松辽 4 号为好。值得注意的问题是,8 月寒是该区水稻抽穗扬花期的大害。要减少空壳率,应力争在 8 月寒害到来之前抽穗扬花。安全齐穗期 80%的保证率日期,因高度与品种而有所不同,在 850 m 的地方,杂交稻是 8 月 27 日,常规稻是 9 月 1 日;在 900～1380 m 的地方,常规稻是 8 月 22 日—8 月 31 日。从历年生产实践分析,在 1200 m 以上的地方,只有 30%的年份能达到安全齐穗期的目的。其主要原因是温度低、积温少,水稻生育期过长,供求矛盾突出。为达到充分利用气候资源而获得比较稳定的粮食产量,其主要措施是:①引进和培育生育期短、抗寒力强、产量较高的新品种进行试种和更新;②风速过大,光热条件太差,产量不保收的高岸田,改种金银花中药材和马铃薯套种玉米、红薯等早粮作物为宜;③开沟排水,降低地下水位,以提高水、泥温。

本区冬冷夏凉无酷热的气候条件,特别适宜马铃薯的生长,是粮食生产的一大优势,但因耕作粗放,高产作物不高产。因此,必须注意选择抗病、早熟的优良品种,提高栽培技术,扩大播种量,合理密植,增施肥料,防治病虫害,以提高单产。

(3)本区牧草资源丰富,有成片草山,适宜发展草食动物。但从气候角度来看,有两个问题值得注意:一是冬季气温低,严寒期长,风速大;二是天然牧草生长周期短,在很大程度上受热量条件的制约,$\geqslant 10 ℃$的起止日期一般是天然牧草的生长期,即一年内只有 6 个月左右,而有将近半年的时间为枯草期。这两个问题都对草食动物的越冬不利,要兴办牧场或扶植专业户,必须种植耐寒牧草解决冬季饲料问题。

(4)本区温度低,雨量多,光照少,湿度大,云雾多,有发展喜凉、好湿、耐荫经济作物的优势,宜重点发展金银花、天麻、雪花皮、生漆、苡米等。经济价值很高的野生猕猴桃,在本区具有得天独厚的自然环境,分布广,产量高。因此,要保护好野生资源,加速开发利用,改野生为家种。建设以金银花为主的中药材基地,将资源优势转化成商品优势,将特色产品变成财富,把小沙江建设成美丽富饶的生态经济旅游特区。

第四节　小沙江地区农业气候资源及利用建议

小沙江地区在隆回的西北角,与溆浦、洞口两县接界。全地区总面积 434.05 km²,折合651100 亩,占全县总面积的 15.2%。耕地面积 55694 亩,占总面积的 8.5%,其中水田面积43914 亩。旱土面积 11780 亩。本区外雪峰山脉中段东簏,地势高峻,气候多变。白马山纵贯全境,主峰高达 1781 m,为全县最高点。山脉主体位于本区南部,并逐渐向北伸展,形成南北长、东西窄、四周低、南陡北缓而中部高的长条形山地。该区在地形上的最大特点除了山峰林立、山脉纵横交错之外,还在较高的高度上形成了不少山中盆地或山上盆地,分布着类似南部丘陵地区那种比较平坦宽广而略有起伏的大片农田,种植了适应当地自然环境条件的水稻。最低点是与溆浦接界的茅坳乡周朋村溪河边,海拔 440 m,与白马山主峰相差 1341 m。

在农业生产上,金银花、马铃薯是该区的特产,久负盛名。雪花皮、苡米、天麻、生漆、金银花和黄花等,也是该区经济效益较高的产品。水稻种植面积共有 43914 亩,占耕地总面积的 78.8%。稻谷是瑶、汉两族人民赖以生存的主食,栽培遍布全区各地。但因地势高、气温低、寒气重,以致影响粮食产量低而不稳。

为了摸清该区的气候变化规律及其对农业生产的影响,为充分利用气候资源提供科学依据,除了在海拔 1380 m 的隆回十一中及与北坡低点相连的海拔 500 m 的金石桥农科站设立了固定气象观测点外,还于 1981 年 12 月 20—25 日在该区南北两坡的不同高度上,增设了七个临时农业气象考察点。现将固定观测资料及临时考察结果,综合分析,对其气候特点归纳如下。

一、气候变化的基本特征

1.冬冷多冰雪,夏凉无酷热。地处海拔 1300 多米的小沙江,与隆回县城比较,高度相差 1100 多米。小沙江年平均气温为 11.0 ℃,比隆回县城低 5.9 ℃;冬季最冷月(1 月)的平均温度为 0.4 ℃,比隆回县城低 4.6 ℃;极端最低气温达−17.2 ℃,比隆回县城低 5.9 ℃。一般从 11 月中下旬开始下雪或出现冰冻,次年 3 月中下旬冰雪结束,持续期约 4 个月。但是,有些年份在 10 月下旬即可见初雪,终雪推迟到 4 月中旬。年平均降雪日数 24.6 天,为隆回县城下雪日数的 3 倍。年平均冰冻日数 38.9 天,为隆回县城冰冻日数的 8.8 倍。夏季最热月(7 月)的平均温度 21.0 ℃,比隆回县城低 7.1 ℃;极端最高气温仅 30.3 ℃,比隆回县城低 8.8 ℃,无酷热期(见表 5.6)

表 5.6　小沙江(海拔 1380 m)温度、降雪、冰冻日数

月	1	2	3	4	5	6
平均气温(℃)	0.4	1.6	5.8	10.8	14.8	18.3
最高气温(℃)	22.7	21.6	24.3	27.1	26.2	27.5
最低气温(℃)	−17.2	−11.2	−6.9	−3.4	2.5	9.3
降雪日数(d)	9.0	6.6	2.5	0.8		
冰冻日数(d)	5.9	8.0	2.2			

7	8	9	10	11	12	合计	平均
21.0	20.5	17.2	12.2	6.9	2.6		11.0
30.0	30.3	30.3	29.8	23.6	20.9		极值30.3
11.3	12.0	7.4	−0.5	−8.2	−10.8		极值−17.2
				1.6	4.1	24.6	
				9.6	13.2	38.9	

2.降水量多,雾日多,风大日照少。该区降水充沛,年降雨量 1678.3 mm,是全县降水量最多的地方,比隆回县城多四分之一。最多的 1970 年,达到 2038.7 mm,最少的 1974 年,也有 1333.8 mm。年内降雨量主要集中在 4—9 月,总降水量为 1199.0 mm,占年总降雨量的 71.4%,其中 7—9 月降雨量为 477.4 mm,比隆回县城多 198.1 mm,故少有夏秋干旱。年平均大雾 137.5 天,即一年中有三分之一以上的时间是云雾蔽天,出现雾的时间主要集中在

1—5 月和 10—12 月。年平均风速为 3.1 m/s,比隆回县城将近大一倍,八级以上的大风年平均有 21.3 天,为隆回县城大风日数的 3.4 倍。年日照时数仅 1084.4 小时,比隆回县城少 30%(见表 5.7)

表 5.7 小沙江各月降水量、雾日、大风日数、日照时数统计表

月	1	2	3	4	5	6
降水量(mm)	52.3	75.6	114.2	221.7	265.4	234.5
雾日(天)	13.5	14.0	19.5	11.0	16.0	6.0
大风日数(天)	0.7	1.4	1.7	4.1	2.4	1.0
日照时数(小时)	36.5	51.6	73.1	75.3	73.1	109.0

7	8	9	10	11	12	合计
185.1	216.4	75.9	108.6	80.6	48.0	1678.3
2.0	6.5	4.5	10.5	17.5	16.5	137.5
2.1	3.5	1.7	1.4	1.0	0.3	21.3
164.4	130.4	102.8	121.3	66.5	80.4	1084.4

3.霜冻持续期长,作物生长期短。根据 1963—1976 年的观测资料表明,小沙江平均初霜日为 10 月 24 日,最早出现在 10 月 3 日(1967 年),平均终霜日为 3 月 31 日,最迟的到 4 月 28 日(1968 年)。平均霜期持续时间为 159 天,无霜期持续时间为 206 天,与隆回县城比较,霜期要多 75 天,无霜期要少 75 天。喜凉作物的生长期(指日平均气温≥5 ℃),初日在 3 月下旬,终日在 11 月下旬;喜温作物的生长期(指日平均气温≥10 ℃),初日在 4 月下旬,终日在 10 月下旬,与隆回县城比较,喜凉作物与喜温作物生长期,开始时间要推迟一个月,终止时间要提早一个月,整个生长季节要减少两个月。水稻所需日平均气温 10～20 ℃的安全生育期为 4 月下旬至 8 月中旬,平均仅 110 多天,比隆回县城将近少 80 天。

4.垂直差异大,立体气候明显。由于该区海拔高低悬殊,地形错综复杂,各气象要素分布彼此差异很大,一山有四季,十里不同天,形成了丰富多彩的山区立体气候,根据定点观测和考察结果的分析,主要差异表现为:

(1)光照的差异:

投射到近地层的太阳能,受地形、地势、山脉走向、地理位置等多种因素的影响,分布很不规则。在小沙江地区,就比较开阔的地段而言,有以下规律:在同一晴好天气下,山上与山下比较,山上日出比山下早,日落比山下迟;南坡与北坡比较,南坡日出比北坡早,日落比北坡迟(见表 5.8)。

表 5.8 不同地点日出日落时间比较

观测时间	地点	海拔高度(m)	日出时间	日落时间
1981 年 10 月 24 日	小沙江(山上)	1380	6:53	17:25
	青山四队(南坡)	889	7:54	17:22
	槐花坪(北坡)	889	8:00	17:05

但由于山上云雾降水比山下多,从总的情况看,山上的日照时数又比山下少。如 1981 年 7 月下旬至 9 月上旬,在海拔 1380 m 的小沙江、500 m 的金石桥及 265.6 m 的隆回三个点,进行对比观测,小沙江的日照时数比金石桥少 100.2 小时,比隆回少 175.7 小时(表 5.9)。

表 5.9　不同地点日照时数比较

观测地点	海拔高度(m)	日照时数(h)					
		7月下旬	8月上旬	8月中旬	8月下旬	9月上旬	合计
小沙江	1380	29.9	62.4	28.5	44.2	44.6	209.6
金石桥	500	51.3	74.2	70.2	65.2	48.9	309.8
隆回	265.6	75.9	87.2	86.2	73.5	62.5	385.3

(2)热量差异:

① 平均温度:根据资料分析,从金石桥到小沙江,海拔每升高 100 m,年平均气温降低 0.48 ℃,但分布并不一致,北坡的年平均温度在海拔 900 m 以上,递减率为 0.5 ℃/100 m, 900 m 以下为 0.4 ℃/100 m(表 5.10)。

表 5.10　小沙江地区北坡不同高度上年平均气温

海拔高度(m)	500	600	700	800	900	1000	1100	1200	1300	1380
年平均温度(℃)	15.2	14.8	14.4	14.0	13.6	13.1	12.6	12.0	11.5	11.0

但温度递减率随高度、季节、不同天气类型等不同而异,根据 1981 年 10 月 21—25 日五天的考察,以北坡而言,温度递减率是下层小、上层大,在海拔 900 m 以上的平均递减率是 0.67 ℃/100 m,900 m 以下为 0.41 ℃/100 m(表 5.11)。

表 5.11　不同海拔高度温度递减率比较

观测时间	地点	起止高度(m)	平均温度差(℃)	平均递减率(℃/100 m)
1981 年 10 月	金石桥—槐花坪	550~889	1.6	0.41
21—25 日	槐花坪—小沙江	889~1380	3.2	0.67

南坡与北坡比较,同一高度上日平均气温南坡比北坡高 0.6 ℃左右(表 5.12)。

表 5.12　南、北坡平均温度比较

观测时间	观测地点 海拔高度(m)	五天平均温度(℃)		
		南坡	北坡	差值
1981 年 10 月	774	10.5	10.0	0.5
21—25 日	889	10.1	9.3	0.8

② 逆温效应:根据 1981 年 10 月 21—25 日的考察资料分析,从金石桥—小沙江和青山—小沙江之间的逆温,具有以下特点。

逆温的形成有两种情形,一种情形是由于将要日落的时候,因为山的阻障,山脚日落早, 山腰日落迟,受太阳的照射,山腰的温度比山脚要高,于是出现逆温现象,但这种逆温维持时间很短,日落后即告消失。1981 年 10 月 23 日 17 时,南坡 774 m 观测点比 889 m 观测点的温度要低 1.1 ℃,到 18 时,逆温消失,774 m 观测点就比 889 m 观测点高 0.5 ℃了。另一种情形,在晴天的夜间,由于在辐射过程中,已经冷却的空气沿山坡下沉和空气的散射作用,使温度递减率大大减少,甚至常在山腰或山的下部形成逆温,因而出现下部的温度反比上部低,尤其往辐射冷却条件好的夜间,这种情况更加明显。如 1981 年 10 月 23 日夜间,碧空无云,风力微弱,在麻塘山到小沙江之间出现了较强的逆温现象,海拔 1260m 的麻塘山,最低

温度为 −2.3 ℃,而 1380 m 的小沙江,最低温度却有 −0.2 ℃,反比麻塘山高 2.1 ℃,就是一个典型的例子。

逆温的层次。逆温一般出现在低层山腰,高地相对高度在 100～200 m 之间。如 1981年 10 月 24 日早上,金石桥最低温度为 1.9 ℃,有大白霜,而比金石桥高 174 m 的黄金井养路工班,最低温度却比金石桥高 1.3 ℃,没有出现霜。再往上,这种现象就不存在了。但有时在海拔 1200 m 左右的上层山腰开始到接近 400 m 的高度上同样有逆温现象。1981 年 10月 24 日 8 时,南坡的青山庙到青山,四组之间和麻塘山到小沙江之间的上下两层,出现逆温并存。

③ 无霜期与活动积温:随着海拔高度的增加,无霜期逐渐缩短,资料统计得出,海拔高度每上升 100 m,无霜期缩短 6 天左右,初霜日提早 3～4 天,终霜日推迟 3～4 天(表 5.13)。

表 5.13　不同海拔高度上无霜期

海拔高度(m)	500	600	700	800	900	1000	1100	1200	1300	1380
初霜日(日/月)	21/11	19/11	16/11	13/11	10/11	7/11	4/11	31/10	27/10	24/10
终霜日(日/月)	5/3	7/3	9/3	11/3	14/3	17/3	20/3	24/3	28/3	31/3
无霜期(d)	260	256	251	246	240	234	228	220	212	203

活动积温随高度上升而减少的数值与界限温度的大小有异,海拔高度每上升 100 m,≥0.0 ℃、≥5.0 ℃及≥10.0 ℃的活动积温平均减少 160～170 ℃·d,≥15.0 ℃的活动积温平均减少 190 ℃·d,≥20.0 ℃的活动积温平均减少 240 ℃·d(表 5.14)。

表 5.14　不同海拔高度的活动积温

海拔高度(m)	≥0 ℃积温(℃·d)	≥5 ℃			≥10 ℃			≥15 ℃			≥20 ℃		
		初日(日/月)	终日(日/月)	积温(℃·d)	初日(日/月)	终日(日/月)	积温(℃·d)	初日(日/月)	终日(日/月)	积温(℃·d)	初日(日/月)	终日(日/月)	积温(℃·d)
500	5560.0	7/3	8/12	5184.4	2/4	12/11	4692.8	30/4	16/10	3889.0	30/5	18/9	2780.0
600	5417.3	8/3	6/12	5049.1	4/4	10/11	4549.7	2/5	14/10	3744.9	2/6	16/9	2620.7
700	5206.0	9/3	5/12	4919.6	7/4	8/11	4391.0	5/5	11/10	3565.5	12/6	12/9	2398.4
800	5096.0	11/3	3/12	4764.1	9/4	6/11	4235.1	7/5	8/10	3408.7	10/6	9/9	2194.4
900	4928.0	13/3	1/12	4603.1	11/4	3/11	4061.7	10/5	5/10	3220.3	14/6	5/9	1973.1
1000	4749.8	15/3	29/11	4440.9	14/4	1/11	3889.0	13/5	2/10	3036.7	19/6	1/9	1729.9
1100	4566.4	18/3	26/11	4257.3	17/4	29/10	3699.0	16/5	28/9	2838.6	24/6	28/8	1495.9
1200	4371.1	20/3	24/11	4088.3	20/4	26/10	3506.1	25/5	25/9	2634.6	30/6	21/8	1173.5
1300	4161.3	23/3	21/11	3888.2	23/4	22/10	3299.6	25/5	22/9	2471.5	5/7	14/8	883.9
1380	3996.1	26/3	19/11	3731.6	26/4	19/10	3127.8	30/5	19/9	2214.4	10/7	8/8	634.8

(3)主要天气现象的差异:

根据 1981 年 10 月 21—25 日五天的对比观测,在同一时间内,小沙江各地主要天气现象的分布彼此差异很大,具有隔山不一样,十里不同天的特色,如五天考察中的第一天即 10 月 21 日,浓雾和小雨只出现在山腰和山顶;10 月 22 日寒潮入侵时造成的 8 级大风,只出现在小沙江—麻塘山—青山四组一线;10 月 23 日早上的土壤冻结现象,只出现在小沙江乡；10月24日早上的白霜呈插花性分布,上午下冰粒只出现在小沙江—麻塘山一线。

二、气候对农业生产的影响

1.有利于农业生产的气候优势：小沙江区虽然属于高寒山区,但山地气候资源类型丰富多样,降水充沛,水资源丰富,光热水配合良好,且昼夜温差大,这些都为山区的农林牧结合,多种经营的综合发展,提供了可以利用的良好条件。

(1)本区地势高,气候温凉、多雨、湿重、雾多,热量条件没有平丘区的高温酷热,夏季热量和温带地区相近,冬季又不如温带地区寒冷;加之,地形特殊,小气候类型多样。这种气候条件,适于中性偏荫的杉、竹等各种树木生长,为发挥山区优势,发展林业生产,提供了较为有利的条件。

(2)冬冷夏凉无酷热,为喜凉作物及部分喜温作物的优质高产创造了良好的自然环境。尤其是马铃薯,能避暑度夏,高山留种低处用,产量高,营养好,价值大。900 m以下的一季杂交水稻,因无高温热害,又利用了昼夜温差大的特点,产量较高。900 m以上的台北 8 号,如遇正常年份,亦可获得好收成。由于气候荫凉湿润,相对湿度终年都在 80%以上,特别适宜苡米、天麻、魔芋等喜荫凉作物生长。

(3)降雨水丰沛少干旱,出现干旱保丰收。小沙江区雨水丰沛,雨季长,常年 7—9 月是平丘区的少雨干旱时期,而小沙江的雨量仍然很多,接近 480 mm,加之山泉小溪长流不息,遍布各地,可谓具有得天独厚的自然环境。在一般情况下,看不到干旱,即便少数年份出现干旱少雨,不仅对农作物毫无威胁,反而收成更好。因为在干旱少雨时期,云雾少,天空开朗,日照时数多,气温增高,光合作用增强,农作物长势好,产量就高。根据 1971—1981 年资料的统计分析,小沙江在 6—7 月份出现半个月以上的干旱年份共五年,结果都是增产年,其中 1981 年增产幅度最大(表 5.15)。

表 5.15 小沙江地区 6—7 月干旱与粮食增减产关系

年　份		1971	1972	1973	1974	1975
最长连旱	起止时间(日/月)	28/6—17/7	28/6—20/7	20/8—27/8	31/5—9/6	17/6—4/7
	天数(d)	20	23	8	10	17
水稻产量	亩产(kg)	230	246	224	200	256
	与上年比较(kg)	+22.5	+16	−22	−24	+56
年　份		1976	1977	1978	1979	1980	1981
最长连旱	起止时间(日/月)	2/8—9/8	1/7—11/7	29/6—17/7	4/7—15/7	30/6—3/7	2/7—20/7
	天数(d)	8	11	19	12	4	19
水稻产量	亩产(kg)	219	227	298	264	186	289
	与上年比较(kg)	−38	+8	+71	−34	−78	+103

(4)光温水基本同季,水稻种植高度高。小沙江区由于地势高,云雾多,日照时数偏少,但因地形地势特殊,在海拔较高的地方形成了不少开阔的山上盆地、山中盆地,不少地方非常类似南部的丘陵地带。因没有高山障碍,日照时数比与其同高度的洞口、绥宁及城步等山区要多,加之空气洁净,透明度高,紫外线足,光质好,光能利用潜力大;同时光温水基本同季,有效性好。这种气候条件有利于水稻的栽培,使一季中稻的种植高度上升到了 1400 m的地方,比绥宁、洞口、城步等县的水稻种植高度高 200~300 m,就是从全省来讲,在 1400 m

的地方种植水稻也算稀少。

(5)垂直差异大,作物种类多。小沙江区虽属典型的山地气候,但又具有北亚热带和南温带的气候特色,因而为作物的生长发育提供了一个多类型的气候环境,形成了一个十分明显的立体栽培空间,为发展多种经营创造了一个较为有利的条件。在作物布局上,既有水稻区,又有旱作区;既有杂交稻区,又有常规稻区;既有粳稻区,又有籼稻区;既有农业区,又有林业区;既有药材区,又有草原区等。种类较多,分布较广,选择性较大,适应性较强,生产致富的潜力较大。

2. 影响农业生产发展的气象问题

(1)温度低,光照少,作物生育期较短,种植制度受到限制。因热量条件差,不仅双季稻无立足之地,就是一季中稻也容易出现死苗、青风等现象,产量很不稳定。从外地引进的良种如杂交水稻或台北 8 号,其种植高度也受到一定的限制(表 5.16)。

从资料分析看出"寒害"明显,是造成产量长期不稳的主要原因。1971—1981 年的 11年中,小沙江水稻高产年是三年一遇,即 1972 年、1975 年、1978 年、1981 年为增产高峰年,其余则主要为减产的年份。根据气候分析,其主要原因有两点。第一,出现"两头寒"的年份比例过大。用小沙江十一中的气象资料分析,若以日平均气温≥1.0 ℃的初日出现在 4 月。

表 5.16 小沙江区水稻栽培高度产量比较(1977 年)

品种	地点	海拔高度 (m)	播种 (日/月)	插秧 (日/月)	齐穗 (日/月)	成熟 (日/月)	空壳率 (%)	亩产 (kg)
南优 六号	青山庙生产队	730	21/4	30/5	29/8	30/9	21.3	458
	松青报木坪	845	21/4	29/5	2/9	6/10	23.0	440
	肖家椴田	900	10/4	18/5	25/8	25/9	23.5	324
	麻塘山学田	1100	12/4	12/5	4/9	6/10	70.4	192
	烟竹坪	1200	9/4	9/5	4/9	5/10	78.0	147
	虎形山农科站	1280	13/4	25/5	15/9	7/10	86.2	70
	白艮三队	1300	8/4	13/5	16/9	11/10	89.8	55
台北 8 号		1180	14/4		20/8		15.9	274
		1300	10/4		20/8		28.9	260
		1400	10/4		22/8		49.0	132

11 日以后,日平均气温≥20 ℃的终日出现在 8 月 22 日以前作为"两头寒"的标准,则出现"两头寒"年份的概率为 60%,未出现"两头寒"年份的概率只占 40%。受"两头寒"的影响,播种期推迟,秋寒提早,生育期所需的积温不能满足需要,产量就无法保证。从 4 年实测气象资料看出,出现"两头寒"的年份,都是减产年。1980 年是最严重的"两头寒",10～20 ℃的生育期仅 99 天,全地区 36420 亩中稻,就有 26039 亩青风,其中有 1174 亩失收,减产稻谷260 余万公斤(表 5.17)。

第二,安全生育期保证率太低。用小沙江十一中经订正后的资料分析,在海拔 1380 m的小沙江,10～20 ℃安全生育期平均为 114 天,80%以上的保证率只有 98 天,30%以上的保证率是 130 天。该地区当前当家品种台北 8 号,从播种到抽穗,至少也要 130 天。这就是说,仅有 30%的年份能够保证台北 8 号的安全齐穗。

表 5.17　小沙江"两头寒"与水稻产量关系

年份	≥1.0 ℃初日（日/月）	≥20 ℃终日（日/月）	10～20 ℃持续天数(d)	中稻产量		备注
				亩产(kg)	比上年(kg)	
1960	20/5	9/8	82			
1978	7/4	8/9	155	298	+71	
1979	14/4	27/8	130	264	−34	属两头寒
1980	27/4	3/8	99	186	−78	属两头寒
1981	10/4	25/8	138	289	+103	
平均	22/4	20/8	121			

(2)大风灾害严重。小沙江因地势高,8 级以上的大风次数多,对农作物的影响很大,中稻、苡米成熟期常受其威胁,造成严重脱粒减产。尤其是麻塘山—青山一带,因其处于白马山主峰(1781 m)的西侧和海拔 1480 m 的白马山林场南部,受狭管效应和气流的绕流作用,风力更大,破坏性更严重。因风灾对中稻造成的损失,几乎年年都有。如麻塘山的幸福村 1066 亩中稻,1962 年稻穗成熟期就有 900 多亩受大风危害,每亩损失稻谷约 100 kg,其中严重的 100 亩,稻穗刮走大部分,亩产仅收 50 多公斤。1981 年 10 月 12 日大风危害,该村中稻除已收 300 亩,刮倒 360 亩外,尚有 400 亩受灾,每亩减产 70 kg 以上,整个村因风灾损失粮食 2 万余公斤。

(3)雨多容易引起山洪、滑坡、泥石流等气象地质灾害。根据 1968—1980 年的资料统计,小沙江出现 50 mm 以上的暴雨有 50 次,平均每年 3.8 次;出现 100 mm 以上的特大暴雨 6 次,平均约两年一次,24 小时最大降水量为 148.0 mm,出现在 1968 年 8 月 27 日。该区降雨量本属偏多,如遇上连降大到暴雨,由于山高坡陡,雨大流急,加之毁林开荒,土层破坏严重,极易造成山洪暴发,土壤流失。1981 年 8 月 10—12 日,出现大到暴雨过程,总降水量 139.4 mm,就造成山洪危害,仅小沙江乡统计,中稻田被洪水冲沙压的就有 950 多亩,其中完全失收的有 350 多亩。从历史上看,类似这样的降雨过程年年都有,而且不少降雨过程还大大超过这个标准,可见暴雨、山洪、泥石流灾害也是影响农业生产的重要灾种之一。

三、趋利避害合理利用小沙江气候资源

合理利用山区气候资源,必须坚持因地制宜的原则,分类指导,宜农则农,宜林则林,宜牧则牧,合理布局,充分合理地开发利用山区气候资源。特提出以下参考意见。

1.坚持从实际出发,根据气候资源,合理调整作物布局。通过农业气候考察和资料的分析,小沙江一季杂交中稻需要 10～22 ℃活动积温 80% 的保证率是 2000 ℃·d。用这个指标去衡量,南坡最适宜的种植上限是 850 m,北坡是 800 m。为了合理地利用气候资源,取得最大的经济效益,南坡 850 m 以下和北坡 800 m 以下,光温条件较好的地方,可以推行一季杂交稻—绿肥或一季杂交稻—马铃薯为主的两熟制;光温条件较差或光温条件虽好但风力太大的地方,以马铃薯—常规中稻(粳稻)为主。南坡 900 m 和北坡 850 m 是杂交水稻和常规中稻的分界区,超过此一高度,一般应以台北 8 号为主,适当搭配科情 3 号及松辽 4 号等早熟品种。但因台北 8 号所需日平均气温 10～20 ℃的安全生育期最少需要 130 天以上,按此分析,南坡种到 1100 m,北坡种到 1050 m 比较安全。在这个高度之上,10～20 ℃的安全生育期有一半以上的年份少于 130 天,其中 1400 m 的地方少于 110 天,根据苗情观测资料,科情 3 号安全生育期 120 天左右,松辽 4 号安全生育期 100 天左右。为了保证大多数年份增

产,南坡 1100~1250 m 和北坡 1050~1200 m 的地方以科情 3 号为主,松辽 4 号为辅,其次是台北 8 号为宜。因坡 1250~1400 m 和北坡 1200~1400 m 的地方,以松辽 4 号为主,科情 3 号为铺,台北 8 号只宜在光温条件较好的地方适当种植一点。目前在小沙江地区台北 8 号是一个产量较高又是当家的品种,但因生育期过长,受气候条件的制约,产量难以保证,品种也在不断退化,要积极培育和引进生育期短产量又比较高的良种更新。

金银花、苡米、天麻、雪花皮、猕猴桃、魔芋等均属当地特产,要因地制宜,合理布局,大力发展。

2.掌握气候规律,科学安排农业生产。根据目前掌握的农业气候资料分析,研究发现小沙江地区历年产量的变化趋势与气候的变化趋势基本一致。在前期,与日平均气温≥1.0 ℃的开始日期有关;在后期,与 8 月中旬至 9 月上旬的平均气温有关。以 4 月 11 日为界日平均气温≥1.0 ℃的初日出现在这一天之前,当早小稻就增产,反之就减产。

8 月中旬至 9 月上旬的平均气温与小沙江水稻产量的变化趋势基本一致凡温度高点年,就是水稻产量高点年;温度高点年三年一遇,水稻产量高点年也是三年一遇。

3.坚持封山育林,大力植树造林,以保持水土改善山区气候,减轻自然灾害。森林具有调节温度、增加降水、涵养水分、减少径流、固沙防风等多种功能。该地区由于大量毁林开荒,造成生态失调,使气候急剧改变,冷害增多,风害加剧,水土流失严重,自然灾害明显。为了促进生态平衡,改善山区气候,减轻自然灾害,当务之急是封山育林,大力植树造林。在海拔 1100 m 以下的山地,由于山峰重叠,山脉与山脉之间距离近,开阔度小,多温凉潮湿的山地小气候,大部分地区适宜种植杉木、楠竹、檫树、柳杉、金钱松等用材林。海拔 1100~1500 m 的地方,风力较大,土壤较瘠薄,宜造光皮桦、锥栗、黄山松、华山松等树种。1500 m 以上,风力更大,土层更瘠薄,可植华山松、黄山松等。漆树喜光、和湿润肥沃的环境,可四旁和山土边空隙地大量营造。目前全区人平山地九亩,只要充分利用山地气候资源,因地因海拔高度制宜,发展现代农业,其潜力很大。

据调查,小沙江地区有成片草场 10 处,面积达 24792 亩,适宜发展草食动物。从气候条件上说,要特别注意以下两个问题:一是风大、云雾多、空气潮湿、冬季气温低;二是有将近半年的枯草期。这两个问题都对草食动物的越冬不利。因此,这类草场的利用,以办季节性的牧场为好。

4.建立气象监测站网和天气预报、预警信息网络,防灾减灾体系,不断研究农业气象问题,以促进农业生产的发展。小沙江地区是全县地势最高,气候变化最大,粮食产量最不稳定的地区。影响产量的因素固然很多,但从小沙江来讲,关键因素是气候。不了解气候变化规律,盲目安排农业生产,碰上寒害年,就会吃大亏;如果熟悉气候变化,能事先做到心中有数,因时因地因海拔高度制宜决定战略方针,主攻方向明确,措施又得力,即便遇上寒害比较明显的年份,就能变被动为主动,同样可以获得较好的收成。为此应建立气象灾害监测与天气预报警报、防灾减灾,报信息网络体系以不断收集农业气象资料,不断研究农业气象问题趋利避害,为该区发展农业生产提供更多更好的气象科学依据。确保农业生产的可持续发展,早日实现中国梦。

第六章　水稻生产与气象

　　水稻种植是隆回县粮食生产的主体,1949年全县种植单季稻面积66.49万亩,稻谷总产9.24万吨。1953年七江县农场试种1.98亩双季稻成功,随后逐年发展,面积扩大,七江第一农业社创造亩产645 kg的成绩。1958年全县水稻面积70万亩,总产13.10万吨,由于盲目扩种,产量很低,1960年后双季稻面积减少,1963年仅59.78万亩,总产量9.99万吨。1964年后双季稻面积开始回升,种植面积逐年增加。1973年达100.94万亩,总产19.96万吨,1975年的杂交水稻制种成功,对水稻种植面积作了较大调整,一些不适宜种植双季稻的地方改种杂交中稻,晚稻也逐步淘汰常规品种。腾出部分天水田改种经济作物,水稻面积有所减少,但稻谷产量却显著增加。1987年种植水稻87.84万亩,稻谷总产30.79万吨。

　　1949—1960年5月,水稻品种均为高杆品种,早稻主要品种有:陆才号、雷火粘、莲塘早、南特号等;晚稻品种有:高脚蕃子、淅场九号、红米冬粘、白米冬粘等;中稻品种有:胜利籼、万粒籼、晚年红、广东麻等。一般早稻亩产150～180 kg;晚稻亩产50～100 kg。中稻亩产150～200 kg。1966年起早稻大面积推广矮脚南特号、团粒矮、南陆矮;晚稻大面积推广农垦58;中稻推广珍珠矮、广场矮等矮秆品种。1968年基本实现水稻品种矮插化。1970年开始,早稻品种改为矮南早1号、青小金、红世早、二九青、井冈山1号、广解九号等;晚稻品种主要为苏州青、农垦6号、农垦58等;中稻仍以珍珠矮、广场矮为主。1975年起中稻逐步推广种植杂交稻。1980年开始,早稻推广湘矮早九号、湘早籼1号、湘早糯1号、二九青、湘矮早10号;晚稻和中稻多改为杂交稻。早稻高秆改矮秆,亩产比20世纪60年代前提高1倍。1983年早稻亩产365.4 kg;常规稻及杂交稻后又大幅度增产,1987年全县杂交水稻面积44.59万亩,占水稻面积的50.76%,杂交早稻平均亩产455 kg,较常规稻每亩增产134 kg;杂交中稻亩产552 kg,较常规稻亩产增产388 kg;杂交晚稻亩产352.5 kg,较常规稻亩平增产127 kg。1953年,七江县农场、七家铺农业社、三阁司乡等县试种双季稻31亩,两季平均亩产228 kg,比一季中稻每亩增产42 kg,1955—1957年,逐步改为早晚稻连作,1957年双季稻增加到2.7万亩,1958年增加到8.3万亩,1960年增加到20.36万亩,但早稻亩产仅156.5 kg,比上年降低19.8%,一部分晚稻失收,平均亩产仅57.5 kg,比上年降低56.4%。1961—1963年双季稻种植出现低潮,1963年仅种双季稻1.36万亩。1964年后,改进栽培技术,普遍推广高秆改矮秆品种,产量提高,双季稻发展较快。1972年双季稻种植面积23.6万亩,总产12.9万吨。1973年双季稻种植44万亩,占水稻田面积的77.4%,海拔1400 m的小沙江地区也种了双季稻,使晚稻遇寒露风危害青风不实,减产或失收10多万亩,总产稻谷仅17.99万吨。

　　通过总结多年双季稻生产实践的经验教训,根据隆回县农业气候资源和农业气象灾害特点,做出了隆回县双季稻农业气候区划。海拔380 m以下为双季稻最适宜区,380～400 m为双季稻适宜区;401～450 m为次适宜区,450 m以上为双季稻不适宜区。全县稻田只有60%(35万亩)左右可种植双季稻。1974年后双季稻面积逐年减少,到1978年双季稻种植面积下降到 37.7 万亩。1980 年起,随着杂交水稻的推广,县境北部、东北部中低山区大面积改种双季稻为一季中稻,西北部中低山区改种一季常规中稻,为一季杂交中稻。1981 年双季稻降至 36.3 万亩,稻谷总产达到 31.96 万吨,1987 年双季稻面积为 34.87 万亩,占稻田总面积的 59.4%。

　　隆回县 2010 年水稻种植面积 88.8 万亩左右,稻谷总产量 41.702 万吨左右,平均亩产 472 kg,其中双季早稻收获面积 28.1 万亩,总产量 11.81 万吨,平均亩产 420.3 kg;双季晚稻收获面积 28.3 万亩,总产量 17.607 万吨,平均亩产 543.4 kg,年内全国强优势杂交水稻现场观摩会在隆回县召开,经专家测产,羊古坳乡高产攻关百亩片平均亩产 841.9 kg,顺利完成袁隆平院士 900 kg 攻关第二期目标,获得国家、省、市领导的一致好评。

　　水稻原产亚洲东南部,我国是世界上栽培水稻历史最悠久的国家之一,水稻为喜温作物,水稻生产具有明显的季节性、阶段性和区域性。生产周期长,必须循序渐进等特点。同时水稻生产在露天进行,受天气、气候等自然条件的影响很大,光、热、水、气是农作物生存和生长发育的基本条件。在目前的科学技术水平条件下,农业生产基本上还是气候雨养型农业,尚未能摆脱靠天吃饭的不稳定窘境。春季低温倒春寒、五月低温、秋季低温寒露风、春夏洪涝、高温、干旱、寒露风等农业气象灾害还是制约水稻安全高产稳产的瓶颈。因而了解和掌握这些农业气象灾害的形成、发生发展的时间与空间规律及防御对策,研究水稻生长发育与产量形成和气象条件的关系,扬长避短,趋利避害,利用有利的气候资源,减轻防御农业气象灾害的损失,降低生产成本,增加种植效益,对于确保粮食生产安全高产丰收具有十分重要的意义。

第一节　双季早稻

一、双季早稻生育期间的气候状况

　　隆回县水田种植制度以早稻—晚稻—休闲为主,双季早、晚稻品种搭配主要为中熟(早稻)、迟熟(晚稻),历年平均状况,双季早稻(中熟)在春分边 3 月 24 日播种,谷雨边 4 月 21 日移栽,小暑至大暑边 7 月 8—14 日成熟,全生育期 113 天左右,需日平均气温≥10 ℃以上的活动积温 2655.3 ℃·d,总降水量 5280 mm,日照时数 714.9 小时。水稻生长的起点温度为 10 ℃,稻根生长的最低温度为 15 ℃,而隆回县在日平均气温稳定通过 10 ℃初日(3 月 23 日)后播种,日平均气温稳定通过 15 ℃时进行早稻移栽。光、热、水资源基本与早稻生长期同步上升,能避开夏秋干旱灾害威胁,有利于早稻安全高产(表 6.1)。

表 6.1　双季早稻生育期间气候状况表

| 发育期 | 始期— 止期 （月.日） | 经历 日数 （d） | 气温 | | | | 相对 湿度 （%） | 降水 | | 日照时数 （h） |
			平均 （℃）	≥10 ℃积温 （℃·d）	最高 （℃）	最低 （℃）		量 （mm）	日数 （d）	
播种	3.24									
出苗	3.27	4	17.8	71.2	27.2	9.0	82	0.1	1	34.2
三叶	4.9	13	15.8	205.4	26.0	7.1	82	57.3	6	19.6
移栽	4.21	12	19.3	231.3	30.6	9.4	81	65.0	9	47.5

发育期	始期— 止期 （月.日）	经历 日数 （d）	气温 平均 （℃）	气温 ≥10 ℃积温 （℃·d）	气温 最高 （℃）	气温 最低 （℃）	相对 湿度 （%）	降水 量 （mm）	降水 日数 （d）	日照时数 （h）
返青	4.24	3	18.0	54.0	28.0	14.3	81	18.8	3	8.9
分蘖	5.6	12	23.2	278.4	32.8	12.0	81	11.0	2	81.0
拔节	5.24	18	22.8	411.1	33.4	15.7	80	32.0	7	210.7
孕穗	6.10	17	27.0	459.0	36.0	21.0	80	70.2	5	94.1
抽穗	6.19	9	25.3	227.7	32.1	20.8	82	112.5	7	44.1
乳熟	6.27	8	27.6	220.7	36.0	19.6	79	3.8	2	45.1
成熟	7.14	17	29.2	496.5	38.9	24.7	75	157.3	5	129.7
合计		113		2655.3				528.0	47	714.9
平均			23.5							
最高					38.9					
最低						7.1				

二、双季早稻安全高产中的农业气象问题

1.躲开和减轻倒春寒危害,选择早稻适宜播种期,是双季早稻安全高产的第一个关键农业气象问题。

(1)秧苗生活需要哪些条件?

秧苗的生活需要水分、温度、氧气、光照和营养等五个主要条件。胚的萌动发芽要受水分、温度、氧气的影响,播种出苗后对光照和养分有了进一步的要求。

① 水分:水是植物的命,种子发芽是从吸收水分开始的,当种子含水量达到种子本身重量的 22% 以上,酶开始活动起来,促使淀粉和蛋白质的分解,生命活动便开始了。一般吸水量达到种子重量的 25%,便开始发芽。在水温为 13～15 ℃时,浸种 3～4 天就可达到发芽。

种子发芽时,水分的多少与发芽率的关系很大,种子浸在水里,芽先长,根后长;在土壤湿润的条件下,先长根,后长芽。因此,播种后长期深灌,就会芽长根短,产生浮根倒秧烂秧的现象。如果采取通气秧田、湿润灌溉,秧苗扎根扶针快,根系发达,根深芽短壮,抗寒力就会提高,烂秧就少一些。

秧苗出现第三片真叶后,需要的水分增加,此时秧苗的通气组织逐渐形成,田里淹水不会妨碍根系的呼吸,所以经常灌浅水盖泥,一方面有利于根系吸收养料,增强光合作用,同时又可以减少泥内热量散失,有防寒保温的效用。

② 温度:水稻是一种喜温作物,种子破胸发芽时需要较高的温度,最低温度为 10～12 ℃,最适温度为 25～30 ℃,在一定范围内,温度愈高,发芽的速度愈快,但最高温度不能超过 40 ℃。高温时间过久,呼吸作用过强,会产生酒精中毒,抑制种子发芽,造成烧苞现象(采用 52～54 ℃温汤浸种,时间不得超过 10 分钟)。

秧苗扎根扶针的最适宜温度为 17～18 ℃,温度在 15 ℃以上可正常生长,10 ℃以下则不能出苗。早稻品种播种至出苗的经历日数与温度的高低成正比。日平均气温 10～12 ℃时,播种至出苗需 6～13 天;日平均气温 12.1～15.0 ℃对,需 5～9 天;日平均气温 15.1～

19.0 ℃时,需 4～7 天;日平均气温 19.1～23 ℃时,仅需 2～4 天。

水稻三叶以后,抗寒力最弱,最适宜温度为 20～25 ℃,最低生长温度为 11～12 ℃。在长期低温条件下的秧苗,呼吸作用强度长期处于最低点,根芽几乎停止生长,光合作用也极为微弱,而胚乳中的养料已基本消耗殆尽,抗寒力很弱,根系幼小,还不能从土壤中吸收充足的养分来补充,因而新陈代谢失调,产生烂秧死苗。

③ 氧气:种子破胸后,随着芽子的伸长,需氧量逐渐增多,缺氧就会引起酒精发酵,造成芽子中毒死亡。一般水中的含氧量只有 0.2%～0.3%,空气中的含氧量为 20.8%。

氧充足时(5% 以上),芽子生长缓慢,根系生长快,先扎根。随后第一片真叶迅速伸长,突破胚芽鞘;氧气不足时(2% 以下),芽子迅速伸长,叶与根系生长很慢,甚至只长幼芽,而幼根停止生长。

水稻幼苗的生长一般靠二种方式,即细胞分裂与细胞延长。细胞分裂是指一个细胞分裂为二个,蛋白质成倍增加,这种方式需要大量充足的氧气,通过有氧呼吸提供养料与能量;细胞延长是指个体细胞体积的扩大,蛋白质增加不多,此方式在缺氧方式下也能进行。胚芽鞘是既成器官,它的生长方式主要靠细胞延长的方式进行。而幼芽和幼根是新生器官,主要是靠细胞分裂的方式进行。

淹水使土壤形成缺氧环境,抑制了根芽的生长,而芽鞘却极为迅速地伸长,产生跷脚倒苗。在寒潮阴雨低温天气过后的晴暖天气,气温回升,又使秧苗无氧呼吸迅速加强,加上土壤中嫌气性微生物的迅速繁殖,产生硫化氢(H_2S)等还原物质和绵腐病蔓延,造成大面积烂秧。

④ 光照:植物利用绿色体自己制造营养物质,一定要有光。芽鞘具有强烈的趋光性,谷芽下泥后,如果淹水,阳光被隔遮,芽子迅速伸长,冲出水面,争取日光。淹水越深,芽鞘伸得越长,根系生长越慢,产生芽长根短而倒苗的现象。

秧苗生出真叶后,需要阳光进行光合作用,晴暖天气秧苗生长青绿,阴雨天气持续过久,则秧苗发黄或发白。浅灌盖泥水,水面可反射阳光,增加光合作用面积,比不灌水的秧苗叶色要青一些,生长快一些。光还有抑制徒长,使秧苗生长健壮的作用,所以不能播种过密,以妨碍秧苗对光的接触,过于拥挤而产生纤细丝线秧。

据研究,光波的长短对植物生长影响也不同,如 315 μm 以下的光波(紫外线),对几乎所有的植物都有害,280 μm 的光波可以使植物枯死。而 400～500 μm(蓝色)可活跃植物叶绿体的运动,有利于植物生长;600～700 μm 的光波(红色)可增强叶绿素吸收光合成的能力,也有利于植物生长,而 500～600 μm 光波(绿色光),则可使光合成作用下降,生长减弱。着色的塑料薄膜,蓝色膜可大量透过 400～500 μm 波长的光,而吸收大量 600 μm 波长的光;红色膜可透过大量 600 μm 以上的波长的光,大量吸收 600 μm 以下波长的光,绿膜可透过 500～600 μm 的光波。据试验,蓝色膜能使秧苗长得矮壮,光合能力强,积累干物质多。红色膜亦能育成矮壮秧,尤以根系生长好。

⑤ 营养:种子发芽到第一片真叶时,主要是靠胚乳供给营养,米粒还是硬的,胚部消耗很少。第二片真叶出现后,营养物质由胚乳供给约一半,从根部吸收和叶面光合作用制造的养料约一半,米粒已软化。第三片真叶出现后,营养物质的主要来源是由根都吸收和叶面光合作用制造,胚乳只有少量的供应了。第四片真叶出现前后,胚乳养分已全部消耗完毕,秧苗进入完全独立生活。所以在三叶期后,秧苗吸肥量显著增加,秧田缺速效肥就容易发黄,

抗寒能力减弱,遇上不良天气环境容易引起死苗。第四叶时需肥量更多。

水分、温度、氧气、光照和营养诸条件的相互关系是非常复杂的,但都有一定的规律,因此,如何正确地、合理地、认识,掌握和调节这些因子的变化,是防止烂秧、培育壮秧的关键。

(2)早稻育秧与天气的关系

水稻是一种喜温作物,秧苗对低温的抵抗能力是随叶令的增加而明显下降的,出苗前最低温度在 0 ℃左右尚不致受害,三叶期气温 5～6 ℃就会遭受冻害,出苗至三叶期的生物学下限温度为 10～11 ℃。当寒潮侵袭,温度降低到水稻的生物学下限温度以下时,就会破坏水稻的正常生理机能,使秧苗氧化系统失调,生长发育停止。根据多年农业气象研究资料分析,早稻烂秧的农业气象指标如下:

籼稻:日平均气温低于 11 ℃,最低气温低于 8 ℃,阴雨连绵,无日照,持续 3 天以上,或寒潮侵入伴有大风,或遇冰雹、晚霜、晚雪等恶劣天气,在田间管理不善的情况下,就可能发生烂秧,阴雨低温天气持续时间愈长,烂秧越严重。

粳稻:早粳比早籼耐寒性强一些,日平均气温 8 ℃以下,最低气温 5 ℃以下,阴雨低温天气持续 4 天以上,或遇强寒潮侵袭及冰雹大风,晚霜晚雪等坏天气,在田间管理不善的情况下,可能发生烂秧。

根据 50 多年的气象资料统计和烂秧天气的分析,初步归纳隆回县早稻烂秧的天气条件,可分为四种类型:

① 低温阴雨天气型:

在阴雨低温天气持续时间较久,温度低于水稻生物学下限温度以下,没有阳光的条件下,根系不能生长,秧苗的光合作用和生活力都大为减弱,养分消耗后得不到补充,使秧苗发黄,养分失调而死亡。这种类型的特点是烂种现象多,在秧苗扶针时烂的多,"秧烂一根针"就是在这种天气条件下发生的。如 1966 年 4 月 3—14 日,连续阴雨 11 天,1976 年 3 月 18—4 月 5 日,连续阴雨 18 天,平均气温在 12 ℃以下或 10～12 ℃左右波动,秧苗不能生长,造成严重的烂秧现象,烂秧率达 40％。

② 温度骤变天气型

这种类型多发生在秧苗的三叶期前后,种子胚乳的养料已几乎消耗殆尽,新叶刚刚形成,根系还很幼小,光合作用还较弱,对外界环境,抗逆力很弱,此时若经历一段低温阴雨天气之后,骤然天气转晴,白天太阳强烈,气温猛升,夜晚与白天的温差在 15 ℃以上,常造成白天生理性脱水,夜晚低温呼吸作用受阻碍,而产生烂秧现象。如 1960 年 3 月 19—20 日播种的早稻,在 3 月底至 4 月上旬,秧苗出现第三片真叶,4 月 3 日寒潮锋面过境后,夜晚碧空无云,地面辐射大,降温剧烈,4 日早晨出现了霜冻,日较差达 15.3 ℃,烂秧严重,烂秧率达 60％。

③ 严寒冰雪天气型

秧苗生出真叶后碰到严寒及晚冰雪天气,常造成死苗。如 1972 年 3 月 13 日夜,强大寒潮侵袭隆回县,在 4 月 2 日温度降低到 2 ℃,并伴大风和冰粒,山区落雪,地面结冰积雪,气温为 -5 ℃,结冰。全县烂秧 300 万公斤,补种 250 万公斤。

④ 冰雹、大风、暴雨天气型

清明至谷雨节,对流强烈,常在隆回县形成局部的冰雹大风及暴雨天气,使秧苗一团一团的被打入泥内冻死,或被山洪泥沙淹没冲毁,大风把秧苗吹倒,水分蒸腾过多,生理失水而枯萎死苗。如 1954 年、1955 年、1956 年四月上、中旬,小沙江、麻塘山等地落冰雹鸡蛋大一个,把秧苗打死很多。

(3)早稻在什么时候播种为好?

① 确定早稻播种期的原则

从农业气象角度来看,双季早稻培育壮秧主要是育秧季节与早春气温低的矛盾。容易造成烂种、烂秧、死苗现象。确定双季早稻播种期应考虑以下因素:一是要考虑适时求早,在谷雨边插早稻、大暑边插晚稻,夺取早晚稻双季丰收;二是要考虑秧苗对温度的要求,防止烂秧,节约用种量。秧苗生长的日平均最低温度为 11～12 ℃,气温上升到 15 ℃以上,秧苗才能正常生长;三是要考虑早稻生育期长短及前茬作物情况;四是要考虑插秧期及幼穗分化期避开五月低温危害,减少空壳,增加籽粒重。

因此,既要考虑外界环境因子对秧苗生长发育的影响,又要发挥人的主观能动性,充分利用有利的农业气候资源,兴利避害,瞻前顾后,因地制宜地来确定本地区适宜的早稻播种期。

② 历年早稻可播期的时段。

根据秧苗对外界环境条件的要求,结合隆回县五十多年的早稻育秧生产实践,确定早稻可播期的天气标准为:冷尾暖头,播种后有 2～3 天以上的日平均气温高于 11 ℃的晴暖天气,尔后在半个月的无明显的倒春天气。

用此标准统计隆回县 1957—2010 年等五十四年的气象资料。

由表 6.2 可看出:从 1957—2010 年的 54 年气象资料统计,早稻播种期分各候出现的机率如下:

特早播年(3 月 10 日前)5 年,概率为 9.3%,1958 年(9/3)、1981 年(6/3)、2001 年(8/3)、2002 年(6/3)、2009 年(7/3)。

早播年:3 月 11—20 日,16 年,概率为 29.6%。

中播年:3 月 21—31 日,23 年,概率为 42.6%。

迟播年:4 月 1—10 日,9 年,概率为 16.7%。

特迟播年:4 月 15—16 日,2 年,概率为 3.7%,1987 年(15/4)、2010 年(16/4)。

表 6.2　隆回县日平均气温不同时段稳定通过 10 ℃初日及保证率%表

月	日	出现年份	频数	频率(%)	保证率(%)
3	6—10	1958、1981、2001、2002、2009	5	9.3	9.3
	11—15	1966、2000	2	3.7	13.0
	16—20	1957、1959、1963、1971、1986、1994、1995、1973、1974、1975、1979、2005、2006、2007	14	25.9	38.9
	21—25	1961、1962、1967、1977、1978、1993、1997、1999、2003	9	16.7	55.6
	26—31	1965、1968、1970、1980、1982、1983、1984、1988、1989、1990、1992、1998、2004、2008	14	25.9	81.5
4	1—5	1960、1969、1972、1985、1991、1996	6	11.1	92.6
	6—10	1964、1976	2	3.7	96.3
	11—15	1987、2010	2	3.7	100

由历年早稻可播期资料表中可看出(见表 6.3):

最多机率的出现时段为:3 月 15—20 日,3 月 21—25 日,3 月 26—31 日,4 月 1—5 日。

其中尤以 3 月 26—31 日,3 月 15—20 日这两个时段出现可播期的概率为最大。

表 6.3　各候出现可播期的概率及保证率表

时段(月/日)	3/15—20	3/21—25	3/26—31	4/1—5	4/6—10
概率(%)	38.9	16.7	25.9	11.1	7.4
保证率(%)	38.9	55.6	81.5	92.6	100

根据历年隆回县的气候特点及早稻播种育秧对气象条件的要求,结合隆回县 1957—2010 年的气象资料分析,将春播期天气分为四种类型。

a. 播种天气好,育秧天气差

3 月下旬日平均气温有 6 天达到 12 ℃以上,并有连续 3 天以上的晴暖天气,适宜于早稻播种,但 4 月上、中旬有连续 5 天日平均气温在 12 ℃以下,并伴有 6 天或以上阴雨低温天气,造成死苗烂秧。如 1962 年、1963 年、1964 年、1972 年、1977 年、1984 年、1987 年、1997 年等年属于这一类型。

b. 播种天气差,育秧天气好

3 月下旬阴雨低温天气多,连续晴暖天气不超过 2 天,但清明边开始明显增温回暖,到 4 月中旬末没有连续 2 天日平均气温低于 12 ℃的低温天气出现。有 1968 年、1969 年、1970 年。

c. 播种育秧天气都差

3 月下旬至 4 月中旬降雨日数在 20 天以上,气温低,光照少,没有 3 天以上的连续晴暖无雨天气,有明显的倒春寒天气,烂秧严重。如 1960 年、1965 年、1966 年、1972 年、1976 年、1979 年、1981 年、1982 年、1986 年、1991 年、1996 年、2002 年、2004 年等年。

d. 播种育秧天气正常或偏好。

气温回升早,光照时数多,春分前可播种,后期无明显的连续低温阴雨天气。如 1957 年、1958 年、1959 年、1961 年、1971 年、1973 年、1974 年、1975 年、1977 年、1983 年、1985 年、1989 年、1991 年、1992 年、1993 年、1994 年、1998 年、1999 年、2008 年。

③ 早稻在什么时候播种为好?

搞好早稻播种育秧,既要抓住季节,不违农时,又要防止烂秧,培育壮秧。所以必须适时播种,不宜过早,也不宜过迟。

播种过迟,虽能避开寒潮低温危害,培育壮秧、防止烂秧,但营养生长期缩短,季节推迟,光能利用率低,对早晚稻两季高产不利。

播种过早,外界环境条件还不能满足秧苗生长的需要,气温过低,容易烂秧,而且早播不能早插,插到本田也会冻死。也不能高产。

究竟早稻在什么时候播种为好呢?这就需要根据早稻秧苗生长发育对气象条件的要求,分析当地多年的气候变化规律,寻找出能够满足秧苗生长发育所需要的气象条件的有利时段,结合品种,前茬耕作制度,插秧时间,劳畜力负担等情况,通盘考虑,合理安排适宜的早稻播种期。

早稻生育需要一定的起点温度,早稻的生育是由低温到高温,播种期过早受到温度条件的限制,隆回县历年 3 月上旬气温为 8～9 ℃。平均最低气温 1.5 ℃,极端最低气温有 4 年达到－0.7 ℃,还不具备秧苗生长的热量条件。3 月中旬平均气温 11 ℃,平均最低气温

3.3 ℃,极端最低个别年份可降至−1.0 ℃,54 年中有 19 年旬平均气温在 10 ℃以下。

平均气温日较差达 7.9 ℃,气温波动很大,3 月下旬的平均气温上升到 12.9 ℃,54 年只有 1965 年、1976 年旬平均气温在 10 ℃以下。平均最低气温 5.3 ℃,四月上旬平均气温上升到 14.5 ℃,54 年中仅有 1 年旬平均气温在 10 ℃以下(1972 年,9.7 ℃),1 年 11 ℃以下,(1976 年 10.4 ℃),3 年(1962 年、1966 年、1979 年)13 ℃以下。平均最低气温为 5.8 ℃,出现可播期的概率达 80.73％。

本县历年日平均气温稳定通过 10 ℃的开始日期为 3 月 21—25 日(春分边),通过 12 ℃的开始日期为 4 月 3—5 日(清明边)。而秧苗只有在 10 ℃以上才能生长。因此,隆回县早稻的大田适播种期是在春分至清明这一时段内。

水稻移栽返青所需的最低日平均温度为 13 ℃,在 15 ℃以上才能正常生长,隆回县历年平均在 4 月 19—22 日这一时段内,日平均气温先后稳定通过 15 ℃,并有几个晴暖天气,适宜于早稻移栽。在清明边播种,谷雨边已有五片真叶,可以移栽了。因而可以达到适时早播又早插的目的。

根据隆回县历年气候变化规律及早稻生育对气象条件的要求,考虑早稻品种特性、前茬作物生育情况和多年的早稻育秧生产实践,综合分析,认为隆回县露地秧的早稻播种期大体分三批:抓住冷尾暖头在 3 月中旬末第一批播种,主要是耐寒性强的迟熟品种薄膜秧,3 月底至 4 月初大播;清明后播种三熟制及三留田的温室蒸汽快速育秧,主要根据其插秧期来确定播种期,一般可分三、四批,头批在清明后,过 4～5 天开始插秧,以后每隔 4～5 天播一批,插一批,分批播、分批插,在 5 月 1 日前插完。

由于每年的天气变化差异很大,且不同地形、不同海拔高度,不同地势的气候变化又悬殊复杂,因而每年具体的早稻播期,要参考当地气象台、站的长、中、短期天气预报,结合本地的经验,因地、因时、因品种、因前茬作物制宜。

(4)看天排灌,培育壮秧

早稻播种育秧是与老天爷打游击战,只有知己知彼,才能百战不殆,需要针对不同的天气和苗情,采取灵活的战略战术。

① 采用早育秧薄膜覆盖的育秧方式,保护幼苗不受外界风雨、低温大风等不利因素的影响,通气良好,扎根扶针快,成秧率高。

② 看天、看苗、看温度,采取灵活的排灌管理措施

芽期(扶针扎根出叶以前),以通气为主,保持秧厢湿润,看天排灌。晴天满沟水,中午太阳强烈时,泥面温度升高到 35 ℃以上时,灌一皮水湿润厢面,下午三点左右排水露秧,使厢面晒一段时间的太阳,有利于提高泥温,促进秧芽扶针扎根。阴天半沟水,雨天打开出口,厢沟无渍水,大雨时多开进口,防止厢面渍水。长期阴雨、狂风暴雨。低温霜冻,坚持湿润,切勿灌水,雨水大冲走覆盖物,应及时补盖。苗期(秧苗转青开叶以后),以防寒保温为主,灌浅层水长秧。

苗期胚乳养料已逐渐消耗,抗寒力显著下降,当强寒潮侵袭时,应灌深水齐喇叭口,保护生长点,若剧烈降温,外界温度降低到 10 ℃以下,要加深水层,只要露出秧尖。若遇狂风暴雨或冰雪、霜冻及冰雹要短时灌水淹顶,但风停雨息冰雹终止,气温回升时,要立即放水露尖透气,天气转晴时,切勿急排水,以免产生生理性失水,青枯花苗。

要分层缓慢排水。即当天上午不排水,下午 15 时左右,水温升高了,先排水齐喇叭口到次日下午三时再排水至原来的浅水层。若预计当晚有霜冻冷露,还应加深水层,以保护秧苗

的生长点,防止冻死。

三、5月低温对早稻分蘖和幼穗分化的危害及防御

隆回县于5月进入初夏季节,上旬平均气温19.5 ℃,中旬平均气温20.7 ℃,日平均气温稳定通过17.0 ℃初日为5月4日,日平均气温稳定通过20.0 ℃初日为5月18日。

历年5月低温不同时段出现概率统计如表6.4。

表6.4　隆回县5月不同时段低温出现概率(1957—2010年)

月	日	出现年份	频数	频率(%)	
5	1—5	1964、2002	2	5.9	
	6—10	1959、1959、1960、1962、1967、1968、1974、1975、1987、1988、1991、1996、2004、2006、2010	15	44.1	21年61.8%
	11—15	1970、1978、1981、1998	4	11.8	
	16—20	1962、1966、1972、1973、1975、1977、1984、1993	8	23.5	
	21—25	1959、1960、1990	3	8.8	13年38.2%
	26—31	1957、1909	2	5.9	

由表6.4可看出:隆回县1957—2010年的54年中,共出现五月低温34年,其中5月1—15日出现21年,占总年数的61.8%,双季早稻于5月6日进入分蘖普遍期,是决定每亩有效分蘖总茎数的关键期,水稻分蘖要求日平均气温20.0 ℃以上,最适宜温度25～28 ℃,晴朗微风,阳光充足的气象条件,日平均气温在20 ℃以下,分蘖缓慢,当气温降到17.0 ℃时,分蘖停止,连续低温阴雨5～7天以上,光照不足,分蘖延迟,有效分蘖少,导致有效茎穗数减少而影响产量。如1959年5月5～16天日平均气温在20 ℃以下的低温阴雨,最低气温10 ℃,5月21—24日又连续4天低温,最低气温15.5 ℃,早稻空壳率80%,严重减产。防御措施是施足底肥,浅水灌溉,苗足晒田,抑制无效分蘖。

5月16—31日出现五月低温13年,占总年数的38.2%,双季早稻于5月24日进入拔节普遍期,幼穗开始分化,要求晴朗微风,光照充足,日平均气温25～30 ℃,若遇日平均气温低于20.0 ℃,影响幼穗分化,增加空壳秕粒而降低产量。如1973年5月9—12日连续4天日平均气温低于20.0 ℃,最低气温15.5 ℃,5月19—23日又连续7天日平均气温低于20.0 ℃,最低气温16.8 ℃,双季早稻分蘖期遇低温,僵苗黑根死苗,有效分蘖茎数少,接着幼穗分化期又遇低温冷害,空壳秕粒率达60%,使双季早稻严重减产40%。

防御措施:① 掌握五月低温发生规律,合理安排双季早稻的播种期和移栽期;避开五月低温冷害。

② 施足底肥,及时中耕追肥,加速肥料分解,促使早稻早分蘖、早发蔸。

③ 科学灌溉,以水调温,提高水、泥温,减轻五月低温危害。

④ 及时防治病虫害,增强禾苗抗逆性能,减轻低温危害程度。

第二节　双季晚稻

一、双季晚稻生育期间的气候状况

双季晚稻中迟熟品种一般在6月中、下旬播种,7月中旬末移栽,7月下旬至8月初分

蘖,9月上旬末齐穗,10月中旬成熟,全生育期120～130天左右,所需≥10 ℃活动积温3249.5 ℃·d,降水量619.5 mm,降水日数48天,日照时数790.9小时,农业气象条件有利于双季晚稻安全高产优质。(见表6.5)

表6.5 隆回县双季晚稻生育期间气候状况表

发育期	起始日期（日.月）	经历日数（d）	气温				相对湿度（%）	降水量（mm）	降水日数（d）	日照时数（h）
			平均（℃）	≥10 ℃积温（℃·d）	最高（℃）	最低（℃）				
播种	6.8									
出苗	6.21	3	27.4	82.2	33.4	23.2	80	67.9	1	11.0
三叶	6.27	6	26.2	157.2	32.2	21.5	75	117.4	5	31.6
移栽	7.20	23	28.6	657.8	37.1	25.0	75	77.9	7	141.7
返青	7.23	3	31.4	94.3	36.7	27.1	74	8.8	2	30.4
分蘖	7.27	4	30.8	123.2	36.0	26.4	75	1.7	1	38.3
拔节	8.10	14	31.7	443.2	39.8	25.4	75	29.9	3	152.7
孕穗	8.30	20	28.7	602.8	38.8	20.9	79	112.2	6	172.1
抽穗	9.6	7	26.9	188.3	31.8	21.9	78	71.3	4	61.8
乳熟	9.19	13	28.1	364.8	36.5	21.8	79	5.7	3	95.9
成熟	10.15	26	20.6	535.6	29.7	149	79	126.7	2	55.4
合计		120		3249.5				619.5	17	790.9
平均			27.1						48	
最高					39.8					
最低						149				

二、双季晚稻安全高产的农业气象关键问题

1. 双季晚稻适宜播种期

双季晚稻播种期要考虑其抽穗开花期躲开秋季低温寒露风危害来确定。根据试验研究,中熟杂交晚稻播种至齐穗期生育天数为85天左右,需≥10.0 ℃积温2150 ℃·d,迟熟杂交晚稻播种至齐穗期生育期为90天左右,需≥10.0 ℃积温2300(℃·d)左右,则可根据秋季低温寒露风预报,日平均气温稳定通过20 ℃终日往前推85～90天,即为晚稻适宜播种期,如预报日平均气温稳定通过20 ℃终日为9月12日,则往前推85～90天,则6月15日为迟熟杂交稻适宜播种期,6月19日为中迟杂交稻适宜播种期。

2. 安全齐穗期

双季晚稻抽穗开花要求日平均气温25～28 ℃,籼稻要求21～22 ℃以上,粳稻要求20 ℃以上,阳光充足的晴朗天气为宜。遇到日平均气温降低到20.0 ℃以下,连续5天以上的秋季低温寒露风则抽穗开花受阻,空壳秕粒增加,减低产量,甚至失收。

根据隆回县历年(1957—2010年)日平均气温稳定通过20 ℃终日不同时段统计,其出现概率如表6.6:

表 6.6 隆回县历年秋季不同时段低温寒露风出现概率表

月	日	出现频数	百分率（%）	安全保证率（%）
3	11—15	6	11.12	100
	16—20	3	5.55	88.8
	21—25	10	18.52	83.85
	26—30	13	24.07	64.86
4	1—5	10	18.52	40.74
	6—10	6	11.12	22.22
	11—15	5	9.25	11.10
	16—20			
	21—25	1	1.85	1.85

由表 6.6 可以看出：隆回县历年秋季低温寒露风不同时段，出现机率可分为三种类型：

偏早型：9 月 11—20 日出现 9 年，概率为 16.67%；

一般型：9 月 21—30 日出现 23 年，概率为 42.59%；

偏迟型：10 月 1—15 日出现 21 年，概率为 38.89%。

其中最早年为 1981 年 9 月 13 日，最迟年出现在 2006 年 10 月 23 日，概率为 1.85%。

日平均气温稳定通过 20 ℃终日 80%保证率出现在 9 月 15—20 日之间。

因而常规双季晚稻抽穗开花期必须控制在日平均气温稳定通过 20.0 ℃终日保证率 8%之前，即抽穗开花期必须在 9 月 15—20 日之前才能安全高产。

如 1997 年 9 月 14 日北方冷空气南下，隆回县日平均气温降低到 20.0 ℃以下，低温阴雨持续 14 天，最低气温为 14.7 ℃，正值双季晚稻孕穗至抽穗始期，抽穗开花受阻，空壳秕粒率达 60%，减产 50%。

杂交水稻抽穗开花要求日平均气温 22 ℃以上，根据隆回县历年（1957—2010 年）气温资料统计如表 6.7：

表 6.7 历年（1957—2010 年）日平均气温稳定通过 22 ℃终日 80%保证率统计表

月	日	出现频数	百分率（%）	安全保证率（%）
9	1—5	6	11.11	100
	6—10	10	18.52	88.90
	11—15	8	14.82	70.38
	16—20	8	14.82	55.56
	21—25	11	20.37	40.74
	26—30	6	11.11	20.37
10	1—5	3	5.56	9.26
	6—10	1	1.85	3.7
	11—15	1	1.85	1.85

由表 6.7 可看出：日平均气温稳定通过 22 ℃终日不同时段出现的机率可分为四种类型：

偏早年：9 月 5 日前，出现 6 年，概率为 11.11%。

一般年：9 月 6—15 日前，出现 18 年，概率为 33.34%。

偏迟年：9月16—25日前，出现19年，概率为35.19％。

特迟年：9月26—10月15日前，出现11年，概率为20.37％。

日平均气温稳定通过22℃终日80％保证率出现在9月10—15日之间，因而双季杂交晚稻抽穗开花必须控制在9月10日左右，方能安全高产。否则，会华而不实，青风不实，如1982年9月9日北方冷空气南下侵入隆回县，日平均气温降低到20℃以下，最低气温17.6℃，伴阴雨北风5级。至9月16日天气回暖，低温阴雨天气达8天之久，杂交水稻正处于抽穗始期，严重影响杂交水稻抽穗开花，空壳秕粒率达45％，减产40％。

第三节 一季稻、中稻

一、一季稻、中稻生育期间气候状况

隆回县一季稻中稻一般在4月中、下旬播种，5月上、中旬移栽，5月下旬至6月分蘖，7月下旬至8月上旬抽穗，9月中、下旬成熟，全生育期145天左右，≥10℃活动积温3649.3℃·d，降水量788.3 mm，日照时数752.7小时。（见表6.8）

表6.8 一季中稻生育期间气候状况表

发育期	起始日期（日/月）	经历日数（d）	气温				相对湿度（％）	降水		日照时数（h）
			平均（℃）	≥10℃积温（℃·d）	最高（℃）	最低（℃）		量（mm）	日数（d）	
播种	12/4									
出苗	16/4	4	18.6	74.5	32.9	8.4	59	1.3	1	26.4
三叶	26/4	10	19.3	193.3	29.3	9.7	94	10.1	4	38.5
移栽	10/5	14	22.0	307.3	32.2	16.2	81	62.7	9	55.1
返青	13/5	3	19.4	58.2	27.5	12.3	76	23.0	2	16.4
分蘖	1/6	19	23.6	449.1	33.0	16.0	83	116.2	10	41.3
拔节	9/6	8	23.5	187.2	32.0	18.1	83	171.9	6	21.5
孕穗	7/7	28	26.9	752.4	35.6	19.2	77	155.3	17	120.9
抽穗	1/8	25	27.0	675.0	37.2	23.6	74	126.8	6	245.2
乳熟	17/8	16	27.8	444.1	35.3	23.3	77	70.3	9	107.3
成熟	6/9	20	25.4	507.8	33.8		82	50.9	8	80.1
合计		147		3649.3				788.3	72	752.7
平均			24.8				78			
最高					37.2					
最低						8.4				

二、一季中稻安全高产的农业气象关键技术

一季中稻安全高产的农业气象关键问题：平原丘陵地区主要是抽穗开花期的高温和夏秋季干旱危害；山区主要是抽穗开花期的8月低温阴雨寡照和湿害病害威胁。

1. 高温、干旱

(1)高温干旱概况:隆回县极锋雨带在 6 月底 7 月初北移,7—9 月受西太平洋副热带高压控制,多晴朗高温天气。(见表 6.9)

表 6.9　历年 7—9 月各旬气温降水量、日照、蒸发量统计表

旬 ＼ 月	7			8			9	
	上	中	下	上	中	下	上	中
平均气温(℃)	27.7	28.1	28.5	28.1	27.1	27.2	25.7	23.6
最高气温(℃)		39.0			38.8		39.1	
降水量(mm)	40.4	45.2	24.6	37.5	41.0	36.0	21.5	22.5
蒸发量(mm)	65.3	70.4	84.5	68.9	61.4	73.0	63.1	54.9
日照时数(h)	71.6	77.4	95.4	76.0	68.5	82.7	66.8	55.4

由表 6.9 可看出:7 月上旬平均气温上升到 27.7 ℃,7 月中旬至 8 月上旬,旬平均气温飚升到 28 ℃以上,为全年的高温炎热期,而此期降水量为 107.3 mm,比蒸发量 223.8 mm 少 116.5 mm,极端最高气温 39.0 ℃,日照时数达 246.8 小时,平均每天日照时数达 8.3 小时。一季中稻于 7 月 7 日进入孕穗普遍期,8 月 1 日进入抽穗开花普遍期。高温干热风天气最高气温≥35 ℃以上,空气干燥,使花粉干枯,不授精,结实率显著降低,空壳秕粒率达 30% 以上,故高温干旱是严重影响一季中稻产量的主要农业气象灾害。

(2)防御高温干旱的措施

主要防御对策是掌握高温干旱规律,使抽穗开花期躲开高温干旱危害。具体措施为:

① 适时播种,使抽穗开花期避开高温干旱期。

② 选择耐高温品种,提高作物抗逆能力。

③ 提高科学种田水平,合理灌溉,以水调温,减轻高温干旱危害程度。

④ 开展人工增雨作业,降低空气温度,减轻高温干旱危害。

2. 八月低温阴雨

(1)8 月低温阴雨概况

隆回县西北部小沙江地区海拔高度高达 1380 m。据研究,海拔每上升 100 m,气温递减 0.65 ℃,日平均气温稳定通过 20 ℃终日提早 3 天,如 1980 年小沙江 8 月 3 日日平均气温低于 20.0 ℃,连续低温阴雨 10 天,一季杂交中稻已处于孕穗末期至抽穗始期,使一季杂交稻青风不实,空壳秕粒率达 70%,大部分一季中稻绝收。小沙江地区大部分稻田在 1000~1300 m 的地方,8 月上、中旬出现日平均气温低于 20.0 ℃的概率达 30%,基本上是 3 年一遇,因而 8 月低温阴雨天气是影响山区一季中稻高产的一个重要农业气象灾害。

(2)8 月低温的防御措施

① 掌握 8 月秋季低温发生规律,适时播种移栽,避开 8 月低温危害。

② 选择抗寒、抗病强的优良品种,提高抗逆性能。

③ 提高科学种田水平,施足底肥,适时追肥。

④ 开沟排除冷浸水,减轻湿害、水害,促进根系发育。

⑤ 科学管水,适时晒田,认真做好寸水活蔸,防止深水或无水败苗,浅水分蘖,促使早生

快发;有水打苞抽穗,避免缺水空壳;干湿壮籽,养根保蘖防早衰的管水原则,改变串灌、浸灌一丘水灌到底的旧习惯,强调足苗适时晒好田,做到一次中耕后露田,二次中耕后晒田,幼穗分化前把田晒好。

⑥ 认真做好病虫防治,重点要做好穗颈稻瘟的防治工作。老病区要选用抗稻瘟品种,少施追肥,防止偏施氮肥或施肥过迟,加强药剂防治,注意分蘖期喷药,防止叶稻瘟发生,减少颈瘟病源,孕穗至灌浆期作多次喷药保护,避免颈、粒稻瘟发生。

第七章 气象与中药材

中药是我国的国粹、民族之瑰宝,近年来,随着人类对生存环境的日益重视和回归大自然浪潮的兴起,为具有悠久历史和独特疗效的中医药走向世界提供了良好的机遇与挑战。同时,中药的应用范围也日益扩大,除用于医疗外,还已成功地应用于食品、饮料、化妆品、饲料添加剂、杀虫剂等领域,中药材的市场需求日益扩大。但是,目前中药材的生产也存在一些问题,如过去的毁林开荒,围湖造田,破坏了许多动植物的天然生存环境,对一些中药材品种的过度采集,使其资源受到严重破坏,影响了中药材资源再生,造成许多中药材品种短缺;另外,不规范种植和加工,使中药材品质低劣,原料药材的农药与重金属含量超标,影响了中药材的临床疗效和原料药及成品药的出口。

因而充分利用当地的自然气候条件和丰富的物种资源,科学地发展中药材的人工规范化种植与综合加工利用,是广辟药源,提高中药材质量的有效途径,也是减少对野生药材的过度采集,维护生态平衡和保护物种的重要措施。尤其是在现阶段正在开展农业产业结构调整,大力发展中药材的人工种植与综合加工利用,使其向集约化、规范化、科学化、现代化、产业化方向发展,对实现农业增效、农民增收、农业可持续发展具有极为重要的意义,是具有极大潜力的致富途径。

同时,我国加入世界贸易组织,为中药材出口创造了有利条件,出口需求量必将大大增加,仅靠原有的野生中药材资源满足不了如此迅猛增长的市场需求,必须进行中药材的人工栽培,以保证为市场提供质量稳定,产量均衡的中药材。为此,对中药材农业气候生态条件作粗浅分析。

一、中药材生长对气象条件的要求

药用植物生育与气候环境条件的关系极为密切,药用植物类型多种多样,它们都是依靠本身的遗传特性与环境条件的统一来完成生命周期的。只有了解中药材和环境的相互关系的规律,才能选择或改造环境以适应种植中药材的需要。气候、土壤、肥料等生态因子的综合,构成了植物生活所需要的生态环境。

药用植物利用阳光进行光合作用,从周围环境中吸收水、矿物元素、二氧化碳等形成各种碳水化合物。整个生命过程都是贯穿了与外界发生物质的交换,物质的合成与分解,能量的释放和固定,这种植物与环境之间的关系称为生态关系。研究和掌握植物与气候环境之间的生态关系,是科学栽培、管理植物、获得优质高产的依据。

环境对药用植物的生态作用是内外因素及其作用的结果,植物内部代谢活动是变化的依据,但外部环境也起作用。一种植物长期生活在某种环境里,由于受该环境的长期影响,通过新陈代谢形成了对某些生态因子的特殊需要,即植物的生态习性,也就是说植物的某些习性是长期对环境适应而形成的,一般只能在它所适应的气候环境条件下生存而正常生长。

1. 光与药用植物

(1)光照强度与药用植物

由于各种药用植物在它们的系统发育过程中,长期处在不同的光照条件下而形成对各种不同光照强度的适应性。根据不同种类的药用植物对光照的不同要求,可分为三类:

喜光植物(阳性植物):要求阳光充足的环境,若缺乏光照,则植株细弱,生长不良,产量低且质量差。如地黄、黄芪、决明、芍药、北沙参、红花等是喜光植物。

喜阴植物(阴性植物):喜欢遮蔽的环境,忌强烈的日光照射。如人参、西洋参、黄姜、细辛等的栽培需要人工搭棚遮阴或种在林木荫蔽处。

耐阴植物(中间型植物):是阳性与阴性植物的中间类型植物,在光照良好或稍有荫蔽的条件下都可生长,如天门冬、款冬花、麦冬等。

同一种药用植物在不同的生长发育阶段对光照强度的要求也不相同。如北五味子、党参、厚朴等在幼苗期或移栽初期怕强光照射,必须注意短期荫蔽。

(2)药用植物对光照长度的反应——光周期现象。许多植物的花芽分化、开花结实、地下贮藏器官的发育、休眠与落叶等白昼及黑夜持续时间的长短有显著的相关性。这种对光照时间长短的反应,称为光周期现象。由于各种药用植物长期生长在不同的光照条件下,因而它们对光照时间的要求也各有不同。只有满足了这种光照时间的要求,药用植物才能正常生长发育。根据各种药用植物对光照时间长短的要求,可分为三大类:

长日照植物,在长于一定时间日照长度(临界日长)下开花或促进开花,而在较短的日照下不开花或延迟开花。如栀子、小茴香、除虫菊等。

短日照植物,在短于一定的时间日照长度(临界日长)下促进开花。而在较长日照下不开花,如紫苏、地黄等。

中性日照植物,对光照长短无严格要求,如掌叶半夏、红花等。

植物的这些特性在引种栽培中有重要意义,如从南方(短日照高温条件)向北方(长日照低温条件)引种,或从平地向高山引种,往往会出现生育期或成熟期延迟现象,所以应引种早熟品种;从北方向南方引种,或从山地向平地引种,则会出现生育期或成熟期提早现象,故应引种迟熟品种。

(3)光饱和点和光补偿点

光饱和点在一定光照强度下植物的光合作用速度随光照强度的增加而增加。但光照强度超过一定范围以后,光合速度减缓,当达到某一光照强度时,光合速度不随光强的增加而加速。

光补偿点,若光照强度减弱,光合速度随之减弱,当光照强度降到某一程度时,光合作用强度与呼吸作用强度相等。光合作用是吸收二氧化碳制造有机物质,而呼吸作用是放出二氧化碳,消耗有机物质,当吸收的二氧化碳与放出的二氧化碳达到动态平衡,即制造的养料与消耗的养料相等,达到动态平衡的光照强度称为光补偿点。植物只有在光补偿点以上时才能积累干物质。所以在种植药材时,要根据不同的药用植物的光照习性合理调光,使之光强不大于光饱合点,不低于光补偿点。

2. 热量与药用植物

热量是植物生长的动力,温度的变化直接影响植物的光合作用与呼吸作用,随着温度的升高光合作用与呼吸作用都要加强。

(1)三基点温度。对于植物的生命过程都有一个三基点温度,即最适温度、最低温度和最高温度。达到最低温度和最高温度时,植物的生长发育即停止。在三基点温度之外,植物还有受害和致死的温度指标。植物发育阶段对温度的要求最严格,能适应的温度范围最窄,一般在 20~30 ℃之间,生长要求的温度范围较宽,大多在 5~40 ℃之间,植物维持生存的温度范围最宽,为−10~50 ℃。植物的光合作用三基点温度与呼吸作用三基点温度不同,一般光合作用的最低温度为 0~5 ℃,最适温度为 20~25 ℃,最高温度为 40~50 ℃,而呼吸作用的最低温度为−10 ℃,最适温度为 35~40 ℃,最高温度为 50 ℃,当光合作用制造的有机物质超过呼吸作用消耗的有机物干物质时,植物体内的有机物质才会有积累而进行生长。当温度超过光合作用的最适温度后,光合强度减弱而呼吸作用强度仍很强,必然会增加有机物质的消耗而减少积累。所以,超过光合作用最适温度的高温环境对植物生长不利。

在 0~35 ℃温度范围内,温度升高,植物生长迅速,温度降低,生长减慢。据学者研究,从最低温度到最高温度的范围内,温度每上升 10 ℃,合成干物质的速率增长 1 倍,即植物质的形成服从于范特荷夫定律,但不普遍适用。因为不同作物的光合作用与呼吸作用的最适温度不一样,而干物质的形成决定于光合作用制造的有机物质与呼吸作用分解的有机物质之差值,净光合作用。故在同样的温度条件下,不同作物的干物质增长是不一致的。

(2)周期性变温对植物的影响

气温的日变化对植物有机物质积累有密切关系。白天光合作用与呼吸作用同时进行,夜间只进行呼吸作用。因此,当昼夜温度不超过植物能忍受的最高和最低温度时,日较差大,即白天温度高,夜间温度低,有利于植物白天增强光合作用积累有机物质,减弱夜间的呼吸作用而减少有机物质的消耗,有利于产量形成和产品质量提高。

(3)界限温度:对农业生产有指示或临界意义的温度,称为界限温度或农业指标温度。该温度的出现日期、持续天数与持续期中积温的多少,对一个地方的作物布局、耕作制度、品种搭配和农事季节安排等都有十分重要的意义。重要的界限温度有 0 ℃,5 ℃,10 ℃,15 ℃,20 ℃等。

0 ℃,春季日平均气温稳定通过 0 ℃的日期,表示土壤解冻,积雪融化,田间耕翻开始。秋季日平均气温稳定通过 0 ℃,表示土壤冻结,田间耕作停止,所以,日平均气温在 0 ℃以上的持续时间称为农耕期。

5 ℃,日平均气温稳定通过 5 ℃以上的持续日期与农作物及多数中草药植物恢复或停止生长的日期相吻合。所以,该时期称为植物生长期。

10 ℃,大多数植物在日平均气温稳定通过 10 ℃以上,生长便活跃起来了。所以,日平均气温稳定通过 10 ℃以上的持续期称为生长活跃期。

15 ℃,春季日平均气温稳定通过 15 ℃以后,喜温植物开始积极生长,故日平均气温稳定通过 15 ℃以上的持续日期可作为对喜温植物是否有利的重要指标。

20 ℃,一般植物发育阶段对温度的适应范围在 20~30 ℃之间,所以日平均气温稳定通过 20 ℃的持续期是植物的阶段发育和籽粒形成的重要指标。

(4)积温:植物生活所需要的其他因子都基本满足时,在一定温度范围内,气温和生长发育速度呈正相关,只有当温度累积到一定的总和时,才能完成其发育周期,这一温度总和称为积温。它表示植物在其全生育期或某一发育期内对热量的总要求。

不同的药用植物或同一植物的不同发育期对温度的要求不一样,根据植物对温度的不同要求可分为四大类：

热带植物，我国热带植物分布在台湾、海南及广东、广西、云南的南部热带地区。这些地区最冷月平均气温 16 ℃以上，极端最低温不低于 5 ℃，全年无霜雪。热带药用植物有砂仁、肉豆蔻、胖大海、槟榔、丁香、古柯、安息香等。喜高温，当气温降到 0 ℃或 0 ℃以下时，植物遭受冻害，甚至死亡。

亚热带植物，大多分布在华中、东南与西南各省（区）的亚热带地区，最冷月平均气温在 0～16 ℃之间，全年霜雪少见，亚热带药用植物主要有三七、白术、白芍、前胡、杜仲、厚朴、黄柏等。喜温暖，能耐轻微的霜冻。

温带植物，大多分布在亚热带以北的华北、东北、西北等地区。最冷月平均气温在－25～0 ℃之间，如黑龙江省的药用植物种类很多，喜温和至冷凉气候，能耐霜冻或寒冷，如玄参、川芎、红花、地黄、浙贝母、延胡索等，喜温和气候环境。而人参、黄连、大黄、当归等则喜冷凉气候环境。

寒带植物，我国仅西部地区的高寒地区，常年积雪，有雪莲生长。

3. 水分与药用植物

水是植物细胞的重要组成部分，其原生质含水量 80％以上，嫩茎、幼根含水量达 90％以上，没有水就没有植物，水是植物合成有机物的重要原料；是植物新陈代谢的要重要介质，没有水溶解养料，新陈代谢就不能进行。水是器官运动的调控者。由于水有最高的比热、最大的气化热及较大的热传异率，高热时能降温，寒冷时降温慢，对抗御干旱低温等气象灾害能发挥重要作用。根据植物与水分的关系可分为四种类型：

旱生植物，具有发达的根系或有良好的抑制蒸腾的结构，发达的贮水构造和输导组织等"旱生结构"，具有显著的耐旱能力，适应在地势高燥少雨的干旱地区种植。如仙人掌、芦荟、龙舌兰、甘草、麻黄、沙棘等。

水生植物，根系不发达，没有抑制蒸腾的构造、输导组织衰退，而通气组织特别发达，不能离开水生环境。如莲、睡莲等。

湿生植物，根系浅、侧根少而短，抑制蒸腾的构造和输导组织弱化，通气组织特别发达，适宜在沼泽、河滩、低洼地、山谷林下等环境生长。如泽泻、慈姑、菖蒲、薏苡等。

中生植物，根系、输导系统、机械组织、节制蒸腾的各种结构、都比湿生植物发达，但不如旱生植物。在干旱情况下枯萎，在水分过多时又容易发生涝害。故在栽培过程中，注意适当排灌能有效地提高药材的产量与质量。大多数药用植物都属于这一类，如地黄、浙贝母、延胡索等。

4. 大气质量风与药用植物

（1）空气与药用植物生长发育的关系

空气是指地面的大气与土壤里所有气态物质的总称。这些气态物质对植物生长发育常产生影响。

空气对药用植物生长发育有关系的成分有氧、二氧化碳、水汽、尘埃和工厂的废气等。

大气中的二氧化碳是植物进行光合作用的必要原料，其含量随工业的发展在逐步提高，一般为 0.03％，土壤里的二氧化碳含量较高，一般为 0.15％～0.65％，当含量高到 2％～3％，对根系呼吸不利，有毒害作用。据研究，光合作用二氧化碳的浓度以 1％左右最适宜。在塑料大棚内，每天上午 8 时至下午 17 时，若在决明和大豆（开花至种子成熟）群体中加入含有二氧化碳 800～1200 ml/m³ 的空气，可提高种子产量 40％～50％。

氧是植物呼吸作用的必要气体,土壤空气中的氧含量很少,同时变化不定,常成为植物地下部分呼吸的限制因素。

水汽影响空气的温度,工厂排放的大量废气（二氧化碳、氟化氢等）、烟雾及尘埃等严重影响药用植物的生长发育。某些植物可吸收有毒气体,减轻环境污染。如丁香、夹竹桃、八角的叶片吸硫能力很强。

（2）风与药用植物生长发育的关系

风对药用植物生长发育的影响是多方面的。它是决定地面热量（冷、热气团）与水分（干燥与湿润的气团）运输的因素,有的风对植物产生直接的影响,如台风、海陆风、山风与谷风等。

风媒花植物要依靠风来进行传粉。很多植物的果实和种子依靠风传播,以达到繁殖后代或扩大繁殖地区。微风对减轻霜冻危害有利。

风的直接害处是损伤或折断植物的枝叶、造成落花、落果使植物倒伏。风的间接害处是改变空气的温度和湿度,使土壤干燥、地温降低,吹走细土等。不利于药用植物的生长发育和产量的形成。

二、主要中药材生长的农业气象指标

根据调查考察、中药材气象试验研究资料统计,得出湖南省主要中药材生长的农业气象指标。

1. 丘陵平岗区药材品种主要有白芍、玉竹、半夏、牡丹、柴胡、桔梗、板蓝根等。此类药材喜阳光喜温暖干爽的气候环境,年平均气温 14～17 ℃,极端最高气温 40 ℃,极端最低气温 −10 ℃左右,大于等于 0 ℃积温 4500～5500 ℃·d,年降水量 1350 mm 左右,海拔高度在 300～500 m 左右,深厚肥沃疏松、排水良好的沙质壤土或黄红壤、沙黄壤土均适宜种植。丘岗平区主要药材的农业气象生态指标（表 7.1）。

表 7.1　丘岗平区主要中药材农业气象生态指标

名称 \ 要素	气温 ℃ 年平均	最高	最低	大于等于 0.0 ℃积温 (℃·d)	年降水量 (mm)	农业气候生态条件	适种海拔高度(m)	地貌	土壤
白芍	14～17	40	−10.0	4500～5500	1358～1500	阳光充足,温和的气候条件,耐旱怕涝	300～600	丘岗平坡地	疏松深厚沙质壤土
玉竹	10～17	35	−15.0	4500～5500	1350～1500	喜温暖气候耐高温交耐寒,怕干旱又怕水渍	300～1000	丘岗低山	排水良好的沙壤土
半夏	14～17	40	−10.0	4500～5500	1350～1500	喜温暖湿润气候条件,耐寒喜阳	300～1000	丘岗低山	疏松肥沃沙壤土
牡丹	14～17	40	−10.0	4500～5500	1350～1500	喜温暖,阳光充足的气候条件,怕涝	300～1000	丘岗低山	深厚肥沃的壤土
柴胡	14～17	40	−10.0	4500～5500	1350～1500	喜温暖湿润气候,耐寒耐旱怕涝	100～800	丘岗低山	疏松肥沃沙壤土
桔梗	12～15	40	−10.0	4500～5500	1350～1500	适应性很强,各类气候土壤环境均可适应	800～1000	丘岗低山	排水良好的沙壤土
板蓝根	14～17	40	−10.0	4500～5500	1350～1500	适应性强,耐寒耐旱又耐涝	100～1000	丘岗低山	排水良好的沙壤土

（2）低山区中药材的农业气象生态指标

海拔 500～800 m 的低山区,出产的大宗药材品种主要有葛根、乌药、白术、百合、金银花、菊花、栀子等。这些品种喜阳光和湿润凉爽的气候环境,喜钙、耐旱、耐涝、又耐寒,但怕风、怕冰冻。年平均气温 13～17 ℃,极端最高气温可耐 40 ℃左右,极端最低气温－20～－12 ℃。年降水量 1450～1500 mm。深厚肥沃的黄沙壤土最适宜。低山区主要药材品种的农业气象生态指标。（见表 7.2）

表 7.2　低山区主要中药材农业气象生态指标

名称	气温 ℃ 年平均	气温 ℃ 最高	气温 ℃ 最低	大于等于0.0 ℃积温（℃·d）	年降水量（mm）	农业气候生态条件	适种海拔高度(m)	地貌	土壤
葛根	10～17	40	－20.0	3500～4500	1350～1700	喜生于山坡草丛中或路旁潮湿的地方,聚生于山脚、林绿、洼地,喜潮湿气候	100～2000	洼地路旁	深厚肥沃的灌木草丛中
乌药	13～17	40	－15.0	3500～4000	1350～1600	喜阳光充足,生长于荒山灌木林中	500～800	中低山	肥沃深厚
白术	13～17	40	－12.0	3500～5500	1350～1600	喜凉爽潮湿阳光充足气候环境,耐寒	500～800	中低山丘陵	深厚肥沃的黄沙壤或红壤中
百合	13～17	40	－15.0	3500～5500	1350～1600	适应性强,喜温暖凉爽,阳光充足和高燥高阳排水良好	200～800	丘岗低山中低山	沙质壤土
金银花	11～17	40	－20.0	3500～5500	1350～1700	适应性强耐寒耐热,耐旱耐涝,为喜阳性植物	100～1000	山地丘陵平岗	各类土壤,以深厚肥沃疏松土壤为最佳
菊花	13～17	40	－17.0	3500～5500	1350～1700	喜阳光充足,忌荫蔽,怕风害,性喜温暖耐寒冷	100～800	向阳背风	肥沃排水良好的砂质壤土
栀子	13～17	40	－17.0	3500～5500	1350～1600	喜温暖湿润背风向阳环境,幼苗怕旱,成年植株耐旱不耐寒	300～800	坡地	疏松肥沃沙质壤土

（3）中山区中药材农业气象生态指标

海拔 800 m 以上的中山区种植的药材大宗品种主要有金银花、天麻、苡米、杜仲、黄柏、厚朴、银杏、绞股蓝和前胡。大黄、云木香,这些药材品种喜凉爽湿润的气候条件,年平均气温 10～13 ℃左右,年降水量 1500 mm 左右,极端最低气温－20～－15 ℃,极端最高气温不超过 35 ℃,海拔高度在 800 m 以上的中山区,深厚肥沃的沙质壤土为最适宜环境。主要中山区药材的农业气象生态指标。（见表 7.3）

表 7.3　中山区主要中药材农业气象生态指标

要素名称	气温 ℃			大于等于0.0℃积温（℃·d）	年降水量（mm）	农业气候生态条件	适种海拔高度(m)	地貌	土壤
	年平均	最高	最低						
天麻	10~13	30	−20.0	2900~4000	1500	喜凉爽湿润气候,密环菌 6—8 ℃ 开始生长,天麻 10—15 ℃ 发芽,20—25 ℃ 密环菌与天麻生长最快,10 ℃以下天麻休眠	>800	中高山	疏松深厚沙质壤土
苡米	11~15	35	−16.0	3500~4500	1500	喜温凉湿润气候条件,种子在 12 ℃以上萌芽,15 ℃以上出苗,生长苗期 16—23 ℃为宜,抽穗开花期 24—27 ℃,相对湿度 80%为宜,气温 50%以上相对湿度 50%以下,花粉干枯空壳	600~1200	中高山	深厚肥沃的沙壤土
杜仲	10~15	35	−27.0	3000~4000	1400	阳性树,喜阳光充足,湿润气候,种子在 8 ℃发芽,11—17 ℃时发芽最旺盛 35 ℃发芽大减	600~1200	中低山	土层深厚的沙壤土
前胡	11~15	35	−20.0	3000~4000	1300~1500	喜温和气候,耐寒耐旱怕涝	500~1000	中低山、低山	肥沃深厚沙壤土
黄柏	10~13	35	−20.0	3000~4000	1500	喜凉爽湿润气候,适应性强,幼苗喜半阳半阴,成年需阳光充足	800~1200	中山	肥沃深厚潮湿的壤土
厚朴川补	10~13	35	−20.0	3000~4000	1500	喜凉爽湿润气候,适应性强,幼苗喜半阳半阴,成年需阳光充足	800~1200	中山	疏松肥沃的壤土
凹叶厚朴	15~18	40	−12.0	3000~4000	1500	喜温暖湿润,不耐旱	300~1000	中低山	疏松肥沃的壤土
银杏	10~18	40	−20.0	3000~4000	1300~1700	适应性强,对水热要求不严,喜凉爽湿润环境	500~1100	中低山	深厚肥沃排水良好的酸性或中性上
绞股蓝	11~15	35	−15.0	3000~4000	1500	喜荫蔽,湿润通风透光的生态环境,适应性强	700~1200	中低山坡地	肥沃的沙壤土
大黄	6~10	30	−25.0	2800~3500	1500	喜冷凉湿润阳光充足,降水丰沛寒湿气候	>1400	中高山	肥沃深厚排水良好的壤土
云木香	8~13	33	−20.0	2800~3500	1500	喜凉爽湿润,阳光充足的山地寒湿气候	>1000	中高山	肥沃疏松富含腐殖质沙壤土

三、隆回县中药材生产概况

隆回县中药材种植面积达 30 万亩,以金银花为主。隆回县金银花主要品种为灰毡毛忍冬,种植面积 18 万亩,是全国生产规模最大的金银花原生态种植区,年产量突破 1.1 万吨,占全国金银花总产量的 50% 以上,年总产值超过 10 亿元,良种金银花最高时(每千克 200元),隆回金银花绿原酸、异绿原酸的含量达 5.1%～7.4%,这高于其他地区,且无任何工业和化学污染。

全县建立小沙江镇、麻坜山乡、虎形山、大水田乡为中心的中药材金银花生产基地,富晒金银花基地标准化基地,4800 亩,新扩金银花良种 500 亩,在小沙江镇建立金银花母本 3 亩,在麻坜山建立金银花良种苗圃 130 亩,小沙江 20 亩,在农技推广中心建立组培苗圃,举办培训班 352 期,培训农民 126 人次,全县共有 96 个村 2.2 万户,8.2 万人从事金银花产业。

隆回县金银花种植历史悠久,明朝时期已有利用金银花入药的记载,规模化种植已有 140 多年历史,隆回县金银花产业发展壮大的历程中相继获得了许多荣誉;2001 年国家林业局命为"中国金银花之乡"、国家质量监督检验检疫总局将隆回县金银花县列为国家级农业标准化示范区。2004 年隆回县金银花品种选育与快繁技术研究获湖南省进步二等奖,2005年隆回金银花中的金翠蕾、银翠蕾、白云等三个品种获评"国家级良种";隆回金银花载入 2005 年版《中华人民共和国药典》,2005 年隆回金银花获"国家原产地域保护产品"称号;2009 年,隆回金银花获"中国地理标志证明商标"。

隆回县是国家贫困县,而地处雪峰山脉中段的海拔 1300 多米的小河江地区,由于海拔高度高、气温低、积温少、降水量偏多、湿度大、雾多,种植水稻三寒严重,常出现产量低而不稳、温问题一直没有解决,在隆回县委和县政府的正确领导与多年反复实践下,终于探索了一条利用山区冷凉气候特点,发展以金银花为主的中药材的道路,将气候资源林变成中药材,实现中药材产业化、商品化,将商品变成财富,将小河江地区建设成 23 万亩中药材生产基地,其中金银花 18 万亩,年产量突破 1.1 万吨,占全国金银花总产量的 50% 以上,年总产值超 10 亿元,为山区脱贫致富奔小康闯出了一条新的路子。

第一节　金银花 GAP 生产技术

一、概述

金银花,别名银花、忍冬、双花、二花、苏花、二宝花,为忍冬科忍冬属植物,半常绿缠绕灌木。以未开放的花蕾(大白针)及藤叶入药。同属植物红腺忍冬、山银花、毛花柱忍冬的花蕾《药典》均有收载入药。

1. 药用功能

金银花和藤叶中抗菌有效成分以绿原酸为主,药理试验表明对多种细菌有抑制作用。花蕾具有清热解毒、散风消肿的功能,主治风热感冒、咽喉肿痛、肺炎、痢疾、痈肿疮疔、丹毒、蜂窝组织炎等病症;忍冬藤,具有清热解毒、通经活络等功能,主治湿病发热、关节疼痛、痈肿疮疡、腮腺炎、细菌性痢疾等症。除药用外,金银花还是牙膏、饮料、化妆品以及多种中药的重要原料,亦有出口。

2. 栽培分布

我国忍冬属植物广布于全国各省、自治区,以西南地区种类最多,其中作为金银花主流商品来源植物主要集中在华中、华东以及华南地区。除了其自然资源被开发利用外,该属植物由于适应性强,已被广泛引种栽培。

(1)忍冬　是本属中自然分布区域最广的一种,其分布北起辽宁、吉林,西至陕西、甘肃,南达湖南、江西,西南至云南、贵州。地处 22°N～43°N,98°E～130°E 之间。在此范围内又以山东、河南低山丘陵、平原滩地、沿海淤沙轻盐地带分布较广而集中。尤其是山东南部的沂蒙山区以及河南南部的濮县、唐河、确山、正阳等地,降水量大、气候湿润、光照时间长,是忍冬适生的自然环境,亦是发展金银花栽培生产的重要基地。其中以河南密县的密银花和山东平邑、费县的东银花最著名。

(2)山银花　分布仅见于广西、广东、海南二省、自治区。地处 18°N～23°N,105°E～115°E。主要分布于广东西部的从化、云浮等地,海南的琼中、琼山,广西中南部的宾阳、钦州等地,该种为我国华南地区金银花的主要来源,除利用自然资源外,现已在广东的徐闻县等地栽培。

(3)红腺忍冬　分布区域较宽,自安徽南部、湖北东南部。浙江、江西大部至湖南西南部以及广东北部,广西、贵州、云南西部至南部以及四川东部和西南部。地处 22°N～32°N,104°E～122°E。自然资源丰富,红腺忍冬与灰毡毛忍冬共同构成东南、华南以及西南地区金银花的主要来源。目前已在湖南雪峰山区新化、隆回、溆浦及广西忻城、马山、贵州等地人工大量栽培。仅湖南雪峰山区的隆回县小沙江地区金银花种植面积达 18 万亩左右。

(4)毛柱忍冬　生于水边灌丛中,分布于广东、广西等省、自治区。

二、植物形态

1. 忍冬　多年生半常绿缠绕小灌木或直立小灌木。根系发达。藤长可达 9 m,茎细中空,多分枝,幼枝绿色,密生短柔毛;老枝柔毛脱落,皮呈棕褐色,呈条状剥裂,叶对生,卵形或长卵形,全缘,长 3～8 cm,宽 1～3 cm。嫩叶有短柔毛,背面灰绿色,叶隆冬不凋,故名"忍冬"。花成对生于叶腋,苞片 2 枚,叶状,故名"二花""双花"。花萼短小,5 裂,裂片三角形,花冠梢呈二唇形,长 3～5 cm,筒部约与唇部等长,上唇 4 浅裂,下唇不裂,外面被短柔毛和腺毛。雄蕊 5 枚,子房无毛,花柱比雄蕊梢长,艾伸出花冠外,有清香,花初开时白色,后经 2～3 天变为金黄色,故又称金银花。浆果呈球形,成熟时黑色有光泽,花期 4—6 月,果期 6—9 月。

2. 红腺忍冬　双称腺叶忍冬、盘腺忍冬、岩银花。藤本,根系发达,幼枝被柔毛,叶卵形至卵状矩圆形,长 3～11 cm,宽 1.5～5 cm,先端短渐尖,基部近圆形,下面密生微毛,并杂有橘红色腺点为其特征。双生花的总花梗短,一般短于叶柄。萼筒无毛,萼齿长三角形,具睫毛。花冠长 3.5～4.5 cm,白色或黄色,稀为红色,外疏微毛和腺毛,管部与檐部近等长,花柱无毛。苞片细小,锥形而非卵形,叶状,可与忍冬相区别。浆果呈球形,成熟时黑色有光泽。

3. 山银花　又称毛萼忍冬、土银花、小金银花,亦为藤本。根系发达。被柔毛。叶对生,卵形或长卵圆形,长约 5 cm,宽约 2 cm,先端钝,两面均被柔毛,下面甚密。花夏初开花,花近无梗,两两成对,芳香,约 6～8 朵合成关状花序或短的聚伞花序,生于叶腋或顶生于花序柄上。苞片为叶状,长 4～8 mm,小苞片极小。花冠形态亦与忍冬相似,亦初白而后黄,唯有花萼密被灰白色并有疏柔毛或无毛,边缘反转,但无微毛,管部细瘦而弯,较裂片为短,花柱下部的 2/3 有开展的短柔毛为本种的特征。

三、生物学特征

1. 生长发育

（1）根系发达　细根很多,生根力强,插枝和下垂触地枝,在适宜的温湿度下,不足 15 天便可生根。10 年生植株,根冠分布的直径可达 300～500 cm,根深 150～200 cm,主要根系分布在 10～50 cm 的表土层。须根则多在 5～30 cm 的表土层中生长。根以 4 月上旬至 8 月下旬生长最快。

（2）忍冬枝条萌芽力、成枝力强　一年四季气温只要不低于 5 ℃,并有一定湿度的条件便可发芽,春季芽萌发数最多。5 年生花墩一般有 200 个枝条。1 年生枝条上萌芽抽梢的能力叫萌芽力。萌发的芽抽生长枝多少叫成枝力。所以在修前中应多疏少截,防止冠内郁闭。

（3）寿命长,盛花期长　营养繁殖的植株的寿命、成活率、始花期,与枝条的生长年限有密切的关系。1 年、2 年生枝条扦插成活率高、发育快、寿命长,但开花较迟,一般 3 年以上才开花。3 年生枝条扦插成活率低,越老越低,发育也慢、寿命短,但开花早,一般 2～3 年就可开花。忍冬盛花期长,5～20 年为开花盛期,之后逐渐衰退,老花墩寿命大约可达 30 年。管理好的忍冬寿命可达 40 年。

在自然条件下,忍冬常攀附于其他植物或物体上,人工栽培时多通过修剪使其直立生长成为墩状,具有每年数次开花的习性。但只有当年新生枝条才能分化花芽,属于多级枝先后多次分化花芽的类型。

（4）物候期　忍冬的生长发育可分为以下 3 个阶段。

萌动展叶期　雪峰山区海拔 1000 m 左右,3 月萌动,4 月展叶萌发新枝,开始生长。

孕蕾开花期　5 月中下旬现蕾,15 天后开花,6 月下旬采花,此茬花产量占全年的 90%左右。一般在始花后 4～6 天是盛花期,一般花在下午 4～5 时开放。

生长停滞期　11 月上中旬霜降后,部分叶片枯落,进入越冬阶段。

2. GAP 栽培对环境条件的要求

金银花在中国的历史上有文字记载的不下两千二百年,本性野生,是生长适应性较强的植物,分布广。北起辽宁,南至广东,东从山东半岛,西到喜马拉雅山都有野生金银花。均能栽培,无论平地、丘陵、山地、荒坡、隙地、房前屋后均可种植,但要夺取高产优质,应选择土层深厚,土质肥沃、疏松、富含腐殖质的沙质壤土为好,pH 值为 5～6.4。

金银花抗旱能力极强,在土壤含水率 10%左右的土壤上,一般树种已呈萎蔫状态,而金银花仍然能正常生长开花。在土壤水分条件适宜时,植株生长旺、冠幅大,产量高。土壤水涝时,叶片易发黄脱落。

金银花对温度适应范围很广,春季当气温 5 ℃以上时开始萌芽展叶,花芽分化适温为15 ℃,生长适宜温度 20～30 ℃,金银花能忍受－17 ℃的低温。

金银花为短日照植物,喜阳光,忌荫蔽,光照充足则植株生长健壮,花量大,产量高。

四、生产加工标准操作规程

1. 选择良种

金银花良种有大毛花类和鸡爪花类二大类

(1)山东金银花产区栽培的产量高、质量好。

大毛花发枝壮旺,花蕾肥大,枝条较长,容易相互缠绕,开花期较晚。

大鸡爪花发枝多,枝条短,叶较小,花蕾稠密,开花期早,但花蕾较小,花枝顶开花。

小鸡爪花枝条细弱成簇,叶片密而小,长势弱,墩形小,开花早,花较小,花蕾细弯曲,花枝丛生于母枝上端,便于采集,节间短,拖秧少,适合密植。尚有一些大毛花的枝芽变种类型。

(2)河南新密市忍冬栽培品种分小白花与毛花两个品种,小白花含水分少、品质好。

(3)湖南的金银花品种有:金翠蕾(金花王)、银翠蕾(银花王)和白云。金翠蕾和银翠蕾长期花冠不开裂,花蕾呈棒状,花期长达 15～25 天,有利于采收和加工,是制作金银花茶的优质原料。白云为半开型品种,抗白粉病。

2. 生产基地选择 检测基地大气、水质、土壤等环境因素是否符合相关标准,同时结合金银花生态特性选择育苗地和种植地。种子育苗或扦插育苗地,宜选择疏松、肥沃、排水良好、管理方便的沙质壤土。种植地选择荒地、荒山、塘边、溪河边、房前屋后、空坪隙地均可。

对育苗地进行深耕,每亩施农家有机肥 2500～4000 kg,翻入土中,整平整细,做成 1.5 m 宽的高畦。大田可采用梯田、高撩壕、鱼鳞坑等形式,按行距 2.2 m,株距 2 m 开穴,穴垦 50 cm×50 cm×40 cm,每穴施入土杂肥或田泥、塘泥 20～25 kg,磷肥 0.5 kg。

3. 种苗培育与移栽 种苗培育以扦插、嫁接为主,也可用种子繁殖和分株繁殖。繁殖前首先要选择好优良品种。如湖南的金翠蕾(金花王)、银翠蕾(银花王)和白云,每个花梗上平均有 27～31 个花管。具有高产(定植 3～5 年,每亩可产干花 170～400 kg)、优质(有效成分绿原酸含量高达 5.83%～6.97%,是山东和河南地道金银花的 2～3 倍)、高效(盛产期每亩产值可达 5000～10000 元)、耐旱涝、耐寒热、耐土壤瘠薄、抗病性好、栽培管理容易等优良特性。

(1)扦插繁殖:一般扦插期宜在初春新芽未萌发前,初夏梅雨季节或立秋前后。选择水源充足,排灌方便,土层深厚、肥沃,土质疏松的沙质壤土作苗床。春插最好选择生长健壮,组织充实,发育良好,无病虫害,无破皮、无损伤的 1～2 年生枝条作插穗,夏秋插应选用当年生新梢下部木质部充实的部分作插穗。选取的插穗一般剪截长度 16～18 cm,留 2～3 对芽。腋芽上部留 1～1.2 cm,防止抽干。上部以芽取齐,下部不管节,芽一律取齐。剪去下部叶片,上部留 1 对叶。每 100 根 1 捆,用 0.5 g/L 的生根粉处理 10 s 或用 0.075 g/L 的萘乙酸处理 10 分钟。按行距 30 cm,开好扦插沟,将插穗按株距 10 cm 斜放入沟内,上留一芽,将插穗斜插于地下,覆土踏实,大水漫灌,务使插穗与土壤紧密结合,以利于生根发芽。

扦插苗发根前不能吸收水分,主要靠土壤水分从切口和表皮组织透入,因此,插后前 10 天每天早晨和傍晚洒施清水一次,扦插后 7 天左右开始长根,但吸收力极弱,应于 10 天后施第一次稀薄氮肥,用 0.3%尿素液洒施一次。20 天后同样方法施 2 次,1 个月左右追施尿素 1 次,每亩 5～7.5 kg,以后视情况再追肥 1～2 次,以保幼苗植株健旺,以腐熟人粪尿水为主,辅以化肥。

新梢生长到15～20 cm即行摘心,促发新枝,一般摘心3～4次。一般情况下,3～5个月幼苗即可出圃,当年休眠前苗高达15 cm以上的,第二年春季即可出圃,出圃时要分品种取苗,按每捆50株或100株扎把并贴上标签,不得混杂。

(2)嫁接繁殖:金银花嫁接方法主要采用丁字形芽接法,嫁接时期以2月底、3月上旬至4月上旬为宜。接穗从普查标定的优良单株或良种母本园植株上剪取1年生健壮枝。去叶后剪成25 cm枝段,扎成0.5 kg小把沙藏备用。将砧苗离地面5 cm处剪断,剪砧与嫁接结合进行,不可一次性剪砧过多,以免砧木失水过多。

嫁接方法:首先用芽接刀在接穗芽的上方0.5 cm处横切一刀,深达木质部,不宜过重伤及木质部,然后从芽下方1.5～0.2 cm处顺枝条方向斜削一刀,长度超过横刀口即可。用两指捏住芽片,使之剥离下来。呈盾形芽片。在砧木近地面比较光滑的部位,用芽接刀横切一刀,深达木质部。在横刀口下纵切一刀呈丁字形,用刀尖拨开一侧皮部,随即将芽片放入,用手按住芽片轻轻向下推动,使芽片完全插入砧木的皮下,并使芽片的上部与砧木横切口对齐。用塑料条包扎严密,并使叶柄露往外面。接后15～20天,触动接芽的叶柄,若一触即落,说明接芽已经成活;若叶柄干枯不落,则说明未接活,需要补接。

嫁接后要立即浅锄松土一次,苗木生长期每月松土除草一次。接芽萌发时,用1‰尿素液追肥一次,每亩用尿素5～7.5 kg苗木生长期,施肥3～4次,以10%腐熟人粪尿水为主,适当加入尿素,但每亩每次尿素加入量不超10 kg。嫁接后,要随时将砧木部的萌芽全部抹除,以免消耗养分,提高嫁接成活率与成苗率。嫁接成活1个月以后,接芽长10 cm左右即可解膜。

嫁接苗高度达到15 cm以上,嫁接口以上主茎粗达到0.3 cm以上即可出圃。出圃时要分品种取苗,按每捆50株或100株扎把标签,不得混杂。

(3)分株繁殖:每年冬季至初春萌芽前,将植株周围萌发的幼苗挖出定植,或将老蔸挖出分株定植。

(4)移栽:金银花移栽分春、秋两季进行,以秋季栽植为主,栽植时间为当年11月至下一年3月,最好为当年11月栽植。起苗前先将苗床土淋湿,以便带土移栽,起苗后根部同向对齐一并扎成捆,剪去苗上部嫩枝,随即移栽大田。

金银花株行距一般采用200～220 cm,种植密度为150株/亩,如栽培管理水平高也可采用300株/亩的高密度栽培方式,提高前期单产,待丰产时再间伐。

栽植时依苗木根群大小在原施肥沟(穴)处开挖大小相当的定植穴,将苗木竖立于穴内,梳理好根系,使之舒展有致,然后细土培根,用脚尖踩紧苗干四周,淋足定蔸水,然后覆盖松土与地面持平。

4.田间管理

(1)中耕、除草、培土:栽植后,要及时中耕、除草,先深后浅,勿伤根部。每年应进行3～4次中耕、除草,春、夏、秋季3次必不可少,特别是春季,在萌芽前中耕除草特别重要,中耕时,要结合培土,防止根部外露,以免伤根。

(2)追肥:一般采用冬季挖穴或挖沟埋肥,在金银花蔸部四周挖1个穴或开2条沟,一般沟宽30 cm,深40 cm,将肥料施入穴内或沟内,然后培土盖肥。施肥量看金银花树的大小,每株可施农家肥5～6 kg,复合肥50～100 g,采花后再追肥1次,每墩施用尿素30～50 g。

(3)整枝修剪:金银花是木质藤本植物,生长量大,易于整形,当前主要丰产墩形采用干墩式和伞形式两种。第一年冬选留主枝,干墩式树形留 1 个,伞形树形留 3 个,每枝留 3～5 个节剪去上部,其他枝条全部去除;第二年冬选留二级骨干枝,干墩式树形留 2～3 个,伞形树形留 6～7 个,每个枝条留 3～5 个节剪去上部;第三年冬选留二级骨干枝,干墩式树形留 7～11 个,伞形树形留 12～15 个,每个枝条留 3～5 个节剪去上部;第四年冬选留三级骨干枝,干墩式树形留 18～25 个,伞形树形留 20～30 个;第五年冬,骨架已基本形成,向结花转移,每个二级骨干枝最多留结花母枝 2～3 个,每个三级骨干枝最多留 4～5 个,全墩留 80～120 个,结花母枝间的距离为 8～10 cm,不能过密,对结花母枝仍留 2～5 节剪去上部,其他全部疏除。

维持修剪的任务主要是选留健壮结花母枝,修剪强度以轻剪为主,修剪方式以疏剪为主,疏枝为次,适当短截,剪去病虫枯枝,疏除密生枝、重叠枝,壮枝留 4～5 节,中庸枝留 2～3 节短截,枝间距仍保持在 8～10 cm 之间。

金银花的一生,根部萌蘖相当多,这是造成墩形紊乱、植株早衰的根本原因。因此,在成龄墩每年的管理中应及时把根蘖除掉,到老龄墩期则注意保留培养,以便全墩更新。

(4)病虫害防治:

[褐斑病]为害叶,病部呈圆形或多角形黄褐色病斑,潮湿时叶背生有灰色霉状物。7—8 月发病严重。

防治方法:清除病株残叶,减少病菌来源;加强田间管理,增施有机肥和磷肥,增强植株抗病力;发病初期用 70% 甲基托布津 1000 倍液喷雾,7～10 天 1 次,连续喷 2～3 次。

[白粉病]主要为害当年生叶片和嫩茎及花蕾,叶片发病初期出现圆形白色霉状病斑,后不断扩大,连接成片,形成大小不一的白粉斑,花蕾受害产生灰白色粉层,严重时受害花蕾和叶片变成紫黑色,最后引起落花、凋叶、枝条干枯。一般 3—4 月老叶病斑扩展,4 月上旬新梢开始感病,6 月中旬花蕾开始感病,花蕾感病后即可迅速流行,严重时可使花蕾失收,10 月后此病一般不再在枝叶上扩展。

防治方法:搞好冬季清园、防冻。每年的 12 月进行冬季清园,修剪病虫害枝条,集中烧毁,同时进行树干刷白,防止冻害,喷施果园清或石硫合剂防治病虫。选用抗病品种,如枝粗节密、叶片浓绿而厚、密生绒毛的植株作种。在湖南以金蕾系列品种为好。用 70% 甲基托布津 1000 倍液喷雾,7 天 1 次,连续喷 2～3 次;用 25% 粉锈宁 800 倍液喷雾。

[炭疽病]叶片病斑近圆形,褐色,可自行破裂,潮湿时其上着生红色点状黏状物。严重时可造成大量落叶甚至原苑腐败,故也叫腐苑或根腐病。以成年园特别是冬培及管理粗放、植株长势差的园发病严重。每年有两个发生流行高峰期,即 3—4 月和 9—10 月。

防治方法:同白粉病。

[蚜虫]主要吸汁为害嫩梢、嫩叶及花蕾。5—8 月发生为害严重。且蚜虫在金银花园中一般呈核心分布,尤以 4—6 月明显。

防治方法:从发芽开始,每亩用 10% 吡虫啉 20 g 或 80% 敌敌畏乳油 2000 倍液喷雾 2～3 次,虫蚜严重时;可适当增加喷药次数和连续喷药,但采花前 2～3 周应停止施药,以免农药残留于花中,影响药材质量。

[尺蠖]以幼虫为害叶片,严重时将叶片全部吃光,5—6 月为害最重,严重影响产量。

防治方法:用 2.5% 敌杀死 2000 倍液喷雾,花期不宜施药。

[咖啡虎天牛]以幼虫和成虫为害。幼虫沿木质部纵向蛀食,形成迂回曲折的虫道,蛀孔

充满木屑和粪便。以成年园发生较重,湖南一般每年发生 1~2 代,世代重叠,一般 7—8 月金银花园中受害严重,10 月后则陆续进入越冬期。

防治方法:用糖醋液诱杀(糖 1 份、醋 5 份、水 4 份,晶体敌百虫 0.01 份配成);7—8 月发现枝条突然枯萎时,进行人工捕捉;5 月下旬至 6 月下旬幼虫孵化期,用 50%辛硫磷乳油或 80%敌敌畏乳油 1000 倍防治。

五、商品规格与采收加工

1. 采收

(1)金银花　一般于栽后第三年开花。适时采摘是提高金银花产量和质量的重要环节。金银花从孕蕾到开放约需 5~8 天,大致可分为幼蕾(绿色小花蕾,长约 1 cm)、三青(绿色花蕾,长 2.2~3.4 cm)、二白(淡绿白色花蕾,长 3~3.9 cm)、大白(白色花蕾,长 3.8~4.6 cm)、银花(刚开放的白色花,长 4.2~4.78 cm)、金花(花瓣变黄色,长 4~4.5 cm)、凋花(棕黄色)等 7 个阶段。对不同发育阶段的折干率及其绿原酸和挥发油动态变化测定表明,鲜花折干率为:三青＞二白＞大白＞金花＞银花。不同发育阶段绿原酸的含量从蕾到开放过程有逐渐下降的趋势,而挥发油含量却逐渐增加。

金银花开放时间较集中,必须抓紧时机采摘,一般低山区(700 m 以下)于 5 月中旬采摘,中山区(800 m 以上)于 6 月下旬采摘。在生产中应掌握花蕾上部膨大,但未开放,呈青白色时最适宜。采得过早,花蕾青绿色嫩小,产量低;过晚,容易形成开放花,降低产量和质量。

(2)银花藤　结合秋冬修剪,割下带叶嫩枝,扎成捆,晒干。

(3)果实　二茬花产量低,且秋季多雨不易加工,以多让其结籽。于 10—11 月当浆果由绿变黑时摘下。晒干后,倒入锅内微炒至手摸发热,但有黏性即可。

2. 加工

(1)产地加工:金银花采下后立即晾干或烘干。

① 晾干:将鲜花薄摊于晒席上,不要任意翻动,否则会变黑或烂花。最好当天晾干,花白,色泽好。遇雨天可熏硫黄,100 斤鲜花用硫黄 1.5~2 斤,将鲜花摊放在熏笼内,将硫磺盛于碗中,放置熏笼底部点燃,密封熏蒸 1~2 小时,待硫黄燃尽,金银花变色杀青即可(熏硫黄的金银花不符合生态产品要求,尽可能不用此法)。

② 烘干:遇阴天要及时烘干。初烘时温度不宜过高,一般 30~35 ℃,烘干 2 小时后温度可提高到 40 ℃左右,让鲜花排出水气,经 5~10 小时后室内保持 45~50 ℃。烘 10 小时后鲜花水分大部分排出,再把温度升至 55 ℃,使花迅速干燥。一般烘 12~20 小时可全部烘干,烘干时不能用手或其他东西翻动,否则容易变黑。未干时不能停烘,停烘会发热变质。

据多年研究,烘干一等花率高达 95%以上,晒盘晾晒的一等花只有 23%。因此认为烘干是金银花生产中提高产品质量的一项有效措施。经晾晒或烘干的金银花置阴凉干燥处保存,防潮防蛀。忍冬藤于秋冬割取嫩枝晒干。

③ 机械加工干燥　近年有 6CST-50 型金银花定青机和 6CHB-8 型、10 型、12 型金银花干燥机,台时干燥产量 35~65 kg/h,可提高花质量。不打硫黄的比打硫黄的质量好,价格高。现在大力推广机械加工干燥方法,可提高产品质量,提高经济效益。

(2)炮制

① 金银花　产地加工的金银花可直接作为饮片入药,不需炮制加工。

② 忍冬藤　将原药材除去杂质,洗净,闷润,切段,干燥。

3. 商品质量标准

(1)商品特征　忍冬呈棒状,上粗下细,略弯曲,长 2～3 cm。上部直径约 3 mm,下部直径约 1.5 mm。表面黄白色或绿白色,密被短柔毛。偶见叶状苞片。花萼绿色,先端 5 裂,裂片有毛,长约 2 mm。开放花冠筒状,先端二唇形;雄蕊 5 个,附于筒壁,黄色;雌蕊 1 个,子房无毛。气清香,味淡、微苦。

根据《中国药典》规定,本品含绿原酸($C_{16}H_{18}O_9$)不得少于 1.5%,总灰分不得超过 10.0%,酸不溶性灰分不得超过 3.0%。

(2)规格等级

① 药用金银花分级标准见表 7.4

表 7.4　药用金银花分级标准

等级		水分(%)	枝叶(%)	不溶性灰分(%)	外观	绿原酸含量(%)
精选花	一级	11～13	<5	<2	黄色	>2.12
中选花	二级	11～13	<15	<3	淡黄色	>2
初选花	三级	11～13	<25	<5	淡黄色	>2
统花	四级	11～13	<35	<5	淡黄色	>1.5

② 金银花商品分级标准见表 7.5

表 7.5　金银花商品分级标准

等级	水分(%)	长度(cm)	开放程度(%)	枝叶(%)	碎末(%)	外观
一级	≤10	≥2.5	<2	无	<2	花蕾呈棒状,上粗下细略弯曲,颜色翠绿,整齐,开汤汤色清亮。
二级	≤10	1.5～2.5	<5	<1	<3	花蕾呈棒状,上粗下细略弯曲,颜色翠绿,整齐,开汤汤色清亮。
三级	≤10	1～2	<8	≤3	≤5	花蕾呈棒状,上粗下细略弯曲,颜色翠绿,整齐,开汤汤色清亮。

(3)出口商品等级

甲级:色泽青绿微白,花蕾均匀,有香气,散花不超过 2%,无枝无叶,无黑头和油条,身干。

乙级:色泽白绿,花蕾均匀,有香气,散花、枝、叶不超过 5%,无黑头和油条,身干。

忍冬藤等级:以身干、无杂质、无霉变为合格,以表面棕红色,质嫩者为佳。

(4)按产区可分为密银花(河南密县、荥阳、巩县、原阳产品,即"南银花")、齐银花(山东东邑、费山、苍山产品,即"东银花")山银花(以广东、广西为主)、红腺忍冬(以湖南、广西为主)、毛花柱银花(以广西、广东为主)。除山银花分 1～2 等外,其他均分为 1～4 等。以河南密银花品质最优,以湖南雪峰山区隆回小沙江、溆浦龙庄湾、新化奉家等地金银花面积达 30 多万亩,年总产量 1 万吨以上,占全国总金银花产量 51% 以上的红腺忍冬和银花产量最大。品质最优良,现已形成全国面积最大的金银花生产基地,和金银花市场中心。

① 密银花

一等:花蕾呈棒状,上粗下细,略弯曲,表面绿白色,花冠厚,质较硬,握之有顶手感,气清香,味甘,微苦。无开放花朵,破裂花蕾及黄条不超过 5%。无黑头、枝叶、杂质、虫蛀、霉变。

二等:开花花朵不超过 5%,黑头、破裂花蕾及黄条不超过 10%,其余同一等。

三等:表面绿白色或黄白色,花冠厚质硬,开放花朵、黑条不超过 30%。其余同一等。

四等:花蕾或开放花朵兼有,色泽不分,枝叶不超过 3%,其余同一等。

② 东银花

一等:花蕾呈棒状,肥壮。上粗下细,略弯曲,表面黄白、青色。气清香,味甘微苦。开放花朵不超过 5%。无嫩蕾、黑头、枝叶、杂质、虫蛀、霉变。

二等:花蕾较瘦,开放花朵不超过 15%,黑头不超过 3%。其余同一等。

三等:花蕾瘦小,开放花朵不超过 25%,黑头不超过 15%,枝叶不超过 1%。其余同一等。

③ 山银花

一等:花蕾呈棒状,上粗下细,略弯曲,花蕾长瘦,表面黄白色或青白色。气清香,味淡微苦,开放花朵不超过 20%,无枝叶、杂质、虫蛀、霉变。

二等:花蕾或开放的花朵兼有。色泽不分,枝叶不超过 10%,其余同一等。

出口商品分甲、乙两级:

甲级:身干。色泽青绿微白,花针均匀,有香气,散花不超过 2%,无枝、叶、黑头和油条。

乙级:身干。色泽白绿,花针均匀,有香气,散花、枝叶不超过 5%,无黑头及油条。

4. 包装与贮藏　木箱或纸箱,内衬防潮纸包装。金银花易虫蛀、发霉、变色,应置阴凉干燥处密封保存。

5. 种植效益分析

建一亩良种花园需投资 2000 元左右,第 4～5 年进入盛花期,亩产干花 200～250 kg,以指导价 20 元/kg 计算,年产值 4000～5000 元/亩,若按 2003 年和 2009 年 50 元/kg 价格计算,产值 10000 元以上,扣除成本,亩年纯利可达 2500 元以上,按 2003 年和 2009 年价格计算,每亩纯收入可达 8000～10000 元。

目前,全国金银花年产量在 1.2 万吨左右,而年市场需求量 2 万吨以上,供需矛盾突出,近年,金银花价格一直稳定,非常时期,金银花价格上涨幅度更大。目前,五彩硫黄花的价格每 55～60 元/kg,硫制蕾花 80～100 元/kg,无硫蕾花 120 元/kg。金银花为药食兼用亦是,"王老吉""娃哈哈""和其正"等茶用饮料的主要原料。故因地制宜利用荒山,荒土和屋前房后发展金银花是脱贫致富的一个新门路。隆回县已种植金银花面积 18 万亩,年产量达 1.1 万吨,占全国金银花总产量的 50% 以上,年产值达 10 亿元。被国家林业局命名为"中国金银花之乡"。金银花已成为隆回县高寒山区、小沙江地区农民脱贫致富奔小康的主要产业。

第二节　青蒿栽培及青蒿素提取技术

青蒿别名苦蒿、黄花蒿、雪花毛毛。为菊科蒿属一年生植物,它分布广泛,我国南北各地均可生长,生于山坡、沟谷、荒地、沟边、河岸,是侵入荒地的先锋植物。它不但具有药用价值、能为农民创造较高的经济收入,而且又是长效、无公害的天然绿色农药资源,能解暑、退虚热、抗疟,20 世纪 70 年代我国科技工作者首次从中分离出抗疟单体——青蒿素,为抗疟特效药,同时对血吸虫病、艾滋病、癌症等也有很好的疗效。从天然青蒿中提取青蒿素是目前获取青蒿素的唯一来源。目前栽培的青蒿由野生青蒿直接引种,产量低,尤其是青蒿素含量低(0.4%左右)。所以了解青蒿的生物学特性及优良品种的栽培技术有利于提高青蒿的产量和青蒿素的含量。

一、形态特征

青蒿为一年生草本,株高 50～200 cm,全株具较强挥发性物质,茎直立,具纵沟棱,无毛多分枝。叶互生,茎基部及下部的叶在花期枯萎;中部叶卵形,长 4～7 cm,宽 2～3 cm,2～3 画羽状全裂。小裂片长圆状条形或线形,先端锐尖,表面深绿色,背面淡绿色,具细微软毛。叶轴两侧具窄翅;茎上部的叶向上逐渐细小成线形,常 1～2 回羽状全裂、无柄。头状花序多数,球形,直径 1.5～2 mm,有短柄、下垂,苞叶线形,极多数密集成扩展而呈金字塔形的圆锥状。总苞无毛,2～3 层;外层苞片狭片圆形,绿色,边缘窄膜质;内居苞片卵形或近圆形,边缘宽膜质。花全为管状花,黄色,外围为雌花,中央为两性花,均结实。瘦果椭圆形,长约 0.6 mm,无毛。花期 7—10 月、果期 9—11 月。

二、青蒿的生物学特性

1. 生活能力强

对栽培青蒿的生物学特性进行比较详细的研究,认为青蒿适应性和抗逆性强,在栽培条件下,能正常生长发育、开花、结籽,种子繁殖能力强,植株生长较野生好。

2. 有效成分的动态变化

有效成分在不同生长期、不同部位的动态变化

青蒿根部不含青蒿素;茎中含量在 0.01%以下;叶中 5—6 月含量为 0.23%～0.37%,7—10 月上旬为 0.5%～0.72%。在 8 月底到 9 月上旬含量达到高峰值 0.69%～0.72%。

不同地区、不同生态条件下青蒿的有效成分呈动态变化

一般在气候温暖、阳光充足、无遮阴、排水良好、土壤肥沃疏松的沙质或黏质性壤土上生长良好,青蒿素含量高。

青蒿的形态特点与青蒿素含量有密切关系。

叶是青蒿素合成和储存的主要器官,叶的形态与青蒿素的含量关系最密切。狭裂片型叶的特点是裂片窄、厚,支持能力强,在茎上斜向上伸直,该形态特点有利于叶充分吸收利用阳光,青蒿素含量也较高,而其中又以狭裂丝状型的裂片最窄,最厚,青蒿素的含量也最高。宽裂片型叶的特点是裂片宽、薄,叶在茎上水平着生,因此该类型叶吸收利用阳光的能力较狭裂片型叶差,青蒿素的含量也较低。叶和茎秆的颜色与青蒿素含量也有一定关系,颜色偏红的植株青蒿素含量往往较高。

三、利用价值

1. 良好的中草药资源

青蒿性寒、味苦,能治疗各种热带病,具有清热凉血、退虚热、解暑的功效,主治结核病潮

热、疟疾、伤暑、低热无汗、皮肤瘙痒、荨麻疹、脂溢性皮炎等。还可用青蒿的嫩茎叶浸酒制成蒿酒,色青绿,气味浓香,具有食疗作用。

2. 长效、无公害的天然绿色农药资源

我国劳动人民自古以来就有用青蒿燃烧放出的烟雾薰杀虫、蚊的传统。因青蒿中含有生物碱盐、甙、蒿酮及挥发性物质,可提取害虫拒食剂及抗生育活性物质,活性在80%～90%,所以,青蒿是研制额型长效、无公害的天然绿色农药资源之一。

3. 绿化荒山、荒地的优良先锋植物资源

青蒿多生长于海拔50～500m的低山丘陵地带,喜光,对土壤要求不严。其种子小而多,萌发能力强且野生适应性强,能在自然条件下大量繁殖,是极常见的侵入荒地的先锋植物。种植青蒿既绿化了荒山荒地又能割取其地上茎叶;既获得较高的经济收入又取得了良好的保持水土、涵养水源的生态效益。

四、青蒿的开发前景

随着温室效应的出现,地球的温度逐年升高,厄尔尼诺现象时有发生,气候变暖,温差度变化剧烈,疟原虫因受这种气候的影响,迅速繁殖,这种致病寄生虫侵袭人体,它像瘟疫一样疯狂的肆虐着非洲大陆、南美洲、澳大利亚、东南亚以及赤道附近的各个热带国家,致使疟疾(打摆子)患病人员数量急剧上升,资料显示每年有200万～500万人死于这种疾患。全球受疟疾威胁的人群高达22.8亿人,每年疟疾病例高达5亿人次,其主要分布在热带区域。我国长江流域受洪涝灾害的地区及南方沿海地区也是这种疾病的多发区。世界卫生组织认为恶性疟疾对人类造成的危害仅次于艾滋病,其患病率呈逐年上升的趋势。

由于疟疾等疾病发病率不断升高,而青蒿素及其衍生物类药品用于该类疾病效果奇特,是取代奎宁等西药的唯一中药原料药(奎宁对人体有害),因此该类产品供不应求。青蒿分布于我国南北各地,主产武陵山地区,多为野生。

联合国、美国等医疗机构医药科技人员利用中国中西部武陵山区的青蒿资源,从中提取并生产青蒿素及其衍生物系列药品,取得令人满意的效果。青蒿被多国部队及疟疾多发地区的人们称之为中国西部地区的"神草",隆回拥有得天独厚的青蒿资源,更要利用这一千载难逢的历史机遇,开发生产青蒿素等衍生物系列产品,并把它推向国内外市场,走自己的开发创新之路。据不完全统计,全球未来10～15年中,青蒿素及其衍生物原料的需求量为1000～1500 t,然而,目前药用青蒿素原料主要来自青蒿的叶片和花蕾。青蒿素及其衍生物的产量总和不到100 t,与市场需求相差甚远,突出的供需矛盾为开发生产青蒿素及其衍生物产品创造了更大空间,开发前景十分可观。

五、青蒿的栽培技术

1. 用地选择

海拔300～500 m范围内各种母质的荒地、耕地、稻田、空坪隙地均可种植,稻田必须具备良好的排水条件。

土壤环境条件:应符合《中药材生产质量管理规范(GAP)》(试行)和ND/T5010-2002的要求。

2. 育苗

育苗时期:当年12月中旬至次年2月中旬。

苗床地选择:基地化种植宜采用集中育苗,苗床地应选择土壤肥沃疏松、背风向阳、靠近水源、排污方便、交通方便的地点,可用面积应与基地规模相适应,一般每 667 m² 需苗床地 4 m²。

苗床整地:地面先撒一层生石灰粉消毒,同时施入基肥,每 667 m² 苗床地撒生石灰 100 kg,腐熟有机肥 1000～1500 kg,然后全面翻挖,翻挖深度 25 cm,适当晾晒后分厢作床,厢宽 1.2 m,长度依地块而定,厢沟宽 40 cm,深 15～20 cm,厢面土壤充分整细后,厢面整平,中间略高,两边稍低,即可播种。

播种:先将厢面土壤用稀薄粪水浇透,将种子用干细黄土拌匀,均匀撒播于厢面上,每平方米播种量 0.5 g。播种后厢面起小拱覆盖薄膜保温、保湿。

苗床管理:播种 10 天左右检查,大部分种子萌发后,拱膜两端要定时每天揭膜通气,晴热天气应适当揭膜降温,下午及时封膜保温。齐苗时,用 0.5:1:200 的波尔多液或 2000 倍立枯灵药液均匀喷雾防病,隔 1～2 天追施 0.5% 的尿素肥水 1 次,用量以湿润苗床表土为度。齐苗后 1.5～1.8 天,选晴天逐步揭膜炼苗,准备移栽假植或直接大田移栽。

3. 幼苗假植

(1)小苗假植

种植大户应选择水源充足的水田或旱田,整厢做假植苗床,要求厢面宽 1.2 m,苗床面积根据自己种植面积按 2.0 m²/亩左右,在 3 月 30 日前准备幼苗假植园地。假植株行距按 10 cm×10 cm(3 寸×3 寸);假植后加强肥水管理,可用腐熟人粪尿水或每亩用含 2.0% 硫酸钾复合肥 5 kg 兑粪水淋施,做到勤施、薄施,大约假植 18～20 天左右(气温低时约需 20～25 天),当植株长到 10～15 cm 时,即可移到大田种植。

(2)大苗假植及打泥浆:

当幼苗拿到家中,如种植面积较宽,1～2 天栽植不完时,在准备好假植的苗床地起沟,将成捆的苗解开,将幼苗均匀分布沟内,填土覆根,浇水淋透,这样可以延长栽植时间,保证青蒿苗的成活率。

如栽培面积较少,苗拿到家中,虽 1～2 天可以栽植完,但天气干燥,可以将苗木根部在稀塘泥或稀泥浆中浸一下,以根部均沾上泥为准,泥土尽量不要沾到叶上,将成捆的苗解开放置于阴凉湿润处可提高苗木成活率。

4. 整地移栽

(1)整地

移栽地,每亩用土杂肥或牛猪厩肥 2000～2500 kg,加过磷酸钙 100～150 kg,拌匀,撒施地面,深翻入土壤,精细耕作。整 3 m 宽箱面,沟深 10～15 cm,即可栽植。

(2)移栽

肥土(如水稻田、菜园土等)按行距 80 cm、株距 60 cm,亩栽约 1400 株左右;中等肥力土按行距 70 cm、株距 60 cm,亩栽约 1600 株左右;瘦土或坡地按行距 60 cm、株距 60 cm,亩栽 1700 株左右。为了保证青蒿生产地的通风,青蒿生长时充分接受光照,以提高产量和质量,一般采用东西方向开行,选择阴天或下午,取苗移栽时,一定要淋稳兜水定根,确保根系与土壤充分接触,提高成活率。青蒿的栽种不宜用种子直播。因为种子直播,不便管理,产量低于移栽苗,故一般不采用。

5. 田间管理

(1)中耕除草

移栽成活后进行首次松土除草,使其表面干松,地下稍湿润,促使根向下扎,并注意浇水、施肥,俗语称催苗肥,以促进青蒿生长。催苗肥每亩用清淡人畜粪水 1000～1500 kg,尿素 3～5 kg,过磷酸钙 2～3 kg,混合均匀后淋施。追肥在封行前进行,锄草后每亩用人畜粪水 1000～1500 kg,尿素 10 kg,过磷酸钙 30 kg,硫酸钾 10 kg,混合后淋施。在第一次分枝期用磷酸二氢钾 1 kg 进行兑水 200 kg 叶面喷施,半个月后再进行 1 次,对提高产量和增加有效成分有着极其显著的效果。并在青蒿长至 1 m 高时摘去顶端 0.5 cm 的嫩尖,以促进多发侧枝,提高产量。

收获前 20 天左右,最好喷施一次叶面肥(主要为磷酸二氢钾 0.1%～0.3%、硼肥0.3%),可提高产量和青蒿素含量。

(2)排水

青蒿忌水浸,因此,连绵雨季时要注意及时排水,防止烂根。

6. 病虫害防治

青蒿病虫害较少,新栽地区一般无须防治。偶有白粉病,根腐病、菌核病、地老虎、蚜虫为害。

(1)病害

青蒿的主要病害是白粉病;又名冬瓜粉病。6—7 月份发生,主要危害叶片,病害由老叶向新叶发展,白粉遍布全叶,为病原菌子囊壳。

防治方法:用 1%石硫合剂喷雾 2～3 次;或用可湿性粉锈灵兑水 500～800 倍进行喷雾防治。

根腐病:多发生于排水不良地段,可预先挖好排水沟,预防积水;发现病株及时拔除烧毁,也可用生石灰或 5%福尔马林消毒土地。

菌核病:预防一是平时要注意及时排水,发现病株拔除。二是可用 1∶1∶20 波尔多液或 50%多菌灵 500～600 倍液灌根。

(2)虫害

青蒿的主要虫害是地老虎、蚜虫。地老虎俗称"土蚕",移栽前每亩用 3～5 斤 3%的呋喃丹拌细土撒施于箱面防治;蚜虫主要为害嫩梢,多以幼虫吸食茎叶汁液为主,但严重时亦可造成茎叶发黄枯死,可用 50%敌敌畏乳油加水 1000～1500 倍常量喷雾或 50%乐果乳油加水 1500 倍常量喷雾。

7. 收获加工

(1)收获

当年 8—9 月份,为收获适宜期。收获时,选择晴天将全株割倒,就地晒 1～2 天,转入干净的水泥地面、竹晒垫或塑料雨布上,用木棒或竹片捶落干叶,用筛子筛除茎、枝、杂质,装货,放通风干燥处保存待售。

(2)质量要求

采收后的青蒿干叶产品要做到:颜色暗绿、无变黑、无野生、无杂质、无霉变、无枝梗,水分不大于9％。

六、青蒿素提取技术

1. 产品质量标准

青蒿素的质量标准如下表7.6

表7.6 青蒿素的质量标准

序号	项目	指标
1	含量(324 mm)	90％
2	干燥失重(限粉末)	5％
3	鉴别	符合规定
4	重金属	≤2 ppm
5	细菌总数	≤6
6	致病菌	未检出

2. 主要原材料的质量标准

项目生产的主要原材料为青蒿,青蒿的理化指标见表7.7。

表7.7 原材料青蒿的理化指标

序号	项目	指标
1	水分(％)	≤13
2	水浸出物(％)	≤15
3	青蒿素(％)	≥6
4	总灰分(％)	≤10
5	酸不溶性灰分(％)	≤3

3. 青蒿素提取技术关键(见图7.1)

植物提取:将收取的植物干叶烘干、粉碎。把碎叶装入提取罐,加入6号溶剂(石油醚)

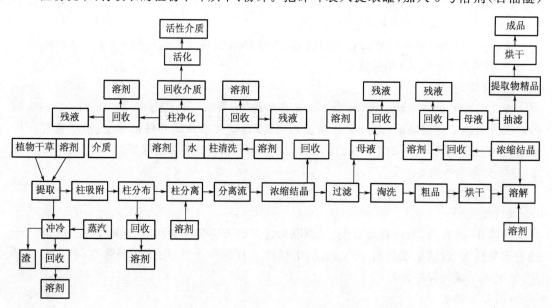

图7.1 青蒿素提取工艺流程示意图

浸没,在常压下加温至微沸状态,并进行热回流提取。达到规定要求,放出提取液输送到贮槽。再在提取罐加入新 6 号溶剂,加温热回流提取,新提取液也输送到贮槽,如是重复数次即可结束。

提取物分离:把符合标准的介质悬浮于 6 号溶剂中,制成混悬液装入分离柱,使介质均匀地沉淀。通过高位槽把提取液缓慢均匀地加入分离柱。在提取液流经介质层时,提取液中的提取物则吸附于介质内,再用 6 号溶剂注流分布,使吸附的提取物与杂质分层,并去除部分杂质。流出液经蒸馏回收 6 号溶剂。残渣放出装桶留存(综合利用)。将含有醋酸乙酯、6 号溶剂的混合溶液流入已分布的分离柱,使吸附于介质内的提取物洗脱出来,有杂质的溶液去蒸馏回收溶剂,收集含提取物正品的溶液输入下工序浓缩结晶。洗脱后的分离柱要经过洗净。先将丙酮注入清洗柱内的介质,再用清水洗净丙酮。把洗净后的丙酮和水溶液分别经蒸馏回收丙酮,残渣置入桶中。废水处理后排放。从分离柱内放出介质,置于活化炉内加温活化。恢复其活性以继续使用。

提取物粗品生成:含提取物的混合溶液经蒸馏真空浓缩形成结晶,再取出置于过滤器内真空抽滤,并加 6 号溶剂予以淘洗。滤饼经烘箱烤干即成粗品。蒸馏回收的混合溶液继续使用。淘洗后的 6 号溶剂返回提取工段再利用。

提取物成品生成:提取物粗品在溶解锅中加乙醇溶解,然后装入蒸馏真空浓缩罐重结晶。取出结晶进行真空抽滤获得提取物精品,经烘箱烤干得提取物成品。蒸馏溶液回收乙醇再利用。

第三节　百合栽培技术

百合为百合科植物,百合的干燥鳞茎供药用或食用。有润肺止咳、清心安神等功效。主治肺热咳嗽,痰中带血,烦燥失眠,神志不安,鼻出血,闭经等症。百合食药兼优,民间常用来作润肺止咳的食疗和药膳的药材之一。又因花大美丽作为园林花卉的观赏植物。

一、隆回县百合生产概况

龙牙百合是隆回县的主要传统农副特产,以"侧看似弯月,正看似龙车"而得名,以个大瓣长,肉质嫩厚,色泽乳白至微黄,带有一种特殊芳香而独居百合品质之首,被誉为"南方人参""食中珍品",寓意"百年好合",象征吉祥团圆是馈赠亲友和祝贺新婚夫妇的最佳礼品,是隆回的主要出口创汇农产品。隆回种植龙牙百合的历史非常悠久,两千多年来隆回人不断总结种植、加工技术,龙牙百合产品质量不断提高。清朝《宝庆府志》记载百合,出邵阳者特大而肥美,《邵阳市商业志》载"邵阳百合主产隆回县、清末民初还大量种植"……产品"经长沙、汉口、广州远销国外南洋等地,很受外商欢迎。"新中国成立后,"隆回龙牙百合"已成为闻名遐迩的品牌,20 世纪 50 年代,隆回县北山乡就被周恩来总理命名为"龙牙百合之乡"。目前全县有 26 个乡镇、500 多个村、3000 多农民种植龙牙百合,常年种植面积 1 万亩左右,年总产量干百合 4000 t 左右,销售产值 5 亿元左右。隆回龙牙百合产业在发展壮大历程中相继获得了许多荣誉,从 2000 年起,连续获得湖南省名优特新农副产品博览会金奖。2001 年、2003 年、2005 年、2008 年分别获得国家质量监督检验检疫总局授予龙牙百合国家绿色产品标志、地理标志产品、原产地域保护产品、中国地理标志证明商标等称号。隆回县国家贫困县种植龙牙百合已成为隆回县农民脱贫致富的重要骨干产业。

二、百合生育对气象环境条件的要求

1. 百合适宜的农业气象生态条件：

百合喜温暖湿润环境，幼苗期要求有荫蔽环境，成珠期要求阳光充足。气候凉爽，而干燥的气候环境生长良好。怕炎热酷暑，怕涝。以温暖稍冷凉、干燥地带生长适宜，鳞茎肥大，常野生于林下灌木丛、山坡草丛、草原，生长的前中期喜光照，后期怕高温。适宜在土壤 PH 值 6.5～8.2，排水良好的沙壤土及干燥的黏质壤土栽种。

百合的农业气象生态要求：百合鳞茎在日平均气温达到 10 ℃时顶芽开始萌动，14～16 ℃时出土，地上茎在 15～25 ℃时生长最快，开花期气温为 24～28 ℃，鳞茎膨大的适温为 24～29 ℃，地上部茎叶不耐霜冻，在日平均气温 3 ℃以下，易受冻害，早霜来临时即枯死，地下鳞茎耐低温，在日平均－10 ℃的土层中能安全越冬；气温高于 28 ℃生长受抑制，气温持续高于 33 ℃植株萎蔫，甚至枯死，在 35 ℃以上的高温高湿环境条件下百合也生长不良。

百合的主要农业气象灾害：是高温干旱与淫雨渍涝。防御措施是久旱无雨适当灌水，以土壤湿润为宜；春夏多雨季节，注意清沟排水，过多的水分形成土壤板结涝渍灾害，容易引起鳞茎腐烂。同时气温高湿度大还容易诱发叶斑病、病毒病、立枯病，软腐病等病菌的繁衍和蔓延。造成叶片枯死甚至全株枯死，鳞茎腐烂，严重影响百合的产量和质量。

2. 百合生育期间气候状况（见表 7.8）

播种越冬期：处暑至霜降节（8 月下旬至 10 月中、下旬）播种，气温由高到低 8 月上旬平均气温 27.2 ℃，10 月中、下旬平均气温 18.3～16.3 ℃，常出现秋老虎高温炎热天气，降水量少、蒸发量大，常发生规律性秋季干旱，对百合播种不利。鳞茎在土中越冬，可在－10 ℃土层中安全越冬。

幼苗期：3 月 24 日日平均气温稳定通过 10.0 ℃，百合顶芽萌动；4 月 21 日平均气温稳定通过 15.0 ℃，百合地上茎开始出土，茎叶陆续生长，4 月中旬平均气温 16.6 ℃，下旬上升到 18.8 ℃，5 月 18 日日平均气温稳定通 20.0 ℃，地上茎快速生长，苗高达 10 cm 以上，地下茎入土部分开始发生不定根，上盘根，起着吸收和支持作用。

珠芽期：5 月上、中旬至 6 月中、下旬，5 月下旬日平均气温 23.0 ℃，6 月中、下旬气温上升到 24.9～26.1 ℃，珠芽开始分化到珠芽成熟，此时鳞茎的新鳞片发生与生长特别快。

现蕾期：6 月上旬现蕾，气温上升到 24.3 ℃，有利于现蕾、苗高达 80 cm 左右。

开花期：7 月上旬平均气温 27.7 ℃，百合始花，中旬气温 28.1 ℃，百合进入开花盛期，7 月下旬平均气温 28.5 ℃，百合终花，此时地下新的鳞茎迅速膨大，地上部百合茎高达 100 cm 以上，全生育期总叶片达 110 片左右。

成熟期：7 月中旬，极锋雨带北移，隆回县在西太平洋副热带控制下，天气炎热高温，7 月中旬平均气温 28.1 ℃，阳光强烈，降水量少，蒸发量大，蒸发量比降水量多 25.2 mm，地上茎着生的叶开始枯萎，7 月下旬进入一年中最炎热的高温酷暑期，下旬平均气温 28.5 ℃，月极端最高气温达 39.0 ℃以上，下旬日照 95.4 小时，为一年中日照时数极端最高值，7 月份日照时分率达 58%，7 月蒸发量 220.2 mm 比 7 月降水量 110.2 mm 多 110 mm，高温干旱，7 月下旬至 8 月初，地上茎的叶全部枯萎、枯死，地下的百合鳞茎成熟，即可收获。

表 7.8　百合生育期间气候状况表

月 / 旬 / 项目	8 立秋 上	中	处暑 下	9 白露 上	中	秋分 下	10 寒露 上	中	霜降 下	11 立冬 上	中	小雪 下	12 大雪 上	中	冬至 下	1 小寒 上	中	大寒 下
旬平均气温(℃)	28.1	27.1	27.2	25.7	23.6	22.2	20.1	18.3	16.3	14.8	12.1	9.9	9.1	7.7	5.8	5.1	4.9	5.0
旬降水量(mm)	37.5	41.0	36.0	21.5	22.5	10.7	17.6	32.1	32.5	28.2	29.9	13.9	14.8	13.6	16.0	10.3	17.8	22.2
旬蒸发量(mm)	68.9	61.4	73.0	63.1	54.8	48.7	44.7	41.8	32.8	27.0	22.8	22.2	18.9	18.4	17.0	15.3	15.1	14.4
旬日照时数(h)	76.0	68.5	82.7	66.8	56.4	48.7	44.3	43.2	46.4	39.2	32.1	34.7	31.8	32.1	23.8	27.7	26.5	18.8
气温(℃) 平均	27.5			23.8			18.2			12.3			7.5			5.0		
气温(℃) 最高	38.8			39.1			34.7			30.2			26.1			28.4		
气温(℃) 最低	18.3			11.2			4.1			-2.6			-4.5			-11.3		
降水 量(mm)	114.5			54.6			82.3			72.0			44.4			50.3		
降水 日数(d)	12.8			8.9			11.4			11.7			12.4			14.2		
日照 时数(h)	227.2			171.8			133.9			106.0			87.8			73.0		
日照 百分率(%)	56			47			38			33			27			22		
蒸发量(mm)	203.3			167.7			119.3			72.0			54.3			44.8		
生育期	播 ——→ 种									越								
农业气象条件																		
不利气象条件	高温干旱						冰冻											
防御措施	适当灌水,保持土壤湿润						春季多雨季节、清沟沥水、预防病害　旱天雨当灌水　保持土壤湿润											

续表

2			3			4			5			6			7			8		
立春		雨水	惊蛰		春分	清明		谷雨	立夏		小满	芒种		夏至	小暑		大暑	立秋		处暑
上	中	下	上	中	下	上	中	下	上	中	下	上	中	下	上	中	下	上	中	下
4.8	6.8	7.4	9.4	10.9	12.9	14.5	16.6	18.8	19.5	20.7	23.0	24.3	24.9	26.1	27.7	28.1	28.5	28.1	27.1	27.2
23.2	25.3	19.7	29.5	32.9	45.3	58.8	67.5	61.5	83.1	74.4	71.3	40.4	64.5	71.4	40.4	45.2	24.6	37.5	41.0	36.0
13.9	16.5	15.0	19.7	20.9	30.2	29.4	33.7	37.5	31.4	35.4	51.8	51.1	46.1	48.1	65.3	70.4	84.5	68.9	61.4	73.0
19.1	20.9	18.6	23.1	22.7	32.6	27.8	34.9	40.6	31.3	31.0	52.9	50.5	43.1	46.8	71.6	77.4	95.4	76.0	68.5	82.7
	6.3			11.1			16.6			21.1						28.1			27.5	
	28.4			30.4			34.8			35.2						35.0			38.8	
	−6.8			−0.7			2.7			8.5						19.8			18.3	
	68.1			103.8			187.9			−228.8						110.2			114.5	
	14.9			18.3			18.4			18.7						10.9			12.8	
	58.6			78.4			103.2			115.1						244.4			227.2	
	18			21			27			28						58			56	
	45.4			70.8			100.7			118.6						220.1			203.3	

——→ 冬期			出苗期			幼苗期			[株] ——→ 芽期						始花　盛花　终花			开始枯萎　枯萎　全部枯萎、枯死		
			日平均气温10℃时顶芽开始萌动14~16℃出土,地上茎15~25℃生长最快						现蕾23~25℃						开花气温2~28℃,鳞茎成熟可收期鳞茎膨大适温24~29℃,气温高于28℃(生长受抑制)高于33℃枯株萎焉,甚至枯死,35℃以上生长不良。					
			低温阴雨						暴雨洪涝湿害						干旱					
		开沟排水,追肥防治病虫害																		

三、百合栽培技术

1.选地整地 宜选择地势稍高、半阴半阳、土层深厚、疏松肥沃、富含腐殖质的沙质壤土或腐殖质壤土;山区可选择半阴半阳的疏林下,或缓坡地种植。于前作收获后,深翻土壤20 cm以上,使其风化熟化。栽前结合整地,每亩施入腐熟厩肥或堆肥2000 kg、过磷酸钙25 kg翻入土内作基肥,然后充分整细,耙平后作宽1.5 m的高畦,畦沟宽30 cm以上,四周开好大小排水沟,以利排水。

2.繁殖方法 生产上以鳞茎繁殖为主,亦可用株芽和种子繁殖。

(1)鳞茎繁殖。收获后,选择生长健壮、无损伤和病虫害的大鳞茎。将外周2~3层鳞片掰下加工药用。然后用刀切去基部,掰成单片,晾干数日作繁殖材料。亦可将老鳞茎茎轴上长出的新生小鳞茎取下作繁殖材料。于秋季随收随种。栽时,在整好的畦面上,按行距15 cm,横向开沟,沟深7~9 cm,每隔5~7 cm(株距)放入鳞片或小鳞茎1个,顶端朝上,栽后覆盖细土与畦面齐平。第2年春季出苗长成新株。出苗后加强苗床管理,进行浅松土2~3次,除净杂草,结合松土除草追施稀薄人畜粪水,培育至9~10月挖取,一般每个鳞片都能长出1~2个小鳞茎,选个重50 g以上的移栽,第2年秋季就可收获。50 g以下的小鳞茎再留床培育1年。每亩需种鳞片100 kg左右,能栽培大田10~15亩。

(2)株芽繁殖。百合科药植如卷丹、沙紫百合等,常在上部叶腋间长有株芽,同半夏一样可作繁殖材料。当夏季花谢后,珠芽已成熟,及时摘下,与2倍的清洁河沙混合均匀,贮藏在阴凉、干燥、通风处,于秋季9月中、下旬筛出播种。播时,在整好的苗床上按行距20 cm开横沟,沟深3~5 cm,每沟均匀地播入株芽100粒,播后复着细土厚2~3 cm,畦面置草保温。当年就能发根,株芽变白、增大,翌年春季发芽,及时揭去盖草。进行田间管理,适时中耕除草和追肥,精心培育1年,次年秋季9—10月收获时已长成1年生小鳞茎,一般个重达20 g左右。再培育1年,即为2年生鳞茎,一般个重达60 g左右。从中选50 g以上的小鳞茎移栽,第3年秋季便可收获,大的加工作商品,小的再继续培育。

(3)种子繁殖。9—10月蒴果将要成熟时采下,置通风干燥处晾干后熟。开裂后除去果壳,处理出种子晾干备用。秋播,宜随采随播;若翌年春播,则需将种子与3倍清洁河沙层积贮藏。清明节前后,筛出种子,在整好的苗床上,按行距15 cm开横沟条播。沟深3 cm,宽5~7 cm,然后将种子均匀地播入沟内。播后覆盖细土1~2 cm厚,浇水湿润,畦面盖草保温保湿。半个月左右出苗,出苗后及时揭去盖草,进行中耕除草和追肥等一系列苗床管理,一般培育3~4年可提供商品,小鳞茎再继续培育。

3.移栽、秋栽 于9月下旬至10月上旬;栽前,选择采用上述繁殖培育的小鳞茎,个重在50 g以上、鳞片抱合紧密、色白形正、无损伤和病虫害的健壮鳞茎作种茎。栽前,将种茎用2%福尔马林溶液浸包15分钟进行消毒,取出晾干后栽种。栽时,在整好的畦面上,按行距30~40 cm开横沟,沟深4~5 cm左右。然后,每隔15 cm(株距)将鳞茎顶端处上放入沟内,并用细土填实鳞茎,使其稳固。栽后,每亩施入由腐熟厩肥2500 kg加饼肥25 kg、土杂肥1000 kg混拌均匀的干肥,撒入株间,避免与种茎直接接触,以免产生灼伤。施后覆盖细土,推平畦面。种后畦面盖草保湿,翌年春季出苗后揭除进行田间管理。每亩用种栽量200 kg左右。

4. 田间管理

(1)中耕除草和追肥。秋季栽种后,于第 2 年春季齐苗后进行第 1 次中耕除草,宜浅松土,不要伤种茎和牵动根系。除草后每亩施入腐熟人畜粪水 1000 kg 加过磷酸钙 20 kg、饼肥 30 kg,混拌均匀后于行间开沟施入,施后覆土盖肥,并浇水湿润。第 2 次在苗高 10 cm 时,中除后每亩施用腐熟人畜粪水 2000～2500 kg 加饼肥 30 kg,混拌均匀后于行间开沟施入,方法同前次。第 3 次于 7 月现蕾期,中耕除草后,每亩施用腐熟人畜粪水 1500～2000 kg,加过磷酸钙 30 kg、饼肥 25 kg,混合均匀后于行间开稍深的沟施入,施后提畦沟土盖肥和培土,促进植株生长旺盛,防止倒伏。土壤干旱时,浇水湿润。每次施肥,不能直接浇施在鳞茎上,避免引起肥害,造成鳞茎腐烂。

(2)摘花蕾。为了使养分集中于地下鳞茎生长肥大,除留种外,在 5—6 月孕蕾期,应及时摘除花蕾,有利增产。

(3)排水。百合怕水涝,多雨季节,特别是夏季高温高湿的梅雨季节,应经常到田间观察,及时疏通排水沟,排除多余积水,否则容易引起地下鳞茎腐烂。土壤过于干旱,也应及时浇水保苗。

5. 病虫害防治

(1)叶斑病。危害叶片和茎部。叶片受害时出现圆形病斑,微下陷,随着分生孢子的大量出现,病斑逐渐变为深褐色或黑色,严重时叶片枯死。茎部发病时出现水渍状病斑,使茎秆变细,严重时茎秆变软腐烂,倒苗死亡。防治方法:①选择生长健壮、无病鳞茎作用。②栽种前,鳞茎用 2％福尔马林溶液浸泡 15 分钟进行消毒处理。③雨季及时疏沟排水,保持通风透光,降低田间湿度。④发病前后,喷洒 1∶1∶100 波尔多液,或 65％代森锌 500 倍液,每隔 7～10 天 1 次,连喷 2～3 次。

(2)病毒病。为全株性病害。发病时叶片出现黄绿相间的花叶,表面凹凸不平,并有黑色病斑,造成叶片早期枯死,植株生长矮小,危害严重时整株枯死。防治方法:①选择抗病品种和无病虫害危害的母株留种。②增施磷钾肥,增强植株抗病力。③及时防治传毒害虫:蚜、虫、种蝇等。

(3)鳞茎腐烂病。鳞茎上产生腐烂斑,腐烂部分呈蜂窝状,最后整个鳞茎烂完,只剩下外皮;有的鳞茎表皮变褐粗糙,表皮有许多小孔洞,在高温高湿条件下,腐烂加剧,病部能长出白色丝状物。防治方法:①栽前严格选择无病鳞茎作种,剔除已腐烂的,带病斑的,鳞茎表皮有褐色糙斑的种茎。②鳞茎用 50％托布津或 50％多菌灵 800～1000 倍液浸种 30 分钟,晾干后下种。③土壤进行高温消毒处理:深翻土壤后,在夏季用地膜覆盖严密,利用太阳能增温,在高温下可杀死土中的残虫、螨虫等地下害虫和部分病菌。

(4)蚜虫。初夏聚集在嫩茎、叶上吸食汁液,造成植株萎蔫枯顶,生长不良。防治方法:喷 40％乐果 1000 倍液灭杀。

(5)种蝇。又叫根蝇。以幼虫危害鳞茎,使其变褐腐烂,地上植株倒苗死亡。防治方法:①土壤按前法进行热力消毒处理。②发生时用 90％敌百虫 800 倍液浇灌根部。

6. 采收加工

(1)采收。用鳞茎繁殖栽后第二年立秋前后、当茎叶枯萎时,选晴天采挖。先割除地上茎叶,然后顺行细心挖出鳞茎,除去泥土和须根残茎,大的作为商品,小的继续作种培育。

(2)加工。先在莲座与须根处横切一刀,鳞片即散开成单瓣。再按大、中、小分级,分别加工。鳞片洗净,沥干水滴后,分别投入沸水中煮:大片 10 分钟;中小片 5～7 分钟。并不断地翻动,使受热均匀。煮至边缘柔软,背面有极小的裂纹,用手指轻掐无硬感时迅速捞出,再投入凉水中漂洗 2～3 分钟,洗去粘液,立即薄摊于晒席上曝晒。夜晚收进屋内摊晾,次日再出晒,晒 2 天后可翻动 1 次,晒至九成干时,用硫黄薰蒸,再复晒至全干即成商品。遇阴雨天要及时用文火炕干。

煮时要注意:①煮 3 锅鳞片后,应重新换清水浇开再煮,以免色泽欠佳。②不能煮过久或过生。过生,鳞片干后容易卷曲,且多呈黑色;过熟,鳞片易破碎,呈糊状,损耗过多,影响产量和质量。

7. 质量标准　一般亩产干货 250～350 kg,折干率 30% 左右。以身干,无生心,软片,无焦糊、虫蛀、霉变、杂质为合格;以片大肉厚、色白质坚、半透明状、味微苦者为佳。

野百合统货:干货。色黄白,净瓣,不碎,无霉点。

家种百合统货:干货。色灰白,有肉,无空壳、杂质、霉变。

第四节　天麻栽培技术

一、天麻代料袋栽技术

天麻在雪峰山山区多有种植,主要是采用坑栽、窖栽、池栽等传统的无膜栽培方式,由于直接受外界气候土壤条件的控制或影响,大多"靠天收",干旱、渍涝以及白蚁、土蚕虫害使山区天麻产量一直低而不稳。为此,我们在雪峰山区进行了天麻代料袋栽的试验研究,并取得成功,在天麻栽培技术方面有较新的突破。

1. 技术原理

实践表明,天麻代料袋栽在以下四个方面为天麻生育创造了良好的生态环境:

(1)袋栽改善了袋内的水热条件,使菌麻在生育过程中受寒热、干湿的不良影响大为减少。

(2)代料袋栽改进了传统用材,使生态环境受到保护,优势资源得以利用。

(3)代料袋栽改良了菌麻共生关系,利于产量提高。

(4)代料袋栽改变了传统的用种取向,使规模发展成为可能。

2. 技术要点

(1)选择适播期

播期原则上选在天麻种已进入休眠而蜜环菌可以继续萌发生长的阶段,主要考虑温度,即日平均气温已降到 5～10 ℃这段时间。中山区在 10 月中旬;低山区在 10 月下旬 11 月上旬;平原丘陵地区宜选在 11 月中下旬。代料袋栽播期不宜选在春季。

(2)播前准备

栽培场地应干净、通风、遮阴。可设置床架立体栽培。用于繁殖种子的塑料袋一般为 15 cm×40 cm,用于栽培成麻的袋子不得小于 40 cm×50 cm,袋应无色无味,旧袋可用。填充料一般用洁净黄沙土或林中腐殖土。培养料用阔叶树枝条或作物秸秆,需捆紧,长短以能放入袋中为宜。菌种用枝条种,需健壮无病,把带菌枝条截成 5 cm 长备用。用来繁育种子的小袋用米麻或小白麻。用来培育成麻的大袋用大白麻。

(3)播种

先将填充料浇水拌匀,水分大小以握之成团、掷之即散为度。袋底先铺一层填充料,小袋 3 cm,大袋 10 cm,随后放置一层已捆绑上菌种的培养料,放置面积占填充面的一半即可,然后填填充料至培养料厚度的一半,随即均匀放置麻种,麻种一定要贴紧培养料,每层小袋放 4 个,大袋放 8 个左右,放好后继续填填充料,填充料厚度仍为小袋 3 cm,大袋 10 cm 这样完成了第一栽培层。一般每袋不得多于三个栽培层。栽完后袋口折叠,上压小石块。

(4)管理

栽后一般不宜搬动。当袋内温度低于 0 ℃或高于 30 ℃时,采取保温或降温措施。当袋内壁水珠消失,即需浇水。当大袋麻体生长茎呈红褐色,即可收获,小袋可视具体生产安排在 10 月上旬到 11 月底开袋移栽。

3. 应用前景

实践表明,较之于传统的栽培方式,代料袋栽具有以下优势:

袋栽有利于小气候调控,便于病虫防治,免于人畜危害;下脚料栽培,缓解木材紧张、乱砍滥伐的局面,利于降低成本和保护生态环境;用小袋繁殖麻种,大袋培育成麻,配套使用,后劲十足;代料袋栽是对传统栽培方式的一次改革,使规模化、工厂化生产成为可能,同时为广大山区农户科技致富提供了技术条件。方法简便直观,易于为群众了解和掌握。隆回县有高山、丘陵和平原,四季分明,适于天麻生长的气候资源丰富;每年修剪下的阔叶枝条及作物秸秆也较丰富。这些优势资源在代料袋栽天麻上都可以得到充分发挥。在效益方面,若第一年以 100 小袋起步,成本只需 20 元,一年后产麻种 3000 g,第二年用第一年的麻种和菌种,可栽大袋 150 袋,只计袋子成本 75 元,产成麻 55 kg,现价可售 660 元,纯利 565 元,投入产出比达 1:6.9。以后每年利用上一年的大白麻作种。无须大的投入即可持续发展,迅速扩大规模,不至于自生自灭。

天麻代料袋栽技术具有较为广阔的应用推广前景。只要实事求是、扎实工作,把小袋解决麻种,大袋培育成麻配套运用,有计划地扩大栽培下限,就能将长期以来困守山区的天麻这一野生资源得以迅速发展。

二、人工栽培天麻技术及成品工

1. 技术原理

天麻是一种奇特的药用植物,它一生既无根又无绿色叶片,不能从土壤里吸收营养,也不能进行光合作用制造营养,必须与蜜环菌共生才能正常的生长发育及繁殖后代。它们之间的关系错综复杂,既相互利用又相互斗争。蜜环菌在生长过程中,其菌丝或菌丝束碰到天麻的原球茎或其他块茎时,侵入并吸取块茎表层细胞的营养,当菌丝束继续侵入时,就会被块茎细胞消化掉,这样天麻茎块就可以从蜜环菌得到营养而不断生长和繁殖,蜜环菌则是靠分解木材中的纤维素获得营养。

从各个不同生长阶段看,不是互为有利,而只对某一方有利;从整个生长过程来看,是双方互相得利,但对天麻来说是利大于弊。通过人工适当的温湿调控,创造适宜天麻块茎生长的优良环境使块茎能战胜共生真菌的进一步侵袭,更好地利用真菌提供的营养使块茎长得更大而获得高产。

2. 农业气象指标

(1) 温度

天麻喜欢生长在夏季凉爽、冬季又不十分寒冷的地方。天麻块茎有低温休眠特性,冬季在 2～5 ℃两个月左右才能渡过休眠期,如条件不满足,发芽后幼芽长势较弱,严重不能发芽。当春季地温升至 10～12 ℃时,天麻块茎开始萌动生长;地温 15 ℃以上时,生长加快;5月下旬至 9 月上旬,地温在 20～25 ℃之间,最适宜天麻及蜜环菌生长。夏季地温长时间持续超过 30 ℃时,蜜环菌和天麻的生长受到抑制。

(2) 湿度

天麻喜湿润,它适宜生长在疏松的砂质土壤中,适宜的酸碱度为微酸性,一般腐殖土含水量达 50%～60%,天麻生长良好,土壤湿度过大易引起块茎腐烂。土壤质地不同对天麻生长影响很大,黏重的土壤排水性差,易积水,影响透气,易致块茎死亡,并影响蜜环菌生长。砂性较大的土壤,保水性能差,易引起土壤缺水,同样影响块茎和蜜环菌生长。

(3) 光照

天麻从种到收,生长过程在地里进行,阳光对其影响不大,适宜室内栽培。采取院外培养种子剑麻,剑麻出土后,强烈的阳光照射,会使茎秆灼伤,需搭棚遮阴。

3. 关键技术

(1) 菌材培养

菌材是天麻的营养来源,因而,菌材培养的好坏是决定天麻产量的关键。

① 菌枝培养:3—8 月份,选径粗 1～2 cm 阔叶树枝,斜砍成 6～10 cm 长的小节段堆起,挖深 30 cm,宽 60 cm,长 100 cm 左右的坑,在坑底铺一薄层树叶,把砍好的树枝根挨根摆放两层,在上面撒一些培养好的无杂菌菌枝,如此反复摆放 6～7 层,最后覆土 6～10 cm,再盖一层树叶保湿。40 天左右,蜜环菌可在树枝上长好。

② 菌材培养:菌材材料常用坚实而腐的壳斗科植物,如青冈、板栗等树种,选直径 5～10 cm 的树枝,锯成长 40～60 cm 的树棒,在树棒两面或三面每隔 3～5 cm 砍一鱼鳞口,砍至木质部。

挖坑深 50～60 cm,坑大小以培养的菌材数量而定,以放 100～200 根树棒为宜。先在坑底铺一层树叶,平摆一层木棒,两根棒之间放菌枝 2～3 根,空隙用土壤填好,如此摆放 4～5 层,顶面覆土约 10 cm 厚。

(2) 栽培

当年 11 月份至翌年春天 3 月前天麻尚处在休眠状态时栽种最好。此时栽种,温度低块茎处于休眠状态,蜜环菌在 6～8 ℃以上就可缓慢生长,保证块茎萌动前,蜜环菌就可以长到茎块上,使块茎萌动后,就可缓慢不继地得到蜜环菌提供的营养。

在 6—8 月份培养菌床,选建一深约 30 cm,长、宽略大于菌材长的菌床,先在底部铺一层树叶,摆入新砍好的木棒 5 根,棒间距 2～3 cm,每根棒侧放菌材 2～3 根,同法摆 4 根新棒,后覆土 10 cm,11 月栽培天麻时,菌索已长得很好,小心挖开上面覆土,取出上层菌材,下面菌材不动,然后在每根菌材的侧面和两端用小铲均匀挖 4～5 个小洞,放入麻种,盖土至菌材平,再把上层菌材按原来位置摆好,用土将菌材间隙填埋一半,并与下层一样均匀摆好麻种,最后把原土壤覆盖在坑面上。栽种时若发现杂菌感染菌材,严重的弃掉不栽,再加入质量好的菌材补充。

（3）管理

栽后管理主要是防旱、防湿、防治病虫害。干旱时尤其是5—8月份,正是天麻生长的旺季,应及时浇水,过湿应开排水沟。特别是秋末,气温低,块茎生长缓慢,已进入老熟阶段,生活力降低,可是蜜环菌在较低的温度下仍能生长,如果这段时间经常下雨,湿度较大,会影响块茎生长,块茎上的蜜环菌就会乘虚而入,将天麻消化掉,致使块茎腐烂,天麻病虫害主要以杂菌为主。

（4）采收与加工

① 采收:采收时间一般以当年10月至次年3月份,若等到5月天麻出土后再挖收,天麻质量下降,降低药效,商品等级下降。收获时将表面覆土轻轻挖去,再把菌材撬起,取出剑麻、白麻及米麻,轻取轻放,勿碰伤,箭麻及大的白麻加工为商品麻,小的白麻及米麻作种栽用。

② 加工:挖后的剑麻要及时加工,不宜久放。先把要加工的天麻按块茎大小分等,一般150 g以上为一等,75～150 g为二等,75 g以下为三等,分别冲洗干净后就可以分别进行蒸、煮、薰、炕至成品,也可刨皮后蒸、煮、薰、炕为质优的天麻。

蒸、煮通缉令,熏则按不同等级分别放在蒸笼上蒸15～30分钟,至块茎无白心为度。煮是将水烧开,把块茎按不同等级投入开水中,同时加以明矾,一般应5 kg天麻加明矾100 g,一等块茎煮10～15分钟,二等煮7～10分钟,三等煮5～8分钟,至块茎有点透明或取出一个折断检查,白心只占块茎直径的1/5就可出锅。

薰、炕把蒸煮过的块茎放入炕房,先加硫黄薰20～30分钟,目的在于使天麻白净好看,还能防虫蛀。炕的火力不宜过大,开始温度以50～60 ℃为宜,等到炕至7～8成干时,取出用木板压扁,再放入炕房,加大火力,保持温度70 ℃左右(不宜超过80 ℃,以防块茎干焦变质),等全干后,立即出炕,就是商品天麻。

三、天麻高产生态气候及栽培技术

天麻生长对环境的温湿度条件要求极高,其栽培技术也相当重要,目前对天麻生产管理粗放,没有成型的技术,因此,产量低而不稳。天麻高产生态气候及栽培技术是提高其产量及品质的一项重要措施。

1. 技术原理

选择优质的白麻和米麻,在室内、室外、地下室三种不同环境中,用中性偏酸的沙壤土在增施营养辅助料的前提下种植,分别设计三种不同的用种量及栽培方式,采取菌材枕木放置法进行分层栽培,通过小气候平行观测,在试验中得出不同下种量、种植层次及气象条件对天麻产量的影响,用统计分析方法得出适宜于天麻高产的生态气候条件和栽培技术。

2. 关键技术及指标

（1）天麻无性繁殖在我地的最佳播期为11月上旬前后,成品麻生产夏季栽麻层温度应达到23～28 ℃,种麻生产应控制在18～23 ℃,土壤湿度宜保持在50%左右。

（2）土壤宜选用中性偏酸的沙壤土,以1立方米土添加一麻袋稻壳作为营养辅助料。

（3）采用菌材枕木放置法栽培,菌材间距5～6 cm,种麻间距8～10 cm。

（4）种植深度控制在40 cm以内,层次不超过三层,每层用种量应控制在750 g/m² 左右,以二材二麻栽培方式为最佳。

3. 适宜推广范围及推广前景

本地试验表明只要能够满足"关键技术及指标"第一条中的温湿度条件,配合合理的栽培措施,在室内、室外、地下室三种环境下种植天麻都能够获得高产,其投入产出比可达1：10以上,因其能够产生较好的经济效益,具有较为广阔的推广前景。

4. 社会经济效益

以农村小康建设为契机,立足于科技意识较强的农户,先后与市科委、农委、市属各局小康工作队联系宣传,再分别向所驻村、镇及周围村、镇农户辐射推广。目前,本市所辖各县市均有天麻栽培技术辐射点,据不完全统计,2010年底推广面积40000多平方米,可创纯收入600多万元,社会经济效益显著。

第五节　银杏速生早产高产栽培技术

银杏是温带落叶树,喜温凉湿润气候环境,耐寒性强,适宜于山区种植,因而推广银杏速生早产高产栽培的农业气象适用技术,对于山区脱贫致富奔小康,促进农业和农村的持续发展具有非常重要的意义。

一、银杏育苗技术

培育壮苗是建设高产、稳产银杏园的重要基础工作,目前生产主要采用的播种、扦插、分株、嫁接四种方法培育壮苗。

1. 种子育苗

(1)良种采集和贮藏:选择优质、丰产、抗逆性强、无病虫害的30年生以上嫁接和实生株系作为母树。以自然成熟脱落或用竹竿轻敲即脱的种子作为育苗用种。

采收的种子需经40～50天才能完全达到生理成熟。因此,必须进行沙藏。沙藏前将种子用清水洗2～3次,除去杂质及浮壳,以种沙比为1：3分层贮藏,厚度约30～40 cm。沙的湿度以手握成团,手松即散为宜。

(2)催芽和播种:3月上旬,取出堆放的种核,放在向阳的地方用保温保湿性能较好的棉布、塑料薄膜等,下垫上盖,厚度约9～12 cm,放在25 ℃左右的温度中催芽,每隔2～3天翻动1次,约20天左右种子开始萌动,立即播种。

苗圃地宜选地势高燥,背风向阳,中性或微酸性的壤土、沙壤土,每667 m²(每亩)施入土杂肥和厩肥4000～5000 kg,整平做畦。

银杏种以条播较好,沟距3～4 cm,株行距10 cm×30 cm,覆盖细土3 cm,浇水,再盖上草帘或塑料薄膜,以利出苗。

(3)苗期管理:幼苗出土后,要及时去掉遮盖物,幼苗期根基嫩,抗性差,要搭设荫棚进行短期遮阴。

银杏幼苗生长期短,停止生长早,根系也还不发达。因此,应按少吃多餐的原则施肥,促进幼苗生长。分别在4月中旬、6月上旬、8月上旬各追肥1次。每次追施尿素7～8 kg,后两次混施适量的磷钾肥。

2. 扦插育苗

选择土质疏松,排水良好地块,用腐熟的农家肥加适量过磷酸钙施足底肥,整平开畦。

畦宽 1.2～1.5 cm 的插条埋入湿沙中准备第二年春季扦插。扦插时间以 3 月上旬或中旬为宜。插条下端用 ABT100 PPm 溶液浸蘸 10 秒钟,将插条下端斜插在畦床内。株行距 10 cm×30 cm,一般 30 天以后插条开始生根。

嫩枝扦插可在 6 月中下旬进行,选取以半木质化的嫩枝,随采随插。插条剪成 10～15 cm 的枝段,留 1～2 片叶,可用 ABT、吲哚丁酸等促进生根。嫩枝扦插注意遮阴。插床每天用喷雾器喷水 3～4 次;保持相对湿度 90% 左右。约 20 天左右插条开始生根。当新梢开始生长时,可逐渐撤去荫棚。

3. 分株育苗

银杏具有很强分蘖能力。以 30 龄左右的分蘖力最强,幼龄及老龄树也有分蘖发生。早春在种树周围施一层有机肥,然后连土壤一起翻耕,使之疏松,并灌水促使根蘖萌发。待根蘖大量发生后,小苗约 10～15 cm 高时进行间苗、培土。翌春即拨开土层,将小苗与母株切割分株栽植或移栽苗圃。

4. 嫁接育苗

一般采用 30 年生以上的优良品种结果树枝条为接穗。如京山 14 号、孝感大白果、安陆 1 号、31 号等。剪取接穗应在树冠中上部向阳处采集。选择芽体饱满、发育充实、1～2 年生营养枝。采穗可在嫁接前 2 周内或封蜡后,放沙中倾斜 45° 贮存。保证枝条不失水。

春季是银杏的主要嫁接时间。早春解冻后至生长期均可嫁接,以清明前 15 天至清明后 5 天嫁接成活率最高。嫁接方法可采用常用的劈接、插皮接,但多数用芽接,用普通常规方法进行即可。

用萘乙酸处理银杏接穗,采用贴皮芽接枝,可提高嫁接成活率。方法是:将接穗浸入 25 PPm 萘乙酸溶液中 8 小时,取出后采用贴皮芽接法嫁接,成活率比对照提高 15%,翌年抽出的枝条长度达 50 cm 左右,比对照增长 40% 左右,同时,叶片大而厚,叶色深,生长健壮。

二、银杏速生早产栽培技术

1. 改革嫁接方法

过去用传统的嫁接法繁殖银杏,砧木直径粗、树龄长达 8～10 年,改用分层嵌芽法嫁接砧木树龄由 8～10 年提前到 2～3 年生,结果年龄由 20 年提前到 7 年。

2. 选用良种

嫁接前要选好良种接穗和接芽,自然杂交种有大金坠、小金坠、大银铃、小银铃及优良单株郯城 9 号、郯城 16 号。

3. 合理密植、矮化修剪

每 667 m²(每亩)密植 40～50 株,并按 1:20 的比例均匀配置雄株,便于授粉,进行矮化修剪,加强肥水管理,嫁接后 3～5 年结果,15 年进入盛果期。

4. 整地挖坑、施足底肥

定植前将银杏园地平整、除草,挖坑 70～100 cm 的四方形土坑,将猪牛厩肥或杂草垫底,把粪、磷肥与土在坑外混合填入坑内一半再填土。

5. 移栽定植

将银杏苗木按原方向置于坑内,再把填坑剩下的混合土填入坑内压实,灌水后再填入少量干土,以防裂缝失水。

6. 幼树管理

主要是灌水和排水,防治病虫害。保护行间作豆类、花生等矮秆作物或瓜菜,促进幼树生长,分枝过密可适当修剪,使树枝分布均匀,内外疏密适中,构成圆锥形的树冠,以便树冠内膛结果密度基本一致。

7. 结果期管理

结果期银杏要消耗大量养分,要经常浇水施肥。冬季开沟施入土杂肥和腐熟人粪尿,施后盖土,春夏季追施一次化肥,注意 N、P、K 比例协调,施后浇水。

8. 人工授粉

银杏产量不高的主要原因是授粉不良,可采取花期挂雄枝、喷花药和附着剂等人工授粉技术,在盛花期进行人工辅助授粉,以提高授粉率和坐果率。在银杏盛花期放养蜜蜂也可提高结实率。

三、银杏人工授粉方法

1. 人工授粉方法

银杏为雌雄异株,极少为雌雄同株,目前各地留存下来的银杏大树,多为雌株,雄株极少,影响结果,因此必须进行人工授粉。现介绍三种方法。

（1）挂花枝法

当雄花序由青转淡黄时采集雄花枝,并截成 25～30 cm 长的枝段,2～3 枝交叉用细绳捆扎成束,挂于雌树上风头或上层树冠。为延长花粉生命力,剪取含苞待放的雄花枝,插在装有尿素水溶液(尿素与水 1∶250 配成),或湿土的瓶、盆、塑料袋等容器中,悬挂树上,此法比捆枝挂花能延长 2 天的授粉时间。

（2）震花粉法

将采集的雄花序剔除枝、叶及其他杂物,薄薄地摊在垫有油光纸的筐中,纸光面向上,上面再盖上油光纸,光面向下,置于阳光下晒,并每天翻动 3～5 次,1～2 天花粉就能全部散出,充分成熟的雄花序置于室内 1～2 天也可散发出花粉,然后把花粉装入纱布袋中,挂在竹竿顶端,选择微风天气,站在上风头,轻轻拍打竹竿,使花粉震落,均匀分散。此法适用于幼树和矮化密植园。

（3）混水喷雾法

将上述处理好的花粉 1 g 兑水 250 g,选天气晴朗、微风的上午 10 时至下午 16 时之间用高压喷雾器均匀地喷到雌株的树冠上。为了保持花粉活力,可在花粉液中混入 10% 的砂糖或 0.1% 的硼酸,既提高了授粉质量,又可补充开花结果对微量元素的需要。

四、银杏推广效益及前景

银杏叶有适应于心脑血管系统疾病的"补气养心""生食除疾""治头晕耳鸣"等功效。银杏制剂已在 30 多个国家上市,年销售额达 10 多亿美元。银杏制剂在临床上主要用于大脑及外周围血管、血液功能障碍及老年性痴呆。对冠心病、动脉硬化、脑功能减退等疾病均有良好的防治作用。银杏叶剂可促进全身的血液流通,特别是可促进脑内血流增加 40%,从而使头脑清爽,血压正常,心情舒畅。银杏已成为西方医药市场的热点。

湖南麓山天然植物剂有限公司研制的银杏系列制剂,1991—1993 年为国家创外汇 400

多万美元。

桂阳县欧阳海乡义和村有四棵古银杏树,1994 年由龙中农等四户农民承包,产果 2100 kg,收入 69700 元。

双峰县九峰山林场有二株古银杏树,1994 年产量 400 kg,收入 12000 多元。因而银杏是摇钱树,推广银杏的经济效益是非常可观的,1994 年冷水江市毛易林场育苗 4 万株,双峰县九峰山林场育苗 1 万株,新化县奉家乡与大熊山林场已栽种银杏 13.3 公顷。若在全区推广银杏 400 公顷,每 667 m²(每亩)40 株以每株年产 100 kg 白果,每千克白果 30 元,则每年可增加收入 7.2 亿元。现在我区尚存活古银杏 600 株,由于无人管理,几乎没有结果,如果采取措施,加强人工授粉,以每株结果 200 kg,则马上即可增加收入 360 万元。若象桂阳的四棵树株产值 17825 元,则全区可增收 1069.5 万元。因而推广栽培银杏,是使山区农民脱贫致富的一项行之有效的好门路。

第六节 绞股蓝栽培技术

一、绞股蓝气候生态适应性及推广与加工增值

绞股蓝又名七叶胆,系多年生宿根草质藤本植物。它含有六种人参皂甙,七十多种绞股蓝皂甙,总皂甙含量是高丽参的三倍,还含有十九种氨基酸及硒、锌、钙、铁等多种人体必需的微量元素。既有医药价值。有人参之功效,却无人参之副作用。被专家学者誉为南方人参。

1. 绞股蓝的功能和食用价值

(1)药用功能

绞股蓝能参与人体细胞的复合作用,增进血液循环,排出脂质,促进新陈代谢,并有抗衰老、抗缺氧、促进冠脉流量和增强耐力等效果;它还具有止咳祛痰、消炎、解毒、镇静安神、益体强身等作用;并对二十多种癌细胞、各种肝炎、胃溃疡、支气管炎、老年哮喘、神经衰弱、失眠、高血压、冠心病等有预防和治疗效果。

(2)食用价值

绞股蓝既是药品,又是食品。除广泛用于医药外,目前已制成中老年人保健饮料。如绞股蓝茶、绞股蓝酒、绞股蓝口服液、绞股蓝冲剂和饮料等,都是以绞股蓝为主要原料精加工而成。

2. 绞股蓝的气候生态适应性

(1)气候条件

气温:绞股蓝是一种喜温又怕高温的植物。温度是影响绞股蓝生长发育的重要因素。经多年观测得出,年平均气温在 10 ℃以上,极端最低气温不低于 0 ℃,日平均气温不高于 30 ℃,就能正常生长。若日平均气温超过 30 ℃或低于 5 ℃,则停止生长,但不会死亡。

光照:绿色植物制造有机质离不开光照,但各种植物对光照的要求不同。绞股蓝适宜在散射光条件下生长,怕曝晒,其正常生长发育,要求年日照时数在 800 小时即可。

水分:绞股蓝喜湿润环境,要求年降雨量在 1300 mm 左右,年内分布较匀,即可满足正常生长。

(2)生态条件

绞股蓝气候适应性强,在深丘、浅丘、平原、低山、中山均可种植。在田、土四边种植,可以保护土地,减少水土流失;果木林间,高秆作物下套种,它不与其他作物争光、争水,并能抑制杂草丛生;利用荒坪闲地,阴山空地等种植,可以充分利用光、热、水资源;花园、房顶、凉台、盆栽能起到绿化、净化作用。

3. 绞股蓝浸泡茶、速溶茶、绞股蓝酒的加工增值

绞股蓝属草质藤本植物,易断、碎,宜粗、精加工成各类饮料、酒等保健品。

(1)绞股蓝浸泡茶的加工增值

工艺流程:原料处理—杀青消毒—包装

投入:建年产 0.5 万公斤绞股蓝浸泡茶的小厂,只需工作人员 3 人,厂房 100 m³,各类资金总投入 10 万元,即可运转。

经济效益:收购绞股蓝干品每千克 8~10 元,经加工出售每千克 24~30 元,总销售收入不少于 25 万元,纯利不少于 10 万元。

(2)绞股蓝速溶茶的加工增值

工艺流程:原料处理—碎取—分离—浓缩—辅料—造粒—干燥—包装

投入:建年产 1500 kg 绞股蓝速溶茶的厂,需工作人员 4 人,厂房 150 m²,机械设备、流动资金等需 10 万元。

经济效益:每 50 kg 绞股蓝干品,可加工成 1.5 kg 速溶茶,年销售额 60 万元,纯收入 10 万元以上。

(3)绞股蓝酒的加工增值

工艺流程:原料处理—浸泡—勾兑—包装

投入:建年产 10 t 绞股蓝酒,需厂房 150 m²,工作人员 6 人,周转经费 20 万元,即可运行。

经济效益:年产销 10 t,纯利 10 万元以上。

二、野生绞股蓝人工栽培技术推广

绞股蓝系葫芦科绞股蓝属多年生草质藤本植物,又名七叶胆,是名贵中药材,以抗癌、抗衰老、抗溃疡、降血脂、平喘、催眠而闻名于世,主要分布在我国长江以南地区,享有"南方人参"之美誉。

小沙江位于云贵高原的江南丘陵,倾斜的过渡地带。在海拔 500~1700 m 的背阴潮湿坡地、沟边、岩底、林下、水渠等地貌环境下都有野生绞股蓝生长。近年来,随着医药保健工业的迅速发展,绞股蓝原料的需求量日益增加,野生资源供不应求。为此,开始进行野生绞股蓝人工栽培气候生态的研究,为山区农民走种植绞股蓝致富的道路开辟了广阔的前景。

1. 基本技术原理

通过野生改造,选择相似绞股蓝生长的小气候环境,采取人工栽培技术,改造野生变为家种,有利于绞股蓝生长的生态气候环境,达到生长快,产量高、品质好之目的。

2. 关键技术方法

(1)整地作厢

根据绞股蓝须根多、怕干旱和种子小、顶土力差等特点,播种之前必须精细整地,这是绞股蓝速生快长和培育壮苗的首要条件。

作厢的关键技术在于掌握好厢与厢距,本着透气、保温、好操作的原则进行,以厢宽120 cm,沟宽15 cm,做成垄形以利保温、保墒。

(2)精细育苗

浸种:将种子放入35 ℃左右的温水中,浸泡24 小时后,待种子充分吸水后取出,沥干种子表面的水,掺入10 倍细砂或细土即可播种。

播种:采用地苗法(指直接播于厢内)。厢面抽沟宽约12 cm,必须给厢沟浇透底水。浇透水的标准是:在浇水当时,水面应浸过厢面,待水全部渗下去。要先在厢面撒约1 cm厚细土,然后播种,播完种用腐殖质覆盖约1 cm。每667 m²(每亩)下种0.5 kg以育苗5～6 万株为宜。

(3)水肥管理

苗期,尤其是晴旱天气,早晚必须各浇水一次,否则出现萎蔫现象;根据绞股蓝需肥量小,耐肥力差的特点,苗期应坚持勤施氮肥的原则,一般每隔10 天进行一次喷肥,以喷施磷酸二氢钾为好,浓度为0.2%～0.4%为宜。追肥选择阴天进行,以促苗生长加速,同时应加强除草保苗。进入放蔓伸长期,耗水多,需肥量大,此时要及时追肥一次,追尿素5～10 kg。如果施水肥不及时,则植株生长瘦弱,叶片黄绿,产量低,品质差。花期应以追磷钾肥为主。

(4)搭架

采用插架爬蔓栽植法(竹竿粗12 mm,长1.8 m)。当绞股蓝伸长到30～60 cm 时,应及时搭架,一般大面积栽培的以插入字架为宜,在庭院宅地栽培,也可搭成篱架、棚架或其他具有特殊风格的造型架,既可美化环境,又可供夏季消暑乘凉。

(5)采收

绞股蓝一年可采收二次,待藤蔓伸长到1.5～2.0 m后即可开始采割,约6 月下旬到7 月上旬。采割时提起藤蔓用剪刀剪断茎部,注意保留地上部分15 cm茎叶,以利再发。另一次从10 月下旬至11 月上旬进行第二次采收,方法同上,注意保留地上部分25 cm左右,以利越冬。

(6)种子采收与保管

在留种田,鲜草不能采割,待种子成茶褐色即可采收,方法是,将距地面25 cm 的藤蔓剪断同支架一起运到院内,再抽竹竿抖种。

(7)越冬管理

为防止冻害和第二年早生快发,夺取高产,在封冻前应拔除杂草,普施一次有机肥,厢面不露白,既可保温,还可防止霜冻。没有施肥条件的地方,可用稻草、包谷秆盖住厢面,第二年春分前后揭草练苗。

(8)病虫害防治

绞股蓝经人工栽培后,其虫害较野生的严重。三星叶甲虫主要咬食近地面的叶片,发生严重时使成片绞股蓝的叶片形成许多缺刻,以至枯死。据观察,全年发生期为3—11 月,平均200 头/m²,发生高峰期,主要出现在春季的4—5 月和秋季的10—11 月。防治方法可用40%乐果乳剂1000～1500 倍液喷杀,或用90%敌百虫液1500 倍液喷杀,每隔5～7 天喷一次。

3. 人工栽培气象条件

(1)播种出苗期

据观测当日平均气温稳定通过 10 ℃以后,浸过水的湿种子,播种至出苗平均需 25.7 天,积温 356.9 ℃·d,没有浸水的干种子平均需 33.6 天,积温 435.2 ℃·d,浸水的出苗率为 66.7%,高于直播出苗率的 16.6%。播种出苗期的降雨量 83.9 mm,占总降雨量的 11.3%,播种至出苗的下限温度为 8.9 ℃。

(2)放蔓伸长期

出苗放蔓伸长需 43~47 天,平均气温以 15 ℃为宜,平均积温 789.9 ℃·d,降雨量 155.7 mm,占总降雨量的 20.9%。

(3)旺盛伸长期

旺盛伸长期为 102 天,所需积温 2325.9 ℃·d,此时平均气温以 20~24 ℃为宜,低于或高于这一温度界限,都会影响生育。一般降雨在 400 mm 以上即可满足生育需要,该时期温度高,蒸发快,若遇少雨干旱,则影响正常生育,甚者藤蔓发生凋萎。

(4)缓慢伸长期

秋季当日平均气温降至 15 ℃以下时,植株外部形态为藤蔓伸长减速,枝叶逐渐粗老变色。历时 40~45 天,平均积温 603.1 ℃·d,气温降至 10 ℃,藤蔓开始停止生长。

(5)开花结子期

要求温度不能过高,光照适宜。造成落花有气象因素也有生理和病虫方面的原因。就气象因素而言,高温是主要障碍。当日平均气温超过 28 ℃时,由于结子层温度高,造成大量落花,对结子极为不利。

(6)光照条件

绞股蓝属短光照植物,据测定,绞股蓝伸长量基本上是随光照的减少而增加,当光照超过 9 小时,伸长量随光照的增加而减小。

(7)通风条件

绞股蓝系风媒花,开花期间上午 9 时至 11 时微风对授粉有利,风速≥15 m/s 对满架后的绞股蓝有倒架拔根的威胁,故人工栽培应考虑搭架的行向以利通风,加固支架防大风等因素。

4. 实用结果及效益

人工栽培为绞股蓝创造了良好的生态环境。表现出分蘖多,藤蔓生长速度快,植株健壮肥嫩,据测定平均每 667 m²(每亩)产量(干重)183.7 kg,比野生增长 37.2%以上。另一方面人工栽培田块集中,便于生产管理,夏季伏旱可人工灌溉调节温、湿条件,使其高产丰收。

第七节　灵芝优质高产栽培技术

一、菌株(种)选择和制备

1. 选择优良菌株

优良的灵芝菌株是夺取优质高产的前提。目前灵芝优良菌株从日本引进的有 G801、G809,从台湾引进的有 G808,国内筛选的有 G5,大别山灵芝也是较好的一种。当然,菌株的选定也要根据栽培者的目的和培养基的不同而有所不同。

2. 母种制备

常用的母种培养基配方有(1)PDA 培养基(即马铃薯葡萄糖琼脂培养基),(2)PSA 培养基(即马铃薯蔗糖琼脂培养基),(3)PCA 培养基(即马铃薯胡萝卜琼脂培养基)等。母种培养基经配置后装入试管,经一定时间的高温消毒灭菌,再接种后放入 27～28 ℃温度条件下,一般经 7～8 天培养,≥0 ℃的积温达 200 ℃·d 左右菌丝基本满管,1～2 天后即可扩繁或接入原种培养基内。

3. 原种和栽培种

原种和栽培种培养基材料非常广泛,可以就地取材。目前主料普遍采用的由阔叶树锯末或棉籽壳或玉米芯或其他各类作物秸秆等提供碳素营养,由麦麸或米糠或豆饼、玉米粉等提供氮素和生长素营养。

培养基配方选定后按料水比 1∶1.2 或 1∶1.4,掺水拌匀后装入瓶内或塑料袋内。拌料装好后,在高压下经一定时间消毒灭菌,接种后放入培菌室内,在 26～28 ℃温度条件下,一般在原种经 20～30 天,栽培种经 25～35 天培养,菌种即可育成。

二、适时栽培与发菌管理

1. 栽培季节安排

灵芝播栽期的选择主要考虑一是各级菌种的菌龄,二是根据当地气候条件来选择最适栽培期和出芝期。

灵芝属中高温型,一年可栽 1～2 季,根据多年栽培实践,春季日平均气温稳定通过 15 ℃初日之前后的 5～10 天栽培为宜。栽培日期确定后,再根据灵芝三级菌种培养所需天数来安排制种日期。一般应在栽培日期前 70～80 天制备母种,60～70 天制备原种,30～40 天制备栽培种。

2. 发菌管理

灵芝适时栽培(接种)后,一般放入专用的培菌室内进行培养,亦即发菌。由于栽培数量远远大于制种量,因而这个阶段的管理工作是非常重要的,发菌成败与否直接关系到后期产量问题。

这个阶段的关键之举是在于调控好培菌室内的气象因子。(1)温度:灵芝菌丝体虽在 6～35 ℃之间都可生长,但以 26～28 ℃之间为最适宜。(2)湿度:袋栽的培养料含水量达到 60%左右,室内空气的相对湿度应控制在 60%～70%之间为宜。(3)光照:菌丝生长不需光线,要暗光培养。(4)氧气:灵芝是好氧性菌类,空气中的 CO_2 浓度应控制在 0.1%以下。环境条件的调控主要是通过人为的升(降)温措施,根据天气情况,适时通风增氧等。同时还要注意勤、查、看,发现杂菌污染应及时剔除或以药物治疗。

三、复土栽培与出芝管理

灵芝室内发菌,室外复土栽培是灵芝仿野生生态条件下的最好模式。复土栽培主要优点不仅是土内温、湿度日变化较平缓,利于子实体生长发育,而且菌棒污染少,优质品率和商品价值均高于其他栽培模式。因此,复土栽培是目前灵芝园田化栽培的发展方向。

1. 复土栽培方法

将已发好菌的灵芝菌袋脱去塑料袋后的菌棒放到室内或塑料大棚内或阳畦小拱棚内埋入土中,菌棒横放、竖放均可,但横埋优于竖埋。菌棒排放时,彼此之间距离应留 5～10 cm,空隙间用碎土填实,最后上面再盖上 3～4 cm 深度细土,复土栽培完毕后即可浇透水一次。

2. 出芝管理

此阶段的管理工作十分严格,是关系到灵芝子实体能否优质高产的关键。着重是要抓好以下几个方面:

(1)合理调控气象条件:出芝环境温度应掌握在 24～26 ℃之间;空气相对湿度要提高到 90%左右;光线要充足,室内或棚内一般应以能看到书报为宜,光照度要求 1.5～5.0 万勒克斯为宜;空间 CO_2 浓度要求在 0.03%左右,最大含量不得超过 0.1%,否则易出现畸形芝。因此,要及时通风增氧,调节温湿度,改善环境条件。

(2)疏蕾:用锋利小刀削去多余芝蕾,在每个菌棒上只留 1～2 个主蕾逐渐培养成子实体。

(3)采收:芝蕾生成后,一般经过 20 天左右。子实体逐渐长大成熟。当子实体菌盖表面边缘白色生长圈已逐渐变成深红色和褐红色,并有孢子粉出现,表明灵芝已经成熟,应及时采收、干制。

(4)留茬:采收时应留 1.0～1.5 cm 的根茬为宜。留茬的好处是因为子实体根部未受到根本性破坏,能较快地吸收到菌棒营养,转潮快,芝蕾生成比不留根茬的可提前 2～3 天,而且有利于长成商品价值高的优质产品。

第八节　杜仲剥皮技术

人工栽培杜仲一般定植 9～10 年可开始采剥树皮,如果采剥期的天气或采剥方法选择不当,会造成剥皮后树体枯萎死亡。因此,采用杜仲剥皮的气象技术,探求最佳采剥时段,提高再生皮愈合率,以加快杜仲资源的保护与繁殖。

一、采剥时段

据试验,杜仲树的采剥起点温度以旬平均气温≥20 ℃较为适宜(即 5 月下旬至 6 月下旬为最佳采剥期)。因为这时正是温度适宜、降水适中时节,林木进入旺盛生长期,体内汁液丰富,剥皮后最易再生。

二、采剥方法

1. 按商品需要的规格长度以胸径为起点,由下向上,或以梢部能开始剥取的部位为点,由上而下逐段量好剥皮的长度和宽度,并用粉笔在采剥线上作出标记,每年采剥宽度以不超过树围的四分之一为宜。

2. 采剥节段时,在最好的长度两端,按确定的宽度用尖刀横向划断皮层,然后再在两边确定的采剥线,用尖刀纵向划断皮层,深度以切断韧皮部为度。

3. 用宽 2 cm 左右的竹片(前端尽量削薄),从纵切口的上端轻轻撬动树皮,使树皮与木质部分离,当分离的树皮可用手指捏住时即用手指捏紧树皮,轻轻将树皮从木质部上扯下,在轻轻扯树皮时,应使树皮与树干的角度在90°左右,剥掉第一段后,依次剥取其余段。剥皮时要特别注意竹片和手都不要接触木质部,以免损伤尚留在木质部上的形成层,造成损伤处不能再生新皮。

4.剥皮后立即用农用薄膜包住剥皮处。上口紧扎在未剥的树皮上(包扎带)。下口扎在未剥的树皮上。

三、剥皮管理

剥皮后10~15天,再生皮逐渐形成(以不粘手为准)。若再生皮形成即可进行松绑,通风,使薄膜离皮。若再生皮尚未完全形成,再重新将塑料薄膜扎紧。一般松绑通风2~3次,30天后再生皮完全长好后将薄膜完全去掉。

杜仲树剥皮后,再生皮形成过程中,从外观上看,有四个阶段,剥皮后树干为乳白色;15天后,呈绿色;松绑,放风变灰土黄色;40天后再生皮形成,树干呈青灰色。

四、加工

剥下的树皮,用开水烫后,一层一层地紧密重叠平放于用稻草垫底的平地上,上铺木板,加重物压实,四周用稻草或棉絮围紧,使之发汗7天左右,当内皮呈紫褐色时,取出晒干,刮去粗皮即成商品。用木条箱包装,放干燥处待直接出售或进一步加工入药。

杜仲树叶可在10—11月落叶前采摘,去其叶柄,检去枯、病叶片,晒干后可供药用。

五、杜仲资源的开发利用前景

1.保健品开发。对于杜仲的药用成分历来为专家学者及群众所公认,随着市场的发展,逐步向精制品过渡,如杜仲茶、杜仲咖啡、晶体冲剂等新产品,已规模性地进入国内外市场,这样就使过去长期作为废弃物或肥料的杜仲叶身价大增,不仅大大地增加了药农的收入,而且减少了砍树皮数量。

2.新型饲料添加剂。从资料上看,日本等国家已将杜仲用来饲养畜禽、鱼类,得到了提高肉质的良好效果。但国内在这方面的研究材料所见不多。外商与国内外保健品企业争相收购杜仲叶,使价格直线上升。

3.杜仲树质坚韧细致是杜仲材质的特征。可供船舶、建筑、枕木、家具等用,种子还可榨油。总之,杜仲分布广,用途大,是经济价值高的树种,易于推广。

第八章　气象与三辣

　　辣椒、大蒜、生姜简称三辣，是隆回县三大传统农业的拳头产品，从 1955 年以来就是湖南省外贸出口六大基地之一。隆回县常年辣椒栽种面积为 12000 亩左右，总产 1611500 kg，最高年 1980 年种植面积 31247 亩，总产 2786700 kg；常年大蒜种植面积在 2000 亩左右，总产 300000 kg，平均亩产 120 kg 左右；常年生姜种植面积在 1200 亩左右，总产 1620200 kg，亩产 1187 kg。

　　辣椒、大蒜主要集中在隆回县南部，生姜主要集中在隆回县北部地区。夏秋干旱是辣椒、大蒜、生姜的主要农业气象灾害。为此，充分利用隆回县的农业气候资源，趋利避害、扬长避短，发展三辣传统产业，对振兴隆回农业经济，实现农业增效、农民增收、农业可持续发展具有重大意义，特对气象与三辣产业发展进行粗线条分析，供党政领导和农业部门及农民朋友参考。

第一节　气象与辣椒

　　辣椒营养丰富，它含有人体必需的多种维生素、矿物质元素、纤维素、碳水化合物、蛋白质、可以鲜食或干制、加工食用。

　　辣椒中的维生素 C、维生素 A、维生素 B 和辣椒素具有防癌、抗癌作用。辣椒维生素 B 和维生素 A 共存，能有效地延缓衰老，推迟面部皱纹产生；辣椒素能加速脂肪组织的代谢与分解，促进能量消耗，从而防止体内脂肪过多积累，辣椒红素预防辐射的保护功能显著；辣椒素还具有良好的抗炎、镇痛、防治心脑血管疾病的作用。中医认为：辣椒具有通经活络、活血化瘀、驱虫散寒、开胃健胃、补肝明目、温中下气、抑菌止痒和防腐驱出等功效，常将辣椒称为"红色药材"，用来预防和治疗伤风感冒、脾胃受寒、消化不良、关节疼痛、手脚冻伤等多发病和常见病，起到营养保健的作用。因而辣椒是隆回县人们家庭生活必需食品之一，深受人们喜爱。

一、隆回县辣椒生产概况

1. 隆回县辣椒生产历史及现状

　　辣椒原产中南美洲，约在明代末期（约 1640 年）传入我国，至今约有 400 年的历史，辣椒引入隆回县栽培约有近 200 年的历史，辣椒是隆回县经济作物的三大拳头产品之一，系湖南省辣椒外贸出口六大基地之一。常年种植辣椒面积约 2 万亩左右，隆回县生产的"宝庆椒"，个细质辣，是全国良种辣椒之一，在国际市场上享有盛誉，深受新西兰、马来西亚与欧洲、美国及香港、澳门地区所欢迎。1955 年以来，年年有出口任务，1958 年紫阳区因辣椒等农副产品出口贡献大，出席了全国先代会，荣获国务院奖状。随着商品基地的建立，主产区的辣椒产值占农业总收入比重也越来越大，紫阳、山界、天福、罗白、三阁司、长铺 5

个乡,1980 年产干椒 1477.8 t,收入 3075597 元,占农业总收入的 36.9%,其中山界、天福乡干辣椒收入占农业总收入的 50.9%。辣椒生产总的趋势是:面积由少到多,商品率不断提高,地域优势明显,单产起伏不稳定。1949 年种植辣椒 2500 亩,"一五"计划时期平均种植辣椒 9672 亩,比 1949 年增长 2.8 倍,"五五"计划时期年平均种植辣椒 24385 亩,比"二五"、"三五"、"四五"计划时期分别增长 175%、112%、22%。商品率由"一五"时期 39.4% 提高到"五五"计划时期的 81.8%。地域分布:南部丘岗 1980 年的种植辣椒面积和产量,分别占全县总面积的 89.9% 和 91.5%,单产起伏大,1980 年全县亩产干椒 89 kg,而 1981 年由于前期多雨,中期持续高温,后期干旱,亩产下降到 58.5 kg,比 1980 年减产 34.2%。山界、天福两个乡自 1973 年建立辣椒商品基地以来,除 1978 年因夏秋大旱减产外,其余 7 年亩产均稳定在 100 kg 以上,1980 年种植面积 3200 亩,总产干椒 506.5 t,亩产 158.5 kg,创历史最高水平。

2. 隆回县辣椒生育间气候状况(见表 8.1)

表 8.1 隆回县辣椒生育期间气候状况

	日期 (月.日)	经历天数 (d)	平均气温 (℃)	≥0℃ 积温(℃·d)	日照时数 (h)	降水量 (mm)	雨日 (d)	备注
播种期	1.26							
出苗期	2.5	10	5.8	58.0	2.0	49.4	8	
三叶期	3.22	45	8.7	382.8	74.6	283.7	24	
移栽期	3.27	5	9.0	45.1	0	36.7	4	1月24日
成活期	3.29	2	9.8	18.8	3.9	40.2	2	薄膜覆盖
旁枝形成期	4.15	17	13.4	227.6	44.3	57.4	10	
现蕾期	4.2	5	13.3	66.5	9.7	82.0	4	
开花期	5.5	15	15.7	236.1	36.9	99.9	11	
结果期	5.14	9	18.0	161.8	13.4	26.8	6	5月20日
始收期	6.15	32	25.3	810.3	167.0	208.1	17	撤膜
可收盛期	6.25	10	25.3	252.6	14.8	51.7	4	
着色期	7.20	25	28.8	719.3	162.0	76.7	7	
拔秆期	8.25	36	29.3	1045.0	300.6	32.0	10	
播种-移栽期	1.26—3.27	60		385.9	76.7	369.8	36	
移栽-结果期	3.28—5.14	48		710.8	108.2	306.4	33	
结果-可收期	5.14—6.15	32		1062.9	181.8	259.8	21	
播种可收期	1.26—6.15	140		2159.6	366.7	936.0	90	
播种—拔秆期	1.26—8.25	211		3984.9	829.2	1044.8	107	

注:部分资料不齐。

由表 8.1 中可看出塑料薄膜覆盖辣椒于 1 月 26 日播种,经历 10,于 2 月 5 日出苗,经历 45 天于 3 月 22 日进入三叶普遍期,3 月 27 日移栽,露地日平均气温达 9.0℃,膜内温度 15.0℃,移栽后经历 19 天露地温度 13.0℃,膜内温度 16.0℃ 以上,辣椒进入旁枝形成普遍期,再经历 20 天,5 月 5 日进入开花普遍期,露地平均气温达 15.7℃,再经历 9 天露地温度达 18.0℃,膜内温度 21.0℃ 以上,5 月 14 日进入结果期。5 月 20 撤膜,露地温度 25.0℃,于 6 月 15 日辣椒进入可收期,6 月 25 日达到可收盛期。7 月 20 日达到着色期,8 月 25 日拔秆。播种至移栽期经历日数 60 天,移栽至结果期 48 天,结果至可收期 32 天,播种至可收期 140 天,播种至拔秆期经历日数为 211 天。

二、辣椒生育与气象条件的关系

1. 辣椒的农业气象特性

辣椒原产美洲、亚洲的热带地区,约在明末传入我国。辣椒喜温暖湿润的气候环境,整个生育期适宜的温度为 12～35 ℃,生育期最适宜的温度为 25～30 ℃,最低温度为 10 ℃,在 5 ℃以下受冻害。

辣椒的光饱和点为 3 万勒克斯,补偿点为 1500 Lux,在光饱和点范围内,光照充足,结果率高,品质好。长期强光高温易发生病毒病,7—8 月高温炎热干旱季节,生育不良。

辣椒要求排水良好,土壤疏松肥沃,微酸性为宜。雨水过多,授粉不良,结果率低,也易发生病虫害。土壤渍水,易发生落花落果并易感染立枯病。

2. 辣椒各生育期的农业气象指标(见表 8.2)

表 8.2　辣椒各生育期的温度指标

	播种育苗期	大田生育期	开花结果期
最低温度(℃)	15	10	10
最适温度(℃)	20～25	24～28	25～30
最高温度(℃)	35	40	40

(1)播种出苗期

适宜农业气象条件:播种期要求日平均气温稳定通过 15 ℃,苗期要求气温 17 ℃、土温 25 ℃为宜,最适温度 20～25 ℃,土壤湿润,阳光充足。

不利农业气象条件:低温阴雨寡照。早春持续阴雨低温寡照天气,日平均气温 10 ℃以下,持续 5 天以上造成烂种。

防御措施:塑料大棚、温室育苗。

(2)移栽成活期

适宜农业气象条件:移栽期要求日平均气温稳定通过 15 ℃以上,大田生长最适宜的日平均气温为 20～25 ℃,地温 13 ℃以上,土壤湿润,阳光充足。

不利农业气象条件:低温冷害,移栽后日平均气温 15 ℃以下,连续低温阴雨 5 天以上,无日照,土壤渍水,造成烂根死苗,或僵苗不长。

防御措施:开沟排水,施足底肥。

(3)开花结果期

适宜农业气象条件:开花结果期要求白天温度 21～26 ℃,夜间温度 16～20 ℃为宜,阳光充足,土壤湿润。

不利农业气象条件:

低温冷害。低温阴雨寡照对辣椒的危害为:辣椒种子发芽适宜温度为 25 ℃,低于 15 ℃不能发芽,辣椒根系在土温 25 ℃时生长健壮。当土温在 12 ℃以下时根毛生长停止,10 ℃以下根系生长停止。若苗床土温低于 17 ℃,低温阴雨时间过长,影响根系吸收,产生生理干旱,容易形成幼苗老化和僵苗。在 2～3 片真叶时还容易发生猝倒病。

干旱高温。7—9 月日平均气温 30 ℃以上,最高气温 38 ℃以上,干旱缺水,易引起辣椒萎蔫落花。

防御措施:梅雨期做好开沟排水;干旱期做好浇水抗旱,及时中耕除草,增施肥料,防治病虫害。

3. 辣椒生产中的主要农业气象问题

(1)采用塑料大棚温室育苗,提早播种期,提早辣椒上市季节,是提高产量和提高经济效益的有效措施。

辣椒幼苗受温度条件制约,根系在土温达到 13 ℃时才开始活动,生长适宜温度 20～25 ℃。在生长适宜温度范围内,随着温度的升高生长加快,土温适宜,根系生长旺盛,侧根发达。气温低,土温高,秧苗粗壮。苗期以气温 17 ℃、土温 25 ℃为最适宜的生长温度。温床中采用地膜覆盖,秧苗茎粗,节间短,根系发达,侧根发得早。

一般在立春节前后播种,秧苗期 50～60 天,清明至谷雨节之间移栽,适当早播可提高产量。因为辣椒不耐高温和强光照,辣椒产量主要是植株 4～8 节分枝处结的果实,所以,可以适当提早播种,可延长辣椒的适宜生长期,增加产量。

(2)辣椒生产的主要农业气象灾害及防御措施:

低温阴雨寡照是辣椒幼苗生长的主要农业气象灾害。3—4 月北方冷空气活动频繁,常在长江以南、南岭以北形成极锋雨带,多长期低温阴雨天气,造成土壤渍水、板结不透气,而影响秧苗根系生长。冷害对辣椒的影响主要表现在两个方面:

苗期老化、僵苗。辣椒发芽适宜温度为 25 ℃,低于 15 ℃不能发芽,辣椒根系在土温 25 ℃时生长健壮。当土温在 12 ℃以下时根毛生长停止,10 ℃以下根系生长停止。若苗床土温低于 17 ℃,低温阴雨时间过长,影响根系吸收,产生生理干旱,容易形成幼苗老化和僵苗。在 2～3 片真叶时还容易发生猝倒病。

落花。辣椒抗寒力较弱,移栽期应在日平均气温稳定通过 15 ℃,在开花结果期气温低于 20 ℃会影响授粉及花粉管伸长,15 ℃以下花粉管生长几乎停止,不能受精而产生落花。

夏秋干旱是影响辣椒产量形成的主要农业气象灾害(表 8.3)。

表 8.3　辣椒产量与干旱关系表

年	1977	1978	1980	1981
7-10 月降水量(mm)	344.9	257.1	473.1	400.1
≥20 ℃初日(日/月)	21/5	3/6	10/5	22/5
≥10 ℃终日(日/月)	29/11	19/11	11/12	5/11
亩产干椒(kg/亩)	136.9	48.1	114.0	62.7
年成评价	丰	欠	丰	欠

由表 8.3 可见:一是夏秋干旱 1978 年 7—10 月降水量 257.1 mm 比 1977 年 344.9 mm减少 87.8 mm;二是日平均气温稳定通过 20.0 ℃的初日出现迟为 6 月 3 日,比 1980 年迟 24天。开花迟;日平均气温稳定通过 10.0 ℃终日来得早,为 11 月 19 日,比 1980 年早 22 天,辣椒生育期缩短,因而 1978 年干辣椒产量每亩仅 48.1 kg,比 1980 年亩产减少干辣椒65.9 kg。

三、辣椒栽培技术

1. 青辣栽培

青辣要求早熟,栽培要点在培育大苗,促进发兜。

(1)品种选择,作为青椒栽培不论甜椒或辣椒都要选开花结果早,耐低温,坐果率高,果形端正、美观,颜色浓绿的品种。全国著名甜味品种有上海茄门甜椒、吉林三道筋。辣味品种有杭州鸡爪椒、湖南牛角椒。

辣椒杂交优势十分显著,目前全国各大城市普遍采用的优良杂交种有杭州鸡爪 X 茄门 F1;杭州鸡爪 X 吉林早椒 F1;南京黑壳 X 茄门 F1 等。杂交一代的果实形状及其早熟性介于父母本之间。

(2)温床育苗。辣椒秧苗对温度要求较高,温床床温大体上与茄子相仿。不同的辣椒秧苗比茄子生长量小,生长缓慢。苗期很少徒长,因此播种期可与茄子相同或更早一些。隆回早的在 10 月播种。

采用营养钵育苗,营养钵直径约 10 cm 左右。

辣椒秧苗对温度要求较高,根系在 13 ℃才开始活动,生长适温为 20~25 ℃,在生长适宜范围内随着温度升高,生长加快,土温适宜,根系旺盛,侧枝发达。气温低、土温适当高一些,秧苗粗壮,据研究,辣椒苗期以气温 17 ℃,土温 25 ℃最适宜,温床中采用地膜覆盖,秧苗茎粗、节间短,根系发达,侧枝发得早(表 8.4)。

表 8.4　温床地膜覆盖对辣椒秧苗生长的影响

处理	地上部			地下部		
	主根长(cm)	鲜重(g)	干重(g)	侧根数(条)	分枝次数	干重(g)
地膜	15.2	2.9	0.57	96.2	2	0.23
CK	13.8	2.4	0.23	δ5.1	1	0.14

(3)定植与间作套种。辣椒定植时期要求土温在 13 ℃以上。通常比番茄迟,隆回县一般在 4 月上中旬,清明谷雨之间。

辣椒对日照强度要求比较低,叶片亦较小,栽植密度要比番茄、茄子大,一般每亩 4000~5000 株,南京黑壳椒密度大些。

辣椒前期生长缓慢,植株较矮小,适宜间作套种。隆回县辣椒基本上都进行间作套种。定植前后,地面撒播苋菜。4 月下旬套种丝瓜,每隔 2~2.3 m 栽 2 株,丝瓜开始抽蔓时,在株旁插小竹作支柱,支柱间用草绳拉牢,呈"笼灯"状架,称笼灯丝瓜。

苋菜在播种后 30~40 天,4 月上旬至 5 月上旬春淡期间上市,每亩 500~750 kg,分 2~3 次收完。丝瓜在 7 月中旬开始采收,此时恰为蔬菜秋淡季节,两者深为市场欢迎。既供应了市场需要,也充分利用了土地和空间,增加收益。此外,间作苋菜尚有防止雨水直接打击地面,保护辣椒根系,保持土壤疏松,并有分散地老虎咬食椒苗的好处。可谓一举多得,而丝瓜在 7—8 月间,茎叶高挂辣椒上空,可以挡萌降温。有利辣椒开花结果。

(4)施肥。辣椒根系吸肥能力比番茄、茄子弱,且容易产生肥害,其需要量约为番茄的 2/3。基肥适宜有机肥料,每亩粒肥 1000~1500 kg,人粪尿约 1000 kg 或饼肥 50~75 kg、过磷酸钙 20~23 kg、硫酸钾 10 kg、尿素 4~5 kg。追肥以氮肥为主,配合钾肥,浓度宜淡。一般定植时施 10%左右淡水肥"点根"。秧苗恢复生长至结果期间施同样浓度追肥 2~3 次,结果旺期施 20%~30%人粪尿或复合肥 30~40 kg,生长期间先后追肥 6~7 次。每采收 2~3 次追肥一次。

秋延后栽培,又叫晚熟栽培。立秋后天气转凉,越夏的辣椒植株重新开始继续生长,根系深入发展、大量抽生枝梢,宜追施一次 20%～30%人粪尿,每亩 2000～2500 kg,促进重新发棵,继续开花结果。

(5)防止徒长与落花。甜椒与晚熟品种辣椒,如氮肥偏多,密度过大,特别是用地膜覆盖栽培的易徒长落花。防止措施是:①控制氮肥;②采收时适当留一部分果实以抑制茎叶生长;③早期温度低开的花可喷浓度 25～30 ppm 的防落素,注意避免喷到嫩头上;④翻动叶片,促进株间空气流通。

(6)病虫防治。辣椒常见病害有落叶瘟、病毒病、青枯病、菌核病等。干旱天气,甜椒果实易被日光灼伤和产生脐腐病。

辣椒落叶瘟是辣椒生产上普遍存在的问题,在光照弱、温度低、大雨、采收践踏畦面、肥料浓度过高等情况下易发生。防治要点在于保护根系,中耕除草宜浅,培土宜薄,施肥宜淡,生长期间可喷 0.2%～0.3%的波尔多液保护(每 7～10 天一次)。

脐腐病为果实钙供应不足引起。高温干旱、肥料浓度高易发生。据我们观察,土壤含水量降低到 13%以下,即可引起发病。地膜覆盖根系发达,吸收能力加强可减少脐腐病发生(表 8.5)。多肥助长该病发生,田间调查看到:施肥量增加,发病也增加。

表 8.5　土壤含水量对甜椒及脐腐病影响

	土壤含水量(%)	脐腐病(%)
地膜	10.21	19.28
对照	13.36	29.0

辣椒虫害主要有蚜虫、烟青虫。

(7)采收。辣椒果实的发育是开始果实肥大,继而果肉肥厚,颜色由翠绿色转为深绿色,然后转为褐色,最后呈深红色。通常依成熟度不同可分为青熟期、红熟期。

青熟期。果实已充分长大,显示品种特性。甜椒青熟期果肉肥厚、颜色浓绿、具光泽、种子尚在发育、味脆,最适菜用。约为花后 20～30 天。

红熟期。果实形态和果肉厚度充分长足,果肩与果脐都由茶褐色转向深红色,约为花后 40～50 天。

菜用辣椒,宜种子尚在继续发育时采收。否则严重影响植株生长。

辣椒枝叶脆弱,采摘要注意避免碰断枝叶。雨天采摘容易引起病害传播,且践踏地面,使土壤板结,妨碍根的生长,故宜选晴天采收。

2.晒干辣椒(红辣椒)栽培特点。晒干辣椒,采收红熟果实,生长期长,栽培较粗放,生产上主要把开花结果期和采收期安排在最适宜季节。

(1)果实要求色泽美丽,晒干率高。品种选择要求:①老熟果朱红色,有光泽,加工磨粉鲜红色;②香味浓;③果皮厚,干物质含量高。全国出名品种有四川二金条、陕西线辣椒、隆回朝天椒等。

(2)播种育苗,晒干椒栽培比较粗放,播种育苗比青椒栽培迟些,一般在立春前后播种,苗龄 50～60 天,清明谷雨之间(4 月上中旬)定植。适当早播可提高产量,因为辣椒不耐高温和强烈光照,主要产量为炎夏之前,植株 4～8 节分枝处结的果实。适当提早播种,可延长适宜生长时期,隆回县经验 11～12 月份播种育苗比春季直播产量高。

(3)密植,晒干椒采收期集中,播种较迟,增产关键在增加栽植密度,隆回县一般每亩栽植 1.2～1.5 万株,通常采用穴栽,每穴 1 株。

(4)肥水管理前期要充足。晒十椒比青椒迟播,开花结果处在适宜生长时期,不存在落花问题。前期肥水充足,可促进分枝,增加开花结果数,后期停止追肥,防止返青。因为后期结的果实果皮薄,着色差,品质差。

(5)采收,自 7 月上中旬至 8 月份分 3～4 批采收。每亩晒干成品 250～350 kg,老熟果晒干率一般为 16%～20%。

3. 辣椒秋延后栽培技术要点

(1)品种选择:要求选择抗病性和抗逆性强,耐热抗寒,株形紧凑,挂果率高,坐果集中,丰产性好的品种。主要良种可选湘椒 8 号、湘椒 12 号、湘椒 18 号等。

(2)播种育苗:适宜的播种期为 7 月中下旬,采用网膜结合覆盖、营养钵排苗的方式培育壮苗。

(3)施足基肥:秋延后辣椒栽培全生育期温度由高到低,后期管理要严格控制水分的供应,确保棚内温度以满足辣椒正常生长的需要,因此,定植前必须施足基肥,每 667 m² 施菜籽饼 100 kg,人畜粪 1000～1500 kg,三元复合肥 75 kg 左右。

(4)适时定植:苗龄 25 天左右,秧苗真叶达 8～10 片刚现蕾时,选壮苗定植大田,栽植株行距一般为 40～50 cm。

(5)定植后管理:定植后加盖遮阳网以防高温曝晒对秧苗的抑制作用,及时追施稀粪水确保秧苗健壮生长,同时做好抹腋芽、保果等工作;中后期大棚及时盖膜,棚内小拱棚加盖草帘等覆盖物进行防寒保苗;为满足辣椒对光照的需求,温度回升时应及时放风揭开草帘增加光照。

(6)病虫防治:前期主要病害有病毒病、疮痂病、炭疽病、疫病等,中后期主要有霉病等危害;虫害主要有茶黄螨、烟青虫等,注意及时防治。

(7)适时采收:根据市场需求及植株长势和坐果数适时采收。

第二节　气象与大蒜

大蒜起源于中亚,最早在古埃及、古罗马和古希腊等地中海沿岸国家栽培,在中国栽种已有 2000 多年的历史。大蒜是隆回县的传统产品,是湖南省外贸出口六大基地之一。

大蒜营养丰富。蒜头中的碳水化合物、蛋白质、磷、维生素 B_1(硫胺素)及烟酸含量,蒜苗中的蛋白质、钾、胡萝卜素、维生素 B_1、维生素 B_2、维生素 C 及烟酸含量;蒜苔中的蛋白质及维生素含量,蒜黄中的 B_1 及磷的含量在大蔬菜中是比较高的,并含有人体所必需的多种氨基酸。大蒜在医疗保健中还具有广谱抗菌作用,预防心脑血管疾病,预防糖尿病、防癌、抗癌作用。大蒜在隆回县栽种已有 200 多年的历史,是农民脱贫致富的主要经济作物之一。

隆回县常年大蒜种植面积为 2000 亩左右,总产 300000 kg,亩产 120 kg 左右。

隆回县大蒜生育期的主要农业灾害是:冬季冰冻和春季低温连阴雨寡照和湿害。

一、大蒜对气象条件的要求

1. 温度

大蒜是喜好冷凉气候的蔬菜,通过休眠期的蒜瓣,在 3～5 ℃低温下便可开始萌发。萌发的适宜温度为 16～20 ℃。30 ℃以上的高温对萌发起抑制作用,所以秋季播种过早时,出苗慢。

幼苗期的适宜温度为 12～16 ℃。鳞茎形成要求 16～20 ℃,可耐短时间−10 ℃和长时间−5～−3 ℃的低温,冬季月平均最低气温在−6 ℃以上的地区,秋播大蒜可以在露地安全越冬。

大蒜花芽和鳞芽的分化都需要低温,在蒜头贮藏期间或栽种以后,经受 10 ℃以下的低温 1～2 个月,除了很小的蒜瓣外,都可以分化花芽和鳞芽。花茎伸长和鳞茎膨大的适温为 15～20 ℃。大蒜幼苗期和蒜头生长期喜湿润,不耐高温,入夏后温度超过 25 ℃,茎、叶逐渐枯黄,鳞茎增长减缓乃至停止。所以,无论秋播还是春播,即使播种期相差较大,而鳞茎的成熟期却相差很小。播种过迟必然导致蒜头产量下降。

鳞茎休眠期对温度的反应不敏感。但以 25～35 ℃的较高温度有利于维持休眠状态;5～15 ℃的低温有利于打破休眠,促进鳞芽提早萌发。

2. 光照

大蒜花茎和鳞茎发育除了受温度的影响外,还与光照时间的长短有关。不同生态型品种对光照时间长短的反应不完全相同。

低温反应敏感型品种,光照时间长短对花茎发育的影响不大,而鳞茎的发育以 12 小时光照为宜。在 8 小时光照下,鳞茎发育稍差。

低温反应中间型品种,在 12 小时光照下,花茎发育良好;在 8 小时光照下,花茎发育不良。鳞茎在 13～14 小时光照下发育良好。

低温反应迟钝型品种,花茎发育需要 13 小时以上的光照,在 12 小时光照下一般不形成鳞茎,鳞茎发育需要 14 小时以上的光照。

大蒜是要求中等强度光照的作物。光照过强时,叶绿体解体,叶组织加速衰老,叶片和叶鞘枯黄,鳞茎提早形成;光照过弱时,叶肉组织不发达,叶片黄化。

3. 水分

大蒜的根系浅,根毛少,吸水范围较小,所以不耐旱,但不同生育期对土壤湿度的要求有差异。

播种后的萌发期要求较高的土壤湿度,促进发根和发芽。

幼苗期要适当降低土壤湿度,防止苗子徒长,促进根系向纵深发展,避免蒜种因土壤过湿而提早腐烂,对幼苗生长造成不利影响。但是,在春播地区常遇春旱,土壤水分蒸发快,地面容易返碱,腐蚀蒜种,这时如土壤湿度低,幼苗生长缓慢,而且叶片易产生黄尖现象,所以要根据当年气候情况灵活掌握。

退母结束以后,大蒜叶片生长加快,水分的消耗增多,需要保持较高的土壤湿度,促进植株生长,为花芽、鳞芽的分化和发育打基础。

花茎伸长和鳞茎膨大期是大蒜生长日趋旺盛的时期,要求较高的土壤湿度。当鳞茎充分膨大,根系逐渐变黄枯萎,鳞茎外面数层叶鞘逐渐失去水分变成膜时,应降低土壤湿度,防止鳞茎外皮腐烂变黑及散瓣。

大蒜叶片呈带状,较厚,表面积小,尤其是叶表面有蜡粉等保护组织,地上部具有耐旱的特征,因此,大蒜能适应干燥的空气条件,适宜的空气相对湿度为 45％～55％,在设施栽培中,因空气湿度大,很易诱发叶部病害。

二、大蒜栽培技术

1. 整地施基肥。大蒜为浅根性,要求疏松肥沃而排水良好的砂质壤土,忌连作,整地时施厩肥 2000～2500 kg 或河泥等土杂肥为基肥,翻耕后做成宽连沟 1.3 m 的高畦。

2. 适时播种。大蒜以蒜瓣播种,选择蒜头大瓣形整齐,无病蒜头外,剥皮后,按瓣大小分级,大瓣供栽蒜头,小瓣供种青蒜,蒜瓣大,长势强,产量高。隆回地区都行秋播,按栽培目的和地区不同,播种期不同。

采收青蒜者:8月至9月上旬(立秋至白露)播种,当年10月至翌年3月陆续采收;

采收蒜苔和蒜头者:9月上、中旬(白露前后)播种,使幼苗在冬季低温通过春化阶段,并在适宜于蒜瓣肥大的高温和长日照来临之前,有足够的时间生长蒜苗,为以后蒜苔和蒜头生长提供充足的营养物质,才能取得蒜苔、蒜头双丰收。于4月中下旬收蒜苔,5月中旬至6月上旬收蒜头。农民有"中秋不在家、端阳不在地"。概括了大蒜的栽培季节。播种过早,植株容易老,蒜头开始肥大后不久,植株枯黄,产量下降;如播种过迟,蒜苗生长期短,营养生长不良,在未通过春化阶段,鳞茎腋芽和花芽来不及分化,就遇到早春气温升高和日照增长的条件,往往形成无苔的独头蒜,产量降低。农谚有"种蒜不出九,出九长独头"说明播种期的重要性。

大蒜的瓣蒜可以通过春化,因此应用人工冷处理,在7—8月播种期前,将蒜瓣浸种吸水后,放在0~5 ℃春化处理30~40天,播种后可提早一个月抽生蒜苔,在水肥充足时除早春抽一次蒜苔外,5月间又可抽蒜苔一次。显著提高产量,增加产值。

3. 合理密植。大蒜栽培密度随栽培目的、季节和种瓣大小而异。采收青蒜者,生长期短宜密,一般采用宽幅密播或以行距10~14 cm株距3~5 cm,每亩苗数75000~140000株,用种量250~350 kg。采收蒜苔和蒜头者,行株距16 cm×13 cm或23 cm×10 cm,每亩30000~35000株,用种量130~160 kg。留种田宜稀,行株距20~26 cm×13 cm每亩25000株,用种量100 kg。

播种时,畦面按行距划浅沟,将蒜瓣插入土中约2/3,覆土使芽与地面相平即可,畦上盖稻草或麦草保湿,亩施稀人粪水1000~1500 kg。所谓"深葱、浅蒜"或"地皮山药、露芽蒜"的谚语,说明大蒜要浅播,播种过深,出苗迟,抽苔也迟,鳞茎受土壤压力阻碍,影响蒜头发育产量低。

4. 加强肥水管理,大蒜出苗后,随着叶部的生长,吸肥量增加。又不存在先期抽苔问题。采收青蒜者,因年内开始采收,对氮肥需求量最大,当苗长至3 cm以上,每隔10几天追施人粪一次,每亩1500 kg,促使地上部叶片生长,收获期间,每刈一次青蒜施一次追肥,每亩人粪水1000~1500 kg。

采收蒜苔和蒜头者,播种后保持土壤湿润,至苗高3 cm时施一次长苗肥,每亩人粪1000 kg。年前11—12月间,植株生长快,及时追施人粪水1~2次,使幼苗生长健壮,提高抗寒力,安全越冬。开春后,鳞茎盘的腋芽及花芽开始形成,叶片迅速增长,需肥量增加,可结合浇返青水施一次速效性氮肥,每亩人粪水1500 kg或化肥10~15 kg。抽苔期与鳞茎肥大期,需肥量最大,追施1~2次重肥,每亩人粪2000 kg,追肥不宜过迟,以免蒜苔采收后返青,影响蒜苔瓣肥大。蒜苔采收后,蒜瓣生长进入旺盛期,需水量增加,如遇春旱可浇水一次,鳞茎肥大后期,如遇阴雨天,应注意排水,以免蒜瓣松散,蒜皮腐烂,不易贮藏。

5. 防治病虫害。大蒜病害主要为叶枯病。隆回县一般于4—5月进入发病期,从叶片尖端蔓延扩展,致全叶枯死或花梗折断,产量降低。应加强施肥排水管理,去除病叶,使植株生长健壮,发病期每5~7天喷75%百菌灵500~800倍或等量式0.4%波尔多液2~3次。

6. 采收与贮藏。大蒜采收分为青蒜、蒜苔和蒜瓣三种

(1)青蒜。在8—9月播种出苗后,因品种不同,一般70～90天可开始采收。从10—11月一直可分批收获至翌年3月,亩产2000～2500 kg;清明后,鳞茎开始形成,蒜叶逐渐枯黄,不宜采收青蒜。

采收方法有一次采收或多次刈青蒜采收两种。一次采收者为分批间拔,连根拔除,亩产2000 kg;多次刈青蒜者,当植株生长20～26 cm后留基部5 cm,刈除上部青蒜,收后1～2天追肥一次促使生长,一般可收3～4次,亩产青蒜3000～4000 kg。

(2)蒜苔。及时采收蒜苔是调节蒜苔和蒜头生长矛盾的重要措施,有苔种大蒜,必须通过春化阶段才能抽苔。秋播者于翌年4月间抽苔,当蒜苔伸出叶鞘3～6 cm高,开始向下弯时为采收适期,过迟采收,组织硬化,质量差,每亩产量150～200 kg。蒜苔采收后,植株养分可转向蒜头运送,加速鳞茎肥大,提高蒜头产量。

蒜苔采收方法的优劣,直接影响蒜苔和蒜瓣的产量与质量。一般有两种方法:①拔苔法:蒜苔抽出叶鞘3～6 cm时,于中午或下午,蒜苔水分较少,韧性强时,不剖开味鞘,用手拉住苔梢向上拔起。此法叶子不受损伤,蒜头生长良好,并可避免刀刈叶鞘,雨水透入伤口,引起病害。②刈鞘法:用一把20 cm长的勾刀,由刀的勾头向下离土10～13 cm处刈开假茎,将蒜苔抽出后,再把蒜叶掀翻,盖住伤口,以免灌水腐烂。收取蒜苔时应注意不可刈得太低,蒜叶不能刈掉,否即影响鳞茎肥大,形成散瓣和抽芽蒜。

(3)蒜头。蒜苔收刈后大约经3个星期,叶色由绿转黄假茎萎缩,鳞茎上已形成干燥的蒜皮,为蒜头的适收期。于5月中至6月上旬收。农谚"立夏不收蒜,只能得一半"。应选晴天把植株拔起,在田间晒2～3天,然后把20～30个扎成一束,挂在室内通风处,即可久贮,采收过早产量低,过迟高温多湿,蒜头易散瓣。

蒜头一般可周年供应,但有些品种休眠期短,贮藏后期易产生抽芽现象,防止方法可在采收前2个星期在田间喷0.25%青鲜素(MH),喷药后的大蒜头不会发芽不能做种。

(4)独头蒜。有蒜苔的品种都会产蒜瓣,但是如果秋种时选用的蒜瓣过小,播种期过迟或肥水不足,越冬时植株过小未能通过春化阶段,遇到长日照就会只生蒜瓣不抽苔,形成无苔多蒜瓣;若植株不仅未通过春化阶段,而且在生长早期就遇到长日照,由于营养不良,不仅不抽苔而且侧芽也不形成蒜瓣而成为独头蒜。

(5)气生鳞茎留种。大蒜在生产上都用蒜瓣做种,用量大,成本高,繁殖系数低。为了节约成本,可将蒜苔上采下的气生鳞茎(芽珠子)播种繁殖,气生鳞茎与蒜瓣相似,播种后可抽芽生长,抽苔和长出蒜头,所以可以繁殖。第一年播种时生长慢,植株小,只能长成小的独头蒜,因此可以密植,一般以撒播或条播,每亩可得50～60万个独头蒜。第二年再用独头蒜做种,种一亩地可供几十亩生产田的用种,是解决蒜种来源的一个途径。

第三节　气象与生姜

生姜为姜种类属多年生草本植物,现作为一年生蔬菜栽培以地下肥大的肉质根为食用器官。生姜喜温暖,不耐寒冷,但适应性强,是隆回县的传统农产品之一。

一、隆回县生姜生产概况

隆回生姜是湖南省外贸出口六大基地之一。常年种植面积为 1365 亩,总产 1620.2 t 左右,亩产为 1186.5 kg。

生姜原产热带多雨的森林地带,要求荫湿而温暖的气候环境,生长适宜温度为 25~32 ℃,低于 15.0 ℃或高于 35 ℃对其生育不利,需水量大,土壤含水量以田间最大持水量的 70%~80%为适宜,要求土层深厚肥沃,物理化学的性状好和腐殖质含量高的土壤。隆回县东北部的高坪、金石桥、司门前地区及六都寨、滩头的部分乡村共 10 个乡、272 个村、5 个国营农林场的气候条件适宜于生姜的种植。群众有 200 多年种植生姜的传统习惯,湖南省生姜外贸出口基地也建设在这个区域内,此区域种植的生姜产量高、质量好、效益高,影响生姜高产的主要农业气象灾害是:春季低温阴雨和夏秋干旱。

二、生姜对气象生态环境条件的要求

1. 温度

生姜只有在适宜的温度条件下,植株才能健壮生长,体内各种生理活动才能正常而又旺盛地进行。因此,在栽培中,必须了解生姜各个生长时期对温度的要求,以便为生长创造适宜的环境条件。

(1)生姜不同生长期对温度的要求:据试验发现,种姜在 16 ℃以上便可发芽,但发芽速度极慢,发芽期很长,经处理 60 天,幼芽才长到 1 cm 左右;16~20 ℃,发芽速度仍较缓慢;22~25 ℃,发芽速度较适宜,幼芽亦较肥壮,一般经 25 天左右,幼芽便可长达 1.5~1.8 cm,粗 1.0~1.4 cm,符合播种要求。因此可以认为,22~25 ℃为生姜幼芽生长的适宜温度,而在高温条件下,发芽速度很快,但幼芽不健壮。如在 29~30 ℃条件下,仅经 10 天左右,芽长便达到 1.5~2.0 cm,发芽虽快,但幼芽瘦弱(表 8.6)。

表 8.6 不同温度对生姜发芽的影响

温度 (℃)	发芽情况			
	10 天	20 天	30 天	60 天
16~17	尚未萌动	个别芽开始萌动	芽长 0.6~0.7 cm,芽粗 0.5~0.6 cm	芽长 0.9~1.0 cm,芽粗 0.8~1.0 cm,已达播种要求
20~17	个别芽开始萌动	芽长 0.6~0.8 cm,芽粗 0.4~0.5 cm	芽长 1.6~1.9 cm,芽粗 1.1~1.0 cm,已达播种要求	
24~25	多数芽开始萌动	芽长 1.5~1.7 cm,芽粗 1.0~1.3 cm,已达播种要求	芽长 3.0~3.5 cm,有些芽已发根	
29~30	芽长 1.5~2.0 cm,芽粗 0.8~1.0 cm,已达播种要求			

在幼苗期及发棵期,以保持 25~28 ℃对茎叶生长较为适宜。在根茎旺盛生长期,因需要积累大量养分,要求白天和夜间保持一定的昼夜温差,白天温度稍高,保持在 25 ℃左右,

夜间温度稍低,保持在 17～18 ℃。当气温降至 15 ℃以下时,茎叶便基本上停止生长。

(2)生姜对积温的要求:积温是作物要求热量的重要标志之一,生姜在其生长过程中,不仅要求一定的适宜温度范围,而且还要求一定的积温,才能完成其生长过程并获得较高的产量。根据对隆回县生姜的栽培和气象资料分析,全生育期约需活动积温(即 0 ℃以上的积温)3660 ℃·d,需 15 ℃以上有效积温 1215 ℃·d(见表 8.7)

表 8.7　生姜不同生长时期的积温

生长时期	生长日数(d)	平均温度(℃)	活动积温(℃·d)	>15 ℃有效积温(℃·d)	日较差(℃)
发芽期	23	19.6	450.8	105.8	12.3
幼苗期	68	25.3	1720.4	700.4	9.9
盛长前期	23	25.2	579.6	234.6	8.0
盛长中期	35	20.0	700.0	175.0	10.2
盛长后期	15	14.0	210.0		908
全生育期	164		3660.8	1215.8	

2. 光照

在土壤水分供应充足时,生姜可适应较强的光照,表现出喜光耐阴的特点。但由于生产中水分供应不及时,生姜长期处在不同程度的干旱胁迫条件下,使生姜叶片的光能利用率大为降低。因此,生产上多进行遮阴栽培。据试验,光照强弱对生姜生长和产量有明显的影响,其主茎高度以遮光 80%处理最高,顺序为遮光 80%＞遮光 60%＞遮光 20%＞不遮光。在整个生育期,遮光 80%处理始终占优势,原因可能是强光照抑制了植株的生长。强光照对生姜植株的抑制作用,不仅表现在株高上,还表现在分枝数、叶面积和产量上。遮光 60%处理,单株分枝数为 13.8 个,裸露栽培的生姜仅具 8.8 个分枝,两者相比,前者比对照分枝数增加了 56.8%。前者单株叶面积比后者大一倍以上。叶片中的叶绿素含量,遮光 60%＞遮光 80%＞遮光 20%＞不遮光处理。由于强光的抑制作用,致使植株生长不良,导致减产。据测产,遮光 60%处理,每亩产鲜姜 2581 kg,对照每亩产量只有 1239.5 kg,不到前者的一半。

生姜虽然具有一定的耐阴能力,但对其生长来说,并不是光照越弱越好。在大田生产中,若遇连阴多雨或遮光过度,光照不足,亦对姜苗生长不利。如遮光 80%处理,植株虽然较高,但地上茎高而细弱,有徒长表现而不够健壮,同时,叶片很薄,叶绿素含量较少,每亩只产鲜姜 1610 kg,略高于对照。

根据生姜生产的实践经验,栽培生姜以保持中上等强度的光照条件较为适宜。在温度及其他各种生态条件均较适宜的情况下,光照强度保持 4 万～5 万勒克斯,对生姜单叶光合作用较为有利。但对大面积姜田来说,尤其在较密植的情况下,群体所要求的光照强度,要比单叶或单株高得多,所以为了使群体中下层也能得到较好的光照,还是以保持中上等光照强度对生姜群体生长更为有利。当光照强度达 6.5 万勒克斯时,尚未达到群体光饱和区。据此分析,自然光照强度在 6 万～7 万勒克斯范围,可能较为适宜。在生姜生长季节,自然光照状况基本上都能满足生姜生长的要求。

关于日照长短对生姜生长的影响,研究认为(表 8.8),不同的日照长度对生姜地上茎叶及地下根茎的生长均有一定的影响。试验于 9 月 15 日和 11 月 5 日 2 次取样测定,结果表现基本一致,即地上茎叶的鲜重及干重均以自然光照条件下较重,长日照及短日照处理均较轻。光周期对根茎生长的影响,与地上部相似,生姜根茎的形成,对日照长短的要求不很严格,不一定要求短日照的环境,即不论在长日照、短日照或自然光照条件下,都可以形成根茎,但在自然光照条件下栽培,根茎生长最好。每天光照 8 小时的处理,由于缩短了光合作用时间,因而影响了茎叶和根茎的生长。

表 8.8　光周期对生姜生长的影响

取样日期 （日/月）	日照 时数	地上部重（g/株）		新根茎重（g/株）	
		鲜重	干重	鲜重	干重
15/9	8 小时	145.8	13.5	101.0	5.5
	24 小时	118.0	10.8	88.0	3.9
	自然光照	169.5	19.1	136.0	7.4
5/11	8 小时	235.0	26.8	239.5	32.4
	24 小时	309.5	34.1	300.3	30.8
	自然光照	360.8	48.8	415.8	46.0

3. 水分

水分是生姜植株的重要组成部分,也是进行光合作用、制造养分的主要原料之一,各种肥料也只有溶解在水里才能被根系吸收。所以,在生姜栽培中,合理供水,对保证姜的正常生长并获得高产是十分重要的。

姜为浅根性作物,根系主要分布在土壤表层 30 cm 以内的耕作层难以充分利用土壤层的水分,因而不耐干旱。幼苗期,姜苗生长缓慢,生长量小,本身需水量不多,但苗期正处在高温干旱季节,土壤蒸发快;同时,生姜幼苗期的水分代谢活动旺盛,其蒸腾作用比盛长后期要强得多。据测定,7 月下旬上午 10 时和 12 时,蒸腾强度可分别达 22.40 $\mu g/(cm^2 \cdot s)$ 和 13.92 $\mu g/(cm^2 \cdot s)$,分别比 10 月上旬高 13.0 倍和 7.9 倍(表 8.9),为保证幼苗生长健壮,此时不可缺水。如果土壤干旱而不能及时补充水分,姜苗生长就会受到严重抑制,造成植株瘦小而长势不旺,以至后期供水充足也难以弥补。

表 8.9　生姜不同生长时期的蒸腾强度

生长时期	时间	蒸腾强度（$\mu g/(cm^2 \cdot s)$）	叶温（℃）	气孔阻力（s·cm）	相对湿度（%）
幼苗期	8 时	4.90	26.9	3.07	40.0
	10 时	22.40	32.5	0.83	37.6
	12 时	13.92	35.5	1.42	50.0
	14 时	19.10	38.6	1.51	34.4
	16 时	11.71	35.1	2.29	38.0
盛长后期	8 时	3.52	18.0	2.33	45.2
	10 时	1.60	25.9	9.70	40.0
	12 时	1.57	31.1	13.50	26.8
	14 时	1.62	28.3	14.00	27.6
	16 时	0.59	22.4	24.00	28.4

生姜旺盛生长期,生长速度加快,生长量逐渐增大,需要较多的水分,尤其在根茎迅速膨大时期,应根据需要及时供水,以促进根茎快速生长,此期如缺水干旱,不仅产量降低,而且品质变劣。

生姜在生长过程中,对水分反应十分敏感,土壤湿度状况,不仅对生姜光合作用有显著影响,而且对生姜的生长和产量也有很大的影响。据试验,在生姜各个生长时期,其株高、分枝数、叶面积等生长指标,均随土壤湿度的增加而增加(表 8.10)如幼苗期,保持土壤相对含水量为 80% 处理的株高为 56 cm,分枝数 3.5 个,每株高面积 4.2 m²;土壤相对含水量为 60% 处理的株高为 50 cm,分枝数 2.8 个,每株叶面积只有 3.4 dm²,总体生长势比前者稍差;土壤相对含水量为 40% 处理的生长状况最差,株高只有 34 cm,分枝数 2.3 个,每株叶面积只有 2.8 dm²。到 10 月收获时再次进行田间调查,结果仍然是:植株生长热势随土壤相对含水量的增高而增强,各处理之间的差异比幼苗期更为显著。如土壤相对含水量为 80% 的处理,株高为 95 cm,分枝数 13.4 个,每株叶面积 65.1 dm²;土壤相对含水量为 40% 的处理,株高为 61 cm,分枝数 8.3 个,每株叶面积 37.5 dm²;土壤相对含水量为 60% 的处理,株高、分枝数及叶面积均介于以上两处理之间。由此可见,若土壤水分不足,不能满足植株正常生长的需要,就会明显抑制生姜的生长。

表 8.10　土壤水分对生姜单株生长与产量的影响

土壤相对含水量(%)		株高(cm)	茎粗(mm)	分枝数	叶面积(dm²)	根鲜重(g)	单株重(g)	根茎重(g)
幼苗期	80	56	9.6	3.5	4.2	5.7	61.3	12.6
	60	50	8.2	2.8	3.4	5.3	52.8	12.1
	40	34	6.8	2.3	2.8	4.4	34.7	8.7
盛长期	80	88	11.8	9.8	60.2	26.7	338	122
	60	73	11.3	7.8	48.6	22.8	249	98
	40	55	9.4	5.1	32.4	15.6	149	73
收获期	80	95	12.6	13.4	65.1	41.2	736	376
	60	83	12.2	10.4	55.8	33.1	563	298
	40	61	9.6	8.3	37.5	23.5	333	183

从表 8.10 与表 8.11 可以明显看出,土壤水分对生姜产量有着十分重要的影响。当土壤相对含水量保持在 80% 时,生姜植株生长茂盛,产量最高,每亩产量为 3124.5 kg;当土壤相对含水量为 60% 时,生姜即感轻度水分不足,植株长势有所减弱,产量明显下降,每亩仅产 2217.8 kg;当土壤相对含水量为 40% 时,植株生长严重缺水,表现生长不良,产量大幅度下降,每亩产量只有 1492.7 kg,只有供水充足时的一半。

表 8.11　土壤水分对生姜产量的影响

土壤相对含水量(%)		生物产量(kg)		经济产量(kg)		经济系数
		6 m² 小区产量	亩产量	6 m² 小区产量	亩产量	
隆回大姜	80	54.1	6008.7	28.1	3124.5	0.52
	60	36.9	4107.0	20.0	2217.8	0.54
	40	24.4	2714.0	13.4	1492.7	0.55
隆回小姜	80	50.7	5636.2	25.9	2878.2	0.51
	60	36.9	4102.1	19.3	2145.5	0.52
	40	20.7	2301.2	11.2	1245.1	0.54

三、生姜栽培技术

1. 精选种姜,培育壮苗

(1)选种姜　隆回县种姜用上一年采收经过贮藏后,于播种前 30~40 天,从窖内取出;

选择姜块肥壮,奶头肥圆,芽头饱满,个头大小均匀,颜色鲜亮,无病虫伤痕的姜块做种。

(2)催芽 生姜催芽包括"困姜"和上床催芽。

① 困姜:在清明前先将选好的种姜晾晒一天,用清水洗净,平铺在日光下晒 1 天,傍晚收回放入室内堆 3～4 天,使姜块"发汗"。然后进行第二次晒姜,如此反复晒姜 3～4 次,以蒸发姜块中的部分水分,提高姜块内温度,趁暖把姜块放放催芽室内催芽。

② 催芽按不同地区又有不同方法:

熏姜:将种姜堆放在特制的熏灶中,灶的一边靠墙壁其他三面用砖砌成 1～1.3 m 高的长方形围框,上面架设竹架。以堆放姜种,下面有灶,每个熏姜灶可放种姜 750 kg 左右,利用加热料产生热烟(而不是火焰)熏姜,约 25 天后种姜发出 2～3 cm 的幼芽,取出栽植。

温室催芽:先在篓框内四周铺放草纸 3～5 层,将种姜头朝上一块一块紧接排于篓内,堆放 3～4 层,最后一层盖上草纸 3～4 层,以利保温保湿,装好后移到温室 1.2～1.5 m 架上,下用炉火或其他热源加温,催芽温度头 3～5 天保持 20～23 ℃,随后升高至 25～28 ℃,湿度 75%～80%。经 20～25 天,姜芽萌动时,温度应降至 20 ℃以下,并逐渐降至常温以减少养分消耗,促使芽身健壮,芽头圆钝肥胖,如花生米状,即为壮芽,当芽有 10～16 cm 第三节出现时即可定植。

③ 分芽与选芽:播种前按芽着生密度用手掰开姜块,一般每块种姜 50～100 g 带 1～2 壮芽(其余芽去除)。如发现芽基细弱有黑色小斑点或劈开后纤维多有黄褐色圈纹,即为瘟姜。如果不易识别,可将姜块放在 28 ℃环境中经 0.5～1 小时如分泌出白色液体为瘟姜,均应剔除。姜芽随分随种,不留过夜。

2.整地施肥,姜根细弱分布浅,在表土 30 cm 以内,怕旱怕涝,忌连作,应选择排灌两便,土层深厚肥沃疏松富有腐殖质的沙壤土或黏土栽培。土质与辣味有关,沙壤土,姜块辣味强,香气浓,但产量低,宜做种姜或干姜;腐殖质多或黏土姜块辣味淡,组织柔嫩、水分多,宜以收新鲜嫩姜作蔬菜;土壤过黏重,姜生长不良,且易积水引起烂姜。

生姜生长期长,必须施足基肥,最好在年前进行冬耕翻晒,风化土壤,栽植前每亩撒施堆肥 2500～3000 kg,草木灰 50 kg,过磷酸钙 15～20 kg 为基肥,然后再行翻耕碎土,耙平做成畦宽连沟 1.5～1.8 m 的高畦,则可定植。

3.适时栽植 姜应在断霜后栽植。于 4 月上、中旬播种时按行距 50 cm,开一深 6～8 cm 沟,株距 26～33 cm,亩栽 4000～5000 株。排姜时种姜平放沟底,凹面朝上轻压入泥与泥面相平,芽头朝一方向排列,便于以后掘取种姜。然后每亩用厩肥 1000～1500 kg,混合草木灰 100 kg 做盖种肥盖种,再盖土 3 cm,耙平沟面。

4.加强田间管理

(1)合理追肥 生姜极耐肥,除施足基肥外,应多次追肥,经催芽的种姜栽植后约经 10～15 天顶芽出土,齐苗后开始追一次提苗肥,每亩稀人粪水 1000～1500 kg 或硫酸铵 10～15 kg。夏至到小暑,扒取种姜后再追一次催子肥,每亩用豆饼 125～150 kg 或厩肥 1000～1500 kg、硫酸铵 25 kg,立秋分枝或姜块大量形成时追壮姜肥 2～3 次,每亩人粪 1000～1500 kg 或硫酸铵 15～20 kg。

(2)灌溉 生姜既怕旱又怕涝,土壤干旱生长不良,积水易引起根茎腐败病,因此水分管理是生姜栽培成败的关键。隆回县春夏阴雨多,栽植后要注意田间排水,保持土壤干燥,提高土温,促进出苗。入夏后,特别是立秋后至秋分期间,生姜生长最快,大量发生侧枝,形成子姜,需水量很多,此时不可缺水。高温干旱期,当中午植株叶片卷曲,叶背朝上表示缺水,每7～10天浇灌一次。夏季暴雨或秋季连绵阴雨,应及时排水,避免积水淹姜和姜瘟蔓延。

(3)中耕培土去侧芽　生姜根系浅分枝弱,地下茎如露出地面,不仅妨碍根茎的肥大,而且表面变厚,品质不良。因姜的根茎有向上生长的习性。一般除深栽外还应培土2～3次。当苗高14～16 cm时,进行中耕除草,去除母姜长出的侧芽,每株保留壮芽一个,结合追肥培土一次。待苗高30 cm时,培第二次土,培高6～10 cm,此时自母姜两侧又长出1～2个芽,这些芽是以后形成姜块和分生新姜的基础,必须加以保留,至立秋后,根茎迅速肥大,第三次追肥培土,防止根茎外露畦面。以利姜块生长。

(4)搭棚遮阴　芒种前后(6月上旬)苗高14～17 cm,有1～2个分蘖时,畦面用小竹搭成1～1.4 m高的支架,上铺麦秆或茅草(用绳固定)或套种高秆作物及丝瓜等遮阴。铺草不能过稀或过密,使成花荫光(约3分光7分荫)。夏季保持温度在30 ℃以下,至处暑前后,天气转凉,光照强度减弱,根茎迅速肥大时,要求有充足光照,要及时将棚架拆除,姜农称为"端午遮顶,重阳见天"。折棚架后,光照充足,有利光合作用,制造和积累更多的光合作用同化物质,促使根茎生长和迅速肥大。

5. 采收贮藏　适时采收是保证生姜产量和品质的关键,生姜在全生育期中按收获的产品可分为种姜(母姜)、嫩姜和老姜三种。

(1)种姜(母姜)　亦叫娘姜。种姜发芽长成新株后,留在土中不会腐烂,仅较原种块重量减轻10%～20%,但辣味反而增强,仍可收回供食。在6月下旬至7月上旬,有4～5片叶时新姜开始形成时采收,称为"扒老姜"或"偷娘姜",以供应市场,也可与嫩姜一起采收。采收时一株株进行,先把种姜上的土掘开一些,尽量注意少挖土伤根,用狭长的刀子切下种姜或用一根竹签伸到种姜下面,把姜掘出,采收后立即培土,并追肥一次,促使姜苗生长发育。这就是有的农民说"谷雨种姜,夏至偷娘"了。

(2)收嫩姜(子姜)　嫩姜多在8月上中旬至9月下旬采收,此时根茎初具雏形,组织最鲜嫩,含水量较多,辣味较少、不耐贮藏,适做糖渍、酱渍或鲜食。采收时间越早产量越低,采收越迟根茎越成熟,纤维增加辣味加重。通常先采收病株上的新姜。亩产约600 kg。

(3)收老姜　老姜应待地上部茎叶开始枯萎,地下部根茎充分膨大老熟时采收。此时产量最高,组织充实,辣味重,耐贮藏,主要做留种或制干姜调味品食用。于霜降至立冬采收,过迟易受冻害,产品皮色不良,纤维素多,品质差。可在植株开始枯黄时,贴近畦面刈断茎叶,并用这些茎叶或稻草覆盖越冬,以防霜冻,至翌年2月发芽前随时采收供应市场或作留种用,老姜亩产1500～2000 kg。

(4)留种与贮藏　为了保证生姜品种不退化,年年高产,收获时应认真选择,生长期中多施钾肥,少施氮肥,选择晴天收种。一般于11月间霜冻前采收,挖出后铺于室内晾数天,使其发汗蒸发表面水分,不必洗涤。数量少者可在温暖室内贮藏,种姜多的应选择地势高燥。避风向阳的地方,挖土窖埋藏,每亩需种姜150～200 kg。

生姜窖藏挖成底径较口径小的圆形窖,挖窖深度和直径大小依贮藏量而不同,如需贮存50000 kg生姜,窖口直径约需2.3 m,贮量约5000～10000 kg为宜,太少容易受冻害。窖中用直径 10～12 cm 的芦苇作通风束,直立于窖中,大约每 500 kg 用一个通风束。姜块环绕通风束堆在坑内。中央可高出地面,呈馒头形,然后覆盖姜叶,再覆土一圈(中央不覆),覆土面积随气温而变化,土上再覆盖稻草把。

生姜在 10 ℃ 以下即受冻害,贮存中既要防热又要防冷,入窖初期控制窖温 15～20 ℃,以后保持温度 15 ℃ 左右,相对湿度要求较高,以免姜皮萎缩。

附录 1 气象灾害预警信号

1. 台风预警信号分四级,分别以蓝色、黄色、橙色和红色表示

 蓝色:24 h 内可能或者已经受热带气旋影响,沿海或者陆地平均风力达 6 级以上,或者阵风 8 级以上并可能持续。

 黄色:24 h 内可能或者已经受热带气旋影响,沿海或者陆地平均风力达 8 级以上,或者阵风 10 级以上并可能持续。

 橙色:12 h 内可能或者已经受热带气旋影响,沿海或者陆地平均风力达 10 级以上,或者阵风 12 级以上并可能持续。

 红色:6 h 内可能或者已经受热带气旋影响,沿海或者陆地平均风力达 12 级以上,或者阵风 14 级以上并可能持续。

2. 暴雨预警信号分四级,分别以蓝色、黄色、橙色、红色表示

 蓝色:12 h 内降雨量将达 50 mm 以上,或者已达 50 mm 以上且降雨可能持续。

 黄色:6 h 内降雨量将达 50 mm 以上,或者已达 50 mm 以上且降雨可能持续。

 橙色:3 h 内降雨量将达 50 mm 以上,或者已达 50 mm 以上且降雨可能持续。

 红色:3 h 内降雨量将达 100 mm 以上,或者已达 100 mm 以上且降雨可能持续。

3. 暴雪预警信号分四级,分别以蓝色、黄色橙色、红色表示

 蓝色:12 h 内降雪量将达 4 mm 以上,或者已达 4 mm 以上且降雪持续,可能对交通或者农牧业有影响。

 黄色:12 h 内降雪量将达 6 mm 以上,或者已达 6 mm 以上且降雪持续,可能对交通或者农牧业有影响。

 橙色:6 h 内降雪量将达 10 mm 以上,或者已达 10 mm 以上且降雪持续,可能或者已经对交通或者农牧业有较大影响。

 红色:6 h 内降雪量将达 15 mm 以上,或者已达 15 mm 以上且降雪持续,可能或者已经对交通或者农牧业有较大影响。

4. 寒潮预警信号分四级,分别以蓝色、黄色、橙色、红色表示

　蓝色:48 h内最低气温将要下降 8 ℃以上,最低气温小于等于 4 ℃,陆地
平均风力可达 5 级以上;或者已经下降 8 ℃以上,最低气温小于等
于 4 ℃,平均风力达 5 级以上,并可能持续。

　黄色:24 h内最低气温将要下降 10 ℃以上,最低气温小于等于 4 ℃,陆地
平均风力可达 6 级以上;或者已经下降 10 ℃以上,最低气温小于等
于 4 ℃,平均风力达 6 级以上,并可能持续。

　橙色:24 h内最低气温将要下降 12 ℃以上,最低气温小于等于 0 ℃,陆地
平均风力可达 6 级以上;或者已经下降 12 ℃以上,最低气温小于等
于 0 ℃,平均风力达 6 级以上,并可能持续。

　红色:24 h内最低气温将要下降 16 ℃以上,最低气温小于等于 0 ℃,陆地
平均风力可达 6 级以上;或者已经下降 16 ℃以上,最低气温小于等
于 0 ℃,平均风力达 6 级以上,并可能持续。

5. 大风(除台风外)预警信号分四级,分别以蓝色、黄色、橙色、红色表示

　蓝色:24 h内可能受大风影响,平均风力可达 6 级以上,或者阵风 7 级以上;
或者已经受大风影响,平均风力为 6～7 级,或者阵风 7～8 级并可能
持续。

　黄色:12 h内可能受大风影响,平均风力可达 8 级以上,或者阵风 9 级以上;
或者已经受大风影响,平均风力为 8～9 级,或者阵风 9～10 级并可能
持续。

　橙色:标准:6 h内可能受大风影响,平均风力可达 10 级以上,或者阵风 11
级以上;或者已经受大风影响,平均风力为 10～11 级,或者阵风 11～
12 级并可能持续。

　红色:标准:6 h内可能受大风影响,平均风力可达 12 级以上,或者阵风 13
级以上;或者已经受大风影响,平均风力为 12 级以上,或者阵风 13 级
以上并可能持续。

6. 沙尘暴预警信号分三级,分别以黄色、橙色、红色表示

　黄色:12 h内可能出现沙尘暴天气(能见度小于 1000 m),或者已经出现沙
尘暴天气并可能持续。

　橙色:6 h内可能出现强沙尘暴天气(能见度小于 500 m),或者已经出现强
沙尘暴天气并可能持续。

红色:6 h内可能出现特强沙尘暴天气(能见度小于50 m),或者已经出现特强沙尘暴天气并可能持续。

7. 高温预警信号分三级,分别以黄色、橙色、红色表示

 黄色:连续三天日最高气温将在35 ℃以上。

 橙色:24 h内最高气温将升至37 ℃以上。

 红色:24 h内最高气温将升至40 ℃以上。

8. 干旱预警信号分二级,分别以橙色、红色表示

 橙色:预计未来一周综合气象干旱指数达到重旱(气象干旱为25～50年一遇),或者某一县(区)有40%以上的农作物受旱。

 红色:预计未来一周综合气象干旱指数达到特旱(气象干旱为50年以上一遇),或者某一县(区)有60%以上的农作物受旱。

9. 雷电预警信号分三级,分别以黄色、橙色、红色表示

 黄色:6 h内可能发生雷电活动、可能会造成宙电灾害事故。

 橙色:2 h内发生雷电活动的可能性很大,或者已经受雷电活动影响,且可能持续,出现雷电灾害事故的可能性比较大。

 红色:2 h内发生雷电活动的可能性非常大,或者已经有强烈的雷电活动发生,且可能持续,出现雷电灾害事故的可能性非常大。

10. 冰雹预警信号分二级,分别以橙色、红色表示

 橙色:6 h内可能出现冰雹天气,并可能造成雹灾。

 红色:2 h内出现冰雹可能性极大,并可能造成重雹灾。

11. 霜冻预警信号分三级,分别以蓝色、黄色、橙色表示

 蓝色:48 h内地面最低温度将要下降到0 ℃以下,对农业将产生影响,或者已经降到0 ℃以下,对农业已经产生影响,并可能持续。

黄色:24 h内地面最低温度将要下降到零下 3 ℃以下,对农业将产生严重影响,或者已经降到零下 3 ℃以下,对农业已经产生严重影响,并可能持续。

橙色:24 h内地面最低温度将要下降到零下 5 ℃以下,对农业将产生严重影响,或者已经降到零下 5 ℃以下,对农业已经产生严重影响,并将持续。

12. 大雾预警信号分三级,分别以黄色、橙色、红色表示

黄色:12 h内可能出现能见度小于 500 m 的雾,或者已经出现能见度小于 500 m、大于等于 200 m 的雾并将持续。

橙色:6 h内可能出现能见度小于 200 m 的雾,或者已经出现能见度小于 200 m、大于等于 50 m 的雾并将持续。

红色:2 h内可能出现能见度小于 50 m 的雾,或者已经出现能见度小于 50 m 的雾并将持续。

13. 霾预警信号分三级,以黄色、橙以和红色表示

黄色:预计未来 24 h内可能出现下列条件之一并将持续或实况已达到下列条件之一并可能持续:①能见度小于 3000 m 且相对湿度小于80%的霾。②能见度小于 3000 m 且相对湿度大于等于80%,$PM_{2.5}$浓度大于 115 $\mu g/m^3$ 且小于等于 150 $\mu g/m^3$。③能见度小于 5000 m,$PM_{2.5}$浓度大于 150 $\mu g/m^3$ 且小于等于 250 $\mu g/m^3$。

橙色:预计未来 24 h内可能出现下列条件之一并将持续或实况已达到下列条件之一并可能持续:①能见度小于 2000 m 且相对湿度小于80%的霾。②能见度小于 2000 m 且相对湿度大于等于80%,$PM_{2.5}$浓度大于 150 $\mu g/m^3$ 且小于等于 250 $\mu g/m^3$。③能见度小于 5000 m,$PM_{2.5}$浓度大于 250 $\mu g/m^3$ 且小于等于 500 $\mu g/m^3$。

红色:预计未来 24 h内可能出现下列条件之一并将持续或实况已达到下列条件之一并可能持续:①能见度小于 1000 m 且相对湿度小于80%的霾。②能见度小于 1000 m 且相对湿度大于等于80%,$PM_{2.5}$浓度大于 250 $\mu g/m^3$ 且小于等于 500 $\mu g/m^3$。③能见度小于 5000 m,$PM_{2.5}$浓度大于 500 $\mu g/m^3$。

14. 道路结冰预警信号分三级,分别以黄色、橙色、红色表示

黄色:当路表温度低于 0 ℃,出现降水,12 h内可能出现对交通有影响的道路结冰。

橙色:当路表温度低于 0 ℃,出现降水,6 h 可能出现对交通有较大影响的道路结冰。

红色:当路表温度低于 0 ℃,出现降水,2 h 内可能出现或者已经出现对交通有很大影响的道路结冰。

附录 2　药用植物播种量、播种期、采收期及产量、价格表

名称	每亩播种量(kg)	种用材料	播种时间	生长周期	采收时间	药用部位	亩产干货（kg）	药材销售参考价(元/kg)
川芎	60～80	种茎	7—8 月	8～9 个月	4—6 月	根	300～350	3.2～3.5
当归	0.7～1	种子	7—8 月	16 个月	10—12 月	根	400～500	6～7
日本当归	0.7～1	种子	7—8 月	16 个月	10—12 月	根	400～450	6～7
丹参	50～60	种根	12—2 月	12 个月	12—2 月	根	300～400	5～6
白芍	3000 株	种芽	8—10 月	36 个月	8—10 月	根	600～700	6～8
川白芷	1	种子	9—10 月	10 个月	7—8 月	根	500～700	4～5
柴胡	2.5～3	种子	2—5 月	20 个月	10—11 月	根	200～300	28～32
山马柴胡	2.5～3	种子	2—5 月	20 个月	10—11 月	根	200～300	28～30
桔梗	1～1.5	种子	2—4 月	12 个月	10—11 月	根	400～500	5～6
麦冬	300 株	种根	4—5 月	12 个月	4—5 月	根	400～500	6～7
川明参	1～1.5	种子	8—9 月	20 个月	4—5 月	根	350～500	7～8
牛膝	1	种子	3—4 月	30 个月	10—12 月	根	400	4～5
附子	120～150	种根	11—12 月	8 个月	6—7 月	根	300～350	15～18
姜黄	150	种根	4—5 月	7～8 个月	12—2 月	根	300	7～10
黄连	1.5～2	种子	6—10 月	48～60 个月	10—11 月	根	300～400	110～120
黄连	6～8 万株	种苗	7—9 月	36～60 个月	10—11 月	根	300～400	110～120
板兰根	2	种子	4—6 月	7 个月	11 月	根	300～500	3.5～5
天麻	1/m²	米麻	11—12 月	12 个月	11—12 月	根	2/m²	190～240
牡丹	8～10	种子	10—11 月	36 个月	10—12 月	根	600～700	7～10
白术	1～1.5	种子	3—4 月	18～20 个月	11—12 月	根	300～400	12～15
白姜	200～300	种根	11—3 月	24 个月	11—3 月	根	1000～1500	5～7
泽泻	0.05	种子	6—7 月	6 个月	12 月	根	400	3～4.5
天冬	30	种根	9—10 月	25 个月	10—12 月	根	400	11～13
百合	50～60	种根	9—10 月	12 个月	9—10 月	根	400～450	8～10
党参	0.5～0.6	种子	9—10 月	24 个月	10 月	根	400～480	7～8
黄岑	0.8	种子	9—10 月	24 个月	10 月	根	300～400	10～12
玄参	50～60	种根	10—11 月	10 个月	8—9 月	根	200～250	3～4
黄芪	1～1.5	种子	3—4 月	8 个月	11—12 月	根	400～500	9～10
菊花	3000～4000 株	种苗	4 月	7 个月	11 月	根	150～200	7～8
金银花	3000～4000 株	种苗	10 月	30 个月	4—7 月	根	100～150	18～22
红花	3	种子	9 月	9 个月	6 月	根	40～50	16～20
山茱萸	150～200 株	种苗	3—4 月	5～8 个月	9—10 月	根	210～250	130～150
瓜蒌	4	种子	2—3 月	20 个月	9—10 月	根	200	8～10
佛手	150～200 株	种苗	2—3 月	32 个月	10—11 月	根	200	45～50
补骨脂	2	种子	3 月	7 个月	10 月	根	150～200	4～5
土贝母	30	根	9—10 月	12 个月	9 月	根	200～300	7～8
穿心莲	0.1	种子	3—4 月	6 个月	9—10 月	根	400～500	3～4
荆芥	0.5	种子	4—5 月	6 个月	9—10 月	根	600～700	2～3
薄荷	25	种根	2 月	6 个月	7—10 月	根	1000	1.5～2

名称	每亩播种量(kg)	种用材料	播种时间	生长周期	采收时间	药用部位	亩产干货(kg)	药材销售参考价(元/kg)
半枝莲	1～1.5	种子	3 月	4 个月	7 月	根	500	3.5～4
大力子	2	种子	3 月	7 个月	10 月	根	300～400	6～7
车前子	1	种子	9 月	10 个月	6—7 月	根	150～200	5～7
白芥子	0.25～0.4	种子	10—11 月	8 个月	6 月	根	200～250	3～5
决明子	1.5～2	种子	3 月	6 个月	9 月	根	400～500	2.5～3
芦巴子	2	种子	10 月	8 个月	6 月	根	350～400	2～3
薏苡	3	种子	4—5 月	5 个月	9—10 月	根	400	5～6
木瓜	200 株	种苗	2 月	多年	10 月	根	250	4～6
射干	2.5～3	种根	10 月	12 个月	10 月	根	300	2.5～3
知母	1～2	种子	3 月	18 个月	9—10 月	根	350～400	6～8
大黄	0.3～0.5	种子	7—8 月	24 个月	8 月	根	600	5～7
远志	0.8～1	种子	4 月	2 年	10 月	根	500～700	24～26
太子参	25～30	种根	10—11 月	6—8 个月	7 月	根	200～250	8～9
生地	40～50	种根	3—5 月	6—8 个月	11 月	根	400～500	4～6
徐长卿	1	种子	3 月	9 个月	12 月	根	500	7～8
元胡	40～60	种根	10 月	7 个月	5 月	根	150～200	10～11
龙胆草	0.5～1	种子	3—4 月	12 个月	4 月	根	400～500	9～12
旱半夏	50～60	种根	3—4 月	7 个月	10—11 月	根	300～400	28～32
天南星	50	块茎	9—10 月	12 个月	9—10 月	根	300～400	6～7
黄精	30	种根	3 月	20 个月	11 月	根	500	7～8
猫爪草	25～30	种根	4—6 月	5～7 个月	8—11 月	根	150～200	25～30
云木香	2	种子	9—11 月	3 年	9—11 月	根	1000～1200	2.6～3
羌活	0.8	种子	9 月	3 年	9 月	根	1000	22～26
朱砂莲	1.5～2	种子	5—6 月	2～3 年	5—6 月	根	500～700	50～60
藁本	1～1.5	种子	4 月/9—11 月	2～3 年	9—10 月	根	1000	12～14
独活	1～1.5	种子	3—4 月/9—10 月	2～3 年	9—10 月	根	700	4～5
金龟莲	30	种子	3—4 月	3 年	11 月	根	800	4～5
重楼	80～100	种根	9—10 月	3 年	9—10 月	根	400	18～22
何首乌	6000 株	种苗	10—11 月	2～3 年	10—11 月	根	1000	7～8
赤芍	3000 株	种根	8—9 月	3 年	8—9 月	根	800	5

附录3 中药材生产质量管理规范(试行)

第一章 总 则

第一条 为规范中药材生产,保证中药材质量,促进中药材标准化、现代化,制订本规范。

第二条 本规范是中药材生产和质量管理的基本准则,适用于中药材生产企业(以下简称生产企业)生产中药材(含植物、动物药)的全过程。

第三条 生产企业应运用规范化管理和质量监控手段,保护野生药材资源和生态环境,坚持"最大持续产量"原则,实现资源的可持续利用。

第二章 产地生态环境

第四条 生产企业应按中药材产地适宜性优化原则,因地制宜,合理布局。

第五条 中药材产地的环境应符合国家相应标准:

空气应符合大气环境质量等级标准;土壤应符合土壤质量二级标准;灌溉水应符合农田灌溉水质量标准;药用动物饮用水符合国家生活饮用水质量标准。

第六条 药用动物养殖企业应满足动物种群对生态因子的需求及与生活、繁殖等相适应的条件。

第三章 种质和繁殖材料

第七条 对养殖、栽培或野生采集的药用动植物,应准确鉴定其物种,包括亚种、变种或品种,记录其中文名及学名。

第八条 种子、菌种和繁殖材料在生产、贮运过程中应实行检验和检疫制度以保证质量和防止病虫害及杂草的传播;防止伪劣种子、菌种和繁殖材料的交易与传播。

第九条 应按动物习性进行药用动物的引种及驯化。捕捉和运输时应避免动物机体和精神损伤。引种动物必须严格检疫,并进行一定时间的隔离、观察。

第十条 加强中药材良种选育、配种工作,建立良种繁育基地,保护药用动植物种质资源。

第四章 栽培与养殖管理

第十一条 根据药用植物生长发育要求,确定栽培适宜区域,并制定相应的种植规程。

第十二条 根据药用植物的营养特点及土壤的供肥能力,确定施肥种类、时间和数量,施用肥料的种类以有机肥为主,根据不同药用植物物种生长发育的需要有限度地使用化学肥料。

第十三条 允许施用经充分腐熟达到无害化卫生标准的农家肥。禁止施用城市生活垃圾、工业垃圾及医院垃圾和粪便。

第十四条 根据药用植物不同生长发育时期的需水规律及气候条件、土壤水分状况,适时、合理灌溉和排水,保持土壤的良好通气条件。

第十五条 根据药用植物生长发育特性和不同的药用部位,加强田间管理,及时采取打顶、摘蕾、整枝修剪、覆盖遮荫等栽培措施,调控植株生长发育,提高药材产量,保持质量稳定。

第十六条 药用植物病虫害的防治应采取综合防治策略。如必须施用农药时,应按照《中华人民共和国农药管理条例》的规定,采用最小有效剂量并选用高效、低毒、低残留农药,以降低农药残留和重金属污染,保护生态环境。

第二节 药用动物养殖管理

第十七条 根据药用动物生存环境、食性、行为特点及对环境的适应能力等,确定相应的养殖方式和方法,制定相应的养殖规程和管理制度。

第十八条 根据药用动物的季节活动、昼夜活动规律及不同生长周期和生理特点,科学地配制饲料,定时定量地投喂。适时适量地补充精料、维生素、矿物质及其他必要的添加剂,不得添加激素、类激素等添加剂。饲料及添加剂应无污染。

第十九条 药用动物养殖应视季节、气温、通气等情况,确定给水的时间及次数。草食动物应尽可能通过多食青绿多汁的饲料补充水分。

第二十条 根据药用动物栖息、行为等特性,建造具有一定空间的固定场所及必要的安全设施。

第二十一条 养殖环境应保持清洁卫生,建立消毒制度,并选用适当消毒剂对动物的生活场所、设备等进行定期消毒。加强对进入养殖场所人员的管理。

第二十二条 药用动物的疫病防治,应以预防为主,定期接种疫苗。

第二十三条 合理划分养殖区,对群饲药用动物要有适当密度。发现患病动物,应及时隔离。患传染病动物应处死,火化或深埋。

第二十四条 根据养殖计划和育种需要,确定动物群的组成与结构,适时周转。

第二十五条 禁止将中毒、感染疫病的药用动物加工成中药材。

第五章 采收与初加工

第二十六条 野生或半野生药用动植物的采集应坚持"最大持续产量"原则,应有计划地进行野生抚育、轮采与封育,以利于生物的繁衍与资源的更新。

第二十七条 根据产品质量及植物单位面积产量或动物养殖数量,并参考传统采收经验等因素确定适宜的采收时间(包括采收期、采收年限)和方法。

第二十八条 采收机械、器具应保持清洁、无污染,存放在无虫、鼠害和禽畜的干燥场所。

第二十九条 采收及初加工过程中应尽可能排除非药用部分及异物,特别是杂草及有毒物质,剔除破损、腐烂变质的部分。

第三十条 药用部分采收后,经过拣选、清洗、切制或修整等适宜的加工,需干燥的应采用适宜的方法和技术迅速干燥,并控制温度和湿度,使中药材不受污染,有效成分不被破坏。

第三十一条 鲜用药材可采用冷藏、沙藏、罐贮、生物保鲜等适宜的保鲜方法,尽可能不使用保鲜剂和防腐剂。如必须使用时,应符合国家对食品添加剂的有关规定。

第三十二条 加工场地应清洁、通风,具有遮阳、防雨和防鼠、防虫及禽畜的设施。

第三十三条 地道药材应按传统方法进行加工。如有改动,应提供充分试验数据,不得影响药材质量。

第六章 包装、运输与贮藏

第三十四条 包装前应再次检查并清除劣质品及异物。包装应按标准操作规程操作,并有包装记录,其内容应包括品名、规格、产地、批号、重量、包装工号、包装日期等。

第三十五条 所使用的包装材料应是无污染、清洁、干燥、无破损,并符合药材质量要求。

第三十六条 在每件药材包装上,应注明品名、规格、产地、批号、包装日期、生产单位,并附有质量合格的标志。

第三十七条 易破碎的药材应装在坚固的箱盒内;毒性、麻醉性、贵细药材应使用特殊包装,并应贴上相应的标记。

第三十八条 药材批量运输时,不应与其他有毒、有害、易串味物质混装。运载容器应具有较好的通气性,以保持干燥,并应有防潮措施。

第三十九条 药材仓库应通风、干燥、避光,必要时安装空调及除湿设备,并具有防鼠、虫、禽畜的措施。地面应整洁、无缝隙、易清洁。

药材应存放在货架上,与墙壁保持足够距离,防止虫蛀、霉变、腐烂、泛油等现象发生,并定期检查。

在应用传统贮藏方法的同时,应注意选用现代贮藏保管新技术、新设备。

第七章 质量管理

第四十条 生产企业应设有质量管理部门,负责中药材生产过程的监督管理和质量监控,并应配备与药材生产规模、品种检验要求相适应的人员、场所、仪器和设备。

第四十一条 质量管理部门的主要职责:

(一)负责环境监测、卫生管理;

(二)负责生产资料、包装材料及药材的检验,并出具检验报告;

(三)负责制订培训计划,并监督实施;

(四)负责制订和管理质量文件,并对生产、包装、检验等各种原始记录进行管理。

第四十二条 药材包装前,质量检验部门应对每批药材,按中药材国家标准或经审核批准的中药材标准进行检验。检验项目应至少包括药材性状与鉴别、杂质、水分、灰分与酸不溶性灰分、浸出物、指标性成分或有效成分含量。农药残留量、重金属及微生物限度均应符合国家标准和有关规定。

第四十三条 检验报告应由检验人员、质量检验部门负责人签章。检验报告应存档。

第四十四条 不合格的中药材不得出场和销售。

第八章 人员和设备

第四十五条 生产企业的技术负责人应有药学或农学、畜牧学等相关专业的大专以上学历,并有药材生产实践经验。

第四十六条 质量管理部门负责人应有大专以上学历,并有药材质量管理经验。

第四十七条 从事中药材生产的人员均应具有基本的中药学、农学或畜牧学常识,并经生产技术、安全及卫生学知识培训。从事田间工作的人员应熟悉栽培技术,特别是农药的施用及防护技术;从事养殖的人员应熟悉养殖技术。

第四十八条 从事加工、包装、检验人员应定期进行健康检查,患有传染病、皮肤病或外伤性疾病等不得从事直接接触药材的工作。生产企业应配备专人负责环境卫生及个人卫生检查。

第四十九条 对从事中药材生产的有关人员应按本规范要求,定期培训与考核。

第五十条 中药材产地应设有厕所或盥洗室,排出物不应对环境及产品造成污染。

第五十一条 生产企业生产和检验用的仪器、仪表、量具、衡器等,其适用范围和精密度应符合生产和检验的要求,有明显的状态标志,并定期校验。

第九章 文件管理

第五十二条 生产企业应有生产管理、质量管理等标准操作规程。

第五十三条 每种中药材的生产全过程均应详细记录,必要时可附照片或图像。记录包括:

(一)种子、菌种和繁殖材料的来源;

(二)生产技术与过程:

1.药用植物播种的时间、数量及面积;育苗、移栽以及肥料的种类、施用时间、施用量、施用方法;农药中包括杀虫剂、杀菌剂及除莠剂的种类、施用量、施用时间和方法等。

2.药用动物养殖日志、周转计划、选配种记录、产仔或产卵记录、病例病志、死亡报告书、死亡登记表、检免疫统计表、饲料配合表、饲料消耗记录、谱系登记表、后裔鉴定表等。

3.药用部分的采收时间、采收量、鲜重和加工、干燥、干燥减重、运输、贮藏等。

4.气象资料及小气候的记录等。

5.药材的质量评价:药材性状及各项检测的记录。

第五十四条 所有原始记录、生产计划及执行情况、合同及协议书等均应存档,至少保存5年。档案资料应有专人保管。

第十章 附 则

第五十五条 本规范所用术语:

(一)中药材 指药用植物、动物的药用部分采收后经产地初加工形成的原料药材。

(二)中药材生产企业 指具有一定规模、按一定程序进行药用植物栽培或动物养殖、药材初加工、包装、贮存等生产过程的单位。

(三)最大持续产量 即不危害生态环境,可持续生产(采收)的最大产量。

(四)地道药材 传统中药材中具有特定的种质、特定的产区或特定的生产技术和加工方法所生产的中药材。

(五)种子、菌种和繁殖材料 植物(含菌物)可供繁殖用的器官、组织、细胞等,菌物的菌丝、子实体等;动物的种物、仔、卵等。

（六）病虫害综合防治　从生物与环境整体观点出发,本着预防为主的指导思想和安全、有效、经济、简便的原则,因地制宜,合理运用生物的、农业的、化学的方法及其他有效生态手段,把病虫的危害控制在经济阈值以下,以达到提高经济效益和生态效益之目的。

（七）半野生药用动植物　指野生或逸为野生的药用动植物辅以适当人工抚育和中耕、除草、施肥或喂料等管理的动植物种群。

第五十六条　本规范由国家药品监督管理局负责解释。

第五十七条　本规范自二○○二年六月一日起施行。

（国家药品监督管理局令,2002 年第 32 号）

附录4 中药材生产质量管理规范认证管理办法(试行)

第一条 根据《药品管理法》及《药品管理法实施条例》的有关规定,为加强中药材生产的监督管理,规范《中药材生产质量管理规范(试行)》(英文名称为 Good Agricultural Practaice for Chinese Crude Drugs,简称中药材 GAP)认证工作,制定本办法。

第二条 国家食品药品监督管理局负责全国中药材 GAP 认证工作;负责中药材 GAP 认证检查评定标准及相关文件的制定、修订工作;负责中药材 GAP 认证检查员的培训、考核和聘任等管理工作。

国家食品药品监督管理局药品认证管理中心(以下简称"局认证中心")承担中药材 GAP 认证的具体工作。

第三条 省、自治区、直辖市食品药品监督管理局(药品监督管理局)负责本行政区域内中药材生产企业的 GAP 认证申报资料初审和通过中药材 GAP 认证企业的日常监督管理工作。

第四条 申请中药材 GAP 认证的中药材生产企业,其申报的品种至少完成一个生产周期。申报时需填写《中药材 GAP 认证申请表》(一式二份),并向所在省、自治区、直辖市食品药品监督管理局(药品监督管理局)提交以下资料:

(一)《营业执照》(复印件);

(二)申报品种的种植(养殖)历史和规模、产地生态环境、品种来源及鉴定、种质来源、野生资源分布情况和中药材动植物生长习性资料、良种繁育情况、适宜采收时间(采收年限、采收期)及确定依据、病虫害综合防治情况、中药材质量控制及评价情况等;

(三)中药材生产企业概况,包括组织形式并附组织机构图(注明各部门名称及职责)、运营机制、人员结构,企业负责人、生产和质量部门负责人背景资料(包括专业、学历和经历)、人员培训情况等;

(四)种植(养殖)流程图及关键技术控制点;

(五)种植(养殖)区域布置图(标明规模、产量、范围);

(六)种植(养殖)地点选择依据及标准;

(七)产地生态环境检测报告(包括土壤、灌溉水、大气环境)、品种来源鉴定报告、法定及企业内控质量标准(包括依据及起草说明)、取样方法及质量检测报告书,历年来质量控制及检测情况;

(八)中药材生产管理、质量管理文件目录;

(九)企业实施中药材 GAP 自查情况总结资料。

第五条 省、自治区、直辖市食品药品监督管理局(药品监督管理局)应当自收到中药材 GAP 认证申报资料之日起 40 个工作日内提出初审意见。符合规定的,将初审意见及认证资料转报国家食品药品监督管理局。

第六条　国家食品药品监督管理局组织对初审合格的中药材 GAP 认证资料进行形式审查,必要时可请专家论证,审查工作时限为 5 个工作日(若需组织专家论证,可延长至 30 个工作日)。符合要求的予以受理并转局认证中心。

第七条　局认证中心在收到申请资料后 30 个工作日内提出技术审查意见,制定现场检查方案。检查方案的内容包括日程安排、检查项目、检查组成员及分工等,如需核实的问题应列入检查范围。现场检查时间一般安排在该品种的采收期,时间一般为 3—5 天,必要时可适当延长。

第八条　检查组成员的选派遵循本行政区域内回避原则,一般由 3—5 名检查员组成。根据检查工作需要,可临时聘任有关专家担任检查员。

第九条　省、自治区、直辖市食品药品监督管理(药品监督管理局)可选派 1 名负责中药材生产监督管理的人员作为观察员,联络、协调检查有关事宜。

第十条　现场检查首次会议应确认检查品种,落实检查日程,宣布检查纪律和注意事项,确定企业的检查陪同人员。检查陪同人员必须是企业负责人或中药材生产、质量管理部门负责人,熟悉中药材生产全过程,并能够解答检查组提出的有关问题。

第十一条　检查组必须严格按照预定的现场检查方案对企业实施中药材 GAP 的情况进行检查。对检查发现的缺陷项目如实记录,必要时应予取证。检查中如需企业提供的资料,企业应及时提供。

第十二条　现场检查结束后,由检查组长组织检查组讨论做出综合评定意见,形成书面报告。综合评定期间,被检查企业人员应予回避。

第十三条　现场检查报告须检查组全体人员签字,并附缺陷项目、检查员记录、有异议问题的意见及相关证据资料。

第十四条　现场检查末次会议应现场宣布综合评定意见。被检查企业可安排有关人员参加。企业如对评定意见及检查发现的缺陷项目有不同意见,可作适当解释、说明。检查组对企业提出的合理意见应予采纳。

第十五条　检查中发现的缺陷项目,须经检查组全体人员和被检查企业负责人签字,双方各执一份。如有不能达成共识的问题,检查组须做好记录,经检查组全体成员和被检查企业负责人签字,双方各执一份。

第十六条　现场检查报告、缺陷项目表、每个检查员现场检查记录和原始评价及相关资料应在检查工作结束后 5 个工作日内报送局认证中心。

第十七条　局认证中心在收到现场检查报告后 20 个工作日内进行技术审核,符合规定的,报国家食品药品监督管理局审批。符合《中药材生产质量管理规范》的,颁发《中药材 GAP 证书》并予以公告。

第十八条　对经现场检查不符合中药材 GAP 认证标准的,不予通过中药材 GAP 认证,由局认证中心向被检查企业发认证不合格通知书。

第十九条　认证不合格企业再次申请中药材 GAP 认证的,以及取得中药材 GAP 证书后改变种植(养殖)区域(地点)或扩大规模等,应按本办法第四条规定办理。

第二十条　《中药材 GAP 证书》有效期一般为 5 年。生产企业应在《中药材 GAP 证书》有限期满前 6 个月,按本办法第四条的规定重新申请中药材 GAP 认证。

第二十一条　《中药材 GAP 证书》由国家食品药品监督管理局统一印制,应当载明证书编号、企业名称、法定代表人、企业负责人、注册地址、种植（养殖）区域（地点）、认证品种、种植（养殖）规模、发证机关、发证日期、有效期限等项目。

第二十二条　中药材 GAP 认证检查员须具备下列条件：

（一）遵纪守法、廉洁正派、坚持原则、实事求是；

（二）熟悉和掌握国家药品监督管理相关的法律、法规和方针政策；

（三）具有中药学相关专业大学以上学历或中级以上职称，并具有 5 年以上从事中药材研究、监督管理、生产质量管理相关工作实践经验；

（四）能够正确理解中药材 GAP 的原则，准确掌握中药 GAP 认证检查标准；

（五）身体状况能胜任现场检查工作，无传染性疾病；

（六）能服从选派，积极参加中药材 GAP 认证现场检查工作。

第二十三条　中药材 GAP 认证检查员应经所在单位推荐，填写《国家中药材 GAP 认证检查员推荐表》，由省级食品药品监督管理局（药品监督管理局）签署意见后报国家食品药品监督管理局进行资格认定。

第二十四条　国家食品药品监督管理局负责对中药材 GAP 认证检查员进行年审，不合格的予以解聘。

第二十五条　中药材 GAP 认证检查员受国家食品药品监督管理局的委派，承担对生产企业的中药材 GAP 认证现场检查、跟踪检查等项工作。

第二十六条　中药材 GAP 认证检查员必须加强自身修养和知识更新，不断提高中药材 GAP 认证检查的业务知识和政策水平。

第二十七条　中药材 GAP 认证检查员必须遵守中药材 GAP 认证检查员守则和现场检查纪律。对违反有关规定的，予以批评教育，情节严重的，取消中药材 GAP 认证检查员资格。

第二十八条　国家食品药品监督管理员负责组织对取得《中药材 GAP 证书》的企业，根据品种生长特点每年确定不同的检查频次和重点进行跟踪检查。

第二十九条　在《中药材 GAP 证书》有效期内，省、自治区、直辖市食品药品监督局（药品监督管理局）负责每年对企业跟踪检查一次，跟踪检查情况应及时报国家食品药品监督管理局。

第三十条　取得《中药材 GAP 证书》的企业，如发生重大质量问题或者未按照中药材 GAP 组织生产的，国家食品药品监督管理局将予以警告，并责令其改正；情节严重的，将吊销其《中药材 GAP 证书》。

第三十一条　取得《中药材 GAP 证书》的中药材生产企业，如发现申报过程中采取弄虚作假骗取证书的，或以非认证企业生产的中药材冒充认证企业生产的中药材销售和使用等严重问题的，一经核实，国家食品药品监督管理局将吊销其《中药材 GAP 证书》。

第三十二条　中药材生产企业《中药材 GAP 证书》登记事项发生变更的，应在事项发生变更之日起 30 日内，向国家食品药品监督管理局申请办理变更手续，国家食品药品监督管理局应在 15 个工作日内作出相应变更。

第三十三条　中药材生产企业终止生产中药材或者关闭的，由国家食品药品监督管理局收回《中药材 GAP 证书》。

第三十四条　申请中药材 GAP 认证的中药材生产企业应按照有关规定缴纳认证费用。

未按规定缴纳认证费用的，中止认证或收回《中药材 GAP 证书》。

第三十五条　本办法由国家食品药品监督管理局负责解释。

第三十六条　本办法自 2003 年 11 月 1 日起施行。

附录 5 气象法规

中华人民共和国气象法

（1999 年 10 月 31 日第九届全国人民代表大会常务委员会第十二次会议通过 1999 年 10 月 31 日中华人民共和国主席令第二十三号公布 自 2000 年 1 月 1 日起施行）

第一章 总 则

第一条 为了发展气象事业，规范气象工作，准确、及时地发布气象预报，防御气象灾害，合理开发利用和保护气候资源，为经济建设、国防建设、社会发展和人民生活提供气象服务，制定本法。

第二条 在中华人民共和国领域和中华人民共和国管辖的其他海域从事气象探测、预报、服务和气象灾害防御、气候资源利用、气象科学技术研究等活动，应当遵守本法。

第三条 气象事业是经济建设、国防建设、社会发展和人民生活的基础性公益事业，气象工作应当把公益性气象服务放在首位。

县级以上人民政府应当加强对气象工作的领导和协调，将气象事业纳入中央和地方同级国民经济和社会发展计划及财政预算，以保障其充分发挥为社会公众、政府决策和经济发展服务的功能。

县级以上地方人民政府根据当地社会经济发展的需要所建设的地方气象事业项目，其投资主要由本级财政承担。

气象台站在确保公益性气象无偿服务的前提下，可以依法开展气象有偿服务。

第四条 县、市气象主管机构所属的气象台站应当主要为农业生产服务，及时主动提供保障当地农业生产所需的公益性气象信息服务。

第五条 国务院气象主管机构负责全国的气象工作。地方各级气象主管机构在上级气象主管机构和本级人民政府的领导下，负责本行政区域内的气象工作。

国务院其他有关部门和省、自治区、直辖市人民政府其他有关部门所属的气象台站，应当接受同级气象主管机构对其气象工作的指导、监督和行业管理。

第六条 从事气象业务活动，应当遵守国家制定的气象技术标准、规范和规程。

第七条 国家鼓励和支持气象科学技术研究、气象科学知识普及，培养气象人才，推广先进的气象科学技术，保护气象科技成果，加强国际气象合作与交流，发展气象信息产业，提高气象工作水平。

各级人民政府应当关心和支持少数民族地区、边远贫困地区、艰苦地区和海岛的气象台站的建设和运行。

对在气象工作中做出突出贡献的单位和个人,给予奖励。

第八条　外国的组织和个人在中华人民共和国领域和中华人民共和国管辖的其他海域从事气象活动,必须经国务院气象主管机构会同有关部门批准。

第二章　气象设施的建设与管理

第九条　国务院气象主管机构应当组织有关部门编制气象探测设施、气象信息专用传输设施、大型气象专用技术装备等重要气象设施的建设规划,报国务院批准后实施。气象设施建设规划的调整、修改,必须报国务院批准。

编制气象设施建设规划,应当遵循合理布局、有效利用、兼顾当前与长远需要的原则,避免重复建设。

第十条　重要气象设施建设项目,在项目建议书和可行性研究报告报批前,应当按照项目相应的审批权限,经国务院气象主管机构或者省、自治区、直辖市气象主管机构审查同意。

第十一条　国家依法保护气象设施,任何组织或者个人不得侵占、损毁或者擅自移动气象设施。

气象设施因不可抗力遭受破坏时,当地人民政府应当采取紧急措施,组织力量修复,确保气象设施正常运行。

第十二条　未经依法批准,任何组织或者个人不得迁移气象台站;确因实施城市规划或者国家重点工程建设,需要迁移国家基准气候站、基本气象站的,应当报经国务院气象主管机构批准;需要迁移其他气象台站的,应当报经省、自治区、直辖市气象主管机构批准。迁建费用由建设单位承担。

第十三条　气象专用技术装备应当符合国务院气象主管机构规定的技术要求,并经国务院气象主管机构审查合格;未经审查或者审查不合格的,不得在气象业务中使用。

第十四条　气象计量器具应当依照《中华人民共和国计量法》的有关规定,经气象计量检定机构检定。未经检定、检定不合格或者超过检定有效期的气象计量器具,不得使用。

国务院气象主管机构和省、自治区、直辖市气象主管机构可以根据需要建立气象计量标准器具,其各项最高计量标准器具依照《中华人民共和国计量法》的规定,经考核合格后,方可使用。

第三章　气象探测

第十五条　各级气象主管机构所属的气象台站,应当按照国务院气象主管机构的规定,进行气象探测并向有关气象主管机构汇交气象探测资料。未经上级气象主管机构批准,不得中止气象探测。

国务院气象主管机构及有关地方气象主管机构应当按照国家规定适时发布基本气象探测资料。

第十六条　国务院其他有关部门和省、自治区、直辖市人民政府其他有关部门所属的气象台站及其他从事气象探测的组织和个人,应当按照国家有关规定向国务院气象主管机构或者省、自治区、直辖市气象主管机构汇交所获得的气象探测资料。

各级气象主管机构应当按照气象资料共享、共用的原则,根据国家有关规定,与其他从事气象工作的机构交换有关气象信息资料。

第十七条 在中华人民共和国内水、领海和中华人民共和国管辖的其他海域的海上钻井平台和具有中华人民共和国国籍的在国际航线上飞行的航空器、远洋航行的船舶,应当按照国家有关规定进行气象探测并报告气象探测信息。

第十八条 基本气象探测资料以外的气象探测资料需要保密的,其密级的确定、变更和解密以及使用,依照《中华人民共和国保守国家秘密法》的规定执行。

第十九条 国家依法保护气象探测环境,任何组织和个人都有保护气象探测环境的义务。

第二十条 禁止下列危害气象探测环境的行为:

(一)在气象探测环境保护范围内设置障碍物、进行爆破和采石;

(二)在气象探测环境保护范围内设置影响气象探测设施工作效能的高频电磁辐射装置;

(三)在气象探测环境保护范围内从事其他影响气象探测的行为。

气象探测环境保护范围的划定标准由国务院气象主管机构规定。各级人民政府应当按照法定标准划定气象探测环境的保护范围,并纳入城市规划或者村庄和集镇规划。

第二十一条 新建、扩建、改建建设工程,应当避免危害气象探测环境;确实无法避免的,属于国家基准气候站、基本气象站的探测环境,建设单位应当事先征得国务院气象主管机构的同意,属于其他气象台站的探测环境,应当事先征得省、自治区、直辖市气象主管机构的同意,并采取相应的措施后,方可建设。

第四章 气象预报与灾害性天气警报

第二十二条 国家对公众气象预报和灾害性天气警报实行统一发布制度。

各级气象主管机构所属的气象台站应当按照职责向社会发布公众气象预报和灾害性天气警报,并根据天气变化情况及时补充或者订正。其他任何组织或者个人不得向社会发布公众气象预报和灾害性天气警报。

国务院其他有关部门和省、自治区、直辖市人民政府其他有关部门所属的气象台站,可以发布供本系统使用的专项气象预报。

各级气象主管机构及其所属的气象台站应当提高公众气象预报和灾害性天气警报的准确性、及时性和服务水平。

第二十三条 各级气象主管机构所属的气象台站应当根据需要,发布农业气象预报、城市环境气象预报、火险气象等级预报等专业气象预报,并配合军事气象部门进行国防建设所需的气象服务工作。

第二十四条 各级广播、电视台站和省级人民政府指定的报纸,应当安排专门的时间或者版面,每天播发或者刊登公众气象预报或者灾害性天气警报。

各级气象主管机构所属的气象台站应当保证其制作的气象预报节目的质量。

广播、电视播出单位改变气象预报节目播发时间安排的,应当事先征得有关气象台站的同意;对国计民生可能产生重大影响的灾害性天气警报和补充、订正的气象预报,应当及时增播或者插播。

第二十五条 广播、电视、报纸、电信等媒体向社会传播气象预报和灾害性天气警报,必须使用气象主管机构所属的气象台站提供的适时气象信息,并标明发布时间和气象台站的名称。通过传播气象信息获得的收益,应当提取一部分支持气象事业的发展。

第二十六条 信息产业部门应当与气象主管机构密切配合,确保气象通信畅通,准确、及时地传递气象情报、气象预报和灾害性天气警报。

气象无线电专用频道和信道受国家保护,任何组织或者个人不得挤占和干扰。

第五章 气象灾害防御

第二十七条 县级以上人民政府应当加强气象灾害监测、预警系统建设,组织有关部门编制气象灾害防御规划,并采取有效措施,提高防御气象灾害的能力。有关组织和个人应当服从人民政府的指挥和安排,做好气象灾害防御工作。

第二十八条 各级气象主管机构应当组织对重大灾害性天气的跨地区、跨部门的联合监测、预报工作,及时提出气象灾害防御措施,并对重大气象灾害作出评估,为本级人民政府组织防御气象灾害提供决策依据。

各级气象主管机构所属的气象台站应当加强对可能影响当地的灾害性天气的监测和预报,并及时报告有关气象主管机构。其他有关部门所属的气象台站和与灾害性天气监测、预报有关的单位应当及时向气象主管机构提供监测、预报气象灾害所需要的气象探测信息和有关的水情、风暴潮等监测信息。

第二十九条 县级以上地方人民政府应当根据防御气象灾害的需要,制定气象灾害防御方案,并根据气象主管机构提供的气象信息,组织实施气象灾害防御方案,避免或者减轻气象灾害。

第三十条 县级以上人民政府应当加强对人工影响天气工作的领导,并根据实际情况,有组织、有计划地开展人工影响天气工作。

国务院气象主管机构应当加强对全国人工影响天气工作的管理和指导。地方各级气象主管机构应当制定人工影响天气作业方案,并在本级人民政府的领导和协调下,管理、指导和组织实施人工影响天气作业。有关部门应当按照职责分工,配合气象主管机构做好人工影响天气的有关工作。

实施人工影响天气作业的组织必须具备省、自治区、直辖市气象主管机构规定的资格条件,并使用符合国务院气象主管机构要求的技术标准的作业设备,遵守作业规范。

第三十一条 各级气象主管机构应当加强对雷电灾害防御工作的组织管理,并会同有关部门指导对可能遭受雷击的建筑物、构筑物和其他设施安装的雷电灾害防护装置的检测工作。

安装的雷电灾害防护装置应当符合国务院气象主管机构规定的使用要求。

第六章 气候资源开发利用和保护

第三十二条 国务院气象主管机构负责全气候资源的综合调查、区划工作,组织进行气候监测、分析、评价,并对可能引起气候恶化的大气成分进行监测,定期发布全国气候状况公报。

第三十三条 县级以上地方人民政府应当根据本地区气候资源的特点,对气候资源开发利用的方向和保护的重点作出规划。

地方各级气象主管机构应当根据本级人民政府的规划,向本级人民政府和同级有关部门提出利用、保护气候资源和推广应用气候资源区划等成果的建议。

第三十四条 各级气象主管机构应当组织对城市规划、国家重点建设工程、重大区域性经济开发项目和大型太阳能、风能等气候资源开发利用项目进行气候可行性论证。

具有大气环境影响评价资格的单位进行工程建设项目大气环境影响评价时,应当使用气象主管机构提供或者经其审查的气象资料。

第七章 法律责任

第三十五条 违反本法规定,有下列行为之一的,由有关气象主管机构按照权限责令停止违法行为,限期恢复原状或者采取其他补救措施,可以并处五万元以下的罚款;造成损失的,依法承担赔偿责任;构成犯罪的,依法追究刑事责任:

(一)侵占、损毁或者未经批准擅自移动气象设施的;

(二)在气象探测环境保护范围内从事危害气象探测环境活动的。

在气象探测环境保护范围内,违法批准占用土地的,或者非法占用土地新建建筑物或者其他设施的,依照《中华人民共和国城市规划法》或者《中华人民共和国土地管理法》的有关规定处罚。

第三十六条 违反本法规定,使用不符合技术要求的气象专用技术装备,造成危害的,由有关气象主管机构按照权限责令改正,给予警告,可以并处五万元以下的罚款。

第三十七条 违反本法规定,安装不符合使用要求的雷电灾害防护装置的,由有关气象主管机构责令改正,给予警告。使用不符合使用要求的雷电灾害防护装置给他人造成损失的,依法承担赔偿责任。

第三十八条 违反本法规定,有下列行为之一的,由有关气象主管机构按照权限责令改正,给予警告,可以并处五万元以下的罚款:

(一)非法向社会发布公众气象预报、灾害性天气警报的;

(二)广播、电视、报纸、电信等媒体向社会传播公众气象预报、灾害性天气警报,不使用气象主管机构所属的气象台站提供的适时气象信息的;

(三)从事大气环境影响评价的单位进行工程建设项目大气环境影响评价时,使用的气象资料不是气象主管机构提供或者审查的。

第三十九条 违反本法规定,不具备省、自治区、直辖市气象主管机构规定的资格条件实施人工影响天气作业的,或者实施人工影响天气作业使用不符合国务院气象主管机构要求的技术标准的作业设备的,由有关气象主管机构按照权限责令改正,给予警告,可以并处十万元以下的罚款;给他人造成损失的,依法承担赔偿责任;构成犯罪的,依法追究刑事责任。

第四十条 各级气象主管机构及其所属气象台站的工作人员由于玩忽职守,导致重大漏报、错报公众气象预报、灾害性天气警报,以及丢失或者毁坏原始气象探测资料、伪造气象资料等事故的,依法给予行政处分;致使国家利益和人民生命财产遭受重大损失,构成犯罪的,依法追究刑事责任。

第八章 附 则

第四十一条 本法中下列用语的含义是:

（一）气象设施，是指气象探测设施、气象信息专用传输设施、大型气象专用技术装备等。

（二）气象探测，是指利用科技手段对大气和近地层的大气物理过程、现象及其化学性质等进行的系统观察和测量。

（三）气象探测环境，是指为避开各种干扰保证气象探测设施准确获得气象探测信息所必需的最小距离构成的环境空间。

（四）气象灾害，是指台风、暴雨（雪）、寒潮、大风（沙尘暴）、低温、高温、干旱、雷电、冰雹、霜冻和大雾等所造成的灾害。

（五）人工影响天气，是指为避免或者减轻气象灾害，合理利用气候资源，在适当条件下通过科技手段对局部大气的物理、化学过程进行人工影响，实现增雨雪、防雹、消雨、消雾、防霜等目的的活动。

第四十二条　气象台站和其他开展气象有偿服务的单位，从事气象有偿服务的范围、项目、收费等具体管理办法，由国务院依据本法规定。

第四十三条　中国人民解放军气象工作的管理办法，由中央军事委员会制定。

第四十四条　中华人民共和国缔结或者参加的有关气象活动的国际条约与本法有不同规定的，适用该国际条约的规定；但是，中华人民共和国声明保留的条款除外。

第四十五条　本法自 2000 年 1 月 1 日起施行。1994 年 8 月 18 日国务院发布的《中华人民共和国气象条例》同时废止。

中华人民共和国国务院令

第 570 号

《气象灾害防御条例》已经 2010 年 1 月 20 日国务院第 98 次常务会议通过,现予公布,自 2010 年 4 月 1 日起施行。

总理 温家宝

二〇一〇年一月二十七日

气象灾害防御条例

第一章 总 则

第一条 为了加强气象灾害的防御,避免、减轻气象灾害造成的损失,保障人民生命财产安全,根据《中华人民共和国气象法》,制定本条例。

第二条 在中华人民共和国领域和中华人民共和国管辖的其他海域内从事气象灾害防御活动的,应当遵守本条例。

本条例所称气象灾害,是指台风、暴雨(雪)、寒潮、大风(沙尘暴)、低温、高温、干旱、雷电、冰雹、霜冻和大雾等所造成的灾害。

水旱灾害、地质灾害、海洋灾害、森林草原火灾等因气象因素引发的衍生、次生灾害的防御工作,适用有关法律、行政法规的规定。

第三条 气象灾害防御工作实行以人为本、科学防御、部门联动、社会参与的原则。

第四条 县级以上人民政府应当加强对气象灾害防御工作的组织、领导和协调,将气象灾害的防御纳入本级国民经济和社会发展规划,所需经费纳入本级财政预算。

第五条 国务院气象主管机构和国务院有关部门应当按照职责分工,共同做好全国气象灾害防御工作。

地方各级气象主管机构和县级以上地方人民政府有关部门应当按照职责分工,共同做好本行政区域的气象灾害防御工作。

第六条 气象灾害防御工作涉及两个以上行政区域的,有关地方人民政府、有关部门应当建立联防制度,加强信息沟通和监督检查。

第七条 地方各级人民政府、有关部门应当采取多种形式,向社会宣传普及气象灾害防御知识,提高公众的防灾减灾意识和能力。

学校应当把气象灾害防御知识纳入有关课程和课外教育内容,培养和提高学生的气象灾害防范意识和自救互救能力。教育、气象等部门应当对学校开展的气象灾害防御教育进行指导和监督。

第八条 国家鼓励开展气象灾害防御的科学技术研究,支持气象灾害防御先进技术的推广和应用,加强国际合作与交流,提高气象灾害防御的科技水平。

第九条　公民、法人和其他组织有义务参与气象灾害防御工作,在气象灾害发生后开展自救互救。

对在气象灾害防御工作中做出突出贡献的组织和个人,按照国家有关规定给予表彰和奖励。

第二章　预　　防

第十条　县级以上地方人民政府应当组织气象等有关部门对本行政区域内发生的气象灾害的种类、次数、强度和造成的损失等情况开展气象灾害普查,建立气象灾害数据库,按照气象灾害的种类进行气象灾害风险评估,并根据气象灾害分布情况和气象灾害风险评估结果,划定气象灾害风险区域。

第十一条　国务院气象主管机构应当会同国务院有关部门,根据气象灾害风险评估结果和气象灾害风险区域,编制国家气象灾害防御规划,报国务院批准后组织实施。

县级以上地方人民政府应当组织有关部门,根据上一级人民政府的气象灾害防御规划,结合本地气象灾害特点,编制本行政区域的气象灾害防御规划。

第十二条　气象灾害防御规划应当包括气象灾害发生发展规律和现状、防御原则和目标、易发区和易发时段、防御设施建设和管理以及防御措施等内容。

第十三条　国务院有关部门和县级以上地方人民政府应当按照气象灾害防御规划,加强气象灾害防御设施建设,做好气象灾害防御工作。

第十四条　国务院有关部门制定电力、通信等基础设施的工程建设标准,应当考虑气象灾害的影响。

第十五条　国务院气象主管机构应当会同国务院有关部门,根据气象灾害防御需要,编制国家气象灾害应急预案,报国务院批准。

县级以上地方人民政府、有关部门应当根据气象灾害防御规划,结合本地气象灾害的特点和可能造成的危害,组织制定本行政区域的气象灾害应急预案,报上一级人民政府、有关部门备案。

第十六条　气象灾害应急预案应当包括应急预案启动标准、应急组织指挥体系与职责、预防与预警机制、应急处置措施和保障措施等内容。

第十七条　地方各级人民政府应当根据本地气象灾害特点,组织开展气象灾害应急演练,提高应急救援能力。居民委员会、村民委员会、企业事业单位应当协助本地人民政府做好气象灾害防御知识的宣传和气象灾害应急演练工作。

第十八条　大风(沙尘暴)、龙卷风多发区域的地方各级人民政府、有关部门应当加强防护林和紧急避难场所等建设,并定期组织开展建(构)筑物防风避险的监督检查。

台风多发区域的地方各级人民政府、有关部门应当加强海塘、堤防、避风港、防护林、避风锚地、紧急避难场所等建设,并根据台风情况做好人员转移等准备工作。

第十九条　地方各级人民政府、有关部门和单位应当根据本地降雨情况,定期组织开展各种排水设施检查,及时疏通河道和排水管网,加固病险水库,加强对地质灾害易发区和堤防等重要险段的巡查。

第二十条　地方各级人民政府、有关部门和单位应当根据本地降雪、冰冻发生情况,加强电力、通信线路的巡查,做好交通疏导、积雪(冰)清除、线路维护等准备工作。

有关单位和个人应当根据本地降雪情况,做好危旧房屋加固、粮草储备、牲畜转移等准备工作。

第二十一条 地方各级人民政府、有关部门和单位应当在高温来临前做好供电、供水和防暑医药供应的准备工作,并合理调整工作时间。

第二十二条 大雾、霾多发区域的地方各级人民政府、有关部门和单位应当加强对机场、港口、高速公路、航道、渔场等重要场所和交通要道的大雾、霾的监测设施建设,做好交通疏导、调度和防护等准备工作。

第二十三条 各类建(构)筑物、场所和设施安装雷电防护装置应当符合国家有关防雷标准的规定。

对新建、改建、扩建建(构)筑物设计文件进行审查,应当就雷电防护装置的设计征求气象主管机构的意见;对新建、改建、扩建建(构)筑物进行竣工验收,应当同时验收雷电防护装置并有气象主管机构参加。雷电易发区内的矿区、旅游景点或者投入使用的建(构)筑物、设施需要单独安装雷电防护装置的,雷电防护装置的设计审核和竣工验收由县级以上地方气象主管机构负责。

第二十四条 专门从事雷电防护装置设计、施工、检测的单位应当具备下列条件,取得国务院气象主管机构或者省、自治区、直辖市气象主管机构颁发的资质证:

(一)有法人资格;

(二)有固定的办公场所和必要的设备、设施;

(三)有相应的专业技术人员;

(四)有完备的技术和质量管理制度;

(五)国务院气象主管机构规定的其他条件。

从事电力、通信雷电防护装置检测的单位的资质证由国务院气象主管机构和国务院电力或者国务院通信主管部门共同颁发。依法取得建设工程设计、施工资质的单位,可以在核准的资质范围内从事建设工程雷电防护装置的设计、施工。

第二十五条 地方各级人民政府、有关部门应当根据本地气象灾害发生情况,加强农村地区气象灾害预防、监测、信息传播等基础设施建设,采取综合措施,做好农村气象灾害防御工作。

第二十六条 各级气象主管机构应当在本级人民政府的领导和协调下,根据实际情况组织开展人工影响天气工作,减轻气象灾害的影响。

第二十七条 县级以上人民政府有关部门在国家重大建设工程、重大区域性经济开发项目和大型太阳能、风能等气候资源开发利用项目以及城乡规划编制中,应当统筹考虑气候可行性和气象灾害的风险性,避免、减轻气象灾害的影响。

第三章 监测、预报和预警

第二十八条 县级以上地方人民政府应当根据气象灾害防御的需要,建设应急移动气象灾害监测设施,健全应急监测队伍,完善气象灾害监测体系。

县级以上人民政府应当整合完善气象灾害监测信息网络,实现信息资源共享。

第二十九条 各级气象主管机构及其所属的气象台站应当完善灾害性天气的预报系

统,提高灾害性天气预报、警报的准确率和时效性。

各级气象主管机构所属的气象台站、其他有关部门所属的气象台站和与灾害性天气监测、预报有关的单位应当根据气象灾害防御的需要,按照职责开展灾害性天气的监测工作,并及时向气象主管机构和有关灾害防御、救助部门提供雨情、水情、风情、旱情等监测信息。

各级气象主管机构应当根据气象灾害防御的需要组织开展跨地区、跨部门的气象灾害联合监测,并将人口密集区、农业主产区、地质灾害易发区域、重要江河流域、森林、草原、渔场作为气象灾害监测的重点区域。

第三十条　各级气象主管机构所属的气象台站应当按照职责向社会统一发布灾害性天气警报和气象灾害预警信号,并及时向有关灾害防御、救助部门通报;其他组织和个人不得向社会发布灾害性天气警报和气象灾害预警信号。

气象灾害预警信号的种类和级别,由国务院气象主管机构规定。

第三十一条　广播、电视、报纸、电信等媒体应当及时向社会播发或者刊登当地气象主管机构所属的气象台站提供的适时灾害性天气警报、气象灾害预警信号,并根据当地气象台站的要求及时增播、插播或者刊登。

第三十二条　县级以上地方人民政府应当建立和完善气象灾害预警信息发布系统,并根据气象灾害防御的需要,在交通枢纽、公共活动场所等人口密集区域和气象灾害易发区域建立灾害性天气警报、气象灾害预警信号接收和播发设施,并保证设施的正常运转。

乡(镇)人民政府、街道办事处应当确定人员,协助气象主管机构、民政部门开展气象灾害防御知识宣传、应急联络、信息传递、灾害报告和灾情调查等工作。

第三十三条　各级气象主管机构应当做好太阳风暴、地球空间暴等空间天气灾害的监测、预报和预警工作。

第四章　应急处置

第三十四条　各级气象主管机构所属的气象台站应当及时向本级人民政府和有关部门报告灾害性天气预报、警报情况和气象灾害预警信息。

县级以上地方人民政府、有关部门应当根据灾害性天气警报、气象灾害预警信号和气象灾害应急预案启动标准,及时作出启动相应应急预案的决定,向社会公布,并报告上一级人民政府;必要时,可以越级上报,并向当地驻军和可能受到危害的毗邻地区的人民政府通报。

发生跨省、自治区、直辖市大范围的气象灾害,并造成较大危害时,由国务院决定启动国家气象灾害应急预案。

第三十五条　县级以上地方人民政府应当根据灾害性天气影响范围、强度,将可能造成人员伤亡或者重大财产损失的区域临时确定为气象灾害危险区,并及时予以公告。

第三十六条　县级以上地方人民政府、有关部门应当根据气象灾害发生情况,依照《中华人民共和国突发事件应对法》的规定及时采取应急处置措施;情况紧急时,及时动员、组织受到灾害威胁的人员转移、疏散,开展自救互救。

对当地人民政府、有关部门采取的气象灾害应急处置措施,任何单位和个人应当配合实施,不得妨碍气象灾害救助活动。

第三十七条　气象灾害应急预案启动后,各级气象主管机构应当组织所属的气象台站加强对气象灾害的监测和评估,启用应急移动气象灾害监测设施,开展现场气象服务,及时向本级人民政府、有关部门报告灾害性天气实况、变化趋势和评估结果,为本级人民政府组织防御气象灾害提供决策依据。

第三十八条 县级以上人民政府有关部门应当按照各自职责,做好相应的应急工作。

民政部门应当设置避难场所和救济物资供应点,开展受灾群众救助工作,并按照规定职责核查灾情、发布灾情信息。

卫生主管部门应当组织医疗救治、卫生防疫等卫生应急工作。

交通运输、铁路等部门应当优先运送救灾物资、设备、药物、食品,及时抢修被毁的道路交通设施。

住房城乡建设部门应当保障供水、供气、供热等市政公用设施的安全运行。

电力、通信主管部门应当组织做好电力、通信应急保障工作。

国土资源部门应当组织开展地质灾害监测、预防工作。

农业主管部门应当组织开展农业抗灾救灾和农业生产技术指导工作。

水利主管部门应当统筹协调主要河流、水库的水量调度,组织开展防汛抗旱工作。

公安部门应当负责灾区的社会治安和道路交通秩序维护工作,协助组织灾区群众进行紧急转移。

第三十九条 气象、水利、国土资源、农业、林业、海洋等部门应当根据气象灾害发生的情况,加强对气象因素引发的衍生、次生灾害的联合监测,并根据相应的应急预案,做好各项应急处置工作。

第四十条 广播、电视、报纸、电信等媒体应当及时、准确地向社会传播气象灾害的发生、发展和应急处置情况。

第四十一条 县级以上人民政府及其有关部门应当根据气象主管机构提供的灾害性天气发生、发展趋势信息以及灾情发展情况,按照有关规定适时调整气象灾害级别或者作出解除气象灾害应急措施的决定。

第四十二条 气象灾害应急处置工作结束后,地方各级人民政府应当组织有关部门对气象灾害造成的损失进行调查,制定恢复重建计划,并向上一级人民政府报告。

第五章 法律责任

第四十三条 违反本条例规定,地方各级人民政府、各级气象主管机构和其他有关部门及其工作人员,有下列行为之一的,由其上级机关或者监察机关责令改正;情节严重的,对直接负责的主管人员和其他直接责任人员依法给予处分;构成犯罪的,依法追究刑事责任:

(一)未按照规定编制气象灾害防御规划或者气象灾害应急预案的;

(二)未按照规定采取气象灾害预防措施的;

(三)向不符合条件的单位颁发雷电防护装置设计、施工、检测资质证的;

(四)隐瞒、谎报或者由于玩忽职守导致重大漏报、错报灾害性天气警报、气象灾害预警信号的;

(五)未及时采取气象灾害应急措施的;

(六)不依法履行职责的其他行为。

第四十四条 违反本条例规定,有下列行为之一的,由县级以上地方人民政府或者有关部门责令改正;构成违反治安管理行为的,由公安机关依法给予处罚;构成犯罪的,依法追究刑事责任：

（一）未按照规定采取气象灾害预防措施的；

（二）不服从所在地人民政府及其有关部门发布的气象灾害应急处置决定、命令，或者不配合实施其依法采取的气象灾害应急措施的。

第四十五条　违反本条例规定，有下列行为之一的，由县级以上气象主管机构或者其他有关部门按照权限责令停止违法行为，处 5 万元以上 10 万元以下的罚款；有违法所得的，没收违法所得；给他人造成损失的，依法承担赔偿责任：

（一）无资质或者超越资质许可范围从事雷电防护装置设计、施工、检测的；

（二）在雷电防护装置设计、施工、检测中弄虚作假的。

第四十六条　违反本条例规定，有下列行为之一的，由县级以上气象主管机构责令改正，给予警告，可以处 5 万元以下的罚款；构成违反治安管理行为的，由公安机关依法给予处罚：

（一）擅自向社会发布灾害性天气警报、气象灾害预警信号的；

（二）广播、电视、报纸、电信等媒体未按照要求播发、刊登灾害性天气警报和气象灾害预警信号的；

（三）传播虚假的或者通过非法渠道获取的灾害性天气信息和气象灾害灾情的。

第六章　附　　则

第四十七条　中国人民解放军的气象灾害防御活动，按照中央军事委员会的规定执行。

第四十八条　本条例自 2010 年 4 月 1 日起施行。

参 考 文 献

[1] 张家诚,林之光,中国气候[M].上海:上海科学技术出版社,1985.

[2] 湖南省气象局,湖南气候[M].长沙:湖南科学技术出版社,1979.

[3] 阿里索夫,气候学教程[M].北京:高等教育出版社,1957.

[4] 么枕生,气候学原理[M].北京:科学出版社,1957.

[5] 冯秀藻,陶炳炎,农业气象学原理[M].北京:气象出版社,1991.

[6] 冯定原,王雪娥,农业气象学[M].南京:江苏科学技术出版社,1984.

[7] 广州市气象局,蔬菜与气象[M].广州:广东地图出版社,2003.

[8] 刘乃壮,郑步忠,栽培气象[D],南京:南京气象学院,1977.

[9] 赵鸿钧,塑料大棚园艺[M].北京:科学出版社,1978.

[10] 陈耆验,刘富来,等,山地淡季蔬菜栽培[M].北京:气象出版社,1993.

[11] 湖南省气象局资料室,湖南农业气候[M].长沙:湖南科学技术出版社,1981.

[12] 陈洪程主编,石庆华,张温程,超级稻品种栽培技术[M].北京:金盾出版社,2008.

[13] 杜永林,无公害水稻标准化生产[M].北京:中国农业出版社,2006.

[14] 张益彬,杜永林,苏祖芳,无公害稻米生产[M].上海:上海科技出版社,2002.

[15] 陈耆验,农业气象指标集[M].湖南:湖南省涟源地区科学技术协会,1981.

[16] 陈耆验,利用气候资源发展特色农业[M].北京:气象出版社,1989.

[17] 陈耆验,1993,塑料薄膜大棚蔬菜气候效应研究[J].娄底地区农业气象试验站研究成果汇编.

[18] 陈耆验,中药材农业气候生态及产业化研究[J].湖南农业科学,2002,5:125-127.

[19] 陈文超、马艳春,辣椒高效栽培模式与栽培技术[M].长沙:湖南科学技术出版社,2012.

[20] 陆国一、程智慧,大蒜高产栽培[M].北京:金盾出版社,2011.

[21] 徐坤,生姜绿色高效生产关键技术[M].济南:山东科学技术出版社,2015.

[22] 隆回县气象局,隆回县历年各月气象资料月报表[R],1957-2010.

[23] 隆回县农业区划委员办公室,隆回县农业区划报告集[R],1983.

[24] 隆回县人民政府,隆回县党史地方志办公室,隆回年鉴 2013[M].227-250.

案例名称	课堂案例——布尔运算	
视频位置	多媒体教学>CH02	
学习目标	布尔命令	
难易指数	★★☆☆☆	所在页码 60

案例名称	课堂案例——用附加曲面合并曲面	
视频位置	多媒体教学>CH02	
学习目标	附加曲面命令	
难易指数	★★☆☆☆	所在页码 61

案例名称	课堂案例——将开放的曲面闭合起来	
视频位置	多媒体教学>CH02	
学习目标	开放/闭合曲面命令	
难易指数	★☆☆☆☆	所在页码 62

建模篇

案例名称	课堂案例——偏移复制曲面
视频位置	多媒体教学>CH02
学习目标	偏移曲面命令
难易指数	★☆☆☆☆	所在页码	63

案例名称	课堂案例——重建曲面的跨度数
视频位置	多媒体教学>CH02
学习目标	重建曲面命令
难易指数	★☆☆☆☆	所在页码	65

案例名称	课堂案例——圆化曲面的公共边
视频位置	多媒体教学>CH02
学习目标	圆化工具
难易指数	★★☆☆☆	所在页码	65

案例名称	课堂案例——创建自由圆角曲面
视频位置	多媒体教学>CH02
学习目标	自由形式圆角命令
难易指数	★☆☆☆☆	所在页码	67

案例名称	课堂案例——在曲面间创建混合圆角
视频位置	多媒体教学>CH02
学习目标	圆角混合工具
难易指数	★★☆☆☆	所在页码	67

案例名称	课堂案例——缝合曲面点
视频位置	多媒体教学>CH02
学习目标	缝合曲面点命令
难易指数	★★☆☆☆	所在页码	68

案例名称	课堂案例——雕刻山体模型
视频位置	多媒体教学>CH02
学习目标	雕刻几何体工具
难易指数	★☆☆☆☆	所在页码	70

案例名称	课堂案例——结合多边形对象
视频位置	多媒体教学>CH03
学习目标	结合命令
难易指数	★☆☆☆☆	所在页码	82

案例名称	课堂案例——提取多边形的面
视频位置	多媒体教学>CH03
学习目标	提取命令
难易指数	★☆☆☆☆	所在页码	83

案例名称	课堂案例——三角形化多边形面
视频位置	多媒体教学>CH03
学习目标	三角形化命令
难易指数	★☆☆☆☆	所在页码	88

案例名称	课堂案例——四边形化多边形面
视频位置	多媒体教学>CH03
学习目标	四边形化命令
难易指数	★☆☆☆☆	所在页码	89

案例名称	课堂案例——补洞
视频位置	多媒体教学>CH03
学习目标	填充洞命令
难易指数	★☆☆☆☆	所在页码	89

案例名称	课堂案例——创建洞
视频位置	多媒体教学>CH03
学习目标	生成洞工具
难易指数	★★☆☆☆	所在页码	90

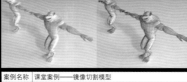

案例名称	课堂案例——镜像切割模型
视频位置	多媒体教学>CH03
学习目标	镜像切割命令
难易指数	★☆☆☆☆	所在页码	92

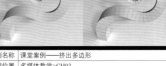

案例名称	课堂案例——挤出多边形
视频位置	多媒体教学>CH03
学习目标	挤出命令
难易指数	★☆☆☆☆	所在页码	93

案例名称	课堂案例——桥接多边形
视频位置	多媒体教学>CH03
学习目标	生成洞工具
难易指数	★☆☆☆☆	所在页码	94

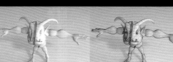

案例名称	课堂案例——切割多边形面
视频位置	多媒体教学>CH03
学习目标	切割面工具
难易指数	★☆☆☆☆	所在页码	96

案例名称	课堂案例——在多边形上插入循环边
视频位置	多媒体教学>CH03
学习目标	插入循环边工具
难易指数	★☆☆☆☆	所在页码	97

建模篇

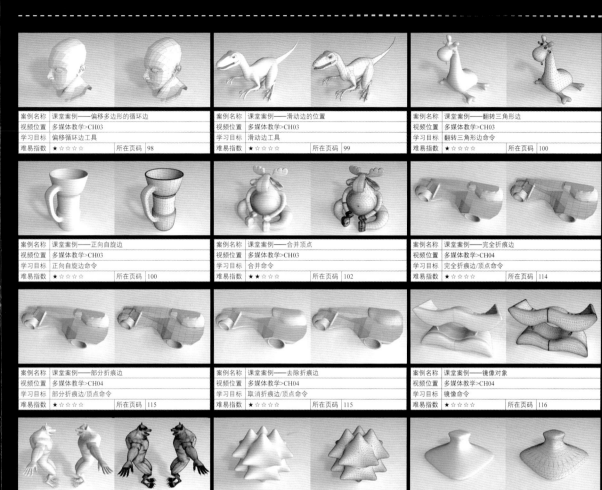

案例名称	课堂案例——偏移多边形的循环边		
视频位置	多媒体教学>CH03		
学习目标	偏移循环边工具		
难易指数	★☆☆☆☆	所在页码	98

案例名称	课堂案例——滑动边的位置		
视频位置	多媒体教学>CH03		
学习目标	滑动边工具		
难易指数	★☆☆☆☆	所在页码	99

案例名称	课堂案例——翻转三角形边		
视频位置	多媒体教学>CH03		
学习目标	翻转三角形边命令		
难易指数	★☆☆☆☆	所在页码	100

案例名称	课堂案例——正向自旋边		
视频位置	多媒体教学>CH03		
学习目标	正向自旋边命令		
难易指数	★☆☆☆☆	所在页码	100

案例名称	课堂案例——合并顶点		
视频位置	多媒体教学>CH03		
学习目标	合并命令		
难易指数	★★☆☆☆	所在页码	102

案例名称	课堂案例——完全折痕边		
视频位置	多媒体教学>CH04		
学习目标	完全折痕边/顶点命令		
难易指数	★☆☆☆☆	所在页码	114

案例名称	课堂案例——部分折痕边		
视频位置	多媒体教学>CH04		
学习目标	部分折痕边/顶点命令		
难易指数	★☆☆☆☆	所在页码	115

案例名称	课堂案例——去除折痕边		
视频位置	多媒体教学>CH04		
学习目标	取消折痕边/顶点命令		
难易指数	★☆☆☆☆	所在页码	115

案例名称	课堂案例——镜像对象		
视频位置	多媒体教学>CH04		
学习目标	镜像命令		
难易指数	★☆☆☆☆	所在页码	116

案例名称	课堂案例——附加对象		
视频位置	多媒体教学>CH04		
学习目标	附加命令		
难易指数	★☆☆☆☆	所在页码	116

案例名称	课堂案例——清理多余拓扑结构		
视频位置	多媒体教学>CH04		
学习目标	清理拓扑命令		
难易指数	★☆☆☆☆	所在页码	117

案例名称	课堂案例——细化选择的元素		
视频位置	多媒体教学>CH04		
学习目标	细化选定组件命令		
难易指数	★☆☆☆☆	所在页码	118

灯光与摄影机篇

在灯光技术中，大家要重点掌握点光源、平行光、区域光和聚光灯的使用方法及相关技巧，因为这几种灯光是实际工作中最常用的灯光类型，这部分安排了9个"课堂案例"、1个"综合案例"和1个综合性很强的"课后习题"；在摄影机技术中，大家要重点掌握摄影机、摄影机和目标的运用，这部分安排了1个"课堂案例"和1个"课后习题"。

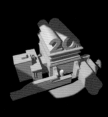

案例名称	课堂案例——制作灯光雾		
视频位置	多媒体教学>CH05		
学习目标	如何为场景创建灯光雾		
难易指数	★★☆☆☆	所在页码	128

案例名称	课堂案例——制作镜头光斑特效		
视频位置	多媒体教学>CH05		
学习目标	如何制作镜头光斑特效		
难易指数	★☆☆☆☆	所在页码	129

案例名称	课堂案例——制作光栅效果		
视频位置	多媒体教学>CH05		
学习目标	如何制作镜头光斑特效		
难易指数	★☆☆☆☆	所在页码	130

案例名称	课堂案例——创建三点照明		
视频位置	多媒体教学>CH05		
学习目标	如何创建三点照明		
难易指数	★★☆☆☆	所在页码	131

灯光与摄影机篇

案例名称	课堂案例——打断灯光链接		习题名称	课堂案例——使用深度贴图阴影		习题名称	课堂案例——使用光线跟踪阴影	
视频位置	多媒体教学>CH05		视频位置	多媒体教学>CH05		视频位置	多媒体教学>CH05	
学习目标	如何打断灯光链接		练习目标	深度贴图阴影技术的运用		练习目标	光线跟踪阴影技术的运用	
难易指数	★☆☆☆☆	所在页码 131	难易指数	★★☆☆☆	所在页码 135	难易指数	★★☆☆☆	所在页码 136

 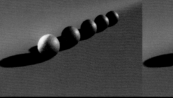 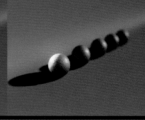

案例名称	综合案例——制作景深特效		习题名称	课后习题——制作景深特效	
视频位置	多媒体教学>CH06		视频位置	多媒体教学>CH06	
学习目标	摄影机景深特效的制作方法		练习目标	摄影机景深特效的制作方法	
难易指数	★★☆☆☆	所在页码 147	难易指数	★★☆☆☆	所在页码 148

材质与纹理篇

　　材质与纹理篇中的内容比较多，同时由于材质技术是一个难点，因此本篇安排了9个"课堂案例"和1个综合性非常强的"课后习题"。在这一篇中，大家需要重点掌握各向异性材质、Blinn材质、Lambert材质、Phong材质和Phong E材质的使用方法，同时还要能够灵活运用这些最基本的材质制作各种各样的真实材质类型。

 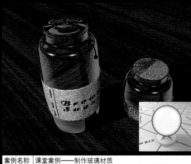 

案例名称	课堂案例——制作迷彩材质		案例名称	课堂案例——制作玻璃材质		案例名称	课堂案例——制作昆虫材质	
视频位置	多媒体教学>CH07		视频位置	多媒体教学>CH07		视频位置	多媒体教学>CH07	
学习目标	用纹理控制材质的颜色属性		学习目标	用Blinn材质制作玻璃材质		学习目标	mi_car_paint_phen_x（车漆）材质的用法	
难易指数	★★★☆☆	所在页码 157	难易指数	★★★★☆	所在页码 159	难易指数	★★☆☆☆	所在页码 161

 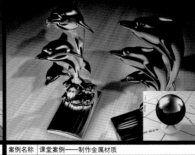 

案例名称	课堂案例——制作玛瑙材质		案例名称	课堂案例——制作金属材质		案例名称	课堂案例——制作眼睛材质	
视频位置	多媒体教学>CH07		视频位置	多媒体教学>CH07		视频位置	多媒体教学>CH07	
学习目标	玛瑙材质的制作方法		学习目标	金属材质的制作方法		学习目标	眼睛材质的制作方法	
难易指数	★★★☆☆	所在页码 163	难易指数	★★☆☆☆	所在页码 164	难易指数	★★★★☆	所在页码 165

综合案例与课后习题展示

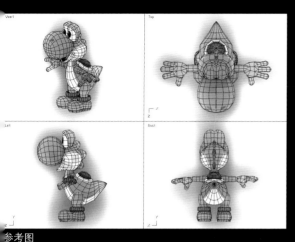

课后习题——丑小鸭

这个习题基本融合了NURBS建模的各种重要工具。如果大家遇到难处，可观看本习题的视频教学。

视频位置：多媒体教学>CH02

难易指数：★ ★ ★ ★ ☆

所在页码：76

参考图

综合案例——长须虾

本例是一个龙虾模型（多边形建模方法很适合用来创建角色），旨在帮助用户掌握角色模型的制作流程与方法。

视频位置：多媒体教学>CH03

难易指数：★ ★ ★ ☆ ☆

所在页码：105

课后习题——建筑

这是一个综合性很强的多边形建筑案例课后习题。这个习题基本上融合了多边形建模技术中所有重要工具。

视频位置：多媒体教学>CH03

难易指数：★ ★ ★ ★ ☆

所在页码：110

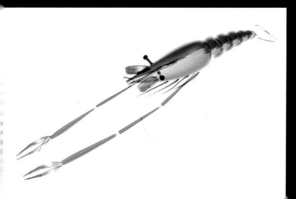 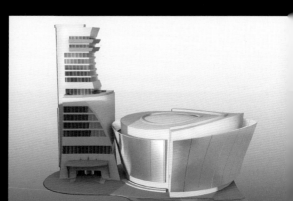

综合案例与课后习题展示

综合案例——物理太阳和天空照明

灯光是作品的灵魂，正是因为有了灯光的存在才使画面具有写实风格，所以场景的灯光布置需要表现出真实的环境效果，要通透、漂亮，这样才能突出氛围。通过本大型实例，全面讲解了灯光的设置方法与相关流程。

视频位置：多媒体教学>CH05
难易指数：★★★☆☆
所在页码：137

课后习题——台灯照明

这是一个综合性很强的布光案例课后习题。这个习题基本上融合了Maya 2012灯光技术中常用灯光的使用方法。

视频位置：多媒体教学>CH05
难易指数：★★★★☆
所在页码：140

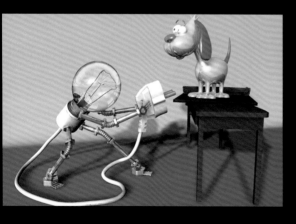
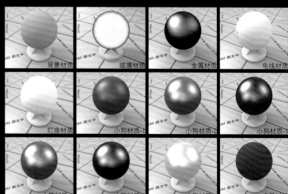

课后习题——灯泡小人

这是材质篇的一个综合性很强的课后习题。这个习题包含很多种常见材质，如金属材质、玻璃材质、塑料材质以及具有大量高光反射的材质等。

视频位置：多媒体教学>CH07　　难易指数：★★★☆☆　　所在页码：182

综合案例与课后习题展示

Maya软件综合案例——吉他

视频位置：多媒体教学>CH08

难易指数：★★★★☆

所在页码：228

mental ray综合案例——铁甲虫

视频位置：多媒体教学>CH08

难易指数：★★★★☆

所在页码：234

VRay综合案例——桌上的静物

视频位置：多媒体教学>CH08

难易指数：★★★★☆

所在页码：243

课后习题——制作变形金刚

视频位置：多媒体教学>CH08

难易指数：★★★★☆

所在页码：251

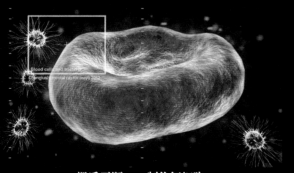

课后习题——制作红细胞

视频位置：多媒体教学>CH08

难易指数：★★★★☆

所在页码：251

课后习题——制作香烟

视频位置：多媒体教学>CH08

难易指数：★★★☆☆

所在页码：251

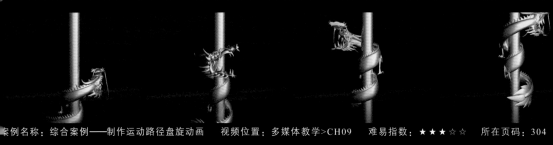

案例名称：综合案例——制作运动路径盘旋动画　　　视频位置：多媒体教学>CH09　　难易指数：★★★☆☆　　所在页码：304

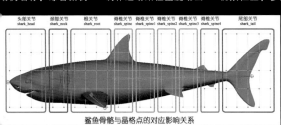

案例名称：综合案例——角色的刚性绑定与编辑　　视频位置：多媒体教学>CH09　　难易指数：★★★★☆　　所在页码：306

习题名称：课后习题——制作海底动画　　　　　　视频位置：多媒体教学>CH09　　难易指数：★★★★★　　所在页码：312

案例名称：综合案例——制作粒子爆炸动画　　　　视频位置：多媒体教学>CH10　　难易指数：★★★★☆　　所在页码：354

案例名称：综合案例——制作流体火球动画　　　　视频位置：多媒体教学>CH10　　难易指数：★★★☆☆　　所在页码：357

习题名称：课后习题——制作树叶粒子飞舞动画　　视频位置：多媒体教学>CH10　　难易指数：★★★★☆　　所在页码：360

习题名称：课后习题——制作叉车排气流体动画　　视频位置：多媒体教学>CH10　　难易指数：　　　所在页码：360

材质与纹理篇

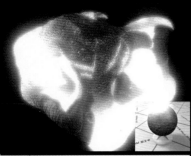

案例名称	课堂案例——制作熔岩材质		案例名称	课堂案例——制作卡通材质		案例名称	课堂案例——制作酒瓶标签	
视频位置	多媒体教学>CH07		视频位置	多媒体教学>CH07		视频位置	多媒体教学>CH07	
学习目标	熔岩材质的制作方法		学习目标	卡通材质的制作方法		学习目标	蒙板纹理的用法	
难易指数	★★★☆	所在页码 168	难易指数	★☆☆☆☆	所在页码 171	难易指数	★★★☆☆	所在页码 175

灯光/材质/渲染综合运用篇

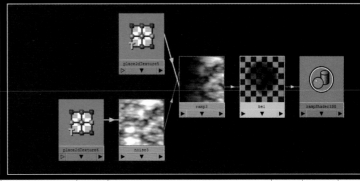

案例名称	课堂案例——用Maya软件渲染水墨画	视频位置	多媒体教学>CH08	学习目标	国画材质的制作方法及Maya软件渲染器的使用方法	难易指数	★★☆☆☆	所在页码 187

灯光/材质/渲染综合运用篇

案例名称	课堂案例——制作全局照明
视频位置	多媒体教学>CH08
学习目标	全局照明技术的用法
难易指数	★★☆☆☆ 所在页码 206

案例名称	课堂案例——制作mental ray的焦散特效
视频位置	多媒体教学>CH08
学习目标	mental ray焦散特效的制作方法
难易指数	★★☆☆☆ 所在页码 207

案例名称	课堂案例——制作葡萄的次表面散射效果
视频位置	多媒体教学>CH08
学习目标	次表面散射材质的制作方法
难易指数	★★★☆☆ 所在页码 208

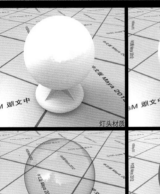

灯头材质

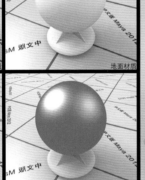

地面材质

玻璃材质

金属材质

案例名称	课堂案例——制作VRay灯泡焦散特效	视频位置	多媒体教学>CH08	学习目标	VRayMtl材质及VRay渲染参数的设置方法	难易指数	★★★☆☆	所在页码	225

动画篇

本篇的内容比较多，包含关键帧动画、"曲线图编辑器"的用法、受驱动关键帧动画、运动路径动画、变形器、约束、骨架和蒙皮等。本篇共安排了10个"课堂案例"、2个"综合案例"和1个综合性非常强的"课后习题"。

案例名称	课堂案例——制作关键帧动画	视频位置	多媒体教学>CH09
学习目标	为对象的属性设置关键帧	难易指数	★☆☆☆☆ 所在页码 258

案例名称	课堂案例——用曲线图制作重影动画	视频位置	多媒体教学>CH09
学习目标	调整运动曲线	难易指数	★★☆☆☆ 所在页码 261

案例名称	课堂案例——用混合变形制作表情动画	视频位置	多媒体教学>CH09
学习目标	混合变形的用法	难易指数	★★☆☆☆ 所在页码 264

案例名称	课堂案例——用抖动变形器控制腹部运动	视频位置	多媒体教学>CH09
学习目标	抖动变形器的用法	难易指数	★★☆☆☆ 所在页码 271

动画篇

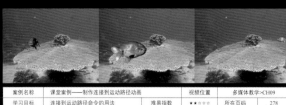

案例名称	课堂案例——制作运动路径关键帧动画	视频位置	多媒体教学>CH09
学习目标	设置运动路径关键帧命令的用法	难易指数 ★★☆☆☆	所在页码 275

案例名称	课堂案例——制作连接到运动路径动画	视频位置	多媒体教学>CH09
学习目标	连接到运动路径命令的用法	难易指数 ★★☆☆☆	所在页码 278

案例名称	课堂案例——制作字幕穿越动画	视频位置	多媒体教学>CH09
学习目标	流动路径对象命令的用法	难易指数 ★★☆☆☆	所在页码 279

案例名称	课堂案例——用目标约束控制眼睛的转动	视频位置	多媒体教学>CH09
学习目标	目标约束的用法	难易指数 ★★☆☆☆	所在页码 282

动力学、流体与效果篇

本篇的内容也比较多，包含粒子系统、动力场、柔体与刚体、流体与效果等。本篇共安排了14个"课堂案例"、2个"综合案例"和2个"课后习题"。

案例名称	课堂案例——从对象曲线发射粒子	视频位置	多媒体教学>CH10
学习目标	如何从对象曲线发射粒子	难易指数 ★☆☆☆☆	所在页码 317

案例名称	课堂案例——创建粒子碰撞事件	视频位置	多媒体教学>CH10
学习目标	如何创建粒子碰撞事件	难易指数 ★★☆☆☆	所在页码 319

案例名称	课堂案例——将粒子替换为实例对象	视频位置	多媒体教学>CH10
学习目标	如何将粒子替换为实例对象	难易指数 ★☆☆☆☆	所在页码 322

案例名称	课堂案例——制作风力场效果	视频位置	多媒体教学>CH09
学习目标	风场的用法	难易指数 ★☆☆☆☆	所在页码 325

案例名称	课堂案例——制作阻力场效果	视频位置	多媒体教学>CH10
学习目标	阻力场的用法	难易指数 ★☆☆☆☆	所在页码 325

案例名称	课堂案例——制作牛顿场效果	视频位置	多媒体教学>CH10
学习目标	牛顿场的用法	难易指数 ★☆☆☆☆	所在页码 326

案例名称	课堂案例——制作径向场的斥力与引力效果	视频位置	多媒体教学>CH10	学习目标	径向场的用法	难易指数 ★☆☆☆☆	所在页码 327

动力学、流体与效果篇

案例名称	课堂案例——制作湍流场效果		视频位置	多媒体教学>CH10
学习目标	湍流场的用法	难易指数 ★☆☆☆☆	所在页码	328

案例名称	课堂案例——制作一致场效果		视频位置	多媒体教学>CH10
学习目标	一致场的用法	难易指数 ★☆☆☆☆	所在页码	329

案例名称	课堂案例——制作漩涡场效果		视频位置	多媒体教学>CH10
学习目标	漩涡场的用法	难易指数 ★☆☆☆☆	所在页码	329

案例名称	课堂案例——制作体积轴场效果		视频位置	多媒体教学>CH10
学习目标	体积轴场的用法	难易指数 ★☆☆☆☆	所在页码	330

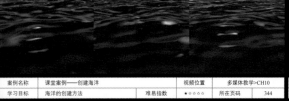

案例名称	课堂案例——创建海洋		视频位置	多媒体教学>CH10
学习目标	海洋的创建方法	难易指数 ★☆☆☆☆	所在页码	344

案例名称	课堂案例——制作烟火动画		视频位置	多媒体教学>CH10
学习目标	烟火动画的制作方法	难易指数 ★☆☆☆☆	所在页码	351

综合案例与课后习题展示

综合案例——制作金鱼模型

本例是一个金鱼模型案例。这个案例旨在帮助用户全面掌握NURBS建模技术的相关流程与方法。

视频位置：多媒体教学>CH02
难易指数：★ ★ ★ ★ ☆
所在页码：72

参考图

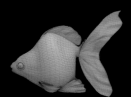

中文版
Maya 2012
实用教程
（第2版）

时代印象 编著

人民邮电出版社
北京

图书在版编目（CIP）数据

中文版Maya 2012实用教程 / 时代印象编著. -- 2版
. -- 北京：人民邮电出版社，2017.8
ISBN 978-7-115-45366-2

Ⅰ. ①中… Ⅱ. ①时… Ⅲ. ①三维动画软件—教材
Ⅳ. ①TP391.414

中国版本图书馆CIP数据核字(2017)第067623号

内 容 提 要

这是一本全面介绍中文版 Maya 2012 基本功能及实际运用的书，书中内容包含 Maya 的建模、灯光、摄影机、材质、渲染、动画、动力学、流体、特效技术等。本书主要针对零基础读者编写，是入门级读者快速、全面掌握 Maya 2012 的必备参考书。

本书内容以各种重要软件技术为主线，对每个技术板块中的重点内容进行了详细介绍，并安排了实际工作中经常遇到的各种项目作为课堂案例，让读者可以快速上手，尽快熟悉软件功能和制作思路。另外，在每个技术章节的最后都安排了课后习题，它们既达到了强化训练的目的，又可以让读者了解实际工作中会做些什么，该做些什么。

本书附带下载资源，内容包括书中所有案例的源文件、效果图、场景文件、贴图文件与多媒体视频教学录像，读者可通过在线方式获取这些资源，具体方法请参看本书前言。

本书非常适合作为院校和培训机构艺术专业课程的教材，也可以作为 Maya 2012 自学人员的参考用书。另外，请读者注意，本书所有内容均采用中文版 Maya 2012、VRay 2.0 SP1 进行编写。

◆ 编　著　时代印象
　　责任编辑　张丹丹
　　责任印制　陈　犇

◆ 人民邮电出版社出版发行　　北京市丰台区成寿寺路 11 号
　　邮编　100164　　电子邮件　315@ptpress.com.cn
　　网址　http://www.ptpress.com.cn
　　北京市艺辉印刷有限公司印刷

◆ 开本：787×1092　1/16
　　印张：23　　　　　　　　　　彩插：6
　　字数：668 千字　　　　　　　2017 年 8 月第 2 版
　　印数：18 601 – 20 600 册　　　2017 年 8 月北京第 1 次印刷

定价：59.00 元
读者服务热线：(010)81055410　印装质量热线：(010)81055316
反盗版热线：(010)81055315
广告经营许可证：京东工商广登字 20170147 号

前 言

Autodesk Maya是一款优秀的三维动画软件，功能强大因此从诞生以来就一直受到CG艺术家的喜爱。Maya在模型塑造、场景渲染、动画及特效等方面都能制作出高品质的对象，因而在影视特效制作中占据重要地位。快捷的工作流程和批量化的生产使Maya成为游戏行业不可缺少的软件工具。

目前，我国很多院校和培训机构的艺术专业，都将Maya作为一门重要的专业课程。为了帮助院校和培训机构的教师能够比较全面、系统地讲授这门课，使读者能够熟练地使用Maya进行角色制作和动画制作，成都时代印象文化传播有限公司组织专业从事Maya教学的高级教师以及动画设计师共同编写了本书。

我们对本书的编写体系做了精心的设计，按照"软件功能解析→课堂案例→课后习题"这一思路进行编排，通过软件功能解析使读者深入学习软件功能和制作特色，通过课堂案例演练使读者快速熟悉软件功能和设计思路，并通过课后习题拓展读者的实际操作能力。在内容编写方面，我们力求通俗易懂，细致全面；在文字叙述方面，我们注意言简意赅、突出重点；在案例选取方面，我们强调案例的针对性和实用性。

随书资源中包含书中所有课堂案例和课后习题的源文件、效果图和场景文件。同时，为了方便读者学习，本书还配备所有案例和课后习题的视频教学录像，这些录像也是我们请专业人员录制的，详细记录了每一个操作步骤，尽量让读者一看就懂。另外，为了方便教师教学，本书还配备了PPT课件等丰富的教学资源，任课教师可直接拿来使用。

本书的参考学时为90学时，其中讲授环节为38学时，实训环节为52学时，各章的参考学时如下表所示。

章	课程内容	学时分配	
		讲授	实训
第1章	认识Maya 2012	2	
第2章	NURBS建模技术	5	8
第3章	多边形建模技术	4	7
第4章	细分曲面建模技术	2	2
第5章	灯光技术	4	6
第6章	摄影机技术	1	1
第7章	材质与纹理技术	4	6
第8章	灯光/材质/渲染综合运用	5	8
第9章	动画技术	7	8
第10章	动力学、流体与效果	4	6
学时总计		38	52

本书所有的学习资源文件均可在线下载（或在线观看视频教程），扫描封底的"资源下载"二维码，关注我们的微信公众号即可获得资源文件下载方式。资源下载过程中如有疑问，可通过我们的在线客服或客服电话与我们联系。在学习的过程中，如果遇到问题，也欢迎读者与我们交流，我们将竭诚为读者服务。

资源下载

读者可以通过以下方式来联系我们。

客服邮箱：press@iread360.com

客服电话：028-69182687、028-69182657

时代印象
2017年6月

目 录 CONTENTS

目录 CONTENTS

目 录 CONTENTS

目 录 CONTENTS

第1章

认识Maya 2012

本章将带领大家进入Maya 2012的神秘世界。本章先讲述Maya 2012历史与应用领域，然后系统介绍Maya 2012的工作界面组成及各种重要的基本工具、组件的作用与使用方法。通过对本章的学习，读者可以对Maya 2012有个基本的认识，同时掌握其重要工具的使用方法。

课堂学习目标

了解Maya的历史与应用领域

掌握Maya界面元素和视图的操作方法

掌握Maya基本变换工具的使用方法

1.1 Maya 2012简介

Autodesk Maya是一款优秀的三维动画软件，功能强大因此从诞生以来一直受到CG艺术家们的喜爱。

在Maya推出以前，三维动画软件大部分都应用于SGI工作站上，很多强大的功能只能在工作站上完成，而Alias公司推出的Maya采用了Windows NT作为作业系统的PC工作站，从而降低了制作要求，使操作更加简便，这样也促进了三维动画软件的普及。Maya继承了Alias公司所有的工作站级优秀软件的特性，界面简洁合理，操作快捷方便。

2005年10月Autodesk公司收购了Alias公司，随着Maya软件的升级，其功能也发生了很大的变化。

作为世界顶级的三维动画软件之一，Maya在模型塑造、场景渲染、动画及特效等方面都能制作出高品质的对象，如图1-1所示，这也使其在影视特效制作领域占据着重要地位。而快捷的工作流程和批量化的生产也使Maya成为游戏行业不可缺少的软件工具，如图1-2所示。

图1-1

图1-2

1.2 Maya 2012的工作界面

安装好Maya 2012以后，可以通过以下两种方式来启动Maya 2012。

第1种：双击桌面的快捷图标。

第2种：执行"程序>Autodesk>Autodesk Maya 2012>Maya 2012"命令，如图1-3所示。

图1-3

Maya 2012的启动画面如图1-4所示。相比前几个版本，Maya 2012的启动画面的尺寸扩大了不少。

图1-4

知 识 点 如何使用技能影片

在启动Maya时，会弹出一个"基本技能影片"对话框，包含7个最基本的操作，如图1-5所示，单击相应的图标即可在播放器中播放影片。

图1-5

如果不想在启动时弹出"基本技能影片"对话框，可以在对话框左下角勾选"启动时不显示"选项，如图1-6所示。如果要恢复"基本技能影片"对话框，可以执行"帮助>教学影片"菜单命令重新打开该对话框。

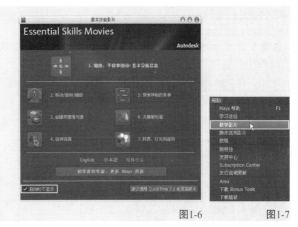

图1-6　　　　　　图1-7

Maya的工作界面分为"标题栏""菜单栏""状态栏""工具架""工具箱""工作区""视图快捷栏""通道盒/层编辑器""动画控制区""命令栏"和"帮助栏"等，如图1-8所示。

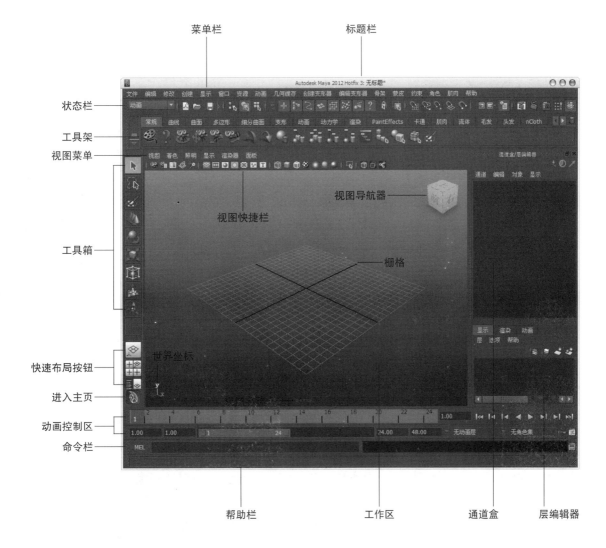

图1-8

本节知识概要

名称	主要作用	重要程度
标题栏	显示软件版本、文件保存目录和文件名称	低
菜单栏	集合了Maya所有的命令	高
状态栏	集合了常用的视图操作工具	高
工具架	集合了Maya各个模块下最常用的命令	高
工具箱	集合了Maya最基本、最常用的变换工具	高
工作区	作业的主要活动区域	高
通道盒/层编辑器	通道盒用于修改节点属性；层编辑器用于管理场景对象	高
动画控制区	主要用来制作动画	高
命令栏	输入MEL命令或脚本命令	中
帮助栏	为用户提供简单的帮助信息	低
视图快捷栏	控制视图中的对象的显示方式	高

1.2.1 标题栏

标题栏用于显示文件的一些相关信息，如当前使用的软件版本、文件保存目录和文件名称以及当前选择对象的名称等，如图1-9所示。

图1-9

1.2.2 菜单栏

菜单栏包含了Maya所有的命令和工具，因为Maya的命令非常多，无法在同一个菜单栏中显示出来，所以Maya采用模块化的显示方法，除了7个公共菜单命令外，其他的菜单命令都归纳在不同的模块中，这样菜单结构一目了然，如"多边形"模块的菜单栏可以分为3部分，分别是公共菜单、多边形菜单和帮助菜单，如图1-10所示。

图1-10

1.2.3 状态栏

状态栏中主要是一些常用的视图操作工具，如模块选择器、选择层级、捕捉开关和编辑器开关等，如图1-11所示。

图1-11

状态栏各种工具介绍

① 模块选择器

模块选择器：主要是用来切换Maya的功能模块，从而改变菜单栏上相对应的命令，共有6大模块，分别是"动画"模块、"多边形"模块、"曲面"模块、"动力学"模块、"渲染"模块和nDynamics模块，在6大模块下面的"自定义"模块主要用于自定义菜单栏（制作一个符合自己习惯的菜单组可以大大提高工作效率），如图1-12所示。按F2~F6键可以切换相对应的模块。

图1-12

② 场景管理

创建新场景：对应的菜单命令是"文件>新建场景"。

打开场景：对应的菜单命令是"文件>打开场景"。

保存当前场景：对应的菜单命令是"文件>保存场景"。

技巧与提示

新建场景、打开场景和保存场景分别对应的组合键是Ctrl+N、Ctrl+O和Ctrl+S。

③ 选择模式

按层级和组合选择：可以选择成组的物体。

按对象类型选择█：使选择的对象处于物体级别，在此状态下，后面选择的遮罩将显示物体级别下的遮罩工具。

按次组件类型选择█：举例说明，在Maya中创建一个多边形球体，这个球是由点、线、面构成的，这些点、线、面就是次物体级别，可以通过这些点、线、面再次对创建的对象进行编辑。

④ 捕捉开关

捕捉到栅格█：将对象捕捉到栅格上。当激活该按钮时，可以将对象在栅格点上进行移动。快捷键为X键。

捕捉到曲线█：将对象捕捉到曲线上。当激活该按钮时，操作对象将被捕捉到指定的曲线上。快捷键为C键。

捕捉到点█：将选择对象捕捉到指定的点上。当激活该按钮时，操作对象将被捕捉到指定的点上。快捷键为V键。

捕捉到视图平面█：将对象捕捉到视图平面上。

⑤ 渲染工具

打开渲染视图█：单击该按钮可打开"渲染视图"对话框，如图1-13所示。

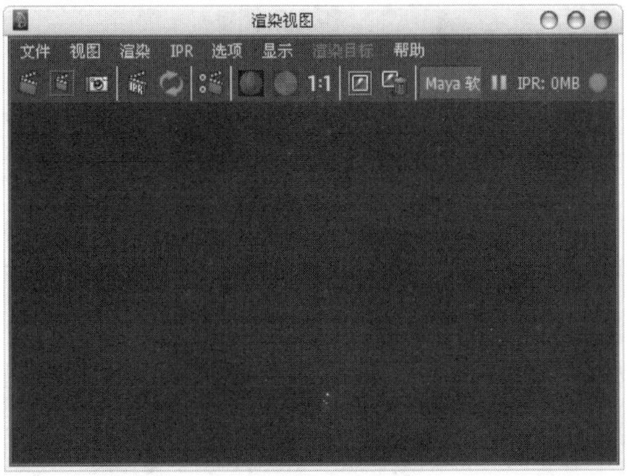

图1-13

渲染当前帧（Maya软件）█：单击该按钮可以渲染当前所在帧的静帧画面。

IPR渲染当前帧（Maya软件）█：一种交互式操作渲染，其渲染速度非常快，一般用于测试渲染灯光和材质。

显示"渲染设置"窗口（Maya软件）█：单击该按钮可以打开"渲染设置"对话框，如图1-14所示。

图1-14

⑥ 编辑器开关

显示或隐藏属性编辑器█：单击该按钮可以打开或关闭"属性编辑器"对话框。

显示或隐藏工具设置█：单击该按钮可以打开或关闭"工具设置"对话框。

显示或隐藏通道盒/层编辑器█：单击该按钮可以打开或关闭"通道盒/层编辑器"。

技巧与提示

以上讲解的是一些常用工具的功能，其他工具的功能将在后面的实例中进行详细讲解。

1.2.4 工具架

"工具架"在状态栏的下面，如图1-15所示。

图1-15

Maya的"工具架"非常有用，它集合了Maya各个模块下最常用的命令，并以图标的形式分类显示在"工具架"上。这样，每个图标就相当于相应命令的快捷链接，只需要单击该图标，就等效于执行相应的命令。

"工具架"分上下两部分，最上面一层称为标签栏。标签栏下方放置图标的一栏称为工具栏，标签栏上的每一个标签都有文字，每个标签实际对应着Maya的一个功能模块，如"曲面"标签下的图标集合对应的就是曲面建模的相关命令，如图1-16所示。

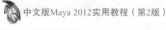

图1-16

单击"工具架"左侧的"更改显示哪个工具架选项卡"按钮■，在弹出的菜单中选择"自定义"命令可以自定义一个"工具架"，如图1-17所示。这样可以将常用的工具放在"工具架"中，形成一套自己的工作方式，同时还可以单击"更改显示哪个工具架选项卡"按钮■下的"用于修改工具架的项目菜单"按钮■，在弹出的菜单中选择"新建工具架"命令，这样可以新建一个"工具架"，如图1-18所示。

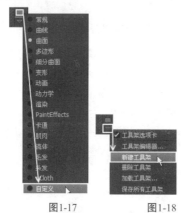

图1-17　　　　图1-18

1.2.5　工具箱

Maya的"工具箱"在整个界面的最左侧，这里集合了选择、移动、旋转和缩放等常用变换工具，如图1-19所示。

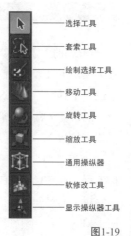

图1-19

"工具箱"中的工具相当重要，其具体作用将在下面的内容以及后面的案例中进行详细讲解。

在"工具箱"的下方，还有一排控制视图显示样式的快速布局按钮，如图1-20所示。

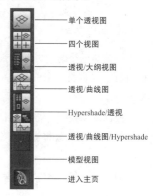

图1-20

Maya将一些常用的视图布局集成在这些按钮中，通过单击这些按钮可快速切换各个视图。如单击第1个按钮就可以快速切换到单一的透视图，单击第2个按钮则是快速切换到四视图，其他几个按钮是Maya内置的几种视图布局，用来配合在不同模块下进行工作。

1.2.6　工作区

Maya的工作区是作业的主要活动区域，大部分工作都在这里完成，图1-21所示的是一个透视图的工作区。

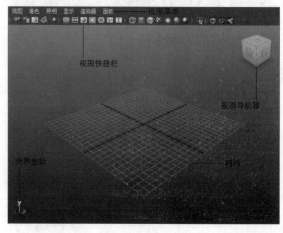

图1-21

1.2.7 通道盒/层编辑器

"通道盒/层编辑器"位于界面的右侧，"通道盒"位于上部，而"层编辑器"位于下部。

1.通道盒

"通道盒"用来访问对象的节点属性，如图1-22所示。通过它可以方便地修改节点的属性，单击鼠标右键会弹出一个快捷菜单，通过这个菜单可以方便地为节点属性设置动画。

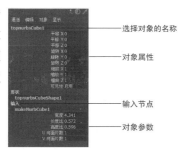

选择对象的名称
对象属性
输入节点
对象参数

图1-22

通道盒各种选项介绍

通道：该菜单包含设置动画关键帧、表达式等属性的命令，和在对象属性上单击鼠标右键弹出的菜单一样，如图1-23所示。

图1-23

编辑：该菜单主要用来编辑"通道盒"中的节点属性。

对象：该菜单主要用来显示选择对象的名字。对象属性中的节点属性都有相应的参数，如果需要修改这些参数，可以选中这些参数后直接输入要修改的参数值，然后按Enter键即可。拖曳光标选出一个范围可以同时改变多个参数，也可以在按住Shift键的同时选中这些参数后再对其进行相应的修改。

显示：该菜单主要用来显示"通道盒"中的对象节点属性。

2.层编辑器

"层编辑器"主要用来管理场景对象。Maya中的层有3种类型，分别是显示层、渲染层和动画层，如图1-24所示。

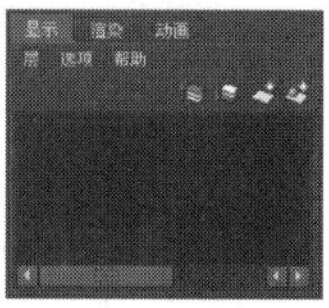

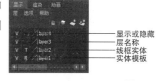

图1-24

各种层介绍

显示层：用来管理放入层中的物体是否被显示出来，可以将场景中的物体添加到层内，在层中可以对其进行隐藏、选择和模板化等操作，如图1-25所示。

显示或隐藏
层名称
线框实体
实体模板

图1-25

渲染层：可以设置渲染的属性，通常所说的"分层渲染"就在这里设置，如图1-26所示。

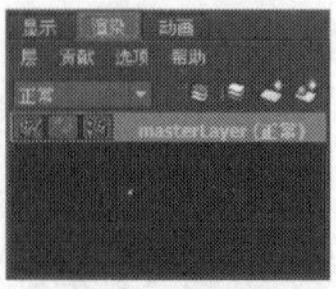

图1-26

动画层：可以对动画设置层，如图1-27所示。

图1-27

技巧与提示

单击 ✐ 按钮可以打开"编辑层"对话框，如图1-28所示。在该对话框中可以设置层的名称、颜色、是否可见和是否使用模板等，设置完毕后单击"保存"按钮可以保存修改的信息。

图1-28

1.2.8 动画控制区

动画控制区主要用来制作动画，可以方便地进行关键帧的调节。在这里可以手动设置节点属性的关键帧，也可以自动设置关键帧，同时也可以设置播放起始帧和结束帧等，如图1-29所示。

图1-29

技巧与提示

动画控制区中的相关工具将在后面的动画章节中进行详细介绍。

1.2.9 命令栏

"命令栏"是用来输入Maya的MEL命令或脚本命令的地方，如图1-30所示。Maya的每一步操作都有对应的MEL命令，所以Maya的操作也可以通过"命令栏"来实现。

命令输入栏　　　　错误提示栏　脚本编辑器

图1-30

1.2.10 帮助栏

帮助栏是向用户提供帮助的地方，用户可以通过它得到一些简单的帮助信息，给学习带来了很大的方便。当光标放在相应的命令或按钮上时，在帮助栏中都会显示出相关的说明；在旋转或移动视图时，在帮助栏里会显示相关坐标信息，给用户直观的数据信息，这样可以大大提高操作精度，如图1-31所示。

选择工具：选择一个对象

图1-31

1.2.11 视图快捷栏

视图快捷栏位于视图上方，通过它可以便捷地设置视图中的摄影机等对象，如图1-32所示。

图1-32

视图快捷栏各种工具介绍

选择摄影机 ：选择当前视图中的摄影机。

摄影机属性 ：打开当前摄影机的属性面板。

书签 ：创建摄影机书签。直接单击即可创建一个摄影机书签。

图像平面 ：可在视图中导入一张图片，作为建模的参考，如图1-33所示。

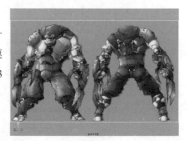

图1-33

二维平移/缩放█：使用2D平移/缩放视图。

栅格█：显示或隐藏栅格。

胶片门█：可以对最终渲染的图片尺寸进行预览。

分辨率门█：用于查看渲染的实际尺寸，如图1-34所示。

图1-34

门遮罩█：在渲染视图两边外面将颜色变暗，以便于观察。

区域图█：用于打开区域图的网格，如图1-35所示。

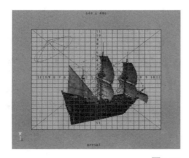

图1-35

安全动作█：在电子屏幕中，图像安全框以外的部分将不可见，如图1-36所示。

图1-36

安全标题█：如果字幕超出字幕安全框（即安全标题框）的话，就会产生扭曲变形，如图1-37所示。

线框█：以线框方式显示模型，快捷键为数字4键，如图1-38所示。

对所有项目进行平滑着色处理█：将全部对象以默认材质的实体方式显示在视图中，可以很清楚地观察到

对象的外观造型，快捷键为数字5键，如图1-39所示。

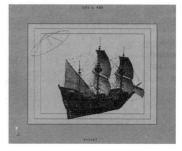

图1-37

图1-38

图1-39

着色对象上的线框█：以模型的外轮廓显示线框，在实体状态下才能使用，如图1-40所示。

图1-40

带纹理█：用于显示模型的纹理贴图效果，如图1-41所示。

使用所有灯光█：如果使用了灯光，单击该按钮可以在场景中显示灯光效果，如图1-42所示。

阴影█：显示阴影效果，图1-43和图1-44所示的是没有使用阴影与使用阴影的效果对比。

图1-41

图1-42

图1-43

图1-44

1-47所示。

图1-45

图1-46

图1-47

X射线显示活动组件 ⊡：单击该按钮可以激活X射线成分模式。该模式可以帮助用户确认是否意外选择了不想要的组分。

X射线显示关节 ≼：在创建骨骼的时候，该模式可以显示模型内部的骨骼，如图1-48所示。

图1-48

高质量 ✦：以高质量模式显示对象。这种模式能获得更好的光影显示效果，但是速度会变慢，图1-45和图1-46所示的是未启用与启用该模式的光影对比，可以发现图1-46的光影效果要真实很多。

隔离选择 ⬚：选定某个对象以后，单击该按钮则只在视图中显示这个对象，而没有被选择的对象将被隐藏。再次单击该按钮可以恢复所有对象的显示。

X射线显示 ⬡：以X射线方式显示物体的内部，如图

1.3 视图的各种操作

在Maya的视图中，可以很方便地对视图进行旋转、缩放和推移等操作，每个视图实际上都是一台摄影机，对视图的操作也就是对摄影机的操作。

在Maya里有两大类摄影机视图：一种是透视摄影机，也就是透视图，随着距离的变化，物体大小也会随着变化；另一种是平行摄影机，这类摄影机里只有平行光线，不会有透视变化，其对应的视图为正交视图，如顶视图和前视图。

本节知识概要

名称	主要作用	重要程度
视图的基本操作	旋转、移动、缩放视图	高
书签编辑器	记录当前视图的角度	高
视图导航器	任意选择想要的特殊角度	高
摄影机工具	旋转、移动和缩放视图摄影机	中
面板视图菜单	调整视图的布局	中
面板对话框	编辑视图布局	中
着色视图菜单	调整视图对象的显示方式	高
照明视图菜单	调整视图灯光的显示方式	中

1.3.1 视图的基本操作

视图的基本操作包括对视图的旋转、移动、缩放等。下面依次对各种视图的基本操作进行介绍。

1.旋转视图

对视图的旋转操作只针对透视摄影机类型的视图，因为正交视图中的旋转功能是被锁定的。

技巧与提示

可以使用Alt+鼠标左键对视图进行旋转操作，若想让视图在以水平方向或垂直方向为轴心的单方向上旋转，可以使用Shift+Alt+鼠标左键来完成。

2.移动视图

在Maya中，移动视图实质上就是移动摄影机。

技巧与提示

可以使用Alt+鼠标中键来移动视图，同时也可以使用Shift+Alt+鼠标中键在水平或垂直方向上进行移动操作。

3.缩放视图

缩放视图可以将场景中的对象进行放大或缩小显示，实质上就是改变视图摄影机与场景对象的距离，可以将视图的缩放操作理解为对视图摄影机的操作。

技巧与提示

可以使用Alt+鼠标右键或Alt+鼠标左键+鼠标中键对视图进行缩放操作；用户也可以使用Ctrl+Alt+鼠标左键框选出一个区域，使该区域放大到最大。

4.使选定对象最大化显示

在选定某个对象的前提下，可以使用F键使选择对象在当前视图中最大化显示。最大化显示的视图是根据光标所在位置来判断的，将光标放在想要放大的区域内，再按F键就可以将选择的对象最大化显示在视图中。

技巧与提示

使用Shift+F组合键可以一次性将全部视图进行最大化显示。

5.使场景中所有对象最大化显示

按A键可以将当前场景中的所有对象全部最大化显示在一个视图中。

技巧与提示

使用Shift+A组合键可以将场景中的所有对象全部显示在所有视图中。

1.3.2 书签编辑器

在操作视图时，如果对当前视图的角度非常满意，可以执行视图菜单中的"视图>书签>编辑书签"命令，打开"书签编辑器"对话框，如图1-49所示，然后在该对话框中记录下当前的角度。

图1-49

书签编辑器对话框中的选项介绍

名称：当前使用的书签名称。

描述：对当前书签输入相应的说明，也可以不填写。

应用 应用 ：将当前视图角度改变成当前书签角度。

添加到工具架 添加到工具架 ：将当前所选书签添加到工具架上。

新建书签 新建书签 ：将当前摄影机角度记录成书签，这时系统会自动创建一个名字cameraView1、cameraView2、cameraView3……（数字依次增加），创建后可以再次修改名字。

新建二维书签 新建二维书签 ：创建一个2D书签，可以应用当前的平移/缩放设置。

删除 删除 ：删除当前所选择的书签。

技巧与提示

Maya默认状态下带有几个具有特殊角度的书签，可以方便用户直接切换到这些角度，分别是透视、前、顶、右侧、左侧、后和底。它们在视图菜单"视图>预定义书签"命令下，如图1-50所示。

透视
前
顶
右侧
左侧
后
底

图1-50

1.3.3 视图导航器

Maya提供了一个非常实用的视图导航器，如图1-51所示。在视图导航器上可以任意选择想要的特殊角度。

图1-51

视图导航器的参数可以在"首选项"对话框里进行修改。执行"窗口>设置/首选项>首选项"菜单命令，打开"首选项"对话框，然后在左边选择ViewCube选项，显示出视图导航器的设置选项，如图1-52所示。

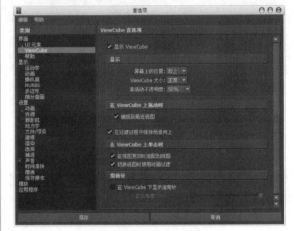

图1-52

视图导航器选项介绍

显示ViewCube：勾选该选项后，可以在视图中显示出视图导航器。

屏幕上的位置：设置视图导航器在屏幕中的位置，共有"右上""右下""左上"和"左下"4个位置。

ViewCube大小：设置视图导航器的大小，共有"大""正常"和"小"3种大小。

非活动不透明度：设置视图导航器的不透明度。

在ViewCube下显示指南针：勾选该选项后，可以在视图导航器下面显示出指南针，如图1-53所示。

图1-53

正北角度：设置视图导航器的指南针的角度。

在执行错误的视图操作后，可以执行视图菜单中的"视图>上一个视图"或"下一个视图"命令恢复到相应的视图中，执行"默认视图"命令则可以恢复到Maya启动时的初始视图状态。

1.3.4 摄影机工具

对视图摄影机的旋转、移动和缩放等操作都有与之相对应的命令，全部都集中在"视图"菜单下的"摄影机工具"菜单中，如图1-54所示。

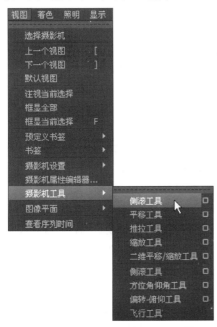

图1-54

摄影机工具菜单介绍

侧滚工具：用来旋转视图摄影机，快捷键为Alt+鼠标左键。

平移工具：用来在水平线上移动视图摄影机，快捷键为Alt+鼠标中键。

推拉工具：用来推移视图摄影机，快捷键为Alt+鼠标右键或Alt+鼠标左键+鼠标中键。

缩放工具：用来缩放视图摄影机，以改变视图摄影机的焦距。

侧滚工具：可以左右摇晃视图摄影机。

方位角仰角工具：可以对正交视图进行旋转操作。

偏转-俯仰工具/飞行工具：这两个工具都是不改变视图摄影机的位置而直接旋转摄影机，从而改变视图。

1.3.5 面板视图菜单

视图布局也就是展现在前面的视图分布结构，良好的视图布局有利于提高工作效率，在视图菜单中的"面板"菜单下是一些调整视图布局的命令，如图1-55所示。

图1-55

面板菜单介绍

透视：用于创建新的透视图或者选择其他透视图。

立体：用于创建新的正交视图或者选择其他正交视图。

沿选定对象观看：通过选择的对象来观察视图，该命令可以以选择对象的位置为视点来观察场景。

面板：该命令里面存放了一些编辑对话框，可以通过它来打开相应的对话框。

Hypergraph面板：用于切换"Hypergraph层次"视图。

布局：该菜单中存放了一些视图的布局命令。

保存的布局：这是Maya的一些默认布局，和左侧"工具箱"内的布局一样，可以很方便地切换到想要的视图。

撕下：将当前视图作为独立的对话框分离出来。

撕下副本：将当前视图复制一份出来作为独立对话框。

面板编辑器：如果对Maya所提供的视图布局不满意，可以在这里编辑出想要的视图布局。

如果场景中创建了摄影机，可以通过"面板>透视"菜单中相应的摄影机名字切换相应的摄影机视图，也可以通过"沿选定对象观看"命令切换摄影机视图。"沿选定对象观看"命令不只限于将摄影机切换作为观察视点，还可以将所有对象作为视点来观察场景，因此常使用这种方法来调节灯光，可以很直观地观察到灯光所照射的范围。

1.3.6　面板对话框

面板对话框主要用来编辑视图布局，打开面板对话框的方法主要有以下4种。

第1种：执行"窗口>保存的布局>编辑布局"菜单命令。

第2种：执行"窗口>设置/首选项>面板编辑器"菜单命令。

第3种：执行视图菜单中的"面板>保存的布局>编辑布局"命令。

第4种：执行视图菜单中的"面板>栏目编辑器"命令。

打开的"面板"对话框如图1-56所示。

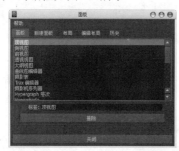

图1-56

面板对话框重要选项介绍

面板：显示已经存在的面板，与"视图>面板"菜单里面的各类选项相对应。

新建面板：用于创建新的栏目。

布局：显示现在已经保存的布局和创建新的布局，并且可以改变布局的名字。

编辑布局：该选项卡下的"配置"选项主要用于设置布局的结构；"内容"选项主要用于设置栏目的内容。

历史：设置历史记录中储存的布局，可以通过"历史深度"选项来设置历史记录的次数。

1.3.7　着色视图菜单

Maya强大的显示功能为操作复杂场景时提供了有力的帮助。在操作复杂场景时，Maya会消耗大量的资源，这时可以通过使用Maya提供的不同显示方式来提高运行速度，在视图菜单中的"着色"菜单下有各种显示命令，如图1-57所示。

图1-57

着色菜单介绍

线框：将模型以线框的形式显示在视图中。多边形以多边形网格方式显示出来；NUBRS曲面以等位结构线的方式显示在视图中。

对所有项目进行平滑着色处理：将全部对象以默认材质的实体方式显示在视图中，可以很清楚地观察到对象的外观造型。

对选定项目进行平滑着色处理：将选择的对象以平滑实体的方式显示在视图中，其他对象以线框的方式显示。

对所有项目进行平面着色：这是一种实体显示方式，但模型会出现很明显的轮廓，显得不平滑。

对选定项目进行平面着色：将选择的对象以不平滑的实体方式显示出来，其他对象都以线框的方式显示出来。

边界框：将对象以一个边界框的方式显示出来，这种显示方式相当节约资源，是操作复杂场景时不可缺少的功能。

点：以点的方式显示场景中的对象。

使用默认材质：以初始的默认材质来显示场景中的对象，当使用对所有项目进行平滑着色处理等实体显示方式时，该功能才可用。

着色对象上的线框：如果模型处于实体显示状态，该功能可以让实体周围以线框围起来的方式显示出来，相当于线框与实体显示的结合体。

X射线显示：将对象以半透明的方式显示出来，可以通过该方法观察到模型背面的物体。

X射线显示关节：该功能在架设骨骼时使用，可以透过模型清楚地观察到骨骼的结构，以方便调整骨骼。

X射线显示活动组件：是一个新的实体显示模式，

可以在视图菜单中的面板菜单中设置实体显示物体之上的组分。该模式可以帮助用户确认是否意外选择了不想要的组分，如图1-58所示。

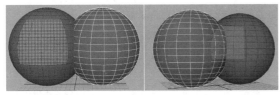

图1-58

交互式着色：在操作的过程中将对象以设定的方式显示在视图中，默认状态下是以线框的方式显示。例如在实体的显示状态下旋转视图时，视图里的模型将会以线框的方式显示出来；当结束操作时，模型又会回到实体显示状态。可以通过后面的 ▢ 按钮打开"交互显示选项"对话框，在该对话框中可以设置在操作过程中的显示方式，如图1-59所示。

图1-59

背面消隐：将对象法线反方向的物体以透明的方式显示出来，而法线方向正常显示。

平滑线框：以平滑线框的方式将对象显示出来。

加粗线：用来设置线的宽度。

在主菜单里的"显示>对象显示"菜单下还提供了一些控制单个对象的显示方式，如图1-60所示。

图1-60

对象显示菜单介绍

模板/取消模板："模板"是将选择的对象以线框模板的方式显示在视图中，可以用于建立模型的参照；执行"取消模板"命令可以关闭模板显示。

边界框/无边界框："边界框"是将对象以边界框的方式显示出来；执行"无边界框"命令可以恢复正常显示。

几何体/无几何体："几何体"是以几何体方式显示

对象；执行"无几何体"命令可以隐藏对象。

快速交互：在交互操作时将复杂的模型简化并暂时取消纹理贴图的显示，以加快显示速度。

1.3.8 照明视图菜单

在视图菜单中的"照明"菜单中提供了一些灯光的显示方式，如图1-61所示。

图1-61

照明菜单介绍

使用默认灯光：使用默认的灯光来照明场景中的对象。

使用所有灯光：使用所有灯光照明场景中的对象。

使用选定灯光：使用选择的灯光来照明场景。

不使用灯光：不使用任何灯光对场景进行照明。

双面照明：开启该选项时，模型的背面也会被灯光照亮。

技巧与提示

Maya提供了一些快捷键来快速切换显示方式，大键盘上的数字键4、5、6、7分别为网格显示、实体显示、材质显示和灯光显示。

Maya的显示过滤功能可以将场景中的某一类对象暂时隐藏，以方便观察和操作。在视图菜单中的"显示"菜单下取消相应的选项就可以隐藏与之相对应的对象。

1.4 编辑对象

在Maya中，如果要想编辑对象，就必须先掌握各种最基本的变换操作，如移动对象、缩放对象、旋转对象等。

1.4.1 工具释义

"工具箱"中的工具是Maya提供变换操作的最基本工具，这些工具非常重要，在实际工作中使用频率相当高，如图1-62所示。

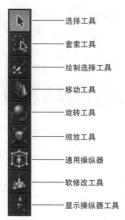

图1-62

选择工具
套索工具
绘制选择工具
移动工具
旋转工具
缩放工具
通用操纵器
软修改工具
显示操纵器工具

工具箱各种工具介绍

选择工具：用于选取对象。

套索工具：可以在一个范围内选取对象。

绘制选择工具：以画笔的形式选取对象。

移动工具：用来选择并移动对象。

旋转工具：用来选择并旋转对象。

缩放工具：用来选择并缩放对象。

通用操纵器：将移动、旋转、缩放集中在一起操作，并且显示出对象的尺寸信息。

软修改工具：选中模型的一个点，让其他部分受到渐变力的影响。

显示操纵器工具：用于显示特殊对象的操纵器。

1.4.2 移动对象

移动对象是在三维空间坐标系中将对象进行移动操作，移动操作的实质就是改变对象在x、y、z轴的位置。在Maya中分别以红、绿、蓝来表示x、y、z轴，如图1-63所示。

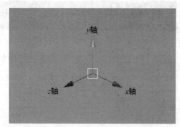

图1-63

技巧与提示

拖曳相应的轴向手柄可以在该轴向上移动。单击某个手柄就可以选中相应的手柄，并且可以用鼠标中键在视图

的任何位置拖曳光标以达到移动的目的。

按住Ctrl键的同时用鼠标拖曳某一手柄可以在该手柄垂直的平面上进行移动操作。例如按住Ctrl+鼠标左键的同时拖曳y轴手柄，可以在x、z平面上移动。

中间的黄色控制手柄是在平行视图的平面上移动，在透视图中这种移动方法很难控制物体的移动位置，一般情况下都在正交视图中使用这种方法，因为在正交视图中不会影响操作效果，或者在透视图中配合Shift+鼠标中键拖曳光标也可以约束对象在某一方向上移动。

1.4.3 旋转对象

同移动对象一样，旋转对象也有自己的操纵器，x、y、z轴也分别用红、绿、蓝来表示，如图1-64所示。

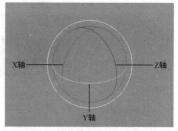

图1-64

技巧与提示

"旋转工具"可以将物体围绕任意轴向进行旋转操作。拖曳红色线圈表示将物体围绕x轴进行旋转；拖曳中间空白处可以在任意方向上进行旋转，同样也可以通过鼠标中键在视图中的任意位置拖曳光标进行旋转。

1.4.4 缩放对象

在Maya中可以将对象进行自由缩放操作，同样缩放操纵器的红、绿、蓝分别代表x、y、z轴，如图1-65所示。

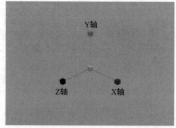

图1-65

选择x轴手柄并拖曳光标可以在x轴向上进行缩放操作，也可以先选中x轴手柄，然后用鼠标中键在视图的任意位置拖曳光标进行缩放操作；使用鼠标中键的拖曳手柄可以将对象在三维空间中进行等比例缩放。

以上操作方法是用直接拖曳手柄对对象进行编辑操作，当然还可以设置数值来对物体进行精确的变形操作。

1.4.5 坐标系统

单击状态栏右边的"显示或隐藏工具设置"按钮，打开"工具设置"对话框，如图1-66所示。在这里可以设置工具的一些相关属性，例如移动操作中所使用的坐标系。

图1-66

各种坐标系介绍

对象：在对象空间坐标系统内移动对象，如图1-67所示。

图1-67

局部：局部坐标系统是相对于父级坐标系统而言的。

世界：世界坐标系统是以场景空间为参照的坐标系统，如图1-68所示。

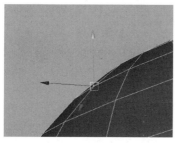

图1-68

正常：可以将NURBS表面上的CV点沿V或U方向上移动，如图1-69所示。

图1-69

法线平均化：设置法线的平均化模式，对于曲线建模特别有用，如图1-70所示。

图1-70

1.5 公共菜单

Maya虽然有很多菜单，但是有7个公共菜单是不变的，分别是"文件"菜单、"编辑"菜单、"修改"菜单、"创建"菜单、"显示"菜单、"窗口"菜单和"资源"菜单，如图1-71所示。另外，还有一个"帮助"菜单也是不变的。

图1-71

下面主要介绍"文件"菜单、"编辑"菜单和"修改"菜单下的命令，"显示""窗口"和"资源"菜单都很简单，因此这里不再介绍。另外，关于"创建"菜单下的命令将在后面的各个章节中分别进行讲解。

本节知识概要

名称	主要作用	重要程度
文件菜单	管理文件	高
编辑菜单	编辑场景对象	高
修改菜单	修改场景对象	高

1.5.1 文件菜单

文件管理可以使各部分文件有条理地进行放置，因此可以方便地对文件进行修改。在Maya中，各部分文件都放在不同的文件夹中，如一些参数设置、渲染图片、场景文件和贴图等，都有与之相对应的文件夹。

在"文件"菜单下提供了一些文件管理的相关命令，通过这些命令可以对文件进行打开、保存、导入以及优化场景等操作，如图1-72所示。

图1-72

文件菜单介绍

新建场景：用于新建一个场景文件。新建场景的同时将关闭当前场景，如果当前场景未保存，系统会自动提示用户是否进行保存。

打开场景：用于打开一个新场景文件。打开场景的同时将关闭当前场景，如果当前场景未保存，系统会自动提示用户是否进行保存。

Maya的场景文件有两种格式，一种是mb格式，这种格式的文件在保存期内调用时速度比较快；另一种是ma格式，是标准的Native ASCⅡ文件，允许用户用文本编辑器直接进行修改。

保存场景：用于保存当前场景，路径是当前设置的工程目录中的scenes文件中，也可以根据实际需要来改变保存目录。

场景另存为：将当前场景另外保存一份，以免覆盖以前保存的场景。

归档场景：将场景文件进行打包处理。这个功能对于整理复杂场景非常有用。

保存首选项：将设置好的首选项设置保存好。

优化场景大小：使用该命令可以删除无用和无效的数据，如无效的空层、无关联的材质节点、纹理、变形器、表达式及约束等。

知 识 点 详解"优化场景大小选项"对话框

单击"优化场景大小"命令后面的▢按钮，打开"优化场景大小选项"对话框，如图1-73所示。

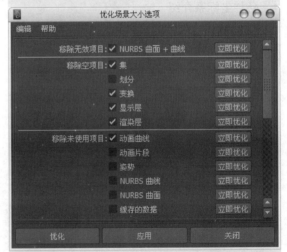

图1-73

如果直接执行"优化场景大小"命令，将优化"优化场景大小选项"对话框中的所有对象；若只想优化某一类对象，可以单击该对话框中类型后面的"立即优化"按钮 立即优化，这样可以对其进行单独的优化操作。

导入：将文件导入到场景中。

导出全部：导出场景中的所有对象。

导出当前选择：导出选中的场景对象。

查看图像：使用该命令可以调出Fcheck程序并查看选择的单帧图像。

查看序列：使用该命令可以调出Fcheck程序并查看序列图片。

Maya的目录结构

Maya的目录结构如图1-74所示，"2012-x64"和"projects"是两个基本的目录，一个用于记录环境设置参数，另一个用于记录与项目相关文件需要的数据。

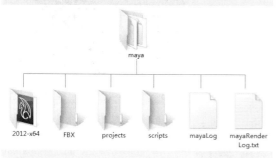

图1-74

2012-x64：该文件夹用于储存用户在运行软件时设置的系统参数。每次退出Maya时会自动记录用户在运行时所改变的系统参数，以方便在下次使用时保持上次所使用的状态。若想让所有参数恢复到默认状态，可以直接删除该文件夹，这样就可以恢复到系统初始的默认参数。

FBX：FBX是Maya的一个集成插件，它是Filmbox这套软件所使用的格式，现在改称Motionbuilder最大的用途是用在诸如在3ds Max、Maya、Softimage等软件间进行模型、材质、动作和摄影机信息的互导，这样就可以发挥3ds Max和Maya等软件的优势。可以说，FBX方案是最好的互导方案。

projects（工程）：该文件夹用于放置与项目有关的文件数据，用户也可以新建一个工作目录，使用习惯的文件夹名字。

scripts（脚本）：该文件夹用于放置MEL脚本，方便Maya系统的调用。

mayaLog：Maya的日志文件。

mayaRenderlog.txt：该文件用于记录渲染的一些信息。

项目窗口：打开"项目窗口"对话框，在该对话框中可以设置与项目有关的文件数据，如纹理文件、MEL、声音等，系统会自动识别该目录。

详解"项目窗口"对话框

执行"文件>项目窗口"菜单命令，打开"项目窗口"对话框，如图1-75所示。

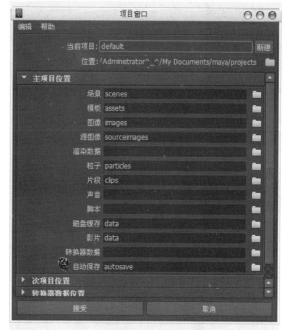

图1-75

当前项目：设置当前工程的名字。

位置：工程目录所在的位置。

场景：放置场景文件。

图像：放置渲染图像。

声音：放置声音文件。

设置项目：设置工程目录，即指定projects文件夹作为工程目录文件夹。

最近的文件：显示最近打开的Maya文件。

最近的递增文件：显示最近打开的Maya增量文件。

最近的项目：显示最近使用过的工程文件。

退出：退出Maya，并关闭程序。

1.5.2 编辑菜单

主菜单中的"编辑"菜单下提供了一些编辑场景对象的命令，如复制、剪切、删除、选择命令等，如图1-76所示。经过一系列的操作后，Maya会自动记录下操作过程，我们可以取消操作，也可以恢复操作，在默认状态下记录的连续次数为50次。执行"窗口>设置/首选项>首选项"菜单命令，打开"首选项"对话框，选择"撤销"选项，显示出该选项的参数，其中"队列大小"选项就是Maya记录的操作步骤数值，可以通过改变其数值来改变记录的操作步骤数，如图1-77所示。

图1-76

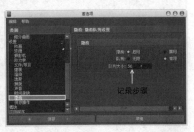

图1-77

编辑菜单介绍

撤销：通过该命令可以取消对对象的操作，恢复到上一步状态，快捷键为Z键或Ctrl+Z组合键。例如，对一个物体进行变形操作后，使用"撤销"命令可以使物体恢复到变形前的状态，默认状态下只能恢复到前50步。

重做：当对一个对象使用"撤销"命令后，如果想让该对象恢复到操作后的状态，就可以使用"重做"命令，快捷键为Shift+Z组合键。例如，创建一个多边形物体，然后移动它的位置，接着执行"撤销"命令，物体又回到初始位置，再执行"重做"命令，物体又回到移动后的状态。

重复：该命令可以重复上次执行过的命令，快捷键为G键。例如，执行"创建>CV曲线工具"菜单命令，在视图中创建一条CV曲线，若想再次创建曲线，这时可以执行该命令或按G键重新激活"CV曲线工具"。

最近命令列表：执行该命令可以打开"最近的命令"对话框，里面记录了最近使用过的命令，可以通过该对话框直接选取过去使用过的命令，如图1-78所示。

图1-78

剪切：选择一个对象后，执行"剪切"命令可以将该对象剪切到剪贴板中，剪切的同时系统会自动删除原对象，快捷键为Ctrl+X组合键。

复制：将对象拷贝到剪贴板中，但不删除原始对象，快捷键为Ctrl+C组合键。

粘贴：将剪贴板中的对象粘贴到场景中（前提是剪贴板中有相关的数据），快捷键为Ctrl+V组合键。

复制：将对象在原位复制一份，快捷键为Ctrl+D组合键。

特殊复制：单击该命令后面的■按钮可以打开"特殊复制选项"对话框，如图1-79所示，在该对话框中可以设置更多的参数让对象产生更复杂的变化。

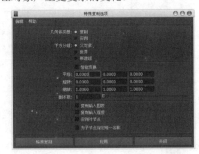

图1-79

技巧与提示

Maya里的复制只是将同一个对象在不同的位置显示出来，并非完全意义上的复制，这样可以节约大量的资源。

删除：用来删除对象。

按类型删除：按类型删除对象。该命令可以删除选择对象的特殊节点，例如对象的历史记录、约束和运动路径等。

按类型删除全部：该命令可以删除场景中某一类对象，例如毛发、灯光、摄影机、粒子、骨骼、IK手柄和刚体等。

选择工具：该命令对应"工具箱"上的"选择工具"。

套索工具：该命令对应"工具箱"上的"套索工具"。

绘制选择工具：该命令对应"工具箱"上的"绘制选择工具"。

全选：选择所有对象。

取消选择：取消选择状态。

选择层级：执行该命令可以选中对象的所有子级对象。当一个对象层级下有子级对象时，并且选择的是最上层的对象，此时子级对象处于高亮显示状态，但并未被选中。

反选：当场景中有多个对象时，并且其中一部分处于被选择状态，执行该命令可以取消选择部分，而没有选择的部分则会被选中。

按类型全选：该命令可以一次性选择场景中某类型的所有对象。

快速选择集：在创建快速选择集后，执行该命令可以快速选择集里面的所有对象。

知识点 快速选择集

选择多个对象后单击"创建>集>快速选择集"菜单命令后面的▢按钮，打开"创建快速选择集"对话框，在该对话框中可以输入选择集的名称，然后单击OK按钮即可创建一个选择集。注意，在没有创建选择集之前，"编辑>快速选择集"菜单下没有任何内容。

例如，在场景中创建几个恐龙模型，选择这些模型后执行"创建>集>快速选择集"菜单命令，然后在弹出的对话框中才能设置集的名字，如图1-80所示。

图1-80

单击OK按钮，取消对所有对象的选择，然后执行"编辑>快速选择集"菜单命令，可以观察到菜单里面出现了快速选择集Set，如图1-81所示，选中该名字，这时场景中所有在Set集下的对象都会被选中。

图1-81

分组：将多个对象组合在一起，并作为一个独立的对象进行编辑。

技巧与提示

选择一个或多个对象后执行"分组"命令可以将这些对象编为一组。在复杂场景中，使用组可以很方便地管理和编辑场景中的对象。

解组：将一个组里的对象释放出来，解散该组。

细节级别：这是一种特殊的组，特殊组里的对象会根据特殊组与摄影机之间的距离来决定哪些对象处于显示或隐藏状态。

父对象：用来创建父子关系。父子关系是一种层级关系，可以让子对象跟随父对象进行变换。

断开父子关系：当创建好父子关系后，执行该命令可以解除对象间的父子关系。

1.5.3 修改菜单

在"修改"菜单下提供了一些常用的修改工具和命令，如图1-82所示。

图1-82

修改菜单介绍

变换工具：与"工具箱"上的变换对象的工具相对应，用来移动、旋转和缩放对象。

重置变换：将对象的变换还原到初始状态。

冻结变换：将对象的变换参数全部设置为0，但对象的状态保持不变。该功能在设置动画时非常有用。

捕捉对齐对象：该菜单下提供了一些常用的对齐命令，如图1-83所示。

图1-83

点到点：该命令可以将选择的两个或多个对象的点进行对齐。

2点到2点：当选择一个对象上的两个点时，两点之间会产生一个轴，另外一个对象也是如此，执行该命令可以将这两条轴对齐到同一方向，并且其中两个点会重合。

3点到3点：选择3个点来作为对齐的参考对象。

对齐对象：用来对齐两个或更多的对象。

技巧与提示

单击"对齐对象"命令后面的▢按钮，打开"对齐对象选项"对话框，在该对话框中可以很直观地观察到5种对齐模式，如图1-84所示。

图1-84

最小值：根据所选对象范围的边界的最小值来对齐选择对象。

中间值：根据所选对象范围的边界的中间值来对齐选择对象。

最大值：根据所选对象范围的边界的最大值来对齐选择对象。

距离：根据所选对象范围的间距让对象均匀地分布在选择的轴上。

栈：让选择对象的边界盒在选择的轴向上相邻分布。

对齐：用来决定对象对齐的世界坐标轴，共有世界*x*/*y*/*z*3个选项可以选择。

对齐到：选择对齐方式，包含"选择平均"和"上一个选定对象"两个选项。

沿曲线放置：沿着曲线位置对齐对象。

对齐工具：使用该工具可以通过手柄控制器将对象进行对齐操作，如图1-85所示，物体被包围在一个边界盒里面，通过单击上面的手柄可以对两个物体进行对齐操作。

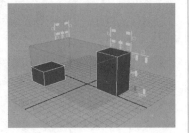

图1-85

 技巧与提示

对象元素或表面曲线不能使用"对齐工具"。

捕捉到一起对齐：该工具可以让对象以移动或旋转的方式对齐到指定的位置。在使用工具时，会出现两个箭头连接线，通过点可以改变对齐的位置。例如在场景中创建两个对象，然后使用该工具单击第1个对象的表面，再单击第2个对象的表面，这样就可以将表面1对齐到表面2，如图1-86所示。

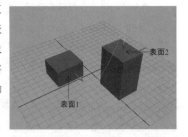

图1-86

激活：执行该命令可以将对象表面激活为工作面。

知 识 点 激活对象表面

创建一个NURBS圆柱体，然后执行"激活"命令，接着执行"创建> CV曲线工具"菜单命令，在激活的NURBS圆柱体表面绘制出曲线，如图1-87所示。

图1-87

从图1-87中可以观察到所绘制出的曲线不会超出激活的表面，这是因为激活表面后，Maya只把激活对象的表面作为工作表面。若要取消激活表面，可执行"取消激活"命令。

居中枢轴：该命令主要针对旋转和缩放操作，在旋转时围绕轴心点进行旋转。

知 识 点 改变轴心点的方法

第1种：按Insert键进入轴心点编辑模式，然后拖曳手柄即可改变轴心点，如图1-88所示。

图1-88

第2种：按住D键进入轴心点编辑模式，然后拖曳手柄即可改变轴心点。

第3种：执行"修改>居中枢轴"菜单命令，可以使对象的中心点回到几何中心点。

第4种：轴心点分为旋转和缩放两种，可以通过改变参数来改变轴心点的位置。

添加层次名称前缀：将前缀添加到选定父对象及其所有子对象的名称中。

搜索和替换名称：根据指定的字符串来搜索节点名称，然后将其替换为其他名称。

添加属性：为选定对象添加属性。

编辑属性：编辑自定义的属性。

删除属性：删除自定义的属性。

转化：该菜单下包含很多子命令，这些命令全部是用于将某种类型的对象转化为另外一种类型的对象，如图1-89所示。

替换对象：使用指定的源对象替换场景中的一个或多个对象。

图1-89

1.6 本章小结

本章主要讲解了Maya 2012的应用领域、界面组成及各种界面元素的作用和基本工具的使用方法。本章是初学者认识Maya 2012的入门章节，希望大家对Maya 2012的各种重要工具多加练习，为后面技术章节的学习打下坚实的基础。

第2章

NURBS建模技术

　　本章将介绍Maya 2012的NURBS建模技术，包括NURBS曲线与NURBS曲面的创建方法与编辑方法。本章是非常重要的章节，在实际工作中运用到的NURBS建模技术大都包含在本章中。

课堂学习目标

了解NURBS的理论知识

掌握如何创建NURBS对象

掌握如何编辑NURBS对象

掌握NURBS建模的流程与方法

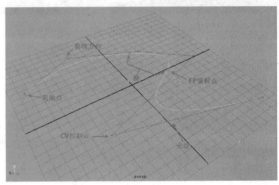

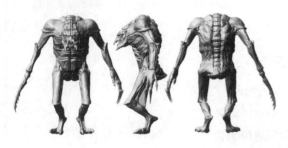

2.1 NURBS理论知识

NURBS是Non-Uniform Rational B-Spline（非统一有理B样条曲线）的缩写。NURBS用数学函数来描述曲线和曲面，并通过参数来控制精度，这种方法可以让NURBS对象达到任何想要的精度，这就是NURBS对象的最大优势。

现在NURBS建模已经成为一个行业标准，广泛应用于工业和动画领域。NURBS的有条理有组织的建模方法让用户很容易上手和理解，通过NURBS工具可以创建出高品质的模型，并且NURBS对象可以通过较少的点来控制平滑的曲线或曲面，很容易让曲面达到流线型效果。

2.1.1 NURBS建模方法

NURBS的建模方法可以分为以下两大类。

第1类：用原始的几何体进行变形来得到想要的造型，这种方法灵活多变，对美术功底要求比较高。

第2类：通过由点到线、由线到面的方法来塑造模型，通过这种方法创建出来的模型的精度比较高，很适合创建工业领域的模型。

各种建模方法当然也可以穿插起来使用，然后配合Maya的雕刻工具、置换贴图（通过置换贴图可以将比较简单的模型模拟成比较复杂的模型）或者配合使用其他雕刻软件（如ZBrush）来制作高精度的模型，如图2-1所示是使用NURBS技术创建的一个怪物模型。

图2-1

2.1.2 NURBS对象的组成元素

NURBS的基本组成元素有点、曲线和曲面，通过这些基本元素可以构成复杂的高品质模型。

1.NURBS曲线

Maya 2012中的曲线都属于NURBS物体，可以通过曲线来生成曲面，也可以从曲面中提取曲线。

展开"创建"菜单，可以从菜单中观察到5种直接创建曲线的工具，如图2-2所示。

图2-2

不管何种创建方法，创建出来的曲线都是由控制点、编辑点和壳线等基本元素组成，可以通过这些基本元素对曲线进行变形，如图2-3所示。

图2-3

NURBS曲线元素介绍

CV控制点：CV控制点是壳线的交界点。通过对CV控制点的调节，可以在保持曲线良好平滑度的前提下对曲线进行调整，很容易达到想要的造型而不破坏曲线的连续性，这充分体现了NURBS的优势。

EP编辑点：EP是Edit Point（编辑点）的缩写。在Maya中，EP编辑点用一个小叉来表示。EP编辑点是曲线上的结构点，每个EP编辑点都在曲线上，也就是说曲线都必须经过EP编辑点。

壳线：壳线是CV控制点的边线。在曲面中，可以通过壳线来选择一组控制点对曲面进行变形操作。

段：段是EP编辑点之间的部分，可以通过改变段数来改变EP编辑点的数量。

NURBS曲线是一种平滑的曲线。在Maya中，NURBS曲线的平滑度由"次数"来控制，共有5种次数，分别是1、2、3、5、7。次数其实是一种连续性的问题，也就是切线方向和曲率是否保持连续。

曲线的次数介绍

次数为1时：表示曲线的切线方向和曲率都不连续，呈现出来的曲线是一种直棱直角曲线。这个次数适合建立一些尖锐的物体。

次数为2时：表示曲线的切线方向连续而曲率不连续，从外观上观察比较平滑，但在渲染曲面时会有棱角，特别是在反射比较强烈的情况下。

次数为3以上时：表示切线方向和曲率都处于连续状态，此时的曲线非常光滑，次数越高，曲线越平滑。

 技巧与提示

执行"曲面"模块下"编辑曲线>重建曲线"菜单命令，可以改变曲线的次数和其他参数。

2.NURBS曲面

在上面已经介绍了NURBS曲线的优势，曲面的基本元素和曲线大致类似，都可以通过很少的基本元素来控制一个平滑的曲面，如图2-4所示。

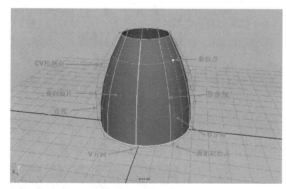

图2-4

NURBS曲面元素介绍

曲面起始点：是U方向和V方向上的起始点。U方向和V方向是两个分别用U和V字母表示的控制点，它们与起始点一起决定了曲面的UV方向，这对后面的贴图制作非常重要。

CV控制点：和曲线的CV控制点作用类似，都是壳线的交点，可以很方便地控制曲面的平滑度，在大多数情况下都是通过CV控制点来对曲面进行调整。

壳线：壳线是CV控制点的连线，可以通过选择壳线来选择一组CV控制点，然后对曲面进行调整。

曲面面片：NURBS曲面上的等参线将曲面分割成无数的面片，每个面片都是曲面面片。可以将曲面上的曲面面片复制出来加以利用。

等参线：等参线是U方向和V方向上的网格线，用来决定曲面的精度。

曲面点：是曲面上等参线的交点。

2.1.3 物体级别与元素间的切换

从物体级别切换到元素级别的方法主要有以下3种。

第1种：通过单击状态栏上的"按对象类型选择"工具![icon]和"按组件类型选择"工具![icon]来进行切换，前者是物体级别，后者是元素（次物体）级别。

第2种：通过快捷键来进行切换，重复按F8键可以实现物体级别和元素级别之间的切换。

第3种：使用右键快捷菜单来进行切换。

2.1.4 NURBS曲面的精度控制

NURBS曲面的精度有两种类型：一种是控制视图的显示精度，为建模过程提供方便；另一种是控制渲染精度，NURBS曲面在渲染时都是先转换成多边形对象后才渲染出来的，所以就有一个渲染精度的问题。NURBS曲面最大的特点就是可以控制渲染精度。

在视图显示精度上，系统有几种预设的显示精度。切换到"曲面"模块，在"显示>NURBS"菜单下有"壳线""粗糙""中等""精细"和"自定义平滑度"5种显示精度的方法，如图2-5所示。

图2-5

 技巧与提示

"粗糙""中等"和"精细"3个选项分别对应快捷键为1、2、3，它们都可以用来控制不同精度的显示状态。

1.壳线

单击"壳线"命令后面的■按钮，打开"NURBS平滑度（壳线）选项"对话框，如图2-6所示。

图2-6

壳线参数介绍

受影响的对象：用于控制"壳线"命令所影响的范围。"活动"选项可以使"壳线"命令只影响选择的NURBS对象；"全部"选项可以使壳线命令影响场景中所有的NURBS对象。

U/V向壳线简化：用来控制在UV方向上显示简化的级别。1表示完全按壳线的外壳显示，数值越大，显示的精度越简化。

2.自定义平滑度

"自定义平滑度"命令用来自定义显示精度的方式，单击该命令后面的■按钮，打开"NURBS平滑度（自定义）选项"对话框，如图2-7所示。

图2-7

> **技巧与提示**
> 这里的参数将在后面的内容中进行详细讲解。

3.视图显示精度和渲染精度控制

在视图中随意创建一个NURBS对象，然后按Ctrl+A组合键打开其"属性编辑器"对话框。该对话框中有"NURBS曲面显示"和"细分"两个卷展栏，它们分别用来控制视图的显示精度和渲染精度，如图2-8所示。

展开"NURBS曲面显示"卷展栏，如图2-9所示。

图2-8

图2-9

NURBS曲面显示卷展栏参数介绍

曲线精度：用于控制曲面在线框显示状态下线框的显示精度。数值越大，线框显示就越光滑。

曲面精度着色：用于控制曲面在视图中的显示精度。数值越大，显示的精度就越高。

U/V向简化：这两个选项用来控制曲面在线框显示状态下线框的显示数量。

法线显示比例：用来控制曲面法线的显示比例大小。

> **技巧与提示**
> 在"曲面"模块下执行"显示>NURBS>法线（着色模式）"菜单命令可以开启曲面的法线显示。

展开"细分"卷展栏，如图2-10所示。

图2-10

细分卷展栏重要参数介绍

显示渲染细分：以渲染细分的方式显示NURBS曲面并转换成多边形的实体对象，因为Maya的渲染方法是将对象划分成一个个三角形面片。开启该选项后，对象将以三角形面片显示在视图中。

2.2 创建NURBS对象

在Maya中，最基本的NURBS对象分为NURBS曲线和NURBS基本体两种，这两种对象都可以直接创建出来。

本节知识概要

名称	主要作用	重要程度
CV曲线工具	通过创建控制点来绘制曲线	高
EP曲线工具	通过绘制编辑点来绘制曲线	高
铅笔曲线工具	通过绘图方式来创建曲线	高
弧工具	创建圆弧曲线	高
文本	创建文本曲线	高
Adobe（R）Illustrator（R）对象	可以将AI路径导入到Maya中作为NURBS曲线	中
球体	创建NURBS球体	高
立方体	创建NURBS立方体	高
圆柱体	创建NURBS圆柱体	高
圆锥体	创建NURBS圆锥体	高
平面	创建NURBS平面	高
圆环	创建NURBS圆环	高
圆形	创建NURBS圆形	高
方形	创建NURBS方形	高

2.2.1 创建NURBS曲线

切换到"曲面"模块，展开"创建"菜单，该菜单下有几个创建NURBS曲线的工具，如"CV曲线工具""EP曲线工具"等，如图2-11所示。

图2-11

 技巧与提示

在菜单下面单击虚线━━━━━横条，可以将链接菜单作为一个独立的菜单放置在视图中。

1.CV曲线工具

"CV曲线工具"通过创建控制点来绘制曲线。单击"CV曲线工具"命令后面的■按钮，打

开"工具设置"对话框，如图2-12所示。

图2-12

CV曲线工具参数介绍

曲线次数：该选项用来设置创建的曲线的次数。一般情况下都使用"1线性"或"3立方"曲线，特别是"3立方"曲线，如图2-13所示。

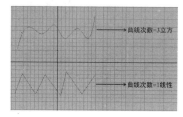

曲线次数=3立方

曲线次数=1线性

图2-13

结间距：设置曲线曲率的分布方式。

一致：该选项可以随意增加曲线的段数。

弦长：开启该选项后，创建的曲线可以具备更好的曲率分布。

多端结：开启该选项后，曲线的起始点和结束点位于两端的控制点上；如果关闭该选项，起始点和结束点之间会产生一定的距离，如图2-14所示。

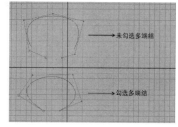

未勾选多端结

勾选多端结

图2-14

重置工具 重置工具 ：将"CV曲线工具"的所有参数恢复到默认设置。

工具帮助 工具帮助 ：单击该按钮可以打开Maya的帮助文档，该文档中会说明当前工具的具体功能。

2.EP曲线工具

"EP曲线工具"是绘制曲线的常用工具，通过该工具可以精确地控制曲线所经过的位置。单击"EP曲线工具"命令后面的■按钮，打开"工具设置"对话框，这里的参数与"CV曲线工具"的

参数完全一样,如图2-15所示,只是"EP曲线工具"是通过绘制编辑点的方式来绘制曲线,如图2-16所示。

图2-15

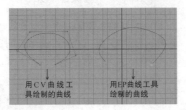

用CV曲线工具绘制的曲线　　用EP曲线工具绘制的曲线

图2-16

3.铅笔曲线工具

"铅笔曲线工具"是通过绘图的方式来创建曲线,可以直接使用"铅笔曲线工具"在视图中绘制曲线,也可以通过手绘板等绘图工具来绘制流畅的曲线,同时还可以使用"平滑曲线"和"重建曲线"命令对曲线进行平滑处理。"铅笔曲线工具"的参数很简单,和"CV曲线工具"的参数类似,如图2-17所示。

图2-17

技巧与提示

使用"铅笔曲线工具"绘制的曲线的缺点是控制点太多,如图2-18所示。绘制完成后难以对其进行修改,只有使用"平滑曲线"和"重建曲线"命令精减曲线上的控制点后,才能进行修改,但这两个命令会使曲线发生很大的变形,所以一般情况下都使用"CV曲线工具"和"EP曲线工具"来创建曲线。

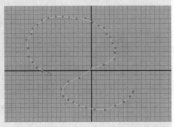

图2-18

课堂案例

巧用曲线工具绘制螺旋线

案例位置	案例文件>CH02>课堂案例——巧用曲线工具绘制螺旋线.mb
视频位置	多媒体教学>CH02>课堂案例——巧用曲线工具绘制螺旋线.flv
难易指数	★★☆☆☆
学习目标	学习螺旋线的绘制方法

螺旋线效果如图2-19所示。

图2-19

① 打开"场景文件>CH02>a.mb"文件,如图2-20所示。

图2-20

技巧与提示

在Maya里制作螺旋曲线并不是一件容易的事情,因此一般情况都使用一些技巧来制作这种类型的曲线。

② 选择模型的上头部分,然后执行"修改>激活"菜单命令,将其设置为工作表面,如图2-21所示。

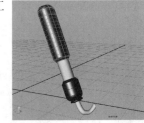

图2-21

③ 使用"CV曲线工具"创建4个控制点,如图2-22所示,然后按Insert键,接着按住鼠标中键将曲线一圈一圈地围绕在圆柱体上,最后按Insert键和Enter键结束创建,效果如图2-23所示。

图2-22

图2-23

（04）选择螺旋曲线，然后执行"编辑曲线>复制曲面曲线"菜单命令，将螺旋线复制一份出来，如图2-24所示。

（05）执行"修改>取消激活"菜单命令，然后删除模型，螺旋线最终效果如图2-25所示。

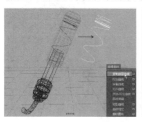

图2-24　　　　　　　　图2-25

4.弧工具

"弧工具"可以用来创建圆弧曲线，绘制完成后，可以用鼠标中键再次对圆弧进行修改。"弧工具"菜单中包括"三点圆弧"和"两点圆弧"两个子命令，如图2-26所示。

图2-26

<1>三点圆弧

单击"三点圆弧"命令后面的□按钮，打开"工具设置"对话框，如图2-27所示。

图2-27

三点圆弧参数介绍

圆弧度数：用来设置圆弧的度数，这里有"1线性"和3两个选项可以选择。

截面数：用来设置曲线的截面段数，最少为4段。

<2>两点圆弧

使用"两点圆弧"工具可以绘制出两点圆弧曲线，如图2-28所示。单击"两点圆弧"命令后面的□按钮，打开"工具设置"对话框，如图2-29所示。

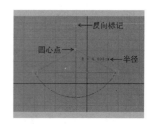

图2-28

图2-29

技巧与提示

"两点圆弧"工具的参数与"三点圆弧"工具一样，这里不再重复讲解。

2.2.2 文本

Maya可以通过输入文字来创建NURBS曲线、NURBS曲面、多边形曲线和倒角物体。单击"创建>文本"命令后面的□按钮打开"文本曲线选项"对话框，如图2-30所示。

图2-30

文本参数介绍

文本：在这里面可以输入要创建的文本内容。

字体：设置文本字体的样式，单击后面的□按钮可以打开"选择字体"对话框，在该对话框中可以设置文本的字符样式和大小等，如图2-31所示。

图2-31

类型：设置要创建的文本对象的类型，有"曲线""修剪""多边形"和"倒角"4个选项可以选择，如图2-32所示。

图2-32

图2-34

2.2.3 Adobe（R）Illustrator（R）对象

Maya 2012可以直接读取Illustrator软件的源文件，即将Illustrator的路径作为NURBS曲线导入到Maya中。在Maya以前的老版本中不支持中文输入，只有AI格式的源文件才能导入Maya中，而Maya 2012可以直接在文本里创建中文文本，同时也可以使用平面软件绘制出Logo等图形，然后保存为AI格式，再导入到Maya中创建实体对象。

技巧与提示

Illustrator是Adobe公司出品的一款平面矢量软件，使用该软件可以很方便地绘制出各种形状的矢量图形。

单击"Adobe（R）Illustrator（R）对象"命令后面的■按钮，打开"Adobe（R）Illustrator（R）对象选项"对话框，如图2-33所示。

图2-33

技巧与提示

从"类型"选项组中可以看出使用AI格式的路径可以创建出"曲线"和"倒角"对象。

2.2.4 创建NURBS基本体

在"创建>NURBS基本体"菜单下是NURBS基本几何体的创建命令，用这些命令可以创建出NURBS最基本的几何体对象，如图2-34所示。

Maya提供了两种建模方法：一种是直接创建一个几何体在指定的坐标上，几何体的大小也是提前设定的；另一种是交互式创建方法，这种创建方法是在选择命令后在视图中拖曳光标才能创建出几何体对象，大小和位置由光标的位置决定，这是Maya默认的创建方法。

技巧与提示

在"创建>NURBS基本体"菜单下勾选"交互式创建"选项可以启用互交式创建方法。

1.球体

选择"球体"命令后在视图中拖曳光标就可以创建出NURBS球体，拖曳的距离就是球体的半径。单击"球体"命令后面的■按钮，打开"工具设置"对话框，如图2-35所示。

图2-35

球体重要参数介绍

开始扫描角度：设置球体的起始角度，其值在0~360之间，可以产生不完整的球面。

技巧与提示

"起始扫描角"值不能等于360°。如果等于360°，"起始扫描角"就等于"终止扫描角"，这时候创建球体，系统将会提示错误信息，在视图中也观察不到创建的对象。

结束扫描角度：用来设置球体终止的角度，其值在0~360之间，可以产生不完整的球面，与"开始扫描角度"正好相反，如图2-36所示。

曲面次数：用来设置曲面的平滑度。"线性"为直线型，可形成尖锐的棱角；"立方"会形成平滑的曲面，如图2-37所示。

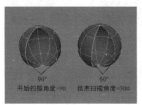

图2-36

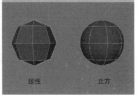

图2-37

使用容差：该选项默认状态处于关闭状态，是另一种控制曲面精度的方法。

截面数：用来设置V向的分段数，最小值为4。

跨度数：用来设置U向的分段数，最小值为2，如图2-38所示是使用不同分段数创建的球体对比。

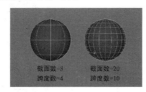

图2-38

调整截面数和跨度数：勾选该选项时，创建球体后不会立即结束命令，再次拖曳光标可以改变U方向上的分段数，结束后再次拖曳光标可以改变V方向上的分段数。

半径：用来设置球体的大小。设置好半径后直接在视图中单击左键可以创建出球体。

轴：用来设置球体中心轴的方向，有*x*、*y*、*z*、"自由"和"活动视图"5个选项可以选择。勾选"自由"选项可激活下面的坐标设置，该坐标与原点连线方向就是所创建球体的轴方向；勾选"活动视图"选项后，所创建球体的轴方向将垂直于视图的工作平面，也就是视图中网格所在的平面，如图2-39所示是分别在顶视图、前视图、侧视图中所创建的球体效果。

图2-39

2.立方体

单击"立方体"命令后面的■按钮，打开"工具设置"对话框，如图2-40所示。

图2-40

立方体重要参数介绍

技巧与提示

该对话框中的大部分参数都与NURBS球体的参数相同，因此重复部分不进行讲解。

曲面次数：该选项比球体的创建参数多了2、5、7这3个次数。

U/V面片：设置U/V方向上的分段数

调整U和V面片：这里与球体不同的是，添加U向分段数的同时也会增加V向的分段数。

宽度/高度/深度：分别用来设置立方体的长、宽、高。设置好相应的参数后，在视图里单击鼠标左键就可以创建出立方体。

技巧与提示

创建的立方体是由6个独立的平面组成，整个立方体为一个组，如图2-41所示。

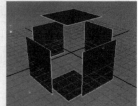

图2-41

3.圆柱体

单击"圆柱体"命令后面的■按钮，打开"工具设置"对话框，如图2-42所示。

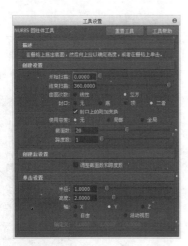

图2-42

圆柱体重要参数介绍

封口：用来设置是否为圆柱体添加盖子，或者在哪一个方向上添加盖子。"无"选项表示不添加盖子；"底"选项表示在底部添加盖子，而顶部镂空；"顶"选项表示在顶部添加盖子，而底部镂空；"二者"选项表示在顶部和底部都添加盖子，如图2-43所示。

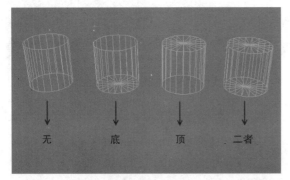

图2-43

封口上的附加变换：勾选该选项时，盖子和圆柱体会变成一个整体；如果关闭该选项，盖子将作为圆柱体的子物体。

半径：设置圆柱体的半径。

高度：设置圆柱体的高度。

> 技巧与提示
>
> 在创建圆柱体时，并且只有在使用单击鼠标左键的方式创建时，设置的半径和高度值才起作用。

4.圆锥体

单击"圆锥体"命令后面的按钮，打开"工具设置"对话框，如图2-44所示。

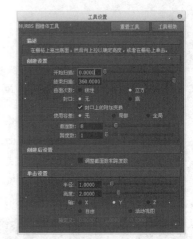

图2-44

> 技巧与提示
>
> 圆锥体的参数与圆柱体基本一致，这里不再重复讲解。

5.平面

单击"平面"命令后面的按钮，打开"工具设置"对话框，如图2-45所示。

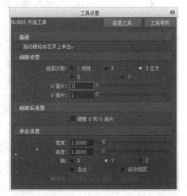

图2-45

> 技巧与提示
>
> 平面的参数与圆柱体也基本一致，因此这里也不再重复讲解。

6.圆环

单击"圆环"命令后面的按钮，打开"工具设置"对话框，如图2-46所示。

图2-46

圆环重要参数介绍

次扫描：该选项表示在圆环截面上的角度，如图2-47所示。

次半径：设置圆环在截面上的半径。

半径：用来设置圆环整体半径的大小，如图2-48所示。

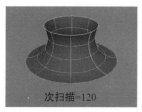

次扫描=120

图2-47

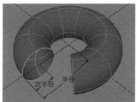

图2-48

7.圆形

单击"圆形"命令后面的□按钮，打开"工具设置"对话框，如图2-49所示。

图2-49

圆形重要参数介绍

界面数：用来设置圆的段数。

调整截面数：勾选该选项时，创建完模型后不会立即结束命令，再次拖曳光标可以改变圆的段数。

8.方形

单击"方形"命令后面的□按钮，打开"工具设置"对话框，如图2-50所示。

图2-50

方形重要参数介绍

每个边的跨度数：用来设置每条边上的段数。

调整每个边的跨度数：勾选该选项后，在创建完矩形后可以再次对每条边的段数进行修改。

边1/2长度：分别用来设置两条对边的长度。

知 识 点 知识点——切换编辑模式

在实际工作中，经常会遇到切换显示模式的情况。如要将实体模式切换为"控制顶点"模式，这时可以在对象上单击鼠标右键（不松开鼠标右键），然后在弹出的快捷菜单中选择"控制顶点"命令，如图2-51所示；如果要将"控制顶点"模式切换为"对象模式"，可以在对象上单击鼠标右键（不松开鼠标右键），然后在弹出的菜单中选择"对象模式"命令，如图2-52所示。

图2-51

图2-52

2.3 编辑NURBS曲线

展开"编辑曲线"菜单，该菜单下全是NURBS曲线的编辑命令，如图2-53所示。

图2-53

平滑曲线	在不减少曲线结构点数量的前提下使曲线变得更加光滑	高
CV硬度	控制次数为3的曲线的CV控制点的多样性因数	中
曲线编辑工具	用手柄控制器对曲线进行直观操作	中
投影切线	改变曲线端点处的切线方向，使其与两条相交曲线或与一条曲面的切线方向保持一致	高
修改曲线	对曲线的形状进行修正，但不改变曲线点的数量	高
修改曲线	对曲线的形状进行修正，但不改变曲线点的数量	高
Bezier曲线	修正曲线的形状	中
选择	选择曲线上的CV控制点或为每个CV控制点分别创建一个簇	中

技巧与提示

这些NURBS曲线编辑命令全是一些基础命令，只有掌握好了这些命令才能创建出各种样式的曲线。

2.3.1 复制曲面曲线

通过"复制曲面曲线"命令可以将NURBS曲面上的等参线、剪切边或曲线复制出来。单击"复制曲面曲线"命令后面的■按钮，打开"复制表面曲线选项"对话框，如图2-54所示。

图2-54

复制曲面曲线参数介绍

与原始对象分组：勾选该选项后，可以让复制出来的曲线作为源曲面的子物体；关闭该选项时，复制出来的曲线将作为独立的物体。

可见曲面等参线：U/V和"二者"选项分别表示复制U向、V向和两个方向上的等参线。

技巧与提示

除了上面的复制方法，经常使用到的还有一种方法：首先进入NURBS曲面的等参线编辑模式，然后选择指定位置的等参线，接着执行"复制曲面曲线"命令，这样可以将指定位置的等参线单独复制出来，而不复制出其他等参线；若选择剪切边或NURBS曲面上的曲线进行复制，也不会复制出其他等参线。

本节知识概要

名称	主要作用	重要程度
复制曲面曲线	将NURBS曲面上的等参线、剪切边、曲线复制出来	高
附加曲线	将断开的曲线合并为一条整体曲线	高
分离曲线	将一条NURBS曲线从指定的点分离分来	高
对齐曲线	对齐两条曲线的最近点，也可以按曲线上的指定点对齐	高
开放/闭合曲线	将开放曲线变成封闭曲线，或将封闭曲线变成开放曲线	高
移动接缝	移动封闭曲线的起始点	中
切割曲线	将多条相交曲线从相交处剪断	高
曲线相交	在多条曲线的交叉点处产生定位点	高
曲线圆角	让两条相交曲线或两条分离曲线之间产生平滑的过渡曲线	中
插入结	在曲线上插入编辑点	高
延伸	延伸曲线或延伸曲面上的曲线	高
偏移	偏移曲线或偏移曲面上的曲线	高
反转曲线方向	反转曲线的起始方向	高
重建曲线	修改曲线的一些属性	高

复制曲面上的曲线

案例位置	案例文件>CH02>课堂案例——复制曲面上的曲线.mb
视频位置	多媒体教学>CH02>课堂案例——复制曲面上的曲线.flv
难易指数	★☆☆☆☆
学习目标	学习如何将曲面上的曲线复制出来

复制的曲线效果如图2-55所示。

图2-55

01 打开"场景文件>CH02>b.mb"文件，然后按5键进入实体显示状态，如图2-56所示。

图2-56

02 在轮胎上单击鼠标右键，然后在弹出的菜单中选择"等参线"命令，进入等参线编辑模式，如图2-57所示。

图2-57

03 选择轮胎中间的等参线，如图2-58所示，然后执行"编辑曲线>复制曲面曲线"菜单命令，将表面曲线复制出来，如图2-59所示。

图2-58

图2-59

技巧与提示

因为复制出来的表面曲线具有历史记录，记录着与原始曲线的关系，所以在改变原始曲线时，复制出来的曲线也会跟着一起改变。

2.3.2 附加曲线

使用"附加曲线"命令可以将断开的曲线合并为一条整体曲线。单击"附加曲线"命令后面的 ▢ 按钮，打开"附加曲线选项"对话框，如图2-60所示。

图2-60

附加曲线参数介绍

附加方法：曲线的附加模式，包括"连接"和"混合"两个选项。"连接"方法可以直接将两条曲线连接起来，但不进行平滑处理，所以会产生尖锐的角；"混合"方法可使两条曲线的附加点以平滑的方式过渡，并且可以调节平滑度。

多点结：用来选择是否保留合并处的结构点。"保持"选项为保留结构点；"移除"为移除结构点，移除结构点时，附加处会变成平滑的连接效果，如图2-61所示。

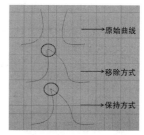

图2-61

混合偏移：当开启"混合"选项时，该选项用来控制附加曲线的连续性。

插入结：开启"混合"选项时，该选项可用来在合并处插入EP点，以改变曲线的平滑度。

保持原始：勾选该选项时，合并后将保留原始的曲线；关闭该选项时，合并后将删除原始曲线。

连接断开的曲线

案例位置	案例文件>CH02>课堂案例——连接断开的曲线.mb
视频位置	多媒体教学>CH02>课堂案例——连接断开的曲线.flv
难易指数	★☆☆☆☆
学习目标	学习如何将断开的曲线连接为一条闭合的曲线

连接的断开曲线效果如图2-62所示。

图2-62

01 打开"场景文件>CH02>c.mb"文件，然后执行"窗口>大纲视图"菜单命令，打开"大纲视图"对话框，从该对话框中和视图中都可以观察到曲线是断开的，如图2-63所示。

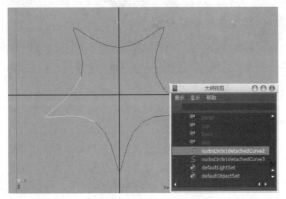

图2-63

02 选择其中一段曲线，然后按住Shift键加选另外一段曲线，如图2-64所示。

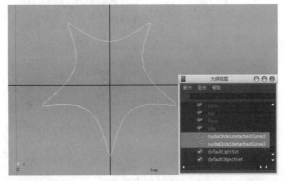

图2-64

03 单击"编辑曲线>附加曲线"菜单命令后面的□按钮，然后在弹出的对话框中勾选"连接"选项，接着单击"附加"按钮，如图2-65所示，最终效果如图2-66所示。

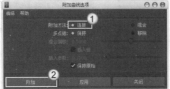

图2-65

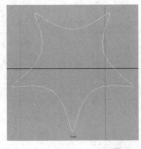

图2-66

技巧与提示

"附加曲线"命令在编辑曲线时经常使用到，熟练掌握该命令可以创建出复杂的曲线。NURBS曲线在创建时无法直接产生直角的硬边，这是由NURBS曲线本身特有的特性所决定的，因此需要通过该命令将不同次数的曲线连接在一起。

2.3.3 分离曲线

使用"分离曲线"命令可以将一条NURBS曲线从指定的点分离分来，也可以将一条封闭的NURBS曲线分离成开放的曲线。单击"分离曲线"命令后面的□按钮，打开"分离曲线选项"对话框，如图2-67所示。

图2-67

分离曲线参数介绍

保持原始：勾选该选项时，执行"分离曲线"命令后会保留原始的曲线。

2.3.4 对齐曲线

使用"对齐曲线"命令可以对齐两条曲线的最近点，也可以按曲线上的指定点对齐。单击"对齐曲线"命令后面的□按钮，打开"对齐曲线选项"对话框，如图2-68所示。

图2-68

对齐曲线参数介绍

附加：将对接后的两条曲线连接为一条曲线。

多点结：用来选择是否保留附加处的结构点。"保持"为保留结构点；"移除"为移除结构点，移除结构点时，附加处将变成平滑的连接效果。

连续性：决定对齐后的连接处的连续性。

位置：使两条曲线直接对齐，而不保持对齐处的连续性。

切线：将两条曲线对齐后，保持对齐处的切线方向一致。

曲率：将两条曲线对齐后，保持对齐处的曲率一致。

修改位置：用来决定移动哪条曲线来完成对齐操作。

第一个：移动第一个选择的曲线来完成对齐操作。

第二个：移动第二个选择的曲线来完成对齐操作。

二者：将两条曲线同时向均匀的位置上移动来完成对齐操作。

修改边界：以改变曲线外形的方式来完成对齐操作。

第一个：改变第一个选择的曲线来完成对齐操作。

第二个：改变第二个选择的曲线来完成对齐操作。

二者：将两条曲线同时向均匀的位置上改变外形来完成对齐操作。

修改切线：使用"切线"或"曲率"对齐曲线时，该选项决定改变哪条曲线的切线方向或曲率来完成对齐操作。

第一个：改变第一个选择的曲线。

第二个：改变第二个选择的曲线。

切线比例1：用来缩放第一个选择曲线的切线方向的变化大小。一般在使用该选项后，都要在"通道盒"里修改参数。

切线比例2：用来缩放第二个选择曲线的切线方向的变化大小。一般在使用该命令后，都要在"通道盒"里修改参数。

曲率比例1：用来缩放第一个选择曲线的曲率大小。

曲率比例2：用来缩放第二个选择曲线的曲率大小。

保持原始：勾选该选项后会保留原始的两条曲线。

🎓 课堂案例
对齐曲线的顶点

案例位置	案例文件>CH02>课堂案例——对齐曲线的顶点.mb
视频位置	多媒体教学>CH02>课堂案例——对齐曲线的顶点.flv
难易指数	★☆☆☆☆
学习目标	学习如何对齐断开曲线的顶点

对齐的曲线效果如图2-69所示。

图2-69

① 打开"场景文件>CH02>d.mb"文件，如图2-70所示。

图2-70

② 选择两段曲线，然后单击"对齐曲线"命令后面的 □ 按钮，打开"对齐曲线选项"对话框，接着勾选"附加"选项，再设置"连续性"为"位置"、"修改位置"为"二者"，具体参数设置如图2-71所示，对齐效果如图2-72所示。

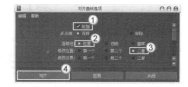

图2-71

图2-72

2.3.5 开放/闭合曲线

使用"开放/闭合曲线"命令可以将开放曲线变成封闭曲线，或将封闭曲线变成开放曲线。单击"开放/闭合曲线"命令后面的 □ 按钮，打开"开放/闭合曲线选项"对话框，如图2-73所示。

图2-73

开放/闭合曲线参数介绍

形状：当执行"开放/闭合曲线"命令后，该选项用来设置曲线的形状。

忽略：执行"开放/闭合曲线"命令后，不保持原始曲线的形状。

保留：通过加入CV点来尽量保持原始曲线的形状。

混合：通过该选项可以调节曲线的形状。

混合偏移：当勾选"混合"选项时，该选项用来调节曲线的形状。

插入结：当封闭曲线时，在封闭处插入点，以保持曲线的连续性。

保持原始：保留原始曲线。

课堂案例

闭合断开的曲线

案例位置	案例文件>CH02>课堂案例——闭合断开的曲线.mb
视频位置	多媒体教学>CH02>课堂案例——闭合断开的曲线.flv
难易指数	★☆☆☆☆
学习目标	学习如何将断开的曲线闭合起来

将断开曲线闭合起来后的效果如图2-74所示。

图2-74

01 打开"场景文件>CH02>e.mb"文件，如图2-75所示。

图2-75

02 单击"开放/闭合曲线"命令后面的 按钮，打开"开放/闭合曲线选项"对话框，然后分别将"形状"选项设置为"忽略""保留""混合"3种连接方式，接着观察曲线的闭合效果，如图2-76、图2-77和图2-78所示。

图2-76

图2-77

图2-78

2.3.6 移动接缝

"移动接缝"命令主要用来移动封闭曲线的起始点。在后面学习由线成面时，封闭曲线的接缝处（也就是曲线的起始点位置）与生成曲线的UV走向有很大的区别。

2.3.7 切割曲线

使用"切割曲线"命令可以将多条相交曲线从相交处剪断。单击"切割曲线"命令后面的 按钮，打开"切割曲线选项"对话框，如图2-79所示。

图2-79

切割曲线重要参数介绍

查找相交处：用来选择两条曲线的投影方式。

在2D和3D空间：在正交视图和透视图中求出投影交点。

仅在3D空间：只在透视图中求出交点。

使用方向：使用自定义方向来求出投影交点，有x、y、z轴、"活动视图"和"自由"5个选项可以选择。

切割：用来决定曲线的切割方式。

在所有相交处：切割所有选择曲线的相交处。

使用最后一条曲线：只切割最后选择的一条曲线。

保持：用来决定最终保留和删除的部分。

最长分段：保留最长线段，删除较短的线段。

所有曲线分段：保留所有的曲线段。

具有曲线点的分段：根据曲线点的分段进行保留。

课堂案例

切割曲线

案例位置	案例文件>CH02>课堂案例——切割曲线.ma
视频位置	多媒体教学>CH02>课堂案例——切割曲线.flv
难易指数	★☆☆☆☆
学习目标	学习如何切割相交的曲线

将相交曲线切割以后的效果如图2-80所示。

图2-80

① 打开"场景文件>CH02>f.ma"文件，如图2-81所示。

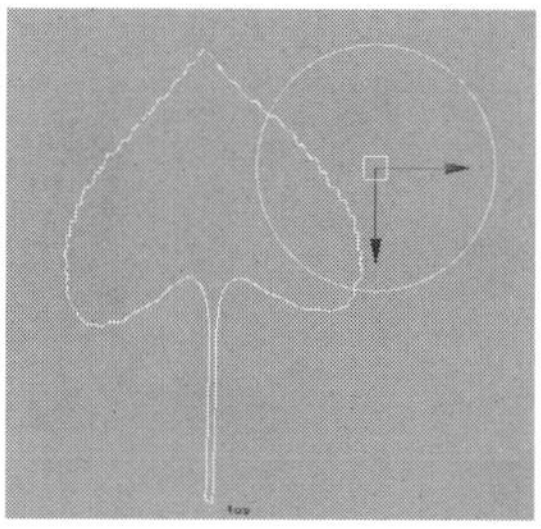

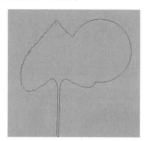

图2-81

② 选择两段曲线，然后执行"编辑曲线>切割曲线"菜单命令，这时两条曲线的相交处会被剪断，将剪断处删除后可观察到明显的效果，如图2-82所示。

图2-82

知识点 合并剪断的曲线

剪断相交曲线后，可以将剪切出来的曲线合并为一条曲线，其操作方法就是选择两条剪切出来的曲线，然后执行"编辑曲线>附加曲线"菜单命令，如图2-83所示。

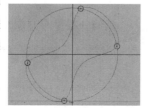

图2-83

2.3.8 曲线相交

使用"曲线相交"命令可以在多条曲线的交叉点处产生定位点，这样可以很方便地对定位点进行捕捉、对齐和定位等操作，如图2-84所示。

图2-84

单击"曲线相交"命令后面的■按钮，打开"曲线相交选项"对话框，如图2-85所示。

图2-85

曲线相交重要参数介绍

相交：用来设置哪些曲线产生交叉点。

所有曲线：所有曲线都产生交叉点。

仅与最后一条曲线：只在最后选择的一条曲线上产生交叉点。

2.3.9 曲线圆角

使用"曲线圆角"命令可以让两条相交曲线或两条分离曲线之间产生平滑的过渡曲线。单击"曲线圆角"命令后面的■按钮，打开"圆角曲线选项"对话框，如图2-86所示。

图2-86

曲线圆角参数介绍

修剪：开启该选项时，将在曲线倒角后删除原始曲线的多余部分。

接合：将修剪后的曲线合并成一条完整的曲线。

保持原始：保留倒角前的原始曲线。

构建：用来选择倒角部分曲线的构建方式。

圆形：倒角后的曲线为规则的圆形。

自由形式：倒角后的曲线为自由的曲线。

半径：设置倒角半径。

自由形式类型：用来设置自由倒角后曲线的连接方式。

切线：让连接处与切线方向保持一致。

混合：让连接处的曲率保持一致。

混合控制：勾选该选项时，将激活混合控制的参数。

深度：控制曲线的弯曲深度。

偏移：用来设置倒角后曲线的左右倾斜度。

2.3.10 插入结

使用"插入结"命令可以在曲线上插入编辑点，以增加曲线的可控点数量。单击"插入结"命令后面的█按钮，打开"插入结选项"对话框，如图2-87所示。

图2-87

插入结重要参数介绍

插入位置：用来选择增加点的位置。

在当前选择处：将编辑点插入到指定的位置。

在当前选择之间：在选择点之间插入一定数目的编辑点。当勾选该选项后，会将最下面的"多重性"选项更改为"要插入的结数"。

🎬 课堂案例

插入编辑点

案例位置	案例文件>CH02>课堂案例——插入编辑点.ma
视频位置	多媒体教学>CH02>课堂案例——插入编辑点.flv
难易指数	★☆☆☆☆
学习目标	学习如何在曲线上插入编辑点

在曲线上插入的编辑点效果如图2-88所示。

图2-88

01 打开"场景文件>CH02>g.ma"文件，然后在曲线上单击右键，接着在弹出的菜单中选择"编辑点"命令，进入编辑点模式，如图2-89所示。

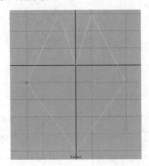

图2-89

02 选中右上部的两个编辑点，然后打开"插入

点选项"对话框，具体参数设置如图2-90所示，最终效果如图2-91所示。

图2-90

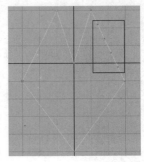

图2-91

2.3.11 延伸

"延伸"命令包含两个子命令，分别是"延伸曲线"和"延伸曲面上的曲线"命令，如图2-92所示。

图2-92

1.延伸曲线

使用"延伸曲线"命令可以延伸一条曲线的两个端点，以增加曲线的长度。单击"延伸曲线"命令后面的█按钮，打开"延伸曲线选项"对话框，如图2-93所示。

图2-93

延伸曲线参数介绍

延伸方法：用来设置曲线的延伸方式。

距离：使曲线在设定方向上延伸一定的距离。

点：使曲线延伸到指定的点上。当勾选该选项时，下面的参数会自动切换到"点将延伸至"输入模式，如图2-94所示。

图2-94

延伸类型：设置曲线延伸部分的类型。

线性：延伸部分以直线的方式延伸。

圆形：让曲线按一定的圆形曲率进行延伸。

外推：使曲线保持延伸部分的切线方向并进行延伸。

距离：用来设定每次延伸的距离。

延伸以下位置的曲线：用来设定在曲线的哪个方向上进行延伸。

起点：在曲线的起始点方向上进行延伸。

结束：在曲线的结束点方向上进行延伸。

二者：在曲线的两个方向上进行延伸。

接合到原始：默认状态下该选项处于启用状态，用来将延伸后的曲线与原始曲线合并在一起。

移除多点结：删除重合的结构点。

保持原始：保留原始曲线。

2.延伸曲面上的曲线

使用"延伸曲面上的曲线"命令可以将曲面上的曲线进行延伸，延伸后的曲线仍然在曲面上。单击"延伸曲面上的曲线"命令后面的■按钮，打开"延伸曲面上的曲线选项"对话框，如图2-95所示。

图2-95

延伸曲面上的曲线重要参数介绍

延伸方法：设置曲线的延伸方式。当设置为"UV点"方式时，下面的参数将自动切换为"UV点将延伸至"输入模式，如图2-96所示。

图2-96

2.3.12 偏移

"偏移"命令包含两个子命令，分别是"偏移曲线"和"偏移曲面上的曲线"命令，如图2-97所示。

图2-97

1.偏移曲线

单击"偏移曲线"命令后面的■按钮，打开"偏移曲线选项"对话框，如图2-98所示。

图2-98

偏移曲线参数介绍

法线方向：设置曲线偏移的方法。

活动视图：以视图为标准来定位偏移曲线。

几何平均值：以法线为标准来定位偏移曲线。

偏移距离：设置曲线的偏移距离，该距离是曲线与曲线之间的垂直距离。

连接断开：在进行曲线偏移时，由于曲线偏移后的变形过大，会产生断裂现象，该选项可以用来连接断裂曲线。

圆形：断裂的曲线之间以圆形的方式连接起来。

线性：断裂的曲线之间以直线的方式连接起来。

禁用：关闭"连接断开"功能。

循环剪切：在偏移曲线时，曲线自身可能会产生交叉现象，该选项可以用来剪切掉多余的交叉曲线。"启用"为开起该功能，"禁用"为关闭该功能。

切割半径：在切割后的部位进行倒角，可以产生平滑的过渡效果。

最大细分密度：设置当前容差值下几何偏移细分的最大次数。

曲线范围：设置曲线偏移的范围。

完全：整条曲线都参与偏移操作。

部分：在曲线上指定一段曲线进行偏移。

🎬 课堂案例

偏移曲线

案例位置	案例文件>CH02>课堂案例——偏移曲线.ma
视频位置	多媒体教学>CH02>课堂案例——偏移曲线.flv
难易指数	★☆☆☆☆
学习目标	学习如何偏移曲线

偏移的曲线效果如图2-99所示。

图2-99

⓵ 打开"场景文件>CH02>h.ma"文件，如图2-100所示。

图2-100

⓶ 打开"偏移曲线选项"对话框，然后设置"法线方向"为"几何体平均值"，接着设置"偏移距离"为0.2，如图2-101所示，接着连续单击3次"应用"按钮，将曲线偏移3次，最终效果如图2-102所示。

图2-101

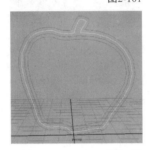

图2-102

2.偏移曲面上的曲线

使用"偏移曲面上的曲线"命令可以偏移面上的曲线。单击"偏移曲面上的曲线"命令后面的回按钮，打开"偏移曲面上的曲线选项"对话框，如图2-103所示。

图2-103

 技巧与提示

"偏移曲面上的曲线选项"对话框中的参数与"偏移曲线选项"对话框中的参数基本相同，这里不再重复讲解。

2.3.13 反转曲线方向

使用"反转曲线方向"命令可以反转曲线的起始方向。单击"反转曲线方向"命令后面的回按钮，打开"反转曲线方向选项"对话框，如图2-104所示。

图2-104

反转曲线方向参数介绍

保持原始：勾选该选项后，将保留原始的曲线，同时原始曲线的方向也将被保留下来。

2.3.14 重建曲线

使用"重建曲线"命令可以修改曲线的一些属性，如结构点的数量和次数等。在使用"铅笔曲线工具"绘制曲线时，还可以使用"重建曲线"命令将曲线进行平滑处理。单击"重建曲线"命令后面的回按钮，打开"重建曲线选项"对话框，如图2-105所示。

图2-105

重建曲线重要参数介绍

重建类型：选择重建的类型。

一致：用统一方式来重建曲线。

减少：由"容差"值来决定重建曲线的精简度。

匹配结：通过设置一条参考曲线来重建原始曲线，可重复执行，原始曲线将无穷趋向于参考曲线的形状。

无多个结：删除曲线上的附加结构点，保持原始曲线的段数。

曲率：在保持原始曲线形状和度数不变的情况下，插入更多的编辑点。

结束条件：在曲线的终点指定或除去重合点。

🎬 课堂案例

重建曲线

案例位置　案例文件>CH02>课堂案例——重建曲线.mb
视频位置　多媒体教学>CH02>课堂案例——重建曲线.flv
难易指数　★☆☆☆☆
学习目标　学习如何重建曲线的属性

重建曲线后的效果如图2-106所示。

图2-106

01 打开"场景文件>CH02>i.mb"文件，如图2-107所示。

图2-107

02 选择曲线，然后打开"重建曲线选项"对话框，接着设置"跨度数"为30，如图2-108所示，最终效果如图2-109所示。

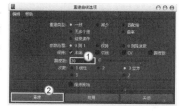

图2-108

图2-109

❓ 技巧与提示

经过重建以后，曲线的控制点上了很多，且曲线变得比较平滑了，如图2-110和图2-111所示分别是重建前和重建后的控制点。

图2-110

图2-111

2.3.15 拟合B样条线

使用"拟合B样条线"命令可以将曲线改变成3阶曲线，并且可以对编辑点进行匹配。单击"拟合B样条线"命令后面的■按钮，打开"拟合B样条线选项"对话框，如图2-112所示。

图2-112

拟合B样条线参数介绍

使用容差：共有两种容差方式，分别是"全局"和"局部"。

2.3.16 平滑曲线

使用"平滑曲线"命令可以在不减少曲线结构点数量的前提下使曲线变得更加光滑，在使用"铅笔曲线工具"绘制曲线时，一般都要通过该命令来进行光滑处理。如果要减少曲线的结构点，可以使用"重建曲线"命令来设置曲线重建后的结构点数量。单击"平滑曲线"命令后面的■按钮，打开"平滑曲线选项"对话框，如图2-113所示。

图2-113

平滑曲线重要参数介绍

平滑度：设置曲线的平滑程度。数值越大，曲线越平滑。

🎬 课堂案例

将曲线进行平滑处理

案例位置　案例文件>CH02>课堂案例——将曲线进行平滑处理.mb
视频位置　多媒体教学>CH02>课堂案例——将曲线进行平滑处理.flv
难易指数　★☆☆☆☆
学习目标　学习如何将曲线变得更加平滑

将曲线进行平滑处理后的效果如图2-114所示。

图2-114

01 打开"场景文件
>CH02>j.ma"文件，如
图2-115所示。

图2-115

02 单击"平滑曲线"命令后面的 ▣ 按钮，打开
"平滑曲线选项"对话框，然后设置"平滑度"为30，
如图2-116所示，最终效果如图2-117所示。

图2-116

图2-117

2.3.17 CV硬度

"CV硬度"命令主要用来控制次数为3的曲线
的CV控制点的多样性因数。单击"CV硬度"命令
后面的 ▣ 按钮，打开"CV硬度选项"对话框，如
图2-118所示。

图2-118

CV硬度参数介绍

完全：硬化曲线的全部CV控制点。

禁用：关闭"CV硬度"功能。

保持原始：勾选该选项后，将保留原始的曲线。

2.3.18 添加点工具

"添加点工具"主要用于为创建好的曲线增
加延长点，如图2-119所示。

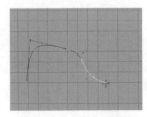

图2-119

2.3.19 曲线编辑工具

使用"曲线编辑工具"命令可以为曲线调出
一个手柄控制器，通过这个手柄控制器可以对曲线
进行直观操作，如图2-120所示。

图2-120

曲线编辑工具各种选项介绍

水平相切：使曲线上某点的切线方向保持在水平
方向。

垂直相切：使曲线上某点的切线方向保持在垂直
方向。

定位器：用来控制"曲线编辑工具"在曲线上的
位置。

切线缩放：用来控制曲线在切线方向上的缩放。

切线方向：用来控制曲线上某点的切线方向。

2.3.20 投影切线

使用"投影切线"命令可以改变曲线端点处
的切线方向，使其与两条相交曲线或与一条曲面
的切线方向保持一致。单击"投影切线"命令后
面的 ▣ 按钮，打开"投影切线选项"对话框，如图
2-121所示。

图2-121

投影切线重要参数介绍

构建：用来设置曲线的投影方式。

切线：以切线方式进行连接。

曲率：勾选该选项以后，在下面会增加一个"曲率比例"选项，用来控制曲率的缩放比例。

切线对齐方向：用来设置切线的对齐方向。

U：对齐曲线的U方向。

V：对齐曲线的V方向。

正常：用正常方式对齐。

反转方向：反转与曲线相切的方向。

切线比例：在切线方向上进行缩放。

切线旋转：用来调节切线的角度。

2.3.21 修改曲线

"修改曲线"命令用于对曲线的形状进行修正，但不改变曲线点的数量。"修改曲线"命令包含7个子命令，分别是"锁定长度""解除长度锁定""拉直""平滑""卷曲""弯曲"和"缩放曲率"，如图2-122所示。

图2-122

1.锁定长度

使用"锁定长度"命令可以锁定曲线的长度。锁定曲线的长度后，无论对曲线的控制点进行何种操作，曲线的总长度都不会发生改变。

2.解除长度锁定

"解除长度锁定"命令主要用来解除对曲线长度的锁定。锁定曲线长度后，在"通道盒"中可以观察到一个"锁定长度"选项，也可以通过该选项来解除对曲线长度的锁定。

3.拉直

使用"拉直"命令可以将一条弯曲的NURBS曲线拉直成一条直线。单击"拉直"命令后面的■按钮，打开"拉直曲线选项"对话框，如图2-123所示。

图2-123

拉直参数介绍

平直度：用来设置拉直的强度。数值为1时表示完全拉直；数值不等于1时表示曲线有一定的弧度。

保持长度：该选项决定是否保持原始曲线的长度。默认为启用状态，如果关闭该选项，拉直后的曲线将在两端的控制点之间产生一条直线。

4.平滑

使用"平滑"命令可以对曲线进行光滑处理。单击"平滑"命令后面的■按钮，打开"平滑曲线选项"对话框，如图2-124所示。

图2-124

平滑参数介绍

平滑因子：用来设置曲线的光滑度，如图2-125所示是对曲线进行光滑处理前后的效果对比。

图2-125

5.卷曲

使用"卷曲"命令可以将曲线或直线进行卷曲处理。单击"卷曲"命令后面的■按钮，打开"卷曲曲线选项"对话框，如图2-126所示。

图2-126

卷曲参数介绍

卷曲量：用来设置曲线的卷曲度。

卷曲频率：用来设置曲线的卷曲频率。

6.弯曲

使用"弯曲"命令可以将曲线进行弯曲处理。与"卷曲"命令不同的是，"弯曲"命令产生的效果为螺旋形变形效果，如图2-127所示。

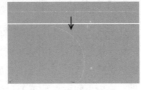

图2-127

7.缩放曲率

使用"缩放曲率"命令可以改变曲线的曲率，图2-128所示的是改变曲线曲率前后的效果对比。单击"缩放曲率"命令后面的▣按钮，打开"缩放曲率选项"对话框，如图2-129所示。

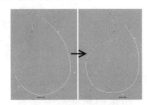

图2-128

图2-129

缩放曲率参数介绍

比例因子：用来设置曲线曲率变化的比例。值为1表示曲率不发生变化；大于1表示增大曲线的弯曲度；小于1表示减小曲线的弯曲度。

最大曲率：用来设置曲线的最大弯曲度。

2.3.22　Bezier曲线

"Bezier曲线"命令主要用来修正曲线的形状，该命令包含两个子命令，分别是"锚点预设"和"切线选项"，如图2-130所示。

图2-130

1.锚点预设

"锚点预设"命令用于对Bezier曲线的锚点进行修正。"锚点预设"命令包含3个子命令，分别是Bezier、"Bezier角点"和"角点"，如图2-131所示。

图2-131

<1>Bezier

选择贝塞尔曲线的控制点后，执行Bezier命令，可以调出贝塞尔曲线的控制手柄，如图2-132所示。

图2-132

<2>Bezier角点

执行"Bezier角点"命令可以使贝塞尔曲线的控制手柄只有一边受到影响，如图2-133所示。

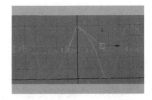

图2-133

技巧与提示

当执行"Bezier角点"命令后再执行Bezier命令，将恢复贝塞尔曲线控制手柄的属性。

<3>角点

执行"角点"命令可以取消贝塞尔曲线的手柄控制，使其成为CV点，如图2-134所示。

图2-134

2.切线选项

使用"切线选项"命令可以对Bezier曲线的锚点进行修正。"切线选项"命令包含4个子命令，分别是"光滑锚点切线""断开锚点切线""平坦锚点切线"和"不平坦锚点切线"，如图2-135所示。

图2-135

<1>光滑锚点切线

使用"光滑锚点切线"命令可以使贝塞尔曲线的手柄变得光滑，如图2-136所示。

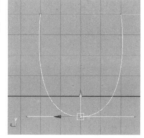

图2-136

<2>断开锚点切线

使用"断开锚点切线"命令可以打断贝塞尔曲线的手柄控制，使其只有一边受到控制，如图2-137所示。

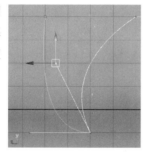

图2-137

技巧与提示

当执行"断开锚点切线"命令后再执行"光滑锚点切线"命令，可以恢复贝塞尔曲线控制手柄的光滑属性。

<3>平坦锚点切线

执行"平坦锚点切线"命令后，当调整贝塞尔曲线的控制手柄时，可以使两边调整的距离相等，如图2-138所示。

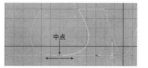

图2-138

<4>不平坦锚点切线

执行"不平坦锚点切线"命令后，当调整贝塞尔曲线的控制手柄时，可以使曲线只有一边受到影响，如图2-139所示。

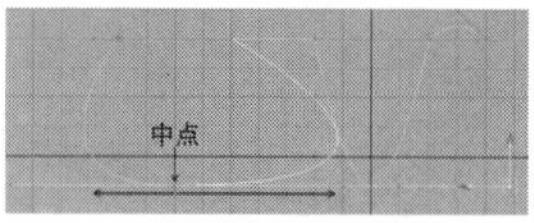

图2-139

2.3.23 选择

"选择"命令包含4个子命令，分别是"选择曲线CV""选择曲线上的第一个CV""选择曲线上的最后一个CV"和"簇曲线"，如图2-140所示。

图2-140

<1>选择曲线CV

"选择曲线CV"命令主要用来选择曲线上所有的CV控制点，如图2-141所示。

<2>选择曲线上的第一个CV

"选择曲线上的第一个CV"命令主要用来选择曲线上的初始CV控制点，如图2-142所示。

 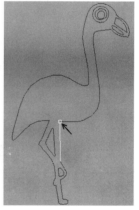

图2-141　　　　　　　　图2-142

<3>选择曲线上的最后一个CV

"选择曲线上的最后一个CV"命令主要用来选择曲线上的终止CV控制点，如图2-143所示。

<4>簇曲线

使用"簇曲线"可以为所选曲线上的每个CV控制点都分别创建一个簇，如图2-144所示。

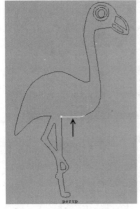

图2-143　　　　　　　　图2-144

2.4 创建NURBS曲面

在"曲线"菜单下包含9个创建NURBS曲面的命令，分别是"旋转""放样""平面""挤出""双轨成形""边界""方形""倒角"和"倒角+"命令，如图2-145所示。

曲面	
旋转	□
放样	□
平面	□
挤出	□
双轨成形	▶
边界	□
方形	□
倒角	□
倒角 +	□

图2-145

本节知识概要

名称	主要作用	重要程度
旋转	将一条NURBS曲线的轮廓线生成一个曲面	高
放样	将多条轮廓线生成一个曲面	高
平面	将封闭的曲线、路径和剪切边等生成一个平面	高
挤出	将一条任何类型的轮廓曲线沿着另一条曲线的大小生成曲面	高
双轨成形	让一条轮廓线沿路径线进行扫描，从而生成曲面	高
边界	根据所选边界曲线或等参线生成曲面	高
方形	在3条或4条曲线间生成曲面或在几个曲面相邻的边生成曲面	高
倒角	用曲线创建一个倒角曲面	高
倒角+	集合了非常多的倒角效果	高

2.4.1 旋转

使用"旋转"命令可以将一条NURBS曲线的轮廓线生成一个曲面，并且可以随意控制旋转角度。打开"旋转选项"对话框，如图2-146所示。

图2-146

旋转重要参数介绍

轴预设： 用来设置曲线旋转的轴向，共有x、y、z轴和"自由"4个选项。

枢轴： 用来设置旋转轴心点的位置。

对象： 以自身的轴心位置作为旋转方向。

预设： 通过坐标来设置轴心点的位置。

枢轴点： 用来设置枢轴点的坐标。

曲面次数： 用来设置生成的曲面的次数。

线性： 表示为1阶，可生成不平滑的曲面。

立方： 可生成平滑的曲面。

开始/结束扫描角度： 用来设置开始/结扫描的角度。

使用容差： 用来设置旋转的精度。

分段： 用来设置生成曲线的段数。段数越多，精度越高。

输出几何体： 用来选择输出几何体的类型，有NURBS、多边形、细分曲面和Bezier4种类型。

🎓 **课堂案例**

用旋转创建花瓶

案例位置	案例文件>CH02>课堂案例——用旋转创建花瓶.mb
视频位置	多媒体教学>CH02>课堂案例——用旋转创建花瓶.flv
难易指数	★★☆☆☆
学习目标	学习"旋转"命令的用法

花瓶效果如图2-147所示。

图2-147

01 在右视图中使用"CV曲线工具"绘制出高脚杯的轮廓线，如图2-148所示。

02 选择轮廓线，然后执行"旋转"命令，最终效果如图2-149所示。

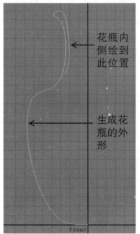

花瓶内侧绘到此位置

生成花瓶的外形

图2-148　　　　　　　　图2-149

技巧与提示

　　"旋转"命令非常重要，经常用来创建一些对称的物体。

2.4.2 放样

　　使用"放样"命令可以将多条轮廓线生成一个曲面。打开"放样选项"对话框，如图2-150所示。

图2-150

放样重要参数介绍

　　参数化：用来改变放样曲面的V向参数值。

　　一致：统一生成的曲面在V方向上的参数值。

　　弦长：使生成的曲面在V方向上的参数值等于轮廓线之间的距离。

　　自动反转：在放样时，因为曲线方向的不同会产生曲面扭曲现象，该选项可以自动统一曲线的方向，使曲面不产生扭曲现象。

　　关闭：勾选该选项后，生成的曲面会自动闭合。

　　截面跨度：用来设置生成曲面的分段数。

课堂案例

用放样创建弹簧

案例位置	案例文件>CH02>课堂案例——用放样创建弹簧.mb
视频位置	多媒体教学>CH02>课堂案例——用放样创建弹簧.flv
难易指数	★★☆☆☆
学习目标	学习"放样"命令的用法

　　弹簧效果如图2-151所示。

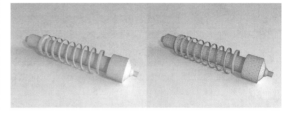

图2-151

01 打开"场景文件>CH02>k.mb"文件，如图2-152所示。

02 切换到右视图，然后绘制出图2-153所示的螺旋线。

图2-152　　　　　　　　图2-153

技巧与提示

　　按空格键可以切换Maya的各个视图，如果按一次不能切换到右视图，可连续按空格键进行切换。

03 切换到透视图，然后复制出两条螺旋线，并调整好螺旋线之间的距离，如图2-154所示。

04 分别两两选择曲线，然后执行"放样"命令，最终效果如图2-155所示。

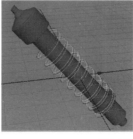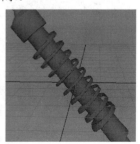

图2-154　　　　　　　　图2-155

2.4.3 平面

使用"平面"命令可以将封闭的曲线、路径和剪切边等生成一个平面，但这些曲线、路径和剪切边都必须位于同一平面内。打开"平面修剪曲面选项"对话框，如图2-156所示。

图2-156

技巧与提示

"平面修剪曲面选项"对话框中的所有参数在前面的内容中都有类似的讲解，因此不再重复讲解。

课堂案例

用平面创建雕花

案例位置	案例文件>CH02>课堂案例——用平面创建雕花.mb
视频位置	多媒体教学>CH02>课堂案例——用平面创建雕花.flv
难易指数	★☆☆☆☆
学习目标	学习"平面"命令的用法

雕花效果如图2-157所示。

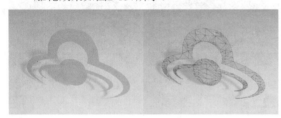

图2-157

01 打开"场景文件>CH02>1.mb"文件，如图2-158所示。

02 选中所有的曲线，然后执行"平面"命令，最终效果如图2-159所示。

图2-158　　　　　　图2-159

2.4.4 挤出

使用"挤出"命令可将一条任何类型的轮廓曲线沿着另一条曲线的大小生成曲面。打开"挤出选项"对话框，如图2-160所示。

图2-160

挤出重要参数介绍

样式：用来设置挤出的样式。

距离：将曲线沿指定距离进行挤出。

平坦：将轮廓线沿路径曲线进行挤出，但在挤出过程中始终平行于自身的轮廓线。

管：将轮廓线以与路径曲线相切的方式挤出曲面，这是默认的创建方式。图2-161所示是3种挤出方式产成的曲面效果。

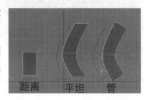

图2-161

结果位置：决定曲面挤出的位置。

在剖面处：挤出的曲面在轮廓线上。如果轴心点没有在轮廓线的几何中心，那么挤出的曲面将位于轴心点上。

在路径处：挤出的曲面在路径上。

枢轴：用来设置挤出时的枢轴点类型。

最近结束点：使用路径上最靠近轮廓曲线边界盒中心的端点作为枢轴点。

组件：让各轮廓线使用自身的枢轴点。

方向：用来设置挤出曲面的方向。

路径方向：沿着路径的方向挤出曲面。

剖面法线：沿着轮廓线的法线方向挤出曲面。

旋转：设置挤出的曲面的旋转角度。

缩放：设置挤出的曲面的缩放量。

课堂案例

用挤出创建武器管

案例位置	案例文件>CH02>课堂案例——用挤出创建武器管.mb
视频位置	多媒体教学>CH02>课堂案例——用挤出创建武器管.flv
难易指数	★★☆☆☆
学习目标	学习"挤出"命令的用法

武器管效果如图2-162所示。

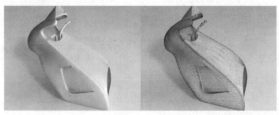

图2-162

01 打开"场景文件>CH02>m.mb"文件，如图2-163所示。

02 使用"CV曲线工具"在武器管中绘制一条路径曲线，如图2-164所示。

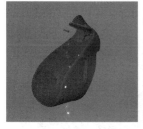 

图2-163　　　　　　　　　图2-164

03 切换到右视图，然后在图2-165所示的位置绘制一个圆。

图2-165

04 选中圆，然后按住Shift键加选曲线，接着打开"挤出选项"对话框，具体参数设置如图2-166所示，最后单击"挤出"按钮，效果如图2-167所示。

图2-166

图2-167

05 由于挤出来的对象的大小不合适，这时可先选中圆形，然后使用"缩放工具" 将其等比例缩小，这样可改变挤出对象的大小，最终效果如图2-168所示。

图2-168

2.4.5 双轨成形

"双轨成形"命令包含3个子命令，分别是"双轨成形1工具""双轨成形2工具"和"双轨成形3+工具"，如图2-169所示。

图2-169

1.双轨成形1工具

使用"双轨成形1工具"命令可以让一条轮廓线沿两条路径线进行扫描，从而生成曲面。打开"双轨成形1选项"对话框，如图2-170所示。

图2-170

双轨成形1工具重要参数介绍

变换控制：用来设置轮廓线的成形方式。

不成比例：以不成比例的方式扫描曲线。

成比例：以成比例的方式扫描曲线。

连续性：保持曲面切线方向的连续性。

重建：重建轮廓线和路径曲线。

第一轨道：重建第1次选择的路径。

第二轨道：重建第2次选择的路径。

🎬 课堂案例

用双轨成形1工具创建曲面

案例位置	案例文件>CH02>课堂案例——用双轨成形1工具创建曲面.mb
视频位置	多媒体教学>CH02>课堂案例——用双轨成形1工具创建曲面.flv
难易指数	★★☆☆☆
学习目标	学习"双轨成形工具"的用法

双轨成形1工具创建曲面效果如图2-171所示。

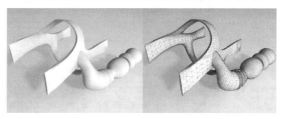

图2-171

01 打开"场景文件>CH02>n.mb"文件，如图2-172所示。

02 切换到前视图，然后结合C键使用"CV曲线工具"绘制一条如图2-173所示的曲线。

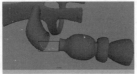
图2-172　　　　　　　　图2-173

 技巧与提示

按住C键可以捕捉到曲线上，这样可以方便曲线的绘制。

03 进行等参线模式，然后选择两个模型之间的环形等参线，接着加选曲线，最后执行"双轨成形1工具"命令，最终效果如图2-174所示。

图2-174

2.双轨成形2工具

使用"双轨成形2工具"命令可以沿着两条路径线在两条轮廓线之间生成一个曲面。打开"双轨成形2选项"对话框，如图2-175所示。

图2-175

 技巧与提示

"双轨成形2选项"对话框中的参数在前面的内容中有相关的介绍，因此这里不再重复讲解。

课堂案例

用双轨成形2工具创建曲面

案例位置	案例文件>CH02>课堂案例——用双轨成形2工具创建曲面.mb
视频位置	多媒体教学>CH02>课堂案例——用双轨成形2工具创建曲面.flv
难易指数	★★☆☆☆
学习目标	学习"双轨成形2工具"的用法

双轨成形2工具创建曲面效果如图2-176所示。

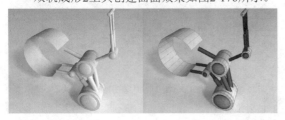
图2-176

01 打开"场景文件>CH02>o.mb"文件，如图2-177所示。

02 按住C键捕捉曲线的端点，然后使用"EP曲线工具"在曲线的两端绘制两条图2-178所示的直线。

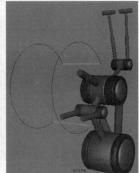
图2-177　　　　　　　　图2-178

03 选择两条弧线，然后按住Shift键加选连接弧线的两条直线，接着执行"双轨成形2工具"命令，最终效果如图2-179所示。

图2-179

3.双轨成形3+工具

使用"双轨成形3+工具"命令可以通过两条路径曲线和多条轮廓曲线来生成曲面。打开"双轨成形3+选项"对话框，如图2-180所示。

图2-180

 技巧与提示

"双轨成形3+选项"对话框中的参数在前面的内容中有相关的介绍，因此这里不再重复讲解。

课堂案例

用双轨成形3+工具创建曲面

案例位置　案例文件>CH02>课堂案例——用双轨成形3+工具创建曲面.mb
视频位置　多媒体教学>CH02>课堂案例——用双轨成形3+工具创建曲面.flv
难易指数　★★☆☆☆
学习目标　学习"双轨成形3+工具"的用法

双轨成形3+工具创建曲面效果如图2-181所示。

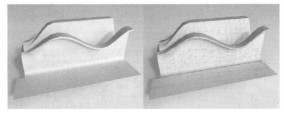

图2-181

01 打开"场景文件>CH02>p.mb"文件，如图2-182所示。

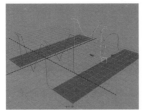

图2-182

02 执行"双轨成形3+工具"命令，然后选择4条轮廓线，接着按Enter键，如图2-183所示。

03 在其中一个平面上单击鼠标右键，然后在弹出来的菜单中选择"等参线"命令，进入等参线模式，接着单击连接曲线的平面上的等参线，如图2-184所示。

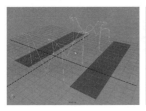
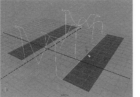

图2-183　　　　　图2-184

04 在另外一个平面上单击鼠标右键，然后在弹出来的菜单中选择"等参线"命令，进入等参线模式，接着单击连接曲线的平面上的等参线，如图2-185所示；最终效果如图2-186所示。

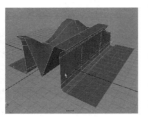

图2-185　　　　　图2-186

2.4.6 边界

"边界"命令可以根据所选的边界曲线或等参线来生成曲面。打开"边界选项"对话框，如图2-187所示。

图2-187

边界重要参数介绍

曲线顺序：用来选择曲线的顺序。

自动：使用系统默认的方式创建曲面。

作为选定项：使用选择的顺序来创建曲面。

公用端点：判断生成曲面前曲线的端点是否匹配，从而决定是否生成曲面。

可选：在曲线端点不匹配的时候也可以生成曲面。

必需：在曲线端点必需匹配的情况下才能生成曲面。

课堂案例

边界成面

案例位置　案例文件>CH02>课堂案例——边界成面.mb
视频位置　多媒体教学>CH02>课堂案例——边界成面.flv
难易指数　★★☆☆☆
学习目标　学习"边界成面"命令的用法

边界成面效果如图2-188所示。

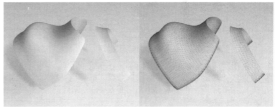

图2-188

01 打开"场景文件>CH02>q.mb"文件，然后选择图2-189所示的4条边线。

02 执行"曲面>边界"菜单命令，效果如图2-190所示。

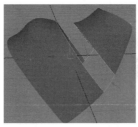
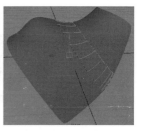

图2-189　　　　　图2-190

03 在生成的曲线上单击鼠标右键，然后在弹出的菜单中选择"等参线"命令，进入等参线模式，接着选择图2-191所示的等参线。

04 执行"曲面>边界"菜单命令，然后将创建出来的曲面移动到另一侧，最终效果图2-192所示。

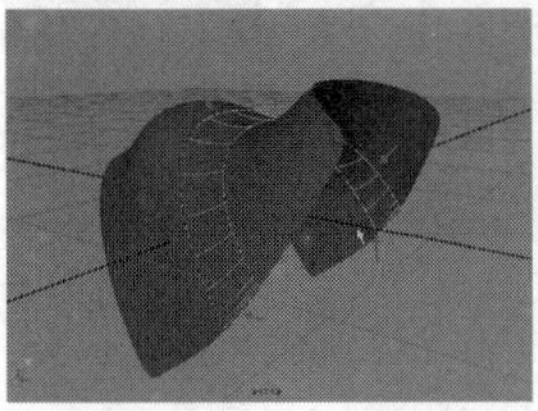

图2-191 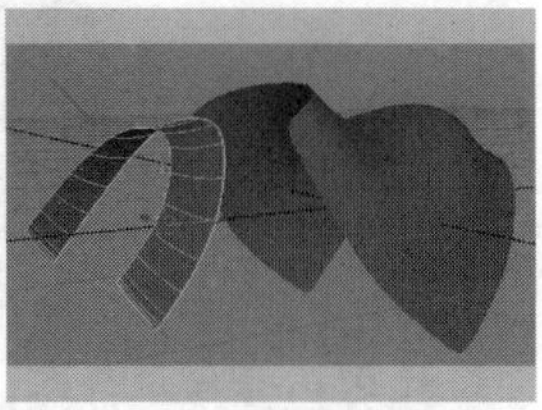　　　　　　　图2-192

2.4.7 方形

"方形"命令可以在3条或4条曲线间生成曲面，也可以在几个曲面相邻的边生成曲面，并且会保持曲面间的连续性。打开"方形曲面选项"对话框，如图2-193所示。

图2-193

方形重要参数介绍

连续性类型：用来设置曲面间的连续类型。

固定的边界：不对曲面间进行连续处理。

切线：使曲面间保持连续。

暗含的切线：根据曲线在平面的法线上创建曲面的切线。

课堂案例

方形成面

案例位置	案例文件>CH02>课堂案例——方形成面.mb
视频位置	多媒体教学>CH02>课堂案例——方形成面.flv
难易指数	★☆☆☆☆
学习目标	学习"方形"命令的用法

方形成面效果如图2-194所示。

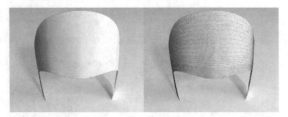

图2-194

01 打开"场景文件>CH02>r.mb"文件，然后按图2-195所示的顺序依次选择曲线。

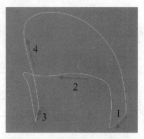

图2-195

02 执行"曲面>方形"菜单命令，最终效果如图2-196所示。

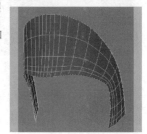

图2-196

2.4.8 倒角

"倒角"命令可以用曲线来创建一个倒角曲面对象，倒角对象的类型可以通过相应的参数来进行设定。打开"倒角选项"对话框，如图2-197所示。

图2-197

倒角重要参数介绍

倒角：用来设置在什么位置产生倒角曲面。

顶边：在挤出面的顶部产生倒角曲面。

底边：在挤出面的底部产生倒角曲面。

二者：在挤出面的两侧都产生倒角曲面。

禁用：只产生挤出面，不产生倒角。

倒角宽度：设置倒角的宽度。

倒角深度：设置倒角的深度。

挤出高度：设置挤出面的高度。

倒角的角点：用来设置倒角的类型，共有"笔直"和"圆弧"两个选项。

倒角封口边：用来设置倒角封口的形状，共有"凸""凹"和"笔直"3个选项。

将曲线倒角成面

案例位置	案例文件>CH02>课堂案例——将曲线倒角成面.mb
视频位置	多媒体教学>CH02>课堂案例——将曲线倒角成面.flv
难易指数	★☆☆☆☆
学习目标	学习"倒角"命令的用法

倒角曲面效果如图2-198所示。

图2-198

(01) 打开"场景文件>CH02>s.mb"文件，如图2-199所示。

(02) 选择曲线，然后执行"曲面>倒角"菜单命令，效果如图2-200所示。

 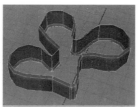

图2-199   图2-200

(03) 选择生成的模型，然后在"通道盒"中进行图2-201所示的设置，最终效果如图2-202所示。

图2-201   图2-202

技巧与提示

不同的倒角参数可以产生不同的倒角效果，用户要多对"通道盒"中的参数进行测试。

2.4.9 倒角+

"倒角+"命令是"倒角"命令的升级版，该命令集合了非常多的倒角效果。打开"倒角+选项"对话框，如图2-203所示。

图2-203

用倒角+创建倒角模型

案例位置	案例文件>CH02>课堂案例——用倒角+创建倒角模型.mb
视频位置	多媒体教学>CH02>课堂案例——用倒角+创建倒角模型.flv
难易指数	★☆☆☆☆
学习目标	学习"倒角+"命令的用法

倒角+创建倒角模型效果如图2-204所示。

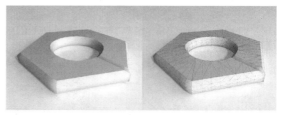

图2-204

(01) 打开"场景文件>CH02>t.mb"文件，如图2-205所示。

图2-205

(02) 选择曲线，然后执行"曲面>倒角+"菜单命令，效果如图2-206所示。

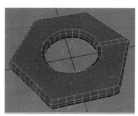

图2-206

> **技巧与提示**
>
> 图对曲线进行倒角后，可以在右侧的"通道盒"中修改倒角的类型，如图2-207所示，用户可以选择不同的倒角类型来生成想要的曲面，如图2-208所示是"直入"倒角效果。

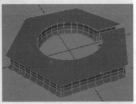

图2-207　　　　　　　　　　图2-208

2.5 编辑NURBS曲面

在"编辑NURBS"菜单下是一些编辑NURBS曲面的命令，如图2-209所示。

图2-209

本节知识概要

名称	主要作用	重要程度
复制NURBS面片	将NURBS物体上的曲面面片复制出来	高
在曲面上投影曲线	将曲线按照某种投影方法投影到曲面上	高

曲面相交	在曲面的交界处产生一条相交曲线	高
修剪工具	根据曲面上的曲线对曲面进行修剪	高
取消修剪曲面	取消对曲面的修剪操作	中
布尔	对两个相交的NURBS对象进行并集、差集、交集计算	高
附加曲面	将两个曲面附加在一起形成一个曲面	高
附加而不移动	通过选择两个曲面上的曲线，在两个曲面间产生一个混合曲面，并且不对原始物体进行移动变形操作	中
分离曲面	通过选择曲面上的等参线将曲面从选择位置分离出来	高
对齐曲面	将两个曲面进行对齐操作	高
开放/闭合曲面	将曲面在U或V向进行打开或封闭操作	高
移动接缝	在曲面的指定位置插入等参线，而不改变曲面的形状	中
插入等参线	在曲面的指定位置插入等参线	高
延伸曲面	将曲面沿着U或V方向进行延伸	高
偏移曲面	在原始曲面的法线方向上平行复制出一个新的曲面	高
反转曲面方向	改变曲面的UV方向	中
重建曲面	重新分布曲面的UV方向	高
圆化工具	圆化NURBS曲面的公共边	高
曲面圆角	在曲面之间创建圆角曲面	高
缝合	缝合曲线点、边或将多个曲面同时进行缝合	高
雕刻几何体工具	用画笔直接在三维模型上进行雕刻	中
曲面编辑	对曲面进行编辑	中
选择	选择曲面的CV或边界	中

2.5.1 复制NURBS面片

使用"复制NURBS面片"命令可以将NURBS物体上的曲面面片复制出来，并且会形成一个独立的物体。打开"复制NURBS面片选项"对话框，如图2-210所示。

图2-210

复制NURBS面片参数介绍

与原始对象分组：勾选该选项时，复制出来的面片将作为原始物体的子物体。

图2-216

📖 课堂案例

复制NURBS面片

案例位置	案例文件>CH02>课堂案例——复制NURBS面片.mb
视频位置	多媒体教学>CH02>课堂案例——复制NURBS面片.flv
难易指数	★☆☆☆☆
学习目标	学习"复制NURBS面片"命令的用法

复制的NURBS面片效果如图2-211所示。

图2-211

01 打开"场景文件>CH02>u.mb"文件，如图2-212所示。

02 在模型上单击鼠标右键，然后在弹出的菜单中选择"曲面面片"命令，进入面片编辑模式，如图2-213所示。

图2-212　　　　　　　图2-213

03 框选如图2-214所示的面片，然后打开"复制NURBS面片选项"对话框，接着勾选"与原始对象分组"选项，接着单击"复制"按钮，如图2-215所示，最终效果如图2-216所示。

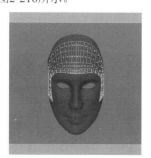

图2-214

图2-215

❓ 技巧与提示

这时复制出来的曲面与原始曲面是群组关系，当移动复制出来的曲面时，原始曲面不会跟着移动，但是移动原始曲面时，复制出来的曲面也会跟着移动，如图2-217所示。

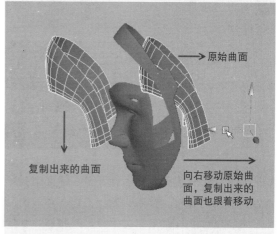

图2-217

2.5.2 在曲面上投影曲线

使用"在曲面上投影曲线"命令可以将曲线按照某种投射方法投影到曲面上，以形成曲面曲线。打开"在曲面上投影曲线选项"对话框，如图2-218所示。

图2-218

在曲面上投影曲线重要参数介绍

沿以下项投影：用来选择投影的方式。

活动视图：用垂直于当前激活视图的方向作为投影方向。

曲面法线：用垂直于曲面的方向作为投影方向。

课堂案例

将曲线投影到曲面上

案例位置	案例文件>CH02>课堂案例——将曲线投影到曲面上.mb
视频位置	多媒体教学>CH02>课堂案例——将曲线投影到曲面上.flv
难易指数	★☆☆☆☆
学习目标	学习"在曲面上投影曲线"命令的用法

将曲线投影到曲面上的效果如图2-219所示。

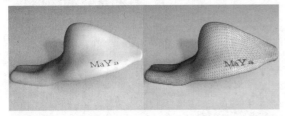

图2-219

01 打开"场景文件>CH02>v.mb"文件，如图2-220所示。

图2-220

02 选择文字和模型，然后打开"在曲面上投影曲线选项"对话框，接着设置"沿以下项投影"为"曲面法线"，最后单击"投影"按钮，如图2-221所示，最终效果如图2-222所示。

图2-221

图2-222

2.5.3 曲面相交

使用"曲面相交"命令可以在曲面的交界处产生一条相交曲线，以用于后面的剪切操作。打开"曲面相交选项"对话框，如图2-223所示。

图2-223

曲面相交重要参数介绍

为以下项创建曲线：用来决定生成曲线的位置。

第一曲面：在第一个选择的曲面上生成相交曲线。

两个面：在两个曲面上生成相交曲线。

曲线类型：用来决定生成曲线的类型。

曲面上的曲线：生成的曲线为曲面曲线。

3D世界：勾选该选项后，生成的曲线是独立的曲线。

课堂案例

用曲面相交在曲面的相交处生成曲线

案例位置	案例文件>CH02>课堂案例——用曲面相交在曲面的相交处生成曲线.mb
视频位置	多媒体教学>CH02>课堂案例——用曲面相交在曲面的相交处生成曲线.flv
难易指数	★☆☆☆☆
学习目标	学习"曲面相交"命令的用法

曲面相交效果如图2-224所示。

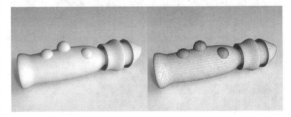

图2-224

01 打开"场景文件>CH02>w.mb"文件，如图2-225所示。

02 选择一个球体和与之相交的模型，然后执行"曲面相交"命令，此时可以发现在两个模型的相交处产生了一条相交曲线，如图2-226所示。

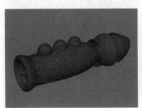 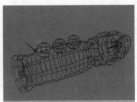

图2-225　　　　　　　图2-226

2.5.4 修剪工具

使用"修剪工具"可以根据曲面上的曲线来

对曲面进行修剪。打开"工具设置"对话框，如图2-227所示。

图2-227

修剪工具重要参数介绍

选定状态：用来决定选择的部分是保留还是丢弃。

保持：保留选择部分，去除未选择部分。

丢弃：保留去掉部分，去掉选择部分。

课堂案例

根据曲面曲线修剪曲面

案例位置	案例文件>CH02>课堂案例——根据曲面曲线修剪曲面.mb
视频位置	多媒体教学>CH02>课堂案例——根据曲面曲线修剪曲面.flv
难易指数	★★☆☆☆
学习目标	学习"修剪工具"的用法

修剪的曲面效果如图2-228所示。

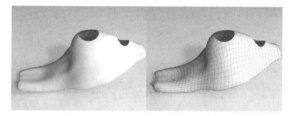

图2-228

01 打开"场景文件>CH02>x.mb"文件，如图2-229所示。

02 选择其中一个圆锥体和下面的模型，然后执行"编辑NURBS>曲面相交"菜单命令，在相交处创建一条相交曲线，接着在另外一个圆锥体和模型之间创建一条相交曲线，如图2-230所示。

图2-229 　　　　图2-230

03 先选择下面的模型，然后选择"修剪工具"，接着单击下面需要保留的模型，如图2-231所示，最后按Enter键确认修剪操作，效果如图2-232所示。

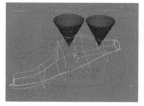

图2-231 　　　　图2-232

04 选择两个圆锥体，然后按Delete键将其删除，修剪效果如图2-233所示。

图2-233

2.5.5 取消修剪曲面

"取消修剪曲面"命令主要用来取消对曲面的修剪操作，其对话框如图2-234所示。

图2-234

2.5.6 布尔

"布尔"命令可以对两个相交的NURBS对象进行并集、差集、交集计算，确切地说也是一种修剪操作。"布尔"命令包含3个子命令，分别是"并集工具""差集工具"和"交集工具"，如图2-235所示。

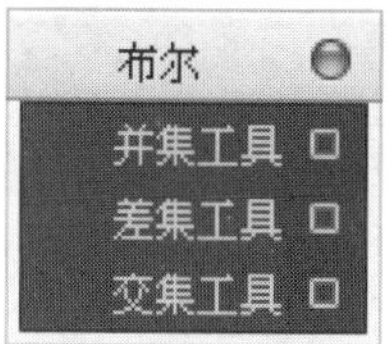

图2-235

下面以"并集工具"为例来讲解"布尔"命令的使用方法。打开"NURBS布尔并集选项"对话框，如图2-236所示。

图2-236

并集工具参数介绍

删除输入：勾选该选项后，在关闭历史记录的情况下，可以删除布尔运算的输入参数。

工具行为：用来选择布尔工具的特性。

完成后退出：如果关闭该选项，在布尔运算操作完成后，会继续使用布尔工具，这样可以不必继续在菜单中选择布尔工具就可以进行下一次的布尔运算。

层级选择：勾选该选项后，选择物体进行布尔运算时，会选中物体所在层级的根节点。如果需要对群组中的对象或者子物体进行布尔运算，需要关闭该选项。

? 技巧与提示

布尔运算的操作方法比较简单。首先选择相关的运算工具，然后选择一个或多个曲面作为布尔运算的第1组曲面，接着按Enter键，再选择另外一个或多个曲面作为布尔运算的第2组曲面就可以进行布尔运算了。

布尔运算有3种运算方式："并集工具"可以去除两个NURBS物体的相交部分，保留未相交的部分；"差集工具"用来消去对象上与其他对象的相交部分，同时其他对象也会被去除；使用"交集工具"命令后，可以保留两个NURBS物体的相交部分，但是会去除其余部分。

课堂案例

布尔运算

案例位置	案例文件>CH02>课堂案例——布尔运算.mb
视频位置	多媒体教学>CH02>课堂案例——布尔运算.flv
难易指数	★★☆☆☆
学习目标	学习"布尔"命令的用法

布尔并集、差集和交集效果如图2-237所示。

图2-237

① 打开"场景文件>CH02>y.mb"文件，如图2-238所示。

② 选择"并集工具"，然后单击椅面，接着按Enter键，再单击球体，这样球体与椅面的相交部分就被去掉了，而保留了未相交部分，如图2-239所示。

图2-238

图2-239

? 技巧与提示

从图2-239中还观察不到并集效果，这时可以旋转视图，观察椅面的底部，可以发现球体的下半部分已经被去掉了，如图2-240所示。

图2-240

③ 按Ctrl+Z组合键返回到布尔运算前的模型效果。选择"差集工具"，然后单击椅面，接着按Enter键，再单击球体，这样球体与椅面的相交部分会保留，而未相交的部分会被去掉，如图2-241所示。

④ 按Ctrl+Z组合键返回到布尔运算前的模型效果。选择"交集工具"，然后单击椅面，接着按Enter键，再单击球体，这样就只保留相交部分，如图2-242所示。

图2-241　　　　　　　　图2-242

2.5.7 附加曲面

使用"附加曲面"命令可以将两个曲面附加在一起形成一个曲面，也可以选择曲面上的等参线，然后在两个曲面上指定的位置进行合并。打开"附加曲面选项"对话框，如图2-243所示。

图2-243

附加曲面重要参数介绍

附加方法：用来选择曲面的附加方式。

连接：不改变原始曲面的形态进行合并。

混合：让两个曲面以平滑的方式进行合并。

多点结：使用"连接"方式进行合并时，该选项可以用来决定曲面结合处的复合结构点是否保留下来。

混合偏移：设置曲面的偏移倾向。

插入结：在曲面的合并部分插入两条等参线，使合并后的曲面更加平滑。

插入参数：用来控制等参线的插入位置。

课堂案例

用附加曲面合并曲面

案例位置	案例文件>CH02>课堂案例——用附加曲面合并曲面.mb
视频位置	多媒体教学>CH02>课堂案例——用附加曲面合并曲面.flv
难易指数	★★☆☆☆
学习目标	学习"附加曲面"命令的用法

附加的曲面效果如图2-244所示。

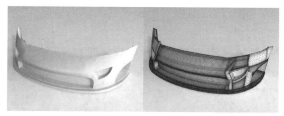

图2-244

01 打开"场景文件>CH02>z.mb"文件，如图2-245所示。

图2-245

02 选择图2-246所示的两个曲面，然后打开"附加曲面选项"对话框，接着关闭"保持原始"选项，最后单击"附加"按钮，如图2-247所示，最终效果如图2-248所示。

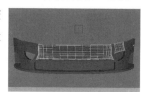

图2-246

图2-247

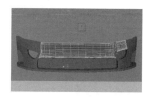

图2-248

2.5.8 附加而不移动

"附加而不移动"命令是通过选择两个曲面上的曲线，在两个曲面间产生一个混合曲面，并且不对原始物体进行移动变形操作。

2.5.9 分离曲面

"分离曲面"命令是通过选择曲面上的等参线将曲面从选择位置分离出来，以形成两个独立的曲面。打开"分离曲面选项"对话框，如图2-249所示。

图2-249

2.5.10 对齐曲面

选择两个曲面后，执行"对齐曲面"命令可以将两个曲面进行对齐操作，也可以通过选择曲面边界的等参线来对曲面进行对齐。打开"对齐曲面选项"对话框，如图2-250所示。

图2-250

对齐曲面参数介绍

附加：将对齐后的两个曲面合并为一个曲面。

多点结：用来选择是否保留合并处的结构点。"保持"为保留结构点；"移除"为移除结构点，当移除结构点时，合并处会以平滑的方式进行连接。

连续性：决定对齐后的连接处的连续性。

位置：让两个曲面直接对齐，而不保持对接处的连续性。

切线：将两个曲面对齐后，保持对接处的切线方向一致。

曲率：将两个曲面对齐后，保持对接处的曲率一致。

修改位置：用来决定移动哪个曲面来完成对齐操作。

第一个：使用第一个选择的曲面来完成对齐操作。

第二个：使用第二个选择的曲面来完成对齐操作。

二者：将两个曲面同时向均匀的位置上移动来完成对齐操作。

修改边界：以改变曲面外形的方式来完成对齐操作。

第一个：改变第一个选择的曲面来完成对齐操作。

第二个：改变第二个选择的曲面来完成对齐操作。

二者：将两个曲面同时向均匀的位置上改变并进行变形来完成对齐操作。

修改切线：设置对齐后的哪个曲面发生切线变化。

第一个：改变第一个选择曲面的切线方向。

第二个：改变第二个选择曲面的切线方向。

切线比例1：用来缩放第一次选择曲面的切线方向的变化大小。

切线比例2：用来缩放第二次选择曲面的切线方向的变化大小。

曲率比例1：用来缩放第一次选择曲面的曲率大小。

曲率比例2：用来缩放第二次选择曲面的曲率大小。

保持原始：勾选该选项后，会保留原始的两个曲面。

2.5.11 开放/闭合曲面

使用"开放/闭合曲面"命令可以将曲面在U或V向进行打开或封闭操作，开放的曲面执行该命令后会封闭起来，而封闭的曲面执行该命令后会变成开放的曲面。打开"开放/封闭曲面选项"对话框，如图2-251所示。

图2-251

开放/闭合曲面重要参数介绍

曲面方向：用来设置曲面打开或封闭的方向，有U、V和"二者"3个方向可以选择。

形状：用来设置执行"开放/闭合曲面"命令后曲面的形状变化。

忽略：不考虑曲面形状的变化，直接在起始点处打开或封闭曲面。

保留：尽量保护开口处两侧曲面的形态不发生变化。

混合：尽量使封闭处的曲面保持光滑的连接效果，同时会产生大幅度的变形。

课堂案例

将开放的曲面闭合起来

案例位置	案例文件>CH02>课堂案例——将开放的曲面闭合起来.mb
视频位置	多媒体教学>CH02>课堂案例——将开放的曲面闭合起来.flv
难易指数	★☆☆☆☆
学习目标	学习"开放/闭合曲面"命令的用法

将开放的曲面封闭起来后的效果如图2-252所示。

图2-252

01 打开"场景文件>CH02>aa.mb"文件，如图2-253所示。

图2-253

02 选择开放的曲面，然后打开"开放/封闭曲面选项"对话框，接着设置"曲面方向"为"二者"，最后单击"打开/关闭"按钮，如图2-254所示，这时可以观察到原来断开的曲面已经封闭在一起了，最终效果如图2-255所示。

图2-254

图2-255

2.5.12 移动接缝

使用"移动接缝"命令可以将曲面的接缝位置进行移动操作，在放样生成曲面时经常会用到该命令。

2.5.13 插入等参线

使用"插入等参线"命令可以在曲面的指定位置插入等参线，而不改变曲面的形状，当然也可以在选择的等参线之间添加一定数目的等参线。打开"插入等参线选项"对话框，如图2-256所示。

图2-256

插入等参线重要参数介绍

插入位置：用来选择插入等参线的位置。

在当前选择处：在选择的位置插入等参线。

在当前选择之间：在选择的两条等参线之间插入一定数目的等参线。开启该选项下面会出现一个"要插入的等参线数"选项，该选项主要用来设置插入等参线的数目，如图2-257所示。

图2-257

2.5.14 延伸曲面

使用"延伸曲面"命令可以将曲面沿着U或V方向进行延伸，以形成独立的部分，同时也可以和原始曲面融为一体。打开"延伸曲面选项"对话框，如图2-258所示。

图2-258

延伸曲面重要参数介绍

延伸类型：用来设置延伸曲面的方式。

切线：在延伸的部分生成新的等参线。

外推：直接将曲面进行拉伸操作，而不添加等参线。

距离：用来设置延伸的距离。

延伸侧面：用来设置侧面的哪条边被延伸。"起点"为挤出起始边；"结束"为挤出结束边；"二者"为同时挤出两条边。

延伸方向：用来设置在哪个方向上进行挤出，有U、V和"二者"3个方向可以选择。

2.5.15 偏移曲面

使用"偏移曲面"命令可以在原始曲面的法线方向上平行复制出一个新的曲面，并且可以设置其偏移距离。打开"偏移曲面选项"对话框，如图2-259所示。

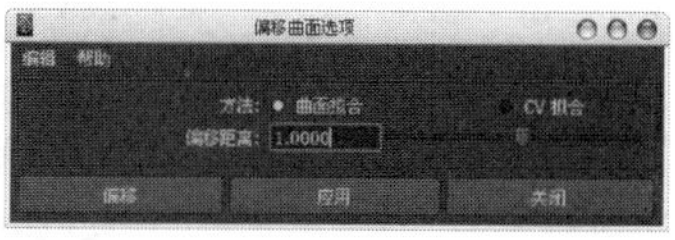

图2-259

偏移曲面参数介绍

方法：用来设置曲面的偏移方式。

曲面拟合：在保持曲面曲率的情况下复制一个偏移曲面。

CV拟合：在保持曲面CV控制点位置偏移的情况下复制一个偏移曲面。

偏移距离：用来设置曲面的偏移距离。

🐾 课堂案例

偏移复制曲面

案例位置	案例文件>CH02>课堂案例——偏移复制曲面.mb
视频位置	多媒体教学>CH02>课堂案例——偏移复制曲面.flv
难易指数	★☆☆☆☆
学习目标	学习"偏移曲面"命令的用法

偏移复制的曲面效果如图2-260所示。

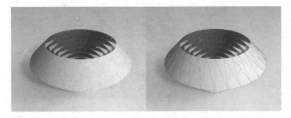

图2-260

01 打开"场景文件>CH02>bb.mb"文件，如图 2-261所示。

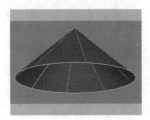

图2-261

02 选择圆锥模型，然后打开"偏移曲面选项"对话框，接着设置"偏移距离"为2，最后单击"应用"按钮，如图2-262所示，效果如图2-263所示。

图2-262

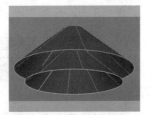

图2-263

03 继续单击"应用"按钮，直到复制出满意的效果为止，最终效果如图2-264所示。

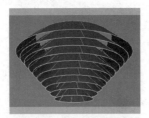

图2-264

2.5.16 反转曲面方向

使用"反转曲面方向"命令可以改变曲面的

UV方向，以达到改变曲面法线方向的目的。打开"反转曲面方向选项"对话框，如图2-265所示。

图2-265

反转曲面方向重要参数介绍

曲面方向：用来设置曲面的反转方向。

U：表示反转曲面的U方向。

V：表示反转曲面的V方向。

交换：表示交换曲面的UV方向。

二者：表示同时反转曲面的UV方向。

2.5.17 重建曲面

"重建曲面"命令是一个经常使用到的命令，在利用"放样"等命令使曲线生成曲面时，容易造成曲面上的曲线分布不均的现象，这时就可以使用该命令来重新分布曲面的UV方向。打开"重建曲面选项"对话框，如图2-266所示。

图2-266

重建曲面重要参数介绍

重建类型：用来设置重建的类型，这里提供了8种重建类型，分别是"一致""减少""匹配结""无多个结""非有理""结束条件""修剪转化"和Bezier。

参数范围：用来设置重建曲面后UV的参数范围。

0到1：将UV参数值的范围定义在0~1之间。

保持：重建曲面后，UV方向的参数值范围保留原始范围值不变。

0到跨度数：重建曲面后，UV方向的范围值是0到实际的段数。

方向：设置沿着曲面的哪个方向来重建曲面。

保持：设置重建后要保留的参数。

角：让重建后的曲面的边角保持不变。

CV：让重建后的曲面的控制点数目保持不变。

跨度数：让重建后的曲面的分段数保持不变。

U/V向跨度数：用来设置重建后的曲面在U/V方向上的段数。

U/V向次数：设置重建后的曲面的U/V方向上的次数。

课堂案例

重建曲面的跨度数

案例位置	案例文件>CH02>课堂案例——重建曲面的跨度数.mb
视频位置	多媒体教学>CH02>课堂案例——重建曲面的跨度数.flv
难易指数	★☆☆☆☆
学习目标	学习如何重建曲面的属性

重建曲面的跨度数后的效果如图2-267所示。

图2-267

01 打开"场景文件>CH02>cc.mb"文件，可以观察到模型的结构线比较少，如图2-268所示。

图2-268

02 选择模型，然后打开"重建曲面选项"对话框，接着设置"U向跨度数"为15、"V向跨度数"为10，如图2-269所示，最终效果如图2-270所示。

图2-269

图2-270

技巧与提示

从图2-270中可以观察到模型的分段数已经提高了（增加分段数可以提高模型的精度）。

2.5.18 圆化工具

使用"圆化工具"可以圆化NURBS曲面的公共边，在倒角过程中可以通过手柄来调整倒角半径。打开"工具设置"对话框，如图2-271所示。

图2-271

技巧与提示

该对话框中的参数在前面的内容中有类似的讲解，这里不再重复介绍。

课堂案例

圆化曲面的公共边

案例位置	案例文件>CH02>课堂案例——圆化曲面的公共边.mb
视频位置	多媒体教学>CH02>课堂案例——圆化曲面的公共边.flv
难易指数	★★☆☆☆
学习目标	学习如何圆化曲面的公共边

将曲面的公共边进行圆化后的效果如图2-272所示。

图2-272

01 打开"场景文件>CH02>dd.mb"文件，如图2-273所示。

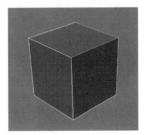

图2-273

02 选择立方体，然后单击鼠标右键，接着在弹出的菜单中选择"曲面面片"命令，进入面片编辑模式，如图2-274所示。

图2-274

03 选择"圆化工具"，然后框选两个相交面片，如图2-275所示，此时相交面片上会出现一个圆化手柄，如图2-276所示。

图2-275　　　　图2-276

04 在"通道盒"中将曲面的圆化"半径"设置为0.5，如图2-277所示，然后按Enter键确认圆化操作，最终效果如图2-278所示。

图2-277　　　　图2-278

技巧与提示

在圆化曲面时，曲面与曲面之间的夹角需要在15°～165°之间，否则不能产生正确的结果；倒角的两个独立面的重合边的长度也要保持一致，否则只能在短边上产生倒角效果。

2.5.19 曲面圆角

"曲面圆角"命令包含3个子命令，分别是"圆形圆角""自由形式圆角"和"圆角混合工具"，如图2-279所示。

图2-279

1.圆形圆角

使用"圆形圆角"命令可以在两个现有曲面之间创建圆角曲面。打开"圆形圆角选项"对话框，如图2-280所示。

图2-280

圆形圆角重要参数介绍

在曲面上创建曲线：勾选该选项后，在创建光滑曲面的同时会在曲面与曲面的交界处创建一条曲面曲线，以方便修剪操作。

反转主曲面法线：该选项用于反转主要曲面的法线方向，并且会直接影响到创建的光滑曲面的方向。

反转次曲面法线：该选项用于反转次要曲面的法线方向。

半径：设置圆角的半径。

技巧与提示

上面的两个反转曲面法线方向选项只是在命令执行过程中反转法线方向，而在命令结束后，实际的曲面方向并没有发生改变。

2.自由形式圆角

"自由形式圆角"命令是通过选择两个曲面上的等参线、曲面曲线或修剪边界来产生光滑的过渡曲面。打开"自由形式圆角选项"对话框，如图2-281所示。

图2-281

自由形式圆角重要参数介绍

偏移：设置圆角曲面的偏移距离。

深度：设置圆角曲面的曲率变化。

课堂案例

创建自由圆角曲面

案例位置	案例文件>CH02>课堂案例——创建自由圆角曲面.mb
视频位置	多媒体教学>CH02>课堂案例——创建自由圆角曲面.flv
难易指数	★☆☆☆☆
学习目标	学习如何创建自由圆角曲面

自由圆角曲面效果如图2-282所示。

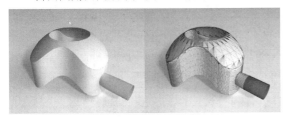

图2-282

01 打开"场景文件>CH02>ee.mb"文件，如图2-283所示。

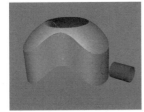

图2-283

02 在圆柱体上单击鼠标右键，然后在弹出的菜单中选择"等参线"命令，接着选择图2-284所示的等参线。

03 按住Shift键加选圆形曲线，然后执行"编辑NURBS>曲面圆角>自由形式圆角"菜单命令，最终效果如图2-285所示。

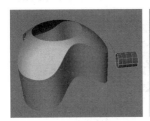 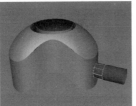

图2-284　　　　图2-285

3.圆角混合工具

"圆角混合工具"命令可以使用手柄直接选择等参线、曲面曲线或修剪边界来定义想要倒角的

位置。打开"圆角混合选项"对话框，如图2-286所示。

图2-286

圆角混合工具重要参数介绍

自动设置法线方向：勾选该选项后，Maya会自动设置曲面的法线方向。

反转法线：当关闭"自动设置法线方向"选项时，该选项才可选，主要用来反转曲面的法线方向。"左侧"表示反转第1次选择曲面的法线方向；"右侧"表示反转第2次选择曲面的法线方向。

反转方向：当关闭"自动设置法线方向"选项时，该选项可以用来纠正圆角的扭曲效果。

自动关闭轨道的锚点：用于纠正两个封闭曲面之间圆角产生的扭曲效果。

课堂案例

在曲面间创建混合圆角

案例位置	案例文件>CH02>课堂案例——在曲面间创建混合圆角.mb
视频位置	多媒体教学>CH02>课堂案例——在曲面间创建混合圆角.flv
难易指数	★★☆☆☆
学习目标	学习如何在曲面间创建混合圆角

混合圆角曲面效果如图2-287所示。

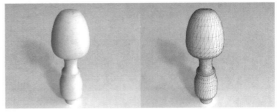

图2-287

01 打开"场景文件>CH02>ff.mb"文件，如图2-288所示。

图2-288

02 选择上面的两个模型，进入进行等参线编辑

模式，然后选择"圆角混合工具"，接着单击中间的模型顶部的环形等参线，再按Enter键确认选择操作，最后单击上部的模型底部的环形等参线，并按Enter键确认圆角操作，如图2-289所示。

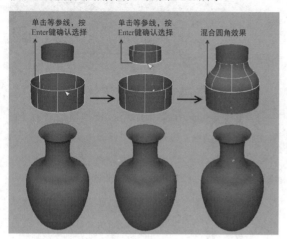

图2-289

03 采用相同的方法为下面的模型和中间的模型制作出圆角效果，如图2-290所示。

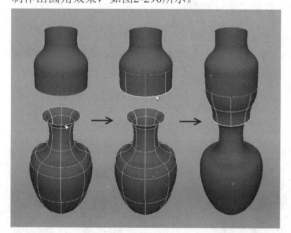

图2-290

技巧与提示

如果两个曲面之间的控制点分布不均，在使用"自由形式圆角"命令和"圆角混合工具"创建圆角曲面时，则有可能产生扭曲的圆角曲面，这时通过"重建曲面"命令来重建圆角曲面，以解决扭曲现象。

2.5.20 缝合

使用"缝合"命令可以将多个NURBS曲面进行光滑过渡的缝合处理，该命令在角色建模中非常重要。"缝合"命令包含3个子命令，分别是"缝合曲面点""缝合边工具"和"全局缝合"，如图2-291所示。

图2-291

1.缝合曲面点

"缝合曲面点"命令可以通过选择曲面边界上的控制顶点、CV点或曲面点来进行缝合操作。打开"缝合曲面点选项"对话框，如图2-292所示。

图2-292

缝合曲面点重要参数介绍

指定相等权重：为曲面之间的顶点分配相等的权重值，使其在缝合后的变动处于相同位置。

层叠缝合节点：勾选该选项时，缝合运算将忽略曲面上的任何优先运算。

课堂案例

缝合曲面点

案例位置	案例文件>CH02>课堂案例——缝合曲面点.mb
视频位置	多媒体教学>CH02>课堂案例——缝合曲面点.flv
难易指数	★★☆☆☆
学习目标	学习如何缝合曲面点

将曲面上的点缝合在一起后的效果如图2-293所示。

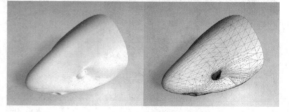

图2-293

01 打开"场景文件>CH02>gg.mb"文件，可以发现鱼嘴顶部的曲面没有缝合在一起，如图2-294所示。

图2-294

02 进入控制顶点编辑模式，然后选择如图2-295所示的两个相邻顶点，接着执行"缝合曲面点"命令，效果如图2-296所示。

 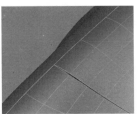

图2-295　　　　　图2-296

03 采用相同的方法将其他没有缝合起来的控制顶点缝合起来，完成后的效果如图2-297所示。

图2-297

2.缝合边工具

使用"缝合边工具"可以将两个曲面的边界（等参线）缝合在一起，并且在缝合处可以产生光滑的过渡效果，在NURBS生物建模中常常使用到该命令。打开"工具设置"对话框，如图2-298所示。

图2-298

缝合边工具重要参数介绍

混合：设置曲面在缝合时缝合边界的方式。

位置：直接缝合曲面，不对缝合后的曲面进行光滑

过渡处理。

切线：将缝合后的曲面进行光滑处理，以产生光滑的过渡效果。

设置边1/2的权重：用于控制两条选择边的权重变化。

沿边采样数：用于控制在缝合边时的采样精度。

> **技巧与提示**
>
> "缝合边工具"只能选择曲面边界（等参线）来进行缝合，而其他类型的曲线都不能进行缝合。

3.全局缝合

使用"全局缝合"命令可以将多个曲面同时进行缝合操作，并且曲面与曲面之间可以产生光滑的过渡，以形成光滑无缝的表面效果。打开"全局缝合选项"对话框，如图2-299所示。

图2-299

全局缝合重要参数介绍

缝合角：设置边界上的端点以何种方式进行缝合。

禁用：不缝合端点。

最近点：将端点缝合到最近的点上。

最近结：将端点缝合到最近的结构点上。

缝合边：用于控制缝合边的方式。

禁用：不缝合边。

最近点：缝合边界的最近点，并且不受其他参数的影响。

匹配参数：根据曲面与曲面之间的参数一次性对应起来，以产生曲面缝合效果。

缝合平滑度：用于控制曲面缝合的平滑方式。

禁用：不产生平滑效果。

切线：让曲面缝合边界的方向与切线方向保持一致。

法线：让曲面缝合边界的方向与法线方向保持一致。

缝合部分边：当曲面在允许的范围内，让部分边界产生缝合效果。

最大间隔：当进行曲面缝合操作时，该选项用于设置边和角点能够进行缝合的最大距离，超过该值将不能进行缝合。

修改阻力：用于设置缝合后曲面的形状。数值越小，缝合后的曲面越容易产生扭曲变形；若其值过大，在缝合处可能会不产生平滑的过渡效果。

采样密度：设置在曲面缝合时的采样密度。

技巧与提示

注意，"全局缝合"命令不能对修剪边进行缝合操作。

2.5.21 雕刻几何体工具

Maya的"雕刻几何体工具"是一个很有特色的工具，可以用画笔直接在三维模型上进行雕刻。"雕刻几何体工具"其实就是对曲面上的CV控制点进行推、拉等操作来达到变形效果。打开该工具的"工具设置"对话框，如图2-300所示。

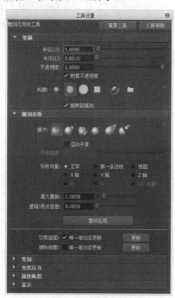

图2-300

雕刻几何体工具重要参数介绍

半径（U）：用来设置笔刷的最大半径上限。

半径（L）：用来设置笔刷的最小半径下限。

不透明度：用于控制笔刷压力的不透明度。

轮廓：用来设置笔刷的形状。

操作：用来设置笔刷的绘制方式，共有6种绘制方式，如图2-301所示。

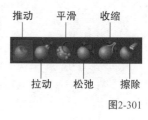
推动　平滑　收缩
拉动　松弛　擦除

图2-301

课堂案例

雕刻山体模型

案例位置	案例文件>CH02>课堂案例——雕刻山体模型.mb
视频位置	多媒体教学>CH02>课堂案例——雕刻山体模型.flv
难易指数	★☆☆☆☆
学习目标	学习"雕刻几何体工具"的用法

山体模型效果如图2-302所示。

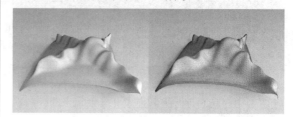

图2-302

01 打开"场景文件>CH02>hh.mb"文件，如图2-303所示。

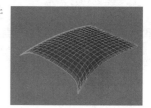

图2-303

02 选择"雕刻几何体工具"，然后打开"工具设置"对话框，接着设置选择"操作"模式为"拉动"，如图2-304所示。

03 选择好操作模式以后，使用"雕刻几何体工具"在曲面上进行绘制，使其成为山体形状，完成后的效果如图2-305所示。

图2-304　　　　　　　　图2-305

2.5.22 曲面编辑

"曲面编辑"命令包含3个子命令，分别是

"曲面编辑工具""断开切线"和"平滑切线"，如图2-306所示。

图2-306

1.曲面编辑工具

使用"曲面编辑工具"可以对曲面进行编辑（推、拉操作）。打开"曲面编辑工具"的"工具设置"对话框，如图2-307所示。

图2-307

曲面编辑工具参数介绍

切线操纵器大小：设置切线操纵器的控制力度。

2.断开切线

使用"断开切线"命令可以沿所选等参线插入若干条等参线，以断开表面切线。

3.平滑切线

使用"平滑切线"命令可以将曲面上的切线变得平滑。

2.5.23 选择

"选择"命令包含4个子命令，分别是"扩大当前选择的CV""收缩当前选择的CV""选择CV选择边界"和"选择曲面边界"，如图2-308所示。

图2-308

1.扩大当前选择的CV

使用"扩大当前选择的CV"命令可以扩大当前选择的CV控制点区域，如图2-309所示。

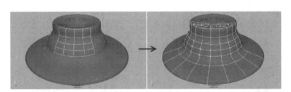

图2-309

2.收缩当前选择的CV

使用"收缩当前选择的CV"命令可以缩减当前选择的CV控制点区域，如图2-310所示。

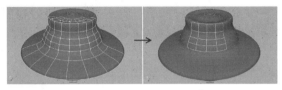

图2-310

3.选择CV选择边界

当选择了一个区域内的CV控制点时，执行"选择CV选择边界"命令可以只选择CV控制点区域边界上的CV控制点，如图2-311所示。

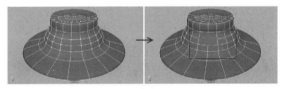

图2-311

4.选择曲面边界

使用"选择曲面边界"命令可以选择当前所选CV控制点所在曲面的各条边界上的CV控制点。打开"选择曲面边界选项"对话框，如图2-312所示。

图2-312

选择曲面边界参数介绍

选择第一个U：选择所选CV区域所在曲面的U向首列的CV控制点，如图2-313所示。

选择最后一个U：选择所选CV区域所在曲面的U向末列的CV控制点，如图2-314所示。

图2-313　　　　　　　　　　　图2-314

选择第一个V：选择所选CV区域所在曲面的V向首
列的CV控制点，如图2-315所示。

选择最后一个V：选择所选CV区域所在曲面的V向
末列的CV控制点，如图2-316所示。

图2-315　　　　　　　　　　　图2-316

2.6　综合案例——制作金鱼模型

案例位置	案例文件>CH02>综合案例——制作金鱼模型.mb
视频位置	多媒体教学>CH02>综合案例——制作金鱼模型.flv
难易指数	★★★★☆
学习目标	学习NURBS建模技术的流程与方法

　　本节将以一个金鱼模型来详细讲解NURBS
建模技术的流程与方法，如图2-317所示是白模
以及线框的渲染效果。

图2-317

2.6.1　导入参考图片

01　切换到右视图，然后在执行视图菜单中的
"视图>图像平面>导入图像"命令，接着在弹
出的"打开"对话框中选择"案例文件>CH02>
综合案例——
制作金鱼模型>
参考图.jpg"文
件，如图2-318
所示。

图2-318

02　在视图菜单中执行"视
图>图像平面>图像平面属性
>imagePlane1"命令，然后在
"通道盒"中设置"中心X"
为-30，如图2-319所示。

图2-319

2.6.2　创建主体模型

01　执行"创建>EP曲线工具"菜单命令，然后根据参
考图在金鱼上创建17条曲线，如图2-320所示。

02　在右视图和透视图中将曲线调整成如图2-321
所示的形状。

图2-320　　　　　　　　　　　图2-321

03　从左到右依次选中17条曲线，然后执行"曲
面>放样"菜单命令，效果如图2-322所示。

图2-322

04 选择模型，单击"编辑>特殊复制"菜单命令后面的■按钮，打开"特殊复制选项"对话框，然后设置"几何体类型"为"实例"，接着设置"缩放"为（1，1，-1），如图2-323所示，效果如图2-324所示。

图2-323

05 继续调整曲线的形状，完成后的模型效果如图2-325所示。

图2-324

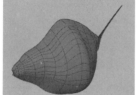

图2-325

2.6.3 创建眼睛模型

01 切换到右视图，执行"创建>NURBS基本体>圆形"菜单命令，在金鱼的眼睛位置创建3个圆形，如图2-326所示。

02 切换到透视图，然后3条圆形，接着按住Shift键加选身体模型，然后执行"编辑NURBS>在曲面上投影曲线"菜单命令，效果如图2-327所示。

图2-326

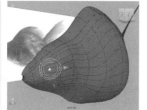

图2-327

03 选择映射在曲面上的3条曲线，然后执行"编辑曲线>复制曲面曲线"菜单命令，接着对3条曲线的距离进行调整，如图2-328所示。

04 依次从外到内选择调整好的3条曲线，然后执行"曲面>放样"菜单命令，效果如图2-329所示。

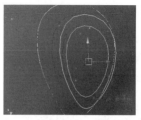

图2-328

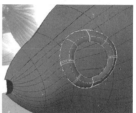

图2-329

05 执行"创建>NURBS基本体>球体"菜单命令，在眼睛中间创建一个球体作为眼珠，然后在"通道盒"中设置"跨度数"为6，如图2-330所示。

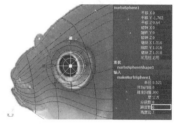

图2-330

06 选择眼珠，然后单击鼠标右键，在弹出的菜单中选择"等参线"命令，接着选择眼珠中间一条等参线，再执行"编辑NURBS>分离曲面"命令，最后删除里面的一个半球，如图2-331所示。

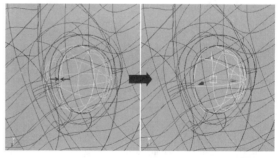

图2-331

07 进入控制顶点模式，然后将眼珠调整成如图2-332所示的形状。

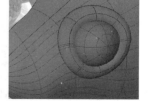

图2-332

2.6.4 创建鱼鳍模型

(01) 执行"创建>NURBS基本体>圆形"菜单命令，然后在金鱼的背上创建一个圆形，接着调整好其形状，最后复制5个圆形（圆形从下向上依次减小），如图2-333所示。

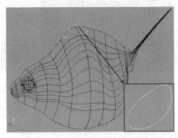

图2-333

(02) 依次选择创建好的圆形，然后执行"曲面>放样"菜单命令，效果如图2-334所示。

图2-334

(03) 采用相同的方法创建好下面的两个鱼鳍模型，完成后的效果如图2-335所示。

图2-335

(04) 执行"创建>EP曲线工具"菜单命令，然后在金鱼背部的鱼鳍上绘制两条如图2-336所示的曲线，接着选择两条曲线，最后执行"曲面>放样"菜单命令，效果如图2-337所示。

图2-336

图2-337

(05) 在视图快捷栏中单击"X射线显示"按钮，以X射线模式显示模型，如图2-338所示。

图2-338

(06) 选中鱼鳍，进入等参线模式，然后将最上面的一条等参线拖曳到图2-339所示的位置，接着执行"编辑NURBS>插入等参线"菜单命令，最后用相同的方法继续插入几条等参线，如图2-340所示。

图2-339

图2-340

(07) 选中鱼鳍，进入控制顶点模式，然后将其调整成图2-341所示的形状。

图2-341

08 在金鱼的腹部鱼鳍处创建两条如图2-342所示的曲线，然后选中这两条曲线，接着执行"曲面>放样"菜单命令，效果如图2-343所示。

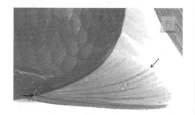

图2-342

图2-343

09 进入等参线模式，然后在鱼鳍上插入一些等参线，如图2-344所示，接着进入控制顶点模式，最后将鱼鳍调整成图2-345所示的形状。

图2-344

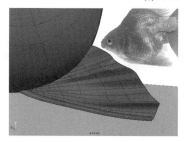

图2-345

10 采用相同的方法创建出其他的鱼鳍，完成后的效果如图2-346所示。

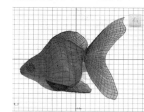

图2-346

11 切换到透视图，然后对鱼鳍的位置和大小形状进行调整，如图2-347所示。

图2-347

12 选择金鱼最下方的两个鱼鳍，按Ctrl+G组合键创建一个群组，然后单击"编辑>特殊复制"菜单命令后面的□按钮，打开"特殊复制选项"对话框，接着设置"几何体类型"为"实例"、"缩放"为(-1, 1, 1)，如图2-348所示，最后用相同的方法将眼珠模型特殊复制到另外一侧，如图2-349所示。

图2-348

图2-349

2.6.5 创建嘴巴模型

01 选择身体模型，然后单击鼠标右键，在弹出的菜单中选择"壳线"命令，如图2-350所示，接着将嘴巴调整成图2-351所示的形状。

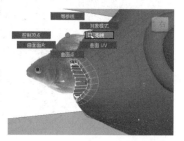

图2-350

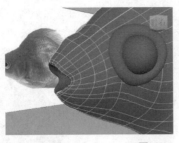

图2-351

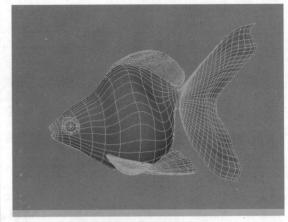

图2-352

02 继续对金鱼模型的细节进行调整，调整完成后选择所有的模型，然后执行"编辑NURBS>附加曲面"菜单命令，将模型附加成一个整体，最终效果如图2-352所示。

2.7 本章小结

本章主要介绍了NURBS曲线与NURBS曲面的创建方法与编辑方法。本章的内容非常多，并且每块内容都很重要，希望大家多多对各个重要工具和命令勤加练习。

2.8 课后习题——丑小鸭

本章安排了一个课后习题供大家练习。这个习题基本融合了NURBS建模的各种重要工具。如果大家遇到难解之处，可观看本习题的视频教学。

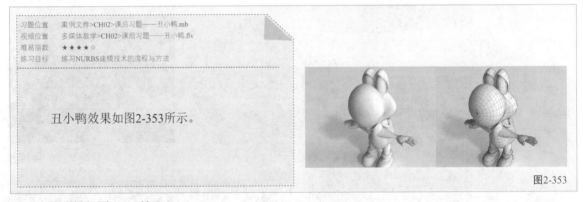

习题位置	案例文件>CH02>课后习题——丑小鸭.mb
视频位置	多媒体教学>CH02>课后习题——丑小鸭.flv
难易指数	★★★★☆
练习目标	练习NURBS建模技术的流程与方法

丑小鸭效果如图2-353所示。

图2-353

步骤分解如图2-354所示。

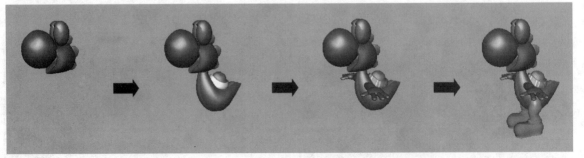

图2-354

第3章

多边形建模技术

本章将介绍Maya 2012的多边形建模技术，包括如何创建多边形对象、编辑多边形层级和编辑多边形网格。本章是很重要的章节，在实际工作中运用到的多边形建模技术大都包含在本章中。

课堂学习目标

了解多边形建模的思路

掌握多边形各种层级之间的切换方法

掌握多边形对象的创建方法

掌握多边形对象的编辑方法

3.1 多边形建模基础

多边形建模是一种非常直观的建模方式，也是Maya中最为重要的一种建模方法。多边形建模是通过控制三维空间中的物体的点、线、面来塑造物体的外形，图3-1所示的是一些经典的多边形作品。对于有机生物模型，多边形建模有着不可替代的优势，在塑造物体的过程中，可以很直观地对物体进行修改，并且面与面之间的连接也很容易创建出来。

图3-1

3.1.1 了解多边形

多边形是三维空间中一些离散的点，通过首尾相连形成一个封闭的空间并填充这个封闭空间，就形成了一个多边形面。如果将若干个这种多边形面组合在一起，每相邻的两个面都有一条公共边，就形成了一个空间状结构，这个空间结构就是多边形对象，如图3-2所示。

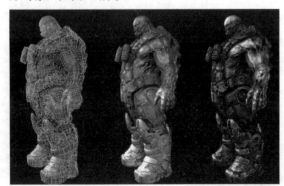

图3-2

多边形对象与NURBS对象有着本质的区别。NURBS对象是参数化的曲面，有严格的UV走向，除了剪切边外，NURBS对象只可能出现四边面；多边形对象是三维空间里一系列离散的点构成的拓扑结构（也可以出现复杂的拓扑结构），编辑起来相对比较自由，如图3-3所示。

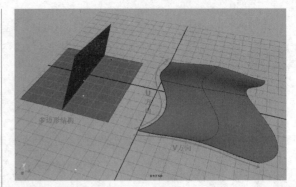

图3-3

3.1.2 多边形建模方法

目前，多边形建模方法已经相当成熟，是Maya中不可缺少的建模方法，大多数三维软件都有多边形建模系统。由于调整多边形对象相对比较自由，所以很适合创建生物和建筑类模型。

多边形建模方法有很多，根据模型构造的不同可以采用不同的多边形建模方法，但大部分都遵循从整体到局部的建模流程，特别是对于生物类模型，可以很好地控制整体造型。同时Maya还提供了"雕刻几何体工具"，所以调节起来更加方便。

3.1.3 多边形组成元素

多边形对象的基本构成元素有点、线、面，可以通过这些基本元素来对多边形对象进行修改。

1.顶点

在多边形物体上，边与边的交点就是这两条边的顶点，也就是多边形的基本构成元素点，如图3-4所示。

图3-4

多边形的每个顶点都有一个序号，叫顶点ID号，同一个多边形对象的每个顶点的序号是唯一的，并且这些序号是连续的。顶点ID号对使用MEL脚本语言编写程序来处理多边形对象非常重要。

2.边

边也就是多边形基本构成元素中的线，它是顶点之间的边线，也是多边形对象上的棱边，如图3-5所示。与顶点一样，每条边同样也有自己的ID号，叫边的ID号。

图3-5

3.面

在多边形对象上，将3个或3个以上的点用直线连接起来形成的闭合图形称为面，如图3-6所示。面的种类比较多，从三边围成的三边形，一直到n边围成的n边形。但在Maya中通常使用三边形或四边形，大于四边的面的使用相对比较少。面同样也有自己的ID号，叫面的ID号。

图3-6

技巧与提示

面的种类有两种，分别是共面多边形和不共面多边形。如果一个多边形的所有顶点都在同一个平面上，称为共面多边形，例如三边面一定是一个共面多边形；不共面多边形的面的顶点一定多于3个，也就是说3个顶点以上的多边形可能产生不共面多边形。在一般情况下都要尽量不使用不共面多边形，因为不共面多边形在最终输出渲染时或在将模型输出到交互式游戏平台时可能会出现错误。

4.法线

法线是一条虚拟的直线，它与多边形表面相垂直，用来确定表面的方向。在Maya中，法线可以分为"面法线"和"顶点法线"两种。

知 识 点　面法线与顶点法线

1.面法线

若用一个向量来描述多边形面的正面，且与多边形面相垂直，这个向量就是多边形的面法线，如图3-7所示。

图3-7

面法线是围绕多边形面的顶点的排列顺序来决定表面的方向。在默认状态下，Maya中的物体是双面显示的，用户可以通过设置参数来取消双面显示。

2.顶点法线

顶点法线决定两个多边形面之间的视觉光滑程度。与面法线不同的是，顶点法线不是多边形的固有特性，但在渲染多边形明暗变化的过程中，顶点法线的显示状态是从顶点发射出来的一组线，每个使用该顶点的面都有一条线，如图3-8所示。

在光滑实体显示模式下，当一个顶点上的所有顶点法线指向同一个方向时叫软顶点法线，此时多边形面之间是一条柔和的过渡边；当一个顶点上的顶点法线与相应的多边形面的法线指向同一个方向时叫硬顶点法线，此时的多边形面之间是一条硬过渡边，也就是说多边形会显示出棱边，如图3-9所示。

图3-8　　　　　图3-9

3.1.4 UV坐标

为了把二维纹理图案映射到三维模型的表面上，需要建立三维模型空间形状的描述体系和二维纹理的描述体系，然后在两者之间建立关联关系。

描述三维模型的空间形状用三维直角坐标，而描述二维纹理平面则用另一套坐标系，即UV坐标系。

多边形的UV坐标对应着每个顶点，但UV坐标却存在于二维空间，它们控制着纹理上的一个像素，并且对应着多边形网格结构中的某个点。虽然Maya在默认工作状态下也会建立UV坐标，但默认的UV坐标通常并不适合用户已经调整过形状的模型，因此用户仍需要重新整理UV坐标。Maya提供了一套完善的UV编辑工具，用户可以通过"UV纹理编辑器"来调整多边形对象的UV。

技巧与提示

NURBS物体本身是参数化的表面，可以用二维参数来描述，因此UV坐标就是其形状描述的一部分，所以不需要用户专门在三维坐标与UV坐标之间建立对应关系。

3.1.5 多边形右键菜单

使用多边形的右键快捷键菜单可以快速地创建和编辑多边形对象。在没有选择任何对象时，按住Shift键单击鼠标右键，在弹出的快捷菜单中是一些多边形原始几何体的创建命令，如图3-10所示；在选择了多边形对象时，单击鼠标右键，在弹出的快捷菜单中是一些多边形的次物体级别命令，如图3-11所示；如果已经进入了次物体级别，比如进入了面级别，按住Shift键单击鼠标右键，在弹出的快捷菜单中是一些编辑面的工具与命令，如图3-12所示。

图3-10

图3-11

图3-12

3.2 创建多边形对象

切换到"多边形"模块，在"创建>多边形基本体"菜单下是一系列创建多边形对象的命令，通过该菜单可以创建出最基本的多边形对象，如图3-13所示。

图3-13

本节知识概要

名称	主要作用	重要程度
球体	创建多边形球体	高
圆柱体	创建多边形圆柱体	高
圆锥体	创建多边形圆锥体	高
平面	创建多边形平面	高
圆环	创建多边形圆环	高
棱柱	创建多边形棱柱	中
棱锥	创建多边形棱锥	中
管道	创建多边形管道	中
螺旋线	创建多边形螺旋线	中
足球	创建多边形足球	低
柏拉图多面体	创建多边形柏拉图多面体	低

3.2.1 球体

使用"球体"命令可以创建出多边形球体。打开多边形球体的"工具设置"对话框，如图3-14所示。

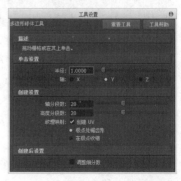

图3-14

球体重要参数介绍

半径：设置球体的半径。

轴：设置球体的轴方向。

轴分段数：设置经方向上的分段数。

高度分段数：设置纬方向上的分段数。

❓ 技巧与提示

以上的4个参数对多边形球体的形状有很大影响，如图3-15所示是在不同参数值下的多边形球体形状。

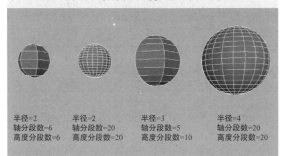

半径=2
轴分段数=6
高度分段数=6

半径=2
轴分段数=20
高度分段数=20

半径=3
轴分段数=5
高度分段数=10

半径=4
轴分段数=20
高度分段数=20

图3-15

3.2.2 立方体

使用"立方体"命令可以创建出多边形立方体，图3-16所示的是在不同参数值下的立方体形状。

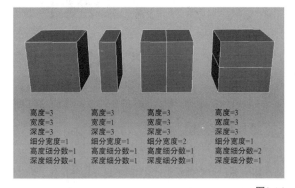

高度=3
宽度=3
深度=3
细分宽度=1
高度细分数=1
深度细分数=1

高度=3
宽度=1
深度=3
细分宽度=1
高度细分数=1
深度细分数=1

高度=3
宽度=3
深度=3
细分宽度=2
高度细分数=1
深度细分数=1

高度=3
宽度=3
深度=3
细分宽度=1
高度细分数=2
深度细分数=1

图3-16

❓ 技巧与提示

关于立方体及其他多边形物体的参数就不再讲解了，用户可以参考NURBS对象的参数解释。

3.2.3 圆柱体

使用"圆柱体"命令可以创建出多边形圆柱体，图3-17所示的是在不同参数值下的圆柱体形状。

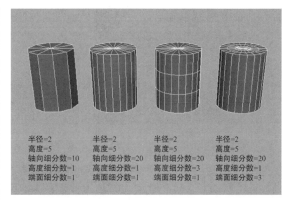

半径=2
高度=5
轴向细分数=10
高度细分数=1
端面细分数=1

半径=2
高度=5
轴向细分数=20
高度细分数=1
端面细分数=1

半径=2
高度=5
轴向细分数=20
高度细分数=3
端面细分数=1

半径=2
高度=5
轴向细分数=20
高度细分数=1
端面细分数=3

图3-17

3.2.4 圆锥体

使用"圆锥体"命令可以创建出多边形圆锥体，图3-18所示的是在不同参数值下的圆锥体形状。

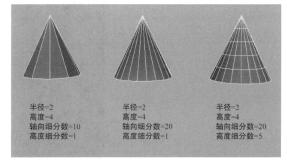

半径=2
高度=4
轴向细分数=10
高度细分数=1

半径=2
高度=4
轴向细分数=20
高度细分数=1

半径=2
高度=4
轴向细分数=20
高度细分数=5

图3-18

3.2.5 平面

使用"平面"命令可以创建出多边形平面，图3-19所示的是在不同参数值下的多边形平面形状。

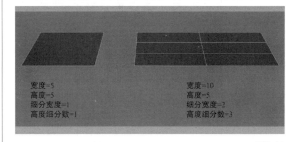

宽度=5
高度=5
细分宽度=1
高度细分数=1

宽度=10
高度=5
细分宽度=2
高度细分数=3

图3-19

3.2.6 特殊多边形

特殊多边形包含圆环、棱柱、棱锥、管道、螺旋线、足球体和柏拉图多面体，如图3-20所示。

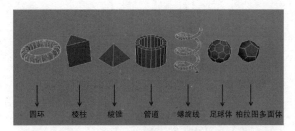

圆环　棱柱　棱锥　管道　螺旋线　足球体　柏拉图多面体

图3-20

3.3 多边形网格

展开"网格"菜单，如图3-21所示。该菜单下是一些对多边形层级模式进行编辑的命令。

图3-21

本节知识概要

名称	主要作用	重要程度
结合	将多个多边形组合成为一个多边形	高
分离	将结合在一起的多边形分离开	高
提取	将多边形上的面提取出来作为独立的部分	高
布尔	对两个多边形对象进行并集、差集或交集运算	高
平滑	对模型进行平滑处理	高
平均化顶点	通过均化顶点的值来平滑几何体，但不会改变拓扑结构	中
传递属性	将一个多边形的信息传递到另一个相似的多边形上	中
绘制传递属性权重工具	通过绘制权重来决定多边形传递属性的多少	中
传递着色集	传递多边形之间的着色集	中
剪贴板操作	复制属性、粘贴属性或清空剪贴板	低
减少	简化多边形的面	中
绘制减少权重工具	通过绘制权重来决定多边形的简化情况	低
清理	清理多边形的多余部分	低
三角形化	将多边形面细分为三角形面	高
四边形化	将多边形物体的三边面转换为四边面	高
填充洞	填充多边形上的洞	高
生成洞工具	在一个多边形的一个面上利用另外一个面来创建洞	高
创建多边形工具	在指定的位置创建一个多边形	高
雕刻几何体工具	用笔刷雕刻多边形的细节	中
镜像切割	让对象在设置的镜像平面的另一侧镜像出一个对象	高
镜像几何体	将对象紧挨着自身进行镜像	中

3.3.1 结合

使用"结合"命令可以将多个多边形对象组合成为一个多边形对象，组合前的每个多边形称为一个"壳"，如图3-22所示。打开"组合选项"对话框，如图3-23所示。

壳——　　——壳

图3-22

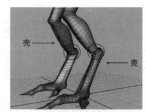

图3-23

结合参数介绍

合并UV集： 对合并对象的UV集进行合并操作。

不合并： 对合并对象的UV集不进行合并操作。

按名称合并： 依照合并对象的名称进行合并操作。

按UV链接合并： 依照合并对象的UV链接进行合并操作。

课堂案例

结合多边形对象

案例位置	案例文件>CH03>课题案例——结合多边形对象.mb
视频位置	多媒体教学>CH03>课题案例——结合多边形对象.flv
难易指数	★☆☆☆☆
学习目标	学习如何结合多个多边形对象

结合的多边形效果如图3-24所示。

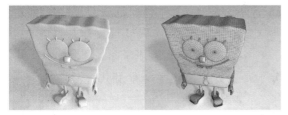

图3-24

(01) 打开"场景文件>CH03>a.mb"文件，如图3-25所示。

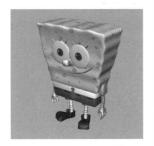

图3-25

技巧与提示

执行"窗口>大纲视图"菜单命令，打开"大纲视图"对话框，可以观察到这个模型是由非常多的多边形曲面构成的，如图3-26所示。

图3-26

(02) 选择所有模型，然后执行"网格>结合"菜单命令，此时可以观察到模型已经结合成一个整体了，如图3-27所示。

图3-27

3.3.2 分离

"分离"命令的作用与"结合"命令刚好相反。比如，将上实例的模型结合在一起以后，执行该命令可以将结合在一起的模型分离开，如图3-28所示。

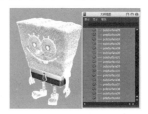

图3-28

3.3.3 提取

使用"提取"命令可以将多边形对象上的面提取出来作为独立的部分，也可以作为壳和原始对象。打开"提取选项"对话框，如图3-29所示。

图3-29

提取参数介绍

分离提取的面：勾选该选项后，提取出来的面将作为一个独立的多边形对象；如果关闭该选项，提取出来的面与原始模型将是一个整体。

偏移：设置提取出来的面的偏移距离。

课堂案例

提取多边形的面

案例位置	案例文件>CH03>课堂案例——提取多边形的面.mb
视频位置	多媒体教学>CH03>课堂案例——提取多边形的面.flv
难易指数	★☆☆☆☆
学习目标	学习如何提取多边形对象上的面

提取的多边形面效果如图3-30所示。

图3-30

(01) 打开"场景文件>CH03>b.mb"文件，如图3-31所示。

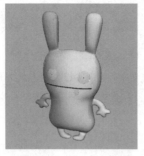

图3-31

02 在模型上单击鼠标右键，然后在弹出的菜单中选择"面"命令，进入面级别，如图3-32所示，接着选择图3-33所示的面。

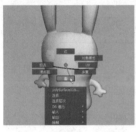

图3-32

图3-33

03 执行"网格>提取"菜单命令，然后用"移动工具" 将提取出来的面拖曳出来，以方便观察，如图3-34所示。

图3-34

技巧与提示

在默认情况下，提取出来的面的偏移距离为0。如果要设置偏移距离，可以"提取选项"对话框中设置相应的"偏移"数值，图3-35和图3-36所示的分别是"偏移"数值为0和20的提取效果。

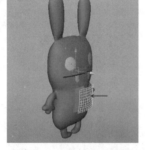

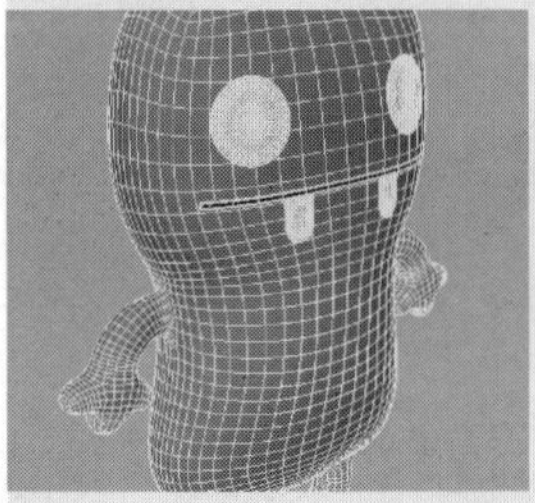

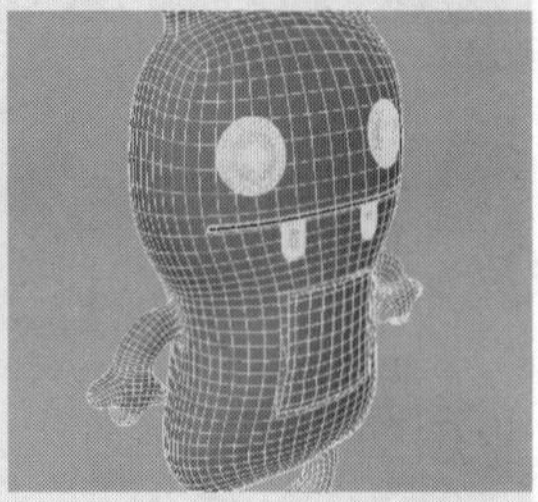

图3-35

图3-36

3.3.4 布尔

"布尔"命令包含3个子命令，分别是"并集""差集"和"交集"，如图3-37所示。

图3-37

1.并集

使用"并集"命令可以合并两个多边形，相比于"合并"命令来说，"并集"命令可以做到无缝拼合。

2.差集

使用"差集"可以将两个多边形对象进行相减运算，以消去对象与其他对象的相交部分，同时也会消去其他对象。

3.交集

使用"交集"命令可以保留两个多边形对象的相交部分，但是会去除其余部分。

技巧与提示

关于"布尔"命令的具体用法请参考"NURBS建模技术"中的"布尔"内容。

3.3.5 平滑

使用"平滑"命令可以将粗糙的模型通过细分面的方式对模型进行平滑处理，细分的面越多，模型就越光滑。打开"平滑选项"话框，如图3-38所示。

图3-38

平滑参数介绍

添加分段：在平滑细分面时，设置分段的添加方式。

指数：这种细分方式可以将模型网格全部拓扑成为四边形，如图3-39所示。

线性：这种细分方式可以在模型上产生部分三角面，如图3-40所示。

图3-39　　　　　　　　　　图3-40

分段级别：控制物体的平滑程度和细分段的数目。该参数值越高，物体越平滑，细分面也越多，图3-41和图3-42所示的分别是"分段级别"数值为1和3时的细分效果。

图3-41　　　　　　　　　　图3-42

连续性：用来模型的平滑程度。当该值为0时，面与面之间的转折连接处都是线性的，模型效果比较生硬，如图3-43所示；当该值为1时，面与面之间的转折连接处都比较平滑，如图3-44所示。

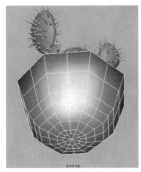 

图3-43　　　　　　　　　　图3-44

平滑UV：勾选该选项后，在平滑细分模型的同时，还会平滑细分模型的UV。

传播边的软硬性：勾选该选项后，细分的模型的边界会比较生硬，如图3-45所示。

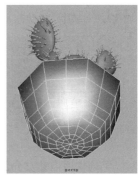

图3-45

映射边界：设置边界的平滑方式。

平滑全部：平滑细分所有的UV边界。

平滑内部：平滑细分内部的UV边界。

不平滑：所有的UV边界都不会被平滑细分。

保留：当平滑细分模型时，保留哪些对象不被细分。

几何体边界：保留几何体的边界不被平滑细分。

当前选择的边界：保留选择的边界不被光滑细分。

硬边：如果已经设置了硬边和软边，可以勾选该选项以保留硬边不被转换为软边。

细分级别：控制物体的平滑程度和细分面数目。参数值越高，物体越平滑，细分面也越多。

每个面的分段数：设置细分边的次数。该数值为1时，每条边只被细分1次；该数值为2时，每条边会被细分两次。

推动强度：控制平滑细分的结果。该数值越大，细分模型越向外扩张；该数值越小，细分模型越内缩，如图3-46和图3-47所示分别是"推动强度"数值为1和-1时的效果。

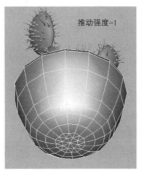 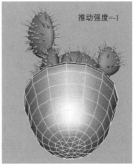

图3-46　　　　　　　　　　图3-47

圆度：控制平滑细分的圆滑度。该数值越大，细分模型越向外扩张，同时模型也比较圆滑；该数值越小，细分模型越内缩，同时模型的圆滑度也不是很理想。

3.3.6 平均化顶点

"平均化顶点"命令可以通过均化顶点的值来平滑几何体，而且不会改变拓扑结构。打开"平均化顶点选项"对话框，如图3-48示。

图3-48

平均化顶点参数介绍

平滑度：该数值越小，产生的效果越精细；该数值越大，每次均化时的平滑程度也越大。

3.3.7 传递属性

使用"传递属性"命令可以将一个多边形的相关信息应用到另一个相似的多边形上，当传递完信息后，它们就有了相同的信息。打开"传递属性选项"对话框，如图3-49所示。

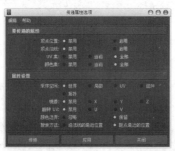

图3-49

传递属性重要参数介绍

顶点位置：控制是否开启多边形顶点位置的信息传递。

顶点法线：控制是否开启多边形顶点法线的信息传递。

UV集：设置多边形UV集信息的传递方式。

颜色集：设置多边形顶点颜色集信息的传递方式。

3.3.8 绘制传递属性权重工具

使用"绘制传递属性权重工具"可以通过绘

制权重来决定多边形传递属性的多少。打开"工具设置"对话框（该对话框中的参数含义可参考第2章中的"雕刻几何体工具"的参数介绍），如图3-50所示。

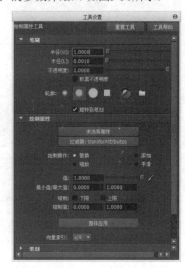

图3-50

技巧与提示

绘画权重时必须选择原始模型，不可以选择简化后的模型。另外，白色区域表示传递的属性要多一些，黑色区域表示传递的属性要少一些。

3.3.9 传递着色集

使用"传递着色集"可以对多边形之间的着色集进行传递。打开"传递属性选项"对话框，如图3-51所示。

图3-51

传递着色集参数介绍

采样空间：设置多边形之间采样空间类型，共有以下两种。

世界：使用基于世界空间的传递，可确保属性传递与在场景视图中看到的内容匹配。

局部：如果要并列比较源网格和目标网格，可以使用"局部"设置。只有当对象具有相同的变换值时，"局部"空间传递才可以正常工作。

搜索方法：控制将点从源网格关联到目标网格的空间搜索方法。

3.3.10 剪贴板操作

"剪贴板操作"命令包含3个子命令，分别是"复制属性""粘贴属性"和"清空剪贴板"，如图3-52所示。

图3-52

由于3个命令的参数都相同，这里用"复制属性"命令来进行讲解。打开"复制属性选项"对话框，如图3-53所示。

图3-53

复制属性参数介绍

属性：选择要复制的属性。

UV：复制模型的UV属性。

着色器：复制模型的材质属性。

颜色：复制模型的颜色属性。

3.3.11 减少

使用"减少"命令可以简化多边形的面，如果一个模型的面数太多，就可以使用该命令来对其进行简化。打开"减少选项"对话框，如图3-54所示。

图3-54

减少重要参数介绍

减少量（%）：设置简化多边形的百分比。该数值

越大，简化效果越明显，图3-55所示的是该数值为30和80时的简化效果对比。

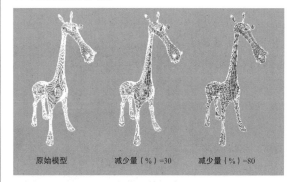

原始模型　　　　减少量（%）=30　　　　减少量（%）=80

图3-55

保持四边形：该数值越大，简化后的多边形的面都尽可能以四边面形式进行转换；该数值越小，简化后的多边形的面都尽可能以三边面形式进行转换。

面精简：该数值越接近0时，简化多边形时Maya将尽量保持原始模型的形状，但可能会产生尖锐的、非常不规则的三角面，这样的三角面很难编辑；该参数为1时，简化多边形时Maya将尽量产生规则的三角面，但是和原始模型的形状有一定的偏差。

减少前三角形化：勾选该选项后，在简化模型前，模型会以三角面的形式显示出来。

保持原始（针对权重绘制）：勾选该选项后，简化模型后会保留原始模型。

UV：勾选该项后，可以在精简多边形的同时尽量保持模型的UV纹理设置。

逐顶点颜色：勾选该项后，可以在精简多边形的同时尽量保持顶点的颜色信息。

网格边界：勾选该项后，可以在精简多边形的同时尽量保留模型的边界。

UV边界：勾选该项后，可以在精简多边形的同时尽量保留模型的UV边界。

硬边：勾选该项后，可以在精简多边形的同时尽量保留模型的硬边。

顶点位置：勾选该项后，可以在精简多边形的同时尽量保留模型的硬顶点位置。

3.3.12 绘制减少权重工具

使用"绘制减少权重工具"可以通过绘制权重来决定多边形的简化情况。

3.3.13 清理

使用"清理"命令可以清理多边形的某些部分，也可以使用该命令的标识匹配功能匹配标准的多边形，或使用这个功能移除或修改不匹配指定标准那个部分。打开"清理选项"对话框，如图3-56所示。

图3-56

清理参数介绍

操作：选择是要清理多边形还是仅将其选中。

清理匹配多边形：使用该选项可以重复清理选定的多边形几何体（使用相同的选项设置）。

选择匹配多边形：使用该选项可以选择符合设定标准的任何多边形，但不执行清理。

范围：选择要清理的对象范围。

应用于选定对象：启用该选项后，仅在场景中清理选定的多边形，这是默认设置。

应用于所有多边形对象：启用该选项后，可以清理场景中所有的多边形对象。

保持构建历史：启用该选项后，可以保持与选择的多边形几何体相关的构建历史。

通过细分修正：可以使用一些多边形编辑操作来修改多边形网格，并且生成具有不需要的属性的多边形面。可以通过细分修正的面包含"4边面""边数大于4的面""凹面""带洞面"和"非平面面"，如图3-57所示。

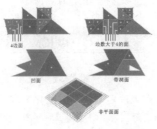

图3-57

移除几何体：指定在清理操作期间要移除的几何体，以及要移除的几何体中的容差。

Lamina面（共享所有边的面）：如果选择了用于移除的"Lamina面"，则Maya会移除共享所有边的面。通过移除这些类型的面，可以避免不必要的处理时间，特别是当将模型导出到游戏控制台时。

非流形几何体：启用该选项可以清理非流形几何体。如果选择"法线和几何体"选项，则在清理非流形顶点或边时，可以让法线保持一致；如果选择"仅几何体"选项，则清理非流形几何体，但无须更改结果法线。

零长度边：当选择移除具有零长度的边时，非常短的边将在指定的容差内被删除。

长度容差：指定要移除的边的最小长度。

包含零几何体区域的面：当选择移除具有零几何体区域的面（例如，移除面积介于 0~0.0001 的面）时，会通过合并顶点来移除面。

区域容差：指定要删除的面的最小区域。

具有零贴图区域的面：选择移除具有零贴图区域的面时，检查面的相关UV纹理坐标，并移除UV不符合指定的容差范围内的面。

区域容差：指定要删除的面的最小区域。

3.3.14 三角形化

使用"三角形化"命令可以将多边形面细分为三角形面。

课堂案例

三角形化多边形面

案例位置	案例文件>CH03>课堂案例——三角形化多边形面.mb
视频位置	多媒体教学>CH03>课堂案例——三角形化多边形面.flv
难易指数	★☆☆☆☆
学习目标	学习如何将多边形面转换为三角形面

将四边面转换为三边面后的效果如图3-58所示。

图3-58

01 打开"场景文件>CH03>c.mb"文件，可以观察到该模型是由四边面组成的，如图3-59所示。

02 选择模型，然后执行"三角形化"命令，此时可以观察到模型的四边面已经转换成了三边面，如图3-60所示。

图3-59 图3-60

3.3.15 四边形化

使用"四边形化"命令可以将多边形物体的三边面转换为四边面。打开"四边形化面选项"对话框，如图3-61所示。

图3-61

四边形化参数介绍

角度阈值：设置两个合并三角形的极限参数（极限参数是两个相邻三角形的面法线之间的角度）。当该值为0时，只有共面的三角形被转换；当该值为180时，表示所有相邻的三角形面都有可能会被转换为四边形面。

保持面组边界：勾选该项后，可以保持面组的边界；关闭该选项时，面组的边界可能会被修改。

保持硬边：勾选该项后，可以保持多边形的硬边；关闭该选项时，在两个三角形面之间的硬边可能会被删除。

保持纹理边界：勾选该项后，可以保持纹理的边界；关闭该选项时，Maya将修改纹理的边界。

世界空间坐标：勾选该项后，设置的"角度阈值"处于世界坐标系中的两个相邻三角形面法线之间的角度上；关闭该选项时，"角度阈值"处于局部坐标空间中的两个相邻三角形面法线之间的角度上。

课堂案例

四边形化多边形面

案例位置	案例文件>CH03>课堂案例——四边形化多边形面.mb
视频位置	多媒体教学>CH03>课堂案例——四边形化多边形面.flv
难易指数	★☆☆☆☆
学习目标	学习如何将多边形面转换为四边形面

将三边面转换为四边面后的效果如图3-62所示。

图3-62

01 打开"场景文件>CH03>d.mb"文件，可以观察到该模型是由三边面组成的，如图3-63所示。

02 选择模型，然后执行"四边形化"命令，可以观察到模型的三边面已经转换成了四边面，如图3-64所示。

图3-63 图3-64

3.3.16 填充洞

使用"填充洞"命令可以填充多边形上的洞，并且可以一次性填充多个洞。

课堂案例

补洞

案例位置	案例文件>CH03>课堂案例——补洞.mb
视频位置	多媒体教学>CH03>课堂案例——补洞.flv
难易指数	★☆☆☆☆
学习目标	学习如何填充多边形上的洞

将多边形上的洞填充起来后的效果如图3-65所示。

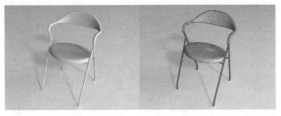

图3-65

01 打开"场景文件>CH03>e.mb"文件，可以观察到椅垫中间有一个洞，如图3-66所示。

02 选择椅垫模型，然后执行"填充洞"命令，效果如图3-67所示。

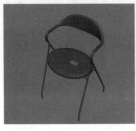 

图3-66   图3-67

3.3.17 生成洞工具

使用"生成洞工具"可以在一个多边形的一个面上利用另外一个面来创建一个洞。打开"工具设置"对话框，如图3-68所示。

图3-68

生成洞工具参数介绍

合并模式：用来设置合并模型的方式，共有以下7种模式。

第一个：变换选择的第二个面，以匹配中心。

中间：变换选择的两个面，以匹配中心。

第二个：变换选择的第一个面，以匹配中心。

投影第一项：将选择的第二个面投影到选择的第一个面上，但不匹配两个面的中心。

投影中间项：将选择的两个面都投影到一个位于它

们之间的平面上，但不匹配两个面的中心。

投影第二项：将选择的第一个面投影到选择的第二个面上，但不匹配两个面的中心。

无：直接将"图章面"投影到选择的第一个面上。

技巧与提示

在创建洞时，选择的两个面必须是同一个多边形上的面，如果为了得到特定的洞形状，可以使用"创建多边形工具"重新创建一个轮廓面，然后使用"结合"命令将两个模型合并起来，再进行创建洞操作。

课堂案例

创建洞

案例位置	案例文件>CH03>课堂案例——创建洞.mb
视频位置	多媒体教学>CH03>课堂案例——创建洞.flv
难易指数	★★☆☆☆
学习目标	学习如何在多边形上创建洞

本例使用"生成洞工具"在多边形上创建的洞效果如图3-69所示。

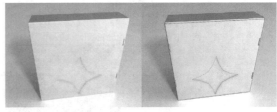

图3-69

01 打开"场景文件>CH03>f.mb"文件，如图3-70所示。

02 选择星形面与红色面，然后执行"网格>结合"菜单命令，将其结合为一个整体，如图3-71所示。

 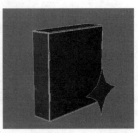

图3-70   图3-71

技巧与提示

如果在创建洞时，如果参考对象没有与要创建洞的对象合并，则将不能创建洞。这时就需要使用"结合"命令将两个对象结合成一个整体才能执行创建洞操作。

03 打开"生成洞工具"的"工具设置"对话框，然后设置"合并模式"为"投影第一项"，如图3-72所示。

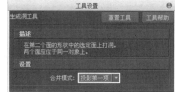

图3-72

04 使用"生成洞工具"先单击红色多边形面，然后按住Shift键单击星形多边形面，如图3-73所示，接着按Enter键确认操作，最终效果如图3-74所示。

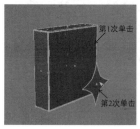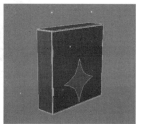

图3-73　　　　　　　　图3-74

3.3.18 创建多边形工具

使用"创建多边形工具"可以在指定的位置创建一个多边形，该工具是通过单击多边形的顶点来完成创建工作。打开"工具设置"对话框，如图3-75所示。

图3-75

创建多边形工具参数介绍

分段：指定要创建的多边形的边的分段数量。

保持新面为平面：默认情况下，使用"创建多边形工具"添加的任何面位于附加到的多边形网格的相同平面。如果要将多边形附加在其他平面上，可以禁用"保持新面为平面"选项。

限制点数：指定新多边形所需的顶点数量。值为4可以创建4条边的多边形（四边形）；值为3可以创建3条边

的多边形（三角形）。

将点数限制为：勾选"限制点数"选项后，用来设置点数的最大数量。

纹理空间：指定如何为新多边形创建 UV 纹理坐标。

规格化（缩放以适配）：启用该选项后，纹理坐标将缩放以适合0~1范围内的UV纹理空间，同时保持UV面的原始形状。

单位化（使用角和边界）：启用该选项后，纹理坐标将放置在纹理空间0~1的角点和边界上。具有3个顶点的多边形将具有一个三角形UV纹理贴图（等边），而具有3个以上顶点的多边形将具有方形UV纹理贴图。

无：不为新的多边形创建UV。

3.3.19 雕刻几何体工具

使用"雕刻几何体工具"可以雕刻多边形的细节，与NURBS的"雕刻几何体工具"一样，都是采用画笔的形式来进行雕刻。

> **技巧与提示**
>
> 多边形的"雕刻几何体工具"参数与NURBS"雕刻几何体工具"相同，这里不再重复讲解。

3.3.20 镜像切割

使用"镜像切割"命令可以让对象在设置的镜像平面的另一侧镜像出一个对象，并且可以通过移动镜像平面来控制镜像对象的位置。如果对象与镜像平面有相交部分，相交部分将会被剪掉，同时还可以通过删除历史记录来打断对象与镜像平面之间的关系。打开"镜像切割选项"对话框，如图3-76所示。

图3-76

镜像切割参数介绍

沿以下项切割：用来选择镜像的平面，共有"yz平

面""xz平面"和"xy平面"3个选项可以选择。这3个平面都是世界坐标轴两两相交所在的平面。

与原始合并：勾选该选项后，镜像出来的平面会与原始平面合并在一起。

合并顶点阈值：处于该值范围内的顶点会相互合并，只有"与原始合并"选项处于启用状态时该选项才可用。

课堂案例

镜像切割模型

案例位置	案例文件>CH03>课堂案例——镜像切割模型.mb
视频位置	多媒体教学>CH03>课堂案例——镜像切割模型.flv
难易指数	★☆☆☆☆
学习目标	学习如何镜像切割模型

镜像的怪兽模型效果如图3-77所示。

图3-77

01 打开"场景文件>CH03>g.mb"文件，如图3-78所示。

图3-78

02 打开"镜像切割选项"对话框，然后设置"沿以下项切割"为"yz平面"，并关闭"与原始合并"选项，如图3-79所示，接着单击"应用"按钮，此时镜像出来的模型与原始模型是重合的，如图3-80所示，最后将镜像出来的模型向左拖曳到合适的位置，最终效果如图3-81所示。

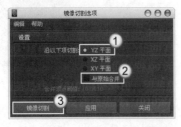

图3-79

图3-80

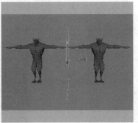

图3-81

3.3.21 镜像几何体

使用"镜像几何体"命令可以将对象紧挨着自身进行镜像。打开"镜像选项"对话框，如图3-82所示。

图3-82

镜像结合体重要参数介绍

镜像方向：用来设置镜像的方向，都是沿世界坐标轴的方向。如+X表示沿着x轴的正方向进行镜像；-X表示沿着x轴的负方向进行镜像。

3.4 编辑多边形网格

展开"编辑网格"菜单，如图3-83所示。该菜单下全部是编辑多边形网格的命令，下面所介绍的命令都在这个菜单下。

图3-83

本节知识概要

名称	主要作用	重要程度
保持面的连接性	决定挤出的面是否与原始物体保持在一起	中
挤出	沿多边形面、边或顶点进行挤出	高
桥接	在一个多边形内的两个洞口之间产生桥梁式的连接效果	高
附加到多边形工具	在原有多边形的基础上继续进行扩展	高
在网格上投影曲线	将曲线投影到多边形面上	高
使用投影的曲线分割网格	在多边形曲面上进行分割，或者在分割的同时分离面	中
切割面工具	切割指定的一组多边形对象的面	高
交互式分割工具	在网格上指定分割位置，然后将一个或多个面分割为多个面	低
插入循环边工具	在多边形对象上的指定位置插入一条环形线	高
偏移循环边工具	在选择的任意边的两侧插入两个循环边	高
添加分段	对选择的面或边进行细分	高
滑动边工具	将选择的边滑动到其他位置	高
变换组件	在选定顶点/边/面上调出一个控制手柄	低
翻转三角形边	变换拆分两个三角形多边形的边	高
正向自旋边	朝缠绕方向自旋选定边	高
反向自旋边	相对于缠绕方向自旋选定边	高
刺破面	在选定面的中心产生一个新的顶点，并将该顶点与周围的顶点连接起来	中
楔形面	通过选择一个面和一条边来生成扇形效果	中
复制面	将多边形上的面复制出来作为一个独立部分	高
连接组件	选择顶点和边后，可以通过边进行连接	中
分离组件	将多个面共享的所有选定顶点拆分为多个顶点	中
合并	将选择的多个顶点/边合并成一个顶点/边	高
合并到中心	将选择的顶点、边、面合并到它们的几何中心	高
收拢	收拢组件的边	中
合并顶点工具	将两个顶点合并为一个顶点	高
合并边工具	将两条边合并为一条新边	高
删除边/点	删除选择的边或顶点	高
切角顶点	将选择的顶点分裂成4个顶点	高
倒角	在选定边上创建倒角效果	高
折痕工具	在多边形网格上生成边和顶点的折痕	中
移除选定对象	移除选定的折痕	低
移除全部	移除所有的折痕	低
折痕集	为已经过折痕处理的任何组件创建折痕集	低
指定不可见面	将选定面切换为不可见	低

3.4.1 保持面的连接性

　　当执行"挤出"命令时，"保持面的连接性"选项用来决定挤出的面是否与原始物体保持在一起。当勾选该选项时，挤出的面保持为一个整体；当关闭该选项时，挤出的面则是分离出来的。

3.4.2 挤出

　　使用"挤出"命令可以沿多边形面、边或顶点进行挤出，从而得到新的多边形面，该命令在建模中非常重要，使用频率相当高。打开"挤出面选项"对话框，如图3-84所示。

图3-84

挤出参数介绍

　　分段：设置挤出的多边形面的段数。

　　平滑角度：用来设置挤出后的面的点法线，可以得到平面的效果，一般情况下使用默认值。

　　偏移：设置挤出面的偏移量。正值表示将挤出面进行缩小；负值表示将挤出面进行扩大。

　　厚度：设置挤出面的厚度。

　　曲线：设置是否沿曲线挤出面。

　　无：不沿曲线挤出面。

　　选定：表示沿曲线挤出面，但前提是必须创建的有曲线。

　　已生成：勾选该选项后，挤出时将创建曲线，并会将曲线与组件法线的平均值对齐。

　　锥化：控制挤出面的另一端的大小，使其从挤出位置到终点位置形成一个过渡的变化效果。

　　扭曲：使挤出的面产生螺旋状效果。

🏅 **课堂案例**
挤出多边形

案例位置	案例文件>CH03>课堂案例——挤出多边形.mb
视频位置	多媒体教学>CH03>课堂案例——挤出多边形.flv
难易指数	★☆☆☆☆
学习目标	学习如何挤出多边形

　　挤出的多边形效果如图3-85所示。

图3-85

01 打开"场景文件>CH03>h.mb"文件，如图3-86所示。

02 进行面级别，然后选择立方体的顶面，接着按住Shift键加选曲线，如图3-87所示。

图3-86　　　　　图3-87

03 打开"挤出面选项"对话框，然后设置"分段"为40，接着单击"应用"按钮，如图3-88所示，挤出效果如图3-89所示。

图3-88

图3-89

技巧与提示

　　Maya 2012对"挤出"命令进行了改进，现在不仅可以在"挤出面选项"对话框中设置挤出参数，还可以在挤出后在视图中通过这个调整框对挤出效果进行再次调整。

04 在"通道盒"中设置"扭曲"为180、"锥化"为0.2，最终效果如图3-90所示。

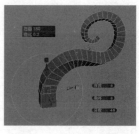

图3-90

3.4.3 桥接

　　使用"桥接"命令可以在一个多边形对象内的两个洞口之间产生桥梁式的连接效果，连接方式可以是线性连接，也可以是平滑连接。打开"桥接选项"对话框，如图3-91所示。

图3-91

桥接参数介绍

桥接类型：用来选择桥接的方式。

线性路径：以直线的方式进行桥接。

平滑路径：使连接的部分以光滑的形式进行桥接。

平滑路径+曲线：以平滑的方式进行桥接，并且会在内部产生一条曲线。可以通过曲线的弯曲度来控制桥接部分的弧度。

扭曲：当开启"平滑路径+曲线"选项时，该选项才可用，可使连接部分产生扭曲效果，并且以螺旋的方式进行扭曲。

锥化：当开启"平滑路径+曲线"选项时，该选项才可用，主要用来控制连接部分的中间部分的大小，可以与两头形成渐变的过渡效果。

分段：控制连接部分的分段数。

平滑角度：用来改变连接部分的点的法线的方向，以达到平滑的效果，一般使用默认值。

课堂案例

桥接多边形

案例位置	案例文件>CH03>课堂案例——桥接多边形.mb
视频位置	多媒体教学>CH03>课堂案例——桥接多边形.flv
难易指数	★☆☆☆☆
学习目标	学习如何桥接多边形

　　桥接的多边形效果如图3-92所示。

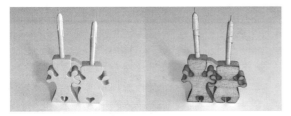

图3-92

① 打开"场景文件>CH03>i.mb"文件，如图3-93所示。

② 进入"边"级别，然后选择两个洞口的边，如图3-94所示。

图3-93　　　　　　　图3-94

③ 打开"桥接选项"对话框，然后设置"桥接类型"为"平滑路径"，接着设置"分段"为7，如图3-95所示；最后单击"桥接"按钮，最终效果如图3-96所示。

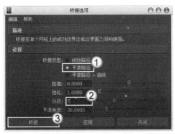

图3-95

图3-96

3.4.4 附加到多边形工具

使用"附加到多边形工具"可以在原有多边形的基础上继续进行扩展，以添加更多的多边形。

打开该工具的"工具设置"对话框，如图3-97所示。

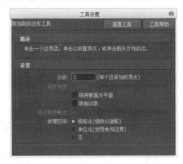

图3-97

技巧与提示

"附加到多边形工具"的参数与"创建多边形工具"的参数完全相同，这里不再讲解。

3.4.5 在网格上投影曲线

使用"在网格上投影曲线"命令可以将曲线投影到多边形面上，类似于NURBS曲面的"在曲面上投影曲线"命令。打开"在网格上投影曲线选项"对话框，如图3-98所示。

图3-98

在网格上投影曲线参数介绍

沿以下项投影：指定投影在网格上的曲线的方向。

仅投影到边：将编辑点放置到多边形的边上，否则编辑点可能会出现在沿面和边的不同点处。

3.4.6 使用投影的曲线分割网格

使用"使用投影的曲线分割网格"命令可以在多边形曲面上进行分割，或者在分割的同时分离面。打开"使用投影的曲线分割网格选项"对话框，如图3-99所示。

图3-99

95

使用投影的曲线分割网格参数介绍

分割：分割多边形的曲面。分割了多边形的面，但是其组件仍连接在一起，而且只有一组顶点。

分割并分离边：沿分割的边分离多边形。分离了多边形的组件，有两组或更多组顶点。

3.4.7 切割面工具

使用"切割面工具"可以切割指定的一组多边形对象的面，让这些面在切割处产生一个分段。打开"切割面工具选项"对话框，如图3-100所示。

图3-100

切割面工具重要参数介绍

切割方向：用来选择切割的方向。可以在视图平面上绘制一条直线来作为切割方向，也可以通过世界坐标来确定一个平面作为切割方向。

交互式（单击可显示切割线）：通过拖曳光标来确定一条切割线。

YZ平面：以平行于yz轴所在的平面作为切割平面。

ZX平面：以平行于xz轴所在的平面作为切割平面。

XY平面：以平行于xy轴所在的平面作为切割平面。

删除切割面：勾选该选项后，会产生一条垂直于切割平面的虚线，并且垂直于虚线方向的面将被删除。

提取切割面：勾选该选项后，会产生一条垂直于切割平面的虚线，垂直于虚线方向的面将被偏移一段距离。

课堂案例

切割多边形面

案例位置	案例文件>CH03>课堂案例——切割多边形面.mb
视频位置	多媒体教学>CH03>课堂案例——切割多边形面.flv
难易指数	★☆☆☆☆
学习目标	学习如何切割多边形面

切割的多边形面效果如图3-101所示。

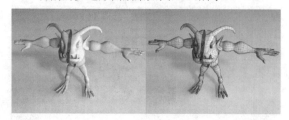

图3-101

① 打开"场景文件>CH03>j.mb"文件，如图3-102所示。

图3-102

② 选择模型，然后打开"剪切面工具选项"对话框，接着设置"切割方向"为"yz平面"，再勾选"提取切割面"选项，如图3-103所示；最后单击"切割"按钮，最终效果如图3-104所示。

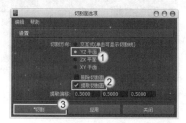

图3-103

图3-104

3.4.8 交互式分割工具

使用"交互式分割工具"可以在网格上指定分割位置，然后将多边形网格上的一个或多个面分割为多个面。打开"交互式分割工具"的"工具设置"对话框，如图3-105所示。

图3-105

交互式分割工具参数介绍

约束到边：将所创建的任何点约束到边。如果要让点在面上，可以关闭该选项。

捕捉设置：包含两个选项，分别是"捕捉磁体数"和"磁体容差"。

捕捉磁体数：控制边内的捕捉点数。例如，5表示每端都有磁体点，中间有5个磁体点。

磁体容差：控制点在捕捉到磁体之前必须与磁体达到的接近程度。将该值设定为10时，可以约束点使其始终位于磁体点处。

颜色设置：设置分割时的区分颜色。单击色块即可更改区分颜色。

3.4.9 插入循环边工具

使用"插入循环边工具"可以在多边形对象上的指定位置插入一条环形线，该工具是通过判断多边形的对边来产生线。如果遇到三边形或大于四边的多边形将结束命令，因此在很多时候会遇到使用该命令后不能产生环形边的现象。打开"插入循环边工具"的"工具设置"对话框，如图3-106所示。

图3-106

插入循环边工具参数介绍

保持位置：指定如何在多边形网格上插入新边。

与边的相对距离：基于选定边上的百分比距离，沿着选定边放置点插入边。

与边的相等距离：沿着选定边按照基于单击第一条边的位置的绝对距离放置点插入边。

多个循环边：根据"循环边数"中指定的数量，沿选定边插入多个等距循环边。

使用相等倍增：该选项与剖面曲线的高度和形状相关。使用该选项的时候应用最短边的长度来确定偏移高度。

循环边数：当启用"多个循环边"选项时，"循环边数"选项用来设置要创建的循环边数量。

自动完成：启用该选项后，只要单击并拖动到相应的位置，然后释放鼠标，就会在整个环形边上立即插入新边。

固定的四边形：启用该选项后，会自动分割由插入循环边生成的三边形和五边形区域，以生成四边形区域。

平滑角度：指定在操作完成后，是否自动软化或硬化沿环形边插入的边。

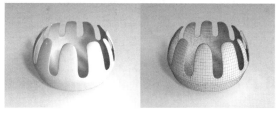

课堂案例

在多边形上插入循环边

案例位置	案例文件>CH03>课堂案例——在多边形上插入循环边.mb
视频位置	多媒体教学>CH03>课堂案例——在多边形上插入循环边.flv
难易指数	★☆☆☆☆
学习目标	学习如何在多边形上插入循环边

插入的循环边效果如图3-107所示。

图3-107

① 打开"场景文件>CH03>k.mb"文件，如图3-108所示。

图3-108

② 选择"插入循环边工具"，然后单击纵向的边即可在单击处插入一条环形边，如图3-109所示。

③ 继续插入一些环形边，使多边形的布线更加均匀，完成后的效果如图3-110所示。

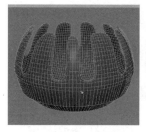

图3-109

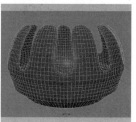

图3-110

3.4.10 偏移循环边工具

使用"偏移循环边工具"可以在选择的任意边的两侧插入两个循环边。打开"偏移边工具选项"对话框，如图3-111所示。

图3-111

偏移循环边工具重要参数介绍

删除边（保留4边多边形）：在内部循环边上偏移边时，在循环的两端创建的新多边形可以是三边的多边形。

开始/结束顶点偏移：确定两个顶点在选定边（或循环边中一系列连接的边）两端上的距离将从选定边的原始位置向内偏移还是向外偏移。

平滑角度：指定完成操作后是否自动软化或硬化沿循环边插入的边。

保持位置：指定在多边形网格上插入新边的方法。

与边的相对距离：基于沿选定边的百分比距离沿选定边定位点预览定位器。

与边的相等距离：点预览定位器基于单击第一条边的位置沿选定边在绝对距离处进行定位。

> 课堂案例
> #### 偏移多边形的循环边
> | 案例位置 | 案例文件>CH03>课堂案例——偏移多边形的循环边.mb |
> |---|---|
> | 视频位置 | 多媒体教学>CH03>课堂案例——偏移多边形的循环边.flv |
> | 难易指数 | ★☆☆☆☆ |
> | 学习目标 | 学习如何偏移多边形的循环边 |

偏移的循环边效果如图3-112所示。

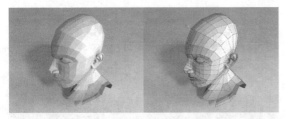

图3-112

01 打开"场景文件>CH03>1.mb"文件，如图3-113所示。

图3-113

02 选择模型，然后选择"偏移循环边工具"，此时模型会自动进入边级别，接着单击眼睛上的循环边，这样就在该循环边的两侧生成两条新的偏移循环边，如图3-114所示。

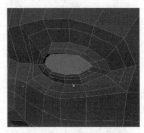

图3-114

3.4.11 添加分段

使用"添加分段"命令可以对选择的面或边进行细分，并且可以通过"分段级别"来设置细分的级别。打开"添加面的分段数选项"对话框，如图3-115所示。

图3-115

添加分段参数介绍

添加分段：设置选定面的细分方式。

指数：以递归方式细分选定的面。也就是说，选定的面将被分割成两半，然后每一半进一步分割成两半，依此类推。

线性：将选定面分割为绝对数量的分段。

分段级别：设置选定面上细分的级别，其取值范围从1~4。

模式：设置细分面的方式。

四边形：将面细分为四边形。

三角形：将面细分为三角形。

U/V向分段数："添加分段"设置为"线性"时，这两个选项才可用。这两个选项主要用来设置沿多边形U向和V向细分的分段数量。

"添加分段"命令不仅可以细分面，还可以细分边。进入边级别以后，选择一条边，"添加面的分段数选项"对话框将自动切换为"添加边的分段数选项"对话框，如图3-116所示。

图3-116

3.4.12 滑动边工具

使"滑动边工具"可以将选择的边滑动到其他位置。在滑动过程中是沿着对象原来的走向进行滑动的，这样可使滑动操作更加方便。打开"滑动边工具"的"工具设置"对话框，如图3-117所示。

图3-117

滑动边工具参数介绍

模式：确定如何重新定位选定边或循环边。

使用捕捉：确定是否使用捕捉设置。

捕捉点：控制滑动顶点将捕捉的捕捉点数量，取值范围从0~10。默认"捕捉点"值为1，表示将捕捉到中点。

捕捉容差：控制捕捉到顶点之前必须距离捕捉点的靠近程度。

课堂案例

滑动边的位置

案例位置	案例文件>CH03>课堂案例——滑动边的位置.mb
视频位置	多媒体教学>CH03>课堂案例——滑动边的位置.flv
难易指数	★☆☆☆☆
学习目标	学习如何滑动边的位置

将恐龙尾部的边滑到臀部后的效果如图3-118所示。

图3-118

① 打开"场景文件>CH03>m.mb"文件，如图3-119所示。

图3-119

② 进入边级别，然后选择如图3-120所示的循环边。

③ 选择"滑动边工具"，然后使用鼠标中键向左拖曳光标，此时选中的循环边会沿着模型的走向向左滑动，如图3-121所示。

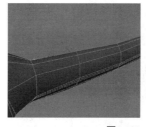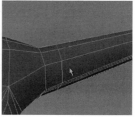

图3-120   图3-121

3.4.13 变换组件

使用"变换组件"命令可以在选定顶点/边/面上调出一个控制手柄，通过这个控制手柄可以很方便地在物体坐标和世界坐标之间进行切换。打开"变换组件-顶点选项"对话框，如图3-122所示。

图3-122

变换组件参数介绍

随机：随机变换组件，其取值范围从0~1。

在没有选择任何组件的情况下，打开的是"变换组件-顶点选项"对话框。如果选择的是面，那么打开的是"变换组件-面选项"对话框；如果选择的是边，那么打开的是"变换组件-边选项"对话框。

3.4.14 翻转三角形边

使用"翻转三角形边"命令可以变换拆分两个三角形多边形的边，以便于连接对角。该命令经常用在生物建模中。

课堂案例

翻转三角形边

案例位置	案例文件>CH03>课堂案例——翻转三角形边.mb
视频位置	多媒体教学>CH03>课堂案例——翻转三角形边.flv
难易指数	★☆☆☆☆
学习目标	学习如何翻转三角形边

将三角形边翻转后的效果如图3-123所示。

图3-123

01 打开"场景文件>CH03>n.mb"文件，可以观察到这个模型是由三角形面构成的，如图3-124所示。

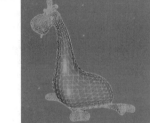

图3-124

02 进入边级别，然后选择图3-125所示的边，接着执行"翻转三角形边"命令，效果如图3-126所示。

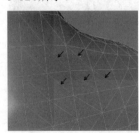

图3-125

图3-126

3.4.15 正向自旋边

使用"正向自旋边"命令可以朝其缠绕方向

自旋选定边（快捷键为Ctrl+Alt+→组合键），这样可以一次性更改其连接的顶点，如图3-127所示。为了能够自旋这些边，必须保证它们只附加在两个面上。

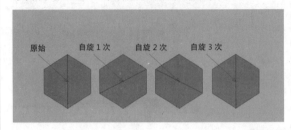

图3-127

课堂案例

正向自旋边

案例位置	案例文件>CH03>课堂案例——正向自旋边.mb
视频位置	多媒体教学>CH03>课堂案例——正向自旋边.flv
难易指数	★☆☆☆☆
学习目标	学习如何正向自旋边

将选择的边在正向旋转后的效果如图3-128所示。

图3-128

01 打开"场景文件>CH03>o.mb"文件，如图3-129所示。

图3-129

02 进入边级别，然后选择如图选择图3-130所示的循环边。

03 执行"正向自旋边"命令或按Ctrl+Alt+→组合键，效果如图3-131所示。

图3-130

图3-131

3.4.16 反向自旋边

"反向自旋边"命令和"正向自旋边"命令相反，它是相反于其缠绕方向自旋选定边（快捷键为Ctrl+Alt+←组合键），如图3-132所示。

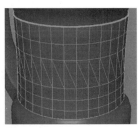

图3-132

3.4.17 刺破面

使用"刺破面"命令可以在选定面的中心产生一个新的顶点，并将该顶点与周围的顶点连接起来。在新的顶点处有个控制手柄，可以通过调整手柄来对顶点进行移动操作。打开"刺破面选项"对话框，如图3-133所示。

图3-133

刺破面参数介绍

顶点偏移：偏移"刺破面"命令得到的顶点。

偏移空间：设置偏移的坐标系。"世界"表示在世界坐标空间中偏移；"局部"表示在局部坐标空间中偏移。

3.4.18 楔形面

使用"楔形面"命令可以通过选择一个面和一条边来生成扇形效果。打开"楔形面选项"对话框，如图3-134所示。

图3-134

楔形面参数介绍

弧形角度：设置产生的弧形的角度。

分段：设置生成的部分的段数。

3.4.19 复制面

使用"复制面"命令可以将多边形上的面复制出来作为一个独立部分。打开"复制面选项"对话框，如图3-135所示。

图3-135

复制面参数介绍

分离复制的面：勾选该选项后，复制出来的面将成为一个独立部分。

偏移：用来设置复制出来的面的偏移距离。

3.4.20 连接组件

选择顶点和或边后，使用"连接组件"命令可以通过边将其连接起来。顶点将直接连接到连接边，而边将在其中的顶点处进行连接。

3.4.21 分离组件

选择顶点后，根据顶点共享的面的数目，使用"分离组件"命令可以将多个面共享的所有选定顶点拆分为多个顶点。

3.4.22 合并

使用"合并"命令可以将选择的多个顶点/边合并成一个顶点/边，合并后的位置在选择对象的中心位置上。打开"合并顶点选项"对话框（如果选择的是边，那么打开的是"合并边界边选项"对话框），如图3-136所示。

图3-136

合并参数介绍

阈值：在合并顶点时，该选项可以指定一个极限值，凡距离小于该值的顶点都会被合并在一起，而距离大于该值的顶点不会合并在一起。

始终为两个顶点合并：当勾选该选项并且只选择两个顶点时，无论"阈值"是多少，它们都将被合并在一起。

课堂案例

合并顶点

案例位置	案例文件>CH03>课堂案例——合并顶点.mb
视频位置	多媒体教学>CH03>课堂案例——合并顶点.flv
难易指数	★★☆☆☆
学习目标	学习如何合并多边形的顶点

将两个模型的顶点合并起来后的效果如图3-137所示。

图3-137

01 打开"场景文件>CH03>p.mb"文件，如图3-138所示。

图3-138

02 选择模型，然后单击"编辑>特殊复制"菜单命令后的□按钮，打开"特殊复制选项"对话框，具体参数设置如图3-139所示，接着单击"特殊复制"按钮，效果如图3-140所示。

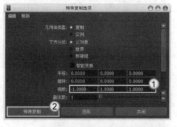

图3-139

图3-140

03 选中两个模型，然后执行"网格>结合"菜单命令，将两个多边形对象结合成一个多边形对象，如图3-141所示。

图3-141

技巧与提示

在状态栏中单击"渲染当前帧（Maya软件）"按钮，渲染一下模型的正面，渲染出来后可以发现两个模型的结合处有一条明显的缝隙，如图3-142所示。下面就用"合并"命令将中间的顶点合并起来。

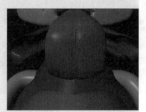

图3-142

04 进入顶点级别，然后切换到顶视图，接着框选中间的顶点，如图3-143所示。

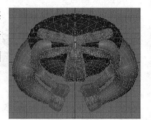

图3-143

05 执行"编辑网格>合并"菜单命令（使用默认参数），此时顶点就会被合并起来，如图3-144所示。

图3-144

技巧与提示

合并顶点以后，将其渲染一下，可以发现模型间的缝隙已经消失了，说明这两个模型已经完全结合在了一起，如图3-145所示。

图3-145

3.4.23 合并到中心

使用"合并到中心"命令可以将选择的顶点、边、面合并到它们的几何中心位置。

3.4.24 收拢

使用"收拢"命令可以将组件的边收拢，然后单独合并每个收拢边关联的顶点。"收拢"命令还适用于面，但在用于边时能够产生更理想的效果。如果要收拢并合并所选的面，首先应执行"编辑网格>合并到中心"菜单命令，将面的合并到中心。

3.4.25 合并顶点工具

使用"合并顶点工具"选择一个顶点，将其拖曳到另外一个顶点上，可以将这两个顶点合并为一个顶点，如图3-146所示。打开"合并顶点工具"的"工具设置"对话框，如图3-147所示。

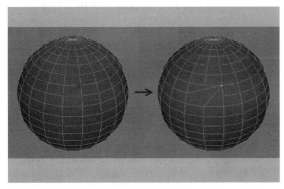

图3-146

图3-147

合并顶点工具参数介绍

合并到：设置合并顶点的方式。

目标顶点：将合并中心定位在目标顶点上，源顶点将被删除。

中心：将合并中心定位在两个顶点之间的中心处，然后移除源顶点和目标顶点。

3.4.26 合并边工具

使用"合并边工具"可以将两条边合并为一条新边。在合并边之前，要先选中该工具，然后选择要进行合并的边。打开"合并边工具"的"工具设置"对话框，如图3-148所示。

图3-148

合并边工具参数介绍

已在第一个边和第二个边之间创建：勾选该选项后，会在选择的两条边之间创建一条新的边，其他两条边将被删除。

选定的第一个边成为新边：勾选该选项后，被选择的第一条边将成为新边，另一条边将被删除。

选定的第二个边成为新边：勾选该选项后，第2次被选择的边将变为新边，而第1次选择的边将被删除。

3.4.27 删除边/点

使用"删除边/点"命令可以删除选择的边或顶点，与删除后的边或顶点相关的边或顶点也将被删除。

3.4.28 切角顶点

使用"切角顶点"命令可以将选择的顶点分裂成4个顶点，这4个顶点可以围成一个四边形，同时也可以删除4个顶点围成的面，以实现"打洞"效果。打开"切角顶点选项"对话框，如图3-149所示。

图3-149

切角顶点参数介绍

宽度：设置顶点分裂后顶点与顶点之间的距离。

执行切角后移除面：勾选该选项后，由4个顶点围成的四边面将被删除。

3.4.29 倒角

使用"倒角"命令可以在选定边上创建出倒角效果，同时也可以消除渲染时的尖锐棱角。打开"倒角选项"对话框，如图3-150所示。

图3-150

倒角重要参数介绍

宽度：设置倒角的大小。

分段：设置执行倒角操作后生成的面的段数。段数越多，产生的圆弧效果越明显。

3.4.30 折痕工具

使用"折痕工具"可以在多边形网格上生成边和顶点的折痕。这样可以用来修改多边形网格，并获取在生硬和平滑之间过渡的形状，而不会过度增大基础网格的分辨率。打开"折痕工具"的"工具设置"对话框，如图3-151所示。

图3-151

折痕工具参数介绍

模式：设置折痕的创建模式。

绝对：让多个边和顶点的折痕保持一致。也就是说，如果选择多个边或顶点来生成折痕，且它们具有已存在的折痕，那么完成之后，所有选定组件将具有相似的折痕值。

相对：如果需要增加或减少折痕的总体数量，可以选择该选项。

延伸到折痕组件：将折痕边的当前选择自动延伸到并连接到当前选择的任何折痕。

3.4.31 移除选定对象

创建折痕以后，使用"移除选定对象"命令可以将选定的折痕移除掉。

3.4.32 移除全部

创建折痕以后，使用"移除全部"命令可以移除所有的折痕效果。

3.4.33 折痕集

使用"折痕集"命令可以为经过折痕处理的任何组件创建"折痕集"。通过"折痕集"使可以轻松选择和管理经过折痕处理的组件。

3.4.34 指定不可见面

使用"指定不可见面"命令可以将选定面切换为不可见。指定为不可见的面不会显示在场景中，但是这些面仍然存在，仍然可以对其进行操作。打开"指定细分曲面洞选项"对话框，如图3-152所示。

图3-152

指定不可见面参数介绍

取消指定：勾选该选项后，将取消对选择面的分配隐形部分。

指定：用来设置需要分配的面。

3.5 综合案例——长须虾

案例位置	案例文件>CH03>综合案例——长须虾.mb
视频位置	多媒体教学>CH03>综合案例——长须虾.flv
难易指数	★★★☆☆
学习目标	学习多边形建模的流程与方法

长须虾效果如图3-153所示。

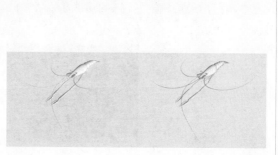

图3-153

3.5.1 创建头部模型

01 执行"创建>多边形基本体>立方体"菜单命令，然后在场景中创建一个立方体，图3-154所示。

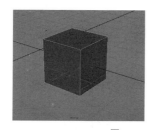

图3-154

02 进入面级别，然后选择如图3-155所示的面。

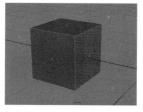

图3-155

03 执行"编辑网格>挤出"菜单命令，然后将选择的面挤出成图3-156所示的效果。

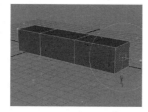

图3-156

04 进入顶点级别，然后将模型调整成图3-157所示的形状。

图3-157

05 执行"编辑网格>插入循环边工具"菜单命令，然后在图3-158所示的位置插入一条循环边。

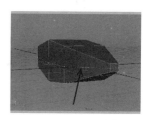

图3-158

06 进入顶点级别，然后将模型调整成图3-159所示的形状。

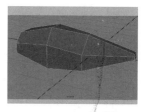

图3-159

07 进入面级别，然后选择图3-160所示的面，接着按Delete键将其删除。

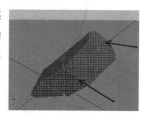

图3-160

08 执行"编辑网格>插入循环边工具"菜单命令，然后在模型的合适位置插入循环边，接着进入顶点级别，最后将模型调整成图3-161所示的形状。

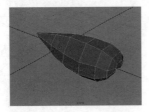

图3-161

09 选择模型，然后按3键进入光滑显示模式，观察模型，效果如图3-162所示。

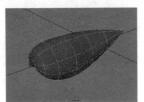

图3-162

3.5.2 创建身体模型

01 执行"创建>多边形基本体>立方体"菜单命令，然后在图3-163所示的位置创建一个大小合适的立方体。

图3-163

02 进入面级别，然后删除前后和底部的面，如图3-164所示。

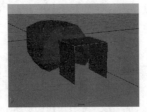

图3-164

03 用"插入循环边工具"在模型的合适位置插入一些循环边，如图3-165所示。

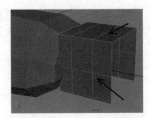

图3-165

04 进入顶点级别，然后将模型调整成图3-166所示的形状。

图3-166

技巧与提示

在调整顶点的过程中，若遇到循环边不够用的情况，可以使用"插入循环边工具"插入足够多的循环边来调整模型。

05 选择调整好的模型，然后复制出4个模型，接着将其放置在图3-167所示的位置。

图3-167

06 进入上一步骤制作出来的模型的顶点级别，然后将其调整成图3-168所示的形状。

图3-168

技巧与提示

注意，在调整顶点时要注意虾的整体比例。另外，若遇到循环边不够用的情况，可以使用"插入循环边工具"插入足够多的循环边来调整模型。

07 选择所有模型，然后按3键进入光滑显示模式，观察模型，效果如图3-169所示。

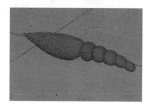

图3-169

3.5.3 创建尾巴模型

01 在场景中创建一个立方体，如图3-170所示。

图3-170

02 用"插入循环边工具"在立方体的合适位置插入循环边，然后进入顶点级别，接着将模型调整成图3-171所示的形状。

图3-171

03 继续在场景中创建一个立方体，如图3-172所示。

图3-172

04 用"插入循环边工具"在立方体的合适位置插入循环边，然后进入顶点级别，接着将其调整成图3-173所示的形状。

图3-173

05 按Ctrl+D组合键复制一个尾巴模型，然后在"通道盒"中设置"缩放x"为-1，这样可以将复制出来的模型镜像到另外一侧，效果如图3-174所示。

图3-174

3.5.4 创建脚部模型

01 在图3-175所示的位置创建一个立方体。

图3-175

02 用"插入循环边工具"在立方体的合适位置插入循环边，然后进入顶点级别，接着将其调整成图3-176所示的形状。

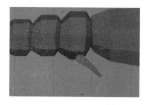

图3-176

03 再次用"插入循环边工具"在模型的合适位置插入循环边，然后进入顶点级别，接着将模型调整成图3-177所示的形状（注意脚与身体的比例）。

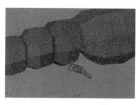

图3-177

04 按Ctrl+D组合键复制一个模型，然后调整好模型的大小和位置，完成后的效果如图3-178所示。

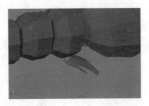

图3-178

05 采用相同的方法复制出多个脚模型，并适当调整其大小比例，完成后的效果如图3-179所示，然后将所有的脚模型镜像复制到虾的另一侧，完成后的效果如图3-180所示。

图3-179　　　　　　　　图3-180

06 用"CV曲线工具"在图3-181所示的位置创建4条曲线。

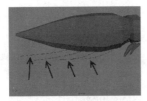

图3-181

07 在图3-182所示的位置创建一个立方体。

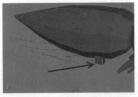

图3-182

08 使用"旋转工具"适当调整立方体的角度，然后进入面级别，接着选择图3-183所示的面。

图3-183

09 按住Shift键加选曲线，然后执行"编辑网格>挤出"菜单命令，使选择的面沿曲线进行挤出，效果如图3-184所示，接着在"通道盒"中设置"分段"为3、"锥化"为0，效果如图3-185所示。

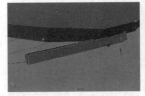

图3-184　　　　　　　　图3-185

10 选择脚部模型，然后执行"编辑>按类型删除>历史"菜单命令，删除脚部模型的历史记录，接着进入顶点级别，最后将其调整成图3-186所示的形状。

图3-186

11 采用相同的方法制作出其他的脚模型，完成后的效果如图3-187所示。

图3-187

3.5.5 创建腿部模型

01 用"CV曲线工具"在图3-188所示的位置创建两条曲线。

图3-188

02 在图3-189所示的位置创建一个立方体。

图3-189

03 选择立方体靠近曲线的面，然后加选曲线，接着执行"编辑网格>挤出"菜单命令，使选择的面沿曲线进行挤出，效果如图3-190所示，最后在"通道盒"中设置"分段"为3，效果如图3-191所示。

图3-190　　　　　　　　　图3-191

④ 删除上一步创建的模型的历史记录，然后将模型的结构线位置进行图3-192所示的调整。

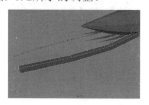

图3-192

⑤ 用"插入循环边工具"在图3-193所示的位置插入循环边。

图3-193

⑥ 进入顶点级别，然后将模型调整成图3-194所示的形状，接着采用相同的方法制作出另一条腿，完成后的效果如图3-195所示。

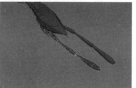

图3-194　　　　　　　　　图3-195

⑦ 在图3-196所示的位置创建一个立方体。

图3-196

⑧ 用"插入循环边工具"在立方体的合适位置

插入循环边，然后进入顶点级别，接着将其调整成图3-197所示的形状。

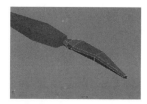

图3-197

⑨ 采用相同的方法制作出腿上的夹子，完成后的效果如图3-198所示。

图3-198

3.5.6　创建触角模型

① 使用立方体编辑顶点的方法创建出触角的根部，完成后的效果如图3-199所示。

② 用"CV曲线工具"在图3-200所示的位置创建4条曲线。

图3-199　　　　　　　　　图3-200

③ 选择图3-201所示的面，然后加选紧挨着该面的曲线，接着执行"编辑网格>挤出"菜单命令，使选择的面沿着曲线进行挤出，效果如图3-202所示。

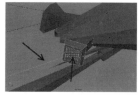

图3-201　　　　　　　　　图3-202

④ 选择挤出来的模型，然后在"通道盒"中设置"分段"为12、"锥化"为0，效果如图3-203所示。

图3-203

技巧与提示

观察模型，若某些部位没有衔接好，如图3-204所示，可以用"插入循环边工具"在模型的合适位置插入循环边，如图3-205所示，然后在插入的循环边处进行合适的调整，效果如图3-206所示。

图3-204

图3-205

图3-206

⑤ 采用相同的方法制作出其他的3条触角，完成后的效果如图3-207所示，然后制作出虾的眼睛模型，最终效果如图3-208所示。

图3-207

图3-208

3.6 本章小结

本章主要介绍了多边形对象的创建方法与编辑方法。由于在Maya中创建模型主要采用NURBS建模技术和多边形建模技术，因此这两块内容讲解得都很详细，所以课堂案例也安排得比较多，但只靠这些案例是不够的，希望大家多拿一些模型来进行练习，以熟悉各种重要工具的用法。

3.7 课后习题——建筑

本章安排了一个综合性很强的建筑案例课后习题。这个习题基本上融合了多边形建模技术中所有的重要工具。

习题位置	案例文件>CH03>课后习题——建筑.mb
视频位置	多媒体教学>CH03>课后习题——建筑.flv
难易指数	★★★★☆
练习目标	练习多边形建模的流程与方法

建筑效果如图3-209所示。

图3-209

步骤分解如图3-210所示。

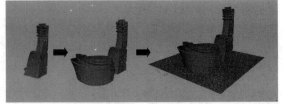

图3-210

第4章

细分曲面建模技术

本章是NURBS建模技术与多边形建模技术的延伸。本章内容比较少，也比较简单，大家只需要掌握细分曲面对象的创建方法与编辑方法即可。

课堂学习目标

了解细分曲面对象的特点

掌握细分曲面对象的创建方法

掌握细分曲面对象的编辑方法

4.1 细分曲面基础知识

细分曲面建模是一种结合了NURBS建模和多边形建模的优点的一种建模方式。它既具有NURBS对象的光滑显示，又具有多边形对象易编辑的特点。在建模过程中，用户可以在细分曲面的标准模式下使用Maya自带的编辑工具，同时也可以将细分模型转换为多边形模型，然后使用多边形的编辑工具对细分曲面模型进行调整，图4-1所示就的是使用细分曲面建模技术创建的模型。

图4-1

技巧与提示

细分曲面对象可以像NURBS对象一样，通过键盘上的1、2、3键来切换细分模型的显示级别。在编辑模型时，细分曲面模型的控制点可以灵活显示出来，在同一对象上可以显示不同数量的控制点，而且控制点就像NURBS对象一样，具有弹性，可以方便精确地对其进行拉点操作。

细分曲面对象可以通过"显示>细分曲面"菜单下的命令控制显示方式，有"壳线""粗糙""中等"和"精细"4种显示级别，如图4-2所示。"粗糙""中等"和"精细"级别所对应的快捷键分别是1、2、3，类似于NURBS对象。

图4-2

细分曲面模型具有较灵活的UV编辑方式，不同于NURBS模型具有固定的UV，一般不对UV进行编辑。细分曲面模型更像多边形模型，可以随意编辑UV，也可以将细分模型转换为多边形模型，然后使用多边的编辑工具来编辑UV，最后再转回细分曲面模型即可。

细分曲面模型有两种编辑方式，分别是标准模式和多边形代理模式。在多边形模式下，可以在标准曲面的基础上生成多边形代理网格。

4.2 创建细分曲面对象

创建细分曲面模型主要有以下3种方法。

第1种：通过"创建>细分曲面基本体"菜单下的命令来创建细分曲面基本体，如图4-3所示。这些细分曲面基本体如图4-4所示。

图4-3

图4-4

技巧与提示

细分曲面对象不能提前设置好参数进行创建，执行相应命令后会立即在视图中创建出相应的细分曲面对象。

第2种：先通过"创建>多边形基本体"菜单下的命令创建出多边形对象，然后通过"修改>转化>多边形到细分曲面"菜单命令将多边形对象转化成细分曲面对象，如图4-5所示。

第3种：先通过"创建>NURBS基本体"菜单下的命令创建出NURBS对象，然后通过"修改>转化>NURBS到细分曲面"菜单命令，将NURBS模型转化成细分曲面模型，如图4-6所示。

图4-5　　　　　　　图4-6

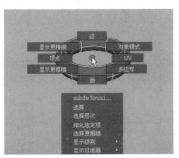

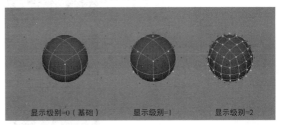

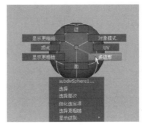
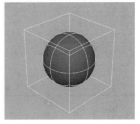

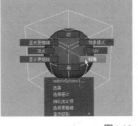
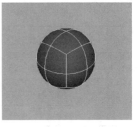

　　灵活运用上面的3种创建方法，可以很轻松地创建出复杂的细分曲面模型。

4.3 细分曲面的编辑模式

　　在Maya中，细分曲面模型有两种编辑模式：一种是细分曲面标准编辑模式，可以编辑细分曲面下的元素；另一种是多边形代理模式，可以通过代理元素进行编辑。

　　两种编辑模式之间的切换是通过在细分曲面模型上单击鼠标右键，然后在弹出的菜单中选择"标准"或"多边形"命令来实现。

4.3.1 标准编辑模式

　　在创建细分曲面后，默认状态下就是标准编辑模式。在创建的细分曲面模型上单击鼠标右键，在弹出的快捷菜单中分别是"顶点""边""面"、UV和"多边形"等编辑级别，如图4-7所示。

图4-7

　　在选择细分曲面对象时，通过"显示>细分曲面"菜单下的命令可以显示出细分曲面模型的组成元素，分别是"顶点""边""面"、UV、"法线（着色模式）"和"UV边界（纹理编辑器）"，如图4-8所示。

图4-8

　　细分曲面模型可以根据当前所处的细分级别显示不同级别的点、线、面和UV元素。例如，在0（基础）级别下选择一个顶点，然后单击鼠标右键，在弹出的菜单中选择"细化选定项"命令将选

　　择的区域进行细分，而细分顶点的同时，细分模型已切换到1级的细分显示状态；再次选择该区域的顶点并单击鼠标右键，在弹出的菜单中选择"细化选定项"命令，细分级别将提升到2级，如图4-9所示。

显示级别=0（基础）　　显示级别=1　　显示级别=2

图4-9

4.3.2 多边形编辑模式

　　在场景中选择细分模型并单击鼠标右键，在弹出的菜单中选择"多边形"命令，如图4-10所示，可以进入多边形代理模式，此时会在0级曲面级别下生成多边形代理网格，如图4-11所示。

图4-10　　　　　　　　图4-11

　　在多边形代理模式下，在对象上单击鼠标右键，在弹出的菜单中选择"标准"命令，如图4-12所示，对象会由多边形代理模式转换到标准模式，生成的多边形代理网格也会自动消失，如图4-13所示。

图4-12　　　　　　　　图4-13

4.4 编辑细分曲面对象

　　切换到"曲面"模块，在"细分曲面"菜单中是一系列关于细分曲面的编辑命令，如图4-14所

示。通过这些命令可以直接对细分曲面对象进行编辑。

图4-14

本节知识概要

名称	主要作用	重要程度
纹理	编辑细分曲面模型的UV分布	低
完全折痕边/顶点	使边或顶点产生折痕效果	中
部分折痕边/顶点	使边或顶点产生过渡、自然的折痕效果	中
取消折痕边/顶点	去除折痕效果	低
镜像	在设置的镜像轴上复制出一个细分曲面模型	中
附加	将两个独立的细分曲面模型合并成一个细分曲面模型	中
匹配拓扑	将两个细分曲面的拓扑结构匹配起来	中
清理拓扑	清除在细分建模过程中产生的多余拓扑结构	中
收拢层次	降低细分曲面模型的细分级别	中
标准模式/多边形代理模式	切换编辑模式	中
雕刻几何体工具	用笔刷在模型上进行雕刻	低
选择命令集合	用笔刷在模型上进行雕刻	低
组件显示级别	切换细分曲面的显示级别	低
组件显示过滤器	过滤当前选择的元素	低

4.4.1 纹理

"纹理"命令包含3个子命令，分别是"平面映射""自动映射"和"排布UV"，如图4-15所示。这些命令主要用于编辑细分曲面模型的UV分布，类似于编辑多边形对象的UV。

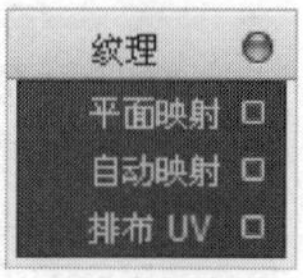

图4-15

4.4.2 完全折痕边/顶点

使用"完全折痕边/顶点"命令可以使边或顶点产生折痕效果，形成硬边。

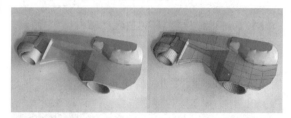

课堂案例

完全折痕边

案例位置	案例文件>CH04>课堂案例——完全折痕边.mb
视频位置	多媒体教学>CH04>课堂案例——完全折痕边.flv
难易指数	★☆☆☆☆
学习目标	学习如何为边创建完全折痕效果

完全折痕效果如图4-16所示。

图4-16

01 打开"场景文件>CH04>a.mb"文件，如图4-17所示。

图4-17

技巧与提示

因为车体模型处于冻结状态，在"层编辑器"中观察layer1层，T图标表示该层处于冻结状态，如图4-18所示。如果要解除冻结状态，可以单击T图标，将其变成R图标，此时模型就可以选择了，如图4-19所示。

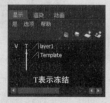
图4-18

图4-19

02 选择坐垫模型，然后按3键和5键进入光滑实体显示模型，接着在模型上单击鼠标右键，并在弹出的菜单中选择"边"命令，进入边级别，如图4-20所示。

图4-20

03 选择所有的边，如图4-21所示，然后执行"细分曲面>完全折痕边/顶点"菜单命令，最终效果如图4-22所示。

图4-21　　　　图4-22

4.4.3 部分折痕边/顶点

在细分曲面模型元素编辑模式下，选择接近折痕的边或点后执行"部分折痕边/顶点"命令，在折痕处产生的倒角不会出现生硬效果，也不会在折痕处形成硬边。

课堂案例

部分折痕边

案例位置	案例文件>CH04>课堂案例——部分折痕边.mb
视频位置	多媒体教学>CH04>课堂案例——部分折痕边.flv
难易指数	★☆☆☆☆
学习目标	学习如何为边创建部分折痕效果

部分折痕效果如图4-23所示。

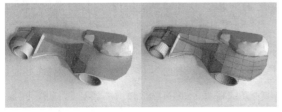

图4-23

继续沿用上一案例的场景文件。进入边级别，同样选择所有的边，如图4-24所示，然后执行"部分折痕边/顶点"命令，最终效果如图4-25所示。

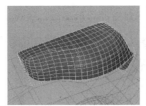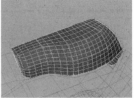

图4-24　　　　图4-25

4.4.4 取消折痕边/顶点

"取消折痕边/顶点"命令主要用于去除折痕效果。当使用"完全折痕边/顶点"或"部分折痕边/顶点"命令产生折痕效果后，执行"取消折痕边/顶点"命令就可以去除折痕效果。

课堂案例

去除折痕边

案例位置	案例文件>CH04>课堂案例——去除折痕边.mb
视频位置	多媒体教学>CH04>课堂案例——去除折痕边.flv
难易指数	★☆☆☆☆
学习目标	学习如何去除折痕边效果

去除褶皱边后的效果如图4-26所示。

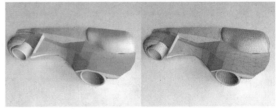

图4-26

打开"场景文件>CH04>b.mb"文件，这是一个完全被折痕过的模型，选择所有的边，如图4-27所示，然后执行"取消折痕边/顶点"命令，可以观察到边上的折痕效果已经被去除了，如图4-28所示。

图4-27　　　　图4-28

4.4.5 镜像

使用"镜像"命令可以在设置的镜像轴上复制出一个细分曲面模型。打开"细分曲面镜像选项"对话框，如图4-29所示。

图4-29

 技巧与提示

x/y/z轴分别是镜像的轴向，在镜像时要根据实际需求选择镜像轴。

课堂案例

镜像对象

案例位置	案例文件>CH04>课堂案例——镜像对象.mb
视频位置	多媒体教学>CH04>课堂案例——镜像对象.flv
难易指数	★☆☆☆☆
学习目标	学习如何在指定轴上镜像对象

将模型在y轴上镜像后的效果如图4-30所示。

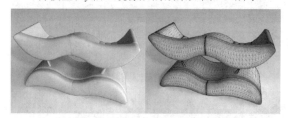

图4-30

① 打开"场景文件>CH04>c.mb"文件，如图4-31所示。

图4-31

② 选择模型，然后打开"细分曲面镜像选项"对话框，接着设置"镜像"为y轴，如图4-32所示，最后单击"镜像"按钮，效果如图4-33所示。

图4-32

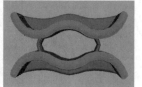

图4-33

 技巧与提示

除了可以在y轴上镜像以外，还可以选择在x轴、z轴上镜像，如图4-34和图4-35所示。另外，还可以选择在任意两个轴向或者3个轴向上镜像。

x轴镜像

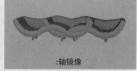
z轴镜像

图4-34   图4-35

4.4.6 附加

使用"附加"命令可以将两个独立的细分曲面模型合并成一个细分曲面模型。打开"细分曲面附加选项"对话框，如图4-36所示。

图4-36

附加参数介绍

同时合并UV：勾选该选项后，在合并模型的同时也会合并模型的UV。

阈值：设置合并的极限值。

保持原始：勾选该选项后，将保留原来的细分曲面模型，反之则不保留。

课堂案例

附加对象

案例位置	案例文件>CH04>课堂案例——附加对象.mb
视频位置	多媒体教学>CH04>课堂案例——附加对象.flv
难易指数	★☆☆☆☆
学习目标	学习如何附加对象

将两个独立的模型附加为一个模型后的效果如图4-37所示。

图4-37

① 打开"场景文件>CH04>d.mb"文件，这是两个独立的模型，如图4-38所示。

图4-38

02 选择两个模型，然后打开"细分曲面附加选项"对话框，接着关闭"保持原始"选项，如图4-39所示，最后单击"附加"按钮，可以观察到两个独立的模型已经附加成了一个模型，如图4-40所示。

图4-39　　　　　　　图4-40

4.4.7 匹配拓扑

使用"匹配拓扑"命令可以将两个细分曲面的拓扑结构匹配起来，匹配的拓扑结构常用于变形对象。

4.4.8 清理拓扑

使用"清理拓扑"命令可以清除在细分建模过程中产生的多余拓扑结构。

课堂案例

清理多余拓扑结构

案例位置　案例文件>CH04>课堂案例——清理多余拓扑结构.mb
视频位置　多媒体教学>CH04>课堂案例——清理多余拓扑结构.flv
难易指数　★★☆☆☆
学习目标　学习如何清理多余的拓扑结构

清除模型上多余拓扑结构后的效果如图4-41所示。

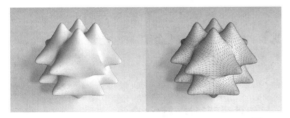

图4-41

01 打开"场景文件>CH04>e.mb"文件，可以观察到模型的拓扑结构非常复杂，如图4-42所示。

02 选中模型，然后执行"清理拓扑"命令，效果如图4-43所示。

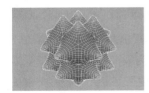 

图4-42　　　　　　　图4-43

4.4.9 收拢层次

使用"收拢层次"命令可以降低细分曲面模型的细分级别，即将模型指定的细分级别收拢成0级。打开"细分曲面收拢选项"对话框，如图4-44所示。

图4-44

收拢层次参数介绍

级别数：设置要收拢的级别数。

4.4.10 标准模式/多边形代理模式

如果当前编辑模式是多边形代理模式，执行"标准模式"可以切换回标准编辑模式。另外，也可以通过右键菜单进行切换。

如果当前编辑模式是标准模式，执行"多边形代理模式"可以切换到多边形代理模式。另外，也可以通过右键菜单进行切换。

4.4.11 雕刻几何体工具

"雕刻几何体工具"类似于NURBS和多边形的"雕刻几何体工具"，可以使用笔刷直接在模型上进行雕刻。

 技巧与提示

关于"雕刻几何体工具"的参数含义，请参考第2章中的"雕刻几何体工具"。

4.4.12 选择命令集合

选择命令包含7个命令，分别是"将当前选择转化为面""将当前选择转化为边""将当前选择转化为顶点""将当前选择转化为UV""细化选定组件""选择更粗糙组件"和"展开选定组件"，如图4-45所示。

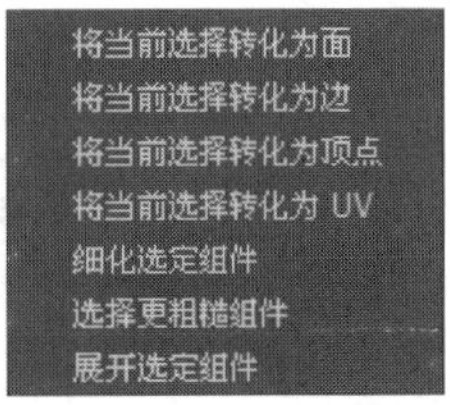

将当前选择转化为面
将当前选择转化为边
将当前选择转化为顶点
将当前选择转化为 UV
细化选定组件
选择更粗糙组件
展开选定组件

图4-45

选择命令集合介绍

将当前选择转化为面：将选择的元素转换成对面的选择。

将当前选择转化为边：将选择的元素转换成对边的选择。

将当前选择转化为顶点：将选择的元素转换成对顶点的选择。

将当前选择转化为UV：将选择的元素转换成对UV的选择。

细化选定组件：细化选择的元素。

选择更粗糙组件：将选择的高细分层级元素转换为选择低细分层级元素。

展开选定组件：使所选成分临近的区域与所选成分具有相同的细化水平。

课堂案例

细化选择的元素

案例位置	案例文件>CH04>课堂案例——细化选择的元素.mb
视频位置	多媒体教学>CH04>课堂案例——细化选择的元素.flv
难易指数	★☆☆☆☆
学习目标	学习如何细化选择的元素

将选择的元素细化后的效果如图4-46所示。

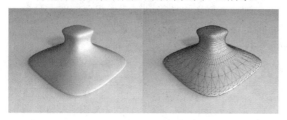

图4-46

① 打开"场景文件>CH04>f.mb"文件，可以观察到模型的拓扑结构非常简单，如图4-47所示。

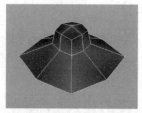

图4-47

② 进入顶点级别，然后选择如图4-48所示的顶点，接着执行"细化选定组件"命令，效果如图4-49所示。如果觉得细化效果仍不明显，可以再次执行该命令，图4-50所示的是再执行两次"细化选定组件"命令以后的效果。

图4-48　　　　图4-49　　　　图4-50

技巧与提示

在细化元素时，还有一种更为简便的方法。在选择的顶点上单击鼠标右键，在弹出的菜单中选择"细化选定项"命令也可以细化选择的元素，如图4-51所示。

图4-51

4.4.13 组件显示级别

"组件显示级别"命令主要用来切换细分曲面的显示级别，包含3个子命令，分别是"更精细""更粗糙"和"基础"，如图4-52所示。

图4-52

组件显示级别命令介绍

更精细：将当前显示级别向更高层级转换。

更粗糙：将当前显示级别向更低层级转换。

基础：将当前显示级别直接转换为基础级别。

4.4.14 组件显示过滤器

"组件显示过滤器"命令主要用于过滤当前选择的元素，包含两个子命令，分别是"全部"和"编辑"，如图4-53所示。

组件显示过滤器命令介绍

图4-53

全部：显示所有组成元素。

编辑：只显示当前选择编辑的元素。

4.5 本章小结

本章主要讲解了细分曲面建模的特点、细分曲面模型的创建方法与编辑方法。本章的内容比较简单，同时也不重要，因为大家只要掌握"课堂案例"的几个命令的基本用法即可。另外，鉴于本章的特殊性，因此不安排课后习题。

第5章

灯光技术

本章将介绍Maya 2012的灯光技术，包含布光原则、灯光的类型与作用、灯光的属性等。本章是非常重要的章节，请大家务必对各种重要灯光勤加练习，这样才能制作出优秀的光影作品。

课堂学习目标

掌握灯光的类型
掌握灯光参数的设置方法
掌握灯光的布置技巧

5.1 灯光概述

光是作品中最重要的组成部分之一，也是作品的灵魂所在。物体的造型与质感都需要用光来刻画和体现，没有灯光的场景将是一片漆黑，什么也观察不到。

在现实生活中，一盏灯光可以照亮一个空间，并且会产生衰减，而物体也会反射光线，从而照亮灯光无法直接照射到的地方。在三维软件的空间中（在默认情况下），灯光中的光线只能照射到直接到达的地方，因此要想得到现实生活中的光照效果，就必须创建多盏灯光从不同角度来对场景进行照明，图5-1所示的是一张布光十分精彩的作品。

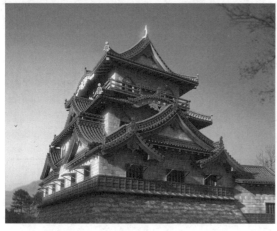

图5-1

Maya中有6种灯光类型，分别是"环境光""平行光""点光源""聚光灯""区域光"和"体积光"，如图5-2所示。

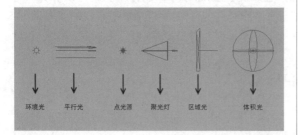

图5-2

技巧与提示

这6种灯光的特征都各不相同，所以各自的用途也相同。在后面的内容中，将逐步对这6种灯光的各种特征进行详细讲解。

5.2 摄影布光原则

在为场景布光时不能只注重软件技巧，还要了解摄影学中灯光照明方面的知识。布光的目的就是在二维空间中表现出三维空间的真实感与立体感。

实际生活中的空间感是由物体表面的明暗对比产生的。灯光照射到物体上时，物体表面并不是均匀受光，可以按照受光表面的明暗程度分成亮部（高光）、过渡区和暗部3个部分，如图5-3所示。通过明暗的变化而产生物体的空间尺度和远近关系，即亮部离光源近一些，暗部离光源远一些，或处于物体的背光面。

图5-3

场景灯光通常分为自然光、人工光以及混合光（自然光和人工光结合的灯光）3种类型。

5.2.1 自然光

自然光一般指太阳光，当使用自然光时，需要考虑在不同时段内的自然光的变化，如图5-4所示。

图5-4

5.2.2 人工光

人工光是以电灯、炉火或二者一起使用进行照明的灯光。人工光是3种灯光中最常用的灯光。在使用人工光时一定要注意灯光的质量、方向和色彩3大方面，如图5-5所示。

图5-5

5.2.3 混合光

混合光是将自然光和人工光完美组合在一起，让场景色调更加丰富、更加富有活力的一种照明灯光，如图5-6所示。

图5-6

知 识 点 主光、辅助光和背景光

灯光有助于表达场景的情感和氛围，若按灯光在场景中的功能可以将灯光分为主光、辅助光和背景光3种类型。这3种类型的灯光经常需要在场景中配合运用才能完美地体现出场景的氛围。

1.主光

在一个场景中，主光是对画面起主导作用的光源。主光不一定只有一个光源，但它 定是起主要照明作用的光源，因为它决定了画面的基本照明和情感氛围。

2.辅助光

辅助光是对场景起辅助照明的灯光，它可以有效地调和物体的阴影和细节区域。

3.背景光

背景光也叫"边缘光"，它是通过照亮对象的边缘将目标对象从背景中分离出来，通常放置在3/4关键光的正对面，并且只对物体的边缘起作用，可以产生很小的高光反射区域。

除了以上3种灯光外，在实际工作中还经常使用到轮廓光、装饰光和实际光。

1.轮廓光： 轮廓光是用于勾勒物体轮廓的灯光，它可以使物体更加突出，拉开物体与背景的空间距离，以增强画面的纵深感。

2.装饰光

装饰光一般用来补充画面中布光不足的地方，以及增强某些物体的细节效果。

3.实际光

实际光是指在场景中实际出现的照明来源，如台灯、车灯、闪电和野外燃烧的火焰等。

由于场景中的灯光与自然界中的灯光是不同的，在能达到相同效果的情况下，应尽量减少灯光的数量和降低灯光的参数值，这样可以节省渲染时间。同时，灯光越多，灯光管理也更加困难，所以不需要的灯光最好将其删除。使用灯光排除也是提高渲染效率的好方法，因为从一些光源中排除一些物体可以节省渲染时间。

5.3 灯光的类型

展开"创建>灯光"菜单，可以观察到Maya的6种内置灯光，如图5-7所示。

图5-7

 技巧与提示

以英文显示的灯光是VRay灯光。在安装了VRay For Maya 2012以后才能使用VRay自带的灯光。

本节知识概要

名称	主要作用	重要程度
点光源	从一个点向外均匀地发射光线	高
环境光	均匀地照射场景中所有的物体	中
平行光	类似于太阳光，其光线是相互平行的，不会产生夹角	高
体积光	为灯光的照明空间约束一个特定的区域	中
区域光	以一个区域进行发光	高
聚光灯	在三维空间中形成一个圆锥形的照射范围	高

5.3.1 点光源

"点光源"就像一个灯泡，从一个点向外均匀地发射光线，所以点光源产生的阴影是发散状的，如图5-8所示。

图5-8

技巧与提示

点光源是一种衰减类型的灯光，离点光源越近，光照强度越大。点光源实际上是一种理想的灯光，因为其光源体积是无限小的，它在Maya中是使用最频繁的一种灯光。

5.3.2 环境光

"环境光"发出的光线能够均匀地照射场景中所有的物体，可以模拟现实生活中物体受周围环境照射的效果，类似于漫反射光照，如图5-9所示。

图5-9

技巧与提示

环境光的一部分光线可以向各个方向进行传播，并且是均匀地照射物体，而另外一部分光线则是从光源位置发射出来的（类似点光源）。环境光多用于室外场景，使用了环境光后，凹凸贴图可能无效或不明显，并且环境光只有光线跟踪阴影，而没有深度贴图阴影。

5.3.3 平行光

"平行光"的照明效果只与灯光的方向有关，与其位置没有任何关系，就像太阳光一样，其光线是相互平行的，不会产生夹角，如图5-10所示。当然这是理论概念，现实生活中的光线很难达到绝对的平行，只要光线接近平行，就默认为是平行光。

图5-10

技巧与提示

平行光没有一个明显的光照范围，经常用于室外全局光照来模拟太阳光照。平行光没有灯光衰减，所以要使用灯光衰减时只能用其他的灯光来代替平行光。

5.3.4 体积光

"体积光"是一种特殊的灯光，可以为灯光的照明空间约束一个特定的区域，只对这个特定区域内的物体产生照明，而其他的空间则不会产生照明，如图5-11所示。

图5-11

技巧与提示

体积光的体积大小决定了光照范围和灯光的强度衰减，只有体积光范围内的对象才会被照亮。体积光还可以作为负灯使用，以吸收场景中多余的光线。

5.3.5 区域光

"区域光"是一种矩形状的光源,在使用光线跟踪阴影时可以获得很好的阴影效果,如图5-12所示。区域光与其他灯光有很大的区别,比如聚光灯或点光源的发光点都只有一个,而区域光的发光点是一个区域,可以产生很真实的柔和阴影。

图5-12

5.3.6 聚光灯

"聚光灯"是一种非常重要的灯光,在实际工作中经常被使用到。聚光灯具有明显的光照范围,类似于手电筒的照明效果,在三维空间中形成一个圆锥形的照射范围,如图5-13所示。聚光灯能够突出重点,在很多场景中都被使用到,如室内、室外和单个的物体。在室内和室外均可以用来模拟太阳的光照射效果,同时也可以突出单个产品,强调某个对象的存在。

图5-13

技巧与提示

聚光灯不但可以实现衰减效果,使光线的过渡变得更加柔和,同时还可以通过参数来控制它的半影效果,从而产生柔和的过渡边缘。

5.4 灯光的基本操作

在Maya中,灯光的操作方法主要有以下3种。

第1种:创建灯光后,使用"移动工具" 、"缩放工具" 和"旋转工具" 对灯光的位置、大小和方向进行调整,如图5-14所示。这种方法控制起来不是很方便。

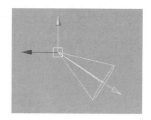

图5-14

第2种:创建灯光后,按T键打开灯光的目标点和发光点的控制手柄,这样可以很方便地调整灯光的照明方式,能够准确地确定目标点的位置,如图5-15所示。同时还有一个扩展手柄,可以对灯光的一些特殊属性进行调整,如光照范围和灯光雾等。

第3种:创建灯光后,可以通过视图菜单中"面板>沿选定对象观看"命令将灯光作为视觉出发点来观察整个场景,如图5-16所示。这种方法准确且直观,在实际操作中经常使用到。

 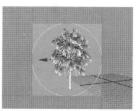

图5-15   图5-16

5.5 灯光的属性

因为6种灯光的基本属性都大同小异,这里选用最典型的聚光灯来讲解灯光的属性设置。

首先执行"创建>灯光>聚光灯"菜单命令,在场景中创建一盏聚光灯,然后按Ctrl+A组合键打开聚光灯的"属性编辑器"对话框,如图5-17所示。

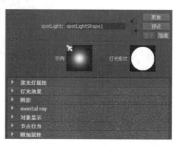

图5-17

本节知识概要

名称	主要作用	重要程度
聚光灯属性	设置聚光灯的属性	高
灯光效果	制作灯光特效	中
阴影	制作灯光阴影	高

5.5.1 聚光灯属性

展开"聚光灯属性"卷展栏，如图5-18所示。在该卷展栏可以对聚光灯的基本属性进行设置。

图5-18

聚光灯属性参数介绍

类型：选择灯光的类型。这里讲的是聚光灯，可以通过"类型"将聚光灯设置为点光源、平行光或体积光等。

 技巧与提示

当改变灯光类型时，相同部分的属性将被保留下来，而不同的部分将使用默认参数来代替。

颜色：设置灯光的颜色。Maya中的颜色模式有RGB和HSV两种，双击色块可以打开调色板，如图5-19所示。系统默认的是HSV颜色模式，这种模式是通过色相、饱和度和明度来控制颜色。这种颜色调节方法的好处是明度值可以无限提高，而且可以是负值。

图5-19

 技巧与提示

另外，调色板还支持用吸管 ✐ 来吸取加载的图像的颜色作为灯光颜色。具体操作方法是单击"图像"选项卡，然后单击"加载"按钮 加载... ，接着用吸管 ✐ 吸取图像上的颜色即可，如图5-20所示。

当灯光颜色的V值为负值时，表示灯光吸收光线，可以用这种方法来降低某处的亮度。单击"颜色"属性后面的 ■ 按钮可以打开"创建渲染节点"对话框，在该对话框

中可以加载Maya的程序纹理，也可以加载外部的纹理贴图。因此，可以使用颜色来产生复杂的纹理，同时还可以模拟出阴影纹理，例如太阳光穿透树林在地面产生的阴影。

图5-20

强度：设置灯光的发光强度。该参数同样也可以为负值，为负值时表示吸收光线，用来降低某处的亮度。

默认照明：勾选该选项后，灯光才起照明作用；如果关闭该选项，灯光将不起任何照明作用。

发射漫反射：勾选该选项后，灯光会在物体上产生漫反射效果，反之将不会产生漫反射效果。

发射镜面反射：勾选该选项后，灯光将在物体上产生高光效果，反之灯光将不会产生高光效果。

 技巧与提示

可以通过一些有一定形状的灯光在物体上产生亮丽的高光效果。

衰退速率：设置灯光强度的衰减方式，共有以下4种。

无衰减：除了衰减类灯光外，其他的灯光将不会产生衰减效果。

线性：灯光呈线性衰减，衰减速度相对较慢。

二次方：灯光与现实生活中的衰减方式一样，以二次方的方式进行衰减。

立方：灯光衰减速度很快，以三次方的方式进行衰减。

圆锥体角度：用来控制聚光灯照射的范围。该参数是聚光灯的特有属性，默认值为40，其数值不宜设置得太大，图5-21所示为不同"圆锥体角度"数值的聚光灯对比。

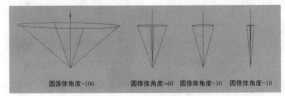

图5-21

技巧与提示

如果使用视图菜单中的"面板>沿选定对象观看"命令将灯光作为视角出发点，那么"圆锥体角度"就是视野的范围。

半影角度：用来控制聚光灯在照射范围内产生向内或向外的扩散效果。

技巧与提示

"半影角度"也是聚光灯特有的属性，其有效范围为-179.994° ~ 179.994°。该值为正时，表示向外扩散，为负时表示向内扩散，该属性可以使光照范围的边界产生非常自然的过渡效果，图5-22所示的是该值为0°、5°、15°和30°时的效果对比。

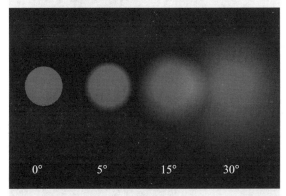

图5-22

衰减：用来控制聚光灯在照射范围内从边界到中心的衰减效果，其取值范围为0~255。值越大，衰减的强度越大。

课堂案例

制作盆景灯光

案例位置	案例文件>CH05>课堂案例——制作盆景灯光.mb
视频位置	多媒体教学>CH05>课堂案例——制作盆景灯光.flv
难易指数	★☆☆☆☆
学习目标	学习灯光参数的设置方法

盆景灯光效果如图5-23所示。

图5-23

① 打开"场景文件>CH05>a.mb"文件，如图5-24所示。

② 单击"渲染当前帧（Maya软件）"按钮 ，测试渲染当前场景，可以观察到场景中存在光照效果，如图5-25所示。

图5-24　　　　　　　　　图5-25

技巧与提示

从图5-25中可以观察到场景中存在默认的灯光，当创建了新的灯光后，默认的灯光将会被替换成现有的灯光。

③ 执行"创建>灯光>平行光"菜单命令，在图5-26所示的位置创建两盏平行光。

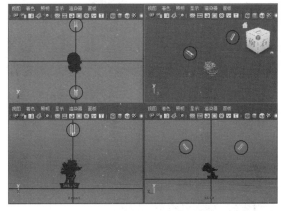

图5-26

④ 选择右侧的平行光（directionalLight1），按Ctrl+A组合键打开其"属性编辑器"对话框，然后在"平行光属性"卷展栏下设置"颜色"为（R:207，G:237，B:255），接着设置"强度"为0.9；展开"阴影"卷展栏下的"光线跟踪阴影属性"复卷展栏，然后勾选"使用光线跟踪阴影"选项，接着设置"灯光角度"为0.4、"阴影光线数"为4、"光线深度限制"为1，具体参数设置如图5-27所示。

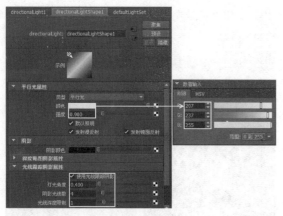

图5-27

技巧与提示

在用RGB模式设置颜色值时，可以用两种颜色范围进行设置，分别是"0到1"和"0到255"。如果设置"范围"为"0到1"，则只能将颜色值设置在0~1之间，如图5-28所示；如果设置"范围"为"0到255"，则可以将颜色值设置在0~255之间，如图5-29所示。

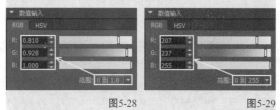

图5-28   图5-29

05 选择左侧的平行光（directionalLight2），按Ctrl+A组合键打开其"属性编辑器"对话框，然后在"平行光属性"卷展栏下设置"颜色"为（R:255，G:216，B:216），接着设置"强度"为0.6，具体参数设置如图5-30所示。

图5-30

06 执行"窗口>渲染编辑器>渲染设置"菜单命令，打开"渲染设置"对话框，然后设置"使用以下渲染器渲染"为"Maya软件"，接着在"Maya软件"选项卡下展开"抗锯齿质量"卷展栏，最后

设置"质量"为"产品级质量"，如图5-31所示。

图5-31

07 单击"渲染当前帧（Maya软件）"按钮，最终效果如图5-32所示。

图5-32

5.5.2 灯光效果

展开"灯光效果"卷展栏，如图5-33所示。该卷展栏下的参数主要用来制作灯光特效，如灯光雾和灯光辉光等。

图5-33

1.灯光雾

"灯光雾"可产生雾状的体积光。如在一个黑暗的房间里，从顶部照射一束阳光进来，通过空气里的灰尘可以观察到阳光的路径。

灯光雾参数介绍

灯光雾：单击右边的■按钮，可以创建灯光雾。

雾扩散：用来控制灯光雾边界的扩散效果。

雾密度：用来控制灯光雾的密度。

2.灯光辉光

"灯光辉光"主要用来制作光晕特效。单击"灯光辉光"属性右边的■按钮，打开辉光参数设置面板，如图5-34所示。

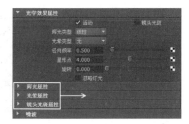

图5-34

<1>光学效果属性

"光学效果属性"组下的参数如图5-35所示。

图5-35

光学效果属性参数介绍

辉光类型：选择辉光的类型，共有以下6种。

无：表示不产生辉光。

线性：表示辉光从中心向四周以线性的方式进行扩展。

指数：表示辉光从中心向四周以指数的方式进行扩展。

球：表示辉光从灯光中心在指定的距离内迅速衰减，衰减距离由"辉光扩散"参数决定。

镜头光斑：主要用来模拟灯光照射生成的多个摄影机镜头的效果。

边缘光晕：表示在辉光的周围生成环形状的光晕，环的大小由"光晕扩散"参数决定。

光晕类型：选择光晕的类型，共有以下6种。

无：表示不产生光晕。

线性：表示光晕从中心向四周以线性的方式进行扩展。

指数：表示光晕从中心向四周以指数的方式进行扩展。

球：表示光晕从灯光中心在指定的距离内迅速衰减。

镜头光斑：主要用来模拟灯光照射生成的多个摄影机镜头的效果。

边缘光晕：表示在光晕的周围生成环形状的光晕，环的大小由"光晕扩散"参数决定。

径向频率：控制辉光在辐射范围内的光滑程度，默认值为0.5。

星形数：用来控制向外发散的星形辉光的数量，如图5-36所示分别是"星形数"为6和20时的辉光效果对比。

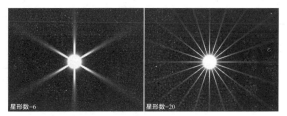

图5-36

旋转：用来控制辉光以光源为中心旋转的角度，其取值范围在0~360之间。

展开"辉光属性"复卷展栏，如图5-37所示。

图5-37

辉光颜色：用来设置辉光的颜色。

辉光强度：用来控制辉光的亮度，图5-38所示的分别是"辉光强度"为3和10时的效果对比。

图5-38

辉光扩散：用来控制辉光的大小。

辉光噪波：用来控制辉光噪波的强度，如图5-39所示。

辉光径向噪波：用来控制辉光在径向方向的光芒长度，如图5-40所示。

图5-39　　　　　　　　图5-40

辉光星形级别：用来控制辉光光芒的中心光晕的比例，如图5-41所示的是不同数值下的光芒中心辉光效果。

图5-41

辉光不透明度：用来控制辉光光芒的不透明度。

展开"光晕属性"复卷展栏，如图5-42所示。

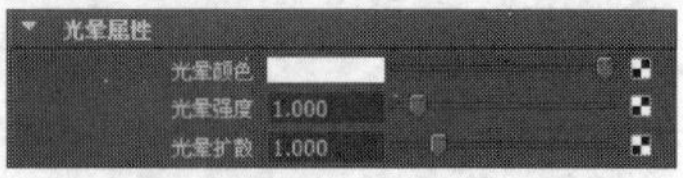

图5-42

光晕颜色：用来设置光晕的颜色。

光晕强度：用来设置光晕的强度，如图5-43所示的分别是"光晕强度"为0和10时的效果对比。

图5-43

光晕扩散：用来控制光晕的大小，图5-44所示的分别是"光晕扩散"为0和2时的效果对比。

图5-44

展开"镜头光斑属性"复卷展栏，如图5-45所示。

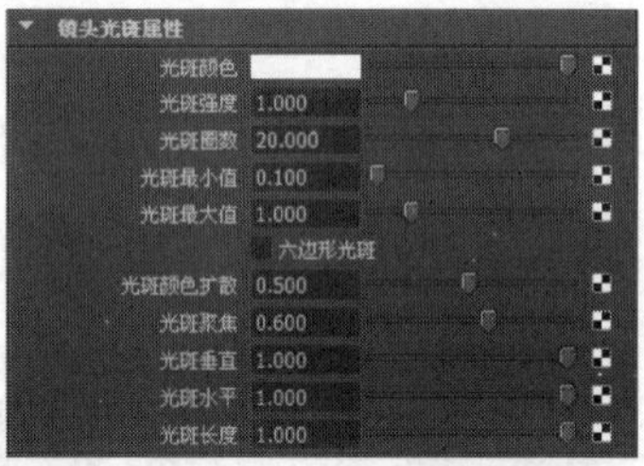

图5-45

 技巧与提示

"镜头光斑属性"卷展栏下的参数只有在"光学效果属性"卷展栏下勾选了"镜头光斑"选项后才会被激活，如图5-46所示。

图5-46

光斑颜色：用来设置镜头光斑的颜色。

光斑强度：用来控制镜头光斑的强度，图5-47所示的分别是"光斑强度"为0.9和5时的效果对比。

图5-47

光斑圈数：用来设置镜头光斑光圈的数量。数值越大，渲染时间越长。

光斑最小值/最大值：这两个选项用来设置镜头光斑范围的最小值和最大值。

六边形光斑：勾选该选项后，可以生成六边形的光斑，如图5-48所示。

图5-48

光斑颜色扩散：用来控制镜头光斑扩散后的颜色。

光斑聚焦：用来控制镜头光斑的聚焦效果。

光斑垂直/水平：这两个选项用来控制光斑在垂直和水平方向上的延伸量。

光斑长度：用来控制镜头光斑的长度。

<2>噪波属性

展开"噪波属性"卷展栏，如图5-49所示。

噪波U/V向比例：这两个选项用来调节噪波辉光在U/V坐标方向上的缩放比例。

图5-49

噪波U/V向偏移：这两个选项用来调节噪波辉光在U/V坐标方向上的偏移量。

噪波阈值：用来设置噪波的终止值。

 课堂案例

制作灯光雾

案例位置	案例文件>CH05>课堂案例——制作灯光雾.mb
视频位置	多媒体教学>CH05>课堂案例——制作灯光雾.flv
难易指数	★★☆☆☆
学习目标	学习如何为场景创建灯光雾

灯光雾效果如图5-50所示。

图5-54

图5-50

01 打开"场景文件>CH05>b.mb"文件，本场景中已经设置好了灯光，但是还需要创建一盏产生灯光雾的聚光灯，如图5-51所示。

图5-51

02 执行"创建>灯光>聚光灯"菜单命令，在场景中创建一盏聚光灯，其位置如图5-52所示。

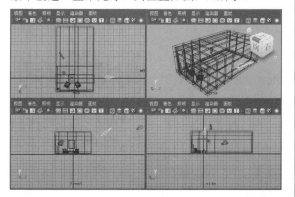

图5-52

03 打开聚光灯的"属性编辑器"对话框，然后在"聚光灯属性"卷展栏下设置"颜色"为（R:224，G:207，B:252）、"强度"为8，接着设置"衰退速率"为"线性"、"圆锥体角度"为20、"半影角度"为10，具体参数设置如图5-53所示。

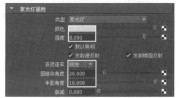

图5-53

04 展开"灯光效果"卷展栏，然后单击"灯光雾"选项后面的按钮，然后设置"雾扩散"为2，如图5-54所示。

技巧与提示

在Maya中创建一个节点以后，Maya会自动切换到该节点的属性设置面板。若要返回到最高层级设置面板或转到下一层级面板，可以单击面板右上角的"转到输入连接"按钮和"转到输出连接"按钮。

05 单击"灯光雾"选项后面的按钮，切换到灯光雾设置面板，然后设置"颜色"为（G:213，G:224，B:255），接着设置"密度"为2.2，如图5-55所示。

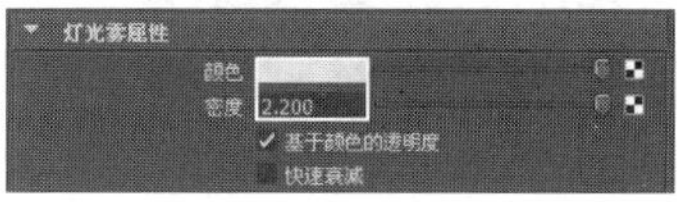

图5-55

06 单击"渲染当前帧（Maya软件）"按钮，最终效果如图5-56所示。

图5-56

课堂案例

制作镜头光斑特效

案例位置 案例文件>CH05>课堂案例——制作镜头光斑特效.mb
视频位置 多媒体教学>CH05>课堂案例——制作镜头光斑特效.flv
难易指数 ★☆☆☆☆
学习目标 学习如何制作镜头光斑特效

镜头光斑特效如图5-57所示。

图5-57

01 新建一个场景，然后执行"创建>灯光>点光源"菜单命令，在场景中创建一盏点光源，如图5-58所示。

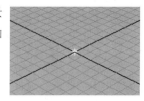

图5-58

技巧与提示

　　点光源、区域光和聚光灯都可以制作出辉光、光晕和镜头光斑等特效。辉光特效要求产生辉光的光源必须是在摄影机视图内，并且在所有常规渲染完成之后才能渲染辉光。

(02) 按Ctrl+A组合键打开点光源的"属性编辑器"对话框，然后在"灯光效果"属性栏下单击"灯光辉光"选项后面的█按钮，创建一个opticalFX1辉光节点，如图5-59所示，此时在场景中可以观察到灯光多了一个球形外框，如图5-60所示。

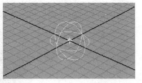

图5-59　　　　　　　　　　　图5-60

技巧与提示

　　创建灯光辉光后，可以将其渲染出来，以观察效果，如图5-61所示。

图5-61

(03) 如果要添加镜头光斑特效，可以在"光学效果属性"卷展栏下勾选"镜头光斑"选项，然后设置简单的参数即可制作出漂亮的镜头眩光特效，如图5-62所示。

图5-62

技巧与提示

　　如果用户不知道怎么设置镜头光斑的参数，可以打开本例的源文件来进行参考。

(04) 单击"渲染当前帧（Maya软件）"按钮▧，最终效果如图5-63所示。

图5-63

技巧与提示

　　渲染出最终效果后，可以将其导入到Photoshop中进行后期处理，以获得更佳的视觉效果，如图5-64所示。

图5-64

课堂案例

制作光栅效果

案例位置	案例文件>CH05>课堂案例——制作光栅效果.mb
视频位置	多媒体教学>CH05>课堂案例——制作光栅效果.flv
难易指数	★☆☆☆☆
学习目标	学习如何制作镜头光斑特效

　　光栅效果如图5-65所示。

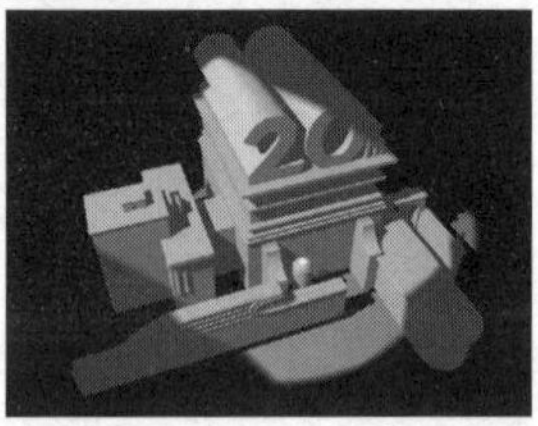

图5-65

(01) 打开"场景文件>CH05>c.mb"文件，如图5-66所示。本场景事先已经创建一盏聚光灯。

(02) 对当前的场景进行渲染，可以观察到并没有产生光栅效果，如图5-67所示。

图5-66　　　　　　　　　　　图5-67

技巧与提示

　　光栅（挡光板）只有在创建聚光灯时才能使用，它可以限定聚光灯的照明区域，能模拟一些特殊的光照效果。

03 打开聚光灯的"属性编辑器"对话框,然后在"灯光效果"卷展栏下勾选"挡光板"选项,这样就开启了光栅功能,接着调节好挡光板的各项参数,如图5-68所示。

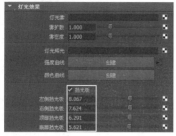

图5-68

技巧与提示

"挡光板"选项下的4个参数分别用来控制灯光在左、右、顶、底4个方向上的光栅位置,可以调节数值让光栅产生相应的变化。

04 执行视图菜单中"面板>沿选定对象观看"命令,这样可以在视图中观察到灯光的照射范围,然后按T键,此时视图中会出现4条直线,可以使用鼠标左键拖曳这4条直线,以改变光栅的形状,如图5-69所示。

05 光栅形状调节完成后,渲染当前场景,最终效果如图5-70所示。

图5-69　　　　　　　图5-70

课堂案例

打断灯光链接

案例位置	案例文件>CH05>课堂案例——打断灯光链接.mb
视频位置	多媒体教学>CH05>课堂案例——打断灯光链接.flv
难易指数	★☆☆☆☆
学习目标	学习如何打断灯光链接

未打断与打断灯光链接的效果如图5-71所示。

图5-71

01 打开"场景文件>CH05>d.mb"文件,如图

5-72所示,然后测试渲染当前场景,效果如图5-73所示。

图5-72　　　　　　　图5-73

技巧与提示

在创建灯光的过程中,有时需要为场景中的一些物体进行照明,而又不希望这盏灯光影响到场景中的其他物体,这时就需要使用灯光链接,让灯光只对一个或几个物体起作用。

02 切换到"渲染"模块,然后选择聚光灯,再加选黄鹿模型,如图5-74所示,接着执行"照明/着色>断开灯光链接"菜单命令,再渲染当前场景,可以观察到黄鹿模型已经没有了光照效果,这就说明已经取消了聚光灯对黄鹿模型的照明,如图5-75所示。

图5-74　　　　　　　图5-75

技巧与提示

除了通过选择灯光和物体的方法来打断灯光链接外,还可以通过灯光与物体的"关系编辑器"来进行调节,如图5-76所示。这两种方式都能达到相同的效果。

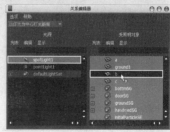

图5-76

课堂案例

创建三点照明

案例位置	案例文件>CH05>课堂案例——创建三点照明.mb
视频位置	多媒体教学>CH05>课堂案例——创建三点照明.flv
难易指数	★★☆☆☆
学习目标	学习如何创建三点照明

三点照明效果如图5-77所示。

图5-77

图5-78

图5-80

①① 打开"场景文件>CH05>e.mb"文件，如图5-78所示。

④④ 在图5-81所示的位置创建一盏聚光灯作为辅助光源。

技巧与提示

三点照明中的主光源一般为物体提供主要照明作用，它可以体现灯光的颜色倾向，并且主光源在所有灯光中产生的光照效果是最强烈的；辅助光源主要用来为物体进行辅助照明，用以补充主光源没有照射到的区域；背景光一般放置在与主光源相对的位置，主要用来照亮物体的轮廓，也称为"轮廓光"。

②② 执行"创建>灯光>聚光灯"菜单命令，在图5-79所示的位置创建一盏聚光灯作为场景的主光源。

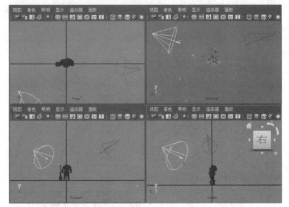

图5-81

⑤⑤ 打开辅助光源的"属性编辑器"对话框，然后在"聚光灯属性"卷展栏下设置"颜色"为（R:187，G:197，B:196）、"强度"为0.5，接着设置"圆锥体角度"为70、"半影角度"为10，具体参数设置如图5-82所示。

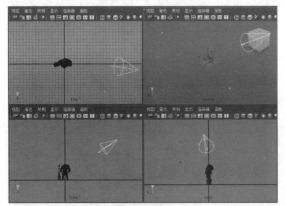

图5-79

图5-82

③③ 打开主光源的"属性编辑器"对话框，然后在"聚光灯属性"卷展栏下设置"颜色"为（R:242，G:255，B:254）、"强度"为1.48，接着设置"圆锥体角度"为40、"半影角度"为60；展开"阴影"卷展栏的"深度贴图阴影属性"复卷展栏，然后勾选"使用深度贴图阴影"选项，接着设置"分辨率"为4069，具体参数设置如图5-80所示。

⑥⑥ 测试渲染当前场景，效果如图5-83所示。

图5-83

07 在怪物背后创建一盏聚光灯作为背景光，其位置如图5-84所示。

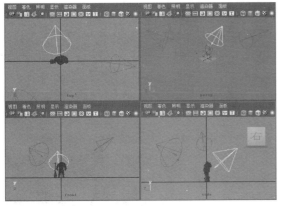

图5-84

08 打开背景光的"属性编辑器"对话框，然后在"聚光灯属性"卷展栏下设置"颜色"为（R:247，G:192，B:255）、"强度"为0.8，接着设置"圆锥体角度"为60、"半影角度"为10，具体参数设置如图5-85所示。

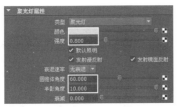

图5-85

09 渲染当前场景，最终效果如图5-86所示。

图5-86

🎓 课堂案例

用反光板照明场景

案例位置　案例文件>CH05>课堂案例——用反光板照明场景.mb
视频位置　多媒体教学>CH05>课堂案例——用反光板照明场景.flv
难易指数　★★★☆☆
学习目标　学习如何创建反光板

反光板照明效果如图5-87所示。

图5-87

01 打开"场景文件>CH05>f.mb"文件，如图5-88所示。

02 在场景中创建一盏聚光灯，然后执行视图菜单中的"面板>沿选定对象观看"命令，接着将灯光视图拖曳到图5-89所示的位置。

图5-88　　　　　　　　　　　　　图5-89

03 打开聚光灯的"属性编辑器"对话框，然后在"聚光灯属性"卷展栏下设置"圆锥体角度"为40、"半影角度"为20；展开"阴影"卷展栏下的"光线跟踪阴影属性"复卷展栏，然后勾选"使用光线跟踪阴影"选项，接着设置"阴影光线数"为8；展开mental ray卷展栏下的"区域光"复卷展栏，然后勾选"区域光"选项，接着设置"高采样数"为（8，8），具体参数设置如图5-90所示。

图5-90

04 执行"窗口>渲染编辑器>渲染设置"菜单命令，打开"渲染设置"对话框，设置渲染器为mental ray渲染器，然后在"质量"选项卡下设置"质量预设"为"产品级"，接着在"光线跟踪"卷展栏下勾选"光线跟踪"选项，再设置"反射"和"折射"为20、"最大跟踪深度"为40，具体参数设置如图5-91所示，最后测试渲染当前场景，效果如图5-92所示。

图5-91

图5-92

05 在场景中创建一个平面作为反光板，然后将平面捕捉到灯光的位置，如图5-93所示。

06 打开"大纲"对话框，然后使用鼠标中键将平面拖曳到灯光上，使其成为灯光的子物体，如图5-94所示。

图5-93

图5-94

07 执行"窗口>渲染编辑器>Hypershade"菜单命令，打开Hypershade话框，然后选择平面，接着将surfaceShader1材质赋予平面，如图5-95所示，效果如图5-96所示。

图5-95

图5-96

08 复制一个灯光和反光板到图5-97所示的位置，这样可以增强场景的亮度，然后测试渲染当前场景，效果如图5-98所示。

图5-97

图5-98

09 在场景中创建一个球体作为环境球，将场景都包裹在内，如图5-99所示，然后将surfaceShader2材质赋予球体，如图5-100所示。

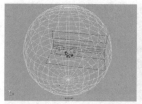

图5-99

图5-100

10 打开"渲染设置"对话框，然后在"间接照明"选项卡下展开"最终聚焦"卷展栏，接着勾选"最终聚焦"选项，如图5-101所示。

图5-101

11 渲染当前场景，最终效果如图5-102所示。

图5-102

5.5.3 阴影

阴影在场景中具有非常重要的地位，它可以增强场景的层次感与真实感。Maya有"深度贴图阴影"和"光线跟踪阴影"两种阴影模式，如图5-103所示。"深度贴图阴影"是使用阴影贴图来模拟阴影效果；"光线跟踪阴影"是通过跟踪光线路径来生成阴影，可以使透明物体产生透明的阴影效果。

图5-103

阴影参数介绍

阴影颜色：用于设置灯光阴影的颜色。

1.深度贴图阴影属性

展开"深度贴图阴影属性"卷展栏，如图5-104所示。

图5-104

深度贴图阴影属性参数介绍

使用深度贴图阴影：控制是否开启"深度贴图阴影"功能。

分辨率：控制深度贴图阴影的大小。数值越小，阴影质量越粗糙，渲染速度越快，反之阴影质量越高，渲染速度也就越慢。

使用中间距离：如果禁用该选项，Maya会为深度贴图中的每个像素计算灯光与最近阴影投射曲面之间的距离。如果灯光与另一个阴影投射曲面之间的距离大于深度贴图距离，则该曲面位于阴影中。

使用自动聚焦：勾选该选项后，Maya会自动缩放深度贴图，使其仅填充灯光所照明的区域中包含阴影投射对象的区域。

聚焦：用于在灯光照明的区域内缩放深度贴图的角度。

过滤器大小：用来控制阴影边界的模糊程度。

偏移：设置深度贴图移向或远离灯光的偏移距离。

雾阴影强度：控制出现在灯光雾中的阴影的黑暗度，有效范围为1~10。

雾阴影采样：控制出现在灯光雾中的阴影的精度。

基于磁盘的深度贴图：包含以下3个选项。

禁用：Maya会在渲染过程中创建新的深度贴图。

覆盖现有深度贴图：Maya会创建新的深度贴图，并将其保存到磁盘。如果磁盘上已经存在深度贴图，Maya会覆盖这些深度贴图。

重用现有深度贴图：Maya会进行检查以确定深度贴图是否在先前已保存到磁盘。如果已保存到磁盘，Maya会使用这些深度贴图，而不是创建新的深度贴图。如果未保存到磁盘，Maya会创建新的深度贴图，然后将其保存到磁盘。

阴影贴图文件名：Maya保存到磁盘的深度贴图文件的名称。

添加场景名称：将场景名添加到Maya并保存到磁盘的深度贴图文件的名称中。

添加灯光名称：将灯光名添加到Maya并保存到磁盘的深度贴图文件的名称中。

添加帧扩展名：如果勾选该选项，Maya会为每个帧保存一个深度贴图，然后将帧扩展名添加到深度贴图文件的名称中。

使用宏：仅当"基于磁盘的深度贴图"设定为"重用现有深度贴图"时才可用。它是指宏脚本的路径和名称，Maya会运行该宏脚本，以从磁盘中读取深度贴图时更新该深度贴图。

仅使用单一深度贴图：仅适用于聚光灯。如果勾选该选项，Maya会为聚光灯生成单一深度贴图。

使用X/Y/Z+贴图：控制Maya为灯光生成的深度贴图的数量和方向。

使用X/Y/Z-贴图：控制Maya为灯光生成的深度贴图的数量和方向。

2.光线跟踪阴影属性

展开"光线跟踪阴影属性"卷展栏，如图5-105所示。

图5-105

光线跟踪阴影属性参数介绍

使用光线跟踪阴影：控制是否开启"光线跟踪阴影"功能。

灯光半径：控制阴影边界模糊的程度。数值越大，阴影边界越模糊，反之阴影边界就越清晰。

阴影光线数：用来控制光线跟踪阴影的质量。数值越大，阴影质量越高，渲染速度就越慢。

光线深度限制：用来控制光线在投射阴影前被折射或反射的最大次数限制。

（课堂案例）

使用深度贴图阴影

案例位置	案例文件>CH05>课堂案例——使用深度贴图阴影.mb
视频位置	多媒体教学>CH05>课堂案例——使用深度贴图阴影.flv
难易指数	★★☆☆☆
学习目标	学习"深度贴图阴影"技术的运用

默认灯光效果（左图）与深度贴图阴影（右图）效果如图5-106所示。

图5-106

01 打开"场景文件>CH05>g.mb"文件，本场景已经设置好了一盏灯光，如图5-107所示。

02 测试渲染当前场景，效果如图5-108所示。

图5-107　　　　　　　图5-108

03 复制一盏聚光灯到图5-109所示的位置，然后打开其"属性编辑器"对话框，接着设置"颜色"为（R:255，G:244，B:163），最后设置"圆锥体角度"为80、"半影角度"为20，如图5-110所示。

图5-109

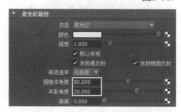

图5-110

04 展开"阴影"卷展栏，然后设置"阴影颜色"为（R:36，G:36，B:36），接着展开"深度贴图阴影属性"复卷展栏，再勾选"使用深度贴图阴影"选项，最后设置"分辨率"为2048、"过滤器大小"为3，如图5-111所示。

图5-111

05 渲染当前场景，最终效果如图5-112所示。

图5-112

◆ 课堂案例

使用光线跟踪阴影

案例位置　案例文件>CH05>课堂案例——使用光线跟踪阴影.mb
视频位置　多媒体教学>CH05>课堂案例——使用光线跟踪阴影.flv
难易指数　★★☆☆☆
学习目标　学习"光线跟踪阴影"技术的运用

默认灯光效果（左图）与光线跟踪阴影（右图）效果如图5-113所示。

图5-113

01 打开"场景文件>CH05>j.mb"文件，本场景设置了一盏区域光作为主光源，还有一个反光板和一台摄影机，如图5-114所示。

图5-114

02 打开区域光的"属性编辑器"对话框，然后展开"阴影"卷展栏下的"光线跟踪阴影属性"复卷展栏，接着勾选"使用光线跟踪阴影"选项，并设置"阴影光线数"为10，如图5-115所示。

图5-115

03 打开"渲染设置"对话框，然后设置渲染器为mental ray渲染器，接着在"质量"选项卡下展开"光线跟踪"卷展栏，再勾选"光线跟踪"选项，最后设置"反射"和"折射"为6、"最大跟踪深度"为12，如图5-116所示。

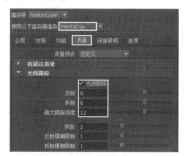

图5-117

图5-116

04 渲染当前场景，最终效果如图5-117所示。

知 识 点 深度贴图阴影与光线跟踪阴影的区别

"深度贴图阴影"是通过计算光与物体之间的位置来产生阴影贴图，不能使透明物体产生透明的阴影，渲染速度相对比较快；"光线跟踪阴影"是跟踪光线路径来生成阴影，可以生成比较真实的阴影效果，并且可以使透明物体生成透明的阴影。

5.6 综合案例——物理太阳和天空照明

案例位置 案例文件>CH05>综合案例——物理太阳和天空照明.mb
视频位置 多媒体教学>CH05>综合案例——物理太阳和天空照明.flv
难易指数 ★★★☆☆
学习目标 学习灯光的设置方法与流程

物理太阳和天空照明效果如图5-118所示（左图为默认灯光效果，右图为最终效果）。

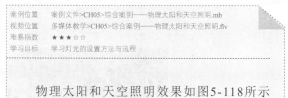

图5-118

5.6.1 设置场景灯光

01 打开"场景文件>CH05>i.mb"文件，如图5-119所示。

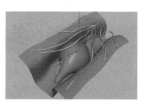

图5-119

02 下面设置主光源。打开"渲染设置"对话框，设置渲染器为mental ray渲染器，然后在"间接照明"选项卡下展开"环境"卷展栏，接着单击"物理太阳和天空"选项后面的"创建"按钮 创建 ，为场景创建一个天光，如图5-120所示。

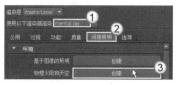

图5-120

03 创建天光后会切换到天光设置面板，在"着色"卷展栏下设置"倍增"为0.65，然后单击"太阳"选项后面的 █ 按钮，切换到平行光参数设置面板，接着在"平行光属性"卷展栏下设置"颜色"为（R:255，G:252，B:247）、"强度"为1，如图5-121所示。

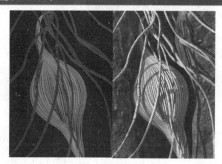

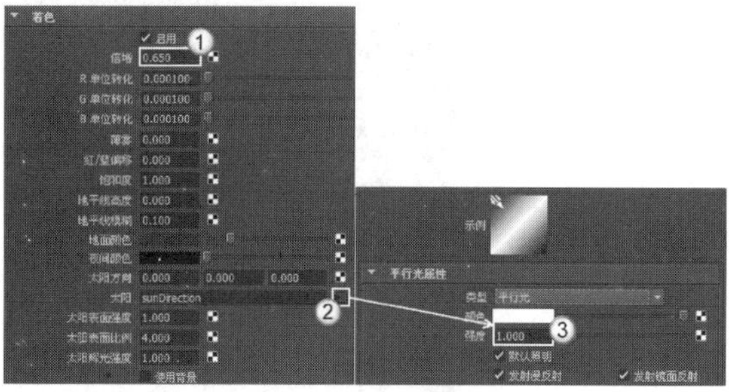

图5-121

04 选择创建好的平行光（也就是前面创建的天光），然后将其放在如图5-122所示的位置。

图5-122

05 打开"渲染设置"对话框，然后在"公用"选项卡下展开"图像大小"卷展栏，接着设置"宽度"为500、"高度"为682；在"间接照明"选项卡展开"最终聚焦"卷展栏，然后勾选"最终聚焦"选项，接着设置"精确度"为100，具体参数设置如图5-123所示。

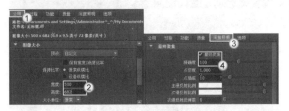

图5-123

06 在视图菜单中执行"面板>透视>camera1"命令，切换到摄影机视图，如图5-124所示，然后测试渲染当前场景，效果如图5-125所示。

图5-124

图5-125

07 下面设置辅助光源。执行"创建>灯光>平行光"菜单命令，在场景中创建一盏平行光作为辅助光源，其位置如图5-126所示。

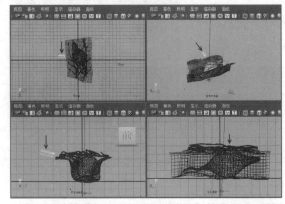

图5-126

08 打开平行光的"属性编辑器"对话框，然后在"平行光属性"卷展栏下设置"颜色"为（R:197，G:220，B:255）、"强度"为0.2，如图5-127所示。

图5-127

09 继续在图5-128所示的位置创建一盏平行光作为辅助光源。

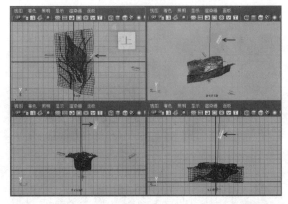

图5-128

10 打开平行光的"属性编辑器"对话框，然后在"平行光属性"卷展栏下设置"颜色"为（R:243，G:248，B:255）、"强度"为0.5，如图5-129所示。

图5-129

⑪ 打开"渲染设置"对话框，然后在"公用"选项卡下展开"渲染选项"卷展栏，接着关闭"启用默认灯光"选项，如图5-130所示，最后测试渲染当前场景，效果如图5-131所示。

图5-130

图5-131

5.6.2 设置渲染参数

① 打开"渲染设置"对话框，然后在"公用"选项卡下展开"图像大小"卷展栏，接着设置"宽度"为2300、"高度"为3174，如图5-132所示。

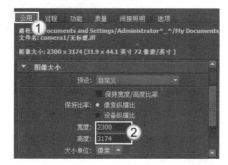

图5-132

② 单击"质量"选项卡，然后在"光线跟踪/扫描线质量"卷展栏下设置"最高采样级别"为2，如图5-133所示。

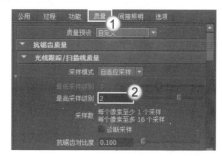

图5-133

③ 单击"间接照明"选项卡，然后在"最终聚焦"卷展栏下设置"精确度"为1000，如图5-134所示。

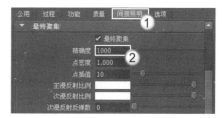

图5-134

④ 渲染当前场景，最终效果如图5-135所示。

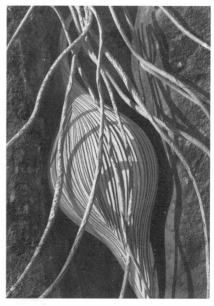

图5-135

5.7 本章小结

本章主要介绍了Maya 2012各种重要灯光的作用以及各种重要参数（如聚光灯属性、灯光效果和阴影等），同时安排大量课堂案例进行强化练习。大家在学习本章的同时，不仅要深刻理解各项重要技术，还要多对重要灯光进行练习。

5.8 课后习题——台灯照明

本章安排了一个综合性很强的布光案例课后习题。这个习题基本上融合了Maya 2012灯光技术中常用灯光的使用方法。

习题位置	案例文件>CH05>课后习题——台灯照明.mb
视频位置	多媒体教学>CH05>课后习题——台灯照明.flv
难易指数	★★★☆
练习目标	练习灯光的设置方法与流程

台灯照明效果如图5-136所示。

图5-136

灯光布局参考如图5-137所示。

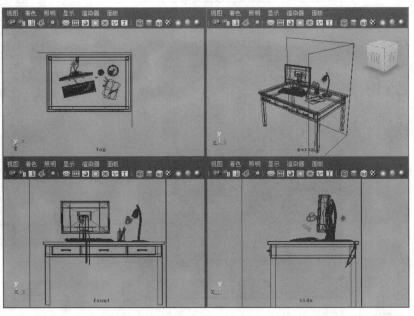

图5-137

第6章

摄影机技术

本章将介绍Maya 2012的摄影机技术，包含摄影机的类型、各种摄影机的作用、摄影机的基本设置、摄影机工具等。本章内容比较简单，大家只需要掌握比较重要的知识点即可，如"景深"的运用。

课堂学习目标

了解摄影机的类型
掌握摄影机的基本设置
掌握摄影机工具的使用方法
掌握摄影机景深特效的制作方法

6.1 摄影机的类型

Maya默认的场景中有4台摄影机，1台透视图摄影机和3台正交视图摄影机。执行"创建>摄影机"菜单下的命令可以创建一台新的摄影机，如图6-1所示。

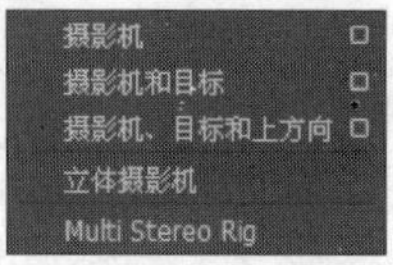

摄影机
摄影机和目标
摄影机、目标和上方向
立体摄影机
Multi Stereo Rig

图6-1

本节知识概要

名称	主要作用	重要程度
摄影机	用于静态场景和简单的动画场景	高
摄影机和目标	用于比较复杂的动画场景	高
摄影机、目标和上方向	用于更为复杂的动画场景	低
立体摄影机	创建具有三维景深的渲染效果	低
多重摄影机装配	创建由两个或更多立体摄影机组成的多重摄影机装配	低

6.1.1 摄影机

摄影机可以用于静态场景和简单的动画场景，如图6-2所示。打开"创建摄影机选项"对话框，如图6-3所示。

图6-2

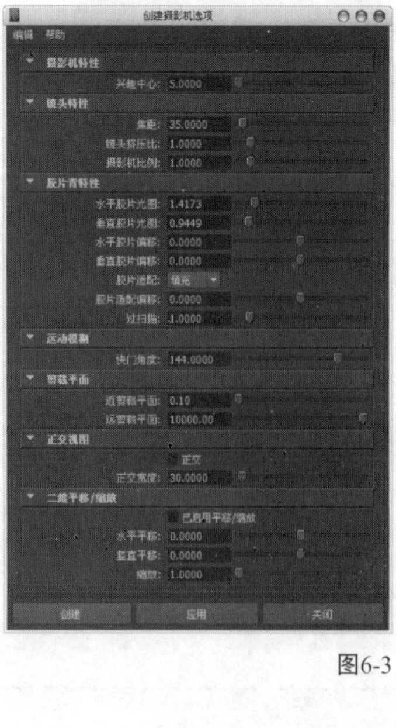

图6-3

创建摄影机选项对话框参数介绍

兴趣中心：设置摄影机到兴趣中心的距离（以场景的线性工作单位为测量单位）。

焦距：设置摄影机的焦距（以mm为测量单位），有效值范围为2.5~3500。增加焦距值可以拉近摄影机镜头，并放大对象在摄影机视图中的大小。减小焦距可以拉远摄影机镜头，并缩小对象在摄影机视图中的大小。

镜头挤压比：设置摄影机镜头水平压缩图像的程度。大多数摄影机不会压缩所录制的图像，因此其"镜头挤压比"为1。但是有些摄影机（如变形摄影机）会水平压缩图像，使大纵横比（宽度）的图像落在胶片的方形区域内。

摄影机比例：根据场景缩放摄影机的大小。

水平/垂直胶片光圈：摄影机光圈或胶片背的高度和宽度（以"英寸"为测量单位）。

水平/垂直胶片偏移：在场景的垂直和水平方向上偏移分辨率门和胶片门。

胶片适配：控制分辨率门相对于胶片门的大小。如果分辨率门和胶片门具有相同的纵横比，则"胶片适配"的设置不起作用。

水平/垂直：使分辨率门水平/垂直适配胶片门。

填充：使分辨率门适配胶片门。

过扫描：使胶片门适配分辨率门。

胶片适配偏移：设置分辨率门相对于胶片门的偏移量，测量单位为"英寸"。

过扫描：仅缩放摄影机视图（非渲染图像）中的场景大小。调整"过扫描"值可以查看比实际渲染更多或更少的场景。

快门角度：会影响运动模糊对象的对象模糊度。快门角度设置越大，对象越模糊。

近/远剪裁平面：对于硬件渲染、矢量渲染和mentalray渲染，这两个选项表示透视摄影机或正交摄影机的近裁剪平面和远剪裁平面的距离。

正交：如果勾选该选项，则摄影机为正交摄影机。

正交宽度：设置正交摄影机的宽度（以"英寸"为单位）。正交摄影机宽度可以控制摄影机的可见场景范围。

已启用平移/缩放：启用"二维平移/缩放工具"。

水平/竖直平移：设置在水平/垂直方向上的移动距离。

缩放：对视图进行缩放。

6.1.2 摄影机和目标

执行"摄影机和目标"命令可以创建一台带

目标点的摄影机，如图6-4所示。这种摄影机主要用于比较复杂的动画场景，如追踪鸟的飞行路线。

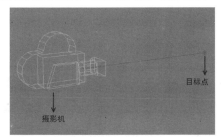

图6-4

6.1.3 摄影机、目标和上方向

执行"摄影机、目标和上方向"命令可以创建一台带两个目标点的摄影机，一个目标点朝向摄影机的前方，另外一个位于摄影机的上方，如图6-5所示。这种摄影机可以指定摄影机的哪一端必须朝上，适用于更为复杂的动画场景，如让摄影机随着转动的过山车一起移动。

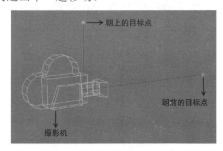

图6-5

6.1.4 立体摄影机

执行"立体摄影机"命令可以创建一台立体摄影机，如图6-6所示。使用立体摄影机可以创建具有三维景深的渲染效果。当渲染立体场景时，Maya会考虑所有的立体摄影机属性，并执行计算以生成可被其他程序合成的立体图或平行图像。

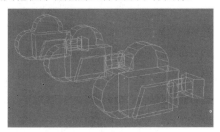

图6-6

6.1.5 多重摄影机装配

执行"Multi Stereo Rig（多重摄影机装配）"命令可以创建由两个或更多立体摄影机组成的多重摄影机装配，如图6-7所示。

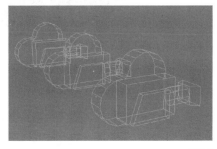

图6-7

 技巧与提示

在这5种摄影机中，前两种摄影机最为重要，后面3种很少使用。

6.2 摄影机的基本设置

展开视图菜单中的"视图>摄影机设置"菜单，如图6-8所示。该菜单下的命令可以用来设置摄影机。

图6-8

摄影机设置选项介绍

透视：勾选该选项时，摄影机将变成为透视摄影机，视图也会变成透视图，如图6-9所示；若不勾选该选项，视图将变为正交视图，如图6-10所示。

图6-9

图6-10

可撤销的移动：如果勾选该选项，则所有的摄影机移动（如翻滚、平移和缩放）将写入"脚本编辑器"，如图6-11所示。

图6-11

忽略二维平移/缩放：勾选该选项后，可以忽略"二维平移/缩放"的设置，从而使场景视图显示在完整摄影机视图中。

无门：勾选该选项，不会显示"胶片门"和"分辨率门"。

胶片门：勾选该选项后，视图会显示一个边界，用于指示摄影机视图的区域，如图6-12所示。

图6-12

分辨率门：勾选该选项后，可以显示出摄影机的渲染框。在这个渲染框内的物体都会被渲染出来，而超出渲染框的区域将不会被渲染出来，图6-13和图6-14所示分别是分辨率为640×480和1024×768时的效果。

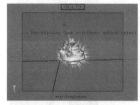

图6-13　　　　　　　　图6-14

门遮罩：勾选该选项后，可以更改"胶片门"或"分辨率门"之外的区域的不透明度和颜色。

区域图：勾选该选项后，可以显示栅格，如图6-15所示。该栅格表示12个标准单元动画区域的大小。

安全动作：该选项主要针对场景中的人物对象。在一般情况下，场景中的人物都不要超出安全动作框的范围（占渲染画面的90%），如图6-16所示。

图6-15　　　　　　　　图6-16

安全标题：该选项主要针对场景中的字幕或标题。字幕或标题一般不要超出安全标题框的范围（占渲染画面的80%），如图6-17所示。

胶片原点：在通过摄影机查看时，显示胶片原点助手，如图6-18所示。

图6-17　　　　　　　　图6-18

胶片枢轴：在通过摄影机查看时，显示胶片枢轴助手，如图6-19所示。

填充：勾选该选项后，可以使"分辨率门"尽量充满"胶片门"，但不会超出"胶片门"的范围，如图6-20所示。

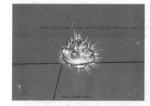

图6-19　　　　　　　　图6-20

水平/垂直：勾选"水平"选项，可以使"分辨率门"在水平方向上尽量充满视图，如图6-21所示；勾选"垂直"选项，可以使"分辨率门"在垂直方向上尽量充满视图，如图6-22所示。

图6-21　　　　　　　　图6-22

过扫描：勾选该选项后，可以使胶片门适配分辨率门，也就是将图像按照实际分辨率显示出来，如图6-23所示。

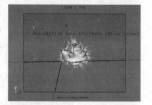

图6-23

6.3 摄影机工具

展开视图菜单中的"视图>摄影机工具"菜

单，如图6-24所示。该菜单下全部是对摄影机进行操作的工具。

图6-24

本节知识概要

名称	主要作用	重要程度
侧滚工具	旋转视图摄影机	高
平移工具	在水平线上移动视图摄影机	高
推拉工具	推拉视图摄影机	高
缩放工具	缩放视图摄影机	高
二维平移/缩放工具	在二维视图中平移和缩放摄影机	中
侧滚工具	左右摇晃视图摄影机	低
方位角仰角工具	对正交视图进行旋转操作	低
偏转-俯仰工具	向上或向下旋转摄影机视图	低
飞行工具	让摄影机飞行穿过场景	低

6.3.1 侧滚工具

"侧滚工具"主要用来旋转视图摄影机，快捷键为Alt+鼠标左键。打开该工具的"工具设置"对话框，如图6-25所示。

图6-25

侧滚工具参数介绍

翻滚比例：设置摄影机移动的速度，默认值为1。

绕对象翻滚：勾选该选项后，在开始翻滚时，"翻滚工具"图标位于某个对象上，则可以使用该对象作为翻滚枢轴。

翻滚中心：控制摄影机翻滚时围绕的点。

兴趣中心：摄影机绕其兴趣中心翻滚。

翻滚枢轴：摄影机绕其枢轴点翻滚。

正交视图：包含"锁定"和"已锁定"两个选项。

已锁定：勾选该选项后，则无法翻滚正交摄影机；如果关闭该选项，则可以翻滚正交摄影机。

阶跃：勾选该选项后，则能够以离散步数翻滚正交摄影机。通过"阶跃"操作，可以轻松返回到默认视图位置。

正交步长：在关闭"已锁定"并勾选"阶跃"选项的情况下，该选项用来设置翻滚正交摄影机时所用的步长角度。

技巧与提示

"侧滚工具"的快捷键是Alt+鼠标左键，按住Alt+Shift+鼠标左键可以在一个方向上翻转视图。

6.3.2 平移工具

使用"平移工具"可以在水平线上移动视图摄影机，快捷键为Alt+鼠标中键。打开该工具的"工具设置"对话框，如图6-26所示。

图6-26

平移工具参数介绍

平移几何体：勾选该选项后，视图中的物体与光标的移动是同步的。在移动视图时，光标相对于视图中的对象位置不会再发生变化。

移动比例：该选项用来设置移动视图的速度，系统默认的移动速度为1。

技巧与提示

"平移工具"的快捷键是Alt+鼠标中键，按住Alt+Shift+鼠标中键可以在一个方向上移动视图。

6.3.3 推拉工具

用"推拉工具"可以推拉视图摄影机，快捷键为Alt+鼠标右键或Alt+鼠标左键+鼠标中键。打开该工具的"工具设置"对话框，如图6-27所示。

图6-27

推拉工具参数介绍

缩放：该选项用来设置推拉视图的速度，系统默认的推拉速度为1。

局部：勾选该选项后，可以在摄影机视图中进行拖动，并且可以让摄影机朝向或远离其兴趣中心移动。如果关闭该选项，也可以在摄影机视图中进行拖动，但可以让摄影机及其兴趣中心一同沿摄影机的视线移动。

兴趣中心：勾选该选项后，在摄影机视图中使用鼠标中键进行拖动，可以让摄影机的兴趣中心朝向或远离摄影机移动。

朝向中心：如果关闭该选项，可以在开始推拉时朝向"推拉工具"图标的当前位置进行推拉。

捕捉长方体推拉到：当使用Ctrl+Alt组合键推拉摄影机时，可以把兴趣中心移动到蚂蚁线区域。

表面：勾选该选项后，在对象上执行长方体推拉时，兴趣中心将移动到对象的曲面上。

边界框：勾选该选项后，在对象上执行长方体推拉时，兴趣中心将移动到对象边界框的中心。

6.3.4 缩放工具

"缩放工具"主要用来缩放视图摄影机，以改变视图摄影机的焦距。打开该工具的"工具设置"对话框，如图6-28所示。

图6-28

缩放工具参数介绍

缩放比例：该选项用来设置缩放视图的速度，系统默认的缩放速度为1。

6.3.5 二维平移/缩放工具

用"二维平移/缩放工具"可以在二维视图中平移和缩放摄影机，并且可以在场景视图中查看结果。使用该功能可以在进行精确跟踪、放置或对位工作时查看特定区域中的详细信息，而无须实际移动摄影机。打开该工具的"工具设置"对话框，如图6-29所示。

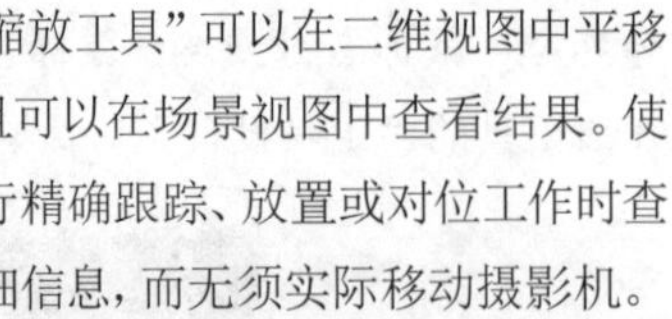

图6-29

二维平移/缩放工具参数介绍

缩放比例：该选项用来设置缩放视图的速度，系统默认的缩放速度为1。

模式：包含"二维平移"和"二维缩放"两种模式。

二维平移：对视图进行移动操作。

二维缩放：对视图进行缩放操作。

6.3.6 侧滚工具

用"侧滚工具"可以左右摇晃视图摄影机。打开该工具的"工具设置"对话框，如图6-30所示。

图6-30

侧滚工具参数介绍

侧滚比例：该选项用来设置摇晃视图的速度，系统默认的滚动速度为1。

6.3.7 方位角仰角工具

用"方位角仰角工具"可以对正交视图进行旋转操作。打开该工具的"工具设置"对话框，如图6-31所示。

图6-31

方位角仰角工具参数介绍

比例：该选项用来旋转正交视图的速度，系统默认值为1。

旋转类型：包含"偏转俯仰"和"方位角仰角"两种类型。

偏转俯仰：摄影机向左或向右的旋转角度称为偏转，向上或向下的旋转角度称为俯仰。

方位角仰角：摄影机视线相对于地平面垂直平面的角称为方位角，摄影机视线相对于地平面的角称为仰角。

6.3.8 偏转-俯仰工具

用"偏转-俯仰工具"可以向上或向下旋转摄影机视图，也可以向左或向右地旋转摄影机视图。

打开该工具的"工具设置"对话框，如图6-32所示。

图6-32

"偏转-俯仰工具"工具的参数与"方位角仰角工具"的参数相同，这里不再重复讲解。

6.3.9 飞行工具

用"飞行工具"可以让摄影机飞行穿过场景，而不受几何体约束。按住Ctrl键并向上拖动可以向前飞行，向下拖动可以向后飞行。若要更改摄影机方向，可以松开Ctrl键然后拖动鼠标左键。

6.4 综合案例——制作景深特效

案例位置	案例文件>CH06>综合案例——制作景深特效.mb
视频位置	多媒体教学>CH06>综合案例——制作景深特效.flv
难易指数	★★☆☆☆
学习目标	学习摄影机景深特效的制作方法

默认渲染（左图）与景深（右图）效果如图6-33所示。

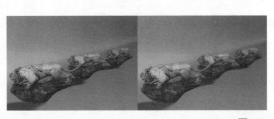

图6-33

01 打开"场景文件>CH06>a.mb"文件，如图6-34所示。

02 测试渲染当前场景，效果如图6-35所示。可以观察到此时的渲染效果并可以产生景深特效。

图6-34　　　　图6-35

03 执行视图菜单中的"视图>选择摄影机"命令，选择视图中的摄影机，然后按Ctrl+A组合键打开摄影机的"属性编辑器"对话框，接着在"景深"卷展栏下勾选"景深"选项，如图6-36所示。

图6-36

"聚焦距离"选项用来设置景深范围的最远点与摄影机的距离；"F制光圈"选项用来设置景深范围的大小，值越大，景深越大。

04 测试渲染当前场景，效果如图6-37所示。可以观察到场景中已经产生了景深特效，但是景深太大，使场景变得很模糊。

图6-37

05 将"聚焦距离"设置为5.5、"F制光圈"设置为50，如图6-38所示，然后渲染当前场景，最终效果如图6-39所示。

图6-38　　　　图6-39

知识点 剖析景深技术

"景深"就是指拍摄主题前后所能在一张照片上成像的空间层次的深度。简单地说，景深就是聚焦清晰的焦点前后"可接受的清晰区域"，如图6-40所示。

图6-40

下面介绍景深形成的原理。

1.焦点

与光轴平行的光线射入凸透镜时，理想的镜头应该是所有的光线聚集在一点后，再以锥状的形式扩散开来，这个聚集所有光线的点就称为"焦点"，如图6-41所示。

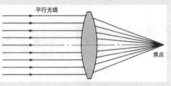

图6-41

2.弥散圆

在焦点前后，光线开始聚集和扩散，点的影像会变得模糊，从而形成一个扩大的圆，这个圆就是"弥散圆"，如图6-42所示。

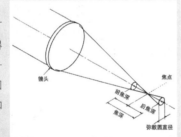

图6-42

每张照片都有主题和背景之分，景深和摄影机的距离、焦距和光圈之间存在着以下3种关系（这3种关系可用图6-43来表达）。

光圈越大，景深越小；光圈越小，景深越大。

镜头焦距越长，景深越小；焦距越短，景深越大。

距离越远，景深越大；距离越近，景深越小。

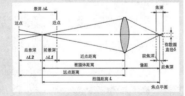

图6-43

景深可以很好地突出主题，不同景深参数下的景深效果也不相同，图6-44突出的是蜘蛛的头部，而图6-45突出的是蜘蛛和被捕食的螳螂。

图6-44　　　　　　　　　图6-45

6.5 本章小结

本章主要讲解了Maya 2012的摄影机技术以及摄影机常用参数的含义，同时还讲解了摄影机工具的作用与用法。

6.6 课后习题——制作景深特效

本章安排了一个课后习题。这个习题针对摄影机中最重要的"景深"技术进行练习。

习题位置	案例文件>CH06>课后习题——制作景深特效.mb
视频位置	多媒体教学>CH06>课后习题——制作景深特效.flv
难易指数	★★☆☆☆
练习目标	练习摄影机景深特效的制作方法

默认渲染（左图）与景深（右图）效果如图6-46所示。

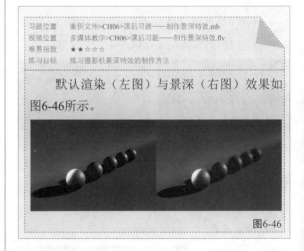

图6-46

第7章

材质与纹理技术

　　本章将介绍Maya 2012的材质与纹理技术，包括"材质编辑器"的用法、材质类型、材质属性、纹理运用、UV编辑等知识点。本章是非常重要的章节，也是本书中比较难的章节，请大家务必对本章课堂案例中的常见材质进行多加练习，以掌握材质设置的方法与技巧。

课堂学习目标

掌握Hypershade的使用方法
掌握常用材质的通用属性
掌握常用材质的制作方法
掌握纹理属性的设置方法
了解UV的创建与编辑方法

7.1 材质概述

材质主要用于表现物体的颜色、质地、纹理、透明度和光泽等特性。依靠各种类型的材质可以制作出现实世界中的任何物体，如图7-1所示。一副完美的作品除了需要优秀的模型和良好的光照外，同时也需要具有精美的材质。材质不仅可以模拟现实和超现实的质感，同时也可以增强模型的细节，如图7-2所示。

图7-1

图7-2

7.2 材质编辑器

要在Maya中创建和编辑材质，首先要学会使用Hypershade对话框（Hypershade就是材质编辑器）。Hypershade对话框以节点网络的方式来编辑材质，使用起来非常方便。在Hypershade对话框中可以很清楚地观察到一个材质的网络结构，并且可以随时在任意两个材质节点之间创建或打断链接。

执行"窗口>渲染编辑器>Hypershade"菜单命令，打开Hypershade对话框，如图7-3所示。

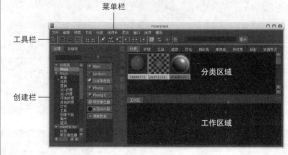

图7-3

本节知识概要

名称	主要作用	重要程度
工具栏	用于编辑材质和调整材质节点的显示方式	高
创建栏	创建材质、纹理、灯光和工具等节点	高
分类区域	将节点网格进行分类	高
工作区域	编辑材质节点	高

技巧与提示

菜单栏中包含了Hypershade对话框中的所有功能，但一般常用的功能都可以通过下面的工具栏、创建栏、分类区域和工作区域来完成。

7.2.1 工具栏

工具栏提供了编辑材质的常用工具，用户可以通过这些工具来编辑材质和调整材质节点的显示方式。

工具栏中的工具介绍

开启/关闭创建栏█：用来显示或隐藏创建栏，图7-4所示的是隐藏了创建栏的Hypershade对话框。

仅显示顶部选项卡█：单击该按钮，只显示分类区域，工作区域会被隐藏。

仅显示底部选项卡█：单击该按钮，只显示工作区域，分类区域会被隐藏。

显示顶部和底部选项卡█：单击该按钮，可以将分类区域和工作区域同时显示出来。

图7-4

显示前一图表 ■：显示工作区域的上一个节点连接。

显示下一图表 ■：显示工作区域的下一个节点连接。

清除图表 ■：用来清除工作区域内的节点网格。

技巧与提示

清除图表只清除工作区域内的节点网格，但节点网格本身并没有被清除，在分类区域中仍然可以找到。

重新排列图表 ■：用来重新排列工作区域内的节点网格，使工作区域变得更加整洁。

为选定对象上的材质制图 ■：用来查看选择物体的材质节点，并且可以将选择物体的材质节点网格显示在工作区域内，以方便查找。

输入连接 ■：显示选定材质的输入连接节点。

输入和输出连接 ■：显示选定材质的输入和输出连接节点。

输出连接 ■：显示选定材质的输出连接节点。

7.2.2 创建栏

创建栏用来创建材质、纹理、灯光和工具等节点。直接单击创建栏中的材质球就可以在工作区域中创建出材质节点，同时分类区域也会显示出材质节点，当然也可以通过Hypershade对话框中的"创建"菜单来创建材质。

7.2.3 分类区域

分类区域的主要功能是将节点网格进行分类，以方便用户查找相应的节点，如图7-5所示。

图7-5

技巧与提示

分类区域主要用于分类和查找材质节点，但不能用于编辑材质，可以通过Alt+鼠标右键来缩放分类区域。

7.2.4 工作区域

工作区域主要用来编辑材质节点，在这里可以编辑出复杂的材质节点网格。在材质上单击鼠标右键，通过弹出的快捷菜单可以快速将材质指定给选定对象。另外，也可以打开材质节点的"属性编辑器"对话框，对材质属性进行调整。

技巧与提示

使用Alt+鼠标中键可以对工作区域的材质节点进行移动操作；使用Alt+鼠标右键可以对材质节点进行缩放操作。

7.3 材质类型

在创建栏中列出了Maya所有的材质类型，包含"表面"材质、"体积"材质和"置换"材质3大类型，如图7-6所示。

图7-6

本节知识概要

名称	主要作用	重要程度
表面材质	用于模拟物体的表面	高
体积材质	用于模拟具有体积的物体	中
置换材质	用于模拟具有凹凸的置换物体	中

7.3.1 表面材质

"表面"材质总共有12种类型，如图7-7所示。表面材质都是很常用的材质类型，物体的表面基本上都属于表面材质。

图7-7

表面材质介绍

各向异性 该材质用来模拟物体表面带有细密凹槽的材质效果，如光盘、细纹金属和光滑的布料等，如图7-8所示。

Blinn 这是使用频率最高的一种材质，主要用来模拟具有金属质感和强烈反射效果的材质，如图7-9所示。

图7-8 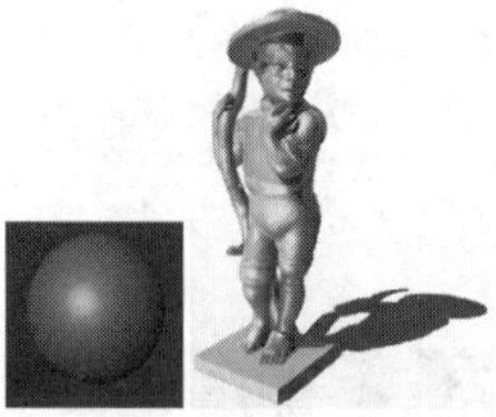 图7-9

头发管着色器 该材质是一种管状材质，主要用来模拟细小的管状物体（如头发），如图7-10所示。

Lambert 这是使用频率最高的一种材质，主要用来制作表面不会产生镜面高光的物体，如墙面、砖和土壤等具有粗糙表面的物体。Lambert材质是一种基础材质，无论是何种模型，其初始材质都是Lambert材质，如图7-11所示。

图7-10 图7-11

分层着色器 该材质可以混合两种或多种材质，也可以混合两种或多种纹理，从而得到一个新的材质或纹理。

海洋着色器 该材质主要用来模拟海洋的表面效果，如图7-12所示。

Phong 该材质主要用来制作表面比较平滑且具有光泽的塑料效果，如图7-13所示。

图7-12 图7-13

Phong E 该材质是Phong材质的升级版，其特性和Phong材质相同，但该材质产生的高光更加柔和，并且可调节的参数也更多，如图7-14所示。

图7-14

渐变着色器 该材质在色彩变化方面具有更多的可控特性，可以用来模拟具有色彩渐变的材质效果。

着色贴图 该材质主要用来模拟卡通风格的材质，可以用来创建各种非照片效果的表面。

表面着色器 这种材质不进行任何材质计算，它可以直接把其他属性和它的颜色、辉光颜色和不透明度属性连接起来，例如可以把非渲染属性（移动、缩放、旋转等属性）和物体表面的颜色连接起来。当移动物体时，物体的颜色也会发生变化。

使用背景 该材质可以用来合成背景图像。

7.3.2 体积材质

"体积"材质包括6种类型，如图7-15所示。

图7-15

体积材质介绍

环境雾 主要用来设置场景的雾气效果。

流体形状 ![流体形状]：主要用来设置流体的形态。

灯光雾 ![灯光雾]：主要用来模拟灯光产生的薄雾效果。

粒子云 ![粒子云]：主要用来设置粒子的材质，该材质是粒子的专用材质。

体积雾 ![体积雾]：主要用来控制体积节点的密度。

体积着色器 ![体积着色器]：主要用来控制体积材质的色彩和不透明度等特性。

7.3.3 置换材质

"置换"材质包括"C肌肉着色器"和"置换"材质两种，如图7-16所示。

![C肌肉着色器 / 置换]

图7-16

置换材质介绍

C肌肉着色器 ![C肌肉着色器]：该材质主要用来保护模型的中缝，它是另一种置换材质。原来在Zbrush中完成的置换贴图，用这个材质可以消除UV的接缝，而且速度比"置换"材质要快很多。

置换 ![置换]：用来制作表面的凹凸效果。与"凹凸"贴图相比，"置换"材质所产生的凹凸是在模型表面产生的真实凹凸效果，而"凹凸"贴图只是使用贴图来模拟凹凸效果，所以模型本身的形态不会发生变化，其渲染速度要比"置换"材质快。

7.4 材质属性

每种材质都有各自的属性，但各种材质之间又具有一些相同的属性。本节就对材质的各种属性进行介绍。

本节知识概要

名称	主要作用	重要程度
公用材质属性	设置材质的基本参数	高
高光属性	设置材质的高光参数	高
光线跟踪属性	设置材质的光线跟踪参数	高

7.4.1 公用材质属性

各向异性、Blinn、Lambert、Phong和Phong E

材质具有一些共同的属性，因此只需要掌握其中一种材质的属性即可。

在创建栏中单击Blinn材质球，在工作区域中创建一个Blinn材质，然后在材质节点上双击鼠标左键或按Ctrl+A组合键，打开该材质的"属性编辑器"对话框，图7-17所示的是材质的通用参数。

图7-17

公用材质属性参数介绍

颜色：颜色是材质最基本的属性，即物体的固有色。颜色决定了物体在环境中所呈现的色调，在调节时可以采用RGB颜色模式或HSV颜色模式来定义材质的固有颜色，当然也可以使用纹理贴图来模拟材质的颜色，如图7-18所示。

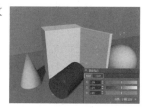

图7-18

知 识 点 常用颜色模式

RGB颜色模式：该模式是工业界的一种颜色标准模式，是通过R（红）、G（绿）、B（蓝）3个颜色通道的变化以及它们相互之间的叠加来得到各式各样的颜色效果，如图7-19所示。RGB颜色模式几乎包括了人类视眼所能感知的所有颜色，是目前应用最广的颜色系统。另外，本书所有颜色设置均采用RGB颜色模式。

图7-19

HSV颜色模式：H（Hue）代表色相、S（Saturation）代表色彩的饱和度、V（Value）代表色彩的明度，它是Maya默认的颜色模式，但是调节起来没有RGB颜色模式方便，如图7-20所示。

CMYK颜色模式：该颜色模式是通过C（青）、M（洋红）、Y（黄）、K（黑）4种颜色变化以及它们相互之间的叠加来得到各种颜色效果，如图7-21所示。CMYK

颜色模式是专用的印刷模式，但是在Maya中不能创建带有CMYK颜色的图像，如果使用CMYK颜色模式的贴图，Maya可能会显示错误。CMYK颜色模式的颜色数量要少于RGB颜色模式的颜色数量，所以印刷出的颜色往往没有屏幕上显示出来的颜色鲜艳。

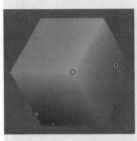 

图7-20　　　　　　　　　　　图7-21

透明度："透明度"属性决定了在物体后面的物体的可见程度，如图7-22所示。在默认情况下，物体的表面是完全不透明的（黑色代表完全不透明，白色代表完全透明）。

图7-22

技巧与提示

　　在大多数情况下，"透明度"属性和"颜色"属性可以一起控制色彩的透明效果。

环境色："环境色"是指周围环境作用于物体所呈现出来的颜色，即物体背光部分的颜色，图7-23和图7-24所示的是分别在黑色和黄色环境色下的球体效果。

图7-23　　　　　　　　　　　图7-24

技巧与提示

　　在默认情况下，材质的环境色都是黑色，而在实际工作中为了得到更真实的渲染效果（在不增加辅助光照的情况下），可以通过调整物体材质的环境色来得到良好的

视觉效果。当环境色变亮时，它可以改变被照亮部分的颜色，使两种颜色互相混合。另外，环境色还可以作为光源来使用。

白炽度：材质的"白炽度"属性可以使物体表面产生自发光效果，图7-25和图7-26所示的是不同颜色的自发光效果。在自然界中，一些物体的表面能够自我照明，也有一些物体的表面能够产生辉光，比如在模拟熔岩时就可以使用"白炽度"属性来模拟。"白炽度"属性虽然可以使物体表面产生自发光效果，但并非真实的发光，也就是说具有自发光效果的物体并不是光源，没有任何照明作用，只是看上去好像在发光一样，它和"环境色"属性的区别是一个是主动发光，一个是被动发光。

图7-25　　　　　　　　　　　图7-26

凹凸贴图："凹凸贴图"属性可以通过设置一张纹理贴图来使物体的表面产生凹凸不平的效果。利用凹凸贴图可以在很大程度上提高工作效率，因为采用建模的方式来表现物体表面的凹凸效果会耗费很多时间。

知 识 点　凹凸贴图与置换材质的区别

　　凹凸贴图只是视觉假象，而置换材质会影响模型的外形，所以凹凸贴图的渲染速度要快于置换材质。另外，在使用凹凸贴图时，一般要与灰度贴图一起配合使用，如图7-27所示。

凹凸贴图　　　　　　　　　　　灰度贴图

图7-27

漫反射："漫反射"属性表示物体对光线的反射程度，较小的值表明该物体对光线的反射能力较弱（如透明的物体）；较大的值表明物体对光线的反射能力较强（如较粗糙的表面）。"漫反射"属性的默认值是0.8，在一般情况下，默认值就可以渲染出较好的效果。虽然在材质编辑过程中并不会经常对"漫反射"属性值进行

调整，但是它对材质颜色的影响却非常大。当"漫反射"值为0时，材质的环境色将替代物体的固有色；当"漫反射"值为1时，材质的环境色可以增加图像的鲜艳程度，在渲染真实的自然材质时，使用较小的"漫反射"值即可得到较好的渲染效果，如图7-28所示。

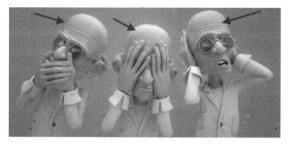

图7-28

半透明："半透明"属性可以使物体呈现出透明效果。在现实生活中经常可以看到这样的物体，如蜡烛、树叶、皮肤和灯罩等，如图7-29所示。当"半透明"数值为0时，表示关闭材质的透明属性，然而随着数值的增大，材质的透光能力将逐渐增强。

图7-29

技巧与提示

在设置透明效果时，"半透明"相当于一个灯光，只有当"半透明"设置为一个大于0的数值时，透明效果才能起作用。

半透明深度："半透明深度"属性可以控制阴影投射的距离。该值越大，阴影穿透物体的能力越强，从而映射在物体的另一面。

半透明焦点："半透明焦点"属性可以控制在物体内部由于光线散射造成的扩散效果。该数值越小，光线的扩散范围越大，反之就越小。

7.4.2 高光属性

在各向异性、Blinn、Lambert、Phong和Phong

E.这些材质中，主要的不同之处就是它们的高光属性。各向异性材质可以产生一些特殊的高光效果，Blinn材质可以产生比较柔和的高光效果，而Phong和Phong E材质会产生比较锐利的高光效果。

1.各向异性高光属性

创建一个各向异性材质，然后打开其"属性编辑器"对话框，接着展开"镜面反射着色"卷展栏，如图7-30所示。

图7-30

各向异性材质高光参数介绍

角度：用来控制椭圆形高光的方向。各向异性材质的高光比较特殊，它的高光区域是一个月牙形。

扩散X：用来控制x方向的拉伸长度。

扩散Y：用来控制y方向的拉伸长度。

粗糙度：用来控制高光的粗糙程度。数值越大，高光越强，高光区域就越分散；数值越小，高光越小，高光区域就越集中。

Fresnel系数：用来控制高光的强弱。

镜面反射颜色：用来设置高光的颜色。

反射率：用来设置反射的强度。

反射的颜色：用来控制物体的反射颜色，可以在其颜色通道中添加一张环境贴图来模拟周围的反射效果。

各向异性反射率：用来控制是否开启各向异性材质的"反射率"属性。

2.Blinn高光属性

创建一个Blinn材质，然后打开其"属性编辑器"对话框，接着展开"镜面反射着色"卷展栏，如图7-31所示。

图7-31

Blinn材质高光参数介绍

偏心率：用来控制材质上的高光面积大小。值越大，高光面积越大；值为0时，表示不产生高光效果。

镜面反射衰减:用来控制Blinn材质的高光的衰减程度。

镜面反射颜色：用来控制高光区域的颜色。当颜色为黑色时，表示不产生高光效果。

反射率：用来设置物体表面反射周围物体的强度。值越大，反射越强；值为0时，表示不产生反射效果。

反射的颜色：用来控制物体的反射颜色，可以在其颜色通道中添加一张环境贴图来模拟周围的反射效果。

3.Phong高光属性

创建一个Phong材质，然后打开其"属性编辑器"对话框，接着展开"镜面反射着色"卷展栏，如图7-32所示。

图7-32

Phong材质高光参数介绍

佘弦幂：用来控制高光面积的大小。数值越大，高光越小，反之越大。

镜面反射颜色：用来控制高光区域的颜色。当高光颜色为黑色时，表示不产生高光效果。

反射率：用来设置物体表面反射周围物体的强度。值越大，反射越强；值为0时，表示不产生反射效果。

反射的颜色：用来控制物体的反射颜色，可以在其颜色通道中添加一张环境贴图来模拟周围的反射效果。

4.Phong E高光属性

创建一个Phong E材质，然后打开其"属性编辑器"对话框，接着展开"镜面反射着色"卷展栏，如图7-33所示。

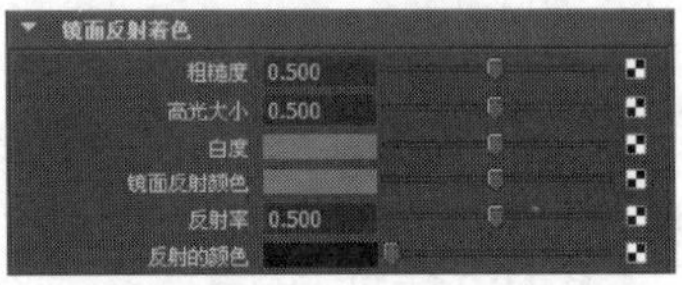

图7-33

Phong E材质高光参数介绍

粗糙度：用来控制高光中心的柔和区域的大小。

高光大小：用来控制高光区域的整体大小。

白度：用来控制高光中心区域的颜色。

镜面反射颜色：用来控制高光区域的颜色。当高光颜色为黑色时，表示不产生高光效果。

反射率：用来设置物体表面反射周围物体的强度。值越大，反射越强；值为0时表示不产生反射效果。

反射的颜色：用来控制物体的反射颜色，可以在其颜色通道中添加一张环境贴图来模拟周围的反射效果。

7.4.3 光线跟踪属性

因为各向异性、Blinn、Lambert、Phong和Phong E材质的"光线跟踪"属性都相同，在这里选择Phong E材质来进行讲解。

打开Phong E材质的"属性编辑器"对话框，然后展开"光线跟踪选项"卷展栏，如图7-34所示。

图7-34

光线跟踪选项参数介绍

折射：用来决定是否开启折射功能。

折射率：用来设置物体的折射率。折射是光线穿过不同介质时发生的弯曲现象，折射率就是光线弯曲的大小，图7-35所示为常见介质的折射率。

介质	折射率
真空	1.0000
空气	1.0003
冰	1.3090
水	1.3333
玻璃	1.5000
红宝石	1.7700
蓝宝石	1.7700
水晶	2.0000
钻石	2.4170
翡翠	1.570

图7-35

折射限制：用来设置光线穿过物体时产生折射的最大次数。数值越高，渲染效果越真实，但渲染速度会变慢。

 技巧与提示

"折射限制"数值如果低于6，Maya就不会计算折射，所以该数值只有等于或大于6才有效。在一般情况下，一般设置为9~10之间即可获得比较高的渲染质量。

灯光吸收：用来控制物体表面吸收光线的能力。值为0时，表示不吸收光线；值越大，吸收的光线就越多。

表面厚度：用于渲染单面模型，可以产生一定的厚度效果。

阴影衰减：用于控制透明对象产生光线跟踪阴影的聚焦效果。

色度色差：当开启光线跟踪功能时，该选项用来设置光线穿过透明物体时以相同的角度进行折射。

反射限制：用来设置物体被反射的最大次数。

镜面反射度：用于避免在反射高光区域产生锯齿闪烁效果。

 技巧与提示

若要使用"光线跟踪"功能，必须在"渲染设置"对话框中开启"光线跟踪"选项后才能正常使用，如图7-36所示。

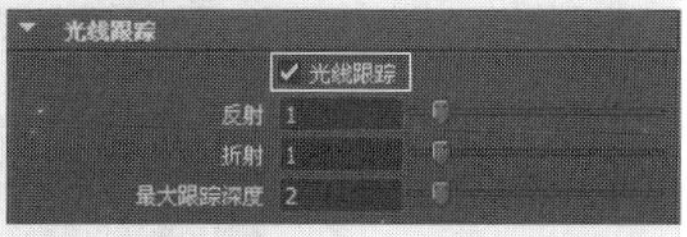

图7-36

課堂案例

制作迷彩材质

案例位置	案例文件>CH07>课堂案例——制作迷彩材质.mb
视频位置	多媒体教学>CH07>课堂案例——制作迷彩材质.flv
难易指数	★★★☆☆
学习目标	学习如何用纹理控制材质的"颜色"属性

迷彩材质效果如图7-37所示。

图7-37

迷彩材质的模拟效果如图7-38所示。

图7-38

⓵ 打开"场景文件>CH07>a.mb"文件，如图7-39所示。

图7-39

⓶ 打开Hypershade对话框，然后创建一个"分形"纹理节点，如图7-40所示。

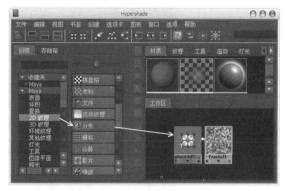

图7-40

⓷ 双击分形纹理节点，打开其"属性编辑器"对话框，然后设置其名称为green，接着在"分形属性"卷展栏下设置"比率"为0.504、"频率比"为20、"最高级别"为15.812、"偏移"为0.812，最后在"颜色平衡"卷展栏下设置"颜色偏移"为（R:89，G:178，B:89），具体参数设置如图7-41所示。

图7-41

⓸ 选择"分形纹理"节点，然后按Ctrl+D组合键复制一个"分形纹理"节点，如图7-42所示。

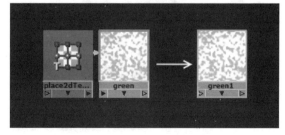

图7-42

⓹ 打开复制出来的"分形纹理"节点的"属性编辑器"对话框，然后设置节点名称为red，接着在"分形属性"卷展栏下勾选"已设置动画"选项，并设置"时间"为15，最后在"颜色平衡"卷展栏下设置"颜色偏移"为（R:102，G:9，B:9），具体参数设置如图7-43所示。

图7-43

将green节点拖到此处

图7-46

图7-47

06 创建一个Lambert材质和一个"分层纹理"节点，如图7-44所示。

图7-44

08 在"分层纹理属性"卷展栏下设置red节点的"混合模式"为"相乘"，如图7-48所示。

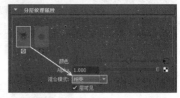

图7-48

技巧与提示

在"收藏夹"列表中选择"其他纹理"选项，然后单击"分层纹理"图标 分层纹理 即可创建一个"分层纹理"节点，如图7-45所示。

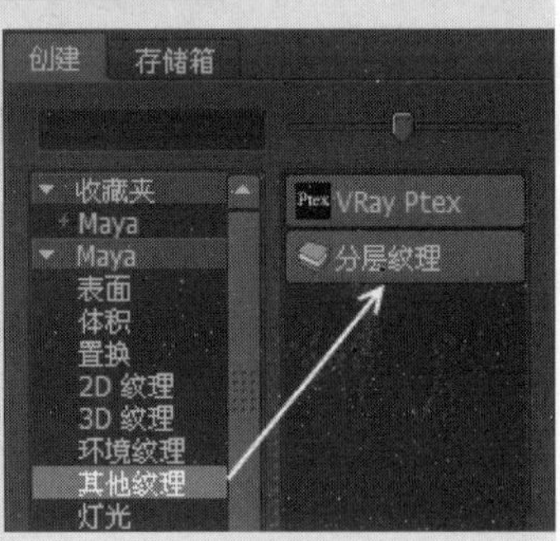

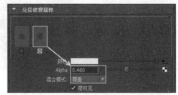

09 将green节点的"混合模式"设置为"覆盖"，然后设置Alpha为0.46，如图7-49所示。

图7-49

10 打开Lambert材质的"属性编辑器"对话框，然后用鼠标中键将"层纹理"节点拖曳到Lambert材质的"颜色"属性上，如图7-50所示，制作好的材质节点效果如图7-51所示。

图7-50

图7-45

07 打开"分层着色器"节点的"属性编辑器"对话框，然后用鼠标中键将green纹理节点拖曳到如图7-46所示的位置，接着单击绿色节点下方的 图标，删除该节点，最后用鼠标中键将red纹理节点拖曳到图7-47所示的位置。

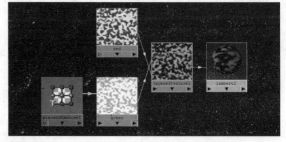

图7-51

图7-55

技巧与提示

将"层纹理"节点拖曳到Lambert材质的"颜色"属性上，可以让"层纹理"节点的属性控制Lambert材质的"颜色"属性。

⑪ 将设置好的Lambert材质指定模型，然后渲染当前场景，最终效果如图7-52所示。

图7-52

技巧与提示

注意，纹理不能直接指定给模型，只有材质才能指定给模型。

课堂案例

制作玻璃材质

案例位置	案例文件>CH07>课堂案例——制作玻璃材质.mb
视频位置	多媒体教学>CH07>课堂案例——制作玻璃材质.flv
难易指数	★★★★☆
学习目标	学习如何用Blinn材质制作玻璃材质

玻璃材质效果如图7-53所示。

图7-53

玻璃材质的模拟效果如图7-54所示。

图7-54

① 打开"场景文件>CH07>b.mb"文件，如图

技巧与提示

本场景已经设置好了灯光和部分材质，下面只设置瓶子的材质，即玻璃材质。

② 创建一个Blinn材质，然后打开其"属性编辑器"对话框，将其命名为glass，接着设置"颜色"为黑色，最后设置"偏心率"为0.06、"镜面反射衰减"为2、"镜面反射颜色"为白色，具体参数设置如图7-56所示。

图7-56

③ 创建一个"采样信息"节点和"渐变"纹理节点，然后在"采样信息"节点上单击鼠标中键，并在弹出的菜单中选择"其他"命令，如图7-57所示，打开"连接编辑器"对话框，最后将"采样信息"节点的facingRatio（面比率）连接到"渐变"节点的vCoord（V坐标）属性上，如图7-58所示。

图7-57

图7-58

04 打开"渐变"节点的"属性编辑器"对话框，然后设置第1个色标的"选定位置"为0.69，接着设置"选定颜色"为（R:7，G:7，B:7）；设置第2个色标的"选定位置"为0，接着设置"选定颜色"为（R:81，G:81，B:81），如图7-59所示。

图7-59

05 用鼠标中键将"渐变"节点拖曳到glass材质节点上，然后在弹出的菜单中选择"其他"命令，打开"连接编辑器"对话框，接着将"渐变"节点的outAlpha（输出Alpha）属性连接到glass节点的reflectivity（反射率）属性上，如图7-60所示。

图7-60

06 创建一个"环境铬"节点，然后用鼠标中键

将其拖曳到glass材质节点上，在弹出的菜单中选择"其他"命令，打开"连接编辑器"对话框，接着将"环境铬"节点的outColor（输出颜色）属性连接到glass节点的reflectedColor（反射颜色）属性上，如图7-61所示，此时的材质节点效果如图7-62所示。

图7-61

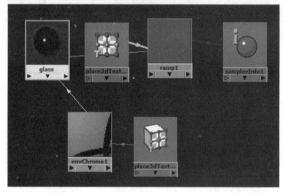

图7-62

07 打开"环境铬"节点的"属性编辑器"对话框，设置好各项参数，具体参数设置如图7-63所示。

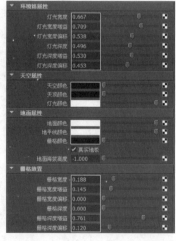

图7-63

08 再次创建一个"渐变"节点，然后用鼠标中键将其拖曳到glass材质节点上，在弹出的菜单中选择"其他"命令，打开"连接编辑器"对话框，接

着将"渐变"节点的outColor（输出颜色）属性连接到glass节点的transparency（半明度）属性上，如图7-64所示，此时的材质节点效果如图7-65所示。

图7-64

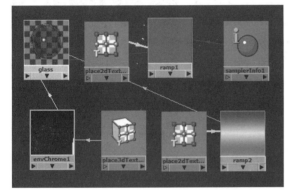

图7-65

09 打开"渐变"节点的"属性编辑器"对话框，然后"插值"为"平滑"，接着设置第1个色标的"选定位置"为0.61，最后设置"选定颜色"为（R:240，G:240，B:240）；设置第2个色标的"选定位置"为0，接着设置"选定颜色"为（R:35，G:35，B:35），如图7-66所示，设置好的材质节点如图7-67所示。

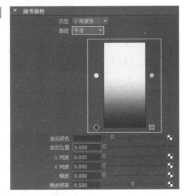

图7-66

10 将设置好的glass材质指定给瓶子模型，然后渲染当前场景，最终效果如图7-68所示。

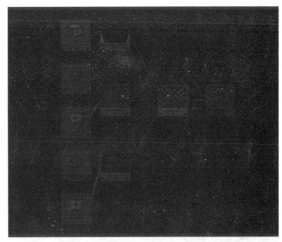

图7-67

图7-68

🎬 课堂案例

制作昆虫材质

案例位置	案例文件>CH07>课堂案例——制作昆虫材质.mb
视频位置	多媒体教学>CH07>课堂案例——制作昆虫材质.flv
难易指数	★★☆☆☆
学习目标	学习mi_car_paint_phen_x（车漆）材质的用法

昆虫材质效果如图7-69所示。

图7-69

昆虫材质的模拟效果如图7-70所示。

图7-70

① 打开"场景文件>CH07>c.mb"文件，如图7-71所示。

图7-71

② 打开Hypershade对话框，然后创建一个mi_car_paint_phen_x（车漆）材质，如图7-72所示。

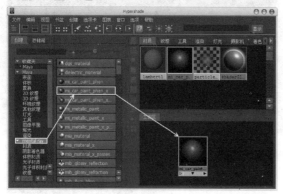

图7-72

技巧与提示

mi_car_paint_phen_x（车漆）材质属于mentalray材质，这种材质最好用mentalray渲染器进行渲染，否则渲染出来的效果可能不正确。

③ 打开"渲染设置"对话框，设置渲染器为mentalray渲染器，然后在"环境"卷展栏下单击"基于图像的照明"选项后面的"创建"按钮 创建，接着在"最终聚焦"卷展栏下勾选"最终聚焦"选项，如图7-73所示，最后在"基于图像的照明属性"卷展栏下设置"类型"为"纹理"，并设置"纹理"颜色（R:92, G:175, B:208），如图7-74所示。

图7-73

图7-74

④ 打开mi_car_paint_phen_x（车漆）材质的"属性编辑器"对话框，然后在Flake Parameters（片参数）卷展栏下设置Flake Color（片颜色）为（R:211，G:211，B:211），并设置Flake Weight（片权重）为3；展开Reflection Parameters（反射参数）卷展栏，然后设置Reflection Color（反射颜色）为（R:169，G:185，B:255），接着Edge Factor（边缘因子）为7，具体参数设置如图7-75所示。

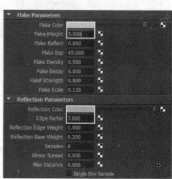

图7-75

⑤ 将mi_car_paint_phen_x（车漆）材质指定给甲壳虫模型，然后测试渲染当前场景，效果如图7-76所示。

图7-76

⑥ 创建一个"使用背景"材质，然后将其指定给地面模型。打开"使用背景"节点的"属性编辑器"对话框，然后在"使用背景属性"卷展栏下设置"镜面反射颜色"为（R:23, G:23, B:23），接着设置"反射率"为0.772、"反射限制"为2、"阴影遮罩"为0.228，如图7-77所示。

图7-77

"使用背景"材质的用途是来合成背景图像，被指定这种材质的物体不会被渲染出来，就像透明的一样，但是它可以接收阴影，具有反射能力。

07 渲染当前场景，最终效果如图7-78所示。

图7-78

课堂案例

制作玛瑙材质

案例位置	案例文件>CH07>课堂案例——制作玛瑙材质.mb
视频位置	多媒体教学>CH07>课堂案例——制作玛瑙材质.flv
难易指数	★★★☆☆
学习目标	学习玛瑙材质的制作方法

玛瑙材质效果如图7-79所示。

图7-79

玛瑙材质的模拟效果如图7-80所示。

图7-80

01 打开"场景文件>CH07>d.mb"文件，如图7-81所示。

图7-81

02 创建一个Blinn材质，打开其"属性编辑器"对话框，然后在"公用材质属性"卷展栏下设置"漫反射"为0.951、"半透明"为0.447、"半透明深度"为2.073、"半透明聚焦"为0.301，接着在"镜面反射着色"卷展栏下设置"偏心率"为0.114、"镜面反射衰减"为0.707、"反射率"为0.659，再设置"镜面反射颜色"为（R:128, G:128, B:128）、"反射的颜色"（R:0, G:0, B:0），如图7-82所示。

图7-82

03 创建一个"分形"纹理节点，打开其"属性编辑器"对话框，然后在"分形属性"卷展栏下设置"阈值"为0.333、"比率"为0.984、"频率比"为5.976，接着在"颜色平衡"卷展栏下设置"默认颜色"为（R:17, G:17, B:17）、"颜色增益"为（R:29, G:65, B:36），最后设置"Alpha增益"为0.407，具体参数设置如图7-83所示。

图7-83

04 用鼠标中键将调整好的"分形"纹理节点拖曳Blinn材质上，然后在弹出的菜单中选择color（颜色）命令，如图7-84所示。

图7-84

05 创建一个"混合颜色"节点和"曲面亮度"节

点，然后打开"混合颜色"节点的"属性编辑器"对话框，使用鼠标中键将"曲面亮度"节点拖曳到"混合颜色"节点的"混合器"属性上，接着设置"颜色1"为黑色、"颜色2"为白色，如图7-85所示。

图7-85

技巧与提示

"混合颜色"节点和"曲面亮度"节点都在"工具"节点列表中。

06 用鼠标中键将"混合颜色"节点拖曳到Blinn材质节点上，然后在弹出的菜单中选择ambientColor（环境色）命令，如图7-86所示。

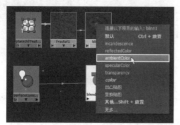

图7-86

07 再次创建一个"分形"纹理节点，然后用鼠标中键将其拖曳到Blinn材质节点的"凹凸贴图"属性上，如图7-87所示；接着在"2D凹凸属性"卷展栏下设置"凹凸深度"为0.1，如图7-88所示；制作好的材质节点如图7-89所示。

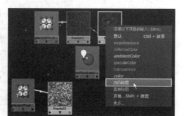

图7-87

图7-88

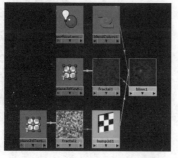

图7-89

08 将制作好的Blinn材质指定给青蛙模型，然后渲染当前场景，最终效果如图7-90所示。

图7-90

课堂案例

制作金属材质

案例位置	案例文件>CH07>课堂案例——制作金属材质.mb
视频位置	多媒体教学>CH07>课堂案例——制作金属材质.flv
难易指数	★★☆☆☆
学习目标	学习金属材质的制作方法

金属材质效果如图7-91所示。

图7-91

金属材质的模拟效果如图7-92所示。

图7-92

01 打开"场景文件>CH07>e.mb"文件，如图7-93所示。

图7-93

02 创建一个Blinn材质，打开其"属性编辑器"对话框，然后在"公用材质属性"卷展栏下设置

"颜色"为黑色，接着在"镜面反射着色"卷展栏下设置"偏心率"为0.219、"镜面反射衰减"为1、"反射率"为0.8，最后设置"镜面反射颜色"为（R:255，G:187，B:0），具体参数设置如图7-94所示。

图7-94

03 下面制作另外一个金属材质。按Ctrl+D组合键复制一个Blinn材质节点，然后将"镜面反射颜色"修改为白色，如图7-95所示。

图7-95

04 将设置好的两个Blinn材质分别指定给相应的模型，然后渲染当前场景，最终效果如图7-96所示。

图7-96

技巧与提示

金属材质的制作方法虽然简单，但是要制作出真实的金属材质，需要注意以下3个方面。

颜色：金属的颜色多为中灰色和亮灰色。

高光：因为金属物体本身比较光滑，所以金属的高光一般较为强烈。

反射：金属的表面具有较强的反射效果。

课堂案例

制作眼睛材质

案例位置	案例文件>CH07>课堂案例——制作眼睛材质.mb
视频位置	多媒体教学>CH07>课堂案例——制作眼睛材质.flv
难易指数	★★★★☆
学习目标	学习眼睛材质的制作方法

眼睛材质效果如图7-97所示。

图7-97

眼睛材质的模拟效果如图7-98所示。

图7-98

01 打开"场景文件>CH07>f.mb"文件，如图7-99所示。

图7-99

技巧与提示

下面来看看眼睛的结构图，如图7-100所示。本例需要制作的材质包含3个部分，分别是角膜、瞳孔、晶状体。

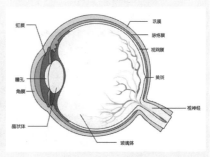

图7-100

02 下面制作角膜材质。创建一个Blinn材质，打开其"属性编辑器"对话框，然后将材质命名为eyeball2，接着在"镜面反射着色"卷展栏下设置"偏心率"为0.07、"反射率"为0.2，最后设置"镜面反射颜色"为（R:247，G:247，B:247），如图7-101所示。

图7-101

03 展开"公用材质属性"卷展栏，然后单击"颜色"属性后面的█按钮，并在弹出的"创建渲染节点"对话框中单击"文件"节点，接着在弹出的面板中加载"实例文件>CH07>课堂案例——制作眼睛材质>projection.als"文件，如图7-102所示，最后将材质指定给角膜模型，效果如图7-103所示。

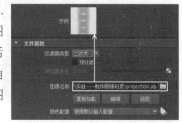

图7-102

图7-103

04 在"公用材质属性"卷展栏下单击"透明度"属性后面的█按钮，然后在弹出的"创建渲染节点"对话框中单击"文件"节点，接着在弹出的面板中加载"实例文件>CH07>课堂案例制作眼睛材质>ramp.als"文件，如图7-104所示。

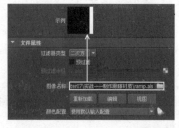

图7-104

05 在"公用材质属性"卷展栏下单击"凹凸贴图"属性后面的█按钮，打开"创建渲染节点"对话框，然后在"文件"节点上单击鼠标右键，并在弹出的菜单中选择"创建为投影"命令，如图7-105所示。

图7-105

06 选择"投影"节点，如图7-106所示，然后在其"属性编辑器"对话框中的"投影属性"卷展栏下单击"适应边界框"按钮 适应边界框 ，如图7-107所示。

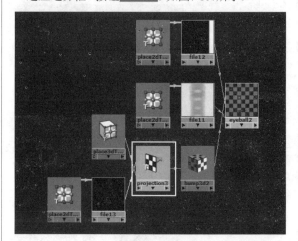

图7-106

图7-107

07 选择"凹凸贴图"属性的"文件"节点，然后在其"属性编辑器"对话框中的"文件属性"卷展栏下加载"实例文件>CH07>课堂案例制作眼睛材质>bump.tif"文件，如图7-108所示，制作好的角膜材质节点如图7-109所示。

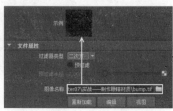

图7-108

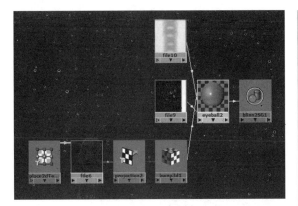

图7-109

08 下面制作瞳孔材质。创建一个Blinn材质，打开其"属性编辑器"对话框，然后将其命名为iris1，接着在"镜面反射着色"卷展栏下设置"偏心率"为0.36、"反射率"为0，如图7-110所示。

图7-110

09 展开"公用材质属性"卷展栏，然后在"颜色"贴图通道中加载"实例文件>CH07>课堂案例制作眼睛材质>eye.tif"文件，如图7-111所示。

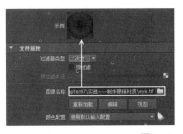

图7-111

10 创建一个"渐变"节点，然后在"渐变属性"卷展栏下设置"类型"为"圆形渐变"、"插值"为"平滑"，接着设置第1个色标的颜色为黑色，最后设置第2个色标的颜色为（R:124，G:110，B:79），如图7-112所示。

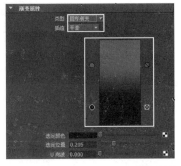

图7-112

11 用鼠标中键将"渐变"节点拖曳到iris1材质上，然后在弹出的菜单中选择specularColor（镜面反射颜色）命令，如图7-113所示。

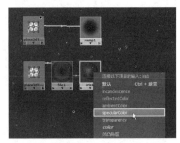

图7-113

12 选择"文件"节点，然后在Hypershade对话框中执行"编辑>复制>着色网格"命令，复制出一个"文件"节点，如图7-114所示。

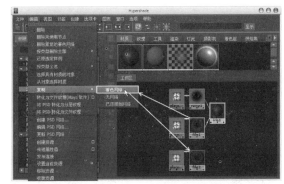

图7-114

13 用鼠标中键将复制出来的"文件"节点拖曳到iris1材质上，然后在弹出的菜单中选择"凹凸贴图"命令，如图7-115所示，制作好的材质节点如图7-116所示。

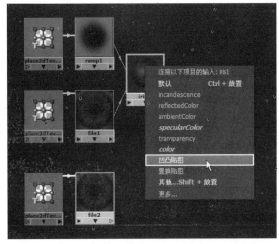

图7-115

167

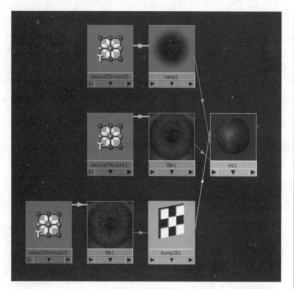

图7-116

⑭ 将制作好的iris1材质指定给瞳孔模型，效果如图7-117所示。

⑮ 下面制作晶状体材质。创建一个Lambert材质，然后打开其"属性编辑器"对话框，接着在"公用材质属性"卷展栏下设置"颜色"为黑色，最后将Lambert材质指定给晶状体模型，效果如图7-118所示。

图7-117　　　　　　图7-118

⑯ 渲染当前场景，最终效果如图7-119所示。

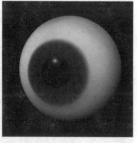

图7-119

技巧与提示

制作出眼睛材质后，可以将其应用到实际人物中，以观察制作出的眼睛材质是否合理，如图7-120所示。

图7-120

课堂案例

制作熔岩材质

案例位置	案例文件>CH07>课堂案例——制作熔岩材质.mb
视频位置	多媒体教学>CH07>课堂案例——制作熔岩材质.flv
难易指数	★★★★☆
学习目标	学习熔岩材质的制作方法

熔岩材质效果如图7-121所示。

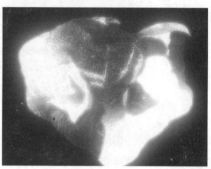

图7-121

熔岩材质的模拟效果如图7-122所示。

图7-122

① 打开"场景文件>CH07>g.mb"文件，如图7-123所示。

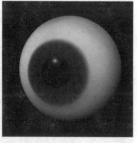

图7-123

② 创建一个Blinn材质（命名为rongyan）和"文件"节点，然后打开"文件"节点的"属性编辑器"对话框，接着加载"实例文件>CH07>课堂案例制作熔岩材质>07Lb.jpg"文件，如图7-124所示。

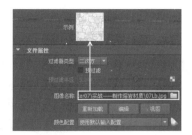

图7-124

⑱ 用鼠标中键将"文件"节点拖曳到rongyan材质球上，然后在弹出的菜单中选择"凹凸贴图"命令，如图7-125所示。

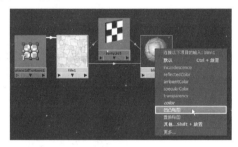

图7-125

⑭ 选择"文件"节点，然后在Hypershade对话框中执行"编辑>复制>已连接到网络"命令，复制出一个"文件"节点，得到图7-126所示的节点连接。

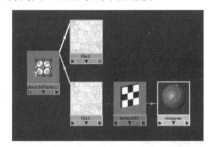

图7-126

⑮ 创建一个"渐变"节点，然后用鼠标中键将该节点拖曳到复制出来的"文件"节点上，接着在弹出菜单中选择colorGain（颜色增益）命令，如图7-127所示，得到的节点连接如图7-128所示。

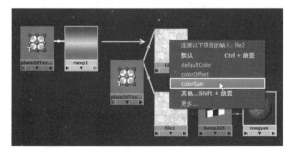

图7-127

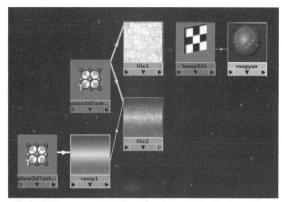

图7-128

⑯ 打开"渐变"节点的"属性编辑器"对话框，然后调节好渐变色，如图7-129所示。

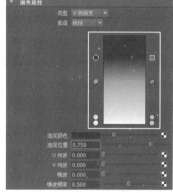

图7-129

技巧与提示

步骤（6）中一共有4个色标，而默认的色标只有3个，这样色标就不够用。如果要添加色标，可以在色条的左侧单击鼠标左键即可添加一个色标。

⑰ 创建一个"亮度"节点，然后用鼠标中键将复制出来的"文件"节点（即file2节点）拖曳到"亮度"节点上，接着在弹出的菜单中选择value（数值）命令，如图7-130所示。

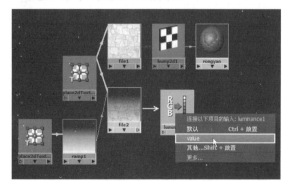

图7-130

技巧与提示

"亮度"节点的作用是将RGB颜色模式转换成灰度颜色模式。

⑧ 创建一个"置换"节点，然后将"亮度"节点的outValue（输出数值）属性连接到"置换"节点的displacement（置换）属性上，如图7-131所示。

图7-131

⑨ 将rongyan指定给模型，然后测试渲染当前场景，可以观察到熔岩已经具有了置换效果，如图7-132所示。

图7-132　　　　　　　图7-133

⑩ 打开file2节点的"属性编辑器"对话框，然后在"效果"卷展栏下单击"颜色重映射"属性后面的"插入"按钮 插入，如图7-133所示，接着测试渲染当前场景，效果如图7-134所示。

图7-134

⑪ 打开RemapRamp1节点的"属性编辑器"对话框，然后调节好渐变色，如图7-135所示。

图7-135

⑫ 将RemapRamp1节点的outAlpha（输出Alpha）属性连接到rongyan材质的glowIntensity（辉光强度）属性上，如图7-136所示，得到的节点连接如图7-137所示。

图7-136

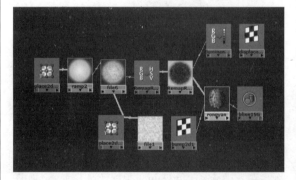

图7-137

⑬ 渲染当前场景，最终效果如图7-138所示。

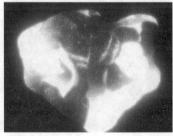

图7-138

课堂案例

制作卡通材质

案例位置	案例文件>CH07>课堂案例——制作卡通材质.mb
视频位置	多媒体教学>CH07>课堂案例——制作卡通材质.flv
难易指数	★☆☆☆☆
学习目标	学习卡通材质的制作方法

卡通材质效果如图7-139所示。

图7-139

卡通材质的模拟效果如图7-140所示。

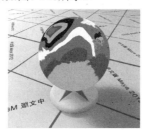

图7-140

01 打开"场景文件>CH07>h.mb"文件，如图7-141所示。

图7-141

02 创建一个"着色贴图"材质节点，然后打开其"属性编辑器"对话框，接着单击"颜色"属性后面的■按钮，并在弹出的"创建渲染节点"对话框中单击Blinn节点，最后设置着色"贴图颜色"为（R:0，G:6，B:60），如图7-142所示。

图7-142

03 切换到Blinn节点的参数设置面板，然后在"颜色"贴图通道中加载一个"渐变"节点，接着设置"插值"为"无"，最后调节好渐变色，如图7-143所示。

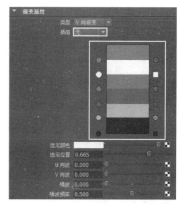

图7-143

04 将制作好的材质赋予模型，然后渲染当前场景，最终效果如图7-144所示。

图7-144

7.5 纹理

当模型被指定材质时，Maya会迅速对灯光做出反映，以表现出不同的材质特性，如固有色、高光、透明度和反射等。但模型额外的细节，如凹凸、刮痕和图案可以用纹理贴图来实现，这样可以增强物体的真实感。通过对模型添加纹理贴图，可以丰富模型的细节，图7-145所示是一些很真实的纹理贴图。

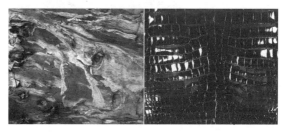

图7-145

7.5.1 纹理的类型

材质、纹理、工具节点和灯光的大多数属性

都可以使用纹理贴图。纹理可以分为二维纹理、三维纹理、环境纹理和层纹理4大类型。二维和三维纹理主要作用于物体本身，Maya提供了一些二维和三维的纹理类型，并且用户可以自行制作纹理贴图，如图7-146所示。三维软件中的纹理贴图的工作原理比较类似，不同软件中的相同材质也有着相似的属性，因此其他软件的贴图经验也可以应用在Maya中。

图7-146

7.5.2 纹理的作用

模型制作完成后，要根据模型的外观来选择合适的贴图类型，并且要考虑材质的高光、透明度和反射属性。指定材质后，可以利用Maya的节点功能使材质表现出特有的效果，以增强物体的表现力，如图7-147所示。

图7-147

二维纹理作用于物体表面，与三维纹理不同，二维纹理的效果取决于投射和UV坐标，而三维纹理不受其外观的限制，可以将纹理的图案作用于物体的内部。二维纹理就像动物外面的皮毛，而三维纹理可以将纹理延伸到物体的内部，无论物体如何改变外观，三维纹理都是不变的。

环境纹理并不直接作用于物体，主要用于模拟周围的环境，可以影响到材质的高光和反射，不同类型的环境纹理模拟的环境外形是不一样的。

使用纹理贴图可以在很大程度上降低建模的工作量，弥补模型在细节上的不足。同时也可以通过对纹理的控制，制作出在现实生活中不存在的材质效果。

7.5.3 纹理的属性

在Maya中，常用的纹理有"2D纹理"和"3D纹理"，如图7-148和图7-149所示。

图7-148　　　　　　　图7-149

在Maya中，可以创建3种类型的纹理，分别是正常纹理、投影纹理和蒙板纹理（在纹理上单击鼠标右键，在弹出的菜单中即可看到这3种纹理），如图7-150所示。下面就针对这3种纹理进行重点讲解。

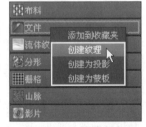

图7-150

1.正常纹理

打开Hypershade对话框，然后创建一个"布料"纹理节点，如图7-151所示，接着双击在与其相连的place2dTexture节点，打开其"属性编辑器"对话框，如图7-152所示。

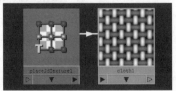

图7-151

图7-152

正常纹理参数介绍

交互式放置：单击该按钮后，可以使用鼠标中键对纹理进行移动、缩放和旋转等交互式操作，如图7-153所示。

图7-153

覆盖：控制纹理的覆盖范围，图7-154和图7-155所示的分别是设置该值为（1，1）和（3，3）时的纹理覆盖效果。

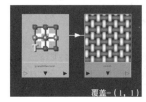
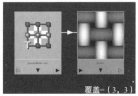

覆盖=（1，1）　　　　覆盖=（3，3）

图7-154　　　　　　　图7-155

平移帧：控制纹理的偏移量，图7-156所示的是将纹理在U向上平移了2，在V向上平移了1后的纹理效果。

旋转帧：控制纹理的旋转量，图7-157所示的是将纹理旋转了45°后的效果。

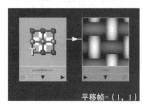

平移帧=（1，1）　　　　旋转帧=45°

图7-156　　　　　　　图7-157

U/V向镜像：表示在U/V方向上镜像纹理，图7-158所示的是在U向上镜像的纹理效果，图7-159所示的是在V向上镜像的纹理效果。

U/V向折回：表示纹理UV的重复程度，在一般情况下都采用默认设置。

交错：该选项一般在制作砖墙纹理时使用，可以使纹理之间相互交错，图7-160所示的是勾选该选项前后的纹理对比。

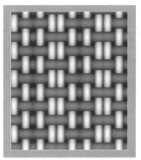

图7-158　　　　　　　　　图7-159

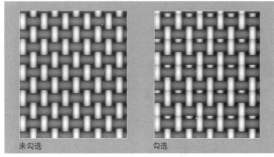

未勾选　　　　　　　　勾选

图7-160

UV向重复：用来设置UV的重复程度，图7-161和图7-162所示的分别是设置该值为（3，3）与（1，3）时的纹理效果。

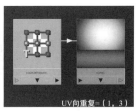

UV向重复=（3，3）　　　　UV向重复=（1，3）

图7-161　　　　　　　　　图7-162

偏移：设置UV的偏移量，图7-163所示的是在U向上偏移了0.2后的效果，图7-164所示的是在V向上偏移了0.2后的效果。

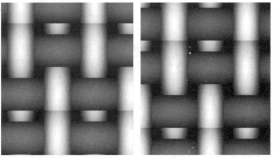

图7-163　　　　　　　　　图7-164

UV向旋转：该选项和"旋转帧"选项都可以对纹理进行旋转，不同的是该选项旋转的是纹理的UV，"旋转帧"选项旋转的是纹理，图7-165的是设置该值为30时的效果。

图7-165

UV噪波：该选项用来对纹理的UV添加噪波效果，图7-166所示的是设置该值为（0.1，0.1）时的效果，图7-167所示的是设置该值为（10，10）时的效果。

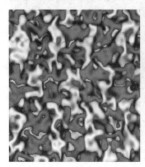

图7-166　　　　　　　图7-167

2.投影纹理

在"棋盘格"纹理上单击鼠标右键，在弹出的菜单中选择"创建为投影"命令，如图7-168所示，这样可以创建一个带"投影"节点的"棋盘格"节点，如图7-169所示。

图7-168

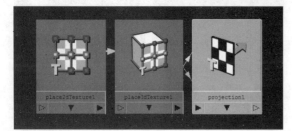

图7-169

双击projection1节点，打开其"属性编辑器"对话框，如图7-170所示。

图7-170

投影纹理参数介绍

交互式放置 交互式放置：在场景视图中显示投影操纵器。

适应边界框 适应边界框：使纹理贴图与贴图对象或集的边界框重叠。

投影类型：选择2D纹理的投影方式，共有以下9种方式。

禁用：关闭投影功能。

平面：主要用于平面物体，图7-171所示的贴图中有个手柄工具，通过这个手柄可以对贴图坐标进行旋转、移动和缩放操作。

球形：主要用于球形物体，其手柄工具的用法与"平面"投影相同，如图7-172所示。

图7-171　　　　　　　图7-172

圆柱体：主要用于圆柱形物体，如图7-173所示。

球：与"球形"投影类似，但是这种类型的投影不能调整UV方向的位移和缩放参数，如图7-174所示。

图7-173　　　　　　　图7-174

立方：主要用于立方体，可以投射到物体6个不同的方向上，适合于具有6个面的模型，如图7-175所示。

三平面：这种投影可以沿着指定的轴向通过挤压方式将纹理投射到模型上，也可以运用于圆柱体以及圆柱体的顶部，如图7-176所示。

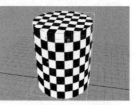

图7-175　　　　　　　图7-176

同心：这种贴图坐标是从同心圆的中心出发，由内向外产生纹理的投影方式，可以使物体纹理呈现出一个同心圆的纹理形状，如图7-177所示。

透视：这种投影是通过摄影机的视点将纹理投射到模型上，一般需要在场景中自定义一台摄影机，如图7-178所示。

 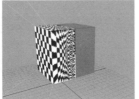

图7-177　　　　　　　　图7-178

图像：设置蒙板的纹理。

透明度：设置纹理的透明度。

U/V向角度：仅限"球形"和"圆柱体"投影，主要用来更改U/V向的角度。

3.蒙板纹理

"蒙板"纹理可以使某一特定图像作为2D纹理将其映射到物体表面的特定区域，并且可以通过控制"蒙板"纹理的节点来定义遮罩区域，如图7-179所示。

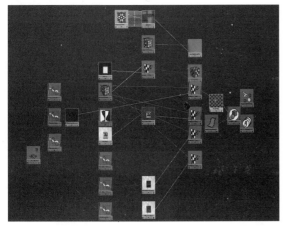

图7-179

技巧与提示

"蒙板"纹理主要用来制作带标签的物体，如酒瓶等。

在"文件"纹理上单击鼠标右键，在弹出的菜单中选择"创建为蒙板"命令，如图7-180所示，这样可以创建一个带"蒙板"的"文件"节

点，如图7-181所示。双击stencil1节点，打开其"属性编辑器"对话框，如图7-182所示。

图7-180

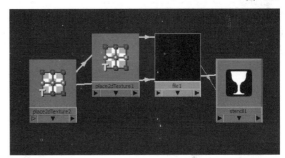

图7-181

图7-182

蒙板纹理参数介绍

图像：设置蒙板的纹理。

边混合：控制纹理边缘的锐度。增加该值可以更加柔和地对边缘进行混合处理。

遮罩：表示蒙版的透明度，用于控制整个纹理的总体透明度。若要控制纹理中选定区域的透明度，可以将另一纹理映射到遮罩上。

课堂案例

制作酒瓶标签

案例位置	案例文件>CH07>课堂案例——制作酒瓶标签.mb
视频位置	多媒体教学>CH07>课堂案例——制作酒瓶标签.flv
难易指数	★★★☆☆
学习目标	学习"蒙板"纹理的用法

酒瓶标签效果如图7-183所示。

图7-183

酒瓶标签的模拟效果如图7-184所示。

图7-184

01 打开"场景文件>CH07>i.mb"文件，如图7-185所示。

02 创建一个Blinn材质，然后在"文件"节点上单击鼠标右键，并在弹出的菜单中选择"创建为蒙板"命令，如图7-186所示，创建的材质节点如图7-187所示。

图7-185

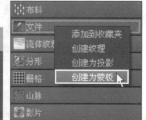

图7-186

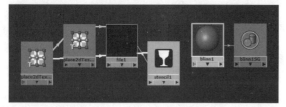

图7-187

03 打开"文件"纹理节点的"属性编辑器"对话框，然后在"图像名称"贴图通道中加载"实例文件>CH07>课堂案例——制作酒瓶标签>Labe Huber. jpg"文件，如图7-188所示。

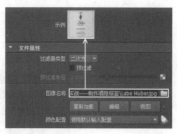

图7-188

04 将"蒙板"节点（即stencil1节点）的outColor（输出颜色）属性连接到Blinn材质节点的Color（颜色）属性上，如图7-189所示。

图7-189

05 打开"蒙板"节点的"属性编辑器"对话框，然后在"遮罩"贴图通道中加载"实例文件>CH07>课堂案例——制作酒瓶标签>Label Huber. jpg"文件，如图7-190所示，此时会自动生成一个"文件"节点。

图7-190

06 选择file2节点上的place2dTexture3节点，如图7-191所示，然后按Delete键将其删除。

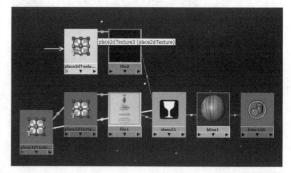

图7-191

07 将剩下的place2dTexture1节点和place2dTexture2节点的outUVFiterSize（输出UV过滤尺寸）属性连接到"遮罩"节点的uvFiterSize（UV过滤尺寸）属性上，如图7-192所示，得到的材质节点连接如图7-193所示。

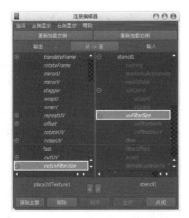

图7-192

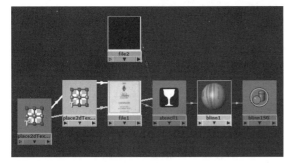

图7-193

技巧与提示

如果在“连接编辑器”对话框中找不到outUVFiterSize（输出UV过滤尺寸）节点和uvFiterSize（UV过滤尺寸）节点，可以在“连接编辑器”对话框中执行“左侧/右侧显示>显示隐藏项”命令将其显示出来。

08 将制作好的Blinn材质指定给瓶子模型，然后测试渲染当前场景，效果如图7-194所示。

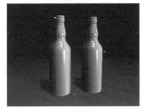

图7-194

技巧与提示

从图7-194中观察不到标签，这是因为贴图的位置并不正确。下面就针对贴图的位置进行调整。

09 打开place2dTexture1节点的“属性编辑器”对话框，具体参数设置如图7-195所示，然后测试渲染当前场景，效果如图7-196所示。

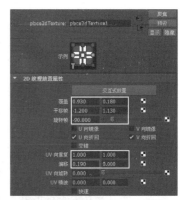

图7-195

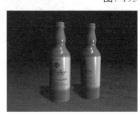

图7-196

10 打开“蒙版”节点（即stencil节点）的“属性编辑器”对话框，然后在“颜色平衡”卷展栏下设置“默认颜色”为（R:2，G:23，B:2），如图7-197所示。

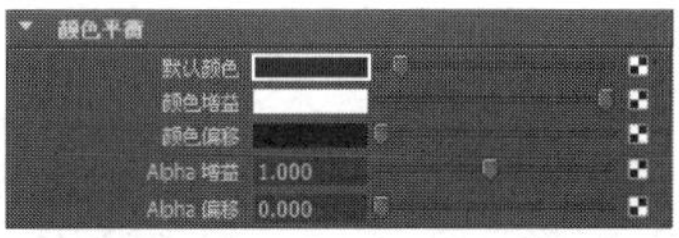

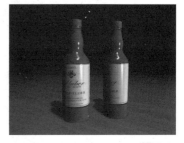

图7-197

11 渲染当前场景，最终效果如图7-198所示。

图7-198

7.6 创建与编辑UV

在Maya中，对多边形划分UV是很方便的，Maya为多边形的UV提供了多种创建与编辑方式，图7-199和图7-200所示的分别是创建与编辑多边形UV的各种命令。

图7-199　　　　图7-200

7.6.1　UV映射类型

为多边形设定UV映射坐标的方式有4种，分别是"平面映射""圆柱形映射""球形映射"和"自动映射"，如图7-201所示。

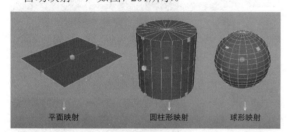

平面映射　　　圆柱形映射　　　球形映射

图7-201

技巧与提示

在为物体设定UV坐标时，会出现一个映射控制手柄，可以使用这个控制手柄对坐标进行交互式操作，如图7-202所示。在调整纹理映射时，可以结合控制手柄和"UV纹理编辑器"来精确定位贴图坐标。

图7-202

1.平面映射

用"平面映射"命令可以从假设的平面沿一个方

向投影UV纹理坐标，可以将其映射到选定的曲面网格。打开"平面映射选项"对话框，如图7-203所示。

图7-203

平面映射参数介绍

适配投影到：选择投影的匹配方式，共有以下两种。

最佳平面：勾选该选项后，纹理和投影操纵器会自动缩放尺寸并吸附到所选择的面上。

边界框：勾选该选项后，可以将纹理和投影操纵器垂直吸附到多边形物体的边界框中。

投影源：选择从物体的哪个轴向来匹配投影。

X/Y/Z轴：从物体的$x/y/z$轴匹配投影。

摄影机：从场景摄影机匹配投影。

保持图像宽度/高度比率：勾选该选项后，可以保持图像的宽度/高度比率，避免纹理出现偏移现象。

在变形器之前插入投影：勾选该选项后，可以在应用变形器前将纹理放置并应用到多边形物体上。

创建新UV集：勾选该选项后，可以创建新的UV集并将创建的UV放置在该集中。

UV集名称：设置创建的新UV集的名称。

2.圆柱形映射

"圆柱形映射"命令可以通过向内投影UV纹理坐标到一个虚构的圆柱体上，以映射它们到选定对象。打开"圆柱形映射选项"对话框，如图7-204所示。

图7-204

圆柱形映射参数介绍

在变形器之前插入投影：勾选该选项后，可以在应用变形器前将纹理放置并应用到多边形物体上。

创建新UV集：勾选该选项后，可以创建新的UV集并将创建的UV放置在该集中。

UV集名称：设置创建的新UV集的名称。

技巧与提示

通过在物体的顶点处投影UV，可以将纹理贴图弯曲为圆柱体形状，这种贴图方式适合于圆柱形的物体。

3.球形映射

用"球形映射"命令可以通过将UV从假想球体向内投影，并将UV映射到选定对象上。打开"球形映射选项"对话框，如图7-205所示。

图7-205

技巧与提示

"球形映射"命令的参数选项与"圆柱形映射"命令完全相同，这里不再讲解。

4.自动映射

用"自动映射"可以同时从多个角度将UV纹理坐标投影到选定对象上。打开"多边形自动映射选项"对话框，如图7-206所示。

图7-206

自动映射参数介绍

平面：选择使用投影平面的数量，可以选择3、4、5、6、8或12个平面。使用的平面越多，UV扭曲程度越小，但是分割的UV面片就越多，默认设置为6个面。

以下项的优化：选择优化平面的方式，共有以下两种方式。

较少的扭曲：平均投影多个平面，这种方式可以为任意面提供最佳的投影，扭曲较少，但产生的面片较多，适用于对称物体。

较少片数：保持对每个平面的投影，可以选择最少的投影数来产生较少的面片，但是可能产生部分扭曲变形。

在变形器之前插入投影：勾选该选项后，可以在应用变形器前将纹理放置并应用到多边形物体上。

加载投影：勾选该选项后，可以加载投影。

投影对象：显示要加载投影的对象名称。

加载选定项 ：选择要加载的投影。

壳布局：选择壳的布局方式，共有以下4种。

重叠：重叠放置UV块。

沿U方向：沿U方向放置UV块。

置于方形：在0~1的纹理空间中放置UV块，系统的默认设置就是该选项。

平铺：平铺放置UV块。

比例模式：选择UV块的缩放模式，共有以下3种。

无：表示不对UV块进行缩放。

一致：将UV块进行缩放以匹配0~1的纹理空间，但不改变其外观的长宽比例。

拉伸至方形：扩展UV块以匹配0~1的纹理空间，但UV块可能会产生扭曲现象。

壳堆叠：选择壳堆叠的方式。

边界框：将UV块堆叠到边界框。

形状：按照UV块的形状来进行堆叠。

间距预设：根据纹理映射的大小选择一个相应的预设值，如果未知映射大小，可以选择一个较小的预设值。

百分比间距：若"间距预设"选项选择的是"自定义"方式，该选项才能被激活。

技巧与提示

对于一些复杂的模型，单独使用"平面映射""圆柱形映射"和"球形映射"可能会产生重叠的UV和扭曲现象，而"自动映射"方式可以在纹理空间中对模型中的多个不连接的面片进行映射，并且可以将UV分割成不同的面片分布在0~1的纹理空间中。

7.6.2 UV坐标的设置原则

合理地安排和分配UV是一项非常重要的技

术，但是在分配UV时要注意以下两点。

第1点：应该确保所有的UV网格分布在0~1的纹理空间中，"UV纹理编辑器"对话框中的默认设置是通过网格来定义UV的坐标，这是因为如果UV超过0~1的纹理空间范围，纹理贴图就会在相应的顶点重复。

第2点：要避免UV之间的重叠。UV点相互连接形成网状结构，称为"UV网格面片"。如果"UV网格面片"相互重叠，那么纹理映射就会在相应的顶点重复。因此在设置UV时，应尽量避免UV重叠，只有在为一个物体设置相同的纹理时，才能将"UV网格面片"重叠在一起进行放置。

7.6.3 UV纹理编辑器

执行"窗口>UV纹理编辑器"菜单命令，打开"UV纹理编辑器"对话框，如图7-207所示。"UV纹理编辑器"对话框可以用于查看多边形和细分曲面的UV纹理坐标，并且可以用交互方式对其进行编辑。下面针对该对话框中的所有工具进行详细介绍。

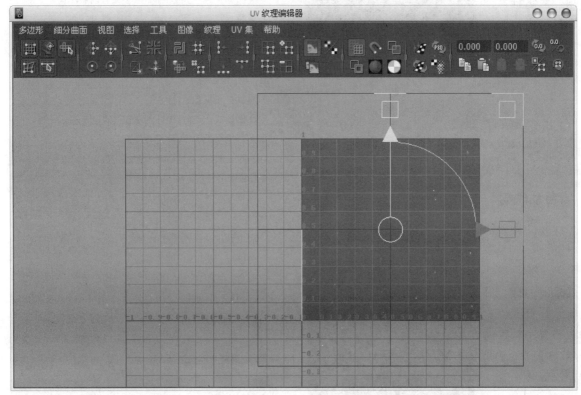

图7-207

UV纹理编辑器的工具介绍

UV晶格工具 ：通过允许出于变形目的围绕UV创建晶格，将UV的布局作为组进行操纵。

移动UV壳工具 ：通过在壳上选择单个UV来选择和重新定位UV壳。可以自动防止已重新定位的UV壳在2D视图中与其他UV壳重叠。

平滑UV工具 ：使用该工具可以按交互方式展开或松弛UV。

UV涂抹工具 ：将选定UV及其相邻UV的位置移动到用户定义的一个缩小的范围内。

选择最短边路径工具 ：可以用于在曲面网格上的两个顶点之间选择边的路径。

在U方向上翻转选定UV ：在U方向上翻转选定UV的位置。

在V方向上翻转选定UV ：在V方向上翻转选定UV的位置。

逆时针旋转选定UV█：以逆时针方向按45°旋转选定UV的位置。

顺时针旋转选定UV█：以顺时针方向按45°旋转选定UV的位置。

沿选定边分离UV█：沿选定边分离UV，从而创建边界。

将选定UV分离为每个连接边一个UV█：沿连接到选定UV点的边将UV彼此分离，从而创建边界。

将选定边或UV缝合到一起█：沿选定边界附加UV，但不在"UV纹理编辑器"对话框的视图中一起移动它们。

移动并缝合选定边█：沿选定边界附加UV，并在"UV纹理编辑器"对话框视图中一起移动它们。

选择要在UV空间中移动的面█：选择连接到当前选定的UV的所有UV面。

将选定UV捕捉到用户指定的栅格█：将每个选定UV移动到纹理空间中与其最近的栅格交点处。

展开选定UV█：在尝试确保UV不重叠的同时，展开选定的UV网格。

自动移动UV以更合理地分布纹理空间█：根据"排布UV"对话框中的设置，尝试将UV排列到一个更干净的布局中。

将选定UV与最小U值对齐█：将选定UV的位置对齐到最小U值。

将选定UV与最大U值对齐█：将选定UV的位置对齐到最大U值。

将选定UV与最小V值对齐█：将选定UV的位置对齐到最小V值。

将选定UV与最大V值对齐█：将选定UV的位置对齐到最大V值。

切换隔离选择模式█：在显示所有UV与仅显示隔离的UV之间切换。

将选定UV添加到隔离选择集█：将选定UV添加到隔离的子集。

从隔离选择集移除选定对象的所有UV█：清除隔离的子集，然后可以选择一个新的UV集并隔离它们。

将选定UV移除到隔离选择集█：从隔离的子集中移除选定的UV。

启用/禁用显示图像█：显示或隐藏纹理图像。

切换启用/禁用过滤的图像█：在硬件纹理过滤和明晰定义的像素之间切换背景图像。

启用/禁用暗淡图像█：减小当前显示的背景图像的亮度。

启用/禁用视图栅格█：显示或隐藏栅格。

启用/禁用像素捕捉█：选择是否自动将UV捕捉到像素边界。

切换着色UV显示█：以半透明的方式对选定UV壳进行着色，以便可以确定重叠的区域或UV缠绕顺序。

切换活动网格的纹理边界显示█：切换UV壳上纹理边界的显示。

显示RGB通道█：显示选定纹理图像的RGB（颜色）通道。

显示Alpha通道█：显示选定纹理图像的Alpha（透明度）通道。

UV纹理编辑器烘焙开/关█：烘焙纹理，并将其存储在内存中。

更新PSD网格█：为场景刷新当前使用的PSD纹理。

强制重烘焙编辑器纹理█：重烘焙纹理。如果启用"图像>UV纹理编辑器烘焙"选项，则必须在更改纹理（文件节点和place2dTexture节点属性）之后重烘焙纹理，这样才能看到这些更改的效果。

启用/禁用使用图像比率█：在显示方形纹理空间和显示与该图像具有相同的宽高比的纹理空间之间进行切换。

输入要在U/V向设置/变换的值 0.000 0.000 ：显示选定UV的坐标，输入数值后按Enter键即可。

刷新当前UV值█：在移动选定的UV点时，"输入要在U/V向设置/变换的值"数值框中的数值不会自动更新，单击该按钮可以更新数值框中的值。

在绝对UV位置和相对变换工具值之间切换UV条目字段模式█：在绝对值与相对值之间更改UV坐标输入模式。

将某个面的颜色、UV和/或着色器复制到剪贴板█：将选定的UV点或面复制到剪贴板。

将颜色、UV和/或着色器从剪贴板粘贴到面█：从剪贴板粘贴UV点或面。

将U值粘贴到选定UV█：仅将剪贴板上的U值粘贴到选定UV点上。

将V值粘贴到选定UV█：仅将剪贴板上的V值粘贴到选定UV点上。

切换面/UV的复制/粘贴█：在处理UV和处理UV面之间切换工具栏上的"复制"和"粘贴"按钮。

逆时针循环选定面的UV█：旋转选定多边形的U值和V值。

7.7 本章小结

本章主要讲解了"材质编辑器"的用法，以及材质的类型、材质的属性、纹理技术、UV编辑等知识点。其中"材质编辑器"的使用方法以及材质属性的设置方法请大家一定要掌握。

7.8 课后习题——灯泡小人

本章将安排一个综合性很强的课后习题。这个习题包含很多种常见材质，如金属材质、玻璃材质、塑料材质以及具有大量高光反射的材质等。

习题位置	案例文件>CH07>课后习题——灯泡小人.mb
视频位置	多媒体教学>CH07>课后习题——灯泡小人.flv
难易指数	★★★★☆
练习目标	练习各种材质的制作方法

灯泡小人效果如图7-208所示。

图7-208

本例共需要制作12个材质，分别为背景材质、玻璃材质、金属材质、电线材质、灯座材质、小狗的6种材质以及桌子材质，如图7-209所示。

图7-209

第8章

灯光/材质/渲染综合运用

本章的重要性不言而喻，如果没有渲染，所做的一切工作都将毫无用处。本章的内容非常多，主要分为3大部分，分别是"Maya软件"渲染器、mental ray渲染器和VRay渲染器。这3个渲染器都很重要，都有各自的特点。大家在学习本章内容时，不但要掌握3大渲染器的重要参数，还要掌握渲染参数的设置原理。

课堂学习目标

掌握"Maya软件"渲染器的使用方法与技巧

掌握mental ray渲染器的使用方法与技巧

掌握VRay渲染器的使用方法与技巧

8.1 渲染基础

在三维作品的制作过程中，渲染是非常重要的阶段。不管制作何种作品，都必须经过渲染来输出最终的成品。

8.1.1 渲染概念

英文Render就是经常所说的"渲染"，直译为"着色"，也就是为场景对象进行着色的过程。当然这并不是简单的着色过程，Maya会经过相当复杂的运算，将虚拟的三维场景投影到二维平面上，从而形成最终输出的画面，如图8-1所示。

图8-1

 技巧与提示

渲染可以分为实时渲染和非实时渲染。实时渲染可以实时地将三维空间中的内容反应到画面上，能即时计算出画面内容，如游戏画面就是实时渲染；非实时渲染是将三维作品提前输出为二维画面，然后再将这些二维画面按一定速率进行播放，如电影、电视等都是由非实时渲染出来的。

8.1.2 渲染算法

从渲染的原理来看，可以将渲染的算法分为"扫描线算法""光线跟踪算法"和"热辐射算法"3种，每种算法都有其存在的意义。

1.扫描线算法

扫描线算法是早期的渲染算法，也是目前发展最为成熟的一种算法，其最大优点是渲染速度很快，现在的电影大部分都采用这种算法进行渲染。使用扫描线渲染算法最为典型的渲染器是Render man渲染器。

2.光线跟踪算法

光线跟踪算法是生成高质量画面的渲染算法之一，能实现逼真的反射和折射效果，如金属、玻璃类物体。

光线跟踪算法是从视点发出一条光线，通过投影面上的一个像素进入场景。如果光线与场景中的物体没有发生相遇情况，即没有与物体产生交点，那么光线跟踪过程就结束了；如果光线在传播的过程中与物体相遇，将会根据以下条件进行判断。

与漫反射物体相遇，将结束光线跟踪过程。

与反射物体相遇，将根据反射原理产生一条新的光线，并且继续传播下去。

与折射的透明物体相遇，将根据折射原理弯曲光线，并且继续传播。

光线跟踪算法会进行庞大的信息处理，与扫描线算法相比，其速度相对比较慢，但可以产生真实的反射和折射效果。

3.热辐射算法

热辐射算法是基于热辐射能在物体表面之间的能量传递和能量守恒定律。热辐射算法可以使光线在物体之间产生漫反射效果，直至能量耗尽。这种算法可以使物体之间产生色彩溢出现象，能实现真实的漫反射效果。

技巧与提示

著名的mental ray渲染器就是一种热辐射算法渲染器，能够输出电影级的高质量画面。热辐射算法需要大量的光子进行计算，在速度上比前面两种算法都慢。

8.2 默认渲染器——Maya软件

"Maya软件"渲染器是Maya默认的渲染器。执行"窗口>渲染编辑器>渲染设置"菜单命令，打开"渲染设置"对话框，如图8-2所示。

图8-2

技巧与提示

　　渲染设置是渲染前的最后准备，将直接决定渲染输出的图像质量，所以必须掌握渲染参数的设置方法。

本节知识概要

名称	主要作用	重要程度
文件输出	设置文件名称、文件类型等	中
图像大小	设置图像的渲染大小等	高
抗锯齿质量	设置图像的抗锯齿效果	高
光线跟踪质量	控制是否在渲染过程中对场景进行光线跟踪，并控制光线跟踪图像的质量	高
运动模糊	对动画对象进行模糊处理	中

8.2.1 文件输出

　　展开"文件输出"卷展栏，如图8-3所示。这个卷展栏主要用来设置文件名称、文件类型等。

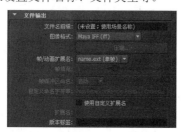

图8-3

文件输出参数介绍

　　文件名前缀：设置输出文件的名字。

　　图像格式：设置图像文件的保存格式。

　　帧/动画扩展名：用来决定是渲染静帧图像还是渲染动画，以及设置渲染输出的文件名采用何种格式。

　　帧填充：设置帧编号扩展名的位数。

　　帧缓冲区命名：将字段与多重渲染过程功能结合使用。

　　自定义名字符串：设置"帧缓冲区命名"为"自定义"选项时可以激活该选项。使用该选项可以自己选择渲染标记来自定义通道命名。

　　使用自定义扩展名：勾选"使用自定义扩展名"选项后，可以在下面的"扩展名"选项中输入扩展名，这样可以对渲染图像文件名使用自定义文件格式扩展名。

　　本版标签：可以将版本标签添加到渲染输出文件名中。

8.2.2 图像大小

　　展开"图像大小"卷展栏，如图8-4所示。这个卷展栏主要用来设置图像的渲染大小等。

图8-4

图像大小参数介绍

　　预设：Maya提供了一些预置的尺寸规格，以方便用户进行选择。

　　保持宽度/高度比率：勾选该选项后，可以保持文件尺寸的宽高比。

　　保持比率：指定要使用的渲染分辨率的类型。

　　像素纵横比：组成图像的宽度和高度的像素数之比。

　　设备纵横比：显示器的宽度单位数乘以高度单位数。4:3的显示器将生成较方正的图像，而16:9的显示器将生成全景形状的图像。

　　宽度：设置图像的宽度。

　　高度：设置图像的高度。

　　大小单位：设置图像大小的单位，一般以"像素"为单位。

　　分辨率：设置渲染图像的分辨率。

　　分辨率单位：设置分辨率的单位，一般以"像素/英寸"为单位。

　　设备纵横比：查看渲染图像的显示设备的纵横比。"设备纵横比"表示图像纵横比乘以像素纵横比。

　　像素纵横比：查看渲染图像的显示设备的各个像素的纵横比。

8.2.3 渲染设置

在"渲染设置"对话框中单击"Maya软件"选项卡，在这里可以设置"抗锯齿质量""光线跟踪质量"和"运动模糊"等参数，如图8-5所示。

图8-5

1.抗锯齿质量

展开"抗锯齿质量"卷展栏，如图8-6所示。

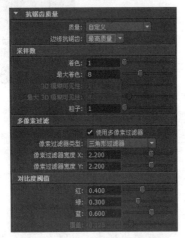

图8-6

抗锯齿质量参数介绍

质量：设置抗锯齿的质量，共有6种选项，如图8-7所示。

图8-7

自定义：用户可以自定义抗锯齿质量。

预览质量：主要用于测试渲染时预览抗锯齿的效果。

中间质量：比预览质量更加好的一种抗锯齿质量。

产品级质量：产品级的抗锯齿质量，可以得到比较好的抗锯齿效果，适用于大多数作品的渲染输出。

对比度敏感产品级：比"产品级质量"抗锯齿效果更好的一种抗锯齿级别。

3D运动模糊产品级：主要用来渲染动画中的运动模糊效果。

边界抗锯齿：控制物体边界的抗锯齿效果，有"低质量""中等质量""高质量"和"最高质量"级别之分。

着色：用来设置表面的采样数值。

最大着色：设置物体表面的最大采样数值，主要用于决定最高质量的每个像素的计算次数。但是如果数值过大会增加渲染时间。

3D模糊可见性：当运动模糊物体穿越其他物体时，该选项用来设置其可视性的采样数值。

最大3D模糊可见性：用于设置更高采样级别的最大采样数值。

粒子：设置粒子的采样数值。

使用多像素过滤器：多重像素过滤开关器。当勾选该选项时，下面的参数将会被激活，同时在渲染过程中会对整个图像中的每个像素之间进行柔化处理，以防止输出的作品产生闪烁效果。

像素过滤器类型：设置模糊运算的算法，有以下5种。

长方体过滤器：一种非常柔的方式。

三角形过滤器：一种比较柔和的方式。

高斯过滤器：一种细微柔和的方式。

二次B样条线过滤器：比较陈旧的一种柔和方式。

插件过滤器：使用插件进行柔和。

像素过滤器宽度X/Y：用来设置每个像素点的虚化宽度。值越大，模糊效果越明显。

红/绿/蓝：用来设置画面的对比度。值越低，渲染出来的画面对比度越低，同时需要更多的渲染时间；值越高，画面的对比度越高，颗粒感越强。

2.光线跟踪质量

展开"光线跟踪质量"卷展栏，如图8-8所示。该卷展栏控制是否在渲染过程中对场景进行光线跟踪，并控制光线跟踪图像的质量。更改这些全局设置时，关联的材质属性值也会更改。

图8-8

光线跟踪质量参数介绍

光线跟踪：勾选该选项时，将进行光线跟踪计算，可以产生反射、折射和光线跟踪阴影等效果。

反射：设置光线被反射的最大次数，与材质自身的"反射限制"一起起作用，但是较低的值才会起作用。

折射：设置光线被折射的最大次数，其使用方法与"反射"相同。

阴影：设置被反射和折射的光线产生阴影的次数，与灯光光线跟踪阴影的"光线深度限制"选项共同决定阴影的效果，但较低的值才会起作用。

偏移：如果场景中包含3D运动模糊的物体并存在光线跟踪阴影，可能在运动模糊的物体上观察到黑色画面或不正常的阴影，这时应设置该选项的数值在0.05~0.1之间；如果场景中不包含3D运动模糊的物体和光线跟踪阴影，该值应设置为0。

3.运动模糊

展开"运动模糊"卷展栏，如图8-9所示。渲染动画时，运动模糊可以通过对场景中的对象进行模糊处理来产生移动的效果。

图8-9

运动模糊参数介绍

运动模糊：勾选该选项时，渲染时会将运动的物体进行模糊处理，使渲染效果更加逼真。

运动模糊类型：有2D和3D两种类型。2D是一种比较快的计算方式，但产生的运动模糊效果不太逼真；3D是一种很真实的运动模糊方式，会根据物体的运动方向和速度产生很逼真的运动模糊效果，但需要更多的渲染时间。

模糊帧数：设置前后有多少帧的物体被模糊。数值越高，物体越模糊。

模糊长度：用来设置2D模糊方式的模糊长度。

使用快门打开/快门关闭：控制是否开启快门功能。

快门打开/关闭：设置"快门打开"和"快门关闭"的数值。"快门打开"的默认值为-0.5，"快门关闭"的默认值为0.5。

模糊锐度：用来设置运动模糊物体的锐化程度。数值越高，模糊扩散的范围就越大。

平滑：用来处理"平滑值"产生抗锯齿作用所带来的噪波的副作用。

平滑值：设置运动模糊边缘的级别。数值越高，更多的运动模糊将参与抗锯齿处理。

保持运动向量：勾选该选项时，可以将运动向量信息保存到图像中，但不处理图像的运动模糊。

使用2D模糊内存限制：决定是否在2D运动模糊过程中使用内存数量的上限。

2D模糊内存限制：设置在2D运动模糊过程中使用内存数量的上限。

🎬 课堂案例

用Maya软件渲染水墨画

案例位置	案例文件>CH08>课堂案例——用Maya软件渲染水墨画.mb
视频位置	多媒体教学>CH08>课堂案例——用Maya软件渲染水墨画.flv
难易指数	★★★☆☆
学习目标	学习国画材质的制作方法及"Maya软件"渲染器的使用方法

水墨画效果如图8-10所示。

图8-10

水墨材质的模拟效果如图8-11所示。

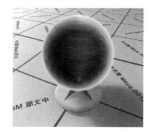

图8-11

1.材质制作

01 打开"场景文件>CH08>a.mb"文件，如图8-12所示。

图8-12

02 下面制作背材质。打开Hypershade对话框，创建一个"渐变着色器"材质，如图8-13所示。

图8-13

03 打开"渐变着色器"材质的"属性编辑器"对话框，并将其命名为bei，然后调整好"颜色"（注意，要设置"颜色"的"颜色输入"为"亮度"）、"透明度"颜色和"白炽度"颜色，如图8-14所示。

图8-14

04 创建一个"渐变"纹理节点，然后打开其"属性编辑器"对话框，接着设置"类型"为"U向渐变"、"插值"为"钉形"，最后调节好渐变色，具体参数设置如图8-15所示，此时的节点连接效果如图8-16所示。

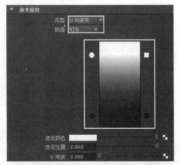

图8-15

图8-16

05 创建一个"噪波"纹理节点，然后打开其"属性编辑器"对话框，接着设置"阈值"为0.12、"振幅"为0.62，如图8-17所示。

图8-17

06 双击"噪波"纹理节点的place2dTexture2节点，打开其"属性编辑器"对话框，然后设置"UV向重复"为（0.3，0.6），如图8-18所示。

图8-18

07 将"噪波"纹理节点的outColor（输出颜色）属性连接到"渐变"纹理节点的colorGain（颜色增益）属性上，如图8-19所示，然后将"渐变"纹理节点的outColor（输出颜色）属性连接到"渐变着色器"材质节点（即bei节点）的transparency[0].transparency_Color（透明度[0]透明度颜色）属性上，如图8-20所示。

图8-19

图8-20

08 将制作好的bei材质指定给龙虾的背部，如图8-21所示。

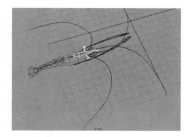

图8-21

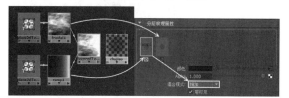

“分形”纹理节点拖曳到图8-25所示的位置，接着设置“渐变”节点的“混合模式”为“相加”。

图8-25

09 下面制作触角材质。创建一个“渐变着色器”材质，然后打开其“属性编辑器”对话框，并将其命名为chujiao，接着调整好“颜色”（注意，要设置“颜色”的“颜色输入”为“亮度”）和“透明度”的颜色，如图8-22所示。

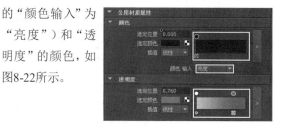

图8-22

技巧与提示

在“分层纹理”节点中还有个默认的层节点，这个节点没有任何用处，可以单击该节点下的图标，将其删除，如图8-26所示。

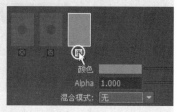

图8-26

10 创建一个“渐变”纹理节点，然后打开其“属性编辑器”对话框，接着设置“类型”为“U向渐变”、“插值”为“钉形”，最后调节好渐变色，具体参数设置如图8-23所示。

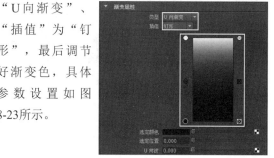

图8-23

13 将“分层纹理”节点的outColor（输出颜色）属性连接到“渐变着色器”节点（即chujiao节点）的transparency[1].transparency_Color（透明度[1]透明度颜色）属性上，如图8-27所示，节点连接效果如图8-28所示。

图8-27

11 创建一个“分形”纹理节点，然后打开该节点上的place2dTexture2节点的“属性编辑器”对话框，接着设置“UV向重复”为（0.05，0.1），如图8-24所示。

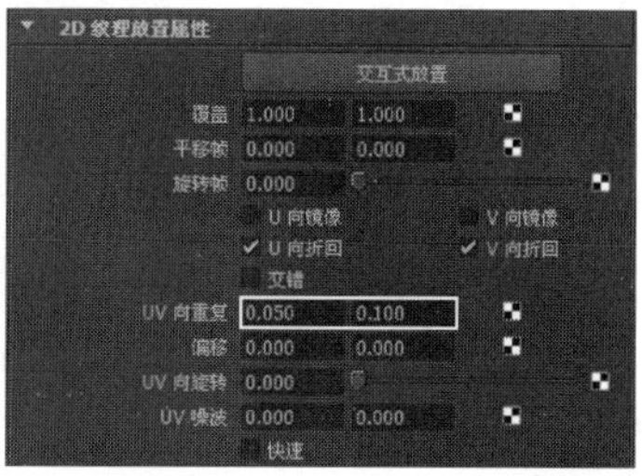

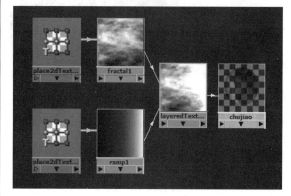

图8-24

图8-28

12 创建一个“分层纹理”节点，然后打开其“属性编辑器”对话框，接着用鼠标中键将“渐变”纹理节点和

14 将设置好的chujiao材质指定给龙虾的触角，如图8-29所示。

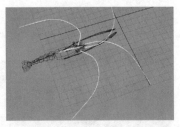

图8-29

图8-33

⑮ 下面制作鳍材质。创建一个"渐变着色器"材质，然后打开其"属性编辑器"对话框，并将其更名为qi，接着调整好"颜色"（注意，要设置"颜色"的"颜色输入"为"亮度"）和"透明度"的颜色，如图8-30所示。

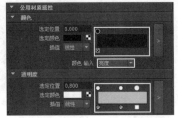

图8-30

图8-34

⑯ 创建一个"噪波"纹理节点，然后打开其"属性编辑器"对话框，具体参数设置如图8-31所示。

图8-31

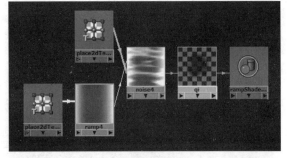

图8-35

⑰ 创建一个"渐变"纹理节点，然后打开其"属性编辑器"对话框，接着设置"类型"为"U向渐变"、"插值"为"钉形"，最后调节好渐变色，如图8-32所示。

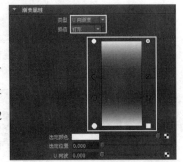

图8-32

⑲ 将设置好的qi材质指定给龙虾的鳍，如图8-36所示。

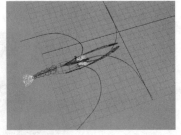

图8-36

⑱ 将"渐变"纹理节点的outColor（输出颜色）属性连接到"噪波"纹理节点的colorOffset（颜色偏移）属性上，如图8-33所示，然后将"噪波"纹理节点的outColor（输出颜色）属性连接到"渐变着色器"材质节点的transparency[2].transparency_Color（透明度[2]透明度颜色）属性上，如图8-34所示，节点连接效果如图8-35所示。

⑳ 采样相同的方法制作出其他部分的材质，完后的效果如图8-37所示，然后测试渲染当前场景，效果如图8-38所示。

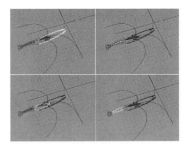

图8-37

图8-38

㉑ 复制出多个模型，然后调整好各个模型的位置，如图8-39所示，接着渲染场景，效果如图8-40所示。

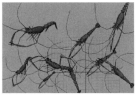

图8-39

图8-40

2.后期处理

① 启动Photoshop，然后打开"案例文件>CH08>课堂案例——用Maya软件渲染水墨画>带通道的虾.psd"文件，接着切换到"通道"面板，按住Ctrl键的同时单击Alpha1通道的缩览图，载入该通道的选区，如图8-41所示。

图8-41

② 保持选区状态，按Ctrl+J组合键将选区中的图像复制到一个新的图层中，然后导入"案例文件>CH08>课堂案例——用Maya软件渲染水墨画>背景.jpg"文件，如图8-42所示。

③ 将背景放置在虾的下一层，效果如图8-43所示。

图8-42   图8-43

④ 选择"虾"图层，然后在"图层"面板下单击"添加图层蒙版"按钮，为其添加一个图层蒙版，如图8-44所示。

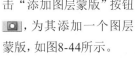

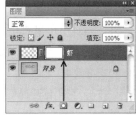

图8-44

⑤ 设置前景色为黑色，选择"画笔工具"，然后在选项栏中设置"不透明度"为20%，接着选择"虾"图层的蒙版，最后将虾的上部涂抹成如图8-45所示的效果，使虾与背景融合在一起。

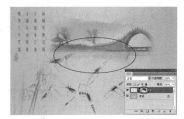

图8-45

⑥ 执行"图层>新建调整图层>色相/饱和度"菜单命令，创建一个"色相/饱和度"调整图层，然后在"调整"面板中设置"色相"为5、"饱和度"为-33，如图8-46所示，最终效果如图8-47所示。

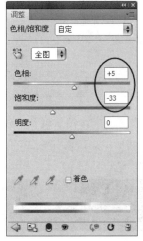

图8-46   图8-47

191

8.3 向量渲染器——Maya向量

Maya除了提供了"Maya软件""Maya硬件"和mental ray渲染器外，还带有"Maya向量"渲染器。向量渲染可以用来制作各种线框图以及卡通效果，同时还可以直接将动画渲染输出成Flash格式，利用这一特性，可以为Flash动画添加一些复杂的三维效果。

打开"渲染设置"对话框，然后设置渲染器为"Maya向量"渲染器，如图8-48所示。

图8-48

本节知识概要

名称	主要作用	重要程度
外观选项	设置渲染图像的外观	低
填充选项	设置阴影、高光和反射等	低
边选项	设置线框渲染的样式、颜色、粗细等	中

技巧与提示

对于"Maya向量"渲染器，用户只需要知道它是用来渲染卡通效果和线框图即可，其他的无需掌握。下面就针对该渲染器的线框选项进行讲解。

8.3.1 外观选项

切换到"Maya向量"选项卡，然后展开"外观选项"卷展栏，如图8-49所示。在该卷展栏下可以设置渲染图像的外观。

图8-49

外观选项参数介绍

曲线容差：其取值范围从0~15之间。当值为0时，渲染出来的轮廓线由一条条线段组成，这些线段和Maya渲染出来的多边形边界相匹配，且渲染出来的外形比较准确，但渲染出来的文件相对较大。当值为15时，轮廓线由曲线构成，渲染出来的文件相对较小。

二次曲线拟合：可以将线分段转化为曲线，以更方便地控制曲线。

细节级别预设：用来设置细节的级别，共有以下5种方式。

自动：Maya会根据实际情况来自动设置细节级别。

低：一种很低的细节级别，即下面的"细节级别"数值为0。

中等：一种中等的细节级别，即下面的"细节级别"数值为20。

高：一种较高的细节级别，即下面的"细节级别"数值为30。

自定义：用户可以自定义细节的级别。

细节级别：手动设置"细节级别"的数值。

技巧与提示

在实际工作中，一般将"细节级别预设"设置为"自动"即可，因为级别越高，虽然获得的图像细节越丰富，但是会耗费更多的渲染时间。

8.3.2 填充选项

展开"填充选项"卷展栏，如图8-50所示。在该卷展栏下可以设置阴影、高光和反射等属性。

图8-50

填充选项参数介绍

填充对象：用来决定是否对物体表面填充颜色。

填充样式：用来设置填充的样式，共有7种方式，分别是"单色""双色""四色""全色""平均颜色""区域渐变"和"网格渐变"。

显示背面：该选项与物体表面的法线相关，若关闭该选项，将不能渲染物体的背面。因此，在渲染测试前一定要检查物体表面的法线方向。

阴影：勾选该选项时，可以为物体添加阴影效果，如图8-51所示。在勾选该选项前必须在场景中创建出产生投影的点光源（只能使用点光源），但是添加阴影后的渲染时间将会延长。

图8-51

高光：勾选该选项时，可以为物体添加高光效果。

高光级别：用来设置高光的等级。

技巧与提示

高光的填充效果与细腻程度取决于"高光级别"的数值。"高光级别"越大，高光部分的填充过渡效果就越均匀，图8-52所示的是设置"高光级别"为8时的效果。

图8-52

反射：控制是否开启反射功能。

反射深度：主要用来控制光线反射的次数。

技巧与提示

反射效果的强弱可以通过材质的反射属性来进行修改，图8-53所示的是设置"反射深度"为3时的效果。

图8-53

8.3.3 边选项

展开"边选项"卷展栏，如图8-54所示。该卷展栏主要设置线框渲染的样式、颜色、粗细等。

图8-54

边选项参数介绍

包括边：勾选该选项时，可以渲染出线框效果。

技巧与提示

如果某个物体的材质中存在透明属性，那么在渲染时该物体将不会出现边界线框。

边权重预设：设置边界线框的粗细程度，共有14个级别，图8-55和图8-56所示的分别是设置"边权重预设"为"1点"和"4点"时的效果对比。

图8-55   图8-56

边权重：自行设置边界线框的粗细。

边样式：共有"轮廓"和"整个网格"两种样式，图8-57和图8-58所示的分别是"轮廓"效果和"整个网格"效果。

图8-57   图8-58

边颜色：用来设置边界框的颜色，图8-59所示的是设置"边颜色"为红色时的线框效果。

隐藏的边：勾选该选项时，被隐藏的边也会被渲染出来，如图8-60所示。

图8-59   图8-60

边细节：勾选该选项时，将开启"最小边角度"选项，其取值范围在0～90之间。

在相交处绘制轮廓线：勾选该选项时，会沿两个对象的相交点产生一个轮廓。

课堂案例

用Maya向量渲染线框图

案例位置	案例文件>CH08>课堂案例——用Maya向量渲染线框图.mb
视频位置	多媒体教学>CH08>课堂案例——用Maya向量渲染线框图.flv
难易指数	★☆☆☆☆
学习目标	学习线框图的渲染方法

线框图效果如图8-61所示。

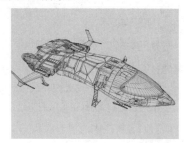

图8-61

01 打开"场景文件>CH08>b.mb"文件，如图8-62所示。

图8-62

02 执行视图菜单中的"视图>摄影机属性编辑器"命令，打开摄影机的"属性编辑器"对话框，然后在"环境"卷展栏下设置"背景色"为浅灰色（R:217，G:217，B:217），如图8-63所示。

图8-63

03 打开"渲染设置"对话框，然后设置渲染器为"Maya向量"，具体参数设置如图8-64所示。

图8-64

04 渲染当前场景，最终效果如图8-65所示。

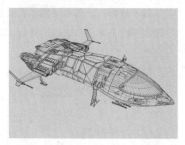

图8-65

8.4 硬件渲染器——Maya硬件

硬件渲染是利用计算机上的显卡来对图像进行实时渲染，Maya的"Maya硬件"渲染器可以利用显卡渲染出接近于软件渲染的图像质量。硬件渲染的速度比软件渲染快很多，但是对显卡的要求很高（有些粒子必须使用硬件渲染器才能渲染出来）。在实际工作中常常先使用硬件渲染来观察作品质量，然后再用软件渲染器渲染出高品质的图像。

打开"渲染设置"对话框，然后设置渲染器为"Maya硬件"渲染器，接着切换到"Maya硬件"参数设置面板，如图8-66所示。

图8-66

Maya硬件渲染器参数介绍

预设：选择硬件渲染质量，共有5种预设选项，分别"自定义""预览质量""中间质量""产品级质量"

194

和"带透明度的产品级质量"。

高质量照明：开启该选项时，可以获得硬件渲染时的最佳照明效果。

加速多重采样：利用显示硬件采样来提高渲染质量。

采样数：在Maya硬件渲染中，采样点的分布有别于软件渲染，每个像素的第1个采样点在像素中心，其余采样点也在像素中心，不过进行采样时整个画面将进行轻微偏移，采样完后再将所有画面对齐，从而合成为最终的画面。

帧缓冲区格式：帧缓冲区是一块视频内存，用于保存刷新视频显示（帧）所用的像素。

透明阴影贴图：如果要使用透明阴影贴图，就需要勾选该选项。

透明度排序：在渲染之前进行排序，以提高透明度。

颜色分辨率：如果硬件渲染无法直接对着色网络求值，着色网络将被烘焙为硬件渲染器可以使用的2D图像。该选项为材质上的支持映射颜色通道指定烘焙图像的尺度。

凹凸分辨率：如果硬件渲染无法直接对着色网络求值，着色网络将被烘焙为硬件渲染器可以使用的2D图像。该选项指定支持凹凸贴图的烘焙图像尺度。

纹理压缩：纹理压缩可减少最多75%的内存使用量，并且可以改进绘制性能。所用的算法（DXT5）通常只产生很少量的压缩瑕疵，因此适用于各种纹理。

消隐：控制用于渲染的消隐类型。

小对象消隐阈值：如果勾选该选项，则不绘制小于指定阈值的不透明对象。

图像大小的百分比：这是"小对象消隐阈值"选项的子选项，所设置的阈值是对象占输出图像的大小百分比。

硬件几何缓存：当显卡内存未被用于其他场合时，启用该选项可以将几何体缓存到显卡。在某些情况下，这样做可以提高性能。

最大缓存大小：如果要限制使用可用显卡内存的特定部分，可以设定该选项。

硬件环境查找：如果禁用该选项，则以与"Maya软件"渲染器相同的方式解释"环境球/环境立方体"贴图。

运动模糊：如果勾选该选项，可以更改"运动模糊帧数"和"曝光次数"的数值。

运动模糊帧数：在硬件渲染器中，通过渲染时间方向的特定点场景，并将生成的采样渲染混合到单个图像来实现运动模糊。

曝光次数：曝光次数将"运动模糊帧数"选项确定

的时间范围分成时间方向的离散时刻，并对整个场景进行重新渲染。

启用几何体遮罩：勾选该选项后，不透明几何体对象将遮罩粒子对象，而且不绘制透明几何体。当通过软件来渲染几何体合成粒子时，这个选项就非常有用。

使用Alpha混合镜面反射：勾选该选项后，可以避免镜面反射看上去像悬浮在曲面上方。

阴影链接：可以通过链接灯光与曲面来缩短场景所需的渲染时间，这时只有指定曲面被包含在阴影计算中（阴影链接），或是由给定的灯光照明（灯光链接）。

> **知 识 点 高质量交互显示**
>
> Maya可以在场景中切换高质量交互显示，以方便观察在渲染前的灯光和材质情况。下面以一个小案例来讲解高质量交互显示的切换方法。
>
> **第1步**：打开一个带有灯光和材质的场景，然后切换到摄像机视图，接着分别按6键和7键进入材质和灯光显示模式，如图8-67所示。
>
> **第2步**：执行视图菜单中的"渲染器>高质量渲染"命令，开启高质量交互显示功能。可以观察到开启该功能后的效果要好很多，这样就可以在渲染前进行预览观察，如图8-68所示。
>
>
>
> 图8-67　　　　　　图8-68

8.5 电影级渲染器——mental ray

mental ray是一款超强的高端渲染器，能够生成电影级的高质量画面，被广泛应用于电影、动画、广告等领域。从Maya 5.0起，mental ray就内置于Maya中，使Maya的渲染功能得到很大提升。随着Maya的不断升级，mental ray与Maya的融合也更加完美。

mental ray可以使用很多种渲染算法，能方便地实现透明、反射、运动模糊和全局照明等效果，并且使用mental ray自带的材质节点还可以快捷方便地制作出烤漆材质、3S材质和不锈钢金属材质等，如图8-69所示。

图8-69

知识点 加载mental ray渲染器

执行"窗口>设置/首选项>插件管理器"菜单命令，打开"插件管理器"对话框，然后在Mayatomr插件右侧勾选"已加载"选项，这样就可以使用mental ray渲染器了，如图8-70所示。如果勾选"自动加载"选项，在重启Maya时可以自动加载mental ray渲染器。

图8-70

本节知识概要

名称	主要作用	重要程度
常用材质	制作各种类型的真实材质	中
公用参数	设置输出图像的分辨率以及摄影机的控制属性等	高
过程参数	设置分层渲染以及相关的分层通道	低
功能参数	设置渲染模式、主渲染器及轮廓渲染等	中
质量参数	设置渲染的质量、抗锯齿、光线跟踪和运动模糊等	高
间接照明参数	设置基于图像的照明、物理太阳和天空、全局照明、焦散、光子贴图和最终聚焦等	高
选项参数	控制mental ray渲染器的诊断、预览、覆盖和转换等功能	低

8.5.1 mental ray的常用材质

mental ray的材质非常多，这里只介绍一些比较常用的材质，如图8-71所示。

dgs_material
dielectric_material
mi_car_paint_phen
mi_car_paint_phen_x
mi_car_paint_phen_x_passes
mi_metallic_paint
mi_metallic_paint_x
mi_metallic_paint_x_passes
mia_material
mia_material_x
mia_material_x_passes
mib_glossy_reflection
mib_glossy_refraction
mib_illum_blinn
mib_illum_cooktorr
mib_illum_hair
mib_illum_lambert
mib_illum_phong
mib_illum_ward
mib_illum_ward_deriv
misss_call_shader
misss_fast_shader
misss_fast_shader_x
misss_fast_shader_x_passes
misss_fast_simple_maya
misss_fast_skin_maya
misss_physical
misss_set_normal
misss_skin_specular
path_material
transmat

图8-71

mental ray的常用材质介绍

dgs_material（DGS物理学表面材质）：材质中的dgs是指Diffuse（漫反射）、Glossy（光泽）和Specular（高光）。该材质常用来模拟具有强烈反光的金属物体。

dielectric_material（电解质材质）：常用于模拟水、玻璃等光密度较大的折射物体，可以精确地模拟出玻璃和水的效果。

mi_car_paint_phen（车漆材质）：常用于制作汽车或其他金属的外壳，可以支持加入Dirt（污垢）来获得更加真实的渲染效果，如图8-72所示。

图8-72

mi_metallic_paint（金属漆材质）：和车漆材质比较类似，只是减少了Diffuse（漫反射）、Reflection Parameters（反射参数）和Dirt Parameters（污垢参数）。

mia_material（金属材质）/mia_material_X（金属材质_X）：这两个材质是专门用于建筑行业的材质，具有很强大的功能，通过它的预设值就可以模拟出很多建筑材质类型。

mib_glossy_reflection（玻璃反射）/mib_glossy_refraction（玻璃折射）

mib_glossy_refraction：这两个材质可以用来模拟反射或折射效果，也可以在材质中加入其他材质来进一步控制反射或折射效果。

 技巧与提示

用mental ray渲染器渲染玻璃和金属材质时，最好使用mental ray自带的材质，这样不但速度快，而且设置也非常方便，物理特性也很鲜明。

mib_illum_blinn mib_illum_blinn：材质类似于Blinn材质，可以实现丰富的高光效果，常用于模拟金属和玻璃。

mib_illum_cooktorr mib_illum_cooktorr：类似于Blinn材质，但是其高光可以基于角度来改变颜色。

mib_illum_hair mib_illum_hair：材质主要用来模拟角色的毛发效果。

mib_illum_lambert mib_illum_lambert：类似于Lambert材质，没有任何镜面反射属性，不会反射周围环境，多用于表现不光滑的表面，如木头和岩石等。

mib_illum_phong mib_illum_phong：类似于Phong材质，其高光区域很明显，适用于制作湿润的、表面具有光泽的物体，如玻璃和水等。

mib_illum_ward mib_illum_ward：可以用来创建各向异性和反射模糊效果，只需要指定模糊的方向就可以受到环境的控制。

mib_illum_ward_deriv mib_illum_ward_deriv：主要用来作为DGS shader（DGS着色器）材质的附加环境控制。

misss_call_shader misss_call_shader：是mental ray用来调用不同的单一次表面散射的材质。

misss_fast_shader misss_fast_shader：不包含其他色彩成分，以Bake lightmap（烘焙灯光贴图）方式来模拟次表面散射的照明结果（需要lightmap shader（灯光贴图着色器）的配合）。

misss_fast_simple_maya misss_fast_simple_maya/misss_fast_skin_maya misss_fast_skin_maya：包含所有的色彩成分，以Bake lightmap（烘焙灯光贴图）方式来模拟次表面散射的照明结果（需要lightmap shader（灯光贴图着色器）的配合）。

misss_physical misss_physical：主要用来模拟真实的次表面散射的光能传递以及计算次表面散射的结果。该材质只能在开启全局照明的场景中才起作用。

misss_set_normal misss_set_normal：主要用来将Maya软件的"凹凸"节点的"法线"的"向量"信息转换成mental ray可以识别的"法线"信息。

misss_skin_specular misss_skin_specular：主要用来模拟有次表面散射成分的物体表面的透明膜（常见的如人类皮肤的角质层）上的高光效果。

 技巧与提示

上述材质名称中带有sss，这就是常说的3S材质。

path_material path_material：只用来计算全局照明，并且不需要在"渲染设置"对话框中开启GI选项和"光子贴图"功能。由于其需要使用强制方法和不能使用"光子贴图"功能，所以渲染速度非常慢，并且需要使用更高的采样值，所以渲染整体场景的时间会延长，但是这种材质计算出来的GI非常精确。

transmat transmat：用来模拟半透膜效果。在计算全局照明时，可以用来制作空间中形成光子体积的特效，比如混浊的水底和光线穿过布满灰尘的房间。

8.5.2 mental ray渲染参数设置

mental ray渲染器由6个选项卡组成，分别是"公用""过程""功能""质量""间接照明"和"选项"，如图8-73所示。

图8-73

1.公用

"公用"选项卡下的参数与"Maya软件"渲染器的"公用"选项卡下的参数相同，主要用来设置动画文件的名称、格式和设置动画的时间范围，同时还可以设置输出图像的分辨率以及摄影机的控制属性等，如图8-74所示。

图8-74

2.过程

"过程"选项卡包含"渲染过程"和"预合成"两个卷展栏，如图8-75所示。该选项卡主要用来设置mental ray渲染器的分层渲染以及相关的分层通道。

图8-75

3.功能

"功能"选项卡包含"渲染功能"和"轮廓"两个卷展栏，如图8-76所示。下面对这两个卷展栏分别进行讲解。

图8-76

<1>渲染功能

展开"渲染功能"卷展栏，如图8-77所示。"渲染功能"卷展栏包含一个"附加功能"复卷展栏。

图8-77

渲染功能参数介绍

渲染模式：用于设置渲染的模式，包含以下4种模式。

法线：渲染"渲染设置"对话框中设定的所有功能。

仅最终聚焦：只计算最终聚焦。

仅阴影贴图：只计算阴影贴图。

仅光照贴图：只计算光照贴图（烘焙）。

主渲染器：用于选择主渲染器的渲染方式，共有以下3种。

扫描线：这是mental ray通常而且尽量使用的一种快速渲染计算方式。

光栅化器（快速运动）：这种方式又称为"快速扫描线"，计算速度比"扫描线"方式还要快。

光线跟踪：使用光线跟踪进行渲染。

次效果：在使用mental ray渲染器渲染场景时，可以启用一些补充效果，从而加强场景渲染的精确度，以提高渲染质量，这些效果包括以下7种。

光线跟踪：勾选该选项后，可以计算反射和折射效果。

全局照明：勾选该选项后，可以计算全局照明。

焦散：勾选该选项后，可以计算焦散效果。

重要性粒子：勾选该选项后，可以计算重要性粒子。

最终聚焦：勾选该选项后，可以计算最终聚集。

辐照度粒子：勾选该选项后，可以计算重要性粒子和发光粒子。

环境光遮挡：勾选该选项后，可以启用环境光遮挡功能。

阴影：勾选该选项后，可以计算阴影效果。该选项相当场景中阴影的总开关。

运动模糊：控制计算运动模糊的方式，共有以下3种。

禁用：不计算运动模糊。

无变形：这种计算速度比较快，类似于"Maya软件"渲染器的"2D运动模糊"。

完全：这种方式可以精确计算运动模糊效果，但计算速度比较慢。

技巧与提示

"附加功能"复卷展栏下的参数基本不会用到，因此这里不对这些参数进行介绍。

<2>轮廓

展开"轮廓"卷展栏，如图8-78所示。该卷展栏可以设置如何对物体的轮廓进行渲染。

图8-78

轮廓参数介绍

启用轮廓渲染：勾选该选项后，可以使用线框渲染功能。

隐藏源：勾选该选项后，只渲染线框图，并使用"整体应用颜色"填充背景。

整体应用颜色：该选项配合"隐藏源"选项一起使用，主要用来设置背景颜色，图8-79和图8-80所示的分别是设置"整体应用颜色"为白色和绿色时的线框渲染效果。

图8-79   图8-80

过采样：该值越大，获得的线框效果越明显，但渲染的时间也会延长，图8-81和图8-82所示的分别是设置该值为1和20时的线框对比。

图8-81   图8-82

过滤器类型：选择过滤器的类型，包含以下3种。

长方体过滤器：用这种过滤器渲染出来的线框比较模糊。

三角形过滤器：线框模糊效果介于"长方体过滤器"和"高斯过滤器"之间。

高斯过滤器：可以得到比较清晰的线框效果。

按特性差异绘制：该卷展栏下的参数主要用来选择绘制线框的类型，共有8种类型，用户可以根据实际需要来进行选项。

启用颜色对比度：该选项主要和"整体应用颜色"选项一起配合使用。

启用深度对比度：该选项主要是对像素所具有的z深度进行对比，若超过指定的阈值，则会产生线框效果。

启用距离对比度：该选项与深度对比类似，只不过是对像素间距进行对比。

启用法线对比度：该值以角度为单位，当像素间的法线的变化差值超过多少度时，会在变化处绘制线框。

4.质量

"质量"选项卡下的参数主要用来设置渲染的质量、抗锯齿、光线跟踪和运动模糊等，如图8-83所示。

图8-83

<1>质量预设

"质量预设"选项主要用来选择渲染的质量，共有16种预设类型，如图8-84所示。

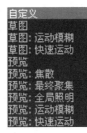

图8-84

质量预设参数介绍

自定义：自定义渲染的质量。

草图：一般在测试初期阶段使用这个选项，可以获得最快的速度和时间。

草图：运动模糊：在测试运动模糊时采用这个选项，渲染速度很快。

草图：快速运动：在测试快速运动的场景时采用这个选项，渲染速度很快。

预览：略好于草图预设，需要更多的渲染时间，但可以达到质量和时间之间的良好平衡。

预览：焦散：在预览焦散效果时采用这个选项，可以达到质量和时间之间的良好平衡。

预览：最终聚焦：在测试最终聚焦效果时采用这个选项，效果略好于草图预设，并且可以达到质量和时间之间的良好平衡。

预览：全局照明：在测试全局照明时采用这个选

项，效果略好于草图预设，需要更多的渲染时间，但可以达到质量和时间之间的良好平衡。

预览：运动模糊：在测试运动模糊时采用这个选项，效果略好于草图，需要更多的渲染时间，但可以达到质量和时间之间的良好平衡。

预览：快速运动：在测试快速运动时采用这个选项，效果略好于草图，需要更多的渲染时间，但可达到质量和时间之间的良好平衡。

产品级：一般在最后测试渲染阶段使用这个选项，但渲染出来的图像不包含运动模糊效果。

产品级：运动模糊：一般在最后测试渲染运动模糊阶段时使用这个选项。

产品级：快速毛发：一般在最后测试渲染运动毛发阶段使用这个选项。

产品级：快速头发：一般在最后测试渲染运动头发阶段使用这个选项。

产品级：快速运动：该选项包括运动中的毛发，测试渲染时使用这个选项作为最终的测试渲染。

产品级：精细跟踪：该选项包括光线跟踪，测试渲染时使用这个选项作为最终的测试渲染。

<2>抗锯齿质量

"抗锯齿质量"卷展栏包含"光线跟踪/扫描线质量"和"光栅化器质量"两个复卷展栏，如图8-85所示。

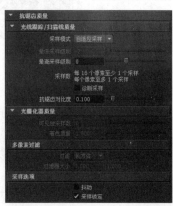

图8-85

抗锯齿质量参数介绍

采样模式：设置图像采样的模式，共有以下3种。

固定采样：使用固定的样本数量进行采样。

自适应采样：根据不同的场景进行采样。样本的"最高采样级别"和"最低采样级别"差距不会超过2。

自定义采样：每个像素的采样数由不同的场景而定。"自定义采样"允许调整"最低采样级别"和"最高采样级别"的数值，同时保留真正的"自适应采样"

（除非最高和最低的样本设置为相同的值）。自定义采样还可以设置最高和最低的采样级别为大于2的值，但是最低和最高采样级别不应相差超过3。

最低采样级别：用来设置每一个图像采样数的最低级别。

最高采样级别：用来设置每一个图像采样数的最高级别。

采样数：设置样本的实际数目，以计算当前的设置。

技巧与提示

注意，当选择"自适应采样"模式时，样本的最高和最低采样级别不能相差超过2，这是推荐的设置。对于高级用户，可以选择"自定义采样"模式来进行设置。

诊断采样：勾选该选项后，可以产生一种灰度图像来代表采样密度，从而可以观察采样是否符合要求。

抗锯齿对比度：降低该参数值可以增加采样量，以得到更好的质量，但会花费更多的渲染时间。

可见性采样数：该参数默认值为0，可以用来调节抗锯齿的采样数目。

着色质量：设置每幅图像的材质采样数量。默认值为1，最小值为0.001。

过滤：设置多像素过滤的类型，可以通过模糊处理来提高渲染的质量，共有以下5种类型。

长方体：这种过滤方式可以得到相对较好的效果和较快的速度，图8-86所示为"长方体"过滤示意图。

三角形：这种过滤方式的计算更加精细，计算速度比"长方体"过滤方式慢，但可以得到更均匀的效果，图8-87所示为"三角形"过滤示意图。

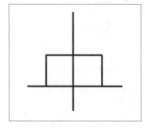

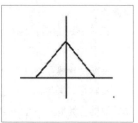

图8-86　　　　　　　图8-87

Gauss（高斯）：这是一种比较好的过滤方式，能得到最佳的效果，速度是最慢的一种，但可以得到比较柔和的图像，图8-88所示为Gauss（高斯）过滤示意图。

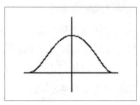

图8-88

Mitchell（米切尔）/Lanczos（兰索斯）：这两种过滤方式与Gauss（高斯）过滤方式不一样，它们更加倾向于提高最终计算的像素。因此，如果想要增强图像的细节，可以选择Mitchell（米切尔）/Lanczos（兰索斯）过滤类型。

技巧与提示

相比于Mitchell（米切尔）过滤方式，Lanczos（兰索斯）过滤方式会呈现出更多的细节。

过滤器大小：该参数的数值越大，来自相邻像素的信息就越多，图像也越模糊，但数值不能低于（1，1）。

抖动：这是一种特殊的方向采样计算方式，可以减少锯齿现象，但是会以牺牲几何形状的正确性为代价，一般情况都应该关闭该选项。

采样锁定：勾选该选项后，可以消除渲染时产生的噪波、杂点和闪烁效果，一般情况都要开启该选项。

<3>光线跟踪

"光线跟踪"卷展栏下的参数主要用来控制物理反射、折射和阴影效果，如图8-89所示。

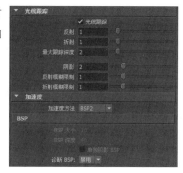

图8-89

光线跟踪介绍

光线跟踪：控制是否开启"光线跟踪"功能。

反射：设置光线跟踪的反射次数。数值越大，反射效果越好。

折射：设置光线跟踪的折射次数。数值越大，折射效果越好。

最大跟踪深度：用来限制反射和折射的次数，从而控制反射和折射的渲染效果。

阴影：设置光线跟踪的阴影质量。如果该数值为0，阴影将不穿过透明折射的物体。

反射/折射模糊限制：设置二次反射/折射的模糊值。数值越大，反射/折射的效果会更加模糊。

加速度方法：选择加速度的方式，共有以下3种。

常规BSP：即"二进制空间划分"，这是默认的加速度方式，在单处理器系统中是最快的一种。若关闭了

"光线跟踪"功能，最好选用这种方式。

大BSP：这是"常规BSP"方式的变种方式，适用于渲染应用了光线跟踪的大型场景，因为它可以将场景分解成很多个小块，将不需要的数据存储在内存中，以加快渲染速度。

BSP2：即"二进制空间划分"的第2代，主要运用在具有光线跟踪的大型场景中。

BSP大小：设置BSP树叶的最大面（三角形）数。增大该值将减少内存的使用量，但是会增加渲染时间，默认值为10。

BSP深度：设置BSP树的最大层数。增大该值将缩短渲染时间，但是会增加内存的使用量和预处理时间，默认值为40。

单独阴影BSP：让使用低精度场景的阴影来提高性能。

诊断BSP：使用诊断图像来判定"BSP深度"和"BSP大小"参数设置得是否合理。

<4>光栅化器

"光栅化器"卷展栏下只有"光栅化器透明度"一个参数，这个主要用来控制透明度和运动模糊的质量，如图8-90所示。

图8-90

<5>阴影

"阴影"卷展栏下的参数主要用来设置阴影的渲染模式以及阴影贴图，如图8-91所示。

图8-91

阴影参数介绍

阴影方法：用来选择阴影的使用方法，共有4种，分别是"已禁用""简单""已排序"和"分段"。

阴影链接：选择阴影的链接方式，共有"启用""遵守灯光链接"和"禁用"3个方式。

格式：设置阴影贴图的格式，共有以下4种。

已禁用阴影贴图：关闭阴影贴图。

常规：能得到较好的阴影贴图效果，但是渲染速度

较慢。

常规（OpenGL加速）：如果用户的显卡是专业显卡，可以使用这种阴影贴图格式，以获得较快的渲染速度，但是渲染时有可能会出错。

细节：使用细节较强的阴影贴图格式。

重建模式：确定是否重新计算所有的阴影贴图，共有以下3种模式。

重用现有贴图：如果情况允许，可以载入以前的阴影贴图来重新使用之前渲染的阴影数据。

重建全部并覆盖：全部重新计算阴影贴图和现有的点来覆盖现有的数据。

重建全部并合并：全部重新计算阴影贴图来生成新的数据，并合并这些数据。

运动模糊阴影贴图：控制是否生成运动模糊的阴影贴图，使运动中的物体沿着运动路径产生阴影。

光栅化器像素采样：控制抗锯齿质量与光栅化器计算阴影贴图的采样数量。

<6>运动模糊

"运动模糊"卷展栏下的参数主要用来设置运动模糊的质量以及运动偏移等效果，如图8-92所示。

图8-92

运动模糊参数介绍

运动模糊：设置运功模糊的方式，共有以下3种。

禁用：关闭运动模糊。

无变形：以线性平移方式来处理运动模糊，只针对未开孔或没有透明属性的平移运动物体，渲染速度比较快。

完全：针对每个顶点进行采样，而不是针对每个对象。这种方式的渲染速度比较慢，但能得到准确的运动模糊效果。

运动模糊时间间隔：该参数的数值越大，运动模糊效果越明显，但是渲染速度很慢。

快门打开/关闭：利用帧间隔来控制运动模糊，默认值为0和1。如果这两个参数值相等，运动模糊将被禁用；如果这两个参数值更大，运动模糊将启用，正常取

值为0和1；这两个参数值都为0.5时，同样会关闭运动模糊，但是会计算"运动向量"。

运动模糊阴影贴图：勾选该选项后，可以确定是否启用阴影贴图运动模糊效果；关闭该选项可以提高渲染速度。

置换运动因子：根据可视运动的数量控制精细置换质量。

运动质量因子：使用光栅化器处理运动模糊时，必须决定是使用较高的值以产生更佳的质量，还是使用较低的值以实现更快的渲染。将"运动质量因子"值设定为大于0的值时，会自动降低快速移动对象的着色采样数，降低速率与设置的幅值和屏幕空间中实例的速度成比例。

运动步数：启用运动模糊后，mental ray可以通过运动变换创建运动路径，就像顶点处的多个运动向量可以创建运动路径一样。

时间采样：该选项是运动模糊质量的主要控件，主要用来定义每个空间采样的暂时着色采样数量。

时间对比度：较低的值会导致更多的时间采样，从而产生更精确的运动模糊，但会增加渲染时间。

自定义运动偏移：勾选该选项后，可以设置运动偏移来定义捕捉运动模糊信息的时间步数。

运动后偏移：设置运动模糊起点的间隔时间，默认值为0.5。

静态对象偏移：设置用于呈现静态物体的时间，默认值为0。

<7>帧缓冲区

"帧缓冲区"卷展栏下的选项主要针对图像最终渲染输出进行设置，如图8-93所示。

图8-93

帧缓冲区参数介绍

数据类型：选择帧缓冲区中包含的信息类型。

Gamma（伽马）：对已渲染的颜色像素应用Gamma（伽马）校正，以补偿具有非线性颜色响应的输出设备。

颜色片段：控制在将颜色写入到非浮点型帧缓冲区或文件之前，该选项用来决定如何将颜色剪裁到有效范围（0，1）内。

对采样插值：该选项可使mental ray在两个已知的像素采样值之间对采样值进行插值。

降低饱和度：如果要将某种颜色输出到没有32位（浮点型）和16位（半浮点型）精度的帧缓冲区，并且其RGB分量超出（0，最大值）的范围，则mental ray会将该颜色剪裁至该合适范围。

预乘：如果勾选该选项，mental ray会避免对象在背景上抗锯齿。

抖动：通过向像素中引入噪波，从而平摊舍入误差来减轻可视化带状条纹问题。

光栅化器使用不透明度：使用光栅化器时，启用该选项会强制在所有颜色用户帧缓冲区上执行透明度/不透明度合成，无论各个帧缓冲区上的设置如何都是如此。

为所有缓冲区分析对比度：这是一项性能优化技术，允许mental ray在颜色统一的区域对图像进行更为粗糙的采样，而在包含细节的区域（如对象边缘和复杂纹理）进行精细采样。

5.间接照明

Maya默认的灯光照明是一种直接照明方式。所谓直接照明就是被照物体直接由光源进行照明，光源发出的光线不会发生反射来照亮其他物体，而现实生活中的物体都会产生漫反射，从而间接照亮其他物体，并且还会携带颜色信息，使物体之间的颜色相互影响，直到能量耗尽才会结束光能的反弹，这种照明方式也就是"间接照明"。

在讲解"间接照明"的参数之间，这里还要介绍下"全局照明"。所谓"全局照明"（习惯上简称为GI），就是直接照明加上间接照明，两种照明方式同时被使用可以生成非常逼真的光照效果。mental ray实现GI的方法有很多种，如"光子贴图""最终聚集"和"基于图像的照明"等。

"间接照明"选项卡是mental ray渲染器的核心部分，在这里可以制作"基于图像的照明"和"物理太阳和天空"效果，同时还可以设置"全局照明""焦散""光子贴图"和"最终聚焦"等，如图8-94所示。

图8-94

<1>环境

"环境"卷展栏主要针对环境的间接照明进行设置，如图8-95所示。

图8-95

环境参数介绍

基于图像的照明：单击后面的"创建"按钮 创建 可以利用纹理或贴图为场景提供照明。

物理阳光和天空：单击后面的"创建"按钮 创建 可以为场景添加天光效果。

<2>全局照明

展开"全局照明"卷展栏，如图8-96所示。全局照明是一种允许使用间接照明和颜色溢出等效果的过程。

图8-96

全局照明参数介绍

全局照明：控制是否开启"全局照明"功能。

精确度：设置全局照明的精度。数值越高，渲染效果越好，但渲染速度会变慢。

比例：控制间接照明效果对全局照明的影响。

半径：默认值为0，此时Maya会自动计算光子半径。如果场景中的噪点较多，增大该值（1~2之间）可以减少噪点，但是会带来更模糊的结果。为了减小模糊程度，必须增加由光源发出的光子数量（全局照明精度）。

合并距离：合并指定的光子世界距离。对于光子分布不均匀的场景，该参数可以大大降低光子映射的大小。

<3>焦散

"焦散"卷展栏可以控制渲染的焦散效果，如图8-97所示。

图8-97

焦散参数介绍

焦散：控制是否开启"焦散"功能。

精确度：设置渲染焦散的精度。数值越大，焦散效果越好。

比例：控制间接照明效果对焦散的影响。

半径：默认值为0，此时Maya会自动计算焦散光子的半径。

合并距离：合并指定的光子世界距离。对于光子分布不均匀的场景，该参数可以大大减少光子映射的大小。

焦散过滤器类型：选择焦散的过滤器类型，共有以下3种。

长方体：用该过滤器渲染出来的焦散效果很清晰，并且渲染速度比较快，但是效果不太精确。

圆锥体：用该过滤器渲染出来的焦散效果很平滑，而渲染速度比较慢，但是焦散效果比较精确。

Gauss（高斯）：用该过滤器渲染出来的焦散效果最好，但渲染速度最慢。

焦散过滤器内核：增大该参数值，可以使焦散效果变得更加平滑。

技巧与提示

"焦散"就是指物体被灯光照射后所反射或折射出来的影像，其中反射后产生的焦散为"反射焦散"，折射后产生的焦散为"折射焦散"。

<4>光子跟踪

"光子跟踪"卷展栏主要对mentalray渲染产生的光子进行设置，如图8-98所示。

图8-98

光子跟踪参数介绍

光子反射：限制光子在场景中的反射量。该参数与最大光子的深度有关。

光子折射：限制光子在场景中的折射量。该参数与最大光子的深度有关。

最大光子深度：限制光子反弹的次数。

<5>光子贴图

"光子贴图"卷展栏主要针对mental ray渲染产生的光子形成的光子贴图进行设置，如图8-99所示。

图8-99

光子贴图参数介绍

重建光子贴图：勾选该选项后，Maya会重新计算光子贴图，而现有的光子贴图文件将被覆盖。

光子贴图文件：设置一个光子贴图文件，同时新的光子贴图将加载这个光子贴图文件。

启用贴图可视化器：勾选该选项后，在渲染时可以在视图中观察到光子的分布情况。

直接光照阴影效果：如果在使用了全局照明和焦散效果的场景中有透明的阴影，应该勾选该选项。

诊断光子：使用可视化效果来诊断光子属性设置是否合理。

光子密度：使用光子贴图时，该选项可以使用内部着色器替换场景中的所有材质着色器，该内部着色器可以生成光子密度的伪彩色渲染。

<6>光子体积

"光子体积"卷展栏主要针对mental ray光子的体积进行设置，如图8-100所示。

图8-100

光子体积参数介绍

光子自动体积：控制是否开启"光子自动体积"功能。

精确度：控制光子映射来估计参与焦散效果或全局照明的光子强度。

半径：设置参与媒介的光子的半径。

合并距离：合并指定的光子世界距离。对于光子分布不均匀的场景，该参数可以大大降低光子映射的大小。

<7>重要性粒子

"重要性粒子"卷展栏主要针对mental ray的"重要性粒子"进行设置，如图8-101所示。"重要性粒子"类似于光子的粒子，但是它们从摄影机中发射，并以相反的顺序穿越场景。

图8-101

重要性粒子参数介绍

重要性粒子：控制是否启用重要性粒子发射。

密度：设置对于每个像素从摄影机发射的重要性粒子数。

合并距离：合并指定的世界空间距离内的重要性粒子。

最大深度：控制场景中重要性粒子的漫反射。

穿越：勾选该选项后，可以使重要性粒子不受阻止，即使完全不透明的几何体也是如此；关闭该选项后，重要性粒子会存储在从摄影机到无穷远的光线与几何体的所有相交处。

<8>最终聚集

"最终聚集"简称FG，是一种模拟GI效果的计算方法。FG分为以下两个处理过程。

第1个过程：从摄影机发出光子射线到场景中，当与物体表面产生交点时，又从该交点发射出一定数量的光线，以该点的法线为轴，呈半球状分布，只发生一次反弹，并且储存相关信息为最终聚集贴图。

第2个过程：利用由预先处理过程中生成的最终聚集贴图信息进行插值和额外采样点计算，然后用于最终渲染。

展开"最终聚集"卷展栏，如图8-102所示。

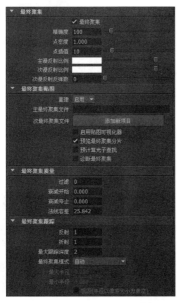

图8-102

最终聚集参数介绍

最终聚集：控制是否开启"最终聚集"功能。

精确度：增大该参数值可以减少图像的噪点，但会增加渲染时间，默认值为100。

点密度：控制最终聚集点的计算数量。

点插值：设置最终聚集插值渲染的采样点。数值越高，效果越平滑。

主漫反射比例：设置漫反射颜色的强度来控制场景的整体亮度或颜色。

次漫反射比例：主要配合"主漫反射比例"选项一起使用，可以得到更加丰富自然的照明效果。

次漫反射反弹数：设置多个漫反射反弹最终聚集，可以防止场景的暗部产生过于黑暗的现象。

重建：设置"最终聚集贴图"的重建方式，共有"禁用""启用"和"冻结"3种方式。

启用贴图可视化器：创建可以存储的可视化最终聚集光子。

预览最终聚集分片：预览最终聚集的效果。

预计算光子查找：勾选该选项后，可以预先计算光子并进行查找，但是需要更多的内存。

诊断最终聚集：允许使用显示为绿色的最终聚集点渲染初始光栅空间，使用显示为红色的最终聚集点作为渲染时的最终聚集点。这有助于精细调整最终聚集设置，以区分依赖于视图的结果和不依赖于视图的结果，从而更好地分布最终聚集点。

过滤：控制最终聚集形成的斑点有多少被过滤掉。

衰减开始/停止：用这两个选项可以限制用于最终聚集的间接光（但不是光子）的到达。

法线容差：指定要考虑进行插值的最终聚集点法线可能会偏离该最终聚集点曲面法线的最大角度。

反射：控制初级射线在场景中的反射数量。该参数与最大光子的深度有关。

折射：控制初级射线在场景中的折射数量。该参数与最大光子的深度有关。

最大跟踪深度：默认值为0，此时表示间接照明的最终计算不能穿过玻璃或反弹镜面。

最终聚集模式：针对渲染不同的场合进行设置，可以得到速度和质量的平衡。

最大/最小半径：合理设置这两个参数可以加快渲染速度。一般情况下，一个场景的最大半径为外形尺寸的10%，最小半径为最大半径的10%。

视图（半径以像素为单位）：勾选该选项后，会导致"最小半径"和"最大半径"的最后聚集再次计算像素大小。

<9>辐照度粒子

"辐照度粒子"是一种全局照明技术，它可以优化"最终聚集"的图像质量。展开"辐照度粒子"卷展栏，如图8-103所示。

图8-103

辐照度粒子参数介绍

辐照度粒子：控制是否开启"辐照度粒子"功能。

光线数：使用光线的数量来估计辐射。最低值为2，默认值为256。

间接过程：设置间接照明传递的次数。

比例：设置"辐照度粒子"的强度。

插值：设置"辐照度粒子"使用的插值方法。

插值点数量：用于设置插值点的数量，默认值为64。

环境：控制是否计算辐照环境贴图。

环境光线：计算辐照环境贴图使用的光线数量。

重建：如果勾选该选项，mental ray会计算辐照粒子贴图。

贴图文件：指定辐射粒子的贴图文件。

<10>环境光遮挡

展开"环境光遮挡"卷展栏，如图8-104所示。如果要创建环境光遮挡过程，则必须启用"环境光遮挡"功能。

图8-104

环境光遮挡参数介绍

环境光遮挡：控制是否开启"环境光遮挡"功能。

光线数：使用环境的光线来计算每个环境闭塞。

缓存：控制环境闭塞的缓存。

缓存密度：设置每个像素的环境闭塞点的数量。

缓存点数：查找缓存点的数目的位置插值，默认值为64。

6.选项

"选项"选项卡下的参数主要用来控制mental ray渲染器的"诊断""预览""覆盖"和"转换"等功能，如图8-105所示。

图8-105

> **技巧与提示**
>
> 使用"诊断"功能可以检测场景中光子映射的情况。用户可以指定诊断网格和网格的大小，以及诊断光子的密度或辐照度。当勾选"诊断采样"选项后，会出现灰度的诊断图，如图8-106所示。

图8-106

🎬 **课堂案例**

制作全局照明

案例位置	案例文件>CH08>课堂案例——制作全局照明.mb
视频位置	多媒体教学>CH08>课堂案例——制作全局照明.flv
难易指数	★★☆☆☆
学习目标	学习"全局照明"技术的用法

全局照明效果如图8-107所示。

图8-107

① 打开"场景文件>CH08>c.mb"文件，如图8-108所示。

② 打开"渲染设置"对话框，然后设置渲染器为mental ray渲染器，接着测试渲染当前场景，效果如图8-109所示。

图8-108　　　　　　　　图8-109

> **技巧与提示**
>
> 本场景中的材质均为Lambert材质，主光源是一盏开启了光线跟踪阴影的聚光灯。

③ 单击"间接照明"选项卡，然后在"全局照明"卷展栏下勾选"全局照明"选项，接着设置"精确度"为100，如图8-110所示。

图8-110

04 选择聚光灯，按Ctrl+A组合键打开其"属性编辑器"对话框，然后在mental ray属性栏下展开"焦散和全局照明"复卷展栏，接着勾选"发射光子"选项，最后设置"光子密度"为100000、"指数"为1.3、"全局照明光子"为1000000，具体参数设置如图8-111所示。

图8-111

05 测试渲染当前场景，效果如图8-112所示。

图8-112

06 打开"渲染设置"对话框，然后在"全局照明"卷展栏下设置"精确度"为400、"半径"为2，如图8-113所示，接着测试渲染当前场景，效果如图8-114所示。

图8-113

图8-114

07 打开"渲染设置"对话框，然后在"全局照明"卷展栏下设置"精确度"为3000、"半径"为100，如图8-115所示。

图8-115

08 渲染当前场景，最终效果如图8-116所示。

图8-116

课堂案例

制作mental ray的焦散特效

案例位置	案例文件>CH08>课堂案例——制作mental ray的焦散特效.mb
视频位置	多媒体教学>CH08>课堂案例——制作mental ray的焦散特效.flv
难易指数	★★☆☆☆
学习目标	学习mental ray焦散特效的制作方法

mental ray焦散特效如图8-117所示。

图8-117

01 打开"场景文件>CH08>d.mb"文件，如图8-118所示。

02 打开"渲染设置"对话框，然后设置渲染器为mental ray渲染器，接着测试渲染当前场景，效果如图8-119所示。

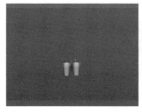

图8-118

图8-119

从图8-119中可以观察到场景中并没有焦散特效，这是因为还没有创建发射焦散光子的灯光。

(03) 场景中创建了一盏聚光灯，其位置如图8-120所示。

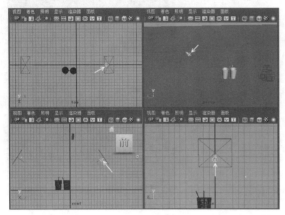

图8-120

(04) 打开聚光灯的"属性编辑器"对话框，然后在mental ray属性栏下展开"焦散和全局照明"复卷展栏，接着勾选"发射光子"选项，最后设置"光子密度"为8000、"指数"为1.3、"全局照明光子"为800000，如图8-121所示。

图8-121

(05) 测试渲染当前场景，效果如图8-122所示。

图8-122

从图8-122中可以观察到还没有产生焦散特效，这是因为还没有开启焦散渲染功能的原因。

(06) 打开"渲染设置"对话框，然后单击"间接照明"选项卡，然后在"焦散"卷展栏下勾选"焦散"选项，接着设置"精确度"为50，如图8-123所示。

图8-123

(07) 渲染当前场景，最终效果如图8-124所示。

图8-124

制作葡萄的次表面散射效果

案例位置	案例文件>CH08>课堂案例——制作葡萄的次表面散射效果.mb
视频位置	多媒体教学>CH08>课堂案例——制作葡萄的次表面散射效果.flv
难易指数	★★★☆☆
学习目标	学习次表面散射材质的制作方法

葡萄次表面散射材质效果如图8-125所示。

图8-125

葡萄材质与葡萄茎材质的模拟效果如图8-126和图8-127所示。

图8-126

图8-127

(01) 打开"场景文件>CH08>e.mb"文件，如图8-128所示。

图8-128

02 下面制作葡萄的次表面散射材质。创建一个misss_fast_simple_maya材质，如图8-129所示，然后将该材质指定给葡萄模型。

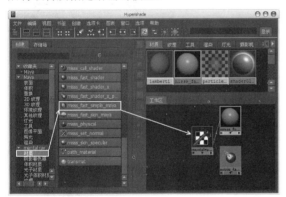

图8-129

03 打开misss_fast_simple_maya材质的"属性编辑器"对话框，然后在Diffuse Color（漫反射颜色）通道中加载"案例文件>CH08>课堂案例——制作葡萄的次表面散射效果>FLAK_02B.jpg"文件，接着设置Diffuse Weight（漫反射权重）为0.16，再设置Front SSS Color（前端次表面散射颜色）为（R:142，G:0，B:47），最后设置Front SSS Weight（前端次表面散射权重）为0.5、Front SSS Radius（前端次表面散射半径）为3，如图8-130所示。

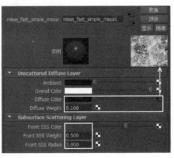

图8-130

04 在Back SSS Color（背端次表面散射颜色）通道中加载"案例文件>CH08>课堂案例——制作葡萄的次表面散射效果>back07L.jpg"文件，然后在"颜色平衡"卷展栏下设置"颜色增益"为（R:15，G:1，B:43），如图8-131所示。

图8-131

05 返回到misss_fast_simple_maya材质设置面板，然后设置Back SSS Weight（背端散射权重）设置为8、Back SSS Radius（背端散射半径）为2.5、Back SSS Depth（背端散射深度）为0，如图8-132所示。

图8-132

06 展开Specular Layer（高光层）卷展栏，然后设置Samples（采样）为128，接着在Specular Color（高光颜色）通道中加载"案例文件>CH08>课堂案例——制作葡萄的次表面散射效果>STAN_06B.jpg"文件，最后在"颜色平衡"卷展栏下设置"颜色增益"为（R:136，G:136，B:136），具体参数设置如图8-133所示。

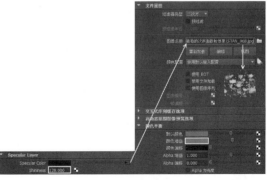

图8-133

07 创建一个mib_lookup_background（背景环

境）节点，如图
8-134所示。

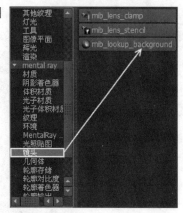

图8-134

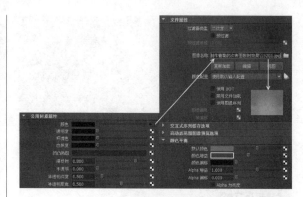

图8-137

08 切换到摄影机视图，然后执行视图菜单中的"视图>选择摄影机"命令，并打开其"属性编辑器"对话框，接着用鼠标中键将mib_lookup_background节点拖曳到mental ray卷展栏下的"环境着色器"属性上，如图8-135所示。

图8-135

09 打开mib_lookup_background节点的"属性编辑器"对话框，然后在Texture（纹理）通道中加载"案例文件>CH08>课堂案例——制作葡萄的次表面散射效果>aa.jpg"文件，如图8-136所示。

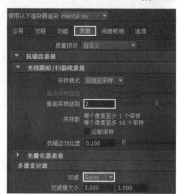

图8-138

12 渲染当前场景，最终效果如图8-139所示。

图8-139

图8-136

10 下面制作葡萄茎材质。创建一个Phong材质，然后打开其"属性编辑器"对话框，接着在"颜色"通道中加载"案例文件>CH08>课堂案例——制作葡萄的次表面散射效果>152G1.jpg"文件，最后在"颜色平衡"卷展栏下设置"颜色增益"为（R:52，G:74，B:25），如图8-137所示。

11 打开"渲染设置"对话框，然后设置渲染器为mental ray渲染器，接着在"质量"选项卡下展开"光线跟踪/扫描线质量"卷展栏，并设置"最高采样级别"为2，最后设置"过滤"为Gauss（高斯），如图8-138所示。

❓ 技巧与提示

渲染完成以后，可以将图像进行后期处理，本例的后期效果如图8-140所示。

图8-140

8.6 渲染新贵——VRay

当您听到VRay For Maya时请别惊讶，因为现在已经开发出了专门针对Maya的VRay渲染器。众所周知VRay渲染器是目前业界内最受欢迎的渲染器，也是当今CG行业普及率最高的渲染器，下面就一起来享受VRay为我们带来的渲染乐趣。

本节知识概要

名称	主要作用	重要程度
VRay灯光	为场景设置灯光	中
VRayMtl材质	几乎可以模拟任何材质	高
全局选项	对场景中的灯光、材质、置换等进行全局设置	高
图像采样器	设置图像的采样和过滤器	高
环境	设置渲染的环境	高
颜色映射	设置图像的曝光模式	高
GI	设置间接照明	高
焦散	设置VRay焦散特效	高
DMC采样器	设置获取什么样的样本，以及最终哪些样本被光线追踪	高

8.6.1 VRay渲染器简介

VRay渲染器广泛应用于建筑与室内设计行业，VRay在表现这类题材时有着无与伦比的优势，同时VRay渲染器很容易操作，渲染速度相对也较快，所以VRay渲染器一直是渲染中的霸主，图8-141和图8-142所示的分别是VRay应用在室内和室外的渲染作品。

图8-141　　　　　　图8-142

技巧与提示

请用户特别注意，本书VRay的内容均采用VRay 2.0进行编写。

VRay渲染器主要有以下3个特点。

VRay同时适合室内外场景的创作。

使用VRay渲染图像时很容易控制饱和度，并且画面不容易出现各种毛病。

使用GI时，调节速度比较快。在测试渲染阶段，需要开启GI反复渲染来调节灯光和材质的各项参数，在这个过程中对渲染器的GI速度要求比较高，因此VRay很符合这个要求。

知识点　在Maya中加载VRay渲染器

在安装好VRay渲染器之后，和mental ray渲染器一样，需要在Maya中加载VRay渲染器才能正常使用。

执行"窗口>设置/首选项>插件管理器"菜单命令，打开"插件管理器"对话框，然后在最下面勾选vrayformaya.mll选项后面的"加载"选项，这样就可以使用VRay渲染器了，如图8-143所示。如果勾选"自动加载"选项，在重启Maya时可以自动加载VRay渲染器。

图8-143

8.6.2 VRay灯光

VRay自带了4种灯光，下面对这些灯光进行详细讲解。

1.VRay灯光的类型

VRay的灯光分为VRay Sphere Light（VRay球形灯）、VRay Dome Light（VRay圆顶灯）、VRay Rect Light（VRay矩形灯）和VRay IES Light（VRay IES灯）4种类型，如图8-144所示。这4种灯光在视图中的形状如图8-145所示。

图8-144

VRay球形灯　VRay圆顶灯　VRay矩形灯　VRay IES灯

图8-145

VRay灯光介绍

VRay Sphere Light（VRay球形灯）：这种灯光的发散方式是一个球体形状，适合制作一些发光体，如图8-146所示。

VRay Dome Light（VRay圆顶灯）：该灯光可以用来模拟天空光的效果，此外还可以在圆顶灯中使用HDRI高动态贴图，图8-147所示的是圆顶灯的发散形状。

图8-146　　　　　　　　图8-147

VRay Rect Light（VRay矩形灯）：该灯光是VRay灯光中使用最频繁的一种灯光，主要应用于室内环境，它属于面光源，其发散形状是一个矩形，如图8-148所示。

VRay IES Light（VRay IES灯）：主要用来模拟光域网的效果，但是需要导入光域网文件才能起作用，如图8-149所示是IES灯的发散形状。

图8-148　　　　　　　　图8-149

知 识 点 光域网

光域网是灯光的一种物理性质，它决定了灯光在空气中的发散方式。不同的灯光在空气中的发散方式是不一样的，比如手电筒会发出一个光束。这说明由于灯光自身特性的不同，其发出的灯光图案也不相同，而这些图案就是光域网造成的，图8-150所示的是一些常见光域网的发光形状。

图8-150

2.VRay灯光的属性

下面以VRay Rect Light（VRay矩形灯）为例来讲解VRay的灯光属性，图8-151所示的为矩形灯的"属性编辑器"对话框。

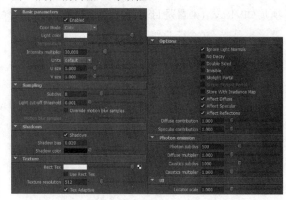

图8-151

VRay矩形灯参数介绍

Enabled（启用）：VRay灯光的开关。

Color Mode（颜色模式）：包含Color（颜色）和Temperature（色温）两种颜色模式。

Light color（灯光颜色）：如果设置Color Mode（颜色模式）为Color（颜色），那么该选项用来设置灯光的颜色。

Temperature（色温）：如果设置Color Mode（颜色模式）为Temperature（色温），那么该选项用来设置灯光的色温。

Intensity multiplier（强度倍增）：用来设置灯光的强度。

Units（单位）：灯光的计算单位，可以选择不同的单位来设置灯光强度。

U size（U向大小）：设置光源的U向尺寸大小。

V size（V向大小）：设置光源的V向尺寸大小。

Subdivs（细分）：用来控制灯光的采样数量。值越大，效果越好。

Light cut-off threshold（灯光截止阈值）：当场景中有很多微弱且不重要的灯光时，可以使用这个参数来控制它们，以减少渲染时间。

Override motion blur samples（运动模糊样本覆盖）：用运动模糊样本覆盖当前灯光的默认数值。

Motion blur samples（运动模糊采样）：当勾选Override motion blur samples（运动模糊样本覆盖）选项时，Motion blur samples（运动模糊采样）选项用来设置运动模糊的采样数。

Shadows（阴影）：VRay灯光阴影的开关。

Shadow bias（阴影偏移）：设置阴影的偏移量。

Shadow color（阴影颜色）：设置阴影的颜色。

Rect Tex（平面纹理）：使用指定的纹理。

Use Rect Tex（使用平面纹理）：一个优化选项，可以减少表面的噪点。

Texture resolution（纹理分辨率）：指定纹理的分辨率。

Tex Adaptive（纹理自适应）：勾选该选项后，VRay将根据纹理部分亮度的不同来对其进行分别采样。

Ignore light normals（忽略灯光法线）：当一个被跟踪的光线照射到光源上时，该选项用来控制VRay计算发光的方式。对于模拟真实世界的光线，应该关闭该选项，但开启该选项后渲染效果会更加平滑。

No decay（无衰减）：勾选该选项后，VRay灯光将不进行衰减；如果关闭该选项，VRay灯光将以距离的"反向平方"方式进行衰减，这是真实世界中的灯光衰减方式。

Double Sided（双面）：当VRay灯光为面光源时，该选项用来控制灯光是否在这个光源的两面进行发光。

Invisible（不可见）：该选项在默认情况下处于勾选状态，在渲染时会渲染出灯光的形状。若关闭该选项，将不能渲染出灯光形状，但一般情况都要关闭该选项。

Skylight Portal（天光入口）：勾选该选项后，灯光将作为天空光的光源。

Simple Skylight Portal（简单天关入口）：使用该选项可以获得比上个选项更快的渲染速度，因为它不用计算物体背后的颜色。

Store with Irradiance Map（存储发光贴图）：勾选该选项后，计算发光贴图的时间会更长，但渲染速度会加快。

Affect Diffuse（影响漫反射）：勾选该选项后，VRay将计算漫反射。

Affect Specular（影响高光）：勾选该选项后，VRay将计算高光。

Affect Reflections（影响反射）：勾选该选项后，VRay将计算反射。

Diffuse contribution（漫反射贡献）：设置漫反射的强度倍增。

Specular contribution（高光贡献）：设置高光的强度倍增。

Photon subdivs（光子细分）：该数值越大，渲染效果越好。

Diffuse multiplier（漫反射倍增）：设置漫反射光子倍增。

Caustics subdivs（焦散细分）：用来控制焦散的质量。值越大，焦散效果越好。

Caustics multiplier（焦散倍增）：设置渲染对象产生焦散的倍数。

Locator scale（定位器缩放）：设置灯光定位器在视图中的大小。

8.6.3 VRay基本材质的属性

VRay渲染器提供了一种特殊材质——VRayMtl材质，如图8-152所示。在场景中使用该材质能够获得更加准确的物理照明（光能分布）效果，并且反射和折射参数的调节更加方便，同时还可以在VRayMtl材质中应用不同的纹理贴图来控制材质的反射和折射效果。

图8-152

双击VRayMtl材质节点，打开其"属性编辑器"对话框，如图8-153所示。

图8-153

1.Swatch properties（样本特征）

展开Swatch properties（样本特征）卷展栏，如图8-154所示。

图8-154

样本特征参数介绍

Auto update（自动更新）：当对材质进行了改变时，勾选该选项可以自动更新材质示例效果。

Always render this swatch（总是渲染样本）：勾选该选项后，可以对样本强制进行渲染。

Max resolution（最大分辨率）：设置样本显示的最大分辨率。

Update（更新）：如果关闭Auto update（自动更新）选项，可以单击该按钮强制更新材质示例效果。

2.Basic Parameters（基本参数）

展开Basic Parameters（基本参数）卷展栏，如图8-155所示。在该卷展栏下可以设置材质的颜色、自发光等属性。

图8-155

基本参数介绍

Diffuse Color（漫反射颜色）：漫反射也叫固有色或过渡色，可以是单色也可以是贴图，是指非镜面物体受光后的表面色或纹理。当Diffuse Color（漫反射颜色）为白色时，需要将其控制在253以内，因为在纯白（即255）时渲染会很慢，也就是说材质越白，渲染时光线要跟踪的路径就越长。

Amount（数量）：数值为0时，材质为黑色，可以改变该参数的数值来减弱漫反射对材质的影响。

Opacity Map（不透明度贴图）：为材质设置不透明贴图。

Roughness Amount（粗糙数量）：该参数可以用于模拟粗糙表面或灰尘表面（例如皮肤，或月球的表面）。

Self-Illumination（自发光）：设置材质的自发光颜色。

3.Reflection（反射）

展开Reflection（反射）卷展栏，如图8-156所示。在该卷展栏下可以对VRayMtl材质的各项反射属性进行设置。

图8-156

反射参数介绍

Brdf Type（Brdf 类型）：用于定义物体表面的光谱和空间的反射特性，共有Phong、Blinn和Ward这3个选项。

Reflection Color（反射颜色）：用于设置材质的反射颜色，也可以使用贴图来设置反射效果。

Amount（数量）：增大该值可以减弱反射颜色的强度；减小该值可以增强反射颜色的强度。

Lock highlight and reflection glossiness（锁定高光和反射光泽度）：勾选该选项时，可以锁定材质的高光和反射光泽度。

Highlight Glossiness（高光光泽度）：设置材质的高光光泽度。

Reflection Glossiness（反射光泽度）：通常也叫模糊反射，该参数主要用于设置反射的模糊程度。不同反射物体的平面平滑度是不一样的，越平滑的物体其反射能力越强（例如光滑的瓷砖），反射的物体就越清晰，反之就越模糊（例如木地板）。

Reflection subdivs（反射细分）：该选项主要用来控制模糊反射的细分程度。数值越高，模糊反射的效果越好，渲染时间也越长，反之颗粒感就越强，渲染时间也会减少。当Reflection glossiness（反射光泽度）为1时，Reflection subdivs（反射细分）是无效的；反射光泽数值越低，所需的细分值也要相应加大才能获得最佳效果。

Use Fresnel（使用Fresnel）：勾选该选项后，光线的反射就像真实世界的玻璃反射一样。当光线和表面法线的夹角接近0°时，反射光线将减少直到消失；当光线与表面几乎平行时，反射是可见的；当光线垂直于表面时，几乎没有反射。

Lock Fresnel IOR To Refraction IOR（锁定Fresnel反射到Fresnel折射）：勾选该选项后，可以直接调节Fresnel IOR（Fresnel反射率）。

Fresnel IOR（Fresnel反射率）：设置Fresnel反射率。

Trace Reflections（跟踪反射）：开启或关闭跟踪反射效果。

Max depth（最大深度）：光线的反射次数。如果场景中有大量的反射和折射可能需要更高数值。

Reflect On Back Side（在背面反射）：该选项可以强制VRay始终跟踪光线，甚至包括光照面的背面。

Soften edge（柔化边缘）：软化在灯光和阴影过渡的BRDF边缘。

Fix dark edges（修复黑暗边缘）：有时会在物体上出现黑边，启用该选项可以修复这种问题。

Dim distance On（开启衰减距离）：勾选该选项后，可以允许停止跟踪反射光线。

Dim distance（衰减距离）：设置反射光线将不会被跟踪的距离。

Dim fall off（衰减）：设置衰减的半径。

Anisotropy（各向异性）：决定高光的形状。数值为0时为同向异性。

Anisotropy UV coords（各向异性UV坐标）：设定各向异性的坐标，从而改变各向异性的方向。

Anisotropy Rotation（各向异性旋转）：设置各向异性的旋转方向。

4.Refraction（折射）

展开Refraction（折射）卷展栏，如图8-157所示。在该卷展栏下可以对VRayMtl材质的各项折射属性进行设置。

图8-157

折射参数介绍

Refraction Color（折射颜色）：设置折射的颜色，也可以使用贴图来设置折射效果。

Amount（数量）：减小该值可以减弱折射的颜色强度；增大该值可以增强折射的颜色强度。

Refraction Exit Color On（开启折射退出颜色）：勾选该选项后，可以开启折射退出颜色功能。

Refraction Exit Color（折射退出颜色）：当折射光线到达Max depth（最大深度）设置的反弹次数时，VRay会对渲染物体设置颜色，此时物体不再透明。

Refraction Glossiness（折射光泽度）：透明物体越光滑，其折射就越清晰。对于表面不光滑的物体，在折射时就会产生模糊效果，这时就要用到这个参数，该数值越低，效果越模糊，反之越清晰。

Refraction subdivs（折射细分）：增大该数值可以增强折射模糊的精细效果，但是会延长渲染时间，一般为了获得最佳效果，Refraction Glossiness（折射光泽度）数值越低，就要增大Refraction subdivs（折射细分）数值。

Refraction IOR（折射率）：由于每种透明物体的密度是不同的，因此光线的折射也不一样，这些都由折射率来控制。

Fog color（雾颜色）：对于有透明特性的物体，厚度的不同所产生的透明度也不同，这时就要设置Fog color（雾颜色）和Fog multiplier（雾倍增）才能产生真实的效果。

Fog multiplier（雾倍增）：指雾色浓度的倍增量，其数值灵敏度一般设置在0.1以下。

Fog bias（雾偏移）：设置雾浓度的偏移量。

Trace Refractions（跟踪折射）：开启或关闭跟踪折射效果。

Max depth（最大深度）：光线的折射次数。如果场景中有大量的反射和折射可能需要更高数值。

Affect Shadows（影响阴影）：在制作玻璃材质时，需要开启该选项，这样阴影才能透过玻璃显示出来。

Affect Channels（影响通道）：共有Color only（只有颜色）、Color+alpha（颜色+Alpha）、All channels（所有通道）3个选项。

Dispersion（色散）：勾选该选项后，可以计算渲染物体的色散效果。

Dispersion Abbe（色散）：允许增加或减少色散的影响。

5.Bump and Normal mapping（凹凸和法线贴图）

展开Bump and Normal mapping（凹凸和法线贴图）卷展栏，如图8-158所示。

图8-158

凹凸和法线贴图参数介绍

Map Type（贴图类型）：选择凹凸贴图的类型。

Map（贴图）：用于设置凹凸或法线贴图。

Bump Mult（凹凸倍增）：设置凹凸的强度。

Bump Shadows（凹凸阴影）：勾选该选项后，可以开启凹凸的阴影效果。

6.Subsurface scattering（次表面散射）

展开Subsurface scattering（次表面散射）卷展栏，如图8-159所示。

图8-159

次表面散射参数介绍

On（开启）：打开或关闭次表面散射功能。

Translucencu Color（半透明颜色）：设置次表面散射的颜色。

Subdivs（细分）：控制次表面散射效果的质量。

Fwd/back coeff（正向/后向散射）：控制散射光线的方向。

Scatter bounces（散射反弹）：控制光线的反弹次数。

Scatter coefficient（散射系数）：表示里面物体的散射量。0表示光线将分散在各个方向；1表示光线不能改变内部的分型面量的方向。

Thickness（厚度）：限制射线的追踪距离，可以加快渲染速度。

Environment fog（环境雾）：勾选该选项后，将跟踪到材质的直接照明。

7.Options（选项）

展开Options（选项）卷展栏，如图8-160所示。

图8-160

选项参数介绍

Cutoff Threshold（截止阈值）：该选项设置低于该反射/折射将不被跟踪的极限数值。

Double-sided（双面）：对材质的背面也进行计算。

Use Irradiance Map（使用发光贴图）：勾选该选项后，则VRay对于材质间接照明的近似值使用Irradiance Map（发光贴图），否则使用Brute force（蛮力）方式。

8.6.4 VRay渲染参数设置

打开"渲染设置"对话框，然后设置渲染器为VRay渲染器，如图8-161所示。VRay渲染参数分为几大选项卡，下面针对某些选项卡下的重要参数进行讲解。

图8-161

1.Global options（全局选项）

展开Global options（全局选项）卷展栏，如图8-162所示。该卷展栏主要用来对场景中的灯光、材质、置换等进行全局设置，比如是否使用默认灯光、是否开启阴影、是否开启模糊等。

图8-162

全局选项参数介绍

Displacement（置换）：启用或者禁用置换贴图。

Hidden geometry（隐藏几何体）：决定是否隐藏几何体。

Force back face culling（强制背面消隐）：勾选该选项后，物体背面会自动隐藏。

Render viewport subdivision（渲染视口细分）：勾选该选项后，按3键进入光滑预览模式，可以直接渲染出来，而不需要进行光滑细分，这样可以节省系统资源。

Use Maya shader for VRay proxies（Maya着色器使用VRay代理）：使用VRay代理来替换Maya着色器。

Clear VRay proxies preview cache（清除VRay代理预览缓存）：可以清除VRay代理预览缓存。

Lights（灯光）：决定是否启用灯光，这是场景灯光的总开关。

Default lights（默认灯光）：决定是否启用默认灯光。当场景没有灯光的时候，使用这个选项可以关闭默认灯光。

Hidden lights（隐藏灯光）：是否启用隐藏灯光。当启用时，场景中即使隐藏的灯光也会被启用。

Shadows（阴影）：决定是否启用阴影。

Show GI only（只显示GI）：勾选该选项后，不会显示直接光照效果，只包含间接光照效果。

Don't render final image（不渲染最终图像）：勾选该选项后，VRay只会计算全局光照贴图（光子贴图、灯光贴图、辐照贴图）。如果要计算穿越动画的时候，这选项非常有用。

Reflection/refraction（反射/折射）：决定是否启用整体反射和折射效果。

Global max depth（全局最大深度）：勾选该选项，可以激活下面的Max depth（最大深度）选项。

Max depth（最大深度）：控制整体反射和折射的强度。当关闭该选项时，反射和折射的强度由VRay的材质参数控制；当勾选该选项时，则材质的反射和折射都会使用该参数的设置。

Maps（贴图）：启用或取消场景中的贴图。

Filter maps（过滤贴图）：启用或取消场景中的贴图的纹理过滤。

Max. transparency levels（最大透明级别）：控制到达多少深度，透明物体才被跟踪。

Transparency cutoff（透明终止阀值）：检查所有光线穿过达到一定透明程度物体的光线，如果光线透明度比该选项临界值低，则VRay将停止计算光线。

Glossy effects（光泽效果）：决定是否渲染光泽效果（模糊反射和模糊折射）。由于启用后会花费很多渲染时间，所以在测试渲染的时候可以关闭该选项。

Secondary rays bias（二次光线偏移）：使用该选项可以避免场景重叠的面产生黑色斑点。

2.Image sampler（图像采样器）

展开Image sampler（图像采样器）卷展栏，如图8-163所示。图像采样是指采样和过滤图像的功能，并产生最终渲染图像的像素构成阵列的算法。

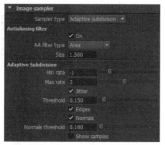

图8-163

图像采样器参数介绍

Sampler type（采样器类型）：选择采样器的类型，共有以下3种。注意，每种采样器都有各自对应的参数。

Fixed rate（固定比率）：对每个像素使用一个固定的细分值。该采样方式适合拥有大量的模糊效果（比如运动模糊、景深模糊、反射模糊、折射模糊等）或者具有高细节纹理贴图的场景。在这种情况下，使用Fixed rate（固定比率）方式能够兼顾渲染品质和渲染时间，这个采样器的参数设置面板如图8-164所示。

图8-164

> **技巧与提示**
>
> Subdivs（细分）：用来控制图像采样的精细度，值越低，图像越模糊，反之越清晰。

Adaptive DMC（自适应DMC）：这种采样方式可以根据每个像素以及与它相邻像素的明暗差异，来让不同像素使用不同的样本数量。在角落部分使用较高的样本数量，在平坦部分使用较低的样本数量。该采样方式适合拥有少量的模糊效果或者具有高细节的纹理贴图以及具有大量几何体面的场景，这个采样器的参数设置面板如图8-165所示。

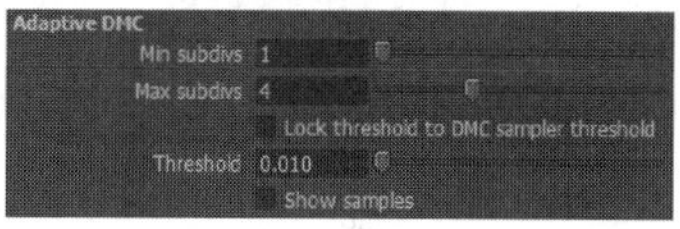

图8-165

> **技巧与提示**
>
> Min subdivs（最小细分）：定义每个像素使用的最小细分，这个值主要用在对角落地方的采样。值越大，角落地方的采样品质越高，图像的边线抗锯齿也越好，但是渲染速度会变慢。
>
> Max subdivs（最大细分）：定义每个像素使用的最大细分，这个值主要用在平坦部分的采样。值越大，平坦部分的采样品质越高，渲染速度越慢。在渲染商业图的时候，可以将该值设置得很低一些，因为平坦部分需要的采样不多，从而节约渲染时间。
>
> Lock threshold to DMC sampler threshold（锁定阈值到DMC采样器阈值）：确定是否需要更多的样本作为一个像素。
>
> Threshold（阈值）：设置将要使用的阈值，以确定是否让一个像素需要更多的样本。
>
> Show sampler（显示采样）：勾选该选项后，可以看到Adaptive DMC（自适应DMC）的样本分布情况。

Adaptive subdivision（自适应细分）：这个采样器具有负值采样的高级抗锯齿功能，适合用在没有或者有少量的模糊效果的场景中，在这种情况下，它的渲染速度最快，但是在具有大量细节和模糊效果的场景中，它的渲染速度会非常慢，渲染品质也不高，这是因为它需要去优化模糊和大量的细节，这样就需要对模糊和大量细节进行预计算，从而把渲染速度降低。同时该采样方式是3种采样器类型中最占内存资源的一种，而Fixed rate（固定比率）采样器占的内存资源最少，这个采样器的参数设置面板如图8-166所示。

图8-166

技巧与提示

Min rate（最小比率）：定义每个像素使用的最少样本数量。数值为0表示一个像素使用一个样本数量；-1表示两个像素使用一个样本；-2表示4个像素使用一个样本。值越小，渲染品质越低，渲染速度越快。

Max rate（最大比率）：定义每个像素使用的最多样本数量。数值为0表示一个像素使用一个样本数量；1表示每个像素使用4个样本；2表示每个像素使用8个样本数量。值越高，渲染品质越好，渲染速度越慢。

Jitter（抖动）：在水平或垂直线周围产生更好的反锯齿效果。

Threshold（阈值）：设置采样的密度和灵敏度。较低的值会产生更好的效果。

Edges（边缘）：勾选该选项以后，可以对物体轮廓线使用更多的样本，从而提高物体轮廓的品质，但是会减慢渲染速度。

Normals（法线）：控制物体边缘的超级采样。

Normals threshold（法线阈值）：决定Adaptive subdivision（自适应细分）采样器在物体表面法线的采样程度。当达到这个值以后，就停止对物体表面的判断。具体一点就是分辨哪些是交叉区域，哪些不是交叉区域。

Show sampler（显示采样）：当勾选该选项以后，可以看到Adaptive subdivision（自适应细分）采样器的样本分布情况。

On（开启）：决定是否启用抗锯齿过滤器。

AA filter type（抗锯齿过滤器类型）：选择抗锯齿过滤器的类型，共有8种，分别是Box（立方体）、

Area（区域）、Triangle（三角形）、Lanczos、Sinc、CatmullRom（强化边缘清晰）、Gaussian（高斯）和Cook Variable（Cook变量）。

Size（尺寸）：以像素为单位设置过滤器的大小。值越高，效果越模糊。

技巧与提示

对于具有大量模糊特效或高细节的纹理贴图场景，使用Fixed rate（固定比率）采样器是兼顾图像品质和渲染时间的最好选择，所以一般在测试渲染阶段都使用Fixed rate（固定比率）采样器；对于模糊程度不高的场景，可以选择Adaptive subdivision（自适应细分）采样器；当一个场景具有高细节的纹理贴图或大量模型并且只有少量模糊特效时，最好采用Adaptive DMC（自适应DMC）采样器，特别是在渲染动画时，如果使用Adaptive subdivision（自适应细分）采样器可能会产生动画抖动现象。

3.Environment（环境）

展开Environment（环境）卷展栏，如图8-167所示。在该卷展栏下，可以在Background texture（背景纹理）、GI texture（GI纹理）、Reflection texture（反射纹理）和Refraction texture（折射纹理）通道中添加纹理或贴图，以增强环境效果，图8-168~图8-171所示的是在不同的纹理通道中加入HDIR贴图后的效果对比。

图8-167

加入背景纹理
图8-168

加入背景和GI纹理
图8-169

加入背景、GI和反射纹理

图8-170

加入背景、GI、反射和折射纹理

图8-171

4.Color mapping（颜色映射）

展开Color mapping（颜色映射）卷展栏，如图8-172所示。"颜色映射"就是常说的曝光模式，它主要用来控制灯光的衰减以及色彩的模式。

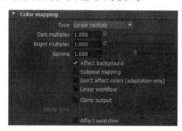

图8-172

颜色映射参数介绍

Type（类型）：提供不同的曝光模式，共有以下7种。注意，不同类型下的局部参数也不一样。

Linear multiply（线性倍增）：将基于最终色彩亮度来进行线性的倍增，这种模式可能会导致靠近光源的点过分明亮。

Exponential（指数）：这种曝光是采用指数模式，它可以降低靠近光源处表面的曝光效果，同时场景的颜色饱和度会降低。

HSV exponential（HSV指数）：与Exponential（指数）曝光比较相似，不同点在于可以保持场景物体的颜色饱和度，但是这种方式会取消高光的计算。

Intensity exponential（亮度指数）：这种方式是对上面两种指数曝光的结合，既抑制了光源附近的曝光效果，又保持了场景物体的颜色饱和度。

Gamma correction（伽玛校正）：采用伽玛来修正场景中的灯光衰减和贴图色彩，其效果和Linear multiply（线性倍增）曝光模式类似。

Intensity Gamma（亮度伽玛）：这种曝光模式不仅拥有Gamma correction（伽玛校正）的优点，同时还可以修正场景中灯光的亮度。

Reinhard（莱恩哈德）：这种曝光方式可以把Linear multiply（线性倍增）和指数曝光混合起来。

Dark multiplier（暗部倍增）：在Linear multiply（线性倍增）模式下，该选项用来控制暗部色彩的倍增。

Bright multiplier（亮部倍增）：在Linear multiply（线性倍增）模式下，该选项用来控制亮部色彩的倍增。

Gamma（伽玛）：设置图像的伽玛值。

Affect background（影响背景）：控制是否让曝光模式影响背景。当关闭该选项时，背景不受曝光模式的影响。

5.GI

在讲GI参数以前，首先来了解一些GI方面的知识，因为只有了解了GI，才能更好地把握VRay渲染器的用法。

GI是Global Illumination（全局照明）的缩写，它的含义就是在渲染过程中考虑了整个环境的总体光照效果和各种景物间光照的相互影响，在VRay渲染器里被理解为"间接照明"。

其实，光照按光的照射过程被分为两种，一种是直接光照（直接照射到物体上的光），另一种是间接照明（照射到物体上以后反弹出来的光），例如在图8-173的光照过程中，A点处放置了一个光源，假定A处的光源只发出了一条光线，当A点光源发出的光线照射到B点时，B点所受到的照射就是直接光照，当B点反弹出光线到C点然后再到D点的过程，沿途点所受到的照射就是间接照明。而更具体地说，B点反弹出光线到C点这一过程被称为"首次反弹"；C点反弹出光线以后，经过很多点反弹，到D点光能耗尽的过程被称为"二次反弹"。如果在没有"首次反弹"和"二次反弹"的情况下，就相当于和Maya默认扫描线渲染的效果一样。在用默认线扫描渲染的时候，经常需要补灯，其实补灯的目的就是模拟"首次反弹"和"二次反弹"的光照效果。

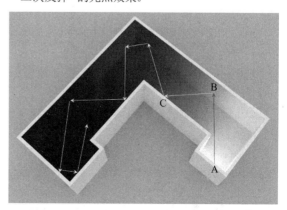

图8-173

GI卷展栏在Indrect Illumination（间接照明）卷展栏下，如图8-174所示。

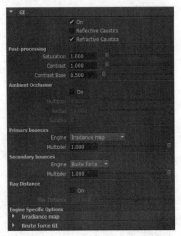

图8-174

<1>GI基本参数

GI的基本参数如图8-175所示。

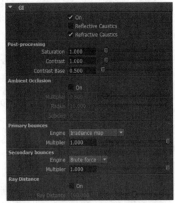

图8-175

GI基本参数介绍

On（启用）：控制是否开启GI间接照明。

Reflective Caustics（反射焦散）：控制是否让间接照明产生反射焦散。

Refractive Caustics（反射焦散）：控制是否让间接照明产生折射焦散。

Post-processing（后处理）：对渲染图进行饱和度、对比度控制，和Photoshop里的功能相似。

Saturation（饱和度）：控制图像的饱和度。值越高，饱和度也越高。

Contrast（对比度）：控制图像的色彩对比度。值越高，色彩对比度越强。

Contrast Base（对比度基数）：和上面的Contrast（对比度）参数相似，这里主要控制图像的明暗对比。值越高，明暗对比越强烈。

Ambient occlusion（环境闭塞）：在该选项组下可以对环境闭塞效果进行设置。

On（启用）：决定是否开启Ambient occlusion（环境闭塞）功能。

Multiplier（倍增器）：设置Ambient occlusion（环境闭塞）的倍增值。

Radius（半径）：设置产生环境闭塞效应的半径大小。

Subdivs（细分）：增大该参数的数值可以产生更好的环境闭塞效果。

Primary bounces（首次反弹）：光线的第1次反弹控制。

Engine（引擎）：设置Primary bounces（首次反弹）的GI引擎，包括Irradiance map（发光贴图）、Photon map（光子贴图）、Brute force（蛮力）、Light cache（灯光缓存）和Spherical Harmonics（球形谐波）5种。

Multiplier（倍增器）：这里控制Primary bounces（首次反弹）的光的倍增值。值越高，Primary bounces（首次反弹）的光的能量越强，渲染场景越亮，默认情况下为1。

Secondry bounces（二次反弹）：光线的第2次反弹控制。

Engine（引擎）：设置Secondry bounces（二次反弹）的GI引擎，包括None（无）、Photon map（光子贴图）、Brute force（蛮力）和Light cache（灯光缓存）4种。

Multiplier（倍增器）：控制Secondry bounces（二次反弹）的光的倍增值。值越高，Secondry bounces（二次反弹）的光的能量越强，渲染场景越亮，最大值为1，默认情况下也为1。

Ray Distance（光线距离）：在该选项组下可以对置GI光线的距离进行设置。

On（启用）：控制是否开启Ray Distance（光线距离）功能。

Ray Distance（光线距离）：设置GI光线到达的最大距离。

<2>Irradiance map（发光贴图）

Irradiance map（发光贴图）中的"发光"描述了三维空间中的任意一点以及全部可能照射到这个点的光线。在几何光学中，这个点可以是无数条不同的光线来照射，但是在渲染器中，必须对这些不同的光线进行对比、取舍，这样才能优化渲染速度。那么VRay渲染器的Irradiance map（发光贴图）是怎样对光线进行优化的呢？当光线射到物体表面的时候，VRay

会从Irradiance map（发光贴图）里寻找与当前计算过的点类似的点（VRay计算过的点就会放在Irradiance map（发光贴图）里），然后根据内部参数进行对比，满足内部参数的点就认为和计算过的点相同，不满足内部参数的点就认为和计算过的点不相同，同时就认为此点是个新点，那么就重新计算它，并且把它也保存在Irradiance map（发光贴图）里。这也就是在渲染的时候看到的Irradiance map（发光贴图）的计算过程中的跑几遍光子的现象。正是因为这样，Irradiance map（发光贴图）会在物体的边界、交叉、阴影区域计算得更精确（这些区域光的变化很大，所以被计算的新点也很多）；而在平坦区域计算的精度就比较低（平坦区域的光的变化并不大，所以被计算的新点也相对比较少）。

Irradiance map（发光贴图）的内部计算原理大概就这样，接下来看看它的参数面板，如图8-176所示。

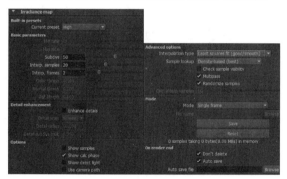

图8-176

发光贴图参数介绍

Current preset（当前预设）：选择当前的模式，其下拉列表包括8种模式，分别为Custom（自定义）、Very low（非常低）、Low（低）、Medium（中）、Medium animation（中动画）、High（高）、High animation（高动画）、Very High（非常高）。用户可以根据实际需要来选择这8种模式，从而渲染出不同质量的效果图。当选择Custom（自定义）模式时，可以手动调节Irradiance map（发光贴图）里的参数。

Basic parameters（基本参数）：在该选项组下可以对Irradiance map（发光贴图）的基本参数进行设置。

Min rate（最小比率）：控制场景中平坦区域的采样数量。0表示计算区域的每个点都有样本；-1表示计算区域的1/2是样本；-2表示计算区域的1/4是样本。

Max rate（最大比率）：控制场景中的物体边线、角

落、阴影等细节的采样数量。0表示计算区域的每个点都有样本；-1表示计算区域的1/2是样本；-2表示计算区域的1/4是样本。

Subdivs（细分）：因为VRay采用的是几何光学，它可以模拟光线的条数。这个参数就是用来模拟光线的数量，值越高，表现光线越多，那么样本精度也就越高，渲染的品质也越好，同时渲染时间也会增加。

Interp.samples（插值采样）：这个参数是对样本进行模糊处理，较大的值可以得到比较模糊的效果，较小的值可以得到比较锐利的效果。

Interp.frames（插值帧）：当下面的Mode（模式）设置为Animation（rendering）（动画（渲染））时，该选项决定了VRay内插值帧的数量。

Color thresh（颜色阈值）：这个值主要是让渲染器分辨哪些是平坦区域，哪些不是平坦区域，它是按照颜色的灰度来区分的。值越小，对灰度的敏感度越高，区分能力越强。

Normal thresh（法线阈值）：这个值主要让渲染器分辨哪些是交叉区域，哪些不是交叉区域，它是按照法线的方向来区分的。值越小，对法线方向的敏感度越高，区分能力越强。

Dist thresh（间距阈值）：这个值主要是让渲染器分辨哪些是弯曲表面区域，哪些不是弯曲表面区域，它是按照表面距离和表面弧度的比较来区分的。值越高，表示弯曲表面的样本越多，区分能力越强。

Detail enhancement（细节增强）：该选项组主要用来增加细部的GI。

Enhance details（细节增强）：控制是否启用Enhance details（细节增强）功能。

Detail scale（细节比例）：包含Screen（屏幕）和World（世界）两个选项。Screen（屏幕）是按照渲染图像的大小来衡量下面的Detail radius（细节半径）单位，比如Detail radius（细节半径）为60，而渲染的图像的大小是600，那么就表示细节部分的大小是整个图像的1/10；World（世界）是按照Maya里的场景尺寸来设定，比如场景单位是mm，Detail radius（细节半径）为60，那么代表细节部分的半径为60mm。

> **技巧与提示**
>
> 在制作动画时，一般都使用World（世界）模式，这样才不会出现异常情况。

Detail radius（细节半径）：表示细节部分有多大区

域使用"细节增强"功能。Detail radius（细节半径）值越大，使用"细部增强"功能的区域也就越大，同时渲染时间也越慢。

Detail subdivs mult（细节细分倍增）：控制细部的细分。

Options（选项）：该选项组下的参数主要用来控制渲染过程的显示方式和样本是否可见。

Show samples（显示采样）：显示采样的分布以及分布的密度，帮助用户分析GI的精度够不够。

Show calc phase（显示计算状态）：勾选该选项后，用户可以看到渲染帧里的GI预计算过程，同时会占用一定的内存资源。

Show direct light（显示直接光照）：在预计算的时候显示直接光照，以方便用户观察直接光照的位置。

Use camera path（使用摄影机路径）：勾选该选项后，VRay会计算整个摄影机路径计算的Irradiance map（发光贴图）样本，而不只是计算当前视图。

Advanced options（高级选项）：该选项组下的参数主要用来对样本的相似点进行插值、查找。

Interpolation type（插值类型）：VRay提供了4种样本插值方式，为Irradiance map（发光贴图）的样本的相似点进行插补。

Sample lookup（查找采样）：主要控制哪些位置的采样点是适合用来作为基础插值的采样点。

Check sample visibility（计算传递插值采样）：该选项是被用在计算Irradiance map（发光贴图）过程中的，主要计算已经被查找后的插值样本使用数量。较低的数值可以加速计算过程，但是会导致信息不足；较高的值计算速度会减慢，但是所利用的样本数量比较多，所以渲染质量也比较好。官方推荐使用10~25之间的数值。

Multipass（多过程）：当勾选该选项时，VRay会根据Min rate（最小比率）和Max rate（最大比率）进行多次计算。如果关闭该选项，那么就强制一次性计算完。一般根据多次计算以后的样本分布会均匀合理一些。

Randomize samples（随机采样值）：控制Irradiance map（发光贴图）的样本是否随机分配。如果勾选该选项，那么样本将随机分配；如果关闭该选项，那么样本将以网格方式来进行排列。

Calc.interp samples（检查采样可见性）：在灯光通过比较薄的物体时，很有可能会产生漏光现象，勾选该选项可以解决这个问题，但是渲染时间就会长一些。

Mode（模式）：该选项组下的参数主要是提供Irradiance map（发光贴图）的使用模式。

Mode（模式）：Single frame（单帧）用来渲染静帧图像；Multifame incremental（多帧累加）用于渲染仅有摄影机移动的动画；From file（从文件）表示调用保存的光子图进行动画计算（静帧同样也可以这样）；Add to current map（添加到当前贴图）可以把摄影机转一个角度再全新计算新角度的光子，最后把这两次的光子叠加起来，这样的光子信息更丰富、更准确，同时也可以进行多次叠加；Incremental add to current map（增量添加到当前贴图）与Add to current map（添加到当前贴图）相似，只不过它不是全新计算新角度的光子，而是只对没有计算过的区域进行新的计算；Bucket mode（块模式）是把整个图分成块来计算，渲染完一个块再进行下一个块的计算，但是在低GI的情况下，渲染出来的块会出现错位的情况，它主要用于网络渲染，速度比其他方式快；Animation（prepass）（动画（预处理））适合动画预览，使用这种模式要预先保存好光子图；Animation（rendering）（动画（渲染））适合最终动画渲染，这种模式要预先保存好光子图。

File name（文件名称）/Browse（浏览）[Browse]：单击"浏览"按钮[Browse]可以从硬盘中调用需要的光子图进行渲染。

Save（保存）[Save]：将光子图保存到硬盘中。

Reset（重置）[Reset]：清除内存中的光子图。

On render end（渲染结束时）：该选项组下的参数主要用来控制光子图在渲染完以后如何处理。

Don't delete（不删除）：当光子渲染完以后，不把光子从内存中删掉。

Auto save（自动保存）：当光子渲染完以后，自动保存在硬盘中，单击下面的"浏览"按钮[Browse]按钮就可以选择保存位置。

<3>Brute force GI（蛮力GI）

Brute force GI（蛮力GI）引擎的计算精度相当精确，但是渲染速度比较慢，在Subdivs（细分）数值比较小时，会有杂点产生，其参数面板如图8-177所示。

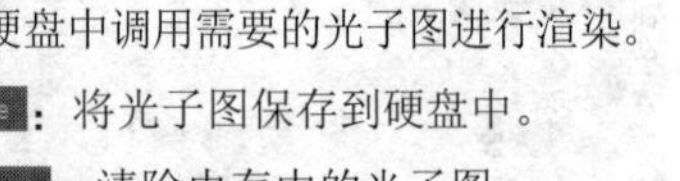

图8-177

蛮力GI参数介绍

Subdivs（细分）：定义Brute force GI（蛮力GI）引擎的样本数量。值越大，效果越好，速度越慢；值越小，产生的杂点越多，渲染速度相对快一些。

Depth（深度）：控制Brute force GI（蛮力GI）引擎的计算深度（精度）。

<4>Light cache（灯光缓存）

Light cache（灯光缓存）计算方式使用近似计算场景中的全局光照信息，它采用了Irradiance map（发光贴图）和Photon map（光子贴图）的部分特点，在摄影机可见部分跟踪光线的发射和衰减，然后把灯光信息储存到一个三维数据结构中。它对灯光的模拟类似于Photon map（光子贴图），而计算范围和Irradiance map（发光贴图）的方式一样，仅对摄影机的可见部分进行计算。虽然它对灯光的模拟类似于Photon map（光子贴图），但是它支持任何灯光类型。

设置Primary bounces（首次反弹）的Engine（引擎）为Light cache（灯光缓存），此时Irradiance map（发光贴图）卷展栏将自动切换为Light cache（灯光缓存）卷展栏，如图8-178所示。

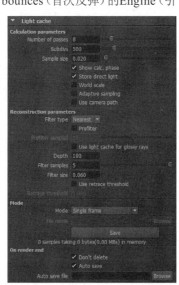

图8-178

灯光缓存参数介绍

Calculation parameters（计算参数）：该选项组用来设置Light cache（灯光缓存）的基本参数，比如细分、采样大小等。

Number of passes（进程数量）：这个参数由CPU的数量来确定，如果是单CUP单核单线程，那么就可以设定为1；如果是双核，就可以设定为2。注意，这个值设定得太大会让渲染的图像有点模糊。

Subdivs（细分）：用来决定Light cache（灯光缓存）的样本数量。值越高，样本总量越多，渲染效果越好，渲染时间越慢。

Sample size（采样大小）：用来控制Light cache（灯光缓存）的样本大小，比较小的样本可以得到更多的细节，但是同时需要更多的样本。

Show calc.phase（显示计算状态）：勾选该选项以后，可以显示Light cache（灯光缓存）的计算过程，方便观察。

Store direct light（保存直接光）：勾选该选项以后，Light cache（灯光缓存）将保存直接光照信息。当场景中有很多灯光时，使用这个选项会提高渲染速度。

World scale（世界比例）：按照Maya系统里的单位来定义样本大小，比如样本大小为10mm，那么所有场景中的样本大小都为10mm，和摄影机角度无关。在渲染动画时，使用这个单位是个不错的选择。

Adaptive sampling（自适应采样）：这个选项的作用在于记录场景中的灯光位置，并在灯光的位置上采用更多的样本，同时模糊特效也会处理得更快，但是会占用更多的内存资源。

Use camera path（使用摄影机路径）：勾选该选项后，VRay会计算整个摄影机路径计算的Light cache（灯光缓存）样本，而不只是计算当前视图。

Reconstruction parameters（重建参数）：该选项组主要是对Light cache（灯光缓存）的样本以不同的方式进行模糊处理。

Filter type（过滤器类型）：设置过滤器的类型。None（无）表示对样本不进行过滤；Nearest（相近）会对样本的边界进行查找，然后对色彩进行均化处理，从而得到一个模糊效果；Fixed（固定）方式和Nearest（相近）方式的不同点在于，它采用距离的判断来对样本进行模糊处理。

Prefilter（预滤器）：勾选该选项后，可以对Light cache（灯光缓存）样本进行提前过滤，它主要是查找样本边界，然后对其进行模糊处理。

Prefilter samples（预滤器采样）：勾选Prefilter（预滤器）选项后，该选项才可用。数值越高，对样本进行模糊处理的程度越深。

Use light cache for glossy rays（对光泽光线使用灯光缓存）：勾选该选项后，会提高对场景中反射和折射模糊效果的渲染速度。

Depth（深度）：决定要跟踪的光线的跟踪长度。

Filter samples（过滤器采样）：当过滤器类型设置为Nearest（相近）时，这个参数决定让最近的样本中有多少光被缓存起来。

Filter size（过滤器大小）：设置过滤器的大小。

Use retrace threshold（使用折回阈值）：勾选该选

223

后，可以激活下面的Retrace threshold（折回阈值）选项。

Retrace threshold（折回阈值）：在全局照明缓存的情况下，修正附近的角落漏光的区域。

技巧与提示

Mode（模式）选项组与On render end（渲染结束时）选项组中的参数在前面已经介绍过，这里不再重复讲解。

6.Caustics（焦散）

Caustics（焦散）是一种特殊的物理现象，在VRay渲染器里有专门的焦散功能。展开Caustics（焦散）卷展栏，如图8-179所示。

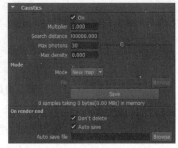

图8-179

焦散参数介绍

On（启用）：控制是否启用焦散功能。

Multiplier（倍增器）：焦散的亮度倍增。值越高，焦散效果越亮，图8-180和图8-181所示的分别是值为4和12时焦散效果。

图8-180　　　　　　　　　　　　图8-181

Search distance（搜索距离）：当光子跟踪撞击在物体表面的时候，会自动搜寻位于周围区域同一平面的其他光子，实际上这个搜寻区域是一个以撞击光子为中心的圆形区域，其半径就是由这个搜寻距离确定的。较小的值容易产生斑点；较大的值会产生模糊焦散效果，图8-182和图8-183所示的分别是Search distance（搜索距离）为0.1和2时的焦散效果。

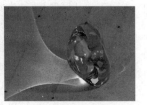

图8-182　　　　　　　　　　　　图8-183

Max photons（最大光子数）：定义单位区域内的最大光子数量，然后根据单位区域内的光子数量来均分照明。较小的值不容易得到焦散效果；而较大的值会使焦散效果产生模糊现象，图8-184和图8-185所示的分别是Max photons（最大光子数）为1和200时的焦散效果。

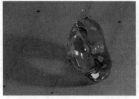
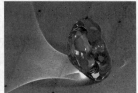

图8-184　　　　　　　　　　　　图8-185

Max density（最大密度）：控制光子的最大密度，默认值0表示使用VRay内部确定的密度，较小的值会让焦散效果比较锐利，图8-186和图8-187所示的分别是Max density（最大密度）为0.01和5时的焦散效果。

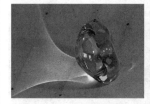
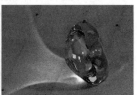

图8-186　　　　　　　　　　　　图8-187

7.DMC Sampler（DMC采样器）

"DMC采样器"是VRay渲染器的核心部分，一般用于确定获取什么样的样本，最终哪些样本被光线追踪。它控制场景中的反射模糊、折射模糊、面光源、抗锯齿、次表面散射、景深、运动模糊等效果的计算程度。

"DMC采样器"与那些任意一个"模糊"评估使用分散的方法来采样不同的是，VRay根据一个特定的值，使用一种独特的统一标准框架来确定有多少以及多么精确的样本被获取，那个标准框架就是大名鼎鼎的"DMC采样器"。那么在渲染中实际的样本数量是由什么决定的呢？其条件有3个，分别如下。

第1个：由用户在VRay参数面板里指定的细分值。

第2个：取决于评估效果的最终图像采样，例如，暗的平滑的反射需要的样本数就比明亮的要少，原因在于最终的效果中反射效果相对较弱；远处的面光源需要的样本数量比近处的要少。这种基于实际使用的样本数量来评估最终效果的技术被称

之为"重要性抽样"。

第3个：从一个特定的值获取的样本的差异。如果那些样本彼此之间比较相似，那么可以使用较少的样本来评估，如果是完全不同的，为了得到比较好的效果，就必须使用较多的样本来计算。在每一次新的采样后，VRay会对每一个样本进行计算，然后决定是否继续采样。如果系统认为已经达到了用户设定的效果，会自动停止采样，这种技术称之为"早期性终止"。

单击Settings（设置）选项卡，然后展开DMC Sampler（DMC采样器）卷展栏，如图8-188所示。

图8-188

DMC采样器参数介绍

Time Dependent（独立时间）：如果勾选该选项，在渲染动画的时候会强制每帧都使用一样的"DMC采样器"。

Adaptive Amount（自适应数量）：控制早期终止应用的范围，值为1表示最大程度的早期性终止；值为0则表示早期性终止不会被使用。值越大，渲染速度越快；值越小，渲染速度越慢。

Adaptive Threshold（自适应阈值）：在评估样本细分是否足够好的时候，该选项用来控制VRay的判断能力，在最后的结果中表现为杂点。值越小，产生的杂点越少，获得图像品质越高；值越大，渲染速度越快，但是会降低图像的品质。

Adaptive Min Samples（自适应最小采样值）：决定早期性终止被使用之前使用的最小样本。较高的取值将会减慢渲染速度，但同时会使早期性终止算法更可靠。值越小，渲染速度越快；值越大，渲染速度越慢。

Subdivs Mult（全局细分倍增器）：在渲染过程中这个选项会倍增VRay中的任何细分值。在渲染测试的时候，可以把减小该值来加快预览速度。

课堂案例

制作VRay灯泡焦散特效

案例位置	案例文件>CH08>课堂案例——制作VRay灯泡焦散特效.mb
视频位置	多媒体教学>CH08>课堂案例——制作VRay灯泡焦散特效.flv
难易指数	★★★☆☆
学习目标	学习VRayMtl材质及VRay渲染参数的设置方法

VRay灯泡焦散特效如图8-189所示。

图8-189

灯头材质、地面材质、玻璃材质和金属材质的模拟效果如图8-190~图8-193所示。

图8-190 图8-191

图8-192 图8-193

1.材质制作

打开"场景文件>CH08>f.mb"文件，如图8-194所示。

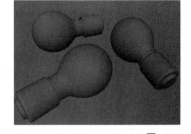

图8-194

技巧与提示

前面讲过VRay渲染器的特点就是通过简单的设置来获得最佳的视觉效果，通过本例就可以深切体会到这点。

<1>制作灯座材质

创建一个VRayMtl材质，然后打开其"属性编辑器"对话框，并设置材质名称为dengzuo，接着设置Diffuse Color（漫反射颜色）为（R:234, G:234, B:234）、Reflection Color（反射颜色）为（R:27, G:27, B:27），最后设置Reflection Glossiness（反射光泽度）为0.926、Reflection subdivs（反射细分）为20，具体参数设置如图8-195所示。

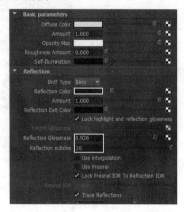

图8-195

<2>制作地面材质

下面制作地面材质。创建一个VRayMtl材质，然后打开其"属性编辑器"对话框，并设置材质名称为floor，接着设置Diffuse Color（漫反射颜色）为（R:185, G:190, B:194），如图8-196所示。

图8-196

<3>制作玻璃材质

01 创建一个VRayMtl材质，然后打开其"属性编辑器"对话框，并设置材质名称为boli，接着设置Diffuse Color（漫反射颜色）为黑色、Opacity Map（不透明度贴图）颜色为白色，再设置Reflection Color（反射颜色）为白色，并勾选Use Fresnel（使用Fresnel）选项，最后设置Refraction Color（折射颜色）为白色、Refraction subdivs（折射细分）为50、Refraction IOR（折射率）为1.6，并勾选Affect Shadows（影响阴影）选项，具体参数设置如图8-197所示。

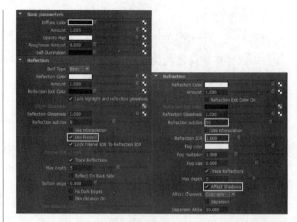

图8-197

02 选择图8-198所示的模型，然后将制作好的玻璃材质指定给模型。

图8-198

<4>制作金属材质

01 下面制作金属材质。创建一个VRayMtl材质，打开其"属性编辑器"对话框，并设置材质名称为jinshu，然后设置设置Diffuse Color（漫反射颜色）为（R:8, G:8, B:8），接着设置Brdf Type（Brdf类型）为Ward、Reflection Color（反射颜色）为（R:185, G:185, B:185）、Reflection Glossiness（反射光泽度）为0.777、Reflection subdivs（反射细分）为50，最后设置Anisotropy（各向异性）为0.699，具体参数设置如图8-199所示。

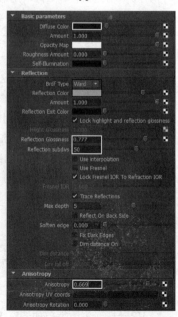

图8-199

技巧与提示

　　Anisotropy（各向异性）主要用来控制当前材质的高光形态；Anisotropy UV coords（各向异性UV坐标）允许使用节点工具来控制高光形态；Anisotropy Rotation（各向异性旋转）主要用来控制材质高光的旋转方向。

02 选择图8-200所示的模型，然后将制作好的金属材质指定给模型。

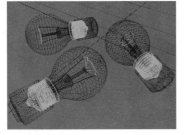

图8-200

2.灯光设置

01 在场景中创建一盏VRay Rect Light（VRay矩形灯），其位置如图8-201所示。

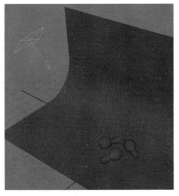

图8-201

02 打开VRay Rect Light（VRay矩形灯）的"属性编辑器"对话框，然后设置Light Color（灯光颜色）为白色、Intensity multiplier（强度倍增）为12、接着设置Subdivs（细分）为50，最后勾选Shadows（阴影）选项，具体参数设置如图8-202所示。

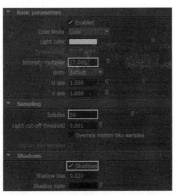

图8-202

3.渲染设置

01 打开"渲染设置"对话框，然后设置渲染器为VRay渲染器，接着在Resolution（分辨率）卷展栏下设置Width（宽度）为2500、Height（高度）为1875，如图8-203所示。

图8-203

02 在Image sampler（图像采样器）卷展栏下设置Sampler type（采样器类型）为Adaptive subdivision（自适应细分），然后设置AA filter type（抗锯齿过滤器类型）为CatmullRom（强化边缘清晰），如图8-204所示。

图8-204

03 为了获得更加真实的效果，因此在Environment（环境）卷展栏下勾选Override Environment（覆盖环境）选项，接着分别在GI texture（GI纹理）、Reflection texture（反射纹理）和Refraction texture（折射纹理）通道加载"案例文件>CH08>课堂案例——制作VRay灯泡焦散特效>balkon_sunset_02_wb_small.hdr"文件，如图8-205所示。

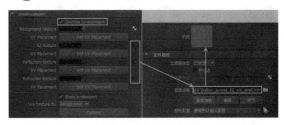

图8-205

04 展开Color mapping（颜色映射）卷展栏，然后设置Dark multiplier（暗部倍增）为2、Bright multiplier（亮部倍增）为1.5，如图8-206所示。

图8-206

05 展开GI卷展栏，然后勾选On（启用）选项，接着在Primary bounces（首次反弹）选项组下设置Engine（引擎）为Irradiance map（发光贴图），最后在Secondary bounces（二次反弹）选项组下设置Engine（引擎）为Light cache（灯光缓存），如图8-207所示。

图8-207

06 展开Irradiance map（发光贴图）卷展栏，然后设置Current preset（当前预设）为Custom（自定义），并设置Min rate（最小比率）为-3、Max rate（最大比率）为0，接着勾选Enhance details（增强细节）选项，具体参数设置如图8-208所示。

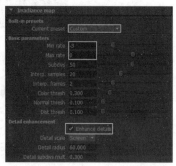

图8-208

07 展开Light cache（灯光缓存）卷展栏，然后设置Subdivs（细分）为1000，如图8-209所示。

图8-209

08 展开Caustics（焦散）卷展栏，然后勾选On（启用）选项，接着设置Multiplier（倍增器）为9、Search distance（搜索距离）为20、Max photons（最大光子数）为30，具体参数设置如图8-210所示。

图8-210

09 渲染当前场景，最终效果如图8-211所示。

图8-211

8.7 Maya软件综合案例——吉他

案例位置	案例文件>CH08>Maya软件综合案例——吉他.mb
视频位置	多媒体教学>CH08>Maya软件综合案例——吉他.flv
难易指数	★★★★☆
学习目标	学习凹凸金属材质、皮质材质与地面材质的制作方法

　　这个吉他虽然是"Maya软件"渲染器的实例，但请用户注意，千万不要认为只有mental ray渲染器与VRay渲染器才最重要，"Maya软件"渲染器同样重要，它可以通过最简单的参数设置得到良好的渲染效果，如图8-212所示。

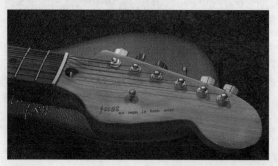

图8-212

8.7.1 材质制作

打开"场景文件>CH08>g.mb"文件，如图8-213所示。本场景主要由一把吉他和一个琴套构成。

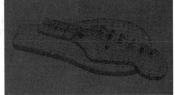

图8-213

1.琴头材质

琴头材质的模拟效果如图8-214所示。

图8-214

<1>调整UV

01 选择琴头模型，如图8-215所示，然后执行"窗口>UV纹理编辑器"菜单命令，打开"UV纹理编辑器对话框"，观察模型的UV分布情况，如图8-216所示。

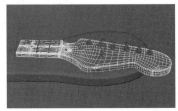

图8-215

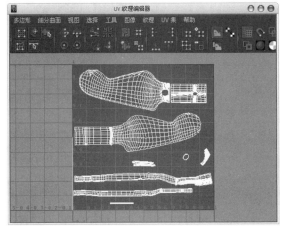

图8-216

技巧与提示

琴头的UV已经划分好了，用户可以直接将划分好的UV导出为jpg格式的文件，然后在Photoshop中绘制出UV贴图。

02 在UV上单击鼠标右键，然后在弹出的菜单中选择UV命令，接着全选琴头的UV，如图8-217所示。

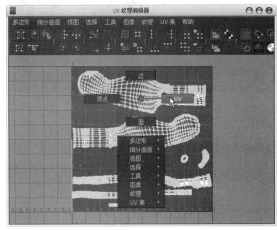

图8-217

03 在"UV纹理编辑器"对话框中的执行"多边形>UV快照"命令，然后在弹出的"UV快照"对话框中进行图8-218所示的设置。

图8-218

04 将琴头UV图片导入到Photoshop中，然后根据UV的分布绘制出贴图，完成后的效果如图8-219所示。

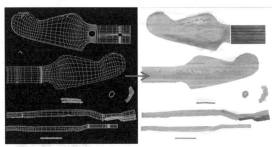

图8-219

技巧与提示

贴图的绘制方法比较简单，只要将一些木材素材导入到Photoshop中，然后利用Photoshop的基本工具根据UV的分布情况就能绘制出来。

<2>设置材质

① 创建一个Lambert材质，然后将其更名为jitamianban，接着分别在"颜色"通道和"凹凸贴图"通道中加载"案例文件>CH08>Maya软件综合案例——吉他>qin.jpg"文件，如图8-220所示。

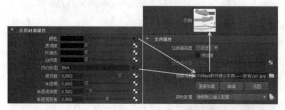

图8-220

② 打开bump2d2节点的"属性编辑器"对话框，然后设置"凹凸深度"为0.08，如图8-221所示。

图8-221

2.螺帽材质

螺帽材质的模拟效果如图8-222所示。

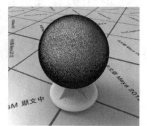

图8-222

① 创建一个Blinn材质，然后打开其"属性编辑器"对话框，并设置材质名称为luomao，具体参数设置如图8-223所示。

设置步骤

① 设置"颜色"为黑色，然后在"凹凸贴图"通道中加载一个"分形"纹理节点，接着设置"漫反射"为0.6。

② 设置"偏心率"为0.331、"镜面反射衰减"为0.917，接着设置"镜面反射颜色"为（R:251, G:255, B:251），再设置"反射率"为0.6，最后在"反射的颜色"通道中加载一个"环境铬"节点。

图8-223

② 打开与"分形"节点相连的place2dTexture5节点的"属性编辑器"对话框，然后设置"UV向重复"为（15，15），如图8-224所示。

图8-224

③ 打开bump2d节点的"属性编辑器"对话框，然后设置"凹凸深度"为0.09，如图8-225所示。

图8-225

④ 打开"环境铬"节点的"属性编辑器"对话框，具体参数设置如图8-226所示。

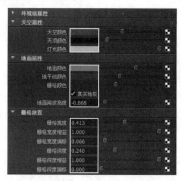

图8-226

3.琴套材质

琴套材质的模拟效果如图8-227所示。

图8-227

① 创建一个Blinn节点，然后打开其"属性编辑器"对话框，并设置材质名称为qintao，接着分别在"颜色"通道和"凹凸贴图"通道中加载"案例文件>CH08>Maya软件综合案例——吉他>qintao.jpg"文件，如图8-228所示。

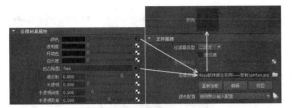

图8-228

02 打开bump2d3节点的"属性编辑器"对话框，然后设置"凹凸深度"为0.1，如图8-229所示。

图8-229

4.琴弦材质

琴弦材质的模拟效果如图8-230所示。

图8-230

01 创建一个Lambert材质，然后打开其"属性编辑器"对话框，并设置材质名称为qinxian，接着在"颜色"通道中加载一个"布料"纹理节点，最后设置"漫反射"为0.648，如图8-231所示。

图8-231

02 打开"布料"节点的"属性编辑器"对话框，然后设置"间隙颜色"为（R:136，G:98，B:27）、"U向颜色"为（R:104，G:62，B:59）、"V向颜色"为（R:73，G:73，B:73），接着设置"U向宽度"为0.107、"V向宽度"为0.595、"U向波"为0.384、"V向波"为0.021，具体参数设置如图8-232所示。

图8-232

5.地面材质

地面材质的模拟效果如图8-233所示。

图8-233

01 创建一个Lambert材质，然后打开其"属性编辑器"对话框，并设置材质名称为dimian，然后分别在"颜色"通道和"凹凸贴图"通道中加载"案例文件>CH08>Maya软件综合案例——吉他>地面.jpg"文件，如图8-234所示。

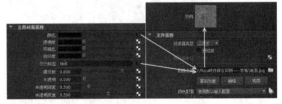

图8-234

02 打开bump2d4节点的"属性编辑器"对话框，然后设置"凹凸深度"为0.4，如图8-235所示。

图8-235

8.7.2 灯光设置

1.创建主光源

01 在图8-236所示的位置创建一盏聚光灯作为场

231

景的主光源。

图8-236

02 打开聚光灯的"属性编辑器"对话框，然后将其更名为zhuguang，具体参数设置如图8-237所示。

设置步骤

① 设置"颜色"为（R:213，G:179，B:116）、"强度"为1.24，然后设置"圆锥体角度"为151.734、"半影角度"为4.545。

② 设置"阴影颜色"为（R:123，G:123，B:123），然后勾选"使用光线跟踪阴影"选项，接着设置"灯光半径"为0.03、"阴影光线数"为6。

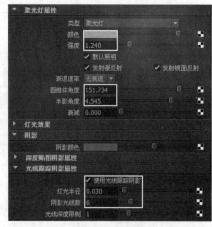

图8-237

03 切换到"渲染"模块，然后执行"照明/着色>灯光链接编辑器>以灯光为中心"菜单命令，打开"关系编辑器"对话框，然后在列表的左侧选择zhuguang灯光，接着在列表的右侧选择dimian物体，这样可以排除灯光对这个物体的影响，如图8-238所示。

图8-238

2.创建辅助光源

01 在图8-239所示的位置创建一盏聚光灯作为场景的辅助光源，然后打开其"属性编辑器"对话框，并将其更名为fuzhu1，接着设置"颜色"为（R:141，G:148，B:161）、"强度"为0.744，最后设置"圆锥体角度"为175.536、"半影角度"为0.744，具体参数设置如图8-240所示。

图8-239

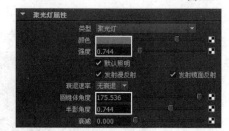

图8-240

02 在图8-241所示的位置创建一盏聚光灯作为场景的辅助光源，然后打开其"属性编辑器"对话框，接着将其更名为fuzhu2，具体参数设置如图8-242所示。

设置步骤

① 设置"颜色"为（R:189，G:218，B:207）、"强度"为0.744，然后设置"圆锥体角度"为105.621、"半影角度"为8.182。

② 设置"阴影颜色"为（R:62，G:34，B:17），然后勾选"使用光线跟踪阴影"选项，接着设置"灯光半径"为5、"阴影光线数"为5。

图8-241

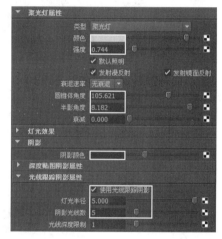

图8-242

③ 在图8-243所示的位置创建一盏聚光灯作为场景的辅助光源，然后打开其"属性编辑器"对话框，并将其更名为fuzhu3，接着设置"颜色"为（R:151，G:157，B:167）、"强度"为0.3，最后设置"衰退速率"为"线性"、"圆锥体角度"为58.023、"半影角度"为4.546，具体参数设置如图8-244所示。

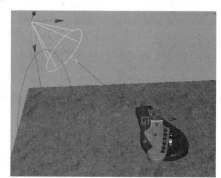

图8-243

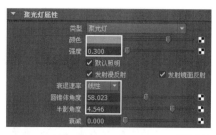

图8-244

④ 在图8-245所示的位置创建一盏聚光灯作为场景的辅助光源，然后打开其"属性编辑器"对话框，并将其更名为fuzhu4，具体参数设置如图8-246所示。

设置步骤

① 设置"颜色"为（R:175，G:229，B:255），然后关闭"发射漫反射"选项，接着设置"圆锥体角度"为119.007。

② 勾选"使用光线跟踪阴影"选项，然后设置"灯光半径"为3。

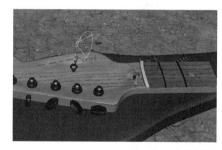

图8-245

图8-246

8.7.3 渲染设置

① 切换到摄影机视图，然后打开"渲染设置"

对话框，接着设置渲染器为"Maya软件"渲染器，最后设置渲染尺寸为2500×1388，如图8-247所示。

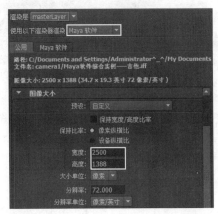

图8-247

02 单击"Maya软件"选项卡，然后在"抗锯齿质量"卷展栏下设置"质量"为"产品级质量"，如图8-248所示。

图8-248

03 渲染当前场景，最终效果如图8-249所示。

图8-249

8.8 mental ray综合案例——铁甲虫

案例位置	案例文件>CH08>mental ray综合案例——铁甲虫.mb
视频位置	多媒体教学>CH08>mental ray综合案例——铁甲虫.flv
难易指数	★★★★☆
学习目标	学习mental ray材质的使用方法与mental ray渲染参数的设置方法

本例是一个综合性很强的mental ray综合案例，基本包括了mental ray渲染器的各项核心技术，案例效果如图8-250所示。

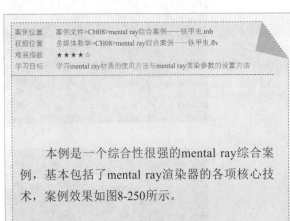

图8-250

8.8.1 材质制作

打开"场景文件>CH08>h.mb"文件，如图8-251所示，然后测试渲染当前场景，效果如图8-252所示。

图8-251

图8-252

1.叶片材质

叶片材质的模拟效果如图8-253所示。

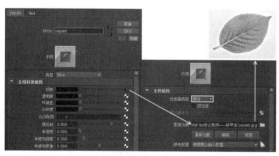

图8-253

01 打开"材质编辑器"对话框，创建一个Blinn材质，然后打开其"属性编辑器"对话框，并设置材质名称为yepian，接着在"颜色"贴图通道中加载"案例文件>CH08>mental ray综合案例——铁甲虫>yepian.jpg"文件，最后设置"过滤器类型"为"禁用"，如图8-254所示。

图8-254

02 展开"文件"节点的"颜色平衡"卷展栏，然后设置"颜色增益"为（R:254，G:254，B:128），如图8-255所示。

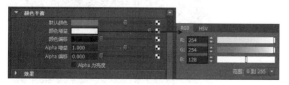

图8-255

知识点 如何正确显示出贴图

在设置材质是，有时候可能会遇到贴图不能预览的情况，如图8-256所示。产生这种情况的原因是贴图的尺寸太大，而分辨率较小的贴图则能正确预览。这时只需要简单调整一下贴图的分辨率，原来不能显示的贴图就可以正常显示出来，如图8-257所示。

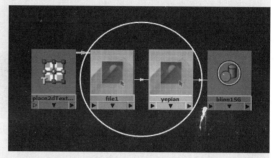

图8-256

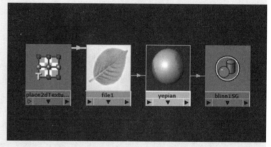

图8-257

执行"窗口>设置/首选项>首选项"菜单命令，打开"首选项"对话框，然后选择"显示"选项，接着将"样例的最大分辨率"设置为较小的分辨率，如图8-258所示。

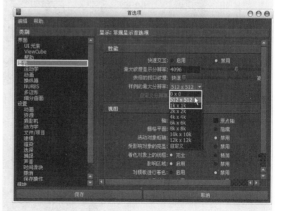

图8-258

2.外壳材质

外壳材质的模拟效果如图8-259所示。

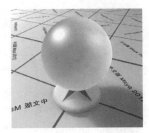

图8-259

01 选择mental ray材质，然后创建一个mib_illum_phong材质，如图8-260所示。

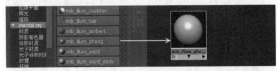

图8-260

02 打开mib_illum_phong材质的"属性编辑器"对话框，然后将材质命名为waike，具体参数设置如图8-261所示。

设置步骤

① 设置"环境系数"颜色为（R:101, G:101, B:101）。

② 设置"环境光"颜色为（R:2, G:2, B:2）。

③ 设置"漫反射"颜色为（R:110, G:104, B:111）。

④ 设置"镜面反射"颜色为白色。

⑤ 设置"指数"为27.276。

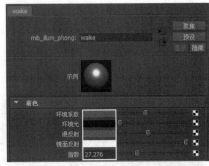

图8-261

3.触角和脚材质

触角和脚材质的模拟效果如图8-262所示。

图8-262

创建一个mib_illum_phong材质，然后打开其"属性编辑器"对话框，接着设置材质名称为chujiao，具体参数设置如图8-263所示。

设置步骤

① 设置"环境系数""环境光"和"漫反射"颜色为黑色。

② 设置"镜面反射"颜色为白色。

③ 设置"指数"为85.952。

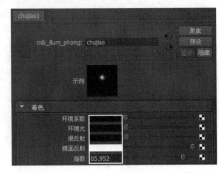

图8-263

4.尾部材质

尾部材质的模拟效果如图8-264所示。

图8-264

创建一个dgs_menterial材质，然后打开其"属性编辑器"对话框，接着将其命名为weibu，具体参数设置如图8-265所示。

设置步骤

① 设置"漫反射"颜色为（R:252, G:242, B:207）。

② 设置"有光泽"颜色为（R:21, G:17, B:0）。

③ 设置"镜面反射"颜色为（R:80, G:80, B:80）。

④ 设置"反光"为13.274。

图8-265

5.粪便材质

粪便材质的模拟效果如图8-266所示。

图8-266

创建一个mi_car_paint_phen材质，然后打开其"属性编辑器"对话框，接着将其命名为fenbian，具体参数设置如图8-267所示。

设置步骤

① 设置Base Color（基本颜色）为（R:12，G:1，B:0），然后设置Edge Color Bias（边颜色偏移）为35.49、Lit Color（灯光颜色）为（R:8，G:8，B:8）、Lit Color Bias（灯光颜色偏移）为15.91、Diffuse Weight（漫反射权重）为1.02、Diffuse Bias（漫反射偏移）为1.03。

② 设置Spec（镜面反射）和Spec Sec（第2镜面反射）的颜色为（R:255，G:255，B:0），然后设置Spec Sec Weight（第2镜面反射权重）为0.6。

③ 设置Global Weight（全局权重）为14.36。

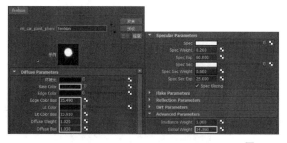

图8-267

6.水珠材质

水珠材质的模拟效果如图8-268所示。

图8-268

创建一个dielectric material材质，然后打开其"属性编辑器"对话框，并将其命名为shuizhu，接着设置Col（颜色）为（R:765，G:765，B:765）、"折射率"为1.3，最后设置Outside Index of Refraction（外部折射率）为1.33，具体参数设置如图8-269所示。

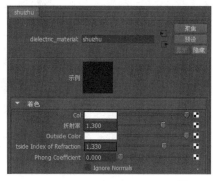

图8-269

7.背景材质

背景材质的模拟效果如图8-270所示。

图8-270

⓵ 创建一个Lambert材质，然后打开其"属性编辑器"对话框，接着在"颜色"贴图通道中加载"案例文件>CH08>mental ray综合案例——铁甲虫>cc.jpg"文件，最后设置"漫反射"为0.967，如图8-271所示。

⓶ 将制作好的材质分别指定给相应的模型，效果如图8-272所示。

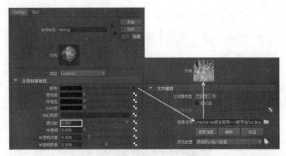

图8-271

图8-272

8.8.2 灯光设置

本例将涉及一个非常重要的照明技术，即图像照明技术，这是mental ray的一个很重要的功能。

1.创建图像照明（IBL技术）

01 打开"渲染设置"对话框，设置渲染器为mental ray渲染器，然后单击"间接照明"选项卡，接着展开"环境"卷展栏，具体参数设置如图8-273所示。

设置步骤

① 单击"创建"按钮 ▢▢▢▢▢▢ 创建 ，创建图像照明。

② 在"图像名称"贴图通道中加载"案例文件>CH08>mental ray综合案例——铁甲虫>1.jpg"文件。

③ 在"灯光发射"卷展栏下勾选"发射灯光"选项，然后设置"U向质量"和"V向质量"为42，接着设置"采样数"为（40，16）。

❓ **技巧与提示**

使用灯光的发射功能可以将贴图转换成对应的平行光来构成球形矩阵，以照亮场景。

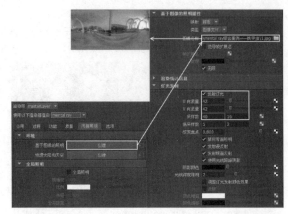

图8-273

02 下面设置测试渲染参数。单击"公用"选项卡，然后在"图像大小"卷展栏下设置"宽度"为500、"高度"为375，如图8-274所示。

图8-274

03 单击"质量"选项卡，然后在"光线跟踪"卷展栏下设置"反射""折射"和"最大跟踪深度"为5，如图8-275所示。

图8-275

04 测试渲染当前场景，效果如图8-276所示。

图8-276

知识点 基于图像照明（IBL）技术

说到mental ray的基于图像照明（IBL）技术，不得不提一下HDRI图像，这种图像可以很好地应用在mental ray基于图像照明（IBL）功能中，虽然本例中并没有使用HDRI图像，但是在很多情况下都要用到这种格式的图像。下面先来了解一下HDRI图像。

HDRI图像拥有比普通RGB格式图像（仅8bit的亮度范围）更大的亮度范围。标准的RGB图像的最大亮度值是（255，255，255），如果用这样的图像结合光能传递照明一个场景的话，即使是最亮的白色也不足以提供足够的照明来模拟真实世界中的亮度，渲染结果看上去会很平淡且缺乏对比，原因是这种图像将现实中的大范围的照明信息仅用一个8bit的RGB图像来进行描述。但是如果使用HDRI图像，就相当于将太阳光的亮度值（比如6000%）加到光能传递计算以及反射的渲染中，得到的渲染结果将会非常真实。

HDRI图像的扩展名是hdr或tif，有足够的能力保存光照信息，但不一定是全景图。Dynamic Range（动态范围）是指一个场景的最亮和最暗部分之间的相对比值。一张HDRI图像记录了远远超出256个级别的实际场景的亮度值，超出的部分在屏幕上是显示不出来的。可以这样想象，在Photoshop中打开一张从室内往窗外拍摄的图片，窗外的部分处在强烈的阳光下，曝光过度，呈现出来的是一片白色，没有多少细节。这时唯一的做法只有将其调暗一些，但是图像又会变成灰色，并不会呈现出更多的细节。但如果同一场景由HDRI来纪录的话，原来的纯白部分将会呈现出更多的细节。

一般来说，HDRI贴图分为以下3种类型。

第1种：平面全景HDRI贴图。使用这种类型的图片较多，它将景物以180°或360°的角度运用平面的形式显示出来，如图8-277所示。

图8-277

第2种：球状HDRI贴图。球状HDRI贴图是以球体形状的方式来记录图像的信息，如图8-278所示。

图8-278

第3种：立方体展开式HDRI图像。立方体展开式HDRI图像是将立方体展开成一个平面图来记录图像的信息，如图8-279所示。

图8-279

以上3种HDRI图像的类型一般可以按照场景的实际需要来进行选择。HDRI技术除了运用在渲染中以外，在游戏中也经常使用到，在游戏中将其称之为HDR特效。

HDR特效是与Vertex Shader/ShaderModel/Soft shadows/Parallax Mapping等并列的图像渲染特效。想要实现HDR特效，首先游戏开发者要在游戏开发过程中，利用开发工具（游戏引擎）将实际场景用HDR记录下来，当然开发技术强的开发组会直接用小开发工具（比如3ds Max的某些特效插件）制作出HDRI图像，一般来说只要支持DX9c的显卡都支持这项技术，图8-280所示的是关闭HDR特效的游戏画面截图，图8-281所示的是开启HDR特效的游戏画面截图。

图8-280

图8-281

2.使用最终聚焦

通过前面的渲染效果可以发现场景很暗，缺少灯光效果，这就需要开启mental ray的"最终聚焦"技术来照亮整个场景。

① 单击"间接照明"选项卡，然后在"最终聚焦"卷展栏下勾选"最终聚焦"选项，如图8-282所示。

图8-282

② 测试渲染当前场景，效果如图8-283所示。

图8-283

③ 为了更好地体现场景的氛围，所以要在"最终聚焦"卷展栏下设置"点密度"为1.1，然后设置"主漫反射比例"颜色为（R:254，G:253，B:231），如图8-284所示，这样在渲染的时候图像会显得偏黄一些。

图8-284

④ 再次测试渲染当前场景，效果如图8-285所示。

图8-285

3.创建辅助灯光

① 执行"创建>灯光>聚光灯"菜单命令，在铁甲虫的尾部和头部各创建一盏聚光灯，如图8-286所示。

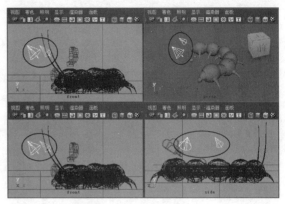

图8-286

② 选择头部附近的聚光灯，打开其"属性编辑器"对话框，然后设置"颜色"为（R:255，G:254，B:162）、"强度"为0.35，接着设置"圆锥体角度"为56.532、"半影角度"为-8.182，具体参数设置如图8-287所示。

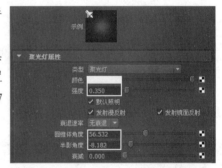

图8-287

③ 选择尾部附近的聚光灯，打开其"属性编辑器"对话框，然后设置"颜色"为（R:255，G:254，B:162）、"强度"为0.24，接着设置"圆锥体角度"为34.218、"半影角度"为-8.182，具体参数设置如图8-288所示。

图8-288

04 测试渲染当前场景，效果如图8-289所示。

图8-289

8.8.3 渲染设置

01 打开"渲染设置"对话框，然后单击"质量"选项卡，接着在"光线跟踪/扫描线质量"卷展栏下设置"最高采样级别"为2，如图8-290所示。

图8-290

02 展开"光线跟踪"卷展栏，然后设置"反射"和"折射"为13、"最大跟踪深度"为7，如图8-291所示。

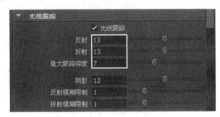

图8-291

03 单击"间接照明"选项卡，然后在"最终聚焦"卷展栏下设置"精确度"为400，如图8-292所示。

04 单击"公用"选项卡，然后在"图像大小"卷展栏下设置"宽度"为3000、"高度"为2250，如图8-293所示。

图8-292

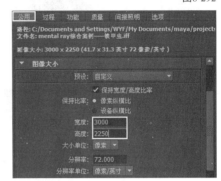

图8-293

05 渲染当前场景，效果如图8-294所示。

图8-294

8.8.4 后期处理

01 在后期处理中，需要制作一张通道图来辅助后期处理。其制作方法很简单，只需创建3个不同颜色的基本材质即可，这样可以便于区分，如图8-295所示。设置好材质以后，将其指定给同一类型的对象，然后用Maya默认的"Maya软件"渲染器渲染出来即可，如图8-296所示。

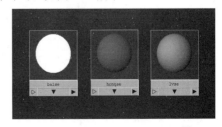

图8-295

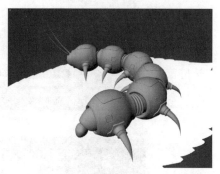

图8-296

02 启动Photoshop，然后打开前面渲染好的图像以及通道图，接着选择"背景"图层，最后按Ctrl+J组合键复制一个"背景副本"图层，如图8-297所示。

图8-297

03 选择"通道"图层，然后使用"魔棒工具" 选择叶片右下角的背景区域，如图8-298所示，接着选择"背景副本"图层，再按Ctrl+M组合键打开"曲线"对话框，将所选择的区域调亮一些，如图8-299所示，效果如图8-300所示。

图8-298

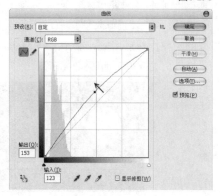

图8-299

图8-300

04 选择"通道"图层，然后使用"魔棒工具" 在铁甲虫上单击，随意选择一块区域，接着单击鼠标右键，最后在弹出的菜单中选择"选取相似"命令，如图8-301所示。

图8-301

05 暂时隐藏"图层1"，然后选择"背景副本"图层，接着Shift+F6组合键打开"羽化选区"对话框，并设置"羽化半径"为10像素，如图8-302所示。

图8-302

06 按Ctrl+J组合键将选区内的图像复制到一个新的图层中，然后设置该图层的"混合模式"为"叠加"，如图8-303所示，这样可以增强外壳的层次感，最终效果如图8-304所示。

图8-303

图8-304

8.9 VRay综合案例——桌上的静物

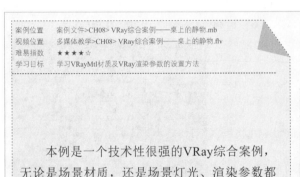

案例位置	案例文件>CH08> VRay综合案例——桌上的静物.mb
视频位置	多媒体教学>CH08> VRay综合案例——桌上的静物.flv
难易指数	★★★★☆
学习目标	学习VRayMtl材质及VRay渲染参数的设置方法

本例是一个技术性很强的VRay综合案例，无论是场景材质，还是场景灯光、渲染参数都是用VRay来完成的，案例效果如图8-305所示。

图8-305

8.9.1 材质制作

打开"场景文件>CH08>i.mb"文件，如图8-306所示。

图8-306

1.酒杯材质

酒杯材质的模拟效果如图8-307所示。

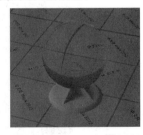

图8-307

01 创建一个VRayMtl材质，然后打开其"属性编辑器"对话框，接着将材质命名为jiubei，最后在Basic Parameters（基本参数）卷展栏下设置Diffuse Color（漫反射颜色）为黑色，如图8-308所示。

图8-308

02 展开Reflection（反射）卷展栏，然后设置
Reflection Color（反色颜色）为白色，接着关闭
Lock highlight and reflection glossiness（锁定高光和
反射光泽度）选项，并设置Hilight Glossiness（高
光光泽度）为0.774、Reflection subdivs（反射细
分）为12，最后勾选Use Fresnel（使用Fresnel）选
项，具体参数设置如图8-309所示。

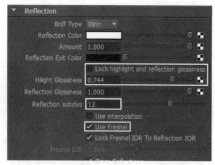

图8-309

03 展开Refraction（折射）卷展栏，然后设置
Refraction Color（折射颜色）为白色，接着勾选Affect
Shadows（影响阴影）选项，如图8-310所示。

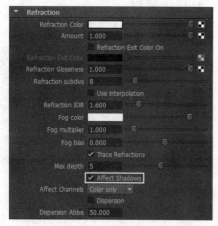

图8-310

2.酒水材质

酒水材质的模拟效果如图8-311所示。

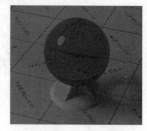

图8-311

01 创建一个VRayMtl材质，然后打开其"属性编
辑器"对话框，接着将材质命名为shui，最后在Basic
Parameters（基本参数）卷展栏下设置Diffuse Color
（漫反射颜色）为黑色，如图8-312所示。

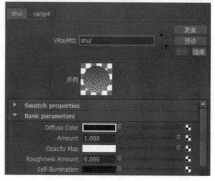

图8-312

02 展开Reflection（反射）卷展栏，然后在
Reflection Color（反射颜色）通道中加载一个Ramp
（渐变）纹理节点，接着设置"插值"为"平
滑"，再设置第1个色标的颜色为白色、第2个色标
的颜色为（R:51，G:51，B:51），最后在Reflection
（反射）卷展栏下勾选Use Fresnel（使用Fresnel）
选项，如图8-313所示。

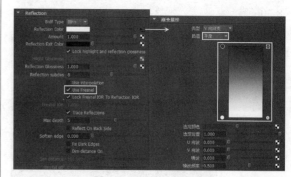

图8-313

03 展开Refraction（折射）卷展栏，然后设置Refraction Color（折射颜色）为白色，接着设置Refraction IOR（折射率）为1.33，最后设置Fog Color（雾颜色）为（R:255，G:0，B:0），如图8-314所示。

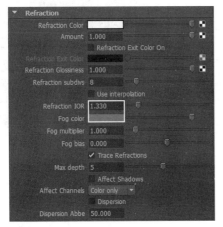

图8-314

3.墙面材质

墙面材质的模拟效果如图8-315所示。

图8-315

创建一个VRayMtl材质，打开其"属性编辑器"对话框，并将材质命名为qiangmian，然后在Diffuse Color（漫反射颜色）通道中加载一个VRay Dirt（VRay污垢）纹理节点，接着设置Occluded color（污垢区颜色）为黑色、Unoccluded color（非污垢区颜色）为（R:139，G:139，B:139），如图8-316所示。

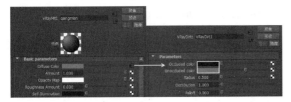

图8-316

4.桌面材质

桌面材质的模拟效果如图8-317所示。

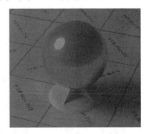

图8-317

01 创建一个VRayMtl材质，然后打开其"属性编辑器"对话框，接着将材质命名为zuomian，接着设置Diffuse Color（漫反射颜色）为（R:70，G:70，B:70），如图8-318所示。

图8-318

02 展开Reflection（反射）卷展栏，然后在Reflection Color（反射颜色）贴图通道中加载"案例文件>CH08>VRay综合案例——桌上的静物>ss.jpg"文件，接着设置Reflection Glossiness（反射光泽度）为0.88、Reflection subdivs（反射细分）为15，如图8-319所示。

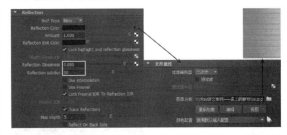

图8-319

5.木塞材质

木塞材质的模拟效果如图8-320所示。

图8-320

① 创建一个VRayMtl材质，然后打开其"属性编辑器"对话框，并将材质命名为musai，接着在Diffuse Color（漫反射颜色）贴图通道中加载"案例文件>CH08>VRay综合案例——桌上的静物>dd.jpg"文件，如图8-321所示。

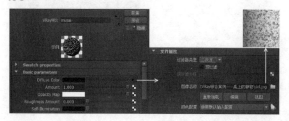

图8-321

② 展开Bump and Normal mapping（凹凸和法线贴图）卷展栏，然后在Map（贴图）通道中加载"案例文件>CH08>VRay综合案例——桌上的静物>Arch-1.jpg"文件，如图8-322所示。

图8-322

6.开瓶器材质

开瓶器材质的模拟效果如图8-323所示。

图8-323

创建一个VRayMtl材质，然后打开其"属性编辑器"对话框，并将材质命名为kaipingqi，然后设置Diffuse Color（漫反射颜色）为黑色，接着设置Reflection Color（反射颜色）为（R:215，G:215，B:215）、Amount（数量）为0.9，如图8-324所示。

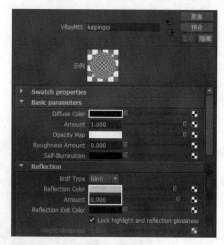

图8-324

7.酒瓶材质

酒瓶材质的模拟效果如图8-325所示。

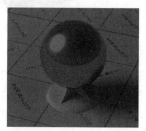

图8-325

① 创建一个VRayMtl材质，然后打开其"属性编辑器"对话框，并将材质命名为jiuping，接着设置Diffuse Color（漫反射颜色）为黑色，如图8-326所示。

图8-326

② 展开Reflection（反射）卷展栏，然后设置Reflection Color（反射颜色）为白色，接着关闭Lock highlight and reflection glossiness（锁定高光和反射光泽度）选项，再设置Hilight Glossiness（高光光泽度）为0.76，最后勾选Use Fresnel（使用Fresnel）选项，如图8-327所示。

③ 展开Refraction（折射）卷展栏，然后设置Refraction Color（折射颜色）为白色、Refraction subdivs（折射细分）为50、Refraction IOR（折

射率）为1.5，接着设置Fog Color（雾颜色）为（R:0，G:84，B:0），并设置Fog bias（雾偏移）为0.001，最后勾选Affect Shadows（影响阴影）选项，具体参数设置如图8-238所示。

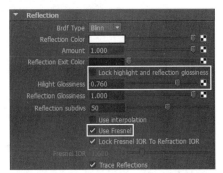

图8-327

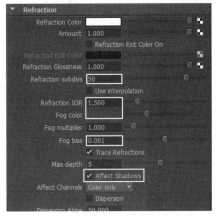

图8-328

8.标签材质

标签材质的模拟效果如图8-329所示。

图8-329

创建一个VRayMtl材质，然后打开其"属性编辑器"对话框，并将材质命名为biaoqian，接着在Diffuse Color（漫反射颜色）贴图通道中加载"案例文件>CH08>VRay综合案例——桌上的静物>Label Zonin.jpg"文件，如图8-330所示。

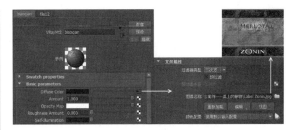

图8-330

9.插座材质

插座材质的模拟效果如图8-331所示。

图8-331

创建一个VRayMtl材质，然后打开其"属性编辑器"对话框，并将材质命名为chazuo，接着设置Diffuse Color（漫反射颜色）为（R:99，G:99，B:99），最后设置Reflection Color（反射颜色）为（R:21，G:21，B:21），如图8-332所示。

图8-332

10.水果材质

水果材质分为水果和果把两个部分，其模拟效果如图8-333和图8-334所示。

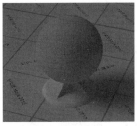

图8-333

图8-334

01 下面制作水果材质。创建一个VRayMtl材质，然后打开其"属性编辑器"对话框，并将材质命名为pingguo，接着在Diffuse Color（漫反射颜色）贴图通道中加载"案例文件>CH08>VRay综合案例——桌上的静物>Arch.jpg"文件，如图8-335所示。

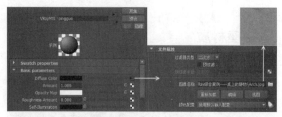

图8-335

02 下面制作果把材质。创建一个VRayMtl材质，然后打开其"属性编辑器"对话框，并将材质命名为bazi，接着设置Diffuse Color（漫反射颜色）为（R:15，G:15，B:15），最后设置Reflection Color（反射颜色）为（R49，G:4，B:10），如图8-336所示。

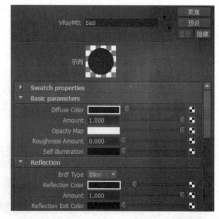

图8-336

8.9.2 灯光设置

01 在场景中图8-337所示的位置创建一盏VRay Dome Light（VRay圆顶灯）。

02 打开VRay Dome Light（VRay圆顶灯）的"属性编辑器"对话框，具体参数设置如图8-338所示。

设置步骤

① 展开Basic parameters（基本参数）卷展栏，然后设置Light color（灯光颜色）为白色，接着设置Intensity multiplier（强度倍增）为20。

② 展开Sampling（采样）卷展栏，然后设置Subdivs（细分）为25。

③ 展开Texture（纹理）卷展栏，然后在Dome Tex（半球纹理）通道中加载"案例文件>CH08>VRay综合案例——桌上的静物>aa.hdr"文件，接着勾选Use Dome Tex（使用半球纹理）选项，最后设置Texture resolution（纹理分辨率）为1024。

④ 展开Options（选项）卷展栏，然后勾选Invisible（不可见）选项。

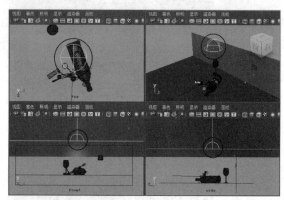

图8-337

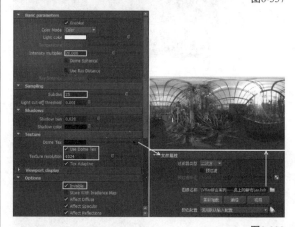

图8-338

8.9.3 渲染设置

01 打开"渲染设置"对话框，然后设置渲染器为VRay渲染器，接着单击VRay Common（VRay公用）选项卡，最后在Resolution（分辨率）卷展栏下设置渲染尺寸为1576×1172，如图8-339所示。

图8-339

02 单击VRay选项卡，然后在Image sampler（图像采样器）卷展栏下设置Sampler type（采样器类型）为Adaptive DMC（自适应DMC），接着设置AA filter type（抗锯齿过滤器类型）为CatmulllRom（强化边缘清晰），如图8-340所示。

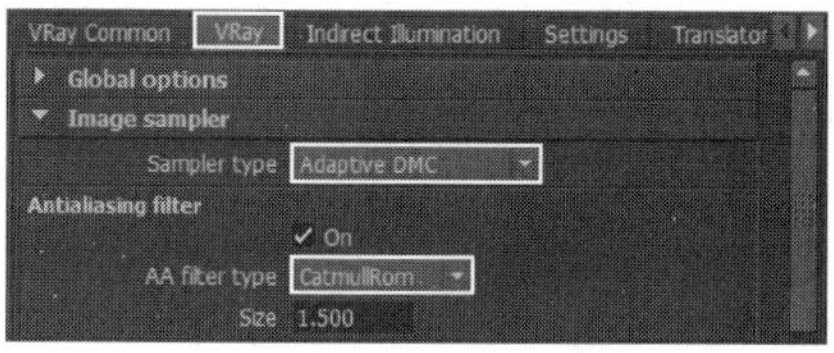

图8-340

03 展开Environment（环境）卷展栏，然后勾选Override Environment（全局环境覆盖）选项，接着设置Background texture（背景纹理）颜色为（R:255，G:254，B:243）、GI texture（GI纹理）颜色为（R:918，G:918，B:918），最后在Reflection texture（反射纹理）贴图通道中加载"案例文件>CH08>VRay综合案例——桌上的静物>embed.jpg"文件，如图8-341所示。

图8-341

04 展开Color mapping（颜色映射）卷展栏，然后设置Type（类型）为Exponential（指数）、Dark multiplier（暗部倍增）为1.31、Bright multiplier（亮部倍增）为1.2，接着勾选Subpixel mapping（子像素映射）和Clamp output（钳制输出）选项，如图8-342所示。

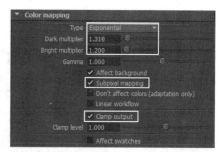

图8-342

05 单击Indirect Illumination（间接照明）选项卡，然后在GI卷展栏下勾选On（启用）选项，接着设置Primary bounces（首次反弹）的Engine（引擎）为Irradiance map（发光贴图），最后设置Secondary bounces（二次反弹）的Engine（引擎）为Light cache（灯光缓存），如图8-343所示。

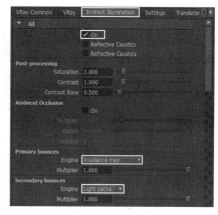

图8-343

06 展开Irradiance map（发光贴图）卷展栏，然后设置Min rate（最小比率）为-3、Max rate（最大比率）为-1、Subdivs（细分）为60，最后勾选Enhance details（细节增强）选项，具体参数设置如图8-344所示。

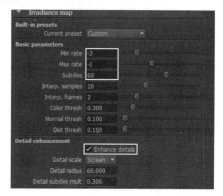

图8-344

249

07 展开Light cache（灯光缓存）卷展栏，然后设置Subdivs（细分）为1000，如图8-345所示。

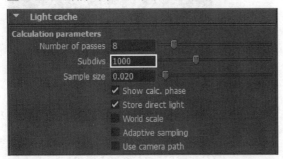

图8-345

08 单击Settings（设置）选项卡，然后在DMC Sampler（DMC采样器）卷展栏下设置Adaptive Amount（自适应数量）为0.85、Adaptive Threshold（自适应阈值）为0.001，如图8-346所示。

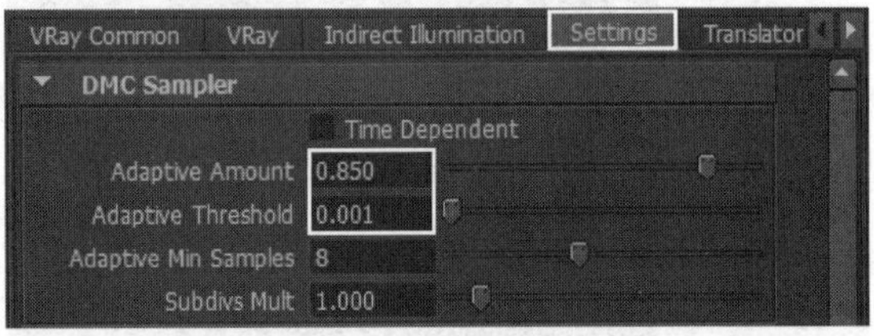

图8-346

09 渲染当前场景，最终效果如图8-347所示。

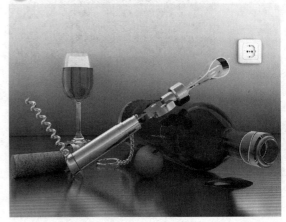

图8-347

8.10 本章小结

本章主要讲解了"Maya软件"渲染器、mental ray渲染器和VRay渲染器的使用方法。这3个渲染器是实际工作中使用最多的渲染器，大家务必要掌握其用法。另外，大家要多加练习本章的"课堂案例"，这些案例都很有针对性。

8.11 课后习题

由于本章内容非常重要，因此安排了3个课后习题，一个针对"Maya软件"渲染器、一个针对mental ray渲染器、一个针对VRay渲染器。这3个课后习题的综合性都很强，请大家务必仔细练习，如遇到难解之处，可观看视频教学或案例源文件。

课后习题——制作变形金刚

习题位置	案例文件>CH08>课后习题——制作变形金刚.mb
视频位置	多媒体教学>CH08>课后习题——制作变形金刚.flv
难易指数	★★★☆☆
练习目标	练习变形金刚材质的制作方法与"Maya软件"渲染器的用法

变形金刚效果如图8-348所示。

图8-348

本习题需要制作3个材质，分别是两个金属材质和一个辉光材质，如图8-349所示。

金属材质-1

金属材质-2

辉光材质

图8-349

课后习题——制作红细胞

习题位置	案例文件>CH08>课后习题——制作红细胞.mb
视频位置	多媒体教学>CH08>课后习题——制作红细胞.flv
难易指数	★★★★☆
练习目标	练习细胞材质的制作方法与mental ray渲染器的用法

红细胞效果如图8-350所示。

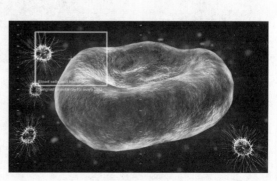

图8-350

本习题需要制作3个材质，分别是红细胞材质、细菌材质和内核材质，如图8-351所示。

红细胞材质

细菌材质

内核材质

图8-351

课后习题——制作香烟

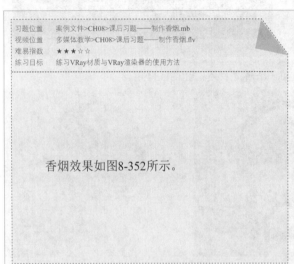

习题位置　案例文件>CH08>课后习题——制作香烟.mb
视频位置　多媒体教学>CH08>课后习题——制作香烟.flv
难易指数　★★★☆☆
练习目标　练习VRay材质与VRay渲染器的使用方法

香烟效果如图8-352所示。

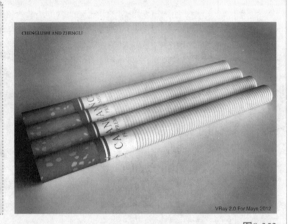

图8-352

本习题需要制作4个材质，分别是地面材质、烟头材质、标签材质和香烟材质，如图8-353所示。

地面材质

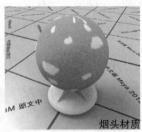
烟头材质

标签材质

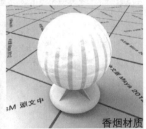
香烟材质

图8-353

第9章

动画技术

本章主要讲解Maya 2012的动画技术，这是异常重要的章节。本章的内容非常多，主要包括基础动画和高级动画两大部分。基础动画包含关键帧动画、变形动画、受驱动关键帧动画、运动路径动画和约束动画等；高级动画包含骨架设定和蒙皮技术。这里要提醒大家一下，光靠本章的内容是无法完全掌握动画技术的，大家不仅要仔细学习本章的各项重要动画技术，而且还要多对这些重要技术进行练习。

课堂学习目标

掌握"时间轴"的用法

掌握关键帧动画的设置方法

掌握"曲线图编辑器"的用法

掌握受驱动关键帧动画的设置方法

掌握运动路径动画的设置方法

掌握常用变形器的使用方法

掌握常用约束的运用方法

掌握骨架蒙皮技术

9.1 动画概述

动画——顾名思义，就是让角色或物体动起来，其英文为Animation。动画与运动是分不开的，因为运动是动画的本质，将多张连续的单帧画面连在一起就形成了动画，如图9-1所示。

图9-1

Maya作为世界最为优秀的三维软件之一，为用户提供了一套非常强大的动画系统，如关键帧动画、路径动画、非线性动画、表达式动画和变形动画等。但无论使用哪种方法来制作动画，都需要用户对角色或物体有着仔细的观察和深刻的体会，这样才能制作出生动的动画效果，如图9-2所示。

图9-2

9.2 时间轴

在制作动画时，无论是传统动画的创作还是用三维软件制作动画，时间都是一个难以控制的部分，但是它的重要性是无可比拟的，它存在于动画的任何阶段，通过它可以描述出角色的重量、体积和个性等，而且时间不仅包含于运动当中，同时还能表达出角色的感情。

Maya中的"时间轴"提供了快速访问时间和关键帧设置的工具，包括"时间滑块"，"时间范围滑块"和"播放控制器"等，这些工具可以从"时间轴"快速地进行访问和调整，如图9-3所示。

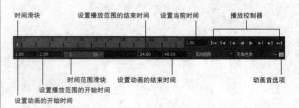

图9-3

9.2.1 时间滑块

"时间滑块"可以控制动画的播放范围、关键帧（红色线条显示）和播放范围内的受控制帧，如图9-4所示。

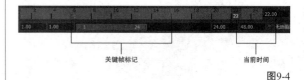

图9-4

知 识 点 如何操作时间滑块

在"时间滑块"上的任意位置单击左键，即可改变当前时间，场景会跳到动画的该时间处。

按住K键，然后在视图中按住鼠标左键水平拖曳光标，场景动画便会随光标的移动而不断更新。

按住Shift键在"时间滑块"上单击鼠标左键并在水平位置拖曳出一个红色的范围，选择的时间范围会以红色显示出来，如图9-5所示。水平拖曳选择区域两端的箭头，可以缩放选择区域；水平拖曳选择区域中间的双箭头，可以移动选择区域。

图9-5

9.2.2 时间范围滑块

"时间范围滑块"用来控制动画的播放范围，如图9-6所示。

设置播放范围的开始时间　设置动画的结束时间

设置动画的开始时间　时间范围滑块　设置播放范围的结束时间

图9-6

拖曳"时间范围滑块"可以改变播放范围。

拖曳"时间范围滑块"两端的█按钮可以缩放播放范围。

双击"时间范围滑块"，播放范围会变成动画开始时间数值框和动画结束时间数值框中的数值的范围，再次双击，可以返回到先前的播放范围。

9.2.3 播放控制器

"播放控制器"主要用来控制动画的播放状态，如图9-7所示，各按钮及功能如表9-1所示。

图9-7

表9-1

按钮	作用	默认快捷键
▶	转至播放范围开头	无
▶	后退一帧	Alt+,
▶	后退到前一关键帧	,
▶	向后播放	无
▶	向前播放	Alt+V，按Esc键可以停止播放
▶	前进到下一关键帧	。
▶	前进一帧	Alt+。
▶	转至播放范围末尾	无

9.2.4 动画控制菜单

在"时间滑块"的任意位置单击鼠标右键会弹出动画控制菜单，如图9-8所示。该菜单中的命令主要用于操作当前选择对象的关键帧。

图9-8

9.2.5 动画首选项

在"时间轴"右侧单击"动画首选项"按钮█，或执行"窗口>设置/首选项>首选项"菜单命令，打开"首选项"对话框，在该对话框中可以设置动画和时间滑块的首选项，如图9-9所示。

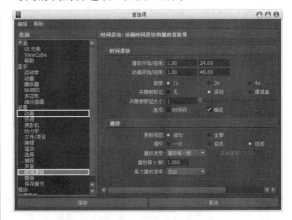

图9-9

9.3 关键帧动画

在Maya动画系统中，使用最多的就是关键帧动画。所谓关键帧动画，就是在不同的时间（或帧）将能体现动画物体动作特征的一系列属性采用关键帧的方式记录下来，并根据不同关键帧之间的动作（属性值）差异自动进行中间帧的插入计算，最终生成一段完整的关键帧动画，如图9-10所示。

图9-10

为物体属性设置关键帧的方法有很多，下面介绍几种最常用的方法。

9.3.1 设置关键帧

切换到"动画"模块，执行"动画>设置关键帧"菜单命令，可以完成一个关键帧的记录。用该命令设置关键帧的步骤如下。

第1步：用鼠标左键在拖曳时间滑块确定要记录关键帧的位置。

第2步：选择要设置关键帧的物体，修改相应的物体属性。

第3步：执行"动画>设置关键帧"菜单命令或按S键，为当前属性记录一个关键帧。

技巧与提示

通过这种方法设置的关键帧，在当前时间，选择物体的属性值将始终保持一个固定不变的状态，直到再次修改该属性值并重新设置关键帧。如果要继续在不同的时间为物体属性设置关键帧，可以重复执行以上操作。

单击"动画>设置关键帧"菜单命令后面的▢按钮，打开"设置关键帧选项"对话框，如图9-11所示。

图9-11

设置关键帧选项介绍

在以下对象上设置关键帧：指定将在哪些属性上设置关键帧，提供了以下4个选项。

所有操纵器控制柄和可设置关键帧的属性：当选择该选项时，将为当前操纵器和选择物体的所有可设置关

键帧属性记录一个关键帧，这是默认选项。

所有可设置关键帧的属性：当选择该选项时，将为选择物体的所有可设置关键帧属性记录一个关键帧。

所有操纵器控制柄：当选择该选项时，将为选择操纵器所影响的属性记录一个关键帧。例如，当使用"旋转工具"时，将只会为"旋转x""旋转y"和"旋转z"属性记录一个关键帧。

当前操纵器控制柄：当选择该选项时，将为选择操纵器控制柄所影响的属性记录一个关键帧。例如，当使用"旋转工具"操纵器的y轴手柄时，将只会为"旋转y"属性记录一个关键帧。

在以下位置设置关键帧：指定在设置关键帧时将采用何种方式确定时间，提供了以下两个选项。

当前时间：当选择该选项时，只在当前时间位置记录关键帧。

提示：当选择该选项时，在执行"设置关键帧"命令时会弹出一个"设置关键帧"对话框，询问在何处设置关键帧，如图9-12所示。

图9-12

设置IK/FK关键帧：当勾选该选项，在为一个带有IK手柄的关节链设置关键帧时，能为IK手柄的所有属性和关节链的所有关节记录关键帧，它能够创建平滑的IK/FK动画。只有当"所有可设置关键帧的属性"选项处于选择状态时，这个选项才会有效。

设置FullBodyIK关键帧：当勾选该选项，可以为全身的IK记录关键帧，一般保持默认设置。

层次：指定在有组层级或父子关系层级的物体中，将采用何种方式设置关键帧，提供了以下两个选项。

选定：当选择该选项时，将只在选择物体的属性上设置关键帧。

下方：当选择该选项时，将在选择物体和它的子物体属性上设置关键帧。

通道：指定将采用何种方式为选择物体的通道设置关键帧，提供了以下两个选项。

所有可设置关键帧：当选择该选项时，将在选择物体所有的可设置关键帧通道上记录关键帧。

来自通道盒：当选择该选项时，将只为当前物体从"通道盒"中选择的属性通道设置关键帧。

控制点：当勾选该选项时，将在选择物体的控制点上设置关键帧。这里所说的控制点可以是NURBS曲面的CV控制点、多边形表面顶点或晶格点。如果在要设置关键帧的物体上存在有许多的控制点，Maya将会记录大量的关键帧，这样会降低Maya的操作性能，所以只有当非常有必要时才打开这个选项。

> **技巧与提示**
>
> 请特别注意，当为物体的控制点设置了关键帧后，如果删除物体构造历史，将导致动画不能正确工作。

形状：当勾选该选项时，将在选择物体的形状节点和变换节点设置关键帧；如果关闭该选项，将只在选择物体的变换节点设置关键帧。

9.3.2 设置变换关键帧

在"动画>设置变换关键帧"菜单下有3个子命令，分别是"平移""旋转"和"缩放"，如图9-13所示。执行这些命令可以为选择对象的相关属性设置关键帧。

图9-13

设置变换关键帧介绍

平移：只为平移属性设置关键帧，快捷键为Shift+W组合键。

旋转：只为旋转属性设置关键帧，快捷键为Shift+E组合键。

缩放：只为缩放属性设置关键帧，快捷键为Shift+R组合键。

9.3.3 自动关键帧

利用"时间轴"右侧的"自动关键帧切换"按钮，可以为物体属性自动记录关键帧。这样只需要改变当前时间和调整物体属性数值，省去了每次执行"设置关键帧"命令的麻烦。在使用自动设置关键帧功能之前，必须先采用手动方式为要动画的属性设置一个关键帧，之后自动设置关键帧功能才会发挥作用。

为物体属性自动记录关键帧的操作步骤如下。

第1步：先采用手动方式为要制作动画的物体属性设置一个关键帧。

第2步：单击"自动关键帧切换"按钮，使该按钮处于开启状态。

第3步：用鼠标左键在"时间轴"上拖曳时间滑块，确定要记录关键帧的位置。

第4步：改变先前已经设置了关键帧的物体属性数值，这时在当前时间位置处会自动记录一个关键帧。

> **技巧与提示**
>
> 如果要继续在不同的时间为物体属性设置关键帧，可以重复执行步骤3和步骤4的操作，直到再次单击"自动关键帧切换"按钮，使该按钮处于关闭状态，结束自动记录关键帧操作。

9.3.4 在通道盒中设置关键帧

在"通道盒"中设置关键帧是最常用的一种方法，这种方法十分简便，控制起来也很容易，其操作步骤如下。

第1步：用鼠标左键在"时间轴"上拖动时间滑块确定要记录关键帧的位置。

第2步：选择要设置关键帧的物体，修改相应的物体属性。

第3步：在"通道盒"中选择要设置关键帧的属性名称。

第4步：在属性名称上单击鼠标右键，然后在弹出的菜单中选择"为选定项设置关键帧"命令，如图9-14所示。

图9-14

> **技巧与提示**
>
> 也可以在弹出的菜单中选择"为所有项设置关键帧"命令，为"通道盒"中的所有属性设置关键帧。

课堂案例

制作关键帧动画

案例位置	案例文件>CH09>课堂案例——制作关键帧动画.mb
视频位置	多媒体教学>CH09>课堂案例——制作关键帧动画.flv
难易指数	★☆☆☆☆
学习目标	学习如何为对象的属性设置关键帧

帆船平移关键帧动画效果如图9-15所示。

图9-15

01 打开"场景文件>CH09>a.mb"文件，如图9-16所示。

图9-16

02 选择帆船模型，保持时间滑块在第1帧，然后在"通道盒"中的"平移x"属性上单击鼠标右键，接着在弹出的菜单中选择"为选定项设置关键帧"命令，记录下当前时间"平移x"属性的关键帧，如图9-17所示。

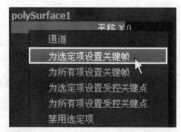

图9-17

03 将时间滑块拖曳到第24帧，然后设置"平移x"为40，并在该属性上单击鼠标右键，接着在弹出的菜单中选择"为选定项设置关键帧"命令，记录下当前时间"平移x"属性的关键帧，如图9-18所示。

04 单击"向前播放"按钮，可以观察到帆船已经在移动了。

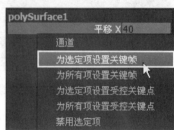

图9-18

知 识 点 **取消没有受到影响的关键帧**

若要取消没有受到影响的关键帧属性，可以执行"编辑>按类型删除>静态通道"菜单命令，删除没有用处的关键帧。比如在图9-19中，为所有属性都设置了关键帧，而实际起作用的只有"平移x"属性，执行"静态通道"命令后，就只保留为"平移x"属性设置的关键帧，如图9-20所示。

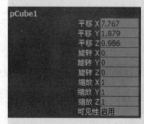 

图9-19　　　　　　　图9-20

若要删除已经设置好的关键帧，可以先选中对象，然后执行"编辑>按类型删除>通道"菜单命令，或在"时间轴"上选中要删除的关键帧，接着单击鼠标右键，最后在弹出的菜单中选择"删除"命令即可。

9.4 曲线图编辑器

"曲线图编辑器"是一个功能强大的关键帧

动画编辑对话框。在Maya中，所有与编辑关键帧和动画曲线相关的工作几乎都可以利用"曲线图编辑器"来完成。

"曲线图编辑器"能让用户以曲线图表的方式形象地观察和操纵动画曲线。所谓动画曲线，就是在不同时间为动画物体的属性值设置关键帧，并通过在关键帧之间连接曲线段所形成的一条能够反映动画时间与属性值对应关系的曲线。利用"曲线图编辑器"提供的各种工具和命令，可以对场景中动画物体上现有的动画曲线进行精确细致的编辑调整，最终创造出更加令人信服的关键帧动画效果。

执行"窗口>动画编辑器>曲线图编辑器"菜单命令，打开"曲线图编辑器"对话框，如图9-21所示。"曲线图编辑器"对话框由菜单栏、工具栏、大纲列表和曲线图表视图4部分组成。

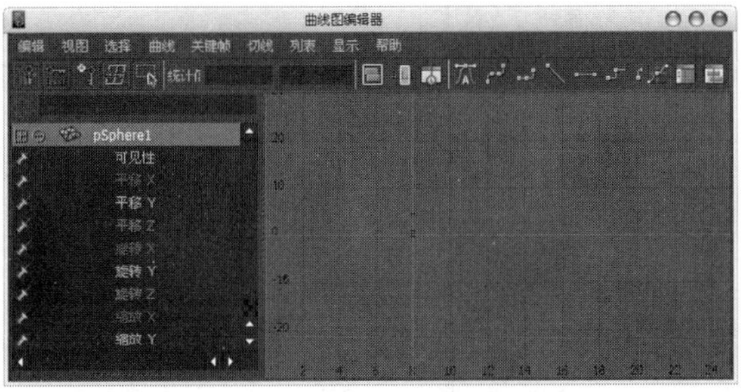

图9-21

9.4.1 工具栏

为了节省操作时间，提高工作效率，Maya在"曲线图编辑器"对话框中增加了工具栏，如图9-22所示。工具栏中的多数工具按钮都可以在菜单栏的各个菜单中找到，因为在编辑动画曲线时这些命令和工具的使用频率很高，所以把它们做成工具按钮放在工具栏上。

图9-22

工具栏中的工具介绍

移动最近拾取的关键帧工具：使用这个工具，可以让用户利用鼠标中键在激活的动画曲线上直接拾取并拖曳一个最靠近的关键帧或切线手柄，用户不必精确选择它们就能够自由改变关键帧的位置和切线手柄的角度。

插入关键帧工具：使用这个工具，可以在现有动画曲线上插入新的关键帧。首先用鼠标左键单击一条要插入关键帧的动画曲线，使该曲线处于激活状态，然后拖曳鼠标中键确定在曲线上要插入关键帧的位置，当找到理想位置后松开鼠标中键，完成一个新关键帧的插入。新关键帧的切线将保持原有动画曲线的形状不被改变。

添加关键帧工具：使用这个工具，可以随意在现有动画曲线的任何位置添加关键帧。它的操作方法与"插入关键帧工具"完全相同，所不同的是在被添加关键帧的位置处，原有动画曲线的形状会受切线影响而被改变。新添加关键帧的切线类型将与相邻关键帧的切线类型保持一致。

晶格变形关键帧：使用这个工具，可以在曲线图表视图中操纵动画曲线。该工具可以让用户围绕选择的一组关键帧周围创建"晶格"变形器，通过调节晶格操纵手柄可以一次操纵许多个关键帧，这个工具提供了一种高级的控制动画曲线方式。

关键帧状态数值输入框：这个关键帧状态数值输入框能显示出选择关键帧的时间值和属性值，用户也可以通过键盘输入数值的方式来编辑当前选择关键帧的时间值和属性值。

框显全部：激活该按钮，可以使所有动画曲线都能最大化显示在"曲线图编辑器"对话框中。

框显播放范围：激活该按钮，可以使在"时间轴"定义的播放时间范围能最大化显示在"曲线图编辑器"对话框中。

使视图围绕当前时间居中：激活该按钮，将在曲线图表视图的中间位置处显示当前时间。

自动切线：该工具会根据相邻关键帧值将帧之间的曲线值钳制为最大点或最小点。

样条线切线：用该工具可以为选择的关键帧指定一种样条切线方式，这种方式能在选择关键帧的前后两侧创建平滑动画曲线。

钳制切线：用该工具可以为选择的关键帧指定一种钳制切线方式，这种方式创建的动画曲线同时具有样条线切线方式和线性切线方式的特征。当两个相邻关键帧的属性值非常接近时，关键帧的切线方式为线性；当两个相邻关键帧的属性值相差很大时，关键帧的切线方式为样条线。

线性切线：用该工具可以为选择的关键帧指定一种线性切线方式，这种方式使两个关键帧之间以直线连接。如果入切线的类型为线性，在关键帧之前的动画曲线段是直线；如果出切线的类型为线性，在关键帧之后的动画曲线段是直线。线性切线方式适用于表现匀速运动或变化的物体动画。

平坦切线：用该工具可以为选择的关键帧指定一种平直切线方式，这种方式创建的动画曲线在选择关键帧上入切线和出切线手柄是水平放置的。平直切线方式适用于表现存在加速和减速变化的动画效果。

阶跃切线：用该工具可以为选择的关键帧指定一种阶梯切线方式，这种方式创建的动画曲线在选择关键帧的出切线位置为直线，这条直线会在水平方向一直延伸到下一个关键帧位置，并突然改变为下一个关键帧的属性值。阶梯切线方式适用于表现瞬间突然变化的动画效果，如电灯的打开与关闭。

高原切线：用该工具可以为选择的关键帧指定一种高原切线方式，这种方式可以强制创建的动画曲线不超过关键帧属性值的范围。当想要在动画曲线上保持精确的关键帧位置时，平稳切线方式是非常有用的。

缓冲区曲线快照：单击该工具，可以为当前动画曲线形状捕捉一个快照。通过与"交换缓冲区曲线"工具配合使用，可以在当前曲线和快照曲线之间进行切换，用来比较当前动画曲线和先前动画曲线的形状。

交换缓冲区曲线：单击该工具，可以在原始动画曲线（即缓冲区曲线快照）与当前动画曲线之间进行切换，同时也可以编辑曲线。利用这项功能，可以测试和比较两种动画效果的不同之处。

断开切线：用该工具单击选择的关键帧，可以将切线手柄在关键帧位置处打断，这样允许单独操作一个关键帧的入切线手柄或出切线手柄，使进入和退出关键帧的动画曲线段彼此互不影响。

统一切线：用该工具单击选择的关键帧，在单独调整关键帧任何一侧的切线手柄之后，仍然能保持另一侧切线手柄的相对位置。

自由切线权重：当移动切线手柄时，用该工具可以同时改变切线的角度和权重。该工具仅应用于权重动画曲线。

锁定切线权重：当移动切线手柄时，用该工具只能改变切线的角度，而不能影响动画曲线的切线权重。该工具仅应用于权重动画曲线。

自动加载曲线图编辑器开/关：激活该工具后，每次在场景视图中改变选择的物体时，在"曲线图编辑器"对话框中显示的物体和动画曲线也会自动更新。

从当前选择加载曲线图编辑器：激活该工具后，可以使用手动方式将在场景视图中选择的物体载入到"曲线图编辑器"对话框中显示。

时间捕捉开/关：激活该工具后，在曲线图视图中移动关键帧时，将强迫关键帧捕捉到与其最接近的整数时间单位值位置，这是默认设置。

值捕捉开/关：激活该工具后，在曲线图视图中移动关键帧时，将强迫关键帧捕捉到与其最接近的整数属性值位置。

启用规格化曲线显示：用该工具可以按比例缩减大的关键帧值或提高小的关键帧值，使整条动画曲线沿属性数值轴向适配到-1~1的范围内。当想要查看、比较或编辑相关的动画曲线时，该工具非常有用。

禁用规格化曲线显示：用该工具可以为选择的动画曲线关闭标准化设置。当曲线返回到非标准化状态时，动画曲线将退回到它们的原始范围。

重新规格化曲线：缩放当前显示在图表视图中的所有选定曲线，以适配在-1~1的范围内。

启用堆叠的曲线显示：激活该工具后，每个曲线均会使用其自身的值轴显示。默认情况下，该值已规格化为1~-1之间的值。

禁用堆叠的曲线显示：激活该工具后，可以不显示堆叠的曲线。

前方无限循环：在动画范围之外无限重复动画曲线的拷贝。

前方无限循环加偏移：在动画范围之外无限重复动画曲线的拷贝，并且循环曲线最后一个关键帧值将添加到原始曲线第1个关键帧值的位置处。

后方无限循环：在动画范围之内无限重复动画曲线的拷贝。

后方无限循环加偏移：在动画范围之内无限重复动画曲线的拷贝，并且循环曲线最后一个关键帧值将添加到原始曲线第1个关键帧值的位置处。

打开摄影表：单击该按钮，可以快速打开"摄影表"对话框，并载入当前物体的动画关键帧，如图9-23所示。

图9-23

打开Trax编辑器：单击该按钮，可以快速打开"Trax编辑器"对话框，并载入当前物体的动画片段，如图9-24所示。

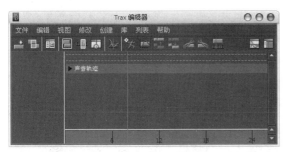

图9-24

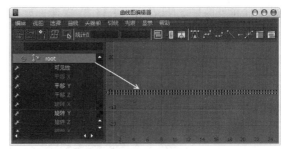

图9-25

技巧与提示

"曲线图编辑器"对话框中的菜单栏就不介绍了，这些菜单中的命令的用法大多与工具栏中的工具相同。

9.4.2 大纲列表

"曲线图编辑器"对话框的大纲列表与执行主菜单栏中的"窗口>大纲视图"菜单命令打开的"大纲视图"对话框有许多共同的特性。大纲列表中显示动画物体的相关节点，如果在大纲列表中选择一个动画节点，该节点的所有动画曲线将显示在曲线图表视图中，如图9-25所示。

9.4.3 曲线图表视图

在"曲线图编辑器"对话框的曲线图表视图中，可以显示和编辑动画曲线段、关键帧和关键帧切线。如果在曲线图表视图中的任何位置单击鼠标右键，还会弹出一个快捷菜单，这个菜单组中包含与"曲线图编辑器"对话框的菜单栏相同的命令，如图9-26所示。

图9-26

知 识 点 曲线图表视图的基本操作

一些操作3D场景视图的快捷键在"曲线图编辑器"对话框的曲线图表视图中仍然适用，这些快捷键及其功能如下。

按住Alt键在曲线图表视图中沿任意方向拖曳鼠标中键，可以平移视图。

按住Alt键在曲线图表视图中拖曳鼠标右键或同时拖曳鼠标的左键和中键，可以推拉视图。

按住Shift+Alt组合键在曲线图表视图中沿水平或垂直方向拖曳鼠标中键，可以在单方向上平移视图。

按住Shift+Alt组合键在曲线图表视图中沿水平或垂直方向拖曳鼠标右键或同时拖动鼠标的左键和中键，可以缩放视图。

课堂案例

用曲线图制作重影动画

案例位置	案例文件>CH09>课堂案例——用曲线图制作重影动画.mb
视频位置	多媒体教学>CH09>课堂案例——用曲线图制作重影动画.flv
难易指数	★★☆☆☆
学习目标	学习如何调整运动曲线

重影动画效果如图9-27所示。

图9-27

01 打开"场景文件>CH09>b.mb"文件，如图9-28所示。

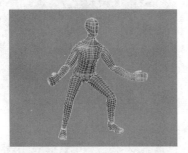

图9-28

02 在"大纲视图"对话框中选择run1_skin（即人体模型）节点，然后单击"动画>创建动画快照"菜单命令后面的回按钮，打开"动画快照选项"对话框，然后设置"结束时间"为50、"增量"为5，如图9-29所示，效果如图9-30所示。

图9-29

图9-30

03 在"大纲视图"对话框中选择root骨架，然后打开"曲线图编辑器"对话框，选择"平移z"节点，显示出z轴的运动曲线，如图9-31所示。

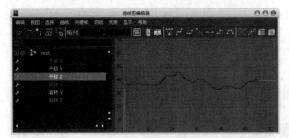

图9-31

04 在"曲线编辑器"对话框中执行"曲线>简化曲线"菜单命令，以简化曲线，这样就可以很方便

调整曲线来改变人体的运动状态，然后单击工具栏中的"平坦切线"按钮，使关键帧曲线都变成平直的切线，如图9-32所示。

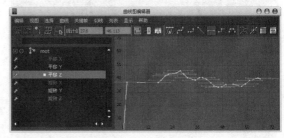

图9-32

05 保持对root骨架组的选择，执行"动画>创建可编辑的运动轨迹"菜单命令，创建一条运动轨迹，如图9-33所示。

图9-33

06 用鼠标中键在"曲线图编辑器"对话框中对人体的运动曲线进行调整，这样就可以通过编辑运动曲线来控制人体的运动，调整好的曲线形状如图9-34所示。调节完成后单击"向前播放"按钮，播放场景动画并观察效果，如图9-35所示。

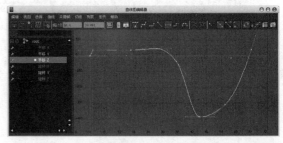

图9-34

图9-35

07 在产生动画快照关键帧的位置选中root骨架，然后沿y轴对其进行旋转，此时可以观察到对动画快照的旋转方向也产生了影响，如图9-36所示。

图9-36

08 在多个动画快照关键帧的位置沿y轴旋转root骨架，如图9-37所示。

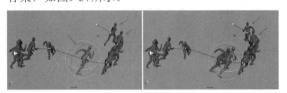

图9-37

09 完成动画快照动画的制作后，播放场景动画，最终效果如图9-38所示。

图9-38

9.5 变形器

使用Maya提供的变形功能，可以改变可变形物体的几何形状，在可变形物体上产生各种变形效果。可变形物体就是由控制顶点构建的物体。这里所说的控制顶点，可以是NURBS曲面的控制点、多边形曲面的顶点、细分曲线的顶点和晶格物体的晶格点。由此可以得出，NURBS曲线、NURBS曲面、多边形曲面、细分曲面和晶格物体都是可变形物体，如图9-39所示。

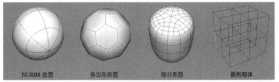

图9-39

为了满足制作变形动画的需要，Maya提供了

各种功能齐全的变形器，用于创建和编辑这些变形器的工具和命令都被集合在"创建变形器"菜单中，如图9-40所示。

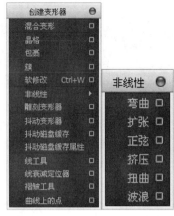

图9-40

本节知识概要

名称	主要作用	重要程度
混合变形	用一个基础物体与多个目标物体进行混合	高
晶格	用构成晶格物体的晶格点来自由改变可变形物体的形状	中
包裹	用NURBS曲线、NURBS曲面或多边形表面网格作为影响物体来改变可变形物体的形状	中
簇	同时控制一组可变形物体上的点	高
非线性	制作弯曲、扩张、正弦、挤压、扭曲、波浪动画	低
抖动变形器	在可变形物体表面产生抖动效果	高
线工具	用一条或多条NURBS曲线改变可变形物体的形状	低
褶皱工具	在物体表面添加褶皱细节	低

9.5.1 混合变形

"混合变形"可以使用一个基础物体来与多个目标物体进行混合，能将一个物体的形状以平滑过渡的方式改变到另一个物体的形状，如图9-41所示。

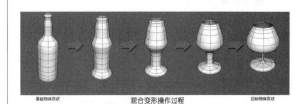

图9-41

"混合变形"是一个很重要的变形工具，它经常被用于制作角色表情动画，如图9-42所示。

图9-42

不同于其他变形器，"混合变形"还提供了一个"混合变形"对话框（这是一个编辑器），如图9-43所示。利用这个编辑器可以控制场景中所有的混合变形，例如调节各混合变形受目标物体的影响程度，添加或删除混合变形、设置关键帧等。

图9-43

当创建混合变形时，因为会用到多个物体，所以还要对物体的类型加以区分。如果在混合变形中，一个A物体的形状被变形到B物体的形状，通常就说B物体是目标物体，A物体是基础物体。在创建一个混合变形时可以同时存在多个目标物体，但基础物体只有一个。

打开"创建混合变形选项"对话框，如图9-44所示。该对话框分为"基本"和"高级"两个选项卡。

图9-44

基本选项卡参数介绍

混合形状节点：用于设置混合变形运算节点的具体名称。

封套：用于设置混合变形的比例系数，其取值范围为0~1。数值越大，混合变形的作用效果就越明显。

原点：指定混合变形是否与基础物体的位置、旋转和比例有关，包括以下两个选项。

局部：当选择该选项时，在基础物体形状与目标物体形状进行混合时，将忽略基础物体与目标物体之间在位置、旋转和比例上的不同。对于面部动画设置，应该选择该选项，因为在制作面部表情动画时通常要建立很多的目标物体形状。

世界：当选择该选项时，在基础物体形状与目标物体形状进行混合时，将考虑基础物体与目标物体之间在位置、旋转和比例上的任何差别。

目标形状选项：共有以下3个选项。

介于中间：指定是依次混合还是并行混合。如果启用该选项，混合将依次发生，形状过渡将按照选择目标形状的顺序发生；如果禁用该选项，混合将并行发生，各个目标对象形状能够以并行方式同时影响混合，而不是依次进行。

检查拓扑：该选项可以指定是否检查基础物体形状与目标物体形状之间存在相同的拓扑结构。

删除目标：该选项指定在创建混合变形后是否删除目标物体形状。

单击"高级"选项卡，切换到"高级"参数设置面板，如图9-45所示。

图9-45

高级选项卡参数介绍

变形顺序：指定变形器节点在可变形对象的历史中的位置。

排除：指定变形器集是否位于某个划分中，划分中的集可以没有重叠的成员。如果启用该选项，"要使用的划分"和"新划分名称"选项才可用。

要使用的划分：列出所有的现有划分。

新划分名称：指定将包括变形器集的新划分的名称。

用混合变形制作表情动画

案例位置	案例文件>CH09>课堂案例——用混合变形制作表情动画.mb
视频位置	多媒体教学>CH09>课堂案例——用混合变形制作表情动画.flv
难易指数	★★☆☆☆
学习目标	学习"混合变形"的用法

表情动画效果如图9-46所示。

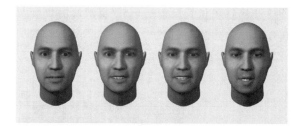

图9-46

01 打开"场景文件>CH09>c.mb"文件，如图9-47所示。

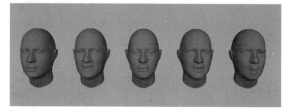

图9-47

02 选中目标物体，然后按住Shift键的同时加选基础物体，如图9-48所示，接着执行"创建变形器>混合变形"菜单命令。

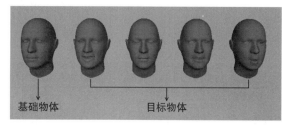

基础物体   目标物体

图9-48

03 执行"窗口>动画编辑器>混合变形"菜单命令，打开"混合变形"对话框，此时该对话框中已经出现4个权重滑块，这4个滑块的名称都是以目标物体命名的，当调整滑块的位置时，基础物体就会按照目标物体逐渐进行变形，如图9-49所示。

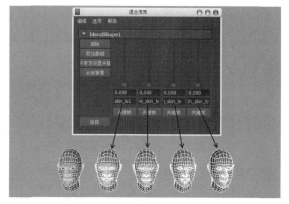

图9-49

技巧与提示

下面要制作一个人物打招呼，发音为Hello的表情动画。首先观察场景中的模型，从左至右依次是常态、笑、闭眼、e音和əu音的形态，如图9-50所示。

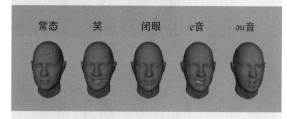

常态   笑   闭眼   e音   əu音

图9-50

要制作出发音为Hello的表情动画，首先要知道Hello的发音为'heləu，其中有两个元音音标，分别是e和əu，这就是Hello的字根。因此要制作出Hello的表情动画，只需要制作出角色发出e和əu的发音口型就可以了，如图9-51所示。

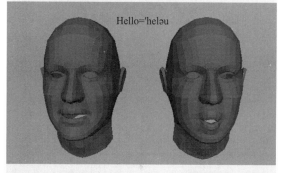

Hello='heləu

图9-51

04 确定当前时间为第1帧，然后在"混合变形"对话框中单击"所有项设置关键帧"按钮，如图9-52所示。

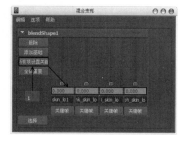

图9-52

05 确定当前时间为第8帧，然后单击第3个权重滑块下面的"关键帧"按钮，为其设置关键帧，如图9-53所示，接着在第15帧位置设置第3个权重滑块的数值为0.8，再单击"关键帧"按钮，为其设置关键帧，如图9-54所示，此时基础物体已经在按照第3个目标物体的嘴型发音了，如图9-55所示。

图9-53

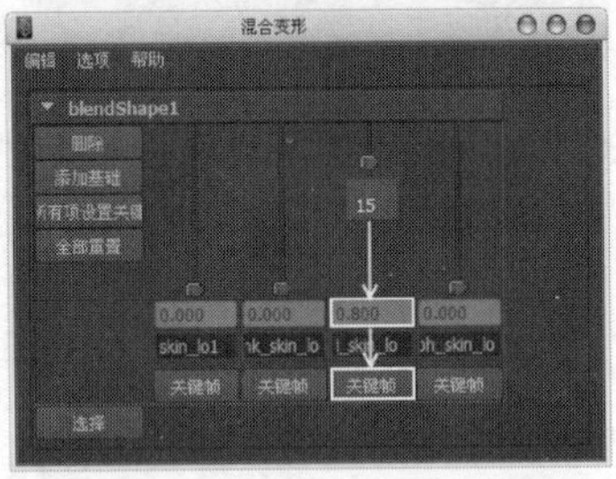

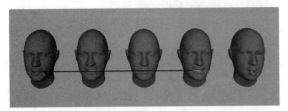

图9-54

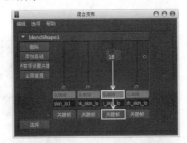

图9-55

06 在第18帧位置设置第3个权重滑块的数值为0，然后单击"关键帧"按钮，为其设置关键帧，如图9-56所示，接着在第16帧位置设置第4个权重滑块的数值为0，再单击"关键帧"按钮，为其设置关键帧，如图9-57所示。

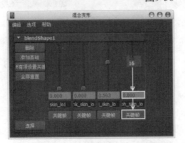

图9-56

图9-57

07 在第19帧位置设置第4个权重滑块的数值为0.8，然后为其设置关键帧，如图9-58所示，接着在第23帧位置设置第4个权重滑块的数值为0，并为其设置关键帧，如图9-59所示。

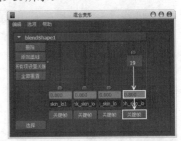

图9-58

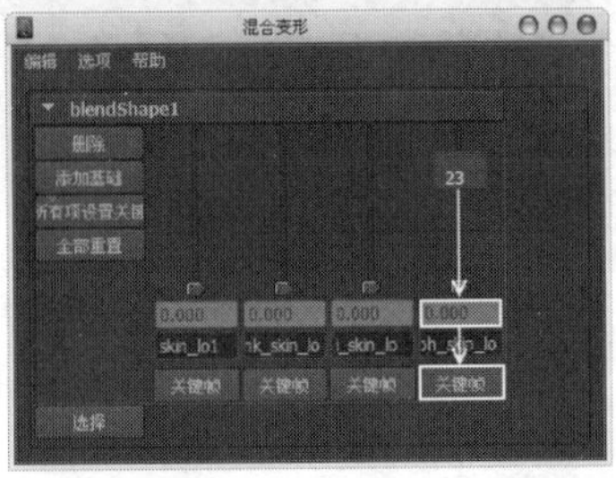

图9-59

08 播放动画，此时可以观察到人物的基础模型已经在发音了，如图9-60所示。

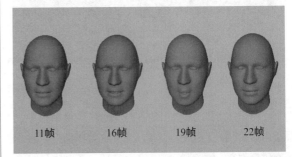

11帧　　16帧　　19帧　　22帧

图9-60

09 下面为基础模型添加一个眨眼的动画。在第14帧、18帧和第21帧分别设置第2个权重滑块的数值为0、1、0，并分别为其设置关键帧，如图9-61、图9-62和图9-63所示。

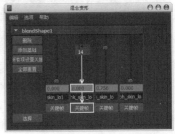

图9-61

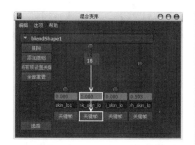

图9-62

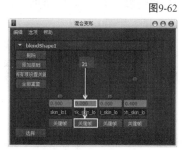

图9-63

⑩ 下面为基础模型添加一个微笑的动画。在第10帧位置设置第1个权重滑块的数值为0.4，然后为其设置关键帧，如图9-64所示。

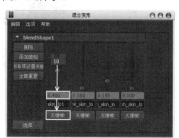

图9-64

⑪ 播放动画，可以观察到基础物体的发音、眨眼和微笑动画已经制作完成了，最终效果如图9-65所示。

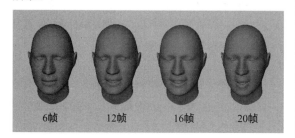

| 6帧 | 12帧 | 16帧 | 20帧 |

图9-65

知识点 删除混合变形的方法

删除混合变形的方法主要有以下两种。

第1种：首先选择基础物体模型，然后执行"编辑>按类型删除>历史"菜单命令，这样在删除模型构造历史的

同时，也就删除了混合变形。需要注意的是，这种方法会将基础物体上存在的所有构造历史节点全部删除，而不仅仅删除混合变形节点。

第2种：执行"窗口>动画编辑器>混合变形"菜单命令，打开"混合变形"对话框，然后单击"删除"按钮，将相应的混合变形节点删除。

9.5.2 晶格

"晶格"变形器可以利用构成晶格物体的晶格点来自由改变可变形物体的形状，在物体上创造出变形效果。用户可以直接移动、旋转或缩放整个晶格物体来整体影响可变形物体，也可以调整每个晶格点，在可变形物体的局部创造变形效果。

"晶格"变形器经常用于变形结构复杂的物体，如图9-66所示。

原始模型　　　　　　添加晶格变形效果

图9-66

? 技巧与提示

"晶格"变形器可以利用环绕在可变形物体周围的晶格物体，自由改变可变形物体的形状。

"晶格"变形器依靠晶格物体来影响可变形物体的形状。晶格物体是由晶格点构建的线框结构物体。可以采用直接移动、旋转、缩放晶格物体或调整晶格点位置的方法创建晶格变形效果。

一个完整的晶格物体由"基础晶格"和"影响晶格"两部分构成。在编辑晶格变形效果时，其实就是对影响晶格进行编辑操作，晶格变形效果是基于基础晶格的晶格点和影响晶格的晶格点之间存在的差别而创建的。在默认状态下，基础晶格被隐藏，这样可以方便对影响晶格进行编辑操作。但是变形效果始终取决于影响晶格和基础晶格之间的关系。

打开"晶格选项"对话框，如图9-67所示。

图9-67

晶格选项参数介绍

分段：在晶格的局部STU空间中指定晶格的结构（STU空间是为指定晶格结构提供的一个特定的坐标系统）。

局部模式：当勾选"使用局部模式"选项时，可以通过设置"局部分段"数值来指定每个晶格点能影响靠近其自身的可变形物体上的点的范围；当关闭该选项时，每个晶格点将影响全部可变形物体上的点。

局部分段：只有在"局部模式"中勾选了"使用局部模式"选项时，该选项才起作用。"局部分段"可以根据晶格的局部STU空间指定每个晶格点的局部影响力的范围大小。

位置：指定创建晶格物体将要放置的位置。

分组：指定是否将影响晶格和基础晶格放置到一个组中，编组后的两个晶格物体可以同时进行移动、旋转或缩放等变换操作。

建立父子关系：指定在创建晶格变形后是否将影响晶格和基础晶格作为选择可变形物体的子物体，从而在可变形物体和晶格物体之间建立父子连接关系。

冻结模式：指定是否冻结晶格变形映射。当勾选该选项时，在影响晶格内的可变形物体组元素将被冻结，即不能对其进行移动、旋转或缩放等变换操作，这时可变形物体只能被影响晶格变形。

外部晶格：指定晶格变形对可变形物体上点的影响范围，共有以下3个选项。

仅在晶格内部时变换：只有在基础晶格之内的可变形物体点才能被变形，这是默认选项。

变换所有点：所有目标可变形物体上（包括在晶格内部和外部）的点，都能被晶格物体变形。

在衰减范围内则变换：只有在基础晶格和指定衰减距离之内的可变形物体点，才能被晶格物体变形。

衰减距离：只有在"外部晶格"中选择了"在衰减范围内则变换"选项时，该选项才起作用。该选项用于指定从基础晶格到哪些点的距离能被晶格物体变形，衰减距离的单位是实际测量的晶格宽度。

9.5.3 包裹

"包裹"变形器可以使用NURBS曲线、NURBS曲面或多边形表面网格作为影响物体来改变可变形物体的形状。在制作动画时，经常会采用一个低精度模型通过"包裹"变形的方法来影响高精度模型的形状，这样可以使高精度模型的控制更加容易，如图9-68所示。

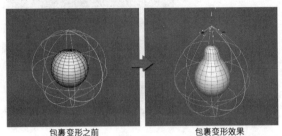

包裹变形之前　　　　包裹变形效果

图9-68

打开"创建包裹选项"对话框，如图9-69所示。

图9-69

创建包裹选项参数介绍

独占式绑定：勾选该选项后，"包裹"变形器目标曲面的行为将类似于刚性绑定蒙皮，同时"权重阈值"将被禁用。"包裹"变形器目标曲面上的每个曲面点只受单个包裹影响对象点的影响。

自动权重阈值：勾选该选项后，"包裹"变形器将通过计算最小"最大距离"值，自动设定包裹影响对象形状的最佳权重，从而确保网格上的每个点受一个影响对象的影响。

权重阈值：设定包裹影响物体的权重。根据包裹影响物体的点密度（如CV点的数量），改变"权重阈值"可以调整整个变形物体的平滑效果。

使用最大距离：如果要设定"最大距离"值并限制影响区域，就需要启用"使用最大距离"选项。

最大距离：设定包裹影响物体上每个点所能影响的最大距离，在该距离范围以外的顶点或CV点将不受包裹变形效果的影响。一般情况下都将"最大距离"设置为很小的值（不为0），然后在"通道盒"中调整该参数，直到得到满意的效果。

渲染影响对象：设定是否渲染包裹影响对象。如果勾选该选项，包裹影响对象将在渲染场景时可见；如果关闭该选项，包裹影响对象将不可见。

衰减模式：包含以下两种模式。

体积：将"包裹"变形器设定为使用直接距离来计算包裹影响对象的权重。

表面：将"包裹"变形器设定为使用基于曲面的距离来计算权重。

 技巧与提示

在创建包裹影响物体时，需要注意以下4点。

第1点：包裹影响物体的CV点或顶点的形状和分布将影响包裹变形效果，特别注意的是应该让影响物体的点少于要变形物体的点。

第2点：通常要让影响物体包住要变形的物体。

第3点：如果使用多个包裹影响物体，则在创建包裹变形之前必须将它们成组。当然，也可在创建包裹变形后添加包裹来影响物体。

第4点：如果要渲染影响物体，要在"属性编辑器"对话框中的"渲染统计信息"中开启物体的"主可见性"属性。Maya在创建包裹变形时，默认情况下关闭了影响物体的"主可见性"属性，因为大多情况下都不需要渲染影响物体。

9.5.4 簇

使用"簇"变形器可以同时控制一组可变形物体上的点，这些点可以是NURBS曲线或曲面的控制点、多边形曲面的顶点、细分曲面的顶点和晶格物体的晶格点。用户可以根据需要为组中的每个点分配不同的变形权重，只要对"簇"变形器手柄进行变换（移动、旋转、缩放）操作，就可以使用不同的影响力变形"簇"有效作用区域内的可变形物体，如图9-70所示。

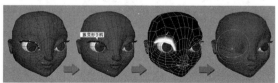

选择一组多边形顶点　　创建簇变形　　绘画顶点变形权重　　旋转簇变形手柄

图9-70

 技巧与提示

"簇"变形器会创建一个变形点组，该组中包含可变

形物体上选择的多个可变形物体点，可以为组中的每个点分配变形权重的百分比，这个权重百分比表示"簇"变形在每个点上变形影响力的大小。"簇"变形器还提供了一个操纵手柄，在视图中显示为C字母图标，当对"簇"变形器手柄进行变换（移动、旋转、缩放）操作时，组中的点将根据设置的不同权重百分比来产生不同程度的变换效果。

打开"簇选项"对话框，如图9-71所示。

图9-71

簇选项参数介绍

模式：指定是否只有当"簇"变形器手柄自身进行变换（移动、旋转、缩放）操作时，"簇"变形器才能对可变形物体产生变形影响。

相对：如果勾选该选项，只有当"簇"变形器手柄自身进行变换操作时，才能引起可变形物体产生变形效果；当关闭该选项时，如果对"簇"变形器手柄的父（上一层级）物体进行变换操作，也能引起可变形物体产生变形效果，如图9-72所示。

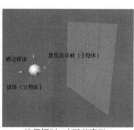

取消选择相对，创建簇变形　　　选择相对，创建簇变形

图9-72

封套：设置"簇"变形器的比例系数。如果设置为0，将不会产生变形效果；如果设置为0.5，将产生全部变形效果的一半；如果设置为1，会得到完全的变形效果。

 技巧与提示

注意，Maya中顶点和控制点是无法成为父子关系的，但可以为顶点或控制点创建簇，间接实现其父子关系。

9.5.5 非线性

"非线性"变形器菜单包含6个子命令，分别是"弯曲""扩张""正弦""挤压""扭曲"和

"波浪"，如图9-73所示。

图9-73

非线性命令介绍

弯曲：使用"弯曲"变形器可以沿着圆弧变形操纵器弯曲可变形物体，如图9-74所示。

弯曲变形之前　　　　不同的弯曲变形效果

图9-74

扩张：使用"扩张"变形器可以沿着两个变形操纵平面来扩张或锥化可变形物体，如图9-75所示。

扩张变形之前　　　　不同的扩张变形效果

图9-75

正弦：使用"正弦"变形器可以沿着一个正弦波形改变任何可变形物体的形状，如图9-76所示。

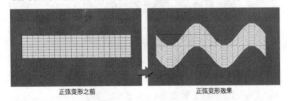

正弦变形之前　　　　正弦变形效果

图9-76

挤压：使用"挤压"变形器可以沿着一个轴向挤压或伸展任何可变形物体，如图9-77所示。

挤压变形之前　　　　不同的挤压变形效果

图9-77

扭曲：使用"扭曲"变形器可以利用两个旋转平面围绕一个轴向扭曲可变形物体，如图9-78所示。

扭曲变形之前　　　　扭曲变形效果

图9-78

波浪：使用"波浪"变形器可以通过一个圆形波浪变形操纵器改变可变形物体的形状，如图9-79所示。

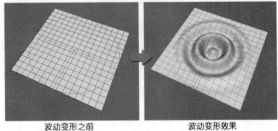

波动变形之前　　　　波动变形效果

图9-79

9.5.6 抖动变形器

在可变形物体上创建"抖动变形器"后，当物体移动、加速或减速时，会在可变形物体表面产生抖动效果。"抖动变形器"适合用于表现头发在运动中的抖动、相扑运动员腹部脂肪在运动中的颤动、昆虫触须的摆动等效果。

用户可以将"抖动变形器"应用到整个可变形物体上或者物体局部特定的一些点上，如图9-80所示。

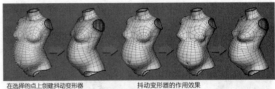

在选择的点上创建抖动变形器　　　　抖动变形器的作用效果

图9-80

打开"创建抖动变形器选项"对话框，如图9-81所示。

图9-81

创建抖动变形器选项参数介绍

刚度：设定抖动变形的刚度。数值越大，抖动动作越僵硬。

阻尼：设定抖动变形的阻尼值，可以控制抖动变形的程度。数值越大，抖动程度越小。

权重：设定抖动变形的权重。数值越大，抖动程度越大。

仅在物体停止时抖动：只在物体停止运动时才开始抖动变形。

忽略变换：在抖动变形时，忽略物体的位置变换。

🍃 课堂案例

用抖动变形器控制腹部运动

案例位置	案例文件>CH09>课堂案例——用抖动变形器控制腹部运动.mb
视频位置	多媒体教学>CH09>课堂案例——用抖动变形器控制腹部运动.flv
难易指数	★★☆☆☆
学习目标	学习"抖动变形器"的用法

腹部抖动动画效果如图9-82所示。

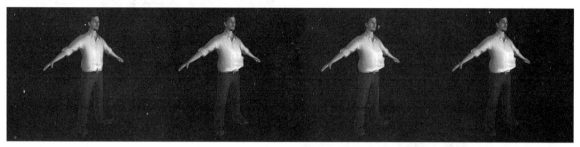

图9-82

01 打开"场景文件>CH09>d.mb"文件，如图9-83所示。

图9-83

02 选择"绘制选择工具" ▣，然后选择如图9-84所示的点。

图9-84

03 执行"创建变形器>抖动变形器"菜单命令，然后按Ctrl+A组合键打开"属性编辑器"对话框，接着在"抖动属性"卷展栏下设置"阻尼"为0.931、"抖动权重"为1.988，如图9-85所示。

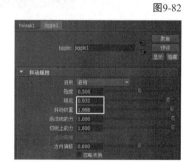

图9-85

04 为人物模型设置一个简单的位移动画，然后播放动画，可以观察到腹部发生了抖动变形效果，如图9-86所示。

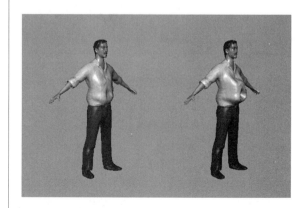

图9-86

271

9.5.7 线工具

用"线工具"可以使用一条或多条NURBS曲线改变可变形物体的形状，"线工具"就好像是雕刻家手中的雕刻刀，它经常被用于角色模型面部表情的调节，如图9-87所示。

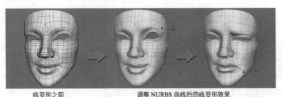

线变形之前　　调整 NURBS 曲线后的线变形效果

图9-87

打开"线工具"的"工具设置"对话框，如图9-88所示。

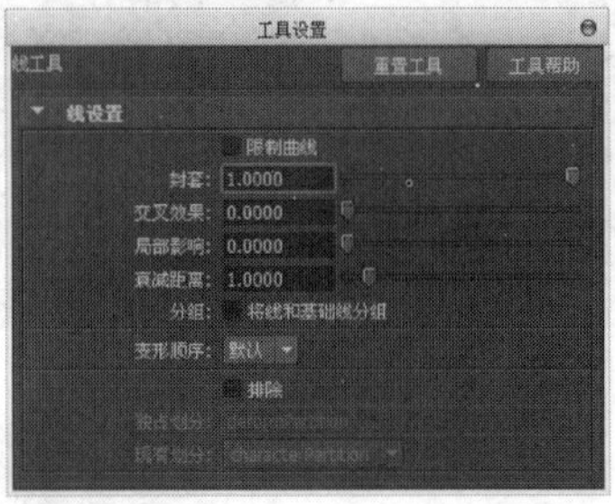

图9-88

线工具参数介绍

限制曲线：设定创建的线变形是否带有固定器，使用固定器可限制曲线的变形范围。

封套：设定变形影响系数。该参数最大为1，最小为0。

交叉效果：控制两条影响线交叉处的变形效果。

技巧与提示

注意，用于创建线变形的NURBS曲线称为"影响线"。在创建线变形后，还有一种曲线，是为每一条影响线所创建的，称为"基础线"。线变形效果取决于影响线和基础线之间的差别。

局部影响：设定两个或多个影响线变形作用的位置。

衰减距离：设定每条影响线影响的范围。

分组：勾选"将线和基础线分组"选项后，可以群组影响线和基础线。否则，影响线和基础线将独立存在于场景中。

变形顺序：设定当前变形在物体的变形顺序中的位置。

9.5.8 褶皱工具

"褶皱工具"是"线工具"和"簇"变形器的结合。使用"褶皱工具"可以在物体表面添加褶皱细节效果，如图9-89所示。

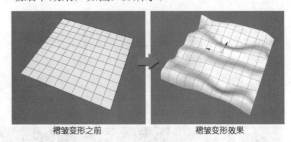

褶皱变形之前　　　　褶皱变形效果

图9-89

9.6 受驱动关键帧动画

"受驱动关键帧"是Maya中一种特殊的关键帧，利用受驱动关键帧功能，可以将一个物体的属性与另一个物体属性建立连接关系，通过改变一个物体的属性值来驱动另一个物体属性值发生相应的改变。其中，能主动驱使其他物体属性发生变化的物体称为驱动物体，而受其他物体属性影响的物体称为被驱动物体。

执行"动画>设置受驱动关键帧>设置"菜单命令，打开"设置受驱动关键帧"对话框，该对话框由菜单栏、驱动列表和功能按钮3部分组成，如图9-90所示。为物体属性设置驱动受动关键帧的工作主要在"设置受驱动关键帧"对话框中完成。

图9-90

知识点 受驱动关键帧与正常关键帧的区别

受驱动关键帧与正常关键帧的区别在于，正常关键帧是在不同时间值位置为物体的属性值设置关键帧，通过改变时间值使物体属性值发生变化。而受驱动关键帧是在驱动物体不同的属性值位置为被驱动物体的属性值设置关键帧，通过改变驱动物体属性值使被驱动物体属性值发生变化。

正常关键帧与时间相关，驱动关键帧与时间无关。当创建了受驱动关键帧之后，可以在"曲线图编辑器"对话框中查看和编辑受驱动关键帧的动画曲线，这条动画曲线描述了驱动与被驱动物体之间的属性连接关系。

对于正常关键帧，在曲线图表视图中的水平轴向表示时间值，垂直轴向表示物体属性值；但对于受驱动关键帧，在曲线图表视图中的水平轴向表示驱动物体的属性值，垂直轴向表示被驱动物体的属性值。

受驱动关键帧功能不只限于一对一的控制方式，可以使用多个驱动物体属性控制同一个被驱动物体属性，也可以使用一个驱动物体属性控制多个被驱动物体属性。

9.6.1 驱动列表

"驱动者"列表：由左、右两个列表框组成。左侧的列表框中将显示驱动物体的名称，右侧的列表框中将显示驱动物体的可设置关键帧属性。可以从右侧列表框中选择一个属性，该属性将作为设置受驱动关键帧时的驱动属性。

"受驱动"列表：由左、右两个列表框组成。左侧的列表框中将显示被驱动物体的名称，右侧的列表框中将显示被驱动物体的可设置关键帧属性。可以从右侧列表框中选择一个属性，该属性将作为设置受驱动关键帧时的被驱动属性。

9.6.2 菜单栏

"设置受驱动关键帧"对话框中的菜单栏中包括"加载""选项""关键帧""选择"和"帮助"5个菜单，下面简要介绍各菜单中命令的功能。

1.加载

"加载"菜单包含3个命令，如图9-91所示。

图9-91

加载菜单介绍

作为驱动者选择：设置当前选择的物体将作为驱动物体被载入到"驱动者"列表中。该命令与下面的"加载驱动者"按钮的功能相同。

作为受驱动项选择：设置当前选择的物体将作为被驱动物体被载入到"受驱动"列表中。该命令与下面的"加载受驱动项"按钮的功能相同。

当前驱动者：执行该命令，可以从"驱动者"列表中删除当前的驱动物体和属性。

2.选项

"选项"菜单包含5个命令，如图9-92所示。

图9-92

选项菜单介绍

通道名称：设置右侧列表中属性的显示方式，共有"易读""长""短"3种方式。选择"易读"方式，属性将显示为中文，如图9-93所示；选择"长"方式，属性将显示为最全的英文，如图9-94所示；选择"短"方式，属性将显示为缩写的英文，如图9-95所示。

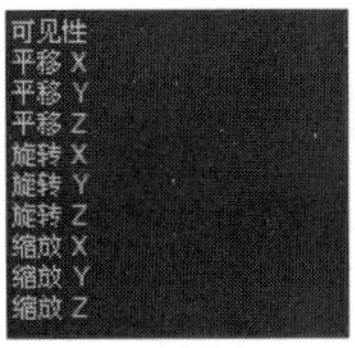

图9-93 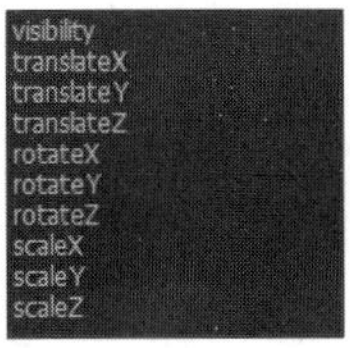　　　　　图9-94 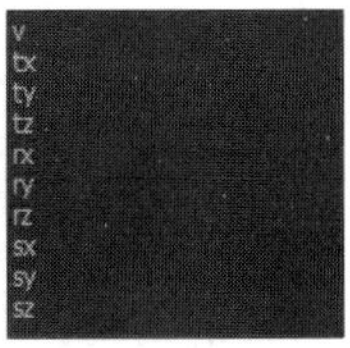　　　　　图9-95

加载时清除：当勾选该选项时，在加载驱动或被驱动物体时，将删除"驱动者"或"受驱动"列表中的当前内容；如果关闭该选项，在加载驱动或被驱动物体时，将添加当前物体到"驱动者"或"受驱动"列表。

加载形状：当勾选该选项时，只有被加载物体的形状节点属性会出现在"驱动者"或"受驱动"列表窗口右侧的列表框中；如果关闭该选项，只有被加载物体的变换节点属性会出现在"驱动者"或"受驱动"列表窗口右侧的列表框中。

自动选择：当勾选该选项时，如果在"设置受驱动关键帧"对话框中选择一个驱动或被驱动物体名称，在场景视图中将自动选择该物体；如果关闭该选项，当在"设置受驱动关键帧"对话框中选择一个驱动或被驱动物体名称，在场景视图中将不会选择该物体。

列出可设置关键帧的受驱动属性：当勾选该选项时，只有被载入物体的可设置关键帧属性会出现在"驱动者"列表窗口右侧的列表框中；如果关闭该选项，被载入物体的所有可设置关键帧属性和不可设置关键帧属性都会出现在"受驱动"列表窗口右侧的列表框中。

3.关键帧

"关键帧"菜单包含3个命令，如图9-96所示。

图9-96

关键帧菜单介绍

设置：执行该命令，可以使用当前数值连接选择的驱动与被驱动物体属性。该命令与下面的"关键帧"按钮的功能相同。

转到上/下一个：执行这两个命令，可以周期性循环显示当前选择物体的驱动或被驱动属性值。利用这个功能，可以查看物体在每一个驱动关键帧所处的状态。

4.选择

"选择"菜单只包含一个"受驱动项目"命令，如图9-97所示。在场景视图中选择被驱动物体，这个物体就是在"受驱动"窗口左侧列表框中选择的物体。例如，如果在"受驱动"窗口左侧列表框中选择名称为nurbsCylinder1的物体，执行"选择>受驱动项目"命令，可以在场景视图中选择这个名称为nurbsCylinder1的被驱动物体。

图9-97

9.6.3 功能按钮

"设置受驱动关键帧"对话框下面的几个功能按钮非常重要，设置受驱动关键帧动画基本都靠这几个按钮来完成，如图9-98所示。

图9-98

功能按钮介绍

关键帧 ：只有在"驱动者"和"受驱动"窗口右侧列表框中选择了要设置驱动关键帧的物体属性之后，该按钮才可用。单击该按钮，可以使用当前数值连接选择的驱动与被驱动物体属性，即为选择物体属性设置一个受驱动关键帧。

加载驱动者 加载驱动者：单击该按钮，将当前选择的物体作为驱动物体加载到"驱动者"列表窗口中。

加载受驱动项 加载受驱动项：单击该按钮，将当前选择的物体作为被驱动物体载入到"受驱动"列表窗口中。

关闭 关闭：单击该按钮可以关闭"设置受驱动关键帧"对话框。

> **技巧与提示**
>
> 受驱动关键帧动画很重要，将在后面的内容中安排一个大型案例来讲解受驱动关键帧的设置方法。

9.7 运动路径动画

运动路径动画是Maya提供的另一种制作动画的技术手段，运动路径动画可以沿着指定形状的路径曲线平滑地让物体产生运动效果。运动路径动画适用于表现汽车在公路上行驶、飞机在天空中飞行、鱼在水中游动等动画效果。

运动路径动画可以利用一条NURBS曲线作为运动路径来控制物体的位置和旋转角度，能被制作成动画的物体类型不仅仅是几何体，也可以利用运动路径来控制摄影机、灯光、粒子发射器或其他辅助物体沿指定的路径曲线运动。

"运动路径"菜单包含"设置运动路径关键帧""连接到运动路径"和"流动路径对象"3个子命令，如图9-99所示。

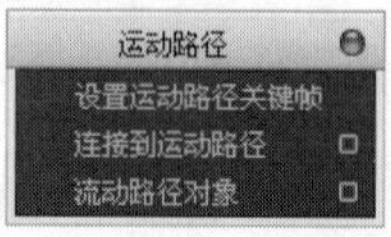

图9-99

本节知识概要

名称	主要作用	重要程度
设置运动路径关键帧	采用制作关键帧动画的工作流程创建一个运动路径动画	高
连接到运动路径	将选定对象放置和连接到当前曲线，当前曲线将成为运动路径	高
流动路径对象	创建一种流畅的运动路径动画效果	高

9.7.1 设置运动路径关键帧

使用"设置运动路径关键帧"命令可以采用制作关键帧动画的工作流程创建一个运动路径动画。使用这种方法，在创建运动路径动画之前不需要创建作为运动路径的曲线，路径曲线会在设置运动路径关键帧的过程中自动被创建。

課堂案例

制作运动路径关键帧动画

案例位置	案例文件>CH09>课堂案例——制作运动路径关键帧动画.mb
视频位置	多媒体教学>CH09>课堂案例——制作运动路径关键帧动画.flv
难易指数	★★☆☆☆
学习目标	学习"设置运动路径关键帧"命令的用法

运动路径关键帧动画效果如图9-100所示。

图9-100

01 打开"场景文件>CH09>e.mb"文件，如图9-101所示。

图9-101

02 选择鱼模型，然后执行"动画>运动路径>设置运动路径关键帧"菜单命令，在第1帧位置设置一个运动路径关键帧，如图9-102所示。

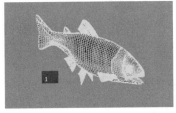

图9-102

03 确定当期时间为48帧，然后将鱼拖曳到其他位置，接着执行"设置运动路径关键帧"命令，此时场景视图会自动创建一条运动路径曲线，如图9-103所示。

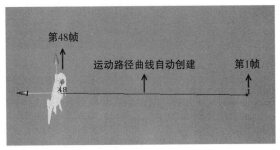

图9-103

04 确定当期时间为60帧，然后将鱼模型拖曳到另一个位置，接着执行"设置运动路径关键帧"命令，效果如图9-104所示。

05 选择曲线，进入控制顶点基本，然后调节曲线形状，以改变鱼的运动路径，如图9-105所示。

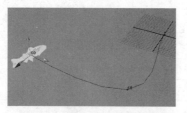

图9-104

调节曲线控制顶点

图9-105

06 播放动画，可以观察到鱼沿着运动路径发生了运动效果，但是鱼头并没有沿着路径的方向运动，如图9-106所示。

图9-106

07 选择鱼模型，然后在"工具盒"中单击"显示操纵器工具" ，显示出操纵器，如图9-107所示。

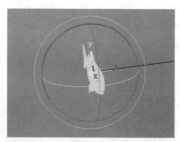

图9-107

08 将鱼模型的方向旋转到与曲线方向一致，如图9-108所示，然后播放动画，可以观察到鱼头已经沿着曲线的方向运动了，如图9-109所示。

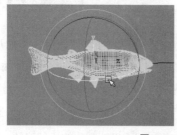

图9-108

图9-109

9.7.2 连接到运动路径

用"连接到运动路径"命令可以将选定对象放置和连接到当前曲线，当前曲线将成为运动路径。打开"连接到运动路径选项"对话框，如图9-110所示。

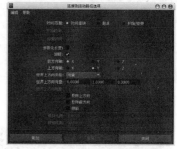

图9-110

连接到运动路径选项参数介绍

时间范围：指定创建运动路径动画的时间范围，共有以下3种设置方式。

时间滑块：当勾选该选项时，将按照在"时间轴"上定义的播放开始和结束时间来指定一个运动路径动画的时间范围。

起点：当勾选该选项时，下面的"开始时间"选项才起作用，可以通过输入数值的方式来指定运动路径动画的开始时间。

开始/结束：当勾选该选项时，下面的"开始时间"和"结束时间"选项才起作用，可以通过输入数值的方式来指定一个运动路径动画的时间范围。

开始时间：当选择"起点"或"开始/结束"选项时该选项才可用，利用该选项可以指定运动路径动画的开始时间。

结束时间：当选择"开始/结束"选项时该选项才可用，利用该选项可以指定运动路径动画的结束时间。

参数化长度：指定 Maya 用于定位沿曲线移动的对象的方法。

跟随：当勾选该选项时，在物体沿路径曲线移动时，Maya不但会计算物体的位置，也将计算物体的运动方向。

前方向轴：指定物体的哪个局部坐标轴与向前向量对齐，提供了x、y、z 3个选项。

X：当选择该选项时，指定物体局部坐标轴的x轴向与向前向量对齐。

Y：当选择该选项时，指定物体局部坐标轴的y轴向与向前向量对齐。

Z：当选择该选项时，指定物体局部坐标轴的z轴向与向前向量对齐。

上方向轴：指定物体的哪个局部坐标轴与向上向量对齐，提供了x、y、z 3个选项。

X：当选择该选项时，指定物体局部坐标轴的x轴向与向上向量对齐。

Y：当选择该选项时，指定物体局部坐标轴的y轴向与向上向量对齐。

Z：当选择该选项时，指定物体局部坐标轴的z轴向与向上向量对齐。

世界上方向类型：指定上方向向量对齐的世界上方向向量类型，共有以下5种类型。

场景上方向：指定上方向向量尝试与场景的上方向轴，而不是与世界上方向向量对齐，世界上方向向量将被忽略。

对象上方向：指定上方向向量尝试对准指定对象的原点，而不是与世界上方向向量对齐，世界上方向向量将被忽略。

对象旋转上方向： 指定相对于一些对象的局部空间，而不是场景的世界空间来定义世界上方向向量。

向量：指定上方向向量尝试尽可能紧密地与世界上方向向量对齐。世界上方向向量是相对于场景世界空间来定义的，这是默认设置。

法线：指定"上方向轴"指定的轴将尝试匹配路径曲线的法线。曲线法线的插值不同，这具体取决于路径曲线是否是世界空间中的曲线，或曲面曲线上的曲线。

技巧与提示

如果路径曲线是世界空间中的曲线，曲线上任何点的法线方向总是指向该点到曲线的曲率中心，如图9-111所示。

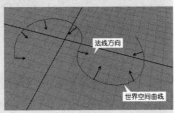

图9-111

当在运动路径动画中使用世界空间曲线时，如果曲线形状由凸变凹或由凹变凸，曲线的法线方向将翻转180°，倘若将"世界上方向类型"设置为"法线"类型，可能无法得到希望的动画结果。

如果路径曲线是依附于表面上的曲线，曲线上任何点的法线方向就是该点在表面上的法线方向，如图9-112所示。

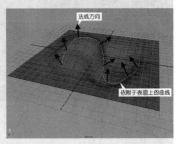

图9-112

当在运动路径动画中使用依附于表面上的曲线时，倘若将"世界上方向类型"设置为"法线"类型，可以得到最直观的动画结果。

世界上方向向量：指定"世界上方向向量"相对于场景的世界空间方向，因为Maya默认的世界空间是y轴向上，因此默认值为（0，1，0），即表示"世界上方向向量"将指向世界空间的y轴正方向。

世界向上对象：该选项只有设置"世界上方向类型"为"对象上方向"或"对象旋转上方向"选项时才起作用，可以通过输入物体名称来指定一个世界向上对象，使向上向量总是尽可能尝试对齐该物体的原点，以防止物体沿路径曲线运动时发生意外的翻转。

反转上方向：当勾选该选项时，"上方向轴"将尝试用向上向量的相反方向对齐它自身。

反转前方向：当勾选该选项时，将反转物体沿路径曲线向前运动的方向。

倾斜：当勾选该选项时，使物体沿路径曲线运动时，在曲线弯曲位置会朝向曲线曲率中心倾斜，就像摩托车在转弯时总是向内倾斜一样。只有当勾选"跟随"选项时，"倾斜"选项才起作用。

倾斜比例：设置物体的倾斜程度，较大的数值会使物体倾斜效果更加明显。如果输入一个负值，物体将会向外侧倾斜。

倾斜限制：限制物体的倾斜角度。如果增大"倾斜比例"数值，物体可能在曲线上曲率大的地方产生过度的倾斜，利用该选项可以将倾斜效果限制在一个指定的范围之内。

课堂案例

制作连接到运动路径动画

案例位置	案例文件>CH09>课堂案例——制作连接到运动路径动画.mb
视频位置	多媒体教学>CH09>课堂案例——制作连接到运动路径动画.flv
难易指数	★★☆☆☆
学习目标	学习"连接到运动路径"命令的用法

运动路径动画效果如图9-113所示。

图9-113

01 打开"场景文件>CH09>f.mb"文件，如图9-114所示。

图9-114

02 创建一条图9-115所示的NURBS曲线作为金鱼的运动路径。

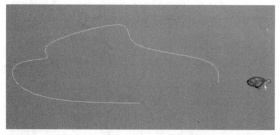

图9-115

03 选中金鱼，然后按住Shift键加选曲线，如图9-116所示，接着执行"动画>运动路径>连接到运动路径"菜单命令。

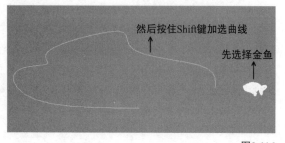

然后按住Shift键加选曲线

先选择金鱼

图9-116

04 播放动画，可以观察到金鱼沿着曲线运动，但游动的方向不正确，如图9-117所示。

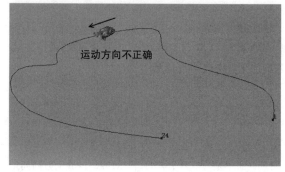

运动方向不正确

图9-117

05 选择金鱼模型，然后在"通道盒"中设置"上方向扭曲"为180，如图9-118所示，接着播放动画，可以观察到金鱼的运动方向已经正确了，如图9-119所示。

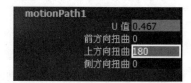

图9-118

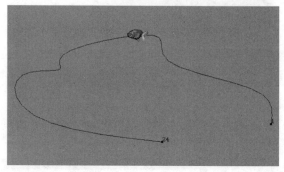

图9-119

知识点 运动路径标志

金鱼在曲线上运动时，在曲线的两端会出现带有数字的两个运动路径标记，这些标记表示金鱼在开始和结束的运动时间，如图9-120所示。

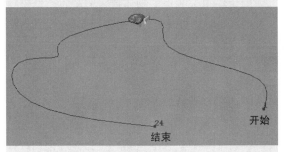

图9-120

若要改变金鱼在曲线上的运动速度或距离，可以通过在"曲线图编辑器"对话框中编辑动画曲线来完成。

9.7.3 流动路径对象

使用"流动路径对象"命令可以沿着当前运动路径或围绕当前物体周围创建"晶格"变形器，使物体沿路径曲线运动的同时也能跟随路径曲线曲率的变化改变自身形状，创建出一种流畅的运动路径动画效果。

打开"流动路径对象选项"对话框，如图9-121所示。

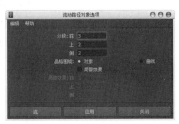

图9-121

流动路径对象选项参数介绍

分段：代表将创建的晶格部分数。"前""上"和"侧"与创建路径动画时指定的轴相对应。

晶格围绕：指定创建晶格物体的位置，提供了以下两个选项。

对象：当选择该选项时，将围绕物体创建晶格，这是默认选项。

曲线：当选择该选项时，将围绕路径曲线创建晶格。

局部效果：当围绕路径曲线创建晶格时，该选项将非常有用。如果创建了一个很大的晶格，多数情况下，可能不希望在物体靠近晶格一端时仍然被另一端的晶格点影响。例如，如果设置"晶格围绕"为"曲线"，并将"分段:前"设置为35，这意味晶格物体将从路径曲线的起点到终点共有35个细分。当物体沿着路径曲线移动通过晶格时，它可能只被3~5个晶格分割度围绕。如果"局部效果"选项处于关闭状态，这个晶格中的所有晶格点都将影响物体的变形，这可能会导致物体脱离晶格，因为距离物体位置较远的晶格点也会影响到它，如图9-122所示。

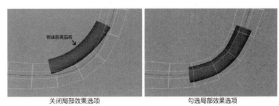

关闭局部效果选项　　　　勾选局部效果选项

图9-122

局部效果：利用"前""上"和"侧"3个属性数值输入框，可以设置晶格能够影响物体的有效范围。一般情况下，设置的数值应该使晶格点的影响范围能够覆盖整个被变形的物体。

课堂案例

制作字幕穿越动画

案例位置	案例文件>CH09>课堂案例——制作字幕穿越动画.mb
视频位置	多媒体教学>CH09>课堂案例——制作字幕穿越动画.flv
难易指数	★★☆☆☆
学习目标	学习"流动路径对象"命令的用法

字幕穿越动画效果如图9-123所示。

图9-123

01 打开"场景文件>CH09>g.mb"文件，如图 9-124所示。

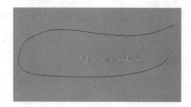

图9-124

02 选择字幕模型，然后按住Shift键加选曲线，接着打开"连接到运动路径选项"对话框，再设置"时间范围"为"开始/结束"，并设置"结束时间"为150，如图9-125所示。

图9-125

03 选择字幕模型，然后打开"流动路径对象选项"对话框，接着设置"分段:前"为15，如图 9-126所示。

图9-126

04 切换到摄影机视图，然后播放动画，可以观察到字幕沿着运动路径曲线慢慢穿过摄影机视图之外，如图9-127所示。

图9-127

技巧与提示

这个案例很适合用在影视中的字幕文字动画中。

9.8 约束

"约束"也是角色动画制作中经常使用到的

功能，它在角色装配中起到非常重要的作用。使用约束能以一个物体的变换设置来驱动其他物体的位置、方向和比例。根据使用约束类型的不同，得到的约束效果也各不相同。

处于约束关系下的物体，它们之间都是控制与被控制和驱动与被驱动的关系，通常把受其他物体控制或驱动的物体称为"被约束物体"，而用来控制或驱动被约束物体的物体称为"目标物体"。

技巧与提示

创建约束的过程非常简单，先选择目标物体，再选择被约束物体，然后从"约束"菜单中选择想要执行的约束命令即可。

一些约束锁定了被约束物体的某些属性通道，例如"目标"约束会锁定被约束物体的方向通道（旋转$x/y/z$），被约束锁定的属性通道数值输入框将在"通道盒"或"属性编辑器"对话框中显示为浅蓝色标记。

为了满足动画制作的需要，Maya提供了常用的9种约束，分别是"点"约束、"目标"约束、"方向"约束、"缩放"约束、"父对象"约束、"几何体"约束、"正常"约束、"切线"约束和"极向量"约束，如图9-128所示。

图9-128

本节知识概要

名称	主要作用	重要程度
点	让一个物体跟随另一个物体的位置移动	高
目标	约束一个物体的方向，使被约束物体始终瞄准目标物体	高
方向	将一个物体的方向与另一个或更多其他物体的方向相匹配	高
缩放	将一个物体的缩放效果与另一个或更多其他物体的缩放效果相匹配	中
父对象	将一个物体的位移和旋转关联到其他物体上	中
几何体	将一个物体限制到NURBS曲线、NURBS曲面或多边形曲面上	中

续表

正常	约束一个物体的方向，使被约束物体的方向对齐到NURBS曲面或多边形曲面的法线向量	中
切线	约束一个物体的方向，使被约束物体移动时的方向总是指向曲线的切线方向	中
极向量	让IK旋转平面手柄的极向量终点跟随一个物体或多个物体的平均位置移动	中

9.8.1 点

使用"点"约束可以让一个物体跟随另一个物体的位置移动，或使一个物体跟随多个物体的平均位置移动。如果想让一个物体匹配其他物体的运动，使用"点"约束是最有效的方法。打开"点约束选项"对话框，如图9-129所示。

图9-129

点约束选项参数介绍

保持偏移：当勾选该选项时，创建"点"约束后，目标物体和被约束物体的相对位移将保持在创建约束之前的状态，即可以保持约束物体之间的空间关系不变；如果关闭该选项，可以在下面的"偏移"数值框中输入数值来确定被约束物体与目标物体之间的偏移距离。

偏移：设置被约束物体相对于目标物体的位移坐标数值。

动画层：选择要向其中添加"点"约束的动画层。

将层设置为覆盖：勾选该选项时，在"动画层"下拉列表中选择的层会在将约束添加到动画层时自动设定为覆盖模式。这是默认模式，也是建议使用的模式。关闭该选项时，在添加约束时层模式会设定为相加模式。

约束轴：指定约束的具体轴向，既可以单独约束其中的任何轴向，又可以选择"全部"选项来同时约束x、y、z 3个轴向。

权重：指定被约束物体的位置能被目标物体影响的程度。

9.8.2 目标

使用"目标"约束可以约束一个物体的方向，使被约束物体始终瞄准目标物体。目标约束的典型用法是将灯光或摄影机瞄准约束到一个物体或一组物体上，使灯光或摄影机的旋转方向受物体的位移属性控制，实现跟踪照明或跟踪拍摄效果，如图9-130所示。在角色装配中，"目标"约束的一种典型用法是建立一个定位器来控制角色眼球的运动。

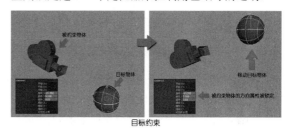

目标约束

图9-130

打开"目标约束选项"对话框，如图9-131所示。

图9-131

目标约束选项参数介绍

保持偏移：当勾选该选项时，创建"目标"约束后，目标物体和被约束物体的相对位移和旋转将保持在创建约束之前的状态，即可以保持约束物体之间的空间关系和旋转角度不变；如果关闭该选项，可以在下面的"偏移"数值框中输入数值来确定被约束物体的偏移方向。

偏移：设置被约束物体偏移方向x、y、z坐标的弧度数值。通过输入需要的弧度数值，可以确定被约束物体的偏移方向。

目标向量：指定"目标向量"相对于被约束物体局部空间的方向，"目标向量"将指向目标点，从而迫使被约束物体确定自身的方向。

 技巧与提示

"目标向量"用来约束被约束物体的方向，以便它总是指向目标点。"目标向量"在被约束物体的枢轴点开始，总是指向目标点。但是"目标向量"不能完全约束物体，因为"目标向量"不控制物体怎样在"目标向量"周围旋转，物体围绕"目标向量"周围旋转是由"上方向向量"和"世界上方向向量"来控制的。

上方向向量：指定"上方向向量"相对于被约束物体局部空间的方向。

世界上方向类型：选择"世界上方向向量"的作用类型，共有以下5个选项。

场景上方向：指定"上方向向量"尽量与场景的向上轴对齐，以代替"世界上方向向量"，"世界上方向向量"将被忽略。

对象上方向：指定"上方向向量"尽量瞄准被指定物体的原点，而不再与"世界上方向向量"对齐，"世界上方向向量"将被忽略。

技巧与提示

"上方向向量"尝试瞄准其原点的物体称为"世界上方向对象"。

对象旋转上方向：指定"世界上方向向量"相对于某些物体的局部空间被定义，代替这个场景的世界空间，"上方向向量"在相对于场景的世界空间变换之后将尝试与"世界上方向向量"对齐。

向量：指定"上方向向量"将尽可能尝试与"世界上方向向量"对齐，这个"世界上方向向量"相对于场景的世界空间被定义，这是默认选项。

无：指定不计算被约束物体围绕"目标向量"周围旋转的方向。当选择该选项时，Maya将继续使用在指定"无"选项之前的方向。

世界上方向向量：指定"世界上方向向量"相对于场景的世界空间方向。

世界上方向对象：输入对象名称来指定一个"世界上方向对象"。在创建"目标"约束时，使"上方向向量"来瞄准该物体的原点。

约束轴：指定约束的具体轴向，既可以单独约束x、y、z轴其中的任何轴向，又可以选择"全部"选项来同时约束3个轴向。

权重：指定被约束物体的方向能被目标物体影响的程度。

课堂案例

用目标约束控制眼睛的转动

案例位置	案例文件>CH09>课堂案例——用目标约束控制眼睛的转动.mb
视频位置	多媒体教学>CH09>课堂案例——用目标约束控制眼睛的转动.flv
难易指数	★★☆☆☆
学习目标	学习"目标"约束的用法

眼睛转动动画效果如图9-132所示。

图9-132

① 打开"场景文件>CH09>h.mb"文件，如图9-133所示。

图9-133

② 执行"创建>定位器"菜单命令，在场景中创建一个定位器，然后将其命名为LEye_locator（用来控制左眼），如图9-134所示。

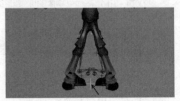

图9-134

技巧与提示

如果要重命名定位器，可以先选定定位器，然后在"通道盒"中单击定位器的名称，激活输入框后即可重命名定位器的名称，如图9-135所示。

图9-135

03 在"大纲视图"对话框中选择LEye（即左眼）节点，如图9-136所示，然后按住Shift键加选LEye_locator节点，接着执行"约束>点"菜单命令，此时定位器的中心与左眼的中心将重合在一起，如图9-137所示。

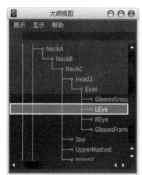

图9-136

图9-137

04 由于本例是要用"目标"约束来控制眼睛的转动，所以不需要"点"约束了。在"大纲视图"对话框中选择LEye_locator_PointConstraint1节点，如图9-138所示，然后按Delete键将其删除。

图9-138

05 用同样的方法为右眼创建一个定位器（命名为REye_locator），然后选择两个定位器，接着按Ctrl+G组合键为其创建一个组，并将组命名为locator，如图9-139所示，最后将定位器拖曳到远离眼睛的方向，如图9-140所示。

图9-139

图9-140

06 分别选择LEye_locator节点和REye_locator节点，然后执行"修改>冻结变换"菜单命令，将变换属性值归零处理，如图9-141所示。

图9-141

07 先选择LEye_locator节点，然后按住Shift键加选LEye节点，接着打开"目标约束选项"对话框，勾选"保持偏移"选项，如图9-142所示。

图9-142

08 用"移动工具"移动LEye_locator节点，可以观察到左眼也会跟着LEye_locator节点一起移动，如图9-143所示。

两个眼睛都会跟着一起移动，如图9-144所示。

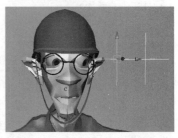

图9-143

（09）用相同的方法为REye_locator节点和Reye节点创建一个"目标"约束，此时拖曳locator节点，可以发现

图9-144

9.8.3 方向

使用"方向"约束可以将一个物体的方向与另一个或更多其他物体的方向相匹配。该约束对于制作多个物体的同步变换方向非常有用，如图9-145所示。打开"方向约束选项"对话框，如图9-146所示。

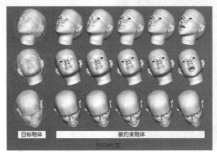 

图9-145　　　　　　　　　　　　　　　　　　　图9-146

方向约束选项参数介绍

保持偏移：当勾选该选项时，创建"方向"约束后，被约束物体的相对旋转将保持在创建约束之前的状态，即可以保持约束物体之间的空间关系和旋转角度不变；如果关闭该选项，可以在下面的"偏移"选项中输入数值来确定被约束物体的偏移方向。

偏移：设置被约束物体偏移方向x、y、z坐标的弧度数值。

约束轴：指定约束的具体轴向，既可以单独约束x、y、z其中的任何轴向，又可以选择"全部"选项来同时约束3个轴向。

权重：指定被约束物体的方向能被目标物体影响的程度。

课堂案例

用方向约束控制头部的旋转

案例位置	案例文件>CH09>课堂案例——用方向约束控制头部的旋转.mb
视频位置	多媒体教学>CH09>课堂案例——用方向约束控制头部的旋转.flv
难易指数	★★☆☆☆
学习目标	学习"方向"约束的用法

头部旋转动画效果如图9-147所示。

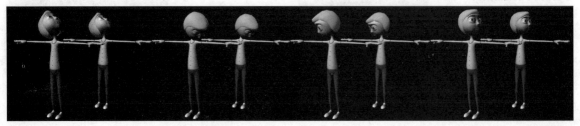

图9-147

01 打开"场景文件>CH09>i.mb"文件，如图9-148所示。

图9-148

技巧与提示

　　本例要做的效果是让左边的头部A的旋转动作控制右边的头部B的旋转动作，如图9-149所示。

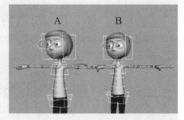

图9-149

02 先选择头部A，然后按住Shift键加选头部B，接着打开"方向约束选项"对话框，勾选"保持偏移"选项，如图9-150所示。

图9-150

03 选择头部B，在"通道盒"中可以观察到"旋转x""旋转y"和"旋转z"属性被锁定了，这说明头部B的旋转属性已经被头部A的旋转属性所影响，如图9-151所示。

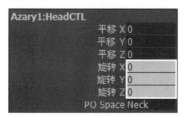

图9-151

04 用"旋转工具" 旋转头部A，可以发现头部B也会跟着做相同的动作，但只限于旋转动作，如图9-152所示。

图9-152

9.8.4 缩放

　　使用"缩放"约束可以将一个物体的缩放效果与另一个或更多其他物体的缩放效果相匹配，该约束对于制作多个物体同步缩放比例非常有用。打开"缩放约束选项"对话框，如图9-153所示。

图9-153

技巧与提示

　　"缩放约束选项"对话框中的参数在前面的内容都讲解过，这里不再重复介绍。

9.8.5 父对象

　　使用"父对象"约束可以将一个物体的位移和旋转关联到其他物体上，一个被约束物体的运动也能被多个目标物体平均位置约束。当"父对象"约束被应用于一个物体的时候，被约束物体将仍然保持独立，它不会成为目标物体层级或组中的一部分，但是被约束物体的行为看上去好像是目标物体的子物体。打开"父约束选项"对话框，如图9-154所示。

图9-154

父约束选项参数介绍

平移：设置将要约束位移属性的具体轴向，既可以单独约束x、y、z其中的任何轴向，又可以选择"全部"选项来同时约束这3个轴向。

旋转：设置将要约束旋转属性的具体轴向，既可以单独约束x、y、z其中的任何轴向，又可以选择"全部"选项来同时约束这3个轴向。

9.8.6 几何体

使用"几何体"约束可以将一个物体限制到NURBS曲线、NURBS曲面或多边形曲面上，如图9-155所示。如果想要使被约束物体的自身方向能适应于目标物体表面，也可以在创建"几何体"约束之后再创建一个"正常"约束。打开"几何体约束选项"对话框，如图9-156所示。

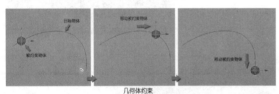

图9-155

图9-156

技巧与提示

"几何体"约束不锁定被约束物体变换、旋转和缩放通道中的任何属性，这表示几何体约束可以很容易地与其他类型的约束同时使用。

9.8.7 正常

使用"正常"约束（即"法线"约束）可以

约束一个物体的方向，使被约束物体的方向对齐到NURBS曲面或多边形曲面的法线向量。当需要一个物体能以自适应方式在形状复杂的表面上移动时，"正常"约束将非常有用。如果没有"正常"约束，制作沿形状复杂的表面移动物体的动画将十分烦琐和费时。打开"法线约束选项"对话框，如图9-157所示。

图9-157

9.8.8 切线

使用"切线"约束可以约束一个物体的方向，使被约束物体移动时的方向总是指向曲线的切线方向，如图9-158所示。当需要一个物体跟随曲线的方向运动时，"切线"约束将非常有用，例如可以利用"切线"约束来制作汽车行驶时，轮胎沿着曲线轨迹滚动的效果。打开"切线约束选项"对话框，如图9-159所示。

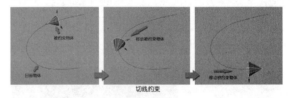

图9-158

图9-159

9.8.9 极向量

使用"极向量"约束可以让IK旋转平面手柄的极向量终点跟随一个物体或多个物体的平均位置移动。在角色装配中，经常用"极向量"约束将控制角色胳膊或腿部关节链上的IK旋转平面手柄的极向量终点约束到一个定位器上，这样做的目的是为了避免在操作IK旋转平面手柄时，由于手柄向量与极向量过于接近或相交所引起关节链意外发生反转的现象，如图9-160所示。打开"极向量约束选项"对话框，如图9-161所示。

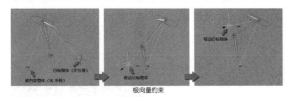

图9-160

图9-161

9.9 骨架系统

Maya提供了一套非常优秀的动画控制系统——骨架。动物的外部形体是由骨架、肌肉和皮肤组成的，从功能上来说，骨架主要起着支撑动物躯体的作用，它本身不能产生运动。动物的运动实际上都是由肌肉来控制的，在肌肉的带动下，筋腱拉动骨架沿着各个关节产生转动或在某些局部发生移动，从而表现出整个形体的运动状态。但在数字空间中，骨架、肌肉和皮肤的功能与现实中是不同的。数字角色的形态只由一个因素来决定，就是角色的三维模型，也就是数字空间中的皮肤。一般情况下，数字角色是没有肌肉的，控制数字角色运动的就是三维软件里提供的骨架系统。所以，通常所说的角色动画，就是制作数字角色骨架的动画，骨架控制着皮肤，或是由骨架控制着肌肉，再由肌肉控制皮肤来实现角色动画。总体来说，在数字空间中只有两个因素最重要，一是模型，它控制着角色的形体；另外一个是骨架，它控制角色的运动。肌肉系统在角色动画中只是为了让角色在运动时，让形体的变形更加符合解剖学原理，也就是使角色动画更加生动。

9.9.1 了解骨架结构

骨架是由"关节"和"骨"两部分构成的。

关节位于骨与骨之间的连接位置，由关节的移动或旋转来带动与其相关的骨的运动。每个关节可以连接一个或多个骨，关节在场景视图中显示为球形线框结构物体；骨是连接在两个关节之间的物体结构，它能起到传递关节运动的作用，骨在场景视图中显示为棱锥状线框结构物体。另外，骨也可以指示出关节之间的父子层级关系，位于棱锥方形一端的关节为父级，位于棱锥尖端位置处的关节为子级，如图9-162所示。

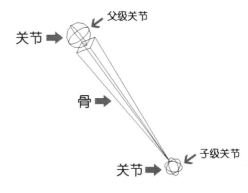

图9-162

1.关节链

"关节链"又称为"骨架链"，它是一系列关节和与之相连接的骨的组合。在一条关节链中，所有的关节和骨之间都是呈线性连接的，也就是说，如果从关节链中的第1个关节开始绘制一条路径曲线到最后一个关节结束，可以使该关节链中的每个关节都经过这条曲线，如图9-163所示。

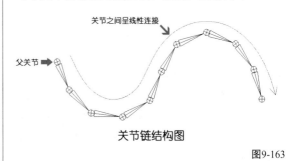

关节链结构图

图9-163

? 技巧与提示

在创建关节链时，首先创建的关节将成为该关节链中层级最高的关节，称为"父关节"，只要对这个父关节进行移动或旋转操作，就会使整体关节链发生位置或方向上的变化。

2.肢体链

"肢体链"是多条关节链连接在一起的组合。与关节链不同，肢体链是一种"树状"结构，其中所有的关节和骨之间并不是呈线性方式连接的。也就是说，无法绘制出一条经过肢体链中所有关节的路径曲线，如图9-164所示。

根关节

肢体链结构图

图9-164

技巧与提示

在肢体链中，层级最高的关节称为"根关节"，每个肢体链中只能存在一个根关节，但是可以存在多个父关节。其实，父关节和子关节是相对而言的，在关节链中任意的关节都可以成为父关节或子关节，只要在一个关节的层级之下有其他的关节存在，这个位于上一级的关节就是其层级之下关节的父关节，而这个位于层级之下的关节就是其层级之上关节的子关节。

9.9.2 父子关系

在Maya中，可以把父子关系理解成一种控制与被控制的关系。也就是说，把存在控制关系的物体中处于控制地位的物体称为父物体，把被控制的物体称为子物体。父物体和子物体之间的控制关系是单向的，前者可以控制后者，但后者不能控制前者。同时还要注意，一个父物体可以同时控制若干个子物体，但一个子物体不能同时被两个或两个以上的父物体控制。

对于骨架，不能仅仅局限于它的外观上的状态和结构。在本质上，骨架上的关节其实是在定义一个"空间位置"，而骨架就是这一系列空间位置以层级的方式所形成的一种特殊关系，连接关节的骨只是这种关系的外在表现。

9.9.3 创建骨架

在角色动画制作中，创建骨架通常就是创建肢体链的过程。创建骨架都使用"关节工具"来完成，如图9-165所示。

图9-165

打开"关节工具"的"工具设置"对话框，如图9-166所示。

图9-166

关节工具参数介绍

自由度：指定被创建关节的哪些局部旋转轴向能被自由旋转，共有x、y、z 3个选项。

确定关节方向为世界方向：勾选该选项后，被创建的所有关节局部旋转轴向将与世界坐标轴向保持一致。

主轴：设置被创建关节的局部旋转主轴方向。

次轴：设置被创建关节的局部旋转次轴方向。

次轴世界方向：为使用"关节工具"创建的所有关节的第2个旋转轴设定世界轴（正或负）方向。

比例补偿：勾选该选项时，在创建关节链后，当对位于层级上方的关节进行比例缩放操作时，位于其下方的关节和骨架不会自动按比例缩放；如果关闭该选项，当对位于层级上方的关节进行缩放操作时，位于其下方的关节和骨架也会自动按比例缩放。

自动关节限制：当勾选该选项时，被创建关节的一个局部旋转轴向将被限制，使其只能在180°范围之内旋转。被限制的轴向就是与创建关节时被激活视图栅格平面垂直的关节局部旋转轴向，被限制的旋转方向在关节链小于180°夹角的一侧。

节，然后在该关节的上方单击一次左键，创建出第2个关节（这时在两个关节之间会出现一根骨，接着在当前关节的上方单击一次左键，创建出第3个关节，如图9-168所示。

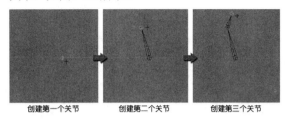

创建第一个关节　　创建第二个关节　　创建第三个关节

图9-168

技巧与提示

当创建一个关节后，如果对关节的放置位置不满意，可以使用鼠标中键单击并拖曳当前处于选择状态的关节，然后将其移动到需要的位置即可；如果已经创建了多个关节，想要修改之前创建关节的位置时，可以使用方向键↑和↓来切换选择不同层级的关节。当选择了需要调整位置的关节后，再使用鼠标中键单击并拖曳当前处于选择状态的关节，将其移动到需要的位置即可。

注意，以上操作必须在没用结束"关节工具"操作的情况下才有效。

02 继续创建其他的肢体链分支。按一次↑方向键，选择位于当前选择关节上一个层级的关节，然后在其右侧位置依次单击两次左键，创建出第4个和第5个关节，如图9-169所示。

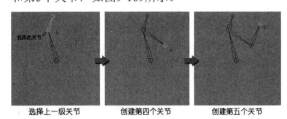

选择上一级关节　　创建第四个关节　　创建第五个关节

图9-169

03 继续在左侧创建肢体链分支。连续按两次↑方向键，选择位于当前选择关节上两个层级处的关节，然后在其左侧位置依次单击两次左键，创建出第6个和第7个关节，如图9-170所示。

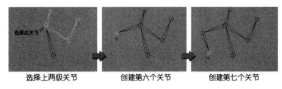

选择上两级关节　　创建第六个关节　　创建第七个关节

图9-170

技巧与提示

"自动关节限制"选项适用于类似有膝关节旋转特征的关节链的创建。该选项的设置不会限制关节链的开始关节和末端关节。

可变骨骼半径设置：勾选该选项后，可以在"骨骼半径设置"卷展栏下设置短/长骨骼的长度和半径。

创建IK控制柄：当勾选该选项时，"K控制柄设置"卷展栏下的相关选项才起作用。这时，使用"关节工具"创建关节链的同时会自动创建一个IK控制柄。创建的IK控制柄将从关节链的第1个关节开始，到末端关节结束。

技巧与提示

关于IK控制柄的设置方法将在后面的内容中详细介绍。

短骨骼长度：设置一个长度数值来确定哪些骨为短骨骼。

短骨骼半径：设置一个数值作为短骨的半径尺寸，它是骨半径的最小值。

长骨骼长度：设置一个长度数值来确定哪些骨为长骨。

长骨骼半径：设置一个数值作为长骨的半径尺寸，它是骨半径的最大值。

课堂案例

用关节工具创建人体骨架

案例位置　案例文件>CH09>课堂案例——用关节工具创建人体骨架.mb
视频位置　多媒体教学>CH09>课堂案例——用关节工具创建人体骨架.flv
难易指数　★☆☆☆☆
学习目标　学习"关节工具"的用法及人体骨架的创建方法

人体骨架效果如图9-167所示。

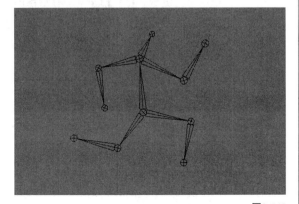

图9-167

01 执行"骨架>关节工具"菜单命令，当光标变成十字形时，在视图中单击左键，创建出第1个关

⑭ 继续在下方创建肢体链分支。连续按3次↑方向键，选择位于当前选择关节上3个层级处的关节，然后在其右侧位置依次单击两次左键，创建出第8和第9个关节，如图9-171所示。

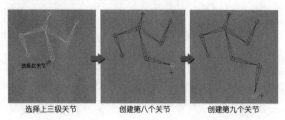

选择上三级关节　　创建第八个关节　　创建第九个关节

图9-171

技巧与提示

可以使用相同的方法继续创建出其他位置的肢体链分支，不过这里要尝试采用另外一种方法，所以可以先按Enter键结束肢体链的创建。下面将采用添加关节的方法在现有肢体链中创建关节链分支。

⑮ 重新选择"关节工具"，然后在想要添加关节链的现有关节上单击一次左键（选中该关节，以确定新关节链将要连接的位置），然后依次单击两次左键，创建出第10个和第11个关节，接着按Enter键结束肢体链的创建，如图9-172所示。

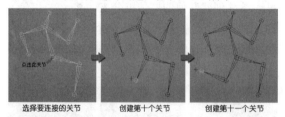

选择要连接的关节　　创建第十个关节　　创建第十一个关节

图9-172

技巧与提示

使用这种方法可以在已经创建完成的关节链上随意添加新的分支，并且能在指定的关节位置处对新旧关节链进行自动连接。

9.9.4　编辑骨架

创建骨架之后，可以采用多种方法来编辑骨架，使骨架能更好地满足动画制作的需要。Maya提供了一些方便的骨架编辑工具，如图9-173所示。

图9-173

1.插入关节工具

如果要增加骨架中的关节数，可以使用"插入关节工具"在任何层级的关节下插入任意数目的关节，如图-174所示。

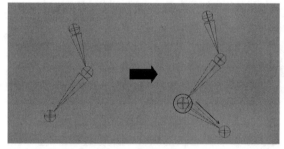

图9-174

2.重设骨架根

使用"重设骨架根"命令可以改变关节链或肢体链的骨架层级，以重新设定根关节在骨架链中的位置。如果选择的是位于整个骨架链中层级最下方的一个子关节，重新设定根关节后骨架的层级将会颠倒；如果选择的是位于骨架链中间层级的一个关节，重新设定根关节后，在根关节的下方将有两个分离的骨架层级被创建。

3.移除关节

使用"移除关节"命令可以从关节链中删除当前选择的一个关节，并且可以将剩余的关节和骨结合为一个单独的关节链。也就是说，虽然删除了关节链中的关节，但仍然会保持该关节链的连接状态。

技巧与提示

注意，一次只能移除一个关节，但使用"移除关节"命令移除当前关节后并不影响它的父级和子级关节的位置关系。

4.断开关节

使用"断开关节"命令可以将骨架在当前选择的关节位置处打断，将原本单独的一条关节链分离为两条关节链。

5.连接关节

使用"连接关节"命令能采用两种不同方式（连接或父子关系）将断开的关节连接起来，形成一个完整的骨架链。打开"连接关节选项"对话框，如图9-175所示。

图9-175

连接关节选项参数介绍

连接关节：这种方式是使用一条关节链中的根关节去连接另一条关节链中除根关节之外的任何关节，使其中一条关节链的根关节直接移动位置，对齐到另一条关节链中选择的关节上。结果两条关节链连接形成一个完整的骨架链。

将关节设为父子关系：这种方式是使用一根骨，将一条关节链中的根关节作为子物体与另一条关节链中除根关节之外的任何关节连接起来，形成一个完整的骨架链。这种方法连接关节时不会改变关节链的位置。

6.镜像关节

使用"镜像关节"命令可以镜像复制出一个关节链的副本，镜像关节的操作结果将取决于事先设置的镜像交叉平面的放置方向。如果选择关节链中的关节进行部分镜像操作，这个镜像交叉平面的原点在原始关节链的父关节位置；如果选择关节链的根关节进行整体镜像操作，这个镜像交叉平面的原点在世界坐标原点位置。当镜像关节时，关节的属性、IK控制柄连同关节和骨一起被镜像复制。但其他一些骨架数据（如约束、连接和表达式）不能包含在被镜像复制出的关节链副本中。

打开"镜像关节选项"对话框，如图9-176所示。

图9-176

镜像关节选项参数介绍

镜像平面：指定一个镜像关节时使用的平面。镜像交叉平面就像是一面镜子，它决定了产生的镜像关节链副本的方向，提供了以下3个选项。

XY：当选择该选项，镜像平面是由世界空间坐标xy轴向构成的平面，将当前选择的关节链沿该平面镜像复制到另一侧。

YZ：当选择该选项，镜像平面是由世界空间坐标yz轴向构成的平面，将当前选择的关节链沿该平面镜像复制到另一侧。

XZ：当选择该选项，镜像平面是由世界空间坐标xz轴向构成的平面，将当前选择的关节链沿该平面镜像复制到另一侧。

镜像功能：指定被镜像复制的关节与原始关节的方向关系，提供了以下两个选项。

行为：当选择该选项时，被镜像的关节将与原始关节具有相对的方向，并且各关节局部旋转轴指向与它们对应副本的相反方向，如图9-177所示。

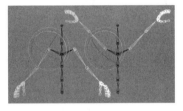

图9-177

方向：当选择该选项时，被镜像的关节将与原始关节具有相同的方向，如图9-178所示。

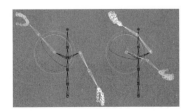

图9-178

搜索：可以在文本输入框中指定一个关节命名标识符，以确定在镜像关节链中要查找的目标。

替换为：可以在文本输入框中指定一个关节命名标识符，将使用这个命名标识符来替换被镜像关节链中查找到的所有在"搜索"文本框中指定的命名标识符。

技巧与提示

当为结构对称的角色创建骨架时，"镜像关节"命令将非常有用。例如当制作一个人物角色骨架时，用户只需要制作出一侧的手臂、手、腿和脚部骨架，然后执行"镜像关节"命令就可以得到另一侧的骨架，这样就能减少重复性的工作，提高工作效率。

特别注意，不能使用"编辑>特殊复制"菜单命令对关节链进行镜像复制操作。

7.确定关节方向

在创建骨架链之后，为了让某些关节与模型能更准确地对位，经常需要调整一些关节的位置。因为每个关节的局部旋转轴向并不能跟随关节位置改变来自动调整方向。例如如果使用"关节工具"的默认参数创建一条关节链，在关节链中关节局部旋转轴的x轴将指向骨的内部；如果使用"移动工具"对关节链中的一些关节进行移动，这时关节局部旋转轴的x轴将不再指向骨的内部。所以在通常情况下，调整关节位置之后，需要重新定向关节的局部旋转轴向，使关节局部旋转轴的x轴重新指向骨的内部。这样可以确保在为关节链添加IK控制柄时，获得最理想的控制效果。

9.9.5 IK控制柄

"IK控制柄"是制作骨架动画的重要工具，本节主要针对Maya中提供的"IK控制柄工具"来讲解IK控制柄的功能、使用方法和参数设置。

角色动画的骨架运动遵循运动学原理，定位和动画骨架包括两种类型的运动学，分别是"正向运动学"和"反向运动学"。

1.正向运动学

"正向运动学"简称FK，它是一种通过层级控制物体运动的方式，这种方式是由处于层级上方的父级物体运动，经过层层传递来带动其下方子级物体的运动。

如果采用正向运动学方式制作角色抬腿的动作，需要逐个旋转角色腿部的每个关节，如首先旋转大腿根部的髋关节，接着旋转膝关节，然后是踝关节，依次向下直到脚尖关节位置处结束，如图9-179所示。

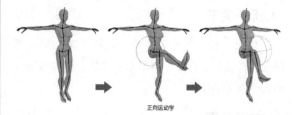

正向运动学

图9-179

技巧与提示

由于正向运动学的直观性，所以它很适合创建一些简单的圆弧状运动，但是在使用正向运动学时，也会遇到一些问题。例如使用正向运动学调整角色的腿部骨架到一个姿势后，如果腿部其他关节位置都很正确，只是对大腿根部的髋关节位置不满意，这时当对髋关节位置进行调整后，发现其他位于层级下方的腿部关节位置也会发生改变，还需要逐个调整这些关节才能达到想要的结果。如果这是一个复杂的关节链，那么要重新调整的关节将会很多，工作量也非常大。

那么，是否有一种可以使工作更加简化的方法呢？答案是肯定的，随着技术的发展，用反向运动学控制物体运动的方式产生了，它可以使制作复杂物体的运动变得更加方便和快捷。

2.反向运动学

"反向运动学"简称IK，从控制物体运动的方式来看，它与正向运动学刚好相反，这种方式是由处于层级下方的子级物体运动来带动其层级上方父级物体的运动。与正向运动学不同，反向运动学不是依靠逐个旋转层级中的每个关节来达到控制物体运动的目的，而是创建一个额外的控制结构，此控制结构称为IK控制柄。用户只需要移动这个IK控制柄，就能自动旋转关节链中的所有关节。例如，如果为角色的腿部骨架链创建了IK控制柄，制作角色抬腿动作时只需要向上移动IK控制柄使脚离开地面，这时腿部骨架链中的其他关节就会自动旋转相应角度来适应脚部关节位置的变化，如图9-180所示。

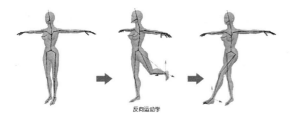

反向运动学

图9-180

要使用反向运动学方式控制骨架运动，就必须利用专门的反向运动学工具为骨架创建IK控制柄。Maya提供了两种类型的反向运动学工具，分别是"IK控制柄工具"和"IK样条线控制柄工具"，下面将分别介绍这两种反向运动学工具的功能、使用方法和参数设置。

3.IK控制柄工具

"IK控制柄工具"提供了一种使用反向运动学定位关节链的方法，它能控制关节链中每个关节的旋转和关节链的整体方向。"IK控制柄工具"是解决常规反向运动学控制问题的专用工具，使用系统默认参数创建的IK控制柄结构如图9-181所示。

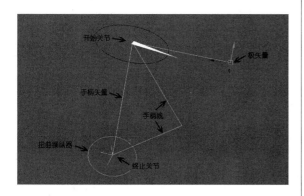

图9-181

IK控制柄结构介绍

开始关节：开始关节是受IK控制柄控制的第1个关节，是IK控制柄开始的地方。开始关节可以是关节链中除末端关节之外的任何关节。

终止关节：终止关节是受IK控制柄控制的最后一个关节，是IK控制柄终止的地方。终止关节可以是关节链中除根关节之外的任何关节。

手柄线：手柄线是贯穿被IK控制柄控制关节链的所有关节和骨的一条线。手柄线从开始关节的局部旋转轴开始，到终止关节的局部旋转轴位置结束。

手柄矢量：手柄矢量是从IK控制柄的开始关节引出，到IK控制柄的终止关节（末端效应器）位置结束的一条直线。

极矢量：极矢量是可以改变IK链方向的操纵器，同时也可以防止IK链发生意外翻转。

扭曲操纵器：扭曲操纵器是一种可以扭曲或旋转关节链的操纵器，它位于IK链的终止关节位置。

打开"IK控制柄工具"的"工具设置"对话框，如图9-182所示。

图9-182

IK控制柄工具参数介绍

当前解算器：指定被创建的IK控制柄将要使用的解算器类型，共有ikRPsolver（IK旋转平面解算器）和ikSCsolver（IK单链解算器）两种类型。

ikRPsolver（IK旋转平面解算器）：使用该解算器创建的IK控制柄，将利用旋转平面解算器来计算IK链中所有关节的旋转，但是它并不计算关节链的整体方向。可以使用极矢量和扭曲操纵器来控制关节链的整体方向，如图9-183所示。

改变关节链的整体方向之前　　　使用极矢量改变关节链整体方向　　　使用扭曲操纵器改变关节链的整体方向

图9-183

？ 技巧与提示

ikRPsolver解算器非常适合控制角色手臂或腿部关节链的运动。例如，可以在保持腿部髋关节、膝关节和踝关节在同一个平面的前提下，沿手柄矢量为轴自由旋转整个腿部关节链。

ikSCsolver（IK单链解算器）：使用该解算器创建的IK控制柄，不但可以利用单链解算器来计算IK链中所有关节的旋转，而且也可以利用单链解算器计算关节链的整体方向。也就是说，可以直接使用"旋转工具"对选择的IK单链手柄进行旋转操作来达到改变关节链整体方向的目的，如图9-184所示。

改变关节链的整体方向之前　　　　使用旋转工具直接旋转IK单链手柄改变关节链整体方向

图9-184

？ 技巧与提示

IK单链手柄与IK旋转平面手柄之间的区别：IK单链手柄的末端效应器总是尝试尽量达到IK控制柄的位置和方向，而IK旋转平面手柄的末端效应器只尝试尽量达到IK控制柄的位置，正因为如此，使用IK旋转平面手柄对关节旋转的影响结果是更加可预测的，对于IK旋转平面手柄可以使用极矢量和扭曲操纵器来控制关节链的整体方向。

自动优先级：当勾选该选项时，在创建IK控制柄时Maya将自动设置IK控制柄的优先权。Maya是根据IK控制柄的开始关节在骨架层级中的位置来分配IK控制柄优先权的。例如，如果IK控制柄的开始关节是根关节，则优先权被设置为1；如果IK控制柄刚好开始在根关节之下，优先权将被设置为2，以此类推。

？ 技巧与提示

只有当一条关节链中有多个（超过一个）IK控制柄的时候，IK控制柄的优先权才是有效的。为IK控制柄分配优先权的目的是确保一个关节链中的多个IK控制柄能按照正确的顺序被解算，以便能得到所希望的动画结果。

解算器启用：当勾选该选项时，在创建的IK控制柄上IK解算器将处于激活状态。该选项默认设置为选择状态，以便在创建IK控制柄之后就可以立刻使用IK控制柄摆放关节链到需要的位置。

捕捉启用：当勾选该选项时，创建的IK控制柄将始终捕捉到IK链的终止关节位置，该选项默认设置为选择状态。

粘滞：当勾选该选项后，如果使用其他IK控制柄摆放骨架姿势或直接移动、旋转、缩放某个关节时，这个IK控制柄将黏附在当前位置和方向上，如图9-185所示。

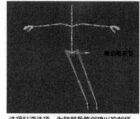

选择粘滞选项，为腿部骨骼创建IK控制柄　　　取消粘滞选项，为腿部骨骼创建IK控制柄

图9-185

优先级：该选项可以为关节链中的IK控制柄设置优先权，Maya基于每个IK控制柄在骨架层级中的位置来计算IK控制柄的优先权。优先权为1的IK控制柄将在解算时首先旋转关节；优先权为2的IK控制柄将在优先权为1的IK控制柄之后再旋转关节，以此类推。

权重：为当前IK控制柄设置权重值。该选项对于ikRPsolver（IK旋转平面解算器）和ikSCsolver（IK单链解算器）是无效的。

位置方向权重：指定当前IK控制柄的末端效应器将匹配到目标的位置或方向。当该数值设置为1时，末端效应器将尝试到达IK控制柄的位置；当该数值设置为0时，末端效应器将只尝试到达IK控制柄的方向；当该数值设置为0.5时，末端效应器将尝试达到与IK控制柄位置和方向的平衡。另外，该选项对于ikRPsolver（IK旋转平面解算器）是无效的。

知 识 点　"IK控制柄工具"的使用方法

第1步：打开"IK控制柄工具"的"工具设置"对话框，根据实际需要进行相应参数设置后关闭对话框，这时光标将变成十字形。

第2步：用鼠标左键在关节链上单击选择一个关节，此关节将作为创建IK控制柄的开始关节。

第3步：继续用左键在关节链上单击选择一个关节，此关节将作为创建IK控制柄的终止关节，这时一个IK控制柄将在选择的关节之间被创建，如图9-186所示。

图9-186

4. IK样条线控制柄工具

"IK样条线控制柄工具"可以使用一条NURBS曲线来定位关节链中的所有关节，当操纵曲线时，IK控制柄的IK样条解算器会旋转关节链中的每个关节，所有关节被IK样条控制柄驱动以保持与曲线的跟随。与"IK控制柄工具"不同，IK样条线控制柄不是依靠移动或旋转IK控制柄自身来定位关节链中的每个关节，当为一条关节链创建了IK样条线控制柄之后，可以采用编辑NURBS曲线形状、调节相应操纵器等方法来控制关节链中各个关节的位置和方向，图9-187所示的为IK样条线控制柄的结构。

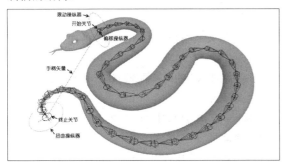

图9-187

IK样条线控制柄结构介绍

开始关节：开始关节是受IK样条线控制柄控制的第1个关节，是IK样条线控制柄开始的地方。开始关节可以是关节链中除末端关节之外的任何关节。

终止关节：终止关节是受IK样条线控制柄控制的最后一个关节，是IK样条线控制柄终止的地方。终止关节可以是关节链中除根关节之外的任何关节。

手柄矢量：手柄矢量是从IK样条线控制柄的开始关节引出，到IK样条线控制柄的终止关节（末端效应器）位置结束的一条直线。

滚动操纵器：滚动操纵器位于开始关节位置，用左键拖曳滚动操纵器的圆盘可以从IK样条线控制柄的开始关节滚动整个关节链，如图9-188所示。

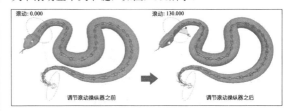

图9-188

偏移操纵器：偏移操纵器位于开始关节位置，利用偏移操纵器可以沿曲线作为路径滑动开始关节到曲线的不同位置。偏移操纵器只能在曲线两个端点之间的范围内滑动，在滑动过程中，超出曲线终点的关节将以直线形状排列，如图9-189所示。

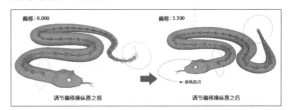

图9-189

扭曲操纵器：扭曲操纵器位于终止关节位置，用左键拖曳扭曲操纵器的圆盘可以从IK样条线控制柄的终止关节扭曲关节链。

技巧与提示

上述IK样条线控制柄的操纵器默认并不显示在场景视图中，如果要调整这些操纵器，可以首先选择IK样条线控制柄，然后在Maya用户界面左侧的"工具盒"中单击"显示操纵器工具" ，这样就会在场景视图中显示出IK样条线控制柄的操纵器，用鼠标左键单击并拖曳相应操纵器控制柄，可以调整关节链以得到想要的效果。

打开"IK样条线控制柄工具"的"工具设置"对话框，如图9-190所示。

图9-190

IK样条线控制柄工具参数介绍

根在曲线上：当勾选该选项时，IK样条线控制柄的开始关节会被约束到NURBS曲线上，这时可以拖曳偏移操纵器沿曲线滑动开始关节（和它的子关节）到曲线的不同位置。

技巧与提示

当根在曲线上选项为关闭状态时，用户可以移动开始关节离开曲线，开始关节不再被约束到曲线上。Maya将忽略"偏移"属性，并且开始关节位置处也不会存在偏移操纵器。

自动创建根轴：该选项只有在"根在曲线上"选项处于关闭状态时才变为有效。当勾选该选项时，在创建IK样条线控制柄的同时也会为开始关节创建一个父变换节点，此父变换节点位于场景层级的上方。

自动将曲线结成父子关系：如果IK样条线控制柄的开始关节有父物体，选择该选项会使IK样条曲线成为开始关节父物体的子物体，也就是说IK样条曲线与开始关节将处于骨架的同一个层级上。因此IK样条曲线与开始关节（和它的子关节）将跟随其层级上方父物体的变换而作出相应地改变。

技巧与提示

通常在为角色的脊椎或尾部添加IK样条线控制柄时需要选择这个选项，这样可以确保在移动角色根关节时，IK样条曲线也会跟随根关节做出同步改变。

将曲线捕捉到根：该选项只有在"自动创建根轴"选项处于关闭状态时才有效。当勾选该选项时，IK样条曲线的起点将捕捉到开始关节位置，关节链中的各个关节将自动旋转以适应曲线的形状。

技巧与提示

如果想让事先创建的NURBS曲线作为固定的路径，使关节链移动并匹配到曲线上，可以关闭该选项。

自动创建曲线：当勾选该选项时，在创建IK样条线控制柄的同时也会自动创建一条NURBS曲线，该曲线的形状将与关节链的摆放路径相匹配。

技巧与提示

如果选择"自动创建曲线"选项的同时关闭"自动简

化曲线"选项，在创建IK样条线控制柄的同时会自动创建一条通过此IK链中所有关节的NURBS曲线，该曲线在每个关节位置处都会放置一个编辑点。如果IK链中存在有许多关节，那么创建的曲线会非常复杂，这将不利于对曲线的操纵。

如果"自动创建曲线"和"自动简化曲线"选项都处于选择状态，在创建IK样条线控制柄的同时会自动创建一条形状与IK链相似的简化曲线。

当"自动创建曲线"选项为非选择状态时，用户必须事先绘制一条NURBS曲线以满足创建IK样条线控制柄的需要。

自动简化曲线：该选项只有在"自动创建曲线"选项处于选择状态时才变为有效。当勾选该选项时，在创建IK样条线控制柄的同时会自动创建一条经过简化的NURBS曲线，曲线的简化程度由"跨度数"数值来决定。"跨度数"与曲线上的CV控制点数量相对应，该曲线是具有3次方精度的曲线。

跨度数：在创建IK样条线控制柄时，该选项用来指定与IK样条线控制柄同时创建的NURBS曲线上CV控制点的数量。

根扭曲模式：当勾选该选项时，可以调节扭曲操纵器在终止关节位置处对开始关节和其他关节进行轻微地扭曲操作；当关闭该选项时，调节扭曲操纵器将不会影响开始关节的扭曲，这时如果想要旋转开始关节，必须使用位于开始关节位置处的滚动操纵器。

扭曲类型：指定在关节链中扭曲将如何发生，共有以下4个选项。

线性：均匀扭曲IK链中的所有部分，这是默认选项。

缓入：在IK链中的扭曲作用效果由终止关节向开始关节逐渐减弱。

缓出：在IK链中的扭曲作用效果由开始关节向终止关节逐渐减弱。

缓入缓出：在IK链中的扭曲作用效果由中间关节向两端逐渐减弱。

9.10 角色蒙皮

所谓"蒙皮"就是"绑定皮肤"，当完成了角色建模、骨架创建和角色装配工作之后，就可以着手对角色模型进行蒙皮操作了。蒙皮就是将角色模型与骨架建立绑定连接关系，使角色模型能够跟随骨架运动产生类似皮肤的变形效果。

蒙皮后的角色模型表面被称为"皮肤"，它可以是NURBS曲面、多边形表面或细分表面。蒙皮后角色模型表面上的点被称为"蒙皮物体点"，它可以是NURBS曲面的CV控制点、多边形表面顶点、细分表面顶点或晶格点。

经过角色蒙皮操作后，就可以为高精度的模型制作动画了。Maya提供了3种类型的蒙皮方式，"平滑绑定""交互式蒙皮绑定"和"刚性绑定"，它们各自具有不同的特性，分别适合应用在不同的场合。

9.10.1 蒙皮前的准备工作

在蒙皮之前，需要充分检查模型和骨架的状态，以保证模型和骨架能最正确地绑在一起，这样在以后的动画制作中才不至于出现异常情况。在检查模型时需要从以下3方面入手。

第1点：首先要测试的就是角色模型是否适合制作动画，或者说检查角色模型在绑定之后是否能完成预定的动作。模型是否适合制作动画，主要从模型的布线方面进行分析。在动画制作中，凡是角色模型需要弯曲或褶皱的地方都必须要有足够多的线来划分，以供变形处理。在关节位置至少需要3条线的划分，这样才能实现基本的弯曲效果，而在关节处划分的线成扇形分布是最合理的，如图9-191所示。

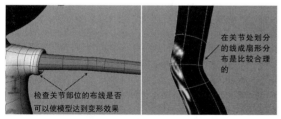

在关节处划分的线成扇形分布是比较合理的

检查关节部位的布线是否可以使模型达到变形效果

图9-191

第2点：分析完模型的布线情况后要检查模型是否"干净整洁"。所谓"干净"是指模型上除了必要的历史信息外不含无用的历史信息；所谓"整洁"就是要对模型的各个部位进行准确清晰的命名。

技巧与提示

正是由于变形效果是基于历史信息的，所以在绑定或者用变形器变形前都要清除模型上的无用历史信息，以此来保

证变形效果的正常解算。如果需要清除模型的历史信息，可以选择模型后执行"编辑>按类型删除>历史"菜单命令。

要做到模型"干净整洁"，还需要将模型的变换参数都调整到0，选择模型后执行"修改>冻结变换"菜单命令即可。

第3点：检查骨架系统的设置是否存在问题。各部分骨架是否已经全部正确清晰地进行了命名，这对后面的蒙皮和动画制作有很大的影响，一个不太复杂的人物角色，用于控制其运动的骨架节点也有数十个之多，如果骨架没有清晰的命名而是采用默认的joint1、joint2、joint3方式，那么在编辑蒙皮时，想要找到对应位置的骨架节点就非常困难。所以在蒙皮前，必须对角色的每个骨架节点进行命名。骨架节点的名称没有统一的标准，但要求看到名称时就能准确找到骨架节点的位置。

9.10.2 平滑绑定

"平滑绑定"方式能使骨架链中的多个关节共同影响被蒙皮模型表面（皮肤）上同一个蒙皮物体点，提供一种平滑的关节连接变形效果。从理论上讲，一个被平滑绑定后的模型表面会受到骨架链中所有关节的共同影响，但在对模型进行蒙皮操作之前，可以利用选项参数设置来决定只有最靠近相应模型表面的几个关节才能对蒙皮物体点产生变形影响。

采用平滑绑定方式绑定的模型表面上的每个蒙皮物体点可以由多个关节共同影响，而且每个关节对该蒙皮物体点影响力的大小是不同的，这个影响力大小用蒙皮权重来表示，它是在进行绑定皮肤计算时由系统自动分配的。如果一个蒙皮物体点完全受一个关节的影响，那么这个关节对于此蒙皮物体点的影响力最大，此时蒙皮权重数值为1；如果一个蒙皮物体点完全不受一个关节的影响，那么这个关节相对于此蒙皮物体点的影响力最小，此时蒙皮权重数值为0。

技巧与提示

在默认状态下，平滑绑定权重的分配是按照标准化原则进行的，所谓权重标准化原则就是无论一个蒙皮物体点受几个关节的共同影响，这些关节对该蒙皮物体点影响力

（蒙皮权重）的总和始终等于1。例如一个蒙皮物体点同时受两个关节的共同影响，其中一个关节的影响力（蒙皮权重）是0.5，则另一个关节的影响力（蒙皮权重）也是0.5，它们的总和为1；如果将其中一个关节的蒙皮权重修改为0.8，则另一个关节的蒙皮权重会自动调整为0.2，它们的蒙皮权重总和将始终保持为1。

单击"蒙皮>绑定蒙皮>平滑绑定"菜单命令后面的▣按钮，打开"平滑绑定选项"对话框，如图9-192所示。

图9-192

平滑绑定选项参数介绍

绑定到： 指定平滑蒙皮操作将绑定整个骨架还是只绑定选择的关节，共有以下3个选项。

关节层次： 当选择该选项时，选择的模型表面（可变形物体）将被绑定到骨架链中的全部关节上，即使选择了根关节之外的一些关节。该选项是角色蒙皮操作中常用的绑定方式，也是系统默认的选项。

选定关节： 当选择该选项时，选择的模型表面（可变形物体）将被绑定到骨架链中选择的关节上，而不是绑定到整个骨架链。

对象层次： 当选择该选项时，这个选择的模型表面（可变形物体）将被绑定到选择的关节或非关节变换节点（如组节点和定位器）的整个层级。只有选择这个选项，才能利用非蒙皮物体（如组节点和定位器）与模型表面（可变形物体）建立绑定关系，使非蒙皮物体能像关节一样影响模型表面，产生类似皮肤的变形效果。

绑定方法： 指定关节影响被绑定物体表面上的蒙皮物体点是基于骨架层次还是基于关节与蒙皮物体点的接近程度，共有以下两个选项。

在层次中最近： 当选择该选项时，关节的影响基于骨架层次，在角色设置中，通常需要使用这种绑定方法，因为它能防止产生不适当的关节影响。例如在绑定手指模型和骨架时，使用这个选项可以防止一个手指关节影响与其相邻近的另一个手指上的蒙皮物体点。

最近距离： 当选择该选项时，关节的影响基于它与蒙皮物体点的接近程度，当绑定皮肤时，Maya将忽略骨架的层次。因为它能引起不适当的关节影响，所以在角色设置中，通常需要避免使用这种绑定方法。例如在绑定手指模型和骨架时，使用这个选项可能导致一个手指关节影响与其相邻近的另一个手指上的蒙皮物体点。

蒙皮方法： 指定希望为选定可变形对象使用哪种蒙皮方法。

经典线性： 如果希望得到基本平滑蒙皮变形效果，可以使用该方法。这个方法允许出现一些体积收缩和收拢变形效果。

双四元数： 如果希望在扭曲关节周围变形时保持网格中的体积，可以使用该方法。

权重已混合： 这种方法基于绘制的顶点权重贴图，是"经典线性"和"双四元数"蒙皮的混合。

规格化权重： 设定如何规格化平滑蒙皮权重。

无： 禁用平滑蒙皮权重规格化。

交互式： 如果希望精确使用输入的权重值，可以选择该模式。当使用该模式时，Maya会从其他影响添加或移除权重，以便所有影响的合计权重为1。

后期： 选择该模式时，Maya会延缓规格化计算，直至变形网格。

允许多种绑定姿势： 设定是否允许让每个骨架用多个绑定姿势。如果正绑定几何体的多个片到同一骨架，该选项非常有用。

最大影响： 指定可能影响每个蒙皮物体点的最大关节数量。该选项默认设置为5，对于四足动物角色这个数值比较合适，如果角色结构比较简单，可以适当减小这个数值，以优化平滑绑定计算的数据量，提高工作效率。

保持最大影响： 勾选该选项后，平滑蒙皮几何体在任何时间都不能具有比"最大影响"指定数量更大的影响数量。

衰减速率： 指定每个关节对蒙皮物体点的影响随着点到关节距离的增加而逐渐减小的速度。该选项数值越大，影响减小的速度越慢，关节对蒙皮物体点的影响范围也越大；该选项数值越小，影响减小的速度越快，关节对蒙皮物体点的影响范围也越小，如图9-193所示。

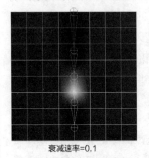
衰减速率=0.1

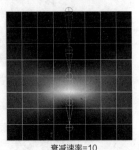
衰减速率=10

图9-193

移除未使用的影响：当勾选该选项时，平滑绑定皮肤后可以断开所有蒙皮权重值为0的关节和蒙皮物体点之间的关联，避免Maya对这些无关数据进行检测计算。当想要减少场景数据的计算量、提高场景播放速度时，选择该选项将非常有用。

为骨架上色：当勾选该选项时，被绑定的骨架和蒙皮物体点将变成彩色，使蒙皮物体点显示出与影响它们的关节和骨头相同的颜色。这样可以很直观地区分不同关节和骨头在被绑定可变形物体表面上的影响范围，如图9-194所示。

观察骨骼彩色显示效果　　　　观察蒙皮物体点彩色显示效果

图9-194

9.10.3 交互式蒙皮绑定

"交互式蒙皮绑定"可以通过一个包裹物体来实时改变绑定的权重分配，这样可以大大减少了权重分配的工作量。打开"交互式蒙皮绑定选项"对话框，如图9-195所示。

图9-195

技巧与提示

"交互式蒙皮绑定选项"对话框中的参数与"平滑绑定选项"对话框中的参数一致，这里不再重复介绍。

9.10.4 刚性绑定

"刚性绑定"是通过骨架链中的关节去影响被蒙皮模型表面（皮肤）上的蒙皮物体点，提供一种关节连接变形效果。与平滑绑定方式不同，在刚性绑定中每个蒙皮物体点只能受到一个关节的影响，而在平滑绑定中每个蒙皮物体点能受到多个关节的共同影响。正是因为如此，刚性绑定在关节位置处产生的变形效果相对比较僵硬，但是刚性绑定比平滑绑定具有更少的数据处理量和更容易的编辑修改方式。另外可以借助变形器（如晶格变形、簇变形和屈肌等）对刚性绑定进行辅助控制，使刚性绑定物体表面也能获得平滑的变形效果。

在刚性绑定过程中，对于被绑定表面上的每个蒙皮物体点，Maya会自动分配一个刚性绑定点的权重，用来控制关节对蒙皮物体点的影响力大小。在系统默认设置下，每个关节都能够均衡地影响与它最靠近的蒙皮物体点，用户也可以自由编辑每个关节所影响蒙皮物体点的数量。

打开"刚性绑定蒙皮选项"对话框，如图9-196所示。

图9-196

刚性绑定蒙皮选项参数介绍

绑定到：指定刚性蒙皮操作将绑定整个骨架还是只绑定选择的关节，共有以下3个选项。

完整骨架：当选择该选项时，被选择的模型表面（可变形物体）将被绑定到骨架链中的全部关节上，即使选择了根关节之外的一些关节。该选项是角色蒙皮操作中常用的绑定方式，也是系统默认的选项。

选定关节：当选择该选项时，被选择的模型表面（可变形物体）将被绑定到骨架链中选择的关节上，而不是绑定到整个骨架链。

强制全部：当选择该选项时，被选择的模型表面（可变形物体）将被绑定到骨架链中的全部关节上，其中也包括那些没有影响力的关节。

为关节上色：当勾选该选项时，被绑定的关节上会自动分配与蒙皮物体点组相同的颜色。当编辑蒙皮物体点组成员（关节对蒙皮物体的影响范围）时，选择这个选项将有助于以不同的颜色区分各个关节所影响蒙皮物体点的范围。

绑定方法：可以选择一种刚性绑定方法，共有以下两个选项。

最近点：当选择该选项时，Maya将基于每个蒙皮物体点与关节的接近程度，自动将可变形物体点放置到不同的蒙皮物体点组中。对于每个与骨连接的关节，都会创建一个蒙皮物体点组，组中包括与该关节最靠近的可变形物体点。Maya将不同的蒙皮物体点组放置到一个分区中，这样可以保证每个可变形物体点只能在一个唯一的组中，最后每个蒙皮物体点组被绑定到与其最靠近的关节上。

划分集：当选择该选项时，Maya将绑定在指定分区中已经被编入蒙皮物体点组内的可变形物体点。应该有和关节一样多的蒙皮物体点组，每个蒙皮物体点组被绑定到与其最靠近的关节上。

划分：当设置"绑定方法"为"划分集"时，该选项才起作用，可以在列表框中选择想要刚性绑定的蒙皮物体点组所在的划分集名称。

9.10.5 绘制蒙皮权重工具

"绘制蒙皮权重工具"提供了一种直观的编辑平滑蒙皮权重的方法，让用户可以采用涂抹绘画的方式直接在被绑定物体表面修改蒙皮权重值，并能实时观察到修改结果。这是一种十分有效的工具，也是在编辑平滑蒙皮权重工作中主要使用的工具。它虽然没有"组件编辑器"输入的权重数值精确，但是可以在蒙皮物体表面快速高效地调整出合理的权重分布数值，以获得理想的平滑蒙皮变形效果，如图9-197所示。

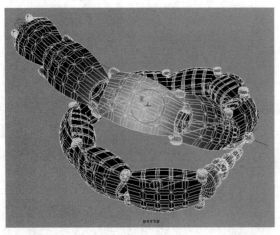

图9-197

单击"蒙皮>编辑平滑蒙皮>绘制蒙皮权重工具"菜单命令后面的■按钮，打开该工具的"工具设置"对话框，如图9-198所示。该对话框分为

"工具设置""影响""渐变""笔划""光笔压力"和"显示"6个卷展栏。

图9-198

1.工具设置

展开"工具设置"卷展栏，如图9-199所示。

图9-199

工具设置卷展栏参数介绍

轮廓：选择笔刷的轮廓样式，有"高斯笔刷"■、"软笔刷"■、"硬笔刷"■和"方形笔刷"■4种样式。

> **技巧与提示**
>
> 如果预设的笔刷不能满足当前工作需要，还可以单击右侧的"文件浏览器"按钮■，在Maya安装目录drive:\Program Files\Alias\Maya2012\brushShapes的文件夹中提供了40个预设的笔刷轮廓，可以直接加载使用。当然用户也可以根据需要自定义笔刷轮廓，只要是Maya支持的图像文件格式，图像大小在256像素×256像素之内即可。

半径（U）：如果用户正在使用一支压感笔，该选项可以为笔刷设定最大的半径值；如果用户只是使用鼠标，该选项可以设置笔刷的半径范围值。当调节滑块时该值最高可设置为50，但是可以按住B键拖曳光标可以得到更高的笔刷半径值。

> **技巧与提示**
>
> 在绘制权重的过程中，经常采用按住B键拖曳光标的方法来改变笔刷半径，在不打开"绘制蒙皮权重工具"的"工具设置"对话框的情况下，根据绘制模型表面的不同部位直接对笔刷半径进行快速调整可以大大提高工作效率。

半径（L）：如果用户正在使用一支压感笔，该选项可以为笔刷设定最小的半径值；如果没有使用压感笔，这个属性将不能使用。

工具：对权重进行复制、粘贴等操作。

复制选定顶点的权重 ：选择顶点后，单击该按钮可以复制选定顶点的权重值。

将复制的权重粘贴到选定顶点上 ：复制选定顶点的权重以后，单击该按钮可以将复制的顶点权重值粘贴到其他选定顶点上。

权重锤 ：单击该按钮可以修复其权重导致网格上出现不希望的变形的选定顶点。Maya为选定顶点指定与其相邻顶点相同的权重值，从而可以形成更平滑的变形。

将权重移到选定影响 ：单击该按钮可以将选定顶点的权重值从其当前影响移动到选定影响。

显示对选定顶点的影响 ：单击该按钮可以选择影响到选定顶点的所有影响。这样可以帮助用户解决网格区域中出现异常变形的疑难问题。

规格化权重：设定如何规格化平滑蒙皮权重。

禁用：禁用平滑蒙皮权重规格化。

交互式：如果希望精确使用输入的权重值，可以选择该模式。当使用该模式时，Maya会从其他影响添加或移除权重，以便所有影响的合计权重为1。

后期：选择该模式时，Maya会延缓规格化计算，直至变形网格。

权重类型：选择以下两种类型中的一种权重进行绘制。

蒙皮权重：为选定影响绘制基本的蒙皮权重，这是默认设置。

DQ混合权重：选择这个类型来绘制权重值，可以逐顶点控制"经典线性"和"双四元数"蒙皮的混合。

2.影响

展开"影响"卷展栏，如图9-200所示。

图9-200

影响卷展栏参数介绍

排序：在影响列表中设定关节的显示方式，有以下3种方式。

按字母排序：按字母顺序对关节名称排序。

按层次：按层次（父子层次）对关节名称排序。

平板：按层次对关节名称排序，但是将其显示在平坦列表中。

重置为默认值 ：将"影响"列表重置为默认大小。

展开影响列表 ：展开"影响"列表，并显示更多行。

收拢影响列表 ：收缩"影响"列表，并显示更少行。

影响：这个列表显示绑定到选定网格的所有影响的列表。例如，影响选定角色网格蒙皮权重的所有关节。

过滤器 ：输入文本以过滤在列表中显示的影响。这样可以更轻松地查找和选择要处理的影响，尤其是在处理具有复杂的装配时很实用。例如，输入r_*，可以只列出前缀为r_的那些影响。

固定 ：固定影响列表，可以仅显示选定的影响。

保持影响权重 ：单击该按钮可以保持选定影响的权重。保持影响时，影响列表中影响名称旁边将显示一个锁定图标，绘制其他影响的权重时对该影响无影响。

不保持影响权重 ：单击该按钮可以不保持选定影响的权重。

显示选定项 ：单击该按钮可以自动浏览影响列表，以显示选定影响。在处理具有多个影响的复杂角色时，该按钮非常有用。

反选 ：单击按钮可快速反选要在列表中选定的影响。

模式：在绘制模式之间进行切换。

绘制：选择该选项时，可以通过在顶点绘制值来设定权重。

选择：选择该选项时，可以从绘制蒙皮权重切换到选择蒙皮点和影响。对于多个蒙皮权重任务，例如修复平滑权重和将权重移动到其他影响，该模式非常重要。

绘制选择：选择该选项时，可以绘制选择顶点。

绘制选择：通过后面的3个附加选项可以设定绘制时是否向选择中添加或从选择中移除顶点。

添加：选择该选项时，绘制将向选择添加顶点。

移除：选择该选项时，绘制将向选择添加顶点。

切换：选择该选项时，绘制将切换顶点的选择。绘制时，从选择中移除选定顶点并添加取消选择的顶点。

选择几何体 选择几何体：单击该按钮可以快速选择整个网格。

绘制操作：设置影响的绘制方式。

替换：笔刷笔划将使用为笔刷设定的权重替换蒙皮权重。

添加：笔刷笔划将增大附近关节的影响。

缩放：笔刷笔划将减小远处关节的影响。

平滑：笔刷笔划将平滑关节的影响。

不透明度：通过设置该选项可以使用同一种笔刷轮廓来产生更多的渐变效果，使笔刷的作用效果更加精细微妙。如果设置该选项数值为0，笔刷将没有任何作用。

值：设定笔刷笔划应用的权重值。

整体应用 整体应用：将笔刷设置应用到选定"抖动"变形器的所有权重，结果取决于执行整体应用时定义的笔刷设置。

3.渐变

展开"渐变"卷展栏，如图9-201所示。

图9-201

渐变卷展栏参数介绍

使用颜色渐变：勾选该选项时，权重值表示为网格的颜色。这样在绘制时可以更容易看到较小的值，并确定在不应对顶点有影响的地方关节是否正在影响顶点。

权重颜色：当勾选"使用颜色渐变"选项时，该选项可以用于编辑颜色渐变。

选定颜色：为权重颜色的渐变色标设置颜色。

颜色预设：从预定义的3个颜色渐变选项中选择颜色。

4.笔划

展开"笔划"卷展栏，如图9-202所示。

图9-202

笔划卷展栏参数介绍

屏幕投影：当关闭该选项时（默认设置），笔刷会沿着绘画的表面确定方向；当勾选该选项时，笔刷标记将以视图平面作为方向影射到选择的绘画表面。

> **技巧与提示**
>
> 当使用"绘制蒙皮权重工具"涂抹绘画表面权重时，通常需要关闭"屏幕投影"选项。如果被绘制的表面非常复杂，可能需要勾选该选项，因为使用该选项会降低系统的执行性能。

镜像：该选项对于"绘制蒙皮权重工具"是无效的，可以使用"蒙皮>编辑平滑蒙皮>镜像蒙皮权重"菜单命令来镜像平滑的蒙皮权重。

图章间距：在被绘制的表面上单击并拖曳光标绘制出一个笔划，用笔刷绘制出的笔划是由许多相互交叠的图章组成。利用这个属性，用户可以设置笔划中的印记将如何重叠。例如，如果设置"图章间距"数值为1，创建笔划中每个图章的边缘刚好彼此接触；如果设置"图章间距"数值大于1，那么在每个相邻的图章之间会留有空隙；如果设置"图章间距"数值小于1，图章之间将会重叠，如图9-203所示。

图章间距=0.1　　　图章间距=0.5　　　图章间距=1　　　图章间距=1.5

图9-203

图章深度：该选项决定了图章能被投影多远。例如当使用"绘制蒙皮权重工具"在一个有褶皱的表面上绘画时，减小"图章深度"数值会导致笔刷无法绘制到一些折痕区域的内部。

5.光笔压力

展开"光笔压力"卷展栏，如图9-204所示。

图9-204

光笔压力卷展栏参数介绍

光笔压力：当勾选该选项时，可以激活压感笔的压力效果。

压力映射：可以在下拉列表中选择一个选项，来确定压感笔的笔尖压力将会影响的笔刷属性。

6.显示

展开"显示"卷展栏，如图9-205所示。

图9-205

显示卷展栏参数介绍

绘制笔刷：利用这个选项，可以切换"绘制蒙皮权重工具"笔刷在场景视图中的显示和隐藏状态。

绘制时绘制笔刷：当勾选该选项时，在绘制的过程中会显示出笔刷轮廓；如果关闭该选项，在绘制的过程中将只显示出笔刷指针而不显示笔刷轮廓。

绘制笔刷切线轮廓：当勾选该选项时，在选择的蒙皮表面上移动光标时会显示出笔刷的轮廓，如图9-206所示。如果关闭该选项，将只显示出笔刷指针而不显示笔刷轮廓，如图9-207所示。

图9-206   图9-207

绘制笔刷反馈：当勾选该选项时，会显示笔刷的附加信息，以指示出当前笔刷所执行的绘制操作。当用户在"影响"卷展栏下为"绘制操作"选择了不同方式时，显示出的笔刷附加信息也有所不同，如图9-208所示。

图9-208

显示线框：当勾选该选项时，在选择的蒙皮表面上会显示出线框结构，这样可以观察绘画权重的结果，如图9-209所示；当关闭该选项时，将不会显示出线框结构，如图9-210所示。

 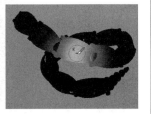

图9-209   图9-210

颜色反馈：当勾选该选项时，在选择的蒙皮表面上将显示出灰度颜色反馈信息，采用这种渐变灰度值来表示蒙皮权重数值的大小，如图9-211所示；当关闭该选项时，将不会显示出灰度颜色反馈信息，如图9-212所示。

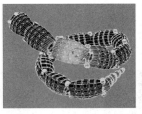 

图9-211   图9-212

技巧与提示

当减小蒙皮权重数值时，反馈颜色会变暗；当增大蒙皮权重数值时，反馈颜色会变亮；当蒙皮权重数值为0时，反馈颜色为黑色；当蒙皮权重数值为1时，反馈颜色为白色。

利用"颜色反馈"功能，可以帮助用户查看选择表面上蒙皮权重的分布情况，并能指导用户采用正确的数值绘制蒙皮权重。要在蒙皮表面上显示出颜色反馈信息，必须使模型在场景视图中以平滑实体的方式显示才行。

多色反馈：当勾选该选项时，能以多重颜色的方式观察被绑定蒙皮物体表面上绘制蒙皮权重的分配，如图9-213所示。

图9-213

X射线显示关节：在绘制时，以X射线显示关节。

最小颜色：该选项可以设置最小的颜色显示数值。如果蒙皮物体上的权重数值彼此非常接近，使颜色反馈显示太微妙以至于不易察觉，这时使用该选项将很有用。可以尝试设置不同数值使颜色反馈显示出更大的对比度，为用户进行观察和操作提供方便。

最大颜色：该选项可以设置最大的颜色显示数值，如果蒙皮物体上的权重数值彼此非常接近，使颜色反馈显示太微妙以至于不易察觉，这时可以尝试设置不同数值使颜色反馈显示出更大的对比度，为用户进行观察和操作提供方便。

技巧与提示

关于蒙皮的知识先介绍到这里，在下面的内容中将安排综合案例对蒙皮技术进行练习。

9.11 综合案例——制作运动路径盘旋动画

案例位置	案例文件>CH09>综合案例——制作运动路径盘旋动画.mb
视频位置	多媒体教学>CH09>综合案例——制作运动路径盘旋动画.flv
难易指数	★★★☆☆
学习目标	学习"连接到运动路径"和"流动路径对象"命令的用法

运动路径动画在实际工作中经常遇到，用户一定要掌握其制作方法。运动路径动画一般用"连接到运动路径"命令和"流动路径对象"命令一起制作，图9-214所示的是本例的盘旋动画效果。

图9-214

9.11.1 创建螺旋线

01 打开"场景文件>CH09>j.mb"文件，如图9-215所示。

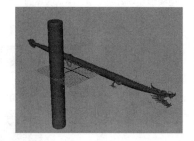

图9-215

02 执行"创建>多边形基本体>螺旋线"菜单命令，在场景中创建一个螺旋体，如图9-216所示。

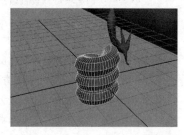

图9-216

03 选择螺旋体，然后在"通道盒"中设置"圈数"为4.6、"高度"为29.5、"宽度"为13、"半径"为0.4，如图9-217所示。

04 用"移动工具" 将螺旋体拖曳到柱子模型上，如图9-218所示。

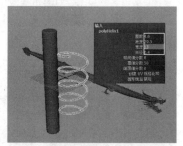

图9-217

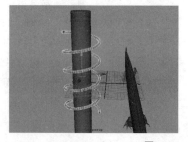

图9-218

05 进入螺旋体模型的边级别，然后在一条横向的边上双击鼠标左键，这样可以选择一整条边，如图9-219所示。

图9-219

06 执行"修改>转化>多边形边到曲线"菜单命令，将选中的边转换成曲线，如图9-220所示。

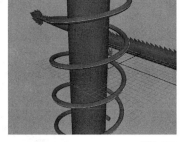

图9-220

07 选择螺旋体模型，然后按Delete键将其删除，只保留转化出来的螺旋线，效果如图9-221所示。

图9-221

08 由于转化出来的曲线段数非常高，因此需要重建曲线。切换到"曲面"模块，然后单击"编辑曲线>重建曲线"菜单命令后面的■按钮，打开"重建曲线选项"对话框，接着设置"参数范围"为"0到跨度数"，并在"保持"选项后面勾选"切线"选项，最后设置"跨度数"为24，如图9-222所示。

图9-222

09 选择曲线，然后执行"编辑曲线>反转曲线方向"菜单命令，反转曲线的方向，如图9-223所示。

图9-223

技巧与提示

反转曲线方向后，曲线的始端就位于y轴的负方向上，这样龙在运动中就会绕着柱子自下而上盘旋上升。

10 进入曲线的控制顶点级别，然后用"移动工具"■将曲线的结束点进行延长，这样龙在运动中就不会显得僵硬，如图9-224所示。

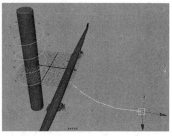

图9-224

9.11.2 创建运动路径动画

01 切换到"动画"模块，选择龙模型，然后按住Shift键加选曲线，单击"动画>运动路径>连接到运动路径"菜单命令后面的■按钮，打开"连接到运动路径选项"对话框，接着设置"前方向轴"为z轴，如图9-225所示。

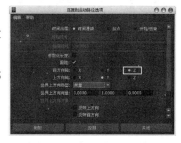

图9-225

02 选择龙模型，然后单击"动画>运动路径>流动路径对象"菜单命令后面的■按钮，打开"流动路径对象选项"对话框，接着设置"分段：前"为24，如图9-226所示，效果如图9-227所示。

图9-226

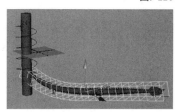

图9-227

03 选中柱子模型，然后在"通道盒"中设置"缩放x"和"缩放z"为0.4，如图9-228所示。

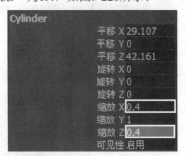

图9-228

04 播放动画，可以观察到龙沿着运动路径曲线围绕柱子盘旋上升，效果如图9-229所示。

图9-229

05 渲染出动画效果最明显的单帧图，最终效果如图9-230所示。

图9-230

9.12 综合案例——角色的刚性绑定与编辑

案例位置	案例文件>CH09>综合案例——角色的刚性绑定与编辑.mb
视频位置	多媒体教学>CH09>综合案例——角色的刚性绑定与编辑.flv
难易指数	★★★★☆
学习目标	学习刚性绑定NURBS多面片角色模型、编辑角色模型刚性蒙皮变形效果

本节将使用刚性绑定的方法对一个NURBS多面片角色模型进行蒙皮操作，如图9-231所示。通过这个案例练习，可以让用户了解刚性蒙皮角色的工作流程和编辑方法，也为用户提供了一种解决NURBS多面片角色模型绑定问题的思路。

图9-231

9.12.1 分析场景内容

打开"场景文件>CH09>k.mb"文件，如图9-232所示。本例不是采用直接将模型表面绑定到骨架的常规方式，而是采用一种间接的绑定方式。具体地说，就是首先为NURBS多面片角色模型创建"晶格"变形器，然后将晶格物体作为可变形物体刚性绑定到角色骨架上，让角色关节的运动带动晶格点运动，再由晶格点运动影响角色模型表面产生皮肤变形效果。

这样做的优点是，利用"晶格"变形器可以使刚性蒙皮效果更加平滑，而且在编辑刚性蒙皮变形效果时，用户只需要调整少量的晶格点就可以获得满意的变形结果。这比起直接调整角色模型表面上的蒙皮点要节省大量的时间，可以大大减轻工作量，使复杂的工作得到简化。

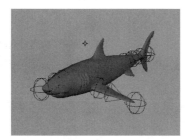

图9-232

9.12.2 刚性绑定角色模型

刚性绑定NURBS角色模型分为两个步骤：第1步是为鲨鱼身体模型创建"晶格"变形器；第2步是将晶格物体与鲨鱼骨架建立刚性绑定关系。

1.为鲨鱼身体模型创建晶格变形器

① 在状态栏中激活"按组件类型选择"按钮 和"选择点组件"按钮 ，如图9-233所示。

图9-233

② 在前视图中框选除左右两侧鱼鳍表面之外的全部CV控制点，如图9-234所示。

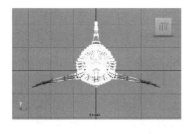

图9-234

技巧与提示

注意，本场景锁定了鲨鱼模型，需要在"层编辑器"中将鲨鱼的层解锁后才可编辑。

③ 单击"创建变形器>晶格"菜单命令后面的 按钮，打开"晶格选项"对话框，然后设置"分段"为（5，5，25），如图9-235所示，接着单击"创建"按钮 ，完成晶格物体的创建，效果如图9-236所示。

图9-235

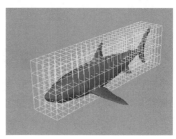

图9-236

2.将晶格与角色骨架建立刚性绑定关系

① 首先选择鲨鱼骨架链的根关节shark_root，然后按住Shift键加选要绑定的影响晶格物体ffd1Lattice，如图9-237所示。

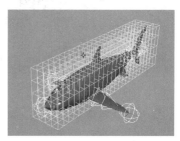

图9-237

② 单击"蒙皮>绑定蒙皮>刚性绑定"菜单命令后面的 按钮，打开"刚性绑定蒙皮选项"对话框，然后设置"绑定到"为"完整骨架"，接着勾选"为关节上色"选项，再设置"绑定方法"为"最近点"，如图9-238所示，最后单击"绑定蒙皮"按钮 ，完成刚性蒙皮绑定操作，效果如图9-239所示。

图9-238

307

图9-239

技巧与提示

这时如果用"移动工具" 选择并移动鲨鱼骨架链的根关节shark_root，可以发现鲨鱼的身体模型已经可以跟随骨架链同步移动，但是左右两侧鱼鳍表面仍然保持在原来的位置，如图9-240所示。这样还需要进行第2次刚性绑定操作，将左右两侧鱼鳍表面上的CV控制点（未受到晶格影响的CV控制点）绑定到与其最靠近的鱼鳍关节上。

图9-240

03 首先选择鲨鱼骨架链中位于左右两侧的鱼鳍关节shark_leftAla和shark_rightAla，然后按住Shift键加选左右两侧鱼鳍表面上未受到晶格影响的CV控制点，如图9-241所示。

图9-241

04 单击"蒙皮>绑定蒙皮>刚性绑定"菜单命令后面的 按钮，打开"刚性绑定蒙皮选项"对话框，然后设置"绑定到"为"选定关节"，接着关闭"为关节上色"选项，再设置"绑定方法"为

"最近点"，如图9-242所示，最后单击"绑定蒙皮"按钮 ，完成第2次刚性蒙皮绑定操作，效果如图9-243所示。

图9-242

图9-243

技巧与提示

在完成刚性绑定模型之后，接下来的工作就是编辑角色模型刚性蒙皮变形效果，使模型表面变形效果能达到制作动画的要求。

9.12.3 编辑刚性蒙皮变形效果

编辑角色模型刚性蒙皮变形效果可以分为两个阶段进行。

第1阶段是编辑刚性蒙皮物体点组成员，就是根据关节与模型之间的实际空间位置关系，合理划分骨架链中每个关节所能影响刚性蒙皮物体表面蒙皮点的区域范围，能否正确划分关节的影响范围对最终变形结果是否准确合理将起到决定性的作用。

第2阶段是编辑刚性蒙皮权重，因为系统默认设置关节对刚性蒙皮物体点的影响力都是相等的，即蒙皮权重数值都为1。这在大多数情况下不能满足实际工作的需要，所以必须调整刚性蒙皮物体点的影响力（蒙皮权重），才能获得最佳的皮肤变形效果。

1.编辑刚性蒙皮物体点组成员

编辑刚性蒙皮物体点组成员的操作方法非常简单，这里以编辑鱼鳍关节影响的刚性蒙皮物体点组成员为例，讲解具体的操作方法。

（01）查看当前选择鱼鳍关节影响的刚性蒙皮物体点组成员。执行"编辑变形器>编辑成员身份工具"菜单命令，进入编辑刚性蒙皮物体点组成员操作模式。用鼠标左键单击选择左侧鱼鳍关节shark_leftAla，这时被该关节影响的刚性蒙皮物体点组中所有蒙皮点都将以黄色高亮显示，如图9-244所示。

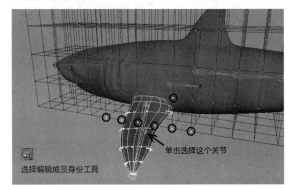

图9-244

技巧与提示

从图9-244中可以看出，左侧鱼鳍关节不但影响鱼鳍表面上的CV控制点，而且也影响7个晶格点，这7个晶格点在图中用红色圆圈标记出来了。

（02）从当前刚性蒙皮点组中去除不需要的晶格点。按住键盘Ctrl键用鼠标左键单击选择最下方6个高亮显示晶格点外侧的两个（在图中用白色圆圈标记出来了），使它们变为非高亮显示状态，将这两个晶格点从当前关节影响的刚性蒙皮点组中去除，如图9-245所示。

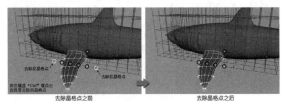

图9-245

（03）向当前刚性蒙皮点组中添加需要的晶格点。按住键盘Shift键用鼠标左键单击选择位于鱼鳍表面上方3个非高亮显示的晶格点，使它们变为高亮显示，将这3个晶格点（在图中用白色圆圈标记出来了）添加到当前关节影响的刚性蒙皮点组中，如图9-246所示。

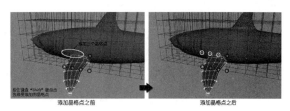

图9-246

（04）用相同的方法完成右侧鱼鳍关节影响的刚性蒙皮物体点组成员编辑操作。对于鲨鱼身体的其他关节，都可以先采用"编辑成员身份工具"查看是否存在分配不恰当的蒙皮点组成员，如果存在，利用添加或去除的方法进行蒙皮物体点组成员编辑操作，目的是消除关节在蒙皮物体上不恰当的影响范围。因为这部分没有更多的操作技巧，所以这里就不再重复讲解了，最终完成调整的鲨鱼骨架与晶格点的对应影响关系如图9-247所示。

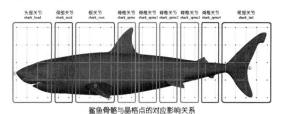

鲨鱼骨骼与晶格点的对应影响关系

图9-247

2.编辑刚性蒙皮晶格点权重

在完成调整关节影响蒙皮点的作用范围之后，接下来还需要对关节影响蒙皮点的作用力大小（蒙皮权重）进行调整。对于这个制作案例，编辑刚性蒙皮权重实际就是调整关节对晶格点的影响力。工作思路与编辑平滑蒙皮权重类似，首先旋转关节，查找出蒙皮物体表面变形不正确的区域，然后合理运用相应的编辑蒙皮权重工具，纠正不正确的权重分布区域，最终调整出正确的皮肤变形效果。

（01）旋转鱼鳍关节，观察当前蒙皮权重分配对鲨鱼模型的变形影响。同时选择左右两侧的鱼鳍关节shark_leftAla和shark_rightAla，使用"旋转工具"沿z轴分别旋转+35°和-35°（也可以直接在"通道盒"中设置"旋转z"为±35），做出鱼鳍上下摆动的姿势，这时观察鲨鱼模型的变形效果如图9-248所示。

旋转鱼鳍关节，观察鲨鱼模型变形效果

图9-248

🛈 **技巧与提示**

从图9-248中可以看出，由于鱼鳍关节对晶格点的影响力（蒙皮权重）过大，造成在鱼鳍与鲨鱼身体接合位置处模型体积的缺失，下面就来解决这个问题。

02 在晶格物体上单击鼠标右键，从弹出菜单中选择"晶格点"命令，然后选择受鱼鳍关节影响的8个晶格点，执行"窗口>常规编辑器>组件编辑器"菜单命令，打开"组件编辑器"对话框，接着单击"刚性蒙皮"选项卡（在面板中会显示出当前选择8个晶格点的刚性蒙皮权重数值，默认值为1），最后将位于晶格下方中间位置处的两个晶格点的权重数值设置为0.2，其余6个晶格点的权重数值设置为0.1，设置完成后按Enter键确认修改操作，如图9-249所示。

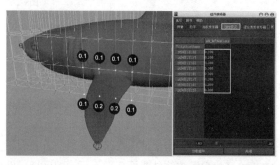

图9-249

🛈 **技巧与提示**

调整完成后，再次旋转鱼鳍关节，观察鲨鱼模型的变形效果已经恢复正常了，如图9-250所示。

旋转鱼鳍关节，观察鲨鱼模型变形效果

图9-250

03 旋转脊椎和尾部关节，观察当前蒙皮权重分

配对鲨鱼身体模型的变形影响。同时选择5个脊椎关节，从shark_spine至shark_spine4和一个尾部关节shark_tail，使用"旋转工具" ▣沿y轴旋转-30°（也可以直接在"通道盒"中设置"旋转y"为-30），做出身体蜷曲的姿势，这时观察鲨鱼身体模型的变形效果如图9-251所示。

旋转脊椎和尾部关节，观察鲨鱼身体模型变形效果

图9-251

🛈 **技巧与提示**

从图9-251中可以看出，在鲨鱼身体位置出现一些生硬的横向褶皱，这是不希望看到的结果。下面仍然使用"组件编辑器"，通过直接输入权重数值的方式来修改关节对晶格点的影响力。

04 修改关节对晶格点的影响力。最大化显示顶视图，进入晶格点编辑级别，然后按住Shift键用鼠标左键框取选择图9-252中所示的4列共20个晶格点，接着在"组件编辑器"对话框中将这些晶格点的权重数值全部修改为0.611。

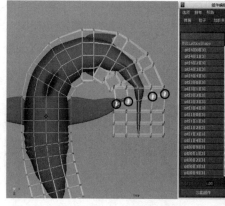 

图9-252

🛈 **技巧与提示**

在调整多个权重时，如果这些权重的数值相等，可以用鼠标左键拖选这些权重，然后在最后一个数值输入框输入权重值即可。

05 继续用鼠标左键框取选择中间的一列共5个晶

格点，然后在"组件编辑器"对话框中将这些晶格点的权重值全部修改为0.916，如图9-253所示。

06 按顺序继续调整上面一行晶格点的权重值。按住Shift键用鼠标左键框取选择图9-254所示的4列共20个晶格点，然后在"组件编辑器"对话框中将这些晶格点的权重值全部修改为0.222。

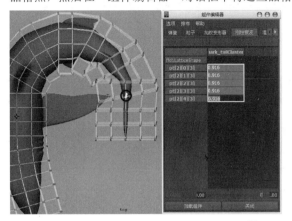

图9-253

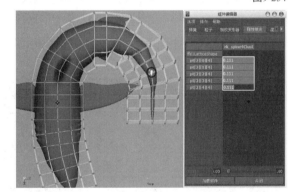

图9-254

07 继续用鼠标左键框取选择中间的一列共5个晶格点，然后在"组件编辑器"对话框中将这些晶格点的权重值全部修改为0.111，如图9-255所示。

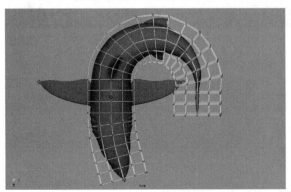

图9-255

08 对于其他位置不理想的晶格点，都可以采用这种方法进行校正，具体操作过程这里就不再详细介绍了。操作时要注意，应尽量使晶格点之间的连接线沿鲨鱼身体的弯曲走向接近圆弧形，这样才能使鲨鱼身体平滑变形。最终完成刚性蒙皮权重调整的晶格点影响鲨鱼身体模型的变形效果如图9-256所示。

旋转脊椎和尾部关节，观察鲨鱼身体模型变形效果

图9-256

9.13 本章小结

本章主要讲解了Maya 2012的关键帧动画、变形动画、受驱动关键帧动画、运动路径动画和约束动画等重要技术。另外，本章还简单讲解了骨架设定和蒙皮技术。本章的内容都很重要，希望大家仔细领会各项重要动画技术。

9.14 课后习题——制作海底动画

由于本章的内容特别多，并且都很重要，因此本章安排了一个综合性非常强的课后习题。这个习题不仅包含路径动画，还涉及了"曲线图编辑器"、变形器、骨架和蒙皮等重要技术。

习题位置	案例文件>CH09>课后习题——制作海底动画.mb
视频位置	多媒体教学>CH09>课后习题——制作海底动画.flv
难易指数	★★★★★
练习目标	学习各种重要动画的制作方法

美丽而又奇妙的海底景观一直是动画艺术家们喜爱的创作题材之一。本习题就是一段海底世界的动画。对于场景文件比较大的动画场景，通常的做法是将这些动画元素进行拆分，然后在一个场景中将这些动画元素"拼凑"起来，由于本习题的场景就比较大，所以就采用这样方法来制作，渲染效果如图9-257所示。

图9-257

第10章

动力学、流体与效果

本章将讲解Maya的动力学、Maya流体和Maya效果的运用。这部分内容比较多，主要包含粒子系统、动力场、柔体、刚体、流体和效果。对于本章的内容，大家只需要掌握重点内容的运用即可（安排了课堂案例的为重点内容）。

课堂学习目标

掌握粒子系统的运用

掌握动力场的运用

掌握柔体与刚体的运用

掌握流体的创建与编辑方法

掌握效果的创建与编辑方法

10.1 粒子系统

　　Maya作为最优秀的动画制作软件之一，其中一个重要原因就是其令人称道的粒子系统。Maya的粒子系统相当强大，一方面它允许使用相对较少的输入命令来控制粒子的运动，另外还可以与各种动画工具混合使用，例如与场、关键帧、表达式等结合起来使用，同时Maya的粒子系统即使在控制大量粒子时也能进行交互式作业；另一方面粒子具有速度、颜色和寿命等属性，可以通过控制这些属性来获得理想的粒子效果，如图10-1所示。

图10-1

技巧与提示

　　粒子是Maya的一种物理模拟，其运用非常广泛，比如火山喷发，夜空中绽放的礼花，秋天漫天飞舞的枫叶等，都可以通过粒子系统来实现。

　　切换到"动力学"模块，如图10-2所示，此时Maya会自动切换到动力学菜单。创建与编辑粒子主要用"粒子"菜单来完成，如图10-3所示。

图10-2

图10-3

本节知识概要

名称	主要作用	重要程度
粒子工具	创建粒子	高
创建发射器	创建粒子发射器	高
从对象发射	指定一个物体作为发射器来发射粒子	高
使用选定发射器	使用不同的发射器发射相同的粒子	高
逐点发射速率	为每个粒子、CV点、顶点、编辑点或"泛向""方向"粒子发射器的晶格点使用不同的发射速率	中
使碰撞	制作粒子碰撞效果	高
粒子碰撞事件编辑器	设置粒子与物体碰撞之后发生的事件	高
目标	设定粒子的目标	中
实例化器（替换）	使用物体模型来代替粒子	高
精灵向导	对粒子指定矩形平面，每个平面可以显示指定的纹理或图形序列	中
连接到时间	将时间与粒子连接起来，使粒子受到时间的影响	中

技巧与提示

　　以下讲解的命令都在"粒子"菜单下。

10.1.1 粒子工具

　　顾名思义，"粒子工具"就是用来创建粒子的。打开"粒子工具"的"工具设置"对话框，如图10-4所示。

图10-4

粒子工具参数介绍

　　粒子名称：为即将创建的粒子命名。命名粒子有助于在"大纲视图"对话框识别粒子。

　　保持：该选项会影响粒子的速度和加速度属性，一般情况下都采用默认值1。

　　粒子数：设置要创建的粒子的数量，默认值为1。

最大半径：如果设置的"粒子数"大于 1，则可以将粒子随机分布在单击的球形区域中。若要选择球形区域，可以将"最大半径"设定为大于 0 的值。

草图粒子：勾选该选项后，拖曳光标可以绘制连续的粒子流的草图。

草图间隔：用于设定粒子之间的像素间距。值为0时将提供接近实线的像素；值越大，像素之间的间距也越大。

创建粒子栅格：创建一系列格子阵列式的粒子。

粒子间隔：当启用"创建粒子栅格"选项时才可用，可以在栅格中设定粒子之间的间距（按单位）。

使用光标：使用光标方式创建阵列。

使用文本字段：使用文本方式创建粒子阵列。

最小角：设置3D粒子栅格中左下角的 x、y、z 坐标。

最大角：设置3D粒子栅格中右上角的 x、y、z 坐标。

10.1.2 创建发射器

用"创建发射器"命令可以创建出粒子发射器，同时可以选择发射器的类型。打开"创建发射器（选项）"对话框，如图10-5所示。

图10-5

发射器名称：用于设置所创建发射器的名称。命名发射器有助于在"大纲视图"对话框识别发射器。

1.基本发射器属性

展开"基本发射器属性"卷展栏，如图10-6所示。

图10-6

基本发射器属性参数介绍

发射器类型：指定发射器的类型，包含"泛向""方向"和"体积"3种类型。

泛向：该发射器可以在所有方向发射粒子，如图10-7所示。

方向：该发射器可以让粒子沿通过"方向x""方向y"和"方向z"属性指定的方向发射，如图10-8所示。

体积：该发射器可以从闭合的体积发射粒子，如图10-9所示。

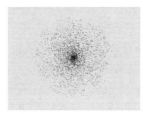

图10-7　　　　　　　　　图10-8

图10-9

速率（粒子数/秒）：设置每秒发射粒子的数量。

对象大小决定的缩放率：当设置"发射器类型"为"体积"时才可用。如果启用该选项，则发射粒子的对象的大小会影响每帧的粒子发射速率。对象越大，发射速率越高。

需要父对象UV（NURBS）：该选项仅适用于NURBS曲面发射器。如果启用该选项，则可以使用父对象UV驱动一些其他参数（例如颜色或不透明度）的值。

循环发射：通过该选项可以重新启动发射的随机编号序列。

无（禁用timeRandom）：随机编号生成器不会重新启动。

帧（启用timeRandom）：序列会以在下面的"循环间隔"选项中指定的帧数重新启动。

循环间隔：定义当使用"循环发射"时重新启动随机编号序列的间隔（帧数）。

2.距离/方向属性

展开"距离/方向属性"卷展栏，如图10-10所示。

图10-10

距离/方向属性参数介绍

最大距离：设置发射器执行发射的最大距离。

最小距离：设置发射器执行发射的最小距离。

方向X/Y/Z：设置相对于发射器的位置和方向的发射方向。这3个选项仅适用于"方向"发射器和"体积"发射器。

扩散：设置发射扩散角度，仅适用于"方向"发射器。该角度定义粒子随机发射的圆锥形区域，可以输入0~1之间的任意值。值为0.5表示90°，值为1表示180°。

3.基础发射速率属性

展开"基础发射速率属性"卷展栏，如图10-11所示。

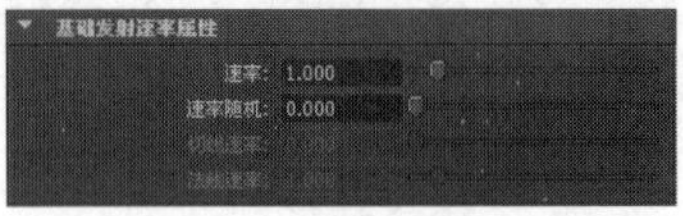

图10-11

基础发射速率属性参数介绍

速率：为已发射粒子的初始发射速度设置速度倍增。值为1时速度不变，值为0.5时速度减半，值为2时速度加倍。

速率随机：通过"速率随机"属性可以为发射速度添加随机性，而无需使用表达式。

切线速率：为曲面和曲线发射设置发射速度的切线分量的大小，如图10-12所示。

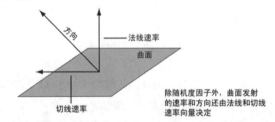

除随机度因子外，曲面发射的速度和方向还由法线和切线速率向量决定

图10-12

法线速率：为曲面和曲线发射设置发射速度的法线分量的大小，如图10-13所示。

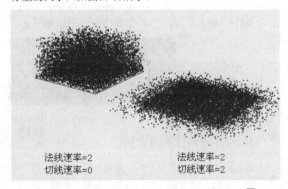

法线速率=2
切线速率=0

法线速率=2
切线速率=2

图10-13

4.体积发射器属性

展开"体积发射器属性"卷展栏，如图10-14所示。该卷展栏下的参数仅适用于"体积"发射器。

图10-14

体积发射器属性参数介绍

体积形状：指定要将粒子发射到的体积的形状，共有"立方体""球体""圆柱体""圆锥体"和"圆环"5种。

体积偏移X/Y/Z：设置将发射体积从发射器的位置偏移。如果旋转发射器，会同时旋转偏移方向，因为它是在局部空间内操作。

体积扫描：定义除"立方体"外的所有体积的旋转范围，其取值范围为0°~360°。

截面半径：仅适用于"圆环"体积形状，用于定义圆环的实体部分的厚度（相对于圆环的中心环的半径）。

离开发射体积时消亡：如果启用该选项，则发射的粒子将在离开体积时消亡。

5.体积速率属性

展开"体积速率属性"卷展栏，如图10-15所示。该卷展栏下的参数仅适用于"体积"发射器。

图10-15

体积速率属性参数介绍

远离中心：指定粒子离开"立方体"或"球体"体积中心点的速度。

远离轴：指定粒子离开"圆柱体""圆锥体"或"圆环"体积的中心轴的速度。

沿轴：指定粒子沿所有体积的中心轴移动的速度。中心轴定义为"立方体"和"球体"体积的y正轴。

绕轴：指定粒子绕所有体积的中心轴移动的速度。

随机方向：为粒子的"体积速率属性"的方向和初始速度添加不规则性，有点像"扩散"对其他发射器类型的作用。

方向速率：在由所有体积发射器的"方向*x*""方向*y*""方向*z*"属性指定的方向上增加速度。

大小决定的缩放速率：如果启用该选项，则当增加体积的大小时，粒子的速度也会相应加快。

10.1.3 从对象发射

"从对象发射"命令可以指定一个物体作为发射器来发射粒子，这个物体既可以是几何物体，也可以是物体上的点。打开"发射器选项（从对象发射）"对话框，如图10-16所示。从"发射器类型"下拉列表中可以观察到，"从对象发射"的发射器共有4种，分别是"泛向""方向""表面"和"曲线"。

图10-16

技巧与提示

"发射器选项（从对象发射）"对话框中的参数与"创建发射器（选项）"对话框中的参数相同，这里不再重复介绍。

课堂案例

从对象曲线发射粒子

案例位置	案例文件>CH10>课堂案例——从对象曲线发射粒子.mb
视频位置	多媒体教学>CH10>课堂案例——从对象曲线发射粒子.flv
难易指数	★★★☆☆
学习目标	学习如何从对象曲线发射粒子

从对象曲线发射的粒子效果如图10-17所示。

图10-17

① 打开"场景文件>CH10>a.mb"文件，如图10-18所示。

② 进入边级别，然后选择脚模型上的3条边，如图10-19所示，接着切换到"曲面"模块，最后执行"编辑曲线>复制曲面曲线"菜单命令。

图10-18   图10-19

③ 选择复制出来的3条曲线，然后执行"粒子>从对象发射"菜单命令，接着播放动画，可以观察到粒子已经从曲线上发射出来了，如图10-20所示。

④ 选择3条曲线，然后按Ctrl+G组合键将其群组，并将组命名为Curve，接着用鼠标中键将其拖曳到particle1节点上，使其成为particle1的子物体，如图10-21所示。

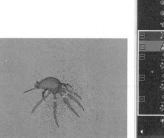

图10-20   图10-21

⑤ 由于粒子发射的形状并不理想，下面还需要对其进行调整。选择emitter1发射器，然后按Ctrl+A组合键打开其"属性编辑器"对话框，接着设置"发射器类型"为"方向"、"速率（粒子/秒"为50、"方向X"为0、"方向Y"为1、"方向Z"为0、"扩散"为0.3、"速率"为2，具体参数设置如图10-22所示。

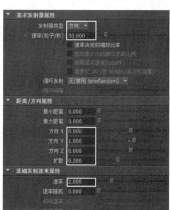

图10-22

06 播放动画并进行观察，效果如图10-23所示。

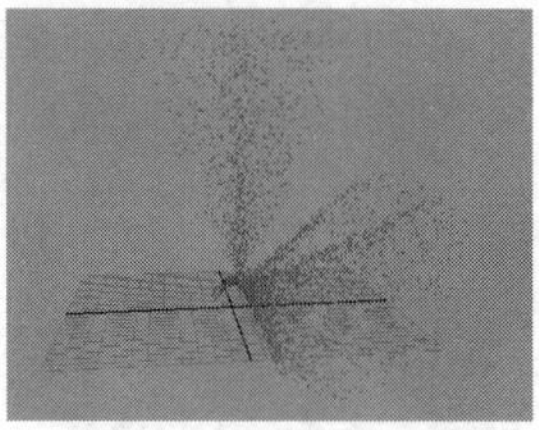

图10-23

07 下面为粒子设置重力。选择particle1节点，然后执行"场>牛顿"菜单命令，接着播放动画，可以观察到粒子已经产生了重力效果，如图10-24所示。

08 选择newtonField1图标，然后将其拖曳到如图10-25所示的位置。

 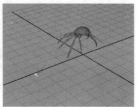

图10-24   图10-25

09 按Ctrl+A组合键打开newtonField1的"属性编辑器"对话框，然后设置"幅值"为5、"衰减"为2，接着勾选"使用最大距离"选项框，并设置"最大距离"为6，如图10-26所示。

图10-26

10 播放动画，图10-27所示的分别是第120帧、160帧和200帧的粒子发射效果。

图10-27

10.1.4 使用选定发射器

由于Maya是节点式的软件，所以允许在创建好发射器后使用不同的发射器来发射相同的粒子。

10.1.5 逐点发射速率

用"逐点发射速率"命令可以为每个粒子、CV点、顶点、编辑点或"泛向""方向"粒子发射器的晶格点使用不同的发射速率。例如，可以从圆形的编辑点发射粒子，并改变每个点的发射速率，如图10-28所示。

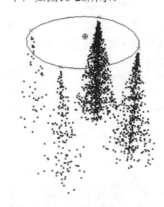

NURBS 圆形从其编辑点发射速率为 50、150、1000 和 500 的粒子。

图10-28

技巧与提示

请特别注意，"逐点发射速率"命令只能在点上发射粒子，不能在曲面或曲线上发射粒子。

10.1.6 使碰撞

粒子的碰撞可以模拟出很多物理现象。由于碰撞，粒子可能会再分裂，产生出新的粒子或者导致粒子死亡，这些效果都可以通过粒子系统来完成。碰撞不仅可以在粒子和粒子发生，也可以在粒子和物体之间发生。打开"使碰撞"命令的"碰撞选项"对话框，如图10-29所示。

图10-29

碰撞选项参数介绍

弹性：设定弹回程度。值为0时，粒子碰撞将不会反弹；值为1时，粒子将完全弹回；值为0~-1时，粒子将通过折射出背面来通过曲面；值大于1或小于-1时，会添加粒子的速度。

摩擦力：设定碰撞粒子在从碰撞曲面弹出后在平行

于曲面方向上的速度的减小或增大程度。值为0意味着粒子不受摩擦力影响，如图10-30所示；值为1时，粒子将立即沿曲面的法线反射，如图10-31所示；如果"弹性"为0，而"摩擦力"为1，则粒子不会反弹，如图10-32所示。只有0~1之间的值才符合自然摩擦力，超出这个范围的值会扩大响应。

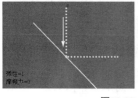
图10-30

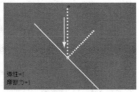
图10-31

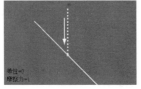
图10-32

偏移：调整物体的碰撞位置，该选项可以对穿透物体表面的粒子的错误进行修正。

10.1.7 粒子碰撞事件编辑器

用"粒子碰撞事件编辑器"可以设置粒子与物体碰撞之后发生的事件，比如粒子消亡之后改变的形态颜色等。打开"粒子碰撞事件编辑器"对话框，如图10-33所示。

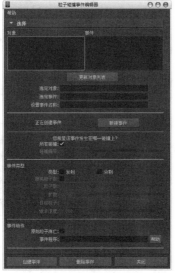
图10-33

粒子碰撞事件编辑器参数介绍

对象/事件：单击"对象"列表中的粒子可以选择粒子对象，所有属于选定对象的事件都会显示在"事件"列表中。

更新对象列表 更新对象列表 ：在添加或删除粒子对象和事件时，单击该按钮可以更新对象列表。

选定对象：显示选择的粒子对象。

选定事件：显示选择的粒子事件。

设置事件名称：创建或修改事件的名称。

新建事件 新建事件 ：单击该按钮可以为选定的粒子增加新的碰撞事件。

所有碰撞：勾选该选项后，Maya将在每次粒子碰撞时都执行事件。

碰撞编号：如果关闭"所有碰撞"选项，则事件会按照所设置的"碰撞编号"进行碰撞。比如1表示第1次碰撞，2表示第2次碰撞。

类型：设置事件的类型。"发射"表示当粒子与物体发生碰撞时，粒子保持原有的运动状态，并且在碰撞之后能够发射新的粒子；"分割"表示当粒子与物体发生碰撞时，粒子在碰撞的瞬间会分裂成新的粒子。

随机粒子数：当关闭该选项时，分裂或发射产生的粒子数目由该选项决定；当勾选该选项时，分裂或发射产生的粒子数目为1与该选项数值之间的随机数值。

粒子数：设置在事件之后所产生的粒子数量。

扩散：设置在事件之后粒子的扩散角度。0表示不扩散；0.5表示扩散90°；1表示扩散180°。

目标粒子：可以用于为事件指定目标粒子对象。输入要用作目标粒子的名称（可以使用粒子对象的形状节点的名称或其变换节点名称）。

继承速度：设置事件后产生的新粒子继承碰撞粒子速度的百分比。

原始粒子消亡：勾选该选项后，当粒子与物体发生碰撞时会消亡。

事件程序：可以用于输入当指定的粒子（拥有事件的粒子）与对象碰撞时将被调用的MEL脚本事件程序。

课堂案例

创建粒子碰撞事件

案例位置	案例文件>CH10>课堂案例——创建粒子碰撞事件.mb
视频位置	多媒体教学>CH10>课堂案例——创建粒子碰撞事件.flv
难易指数	★★☆☆☆
学习目标	学习如何创建粒子碰撞事件

粒子碰撞效果如图10-34所示。

图10-34

01 打开"场景文件>CH10>b.mb"文件，如图10-35所示，然后播放动画，可以发现粒子并没有与茶杯发生碰撞，如图10-36所示。

图10-35　　　　　　图10-36

02 选择粒子和茶杯，然后执行"粒子>使碰撞"菜单命令，接着播放动画，可以观察到粒子与茶杯已经产生了碰撞现象，当粒子落在茶杯上时会立即被弹起来，如图10-37所示。

图10-37

03 选择粒子，然后打开"粒子碰撞事件编辑器"对话框，接着设置"类型"为"发射"，再单击"创建事件"按钮，此时在"对象"列表中可以观察到多了一个particle2粒子，如图10-38所示。

图10-38

04 播放粒子动画，可以观察到在粒子产生碰撞之后，又发射出了新的粒子，如图10-39所示。

05 在视图创建一个多边形平面作为地面，如图10-40所示。

图10-39　　　　　　图10-40

06 选择新产生的particle2和地面，然后执行"粒子>使碰撞"菜单命令，接着播放动画，可以观察到particle2粒子和地面也产生了碰撞效果，如图10-41所示。

图10-41

07 选择particle2，按Ctrl+A组合键打开其"属性编辑器"对话框，然后设置"粒子渲染类型"为"球体"，接着单击"当前渲染类型"按钮，显示出下面的参数，最后设置"半径"为0.1，如图10-42所示，最后播放粒子动画并进行观察，效果如图10-43所示。

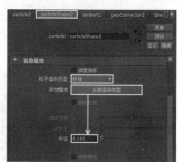

图10-42

图10-43

08 打开"粒子碰撞事件编辑器"对话框，然后选择particle1粒子，接着设置"粒子数"为3，并勾选"原始粒子消亡"选项，如图10-44所示。

09 播放动画，图10-45所示的分别是第30帧、第50帧和第80帧的粒子碰撞效果。

图10-44

图10-45

10.1.8 目标

"目标"命令主要用来设定粒子的目标。打开"目标选项"对话框，如图10-46所示。

图10-46

目标选项参数介绍

目标权重：设定被吸引到目标的后续对象的所有粒子数量。可以将"目标权重"设定为0~1之间的值，当该值为0时，说明目标的位置不影响后续粒子；当该值为1时，会立即将后续粒子移动到目标对象位置。

使用变换作为目标：使粒子跟随对象的变换，而不是其粒子、CV、顶点或晶格点。

10.1.9 实例化器（替换）

"实例化器（替换）"功能可以使用物体模型来代替粒子，创建出物体集群，使其继承粒子的动画

规律和一些属性，并且可以受到动力场的影响。打开"粒子实例化器选项"对话框，如图10-47所示。

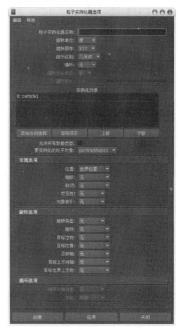

图10-47

粒子实例化器选项参数介绍

粒子实例化器名称：设置粒子替换生成的替换节点的名字。

旋转单位：设置粒子替换旋转时的旋转单位。可以选择"度"或"弧度"，默认为"度"。

旋转顺序：设置粒子替代后的旋转顺序。

细节级别：设定在粒子位置是否会显示源几何体，或者是否会改为显示边界框（边界框会加快场景播放速度）。

几何体：在粒子位置显示源几何体。

边界框：为实例化层次中的所有对象显示一个框。

边界框：为实例化层次中的每个对象分别显示框。

循环："无"表示实例化单个对象；"顺序"表示循环"实例化对象"列表中的对象。

循环步长单位：如果使用的是对象序列，可以选择是将"帧"数还是"秒"数用于"循环步长"值。

循环步长：如果使用的是对象序列，可以输入粒子年龄间隔，序列中的下一个对象按该间隔出现。例如，"循环步长"为2秒时，会在粒子年龄超过2、4、6等的帧处显示序列中的下一个对象。

实例化对象：当前准备替换的对象列表，排列序号为0~n。

添加当前选择 添加当前选择：单击该按钮可以为"实例

化对象"列表添加选定对象。

移除项目 移除项目：从"实例化对象"列表中移出选择的对象。

上移 上移：向上移动选择的对象序号。

下移 下移：向下移动选择的对象序号。

允许所有数据类型：勾选该选项后，可以扩展属性的下拉列表。扩展下拉列表中包括数据类型与选项数据类型不匹配的属性。

要实例化的粒子对象：选择场景中要被替代的粒子对象。

位置：设定实例物体的位置属性，或者输入节点类型，同时也可以在"属性编辑器"对话框中编辑该输入节点来控制属性。

缩放：设定实例物体的缩放属性，或者输入节点类型，同时也可以在"属性编辑器"对话框中编辑该输入节点来控制属性。

斜切：设定实例物体的斜切属性，或者输入节点类型，同时也可以在"属性编辑器"对话框中编辑该输入节点来控制属性。

可见性：设定实例物体的可见性，或者输入节点类型，同时也可以在"属性编辑器"对话框中编辑该输入节点来控制属性。

对象索引：如果设置"循环"为"顺序"方式，则该选项不可用；如果"环"设置为"无"，则该选项可以通过输入节点类型来控制实例物体的先后顺序。

旋转类型：设定实例物体的旋转类型，或者输入节点类型，同时也可以在"属性编辑器"对话框中编辑该输入节点来控制属性。

旋转：设定实例物体的旋转属性，或者输入节点类型，同时也可以在"属性编辑器"对话框中编辑该输入节点来控制属性。

目标方向：设定实例物体的目标方向属性，或者输入节点类型，同时也可以在"属性编辑器"对话框中编辑该输入节点来控制属性。

目标位置：设定实例物体的目标位置属性，或者输入节点类型，同时也可以在"属性编辑器"对话框中编辑该输入节点来控制属性。

目标轴：设定实例物体的目标轴属性，或者输入节点类型，同时也可以在"属性编辑器"对话框中编辑该输入节点来控制属性。

目标上方向轴：设定实例物体的目标上方向轴属性，或者输入节点类型，同时也可以在"属性编辑器"

对话框中编辑该输入节点来控制属性。

目标世界上方轴：设定实例物体的目标世界上方轴属性，或者输入节点类型，同时也可以在"属性编辑器"对话框中编辑该输入节点来控制属性。

循环开始对象：设定循环的开始对象属性，同时也可以在"属性编辑器"对话框中编辑该输入节点来控制属性。该选项只有在设置"循环"为"顺序"方式时才能被激活。

年龄：设定粒子的年龄，可以在"属性编辑器"对话框中编辑输入节点来控制该属性。

🍎 课堂案例

将粒子替换为实例对象

案例位置	案例文件>CH10>课堂案例——将粒子替换为实例对象.mb
视频位置	多媒体教学>CH10>课堂案例——将粒子替换为实例对象.flv
难易指数	★☆☆☆☆
学习目标	学习如何将粒子替换为实例对象

将粒子替代为蝴蝶后的效果如图10-48所示。

图10-48

01 打开"场景文件>CH10>c.mb"文件，本场景设置了一个蝴蝶翅膀扇动动画，如图10-49所示。

图10-49

02 执行"粒子>粒子工具"菜单命令，然后在场景中创建一些粒子，如图10-50所示。

03 选择蝴蝶和粒子，然后执行"粒子>实例化器（替换）"菜单命令，接着播放动画，可以观察到场景中已经产生了粒子替换效果（粒子为蝴蝶模型所替换），如图10-51所示。

图10-50　　　　　　　图10-51

10.1.10 精灵向导

用"精灵向导"命令可以对粒子指定矩形平面，每个平面可以显示指定的纹理或图形序列。执行"精灵向导"对话框，如图10-52所示。

图10-52

精灵向导参数介绍

精灵文件：单击右边的"浏览"按钮，可以选择要赋予精灵粒子的图片或序列文件。

基础名称：显示选择的图片或图片序列文件的名称。

 技巧与提示

注意，必须是先在场景中选择粒子以后，执行"粒子>精灵向导"菜单命令才能打开"精灵向导"对话框。

10.1.11 连接到时间

用"连接到时间"命令可以将时间与粒子连接起来，使粒子受到时间的影响。当粒子的"当前时间"与Maya时间脱离时，粒子本身不受Maya力场和时间的影响，只有将粒子的时间与Maya连接起来后，粒子才可以受到力场的影响并产生粒子动画。

10.2 动力场

使用动力场可以模拟出各种物体因受到外力作用而产生的不同特性。在Maya中，动力场并非可见物体，就像物理学中的力一样，看不见，也摸不着，但是可以影响场景中能够看到的物体。在动力学的模拟过程中，并不能通过人为设置关键帧来对物体制作动画，这时力场就可以成为制作动力学对象的动画工具。不同的力场可以创建出不同形式的运动，如使用"重力"场或"一致"场可以在一个方向上影响动力学对象，也可以创建出漩涡场和径向场等，就好比对物体施加了各种不同种类的力一样，所以可以把场作为外力来使用，如图10-53所示是使用动力场制作的特效。

图10-53

知识点 动力场的分类

在Maya中，可以将动力场分为以下3大类。

1.独立力场

这类力场通常可以影响场景中的所有范围。它不属于任何几何物体（力场本身也没有任何形状），如果打开"大纲视图"对话框，会发现该类型的力场只有一个节点，不受任何其他节点的控制。

2.物体力场

这类力场通常属于一个有形状的几何物体，它相当于寄生在物体表面来发挥力场的作用。在工作视图中，物体力场会表现为在物体附近的一个小图标，打开"大纲视图"对话框，物体力场会表现为归属在物体节点下方的一个节点。一个物体可以包含多个物体力场，可以对多种物体使用物体力场，而不仅仅是NURBS面片或多边形物体。如可以对曲线、粒子物体、晶格体、面片的顶点使用物体力场，甚至可以使用力场影响CV点、控制点或晶格变形点。

3.体积力场

体积力场是一种定义了作用区域形状的力场，这类力场对物体的影响受限于作用区域的形状，在工作视图中，体积力场会表现为一个几何物体中心作为力场的标志。用户可以自己定义体积力场的形状，供选择的有球体、立方体、圆柱体、圆锥体和圆环5种。

在Maya 2012中，力场共有10种，分别是"空气""阻力""重力""牛顿""径向""湍流""一致""漩涡""体积轴"和"体积曲线"，如图10-54所示。

图10-54

本节知识概要

名称	主要作用	重要程度
空气	由点向外某一方向产生推动力	高
阻力	为运动中的动力学对象添加一个阻力	高
重力	模拟物体受到万有引力而向某一方向进行加速运动的状态	高
径向	将周围各个方向的物体向外推出	高
湍流	使范围内的物体产生随机运动效果	高
一致	将所有受到影响的物体向同一个方向移动	高
漩涡	以漩涡的中心围绕指定的轴进行旋转	高
体积轴	在选定的形状范围内让物体产生体积运动	中
体积曲线	沿曲线的各个方向移动对象	低
将选定对象作为场源	设定场源，以让力场从所选物体处开始产生作用	低
影响选定对象	连接所选物体与所选力场	低

10.2.1 空气

"空气"场是由点向外某一方向产生的推动力，可以把受到影响的物体沿着这个方向向外推出，如同被风吹走一样。Maya提供了3种类型的"空气"场，分别是"风""尾迹"和"扇"。打开"空气选项"对话框，如图10-55所示。

图10-55

空气选项参数介绍

空气场名称： 设置空气场的名称。

风 **：** 产生接近自然风的效果。

尾迹 尾迹 **：** 产生阵风效果。

扇 扇 **：** 产生风扇吹出的风一样的效果。

幅值： 设置空气场的强度。所有10个动力场都用该参数来控制力场对受影响物体作用的强弱。该值越大，力的作用越强。

> **技巧与提示**
>
> "幅值"可取负值，负值代表相反的方向。对于"牛顿"场，正值代表引力场，负值代表斥力场；对于"径向"场，正值代表斥力场，负值代表引力场；对于"阻力"场，正值代表阻碍当前运动，负值代表加速当前运动。

衰减： 在一般情况下，力的作用会随距离的加大而减弱。

方向X/Y/Z： 调节x/y/z轴方向上作用力的影响。

速率： 设置空气场中的粒子或物体的运动速度。

继承速率： 控制空气场作为子物体时，力场本身的运动速率给空气带来的影响。

继承旋转： 控制空气场作为子物体时，空气场本身的旋转给空气带来的影响。

仅组件： 勾选该选项时，空气场仅对气流方向上的物体起作用；如果关闭该选项，空气场对所有物体的影响力都是相同的。

启用扩散： 指定是否使用"扩散"角度。如果勾选"启用扩散"选项，空气场将只影响"扩散"设置指定的区域内的连接对象，运动以类似圆锥的形状呈放射状向外扩散；如果关闭"启用扩散"选项，空气场将影响"最大距离"设置内的所有连接对象的运动方向是一致的。

使用最大距离： 勾选该选项后，可以激活下面的"最大距离"选项。

最大距离： 设置力场的最大作用范围。

体积形状： 决定场影响粒子/刚体的区域。

体积排除： 勾选该选项后，体积定义空间中场对粒子或刚体没有任何影响的区域。

体积偏移X/Y/Z： 从场的位置偏移体积。如果旋转场，也会旋转偏移方向，因为它在局部空间内操作。

> **技巧与提示**
>
> 注意，偏移体积仅更改体积的位置（因此，也会更改场影响的粒子），不会更改用于计算场力、衰减等实际场位置。

体积扫描：定义除"立方体"外的所有体积的旋转范围，其取值范围为0°~360°。

截面半径：定义"圆环体"的实体部分的厚度（相对于圆环体的中心环的半径），中心环的半径由场的比例确定。如果缩放场，则"截面半径"将保持其相对于中心环的比例。

课堂案例

制作风力场效果

案例位置	案例文件>CH10>课堂案例——制作风力场效果.mb
视频位置	多媒体教学>CH10>课堂案例——制作风力场效果.flv
难易指数	★☆☆☆☆
学习目标	学习"风"场的用法

风力场效果如图10-56所示。

图10-56

① 打开"场景文件>CH10>d.mb"文件，如图10-57所示。

图10-57

② 选择粒子，打开"空气选项"对话框，然后单击"风"按钮 风 ，接着设置"幅值"为10、"最大距离"为15，最后单击"创建"按钮 创建 ，如图10-58所示。

图10-58

③ 播放动画，图10-59所示的分别是第20帧、第35帧和第60帧的风力效果。

图10-59

10.2.2 阻力

物体在穿越不同密度的介质时，由于阻力的改变，物体的运动速率也会发生变化。"阻力"场可以用来给运动中的动力学对象添加一个阻力，从而改变物体的运动速度。打开"阻力选项"对话框，如图10-60所示。

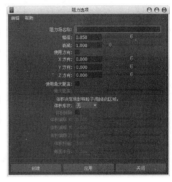

图10-60

阻力选项参数介绍

阻力场名字：设置阻力场名字。

幅值：设置阻力场的强度。

衰减：当阻力场远离物体时，阻力场的强度就越小。

使用方向：设置阻力场的方向。

X/Y/Z方向：沿x、y和z轴设定阻力的影响方向。必须启用"使用方向"选项后，这3个选项可用。

技巧与提示

"阻力选项"对话框中的其他参数在前面的"空气选项"对话框中已经介绍过，这里不再重复讲解。

课堂案例

制作阻力场效果

案例位置	案例文件>CH10>课堂案例——制作阻力场效果.mb
视频位置	多媒体教学>CH10>课堂案例——制作阻力场效果.flv
难易指数	★☆☆☆☆
学习目标	学习"阻力"场的用法

阻力场效果如图10-61所示。

图10-61

① 打开"场景文件>CH10>e.mb"文件，如图10-62所示。

② 选中粒子，然后打开"空气选项"对话框，单击"风"按钮 风，为粒子添加一个"风"场，如图10-63所示。

 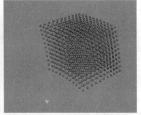

图10-62   图10-63

③ 选中粒子，然后打开"阻力选项"对话框，接着设置"幅值"为15、"衰减"为3，最后单击"创建"按钮 创建，如图10-64所示。

图10-64

④ 播放动画，图10-65所示的分别是第60帧、第100帧和第140帧的阻力效果。

图10-65

技巧与提示

从本例中可以明显地观察到阻力对风力的影响，有了阻力就能够更加真实地模拟出现实生活中的阻力现象。

10.2.3 重力

"重力"场主要用来模拟物体受到万有引力作用而向某一方向进行加速运动的状态。使用默认参数值，可以模拟物体受地心引力的作用而产生自由落体的运动效果。打开"重力选项"对话框，如图10-66所示。

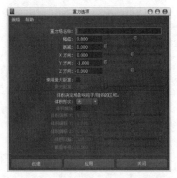

图10-66

技巧与提示

"重力选项"对话框中的参数在前面的内容中已经介绍过，因此这里不再重复讲解。"重力"场在很多实例中都用到过，因此这里不再安排实例进行讲解。

10.2.4 牛顿

"牛顿"场可以用来模拟物体在相互作用的引力和斥力下的作用，相互接近的物体间会产生引力和斥力，其值的大小取决于物体的质量。打开"牛顿选项"对话框，如图10-67所示。

图10-67

技巧与提示

"牛顿选项"对话框中的参数在前面的内容中已经介绍过，因此这里不再重复讲解。

课堂案例

制作牛顿场效果

案例位置	案例文件>CH10>课堂案例——制作牛顿场效果.mb
视频位置	多媒体教学>CH10>课堂案例——制作牛顿场效果.flv
难易指数	★☆☆☆☆
学习目标	学习"牛顿"场的用法

牛顿场效果如图10-68所示。

图10-68

01 打开"场景文件>CH10>f.mb"文件，如图10-69所示。

图10-69

02 选择粒子物体（即物体），然后打开"牛顿选项"对话框，接着设置"幅值"和"衰减"为2，最后单击"创建"按钮 创建 ，如图10-70所示。

图10-70

03 播放动画，可以观察到照片受到万有引力的作用而下落，如图10-71所示。

04 选择牛顿场newtonField1，然后在"通道盒"中设置"幅值"为-20，如图10-72所示。

图10-71

图10-72

05 播放动画，图10-73所示的分别是第150帧、第260帧和第400帧的动画效果。

图10-73

10.2.5 径向

"径向"场可以将周围各个方向的物体向外推出。"径向"场可以用于控制爆炸等由中心向外辐射散发的各种现象，同样将"幅值"值设置为负值时，也可以用来模拟把四周散开的物体聚集起来的效果。打开"径向选项"对话框，如图10-74所示。

图10-74

技巧与提示

"径向选项"对话框中的参数在前面的内容中已经介绍过，因此这里不再重复讲解。

课堂案例

制作径向场的斥力与引力效果

案例位置　案例文件>CH10>径向场（斥力）.mb、径向场（引力）.mb
视频位置　多媒体教学>CH10>课堂案例——制作径向场的斥力与引力效果.flv
难易指数　★☆☆☆☆
学习目标　学习"径向"场的用法

径向场的斥力与引力效果如图10-75和图10-76所示。

图10-75

图10-76

01 打开"场景文件>CH10>g.mb"文件，如图10-77所示。

图10-77

02 选择粒子，然后打开"径向选项"对话框，接着设置"幅值"为15、"衰减"为3，最后单击"创建"按钮 创建 ，如图10-78所示。

327

图10-78

03 播放动画，观察斥力效果，图10-79所示的分别是第40帧、第80帧和第100帧的动画效果。

图10-79

04 在"通道盒"中设置"幅值"为-15，然后播放动画并观察引力效果，图10-80所示的分别是第60帧、第80帧和第180帧的动画效果。

图10-80

10.2.6 湍流

"湍流"场是经常用到的一种动力场。用"湍流"场可以使范围内的物体产生随机运动效果，常常应用在粒子、柔体和刚体中。打开"湍流选项"对话框，如图10-81所示。

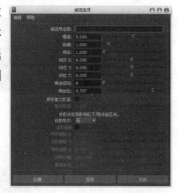

图10-81

湍流选项参数介绍

频率：该值越大，物体无规则运动的频率就越高。

相位X/Y/Z：设定湍流场的相位移，这决定了中断的方向。

噪波级别：值越大，湍流越不规则。"噪波级别"

属性指定了要在噪波表中执行的额外查找的数量。值为0表示仅执行一次查找。

噪波比：指定了连续查找的权重，权重得到累积。例如，如果将"噪波比"设定为0.5，则连续查找的权重为（0.5，0.25），以此类推；如果将"噪波级别"设定为0，则"噪波比"不起作用。

课堂案例

制作湍流场效果

案例位置	案例文件>CH10>课堂案例——制作湍流场效果.mb
视频位置	多媒体教学>CH10>课堂案例——制作湍流场效果.flv
难易指数	★☆☆☆☆
学习目标	学习"湍流"场的用法

湍流场效果如图10-82所示。

图10-82

01 打开"场景文件>CH10>h.mb"文件，如图10-83所示。

图10-83

02 选择粒子，然后打开"湍流选项"对话框，接着设置"幅值"为5、"衰减"为2，最后单击"创建"按钮 创建 ，如图10-84所示。

图10-84

03 播放动画，图10-85所示的分别是第40帧、80帧和120帧的动画效果。

图10-85

10.2.7 一致

"一致"场可以将所有受到影响的物体向同一个方向移动，靠近均匀中心的物体将受到更大程度的影响。打开"一致选项"对话框，如图10-86所示。

图10-86

技巧与提示

对于单一的物体，一致场所起的作用与重力场类似，都是向某一个方向对物体进行加速运动。重力场、空气场和一致场的一个重要区别是：重力场和空气场是处于同一个重力场的运动状态（位移、速度、加速度）下的，且与物体的质量无关，而处于同一个空气场和一致场中的物体的运动状态受到本身质量大小的影响，质量越大，位移、速度变化就越慢。

课堂案例

制作一致场效果

案例位置	案例文件>CH10>课堂案例——制作一致场效果.mb
视频位置	多媒体教学>CH10>课堂案例——制作一致场效果.flv
难易指数	★☆☆☆☆
学习目标	学习"一致"场的用法

一致场效果如图10-87所示。

图10-87

01 打开"场景文件>CH10>i.mb"文件，如图10-88所示。

图10-88

02 选择粒子，然后打开"一致选项"对话框，接着设置"幅值"为5、"衰减"为2，最后单击"创建"按钮 创建 ，如图10-89所示。

图10-89

03 播放动画，图10-90所示的分别是第100帧、第150帧和第200帧的动画效果。

图10-90

10.2.8 漩涡

受到"漩涡"场影响的物体将以漩涡的中心围绕指定的轴进行旋转，利用"漩涡"场可以很轻易地实现各种漩涡状的效果。打开"漩涡选项"对话框，如图10-91所示。

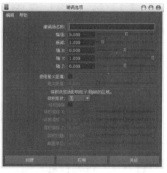

图10-91

技巧与提示

"漩涡选项"对话框中的参数在前面的内容中已经介绍过，因此这里不再重复讲解。

课堂案例

制作漩涡场效果

案例位置	案例文件>CH10>课堂案例——制作漩涡场效果.mb
视频位置	多媒体教学>CH10>课堂案例——制作漩涡场效果.flv
难易指数	★☆☆☆☆
学习目标	学习"漩涡"场的用法

漩涡场效果如图10-92所示。

图10-92

① 打开"场景文件>CH10>j.mb"文件，如图10-93所示。

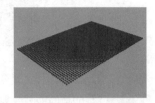

图10-93

② 选择粒子，然后打开"漩涡选项"对话框，接着设置"幅值"为8、"衰减"为2，最后单击"创建"按钮 创建 ，如图10-94所示。

图10-94

③ 播放动画，图10-95所示的分别是第750帧、950帧和1200帧的动画效果。

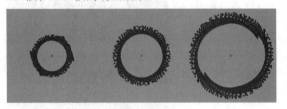

图10-95

10.2.9 体积轴

"体积轴"场是一种局部作用的范围场，只有在选定的形状范围内的物体才可能受到体积轴场的影响。在参数方面，体积轴场综合了漩涡场、一致场和湍流场的参数，如图10-96所示。

图10-96

体积轴选项参数介绍

反转衰减：当启用"反转衰减"并将"衰减"设定为大于0的值时，体积轴场的强度在体积的边缘上最强，在体积轴场的中心轴处衰减为0。

远离中心：指定粒子远离"立方体"或"球体"体积中心点的移动速度。可以使用该属性创建爆炸效果。

远离轴：指定粒子远离"圆柱体""圆锥体"或"圆环"体积中心轴的移动速度。对于"圆环"，中心轴为圆环实体部分的中心环形。

沿轴：指定粒子沿所有体积中心轴的移动速度。

绕轴：指定粒子围绕所有体积中心轴的移动速度。当与"圆柱体"体积形状结合使用时，该属性可以创建旋转的气体效果。

方向速率：在所有体积的"方向x""方向y""方向z"属性指定的方向添加速度。

湍流速率：指定湍流随时间更改的速度。湍流每1/秒进行一次无缝循环。

湍流频率X/Y/Z：控制适用于发射器边界体积内部的湍流函数的重复次数，低值会创建非常平滑的湍流。

湍流偏移X/Y/Z：用该选项可以在体积内平移湍流，为其设置动画可以模拟吹动的湍流风。

细节湍流：设置第2个更高频率湍流的相对强度，第2个湍流的速度和频率均高于第1个湍流。当"细节湍流"不为0时，模拟运行可能有点慢，因为要计算第2个湍流。

课堂案例

制作体积轴场效果

案例位置	案例文件>CH10>课堂案例——制作体积轴场效果.mb
视频位置	多媒体教学>CH10>课堂案例——制作体积轴场效果.flv
难易指数	★★☆☆☆
学习目标	学习"体积轴"场的用法

体积轴场效果如图10-97所示。

图10-97

① 执行"粒子>粒子工具"菜单命令，然后在视图中连续单击鼠标左键，创建出多个粒子，如图10-98所示。

② 选择所有粒子，然后打开"体积轴选项"对话框，接着设置"体积形状"为"球体"，最后单击"创建"按钮 创建 ，如图10-99所示，效果如图10-100所示。

图10-98

图10-99

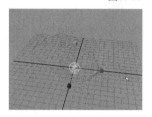

图10-100

03 选择volumeAxisField1体积轴场，然后用"缩放工具" ▣ 将其放大一些，如图10-101所示。

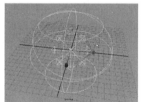

图10-101

04 播放动画，图10-102所示的分别是第60帧、100帧和160帧的动画效果。

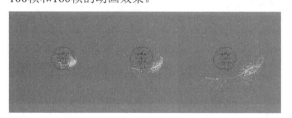

图10-102

10.2.10 体积曲线

"体积曲线"场可以沿曲线的各个方向移动对象（包括粒子和nParticle）以及定义绕该曲线的半径，在该半径范围内轴场处于活动状态。

10.2.11 使用选择对象作为场源

"使用选择对象作为场源"命令的作用是设定场源，这样可以让力场从所选物体处开始产生作用，并将力场设定为所选物体的子物体。

技巧与提示

如果选择物体后再创建一个场，物体会受到场的影响，但是物体与场之间并不存在父子关系。在执行"使用选择对象作为场源"命之后，物体不受立场的影响，必须执行"场>影响选定对象"菜单命令后，物体才会受到场的影响。

10.2.12 影响选定对象

"影响选定对象"命令的作用是连接所选物体与所选力场，使物体受到力场的影响。

技巧与提示

执行"窗口>关系编辑器>动力学关系"菜单命令，打开"动力学关系编辑器"对话框，在该对话框中也可以连接所选物体与力场，如图10-103所示。

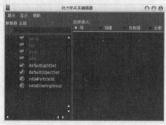

图10-103

10.3 柔体

柔体是将几何物体表面的CV点或顶点转换成柔体粒子，然后通过对不同部位的粒子给予不同权重值的方法来模拟自然界中的柔软物体，这是一种动力学解算方法。标准粒子和柔体粒子有些不同，一方面柔体粒子互相连接时有一定的几何形状；另一方面，它们又以固定形状而不是以单独的点的方式集合体现在屏幕上及最终渲染中。柔体可以用来模拟有一定几何外形但又不是很稳定且容易变形的物体，如旗帜和波纹等，如图10-104所示。

图10-104

在Maya中，若要创建柔体，需要切换到"动力学"模块，在"柔体/刚体"菜单就可以创建柔体，如图10-105所示。

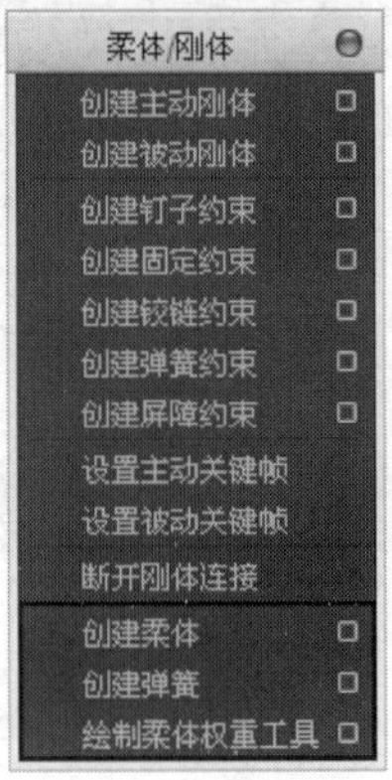

图10-105

本节知识概要

名称	主要作用	重要程度
创建柔体	用于创建柔体	中
创建弹簧	为一个柔体添加弹簧	中
绘制柔体权重工具	修改柔体的权重	低

10.3.1 创建柔体

"创建柔体"命令主要用来创建柔体，打开"软性选项"对话框，如图10-106所示。

图10-106

软性选项参数介绍

创建选项：选择柔体的创建方式，包含以下3种。

生成柔体：将对象转化为柔体。如果未设置对象的动画，并将使用动力学设置其动画，可以选择该选项。如果已在对象上使用非动力学动画，并且希望在创建柔体之后保留该动画，也可以使用该选项。

技巧与提示

非动力学动画包括关键帧动画、运动路径动画、非粒子表达式动画和变形器动画。

复制，将副本生成柔体：将对象的副本生成柔体，而不改变原始对象。如果使用该选项，则可以启用"将非柔体作为目标"选项，以使原始对象成为柔体的一个目标对象。柔体跟在已设置动画的目标对象后面，可以编辑柔体粒子的目标权重以创建有弹性的或抖动的运动效果。

复制，将原始生成柔体：该选项的使用方法与"复制，将副本生成柔体"类似，可以使原始对象成为柔体，同时复制出一个原始对象。

复制输入图表：使用任一复制选项创建柔体时，复制上游节点。如果原始对象具有希望能够在副本中使用和编辑的依存关系图输入，可以启用该选项。

隐藏非柔体对象：如果在创建柔体时复制对象，那么其中一个对象会变为柔体。如果启用该选项，则会隐藏不是柔体的对象。

技巧与提示

注意，如果以后需要显示隐藏的非柔体对象，可以在"大纲视图"对话框中选择该对象，然后执行"显示>显示>显示当前选择"菜单命令。

将非柔体作为目标：勾选该选项后，可以使柔体跟踪或移向从原始几何体或重复几何体生成的目标对象。使用"绘制柔体权重工具"可以通过在柔体表面上绘制，逐粒子在柔体上设定目标权重。

技巧与提示

注意，如果在关闭"将非柔体作为目标"选项的情况下创建柔体，仍可以为粒子创建目标。选择柔体粒子，按住Shift键选择要成为目标的对象，然后执行"粒子>目标"菜单命令，可以创建出目标对象。

权重：设定柔体在从原始几何体或重复几何体生成的目标对象后面有多近。值为0可以使柔体自由地弯曲和变形；值为1可以使柔体变得僵硬；0~1之间的值具有中间的刚度。

技巧与提示

如果不启用"隐藏非柔体对象"选项，则可以在"大纲视图"对话框中选择柔体，而不选择非柔体。如果无意中将场应用于非柔体，它会变成默认情况下受该场影响的刚体。

10.3.2 创建弹簧

因为柔体内部是由粒子构成，所以只用权重来控制是不够的，会使柔体显得过于松散。使用"创建弹簧"命令就可以解决这个问题，为一个柔体添加弹簧，可以建造柔体内在的结构，以改善柔体的形体效果。打开"弹簧选项"对话框，如图10-107所示。

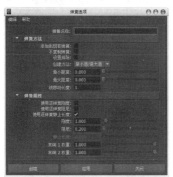

图10-107

弹簧选项参数介绍

弹簧名称：设置要创建的弹簧的名称。

添加到现有弹簧：将弹簧添加到某个现有弹簧对象，而不是添加到新弹簧对象。

不复制弹簧：如果在两个点之间已经存在弹簧，则可避免在这两个点之间再创建弹簧。当启用"添加到现有弹簧"选项时，该选项才起作用。

设置排除：选择多个对象时，会基于点之间的平均长度，使用弹簧将来自选定对象的点链接到每隔一个对象中的点。

创建方式：设置弹簧的创建方式，共有以下3种。

最小值/最大值：仅创建处于"最小距离"和"最大距离"选项范围内的弹簧。

全部：在所有选定的对点之间创建弹簧。

线框：在柔体外部边上的所有粒子之间创建弹簧。对于从曲线生成的柔体（如绳索），该选项很有用。

最小/最大距离：当设置"创建方式"为"最小值/最大值"方式时，这两个选项用来弹簧的范围。

线移动长度：该选项可以与"线框"选项一起使用，用来设定在边粒子之间创建多少个弹簧。

使用逐弹簧刚度/阻尼/静止长度：可用于设定各个弹簧的刚度、阻尼和静止长度。创建弹簧后，如果启用这3个选项，Maya将使用应用于弹簧对象中所有弹簧的"刚度""阻尼"和"静止长度"属性值。

刚度：设置弹簧的坚硬程度。如果弹簧的坚硬度增加过快，那么弹簧的伸展或者缩短也会非常快。

阻尼：设置弹簧的阻尼力。如果该值较高，弹簧的长度变化就会变慢；若该值较低，弹簧的长度变化就会加快。

静止长度：设置播放动画时弹簧尝试达到的长度。如果关闭"使用逐弹簧静止长度"选项，"静止长度"将设置为与约束相同的长度。

末端1权重：设置应用到弹簧起始点上的弹力的大小。值为0时，表明起始点不受弹力的影响；值为1时，表明受到弹力的影响。

末端2权重：设置应用到弹簧结束点上的弹力的大小。值为0时，表明结束点不受弹力的影响；值为1时，表明受到弹力的影响。

10.3.3 绘制柔体权重工具

"绘制柔体权重工具"主要用于修改柔体的权重，与骨架、蒙皮中的权重工具相似。打开"绘制柔体权重工具"的"工具设置"对话框，如图10-108所示。

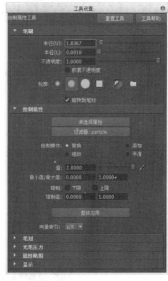

图10-108

技巧与提示

创建柔体时，只有当设置"创建选项"为"复制，将副本生成柔体"或"复制，将原始生成柔体"方式时，并开启"将非柔体作为目标"选项时，才能使用"绘制柔体权重工具"修改柔体的权重。

10.4 刚体

刚体是把几何物体转换为坚硬的多边形物体表面来进行动力学解算的一种方法，它可以用来模拟物理学中的动量碰撞等效果，如图10-109所示。

在Maya中，若要创建与编辑刚体，需要切换到"动力学"模块，在"柔体/刚体"菜单就可以完成创建与编辑操作，如图10-110所示。

图10-109　　　　　图10-110

知 识 点　刚体的分类及使用

刚体可以分为主动刚体和被动刚体两大类。主动刚体拥有一定的质量，可以受动力场、碰撞和非关键帧化的弹簧影响，从而改变运动状态；被动刚体相当于无限大质量的刚体，它能影响主动刚体的运动。但是被动刚体可以用来设置关键帧，一般被动刚体在动力学动画中用来制作地面、墙壁、岩石和障碍物等比较固定的物体，如图10-111所示。

图10-111

在使用刚体时需要注意到以下几点。

第1点：只能使用物体的形状节点或组节点来创建刚体。

第2点：曲线和细分曲面几何体不能用来创建刚体。

第3点：刚体碰撞时根据法线方向来计算。制作内部碰撞时，需要反转外部物体的法线方向。

第4点：为被动刚体设置关键帧时，在"时间轴"和"通道盒"中均不会显示关键帧标记，需要打开"曲线图编辑器"对话框才能看到关键帧的信息。

第5点：因为NURBS刚体解算的速度比较慢，所以要尽量使用多边形刚体。

本节知识概要

名称	主要作用	重要程度
创建主动刚体	创建拥有一定质量的主动刚体	高
创建被动刚体	创建无限大质量的被动刚体	高
创建钉子约束	将主动刚体固定到世界空间的一点	中
创建固定约束	将两个主动刚体或将一个主动刚体与一个被动刚体链接在一起	中
创建铰链约束	通过一个铰链沿指定的轴约束刚体	中
创建弹簧约束	将弹簧添加到柔体中	中
创建屏障约束	创建无限屏障平面	中
设置主动关键帧	为柔体或刚体设定主动关键帧	低
设置被动关键帧	为柔体或刚体设置被动关键帧	低
断开刚体连接	打断刚体与关键帧之间的连接	低

10.4.1　创建主动刚体

主动刚体拥有一定的质量，可以受动力场、碰撞和非关键帧化的弹簧影响，从而改变运动状态。打开"创建主动刚体"命令的"刚体选项"对话框，其参数分为3大部分，分别是"刚体属性""初始设置"和"性能属性"，如图10-112所示。

图10-112

刚体名称：设置要创建的主动刚体的名称。

1.刚体属性

展开"刚体属性"卷展栏，如图10-113所示。

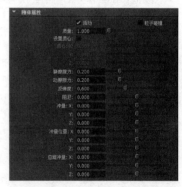

图10-113

刚体属性参数介绍

活动：使刚体成为主动刚体。如果关闭该选项，则刚体为被动刚体。

粒子碰撞：如果已使粒子与曲面发生碰撞，且曲面为主动刚体，则可以启用或禁用"粒子碰撞"选项以设定刚体是否对碰撞力做出反应。

质量：设定主动刚体的质量。质量越大，对碰撞对象的影响也就越大。Maya将忽略被动刚体的质量属性。

设置质心：该选项仅适用于主动刚体。

质心X/Y/Z：指定主动刚体的质心在局部空间坐标中的位置。

静摩擦力：设定刚体阻止从另一刚体的静止接触中移动的阻力大小。值为0时，则刚体可自由移动；值为1时，则移动将减小。

动摩擦力：设定移动刚体阻止从另一刚体曲面中移动的阻力大小。值为0时，则刚体可自由移动；值为1时，则移动将减小。

技巧与提示

当两个刚体接触时，则每个刚体的"静摩擦力"和"动摩擦力"均有助于其运动。若要调整刚体在接触中的滑动和翻滚，可以尝试使用不同的"静摩擦力"和"动摩擦力"值。

反弹簧：设定刚体的弹性。

阻尼：设定与刚体移动方向相反的力。该属性类似于阻力，它会在与其他对象接触之前、接触之中以及接触之后影响对象的移动。正值会减弱移动；负值会加强移动。

冲量X/Y/Z：使用幅值和方向，在"冲量位置x/y/z"中指定的局部空间位置的刚体上创建瞬时力。数值越大，力的幅值就越大。

冲量位置X/Y/Z：在冲量冲击的刚体局部空间中指定位置。如果冲量冲击质心以外的点，则刚体除了随其速度更改而移动以外，还会围绕质心旋转。

自旋冲量X/Y/Z：朝x、y、z值指定的方向，将瞬时旋转力（扭矩）应用于刚体的质心，这些值将设定幅值和方向。值越大，旋转力的幅值就越大。

2.初始设置

展开"初始设置"卷展栏，如图10-114所示。

图10-114

初始设置参数介绍

初始自旋X/Y/Z：设定刚体的初始角速度，这将自旋该刚体。

设置初始位置：勾选该选项后，可以激活下面的"初始位置x""初始位置y"和"初始位置z"选项。

初始位置X/Y/Z：设定刚体在世界空间中的初始位置。

设置初始方向：勾选该选项后，可以激活下面的"初始方向x""初始方向y"和"初始方向z"选项。

初始方向X/Y/Z：设定刚体的初始局部空间方向。

初始速度X/Y/Z：设定刚体的初始速度和方向。

3.性能属性

展开"性能属性"卷展栏，如图10-115所示。

图10-115

性能属性参数介绍

替代对象：允许选择简单的内部"立方体"或"球体"作为刚体计算的替代对象，原始对象仍在场景中可见。如果使用替代对象"球体"或"立方体"，则播放速度会提高，但碰撞反应将与实际对象不同。

细分因子：Maya 会在设置刚体动态动画之前在内部将NURBS对象转化为多边形。"细分因子"将设定转化过程中创建的多边形的近似数量。数量越小，创建的几何体越粗糙，且会降低动画精确度，但却可以提高播放速度。

碰撞层：可以用碰撞层来创建相互碰撞的对象专用组。只有碰撞层编号相同的刚体才会相互碰撞。

缓存数据：勾选该选项时，刚体在模拟动画时的每一帧位置和方向数据都将被存储起来。

10.4.2 创建被动刚体

被动刚体相当于无限大质量的刚体，它能影响主动刚体的运动。打开"创建被动刚体"命令的"刚体选项"对话框，其参数与主动刚体的参数完全相同，如图10-116所示。

图10-116

技巧与提示

勾选"活动"选项可以使刚体成为主动刚体；关闭"活动"选项，则刚体为被动刚体。

课堂案例

制作刚体碰撞动画

案例位置	案例文件>CH10>课堂案例——制作刚体碰撞动画.mb
视频位置	多媒体教学>CH10>课堂案例——制作刚体碰撞动画.flv
难易指数	★☆☆☆☆
学习目标	学习刚体动画的制作方法

刚体碰撞动画效果如图10-117所示。

图10-117

01 打开"场景文件>CH10>k.mb"文件，如图10-118所示。

图10-118

02 在"大纲视图"对话框中选择guo模型，如图10-119所示，然后执行"柔体/刚体>创建主动刚体"菜单命令，接着执行"场>重力"菜单命令。

03 在"大纲视图"对话框中选择pPlane模型，如图10-120所示，然后执行"柔体/刚体>创建被动刚体"菜单命令。

图10-119　　　　　　　图10-120

技巧与提示

播放动画，可以观察到guo模型并没有产生动画效果，这是因为还没有给guo模型设置一个重力场。

04 选择guo模型，然后打开"重力选项"对话框，接

着设置"x方向"为0、"y方向"为-1、"z方向"为0，最后单击"创建"按钮 ，如图10-121所示。

05 选择guo模型，然后在"通道盒"中设置主动刚体的"质量"为3，如图10-122所示。

图10-121　　　　　　　　图10-122

06 播放动画，可以观察到锅模型受到重力掉在地上并和地面发生碰撞，然后又被弹了起来，图10-123所示的分别是第26帧、57帧和80帧的动画效果。

图10-123

10.4.3　创建钉子约束

用"创建钉子约束"命令可以将主动刚体固定到世界空间的一点，相当于将一根绳子的一端系在刚体上，而另一端固定在空间的一个点上。打开"创建钉子约束"命令的"约束选项"对话框，如图10-124所示。

图10-124

约束选项参数介绍

约束名称： 设置要创建的钉子约束的名称。

约束类型： 选择约束的类型，包含"钉子""固定""铰链""弹簧"和"屏障"5种。

穿透： 当刚体之间产生碰撞时，勾选该选项可以使刚体之间相互穿透。

设置初始位置：勾选该选项后，可以激活下面的"初始位置"属性。

初始位置：设置约束在场景中的位置。

初始方向：仅适用于"铰链"和"屏障"约束，可以通过输入x、y、z轴的值来设置约束的初始方向。

刚度：设置"弹簧"约束的弹力。在具有相同距离的情况下，该数值越大，弹簧的弹力越大。

阻尼：设置"弹簧"约束的阻尼力。阻尼力的强度与刚体的速度成正比；阻尼力的方向与刚体速度的方向成反比。

设置弹簧静止长度：当设置"约束类型"为"弹簧"时，勾选该选项可以激活下面的"静止长度"选项。

静止长度：设置在播放场景时弹簧尝试达到的长度。

10.4.4 创建固定约束

用"创建固定约束"命令可以将两个主动刚体或将一个主动刚体与一个被动刚体链接在一起，其作用就如同金属钉通过两个对象末端的球关节将其连接，如图10-125所示。"固定"约束经常用来创建类似链或机器臂中的链接效果。打开"创建固定约束"命令的"约束选项"对话框，如图10-126所示。

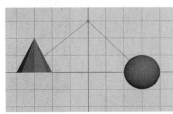

图10-125

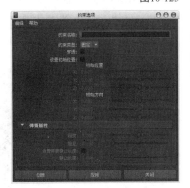

图10-126

? 技巧与提示

"创建固定约束"命令的参数与"创建钉子约束"命令的参数完全相同，只不过"约束类型"默认为"固定"类型。

10.4.5 创建铰链约束

"创建铰链约束"命令是通过一个铰链沿指定的轴约束刚体。可以使用"铰链"约束创建诸如铰链门、连接列车车厢的链或时钟的钟摆之类的效果。可以在一个主动或被动刚体以及工作区中的一个位置创建"铰链"约束，也可以在两个主动刚体、一个主动刚体和一个被动刚体之间创建"铰链"约束。打开"创建铰链约束"命令的"约束选项"对话框，如图10-127所示。

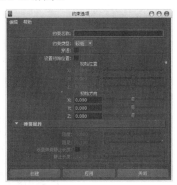

图10-127

? 技巧与提示

"创建铰链约束"命令的参数与"创建钉子约束"命令的参数完全相同，只不过"约束类型"默认为"铰链"类型。

10.4.6 创建弹簧约束

用"创建弹簧约束"命令可以将弹簧添加到柔体中，从而为柔体提供一个内部结构并改善变形控制，弹簧的数目及其刚度会改变弹簧的效果。此外，还可以将弹簧添加到常规粒子中。打开"创建弹簧约束"命令的"约束选项"对话框，如图10-128所示。

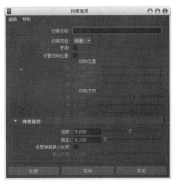

图10-128

10.4.7 创建屏障约束

用"创建屏障约束"命令可以创建无限屏障平面，超出后刚体重心将不会移动。可以使用"屏障"约束来创建阻塞其他对象的对象，例如墙或地板。可以使用"屏障"约束替代碰撞效果来节省处理时间，但是对象将偏转但不会弹开平面。注意，"屏障"约束仅适用于单个活动刚体；它不会约束被动刚体。打开"创建屏障约束"命令的"约束选项"对话框，如图10-129所示。

图10-129

10.4.8 设置主动关键帧

用"设置主动关键帧"命令可以为柔体或刚体设定主动关键帧。通过设置主动关键帧，可以在设置时设置"活动"属性并为对象的当前"平移"和"旋转"属性值设置关键帧。

10.4.9 设置被动关键帧

用"设置被动关键帧"命令可以为柔体或刚体设置被动关键帧。通过设置被动关键帧，可以将控制从动力学切换到"平移"和"旋转"关键帧。

10.4.10 断开刚体连接

如果使用了"设置主动关键帧"和"设置被动关键帧"命令来切换动力学动画与关键帧动画，执行"断开刚体连接"命令可以打断刚体与关键帧之间的连接，从而使"设置主动关键帧"和"设置被动关键帧"控制的关键帧动画失效，而只有刚体动画对物体起作用。

10.5 流体

流体最早是工程力学的一门分支学科，用来计算没有固定形态的物体在运动中的受力状态。随着计算机图形学的发展，流体也不再是现实学科的附属物了。Maya的"动力学"模块中的流体功能是一个非常强大的流体动画特效制作工具，使用流体可以模拟出没有固定形态的物体的运动状态，如云雾、爆炸、火焰和海洋等，如图10-130所示。

图10-130

在Maya中，流体可分为两大类，分别是2D流体和3D流体。切换到"动力学"模块，然后展开"流体效果"菜单，如图10-131所示。

图10-131

技巧与提示

如果没有容器，流体将不能生存和发射粒子。Maya中的流体指的是单一的流体，也就是不能让两个或两个以上的流体相互作用。Maya提供了很多自带的流体特效文件，可以直接调用。

本节知识概要

名称	主要作用	重要程度
创建3D容器	用来创建3D容器	高
创建2D容器	用来创建2D容器	高
添加/编辑内容	为容器添加发射器等	中
创建具有发射器的3D容器	创建一个带发射器的3D容器	中
创建具有发射器的2D容器	创建一个带发射器的2D容器	中
获取流体示例	选择Maya自带的流体示例	中
获取海洋/池塘	选择Maya自带的海洋、池塘示例	中
海洋	创建海洋流体	低
池塘	创建池塘流体	低
扩展流体	扩展所选流体容器的尺寸	
编辑流体分辨率	调整流体容器的分辨率大小	
使碰撞	制作流体和物体之间的碰撞效果	
生成运动场	模拟物体在流体容器中移动时，物体对流体动画产生的影响	
设置初始状态	将所选择的当前帧或任意一帧设为初始状态	
清除初始状态	将流体恢复到默认状态	
状态另存为	将当前的流体状态写入到文件并进行储存	

10.5.1 创建3D容器

"创建3D容器"命令主要用来创建3D容器。打开"创建3D容器选项"对话框，如图10-132所示。

图10-132

创建3D容器选项参数介绍

X/Y/Z分辨率：设置容器中流体显示的分辨率。分辨率越高，流体越清晰。

X/Y/Z大小：设置容器的大小。

技巧与提示

创建3D容器的方法很简单，执行"流体效果>创建3D容器"菜单命令即可在场景中创建一个3D容器，如图10-133所示。

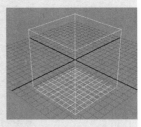

图10-133

10.5.2 创建2D容器

"创建2D容器"命令主要用来创建2D容器。打开"创建2D容器选项"对话框，如图10-134所示。

图10-134

技巧与提示

"创建2D容器选项"对话框中的参数与"创建3D容器选项"对话框中的参数基本相同，这里不再重复讲解。

10.5.3 添加/编辑内容

"添加/编辑内容"菜单包含5个子命令，分别是"发射器""从对象发射""渐变""绘制流体工具""连同曲线"和"初始状态"，如图10-135所示。

图10-135

1.发射器

选择容器以后，执行"发射器"命令可以为当前容器添加一个发射器。打开"发射器选项"对话框，如图10-136所示。

图10-136

发射器选项参数介绍

发射器名称：设置流体发射器的名称。

将容器设置为父对象：勾选该选项后，可以将创建的发射器设置为所选容器的子物体。

发射器类型：包含"泛向"和"体积"两种。

泛向：该发射器可以向所有方向发射流体。

体积：该发射器可以从封闭的体积发射流体。

密度速率（/体素/秒）：设定每秒内将密度值发射到栅格体素的平均速率。负值会从栅格中移除密度。

热量速率（/体素/秒）：设定每秒内将温度值发射到栅格体素的平均速率。负值会从栅格中移除热量。

燃料速率（/体素/秒）：设定每秒内将燃料值发射到栅格体素的平均速率。负值会从栅格中移除燃料。

> **技巧与提示**
>
> "体素"是"体积"和"像素"的缩写，表示把平面的像素推广到立体空间中，可以理解为立体空间内体积的最小单位。另外，密度是流体的可见特性；热量的高低可以影响一个流体的反应；速度是流体的运动特性；燃料是密度定义的可发生反应的区域。密度、热量、燃料和速度是动力学流体必须模拟的，可以通过用速度的力量来推动容器内所有的物体。

流体衰减：设定流体发射的衰减值。对于"体积"发射器，衰减指定远离体积轴（取决于体积形状）移动时发射衰减的程度；对于"泛向"发射器，衰减以发射点为基础，从"最小距离"发射到"最大距离"。

循环发射：在一段间隔（以帧为单位）后重新启动随机数流。

无（禁用timeRandom）：不进行循环发射。

帧（启用timeRandom）：如果将"循环发射"设定为"帧（启用timeRandom）"，并将"循环间隔"设定为1，将导致在每一帧内重新启动随机流。

循环间隔：设定相邻两次循环的时间间隔，其单位是"帧"。

最大距离：从发射器创建新的特性值的最大距离，不适用于"体积"发射器。

最小距离：从发射器创建新的特性值的最小距离，不适用于"体积"发射器。

体积形状：设定"体积"发射器的形状，包括"立方体""球体""圆柱体""圆锥体"和"圆环"5种。

体积偏移X/Y/Z：设定体积偏移发射器的距离，这个距离基于发射器的局部坐标。旋转发射器时，设定的体积偏移也会随之旋转。

体积扫描：设定发射体积的旋转角度。

截面半径：仅应用于"圆环体"体积，用于定义圆环体的截面半径。

2.从对象发射

用"从对象发射"命令可以将流体从选定对象上发射出来。打开"从对象发射选项"对话框，如图10-137所示。

图10-137

从对象发射选项参数介绍

发射器类型：选择流体发射器的类型，包含"泛向""表面"和"曲线"3种。

泛向：这种发射器可以从各个方向发射流体。

表面：这种发射器可以从对象的表面发射流体。

曲线：这种发射器可以从曲线上发射流体。

> **技巧与提示**
>
> 必须保证曲线和表面在流体容器内，否则它们不会发射流体。如果曲线和表面只有一部分在流体容器内部，则只有在容器内部的部分才会发射流体。

3.渐变

用"渐变"命令为流体的密度、速度、温度和燃料填充渐变效果。打开"流体渐变选项"对话框，如图10-138所示。

图10-138

流体渐变选项

密度：设定流体密度的梯度渐变，包含"恒定""x渐变""y渐变""z渐变""-x渐变""-y渐变""-z渐变"和"中心渐变"8种，图10-139所示的分别是这8种渐变效果。

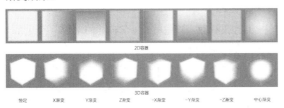

图10-139

速度：设定流体发射梯度渐变的速度。

温度：设定流体温度的梯度渐变。

燃料：设定流体燃料的梯度渐变。

4.绘制流体工具

用"绘制流体工具"可以绘制流体的密度、颜色、燃料、速度和温度等属性。打开"绘制流体工具"的"工具设置"对话框，如图10-140所示。

图10-140

绘制流体工具参数介绍

自动设置初始状态：如果启用该选项，那么在退出"绘制流体工具"、更改当前时间或更改当前选择时，会自动保存流体的当前状态；如果禁用该选项，并且在播放或单步执行模拟之前没有设定流体的初始状态，那么原始绘制的值将丢失。

可绘制属性：设置要绘制的属性，共有以下8个选项。

密度：绘制流体的密度。

密度和颜色：绘制流体的密度和颜色。

密度和燃料：绘制流体的密度和燃料。

速度：绘制流体的速度。

温度：绘制流体的温度。

燃料：绘制流体的燃料。

颜色：绘制流体的颜色。

衰减：绘制流体的衰减程度。

颜色值：当设置"可绘制属性"为"颜色"或"密度和颜色"时，该选项才可用，主要用来设置绘制的颜色。

速度方向：使用"速度方向"设置可选择如何定义所绘制的速度笔划的方向。

来自笔划：速度向量值的方向来自沿当前绘制切片的笔刷的方向。

按指定：选择该选项时，可以激活下面的"已指定"数值输入框，可以通过输入x、y、z的数值来指定速度向量值。

绘制操作：选择一个操作以定义希望绘制的值如何受影响。

替换：使用指定的明度值和不透明度替换绘制的值。

添加：将指定的明度值和不透明度与绘制的当前体素值相加。

缩放：按明度值和不透明度因子缩放绘制的值。

平滑：将值更改为周围的值的平均值。

值：设定执行任何绘制操作时要应用的值。

最小值/最大值：设定可能的最小和最大绘制值。默认情况下，可以绘制介于0~1之间的值。

钳制：选择是否要将值钳制在指定的范围内，而不管绘制时设定的"值"数值。

下限：将"下限"值钳制为指定的"钳制值"。

上限：将"上限"值钳制为指定的"钳制值"。

钳制值：为"钳制"设定"上限"和"下限"值。

整体应用 整体应用：单击该按钮可以将笔刷设置应用于选定节点上的所有属性值。

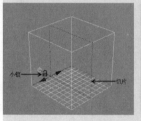 "绘制流体工具"的用法

创建一个3D容器，然后选择"绘制流体工具"，这时可以观察到3D容器中有一个切片和一把小锁，如图10-141所示。转动视角时，小锁的位置也会发生变化，如图10-142所示，如果希望在转换视角时使小锁的位置固定不动，可以用鼠标左键单击小锁，将其锁定，如图10-143所示。

图10-141　　图10-142

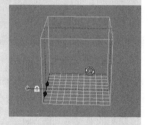

图10-143

在选择"可绘制属性"中的某些属性时，Maya会弹出一个警告对话框，提醒用户要绘制属性，必须先将fluidShape流体形状设置为动态栅格，如图10-144所示。如果要继续绘制属性，单击"设置为动态"按钮 设置为动态 即可。

图10-144

5.连同曲线

用"连同曲线"命令可以让流体从曲线上发射出来，同时可以控制流体的密度、颜色、燃料、速度和温度等属性。打开"使用曲线设置流体内容选项"对话框，如图10-145所示。

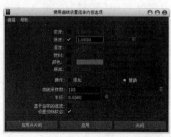

图10-145

使用曲线设置流体内容选项参数介绍

密度：设定曲线插入当前流体的密度值。

速度：设定曲线插入当前流体的速度值（包含速度大小和方向）。

温度：设定曲线插入当前流体的温度值。

燃料：设定曲线插入当前流体的燃料值。

颜色：设定曲线插入当前流体的颜色值。

衰减：设定曲线插入当前流体的衰减值。

操作：可以向受影响体素的内容"添加"内容或"替换"受影响体素的内容。

添加：曲线上的流体参数设置将添加到相应位置的原有体素上。

替换：曲线上的流体参数设置将替换相应位置的原有体素设置。

曲线采样数：设定曲线计算流体的次数。该数值越大，效果越好，但计算量会增大。

半径：设定流体沿着曲线插入时的半径。

基于曲率的速度：勾选该选项时，流体的速度将受到曲线的曲率影响。曲率大的地方速度会变慢；曲率小的地方速度会加快。

设置初始状态：设定当前帧的流体状态为初始状态。

 技巧与提示

要用"连同曲线"命令来控制物体的属性，必须设定流体容器为"动态栅格"或"静态栅格"。另外该命令类似于"从对象发射"中的"曲线"发射器，"曲线"发射器是以曲线为母体，而"连同曲线"是从曲线上发射，即使删除了曲线，流体仍会在容器中发射出来，如图10-146所示。

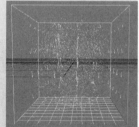

图10-146

6.初始状态

"初始状态"命令可以用Maya自带流体的初始状态来快速定义物体的初始状态。打开"初始状态选项"对话框，如图10-147所示。

图10-147

初始状态选项参数介绍

流体分辨率：设置流体分辨率的方式，共有以下两种。

按现状：将流体示例的分辨率设定为当前流体容器初始状态的分辨率。

从初始状态：将当前流体容器的分辨率设定为流体示例初始状态的分辨率。

10.5.4 创建具有发射器的3D容器

用"创建具有发射器的3D容器"命令可以直接创建一个带发射器的3D容器，如图10-148所示。打开"创建具有发射器的3D容器选项"对话框，如图10-149所示。

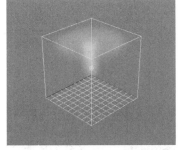

图10-148

图10-149

技巧与提示

"创建具有发射器的3D容器选项"对话框中的参数在前面的内容中已经介绍过，这里不再重复讲解。

10.5.5 创建具有发射器的2D容器

用"创建具有发射器的2D容器"命令可以直接创建一个带发射器的2D容器，如图10-150所示。

打开"创建具有发射器的2D容器选项"对话框，如图10-151所示。

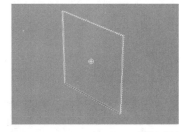

图10-150

图10-151

技巧与提示

"创建具有发射器的2D容器选项"对话框中的参数在前面的内容中已经介绍过，这里不再重复讲解。

10.5.6 获取流体示例

执行"获取流体示例"命令可以打开Visor对话框，在该对话框中可以直接选择Maya自带的流体示例，如图10-152所示。

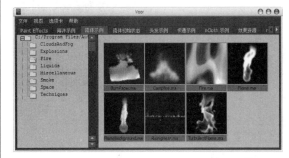

图10-152

技巧与提示

选择流体示例后，用鼠标中键可以直接将选取的流体示例拖曳到场景中。

10.5.7 获取海洋/池塘示例

执行"获取海洋/池塘示例"命令可以打开
Visor对话框，在该对话框中可以直接选择Maya自
带的海洋、池塘示例，如图10-153所示。

图10-153

10.5.8 海洋

用"海洋"命令可以模拟出很逼真的海洋效
果，如图10-154所示。"海洋"命令包含10个子命
令，如图10-155所示。

图10-154

图10-155

1.创建海洋

用"创建海洋"命令可以创建出海洋流体效果。
打开"创建海洋"对话
框，如图10-156所示。

图10-156

创建海洋参数介绍

附加到摄影机：启用该选项后，可以将海洋附加到
摄影机。自动附加海洋时，可以根据摄影机缩放和平移
海洋，从而为给定视点保持最佳细节量。

创建预览平面：启用该选项后，可以创建预览平
面，通过置换在着色显示模式中显示海洋的着色面片。
可以缩放和平移预览平面，以预览海洋的不同部分。

预览平面大小：设置预览平面的x、z方向的大小。

技巧与提示

预览平面并非真正的模型，不能对其进行编辑，只能
用来预览海洋的动画效果。

课堂案例

创建海洋

案例位置	案例文件>CH10>课堂案例——创建海洋.mb
视频位置	多媒体教学>CH10>课堂案例——创建海洋.flv
难易指数	★☆☆☆☆
学习目标	学习海洋的创建方法

海洋效果如图10-157所示。

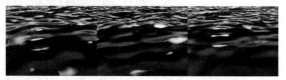

图10-157

01 执行"创建海洋"命令，在场景中创建一个
海洋流体模型，如图10-158所示。

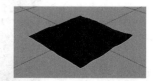

图10-158

02 打开海洋的"属性编辑器"对话框，然后设
置"比例"为1.5，接着调节好"波高度""波湍
流"和"波峰"的曲线形状，最后设置"泡沫发
射"为0.736、"泡沫阀值"为0.43、"泡沫偏移"
为0.264，如图10-159所示。

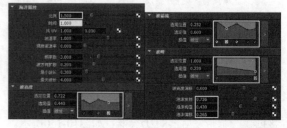

图10-159

03 选择动画效果最明显的帧，然后渲染出单帧图，最终效果如图10-160所示。

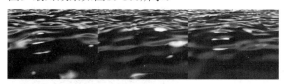

图10-160

2.添加预览平面

"添加预览平面"命令的作用是为所选择的海洋添加一个预览平面来预览海洋动画，这样可以很方便地观察到海洋的动态，如图10-161所示。

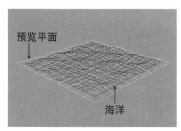

预览平面

海洋

图10-161

技巧与提示

如果在创建海洋时没有创建预览平面，就可以使用"添加预览平面"命令为海洋创建一个预览平面。

3.创建海洋尾迹

"创建海洋尾迹"命令主要用来创建海面上的尾迹效果。打开"创建海洋尾迹"对话框，如图10-162所示。

图10-162

创建海洋尾迹参数介绍

尾迹大小：设定尾迹发射器的大小。数值越大，波纹范围也越大。

尾迹强度：设定尾迹的强度。数值越大，波纹上下波动的幅度也越大。

泡沫创建：设定伴随尾迹产生的海水泡沫的大小。数值越大，产生的泡沫就越多。

技巧与提示

可以将尾迹发射器设置为运动物体的子物体，让尾迹波纹跟随物体一起运动。

4.添加海洋表面定位器

"添加海洋表面定位器"命令主要用来为海洋表面添加定位器，定位器将跟随海洋的波动而上下波动，这样可以根据定位器来检测海洋波动的位置，相当于将"海洋着色器"材质的y方向平移属性传递给了定位器。

技巧与提示

海洋表面其实是一个NUBBS物体，模型本身没有任何高低起伏的变化。海洋动画是依靠"海洋着色器"材质来控制的，而定位器的起伏波动是靠表达式来实现的，因此可以将物体设置为定位器的子物体，让物体随海洋的起伏波动而上下浮动。

5.添加动力学定位器

相比于"增加海洋表面定位器"命令，"添加动力学定位器"命令可以跟随海洋波动而起伏，并且会产生浮力、重力和阻尼等流体效果。打开"创建动力学定位器"对话框，如图10-163所示。

图10-163

创建动力学定位器参数介绍

自由变换：勾选该选项时，可以用自由交互的形式来改变定位器的位置；关闭该选项时，定位器的y方向将被约束。

6.添加船定位器

用"添加船定位器"可以为海洋表面添加一个船舶定位器。定位器可以跟随海洋的波动而上下起伏，并且可控制其浮力、重力和阻尼等流体动力学属性。打开"创建船定位器"对话框，如图10-164所示。

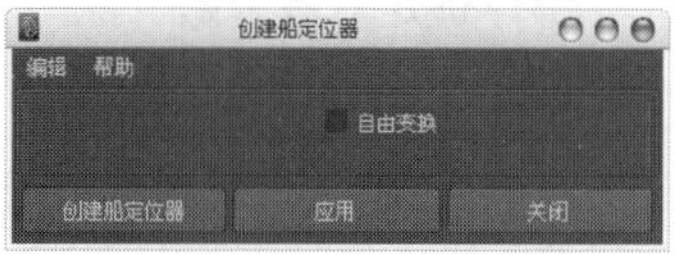

图10-164

创建船定位器参数介绍

自由变换：勾选该选项时，可以用自由交互的形式来改变定位器的位置；关闭该选项时，定位器的y方向将被约束。

7.添加动力学浮标

"添加动力学浮标"命令主要用来为海洋表面添加动力学浮标。浮标可以跟随海洋波动而上下起伏，而且可以控制其浮力、重力和阻尼等流体动力学属性。打开"创建动力学浮标"对话框，如图10-165所示。

图10-165

创建动力学浮标参数介绍

自由变换：勾选该选项时，可以自由交互的方式来改变浮标的位置；关闭该选项时，浮标的y方向将被约束。

8.漂浮选定对象

"漂浮选定对象"命令可以使选定对象跟随海洋波动而上下起伏，并且可以控制其浮力、重力和阻尼等流体动力学属性。这个命令的原理是为海洋创建动力学定位器，然后将所选对象作为动力学定位器的子物体，一般用来模拟海面上的漂浮物体（如救生圈等）。打开"漂浮选定对象"对话框，如图10-166所示。

图10-166

漂浮选定对象参数介绍

自由变换：勾选该选项时，可以用自由交互的形式来改变定位器的位置；关闭该选项时，定位器的y方向将被约束。

9.生成船

用"生成船"命令可以将所选对象设定为船体，使其跟随海洋起伏而上下浮动，并且可以将物体进行旋转，使其与海洋的运动相匹配，以模拟出船舶在水中的动画效果。这个命令的原理是为海洋创建船舶定位器，然后将所选物体设定为船舶定位器的子物体，从而使船舶跟随海洋起伏而浮动或旋转。打开"生成船"对话框，如图10-167所示。

图10-167

生成船参数介绍

自由变换：勾选该选项时，可以以自由交互的形式改变定位器的位置；关闭该选项时，定位器的y方向将被约束。

10.生成摩托艇

用"生成摩托艇"命令可以将所选物体设定为机动船，使其跟随海洋起伏而上下波动，并且可以将物体进行适当地旋转，使其与海洋的运动相匹配，以模拟出机动船在水中的动画效果。这个命令的原理是为海洋创建船舶定位器，然后将所选物体设定为船舶定位器的子物体，从而使船舶跟随海洋起伏而波动或旋转。打开"生成摩托艇"对话框，如图10-168所示。

图10-168

生成摩托艇参数介绍

自由变换：勾选该选项时，可以以自由交互的形式改变定位器的位置；关闭该选项时，定位器的y方向将被约束。

10.5.9 池塘

"池塘"菜单下的子命令与"海洋"菜单下的子命令基本相同，只不过这些命令是用来模拟池塘流体效果，如图10-169所示。

图10-169

10.5.10 扩展流体

"扩展流体"命令主要用来扩展所选流体容器的尺寸。打开"扩展流体选项"对话框，如图10-170所示。

图10-170

扩展流体选项参数介绍

重建初始状态：勾选该选项时，可以在扩展流体容器后，重新设置流体的初始状态。

±X延伸量/±Y延伸量：设定在±x、±y方向上扩展流体的量，单位为"体素"。

±Z延伸量：设定3D容器在±z两个方向上扩展流体的量，单位为"体素"。

10.5.11 编辑流体分辨率

"编辑流体分辨率"命令主要用来调整流体容器的分辨率大小。打开"编辑流体分辨率选项"对话框，如图10-171所示。

图10-171

编辑流体分辨率选项参数介绍

重建初始状态：勾选该选项时，可以在设置流体容器分辨率之后，重新设置流体的初始状态。

X/Y分辨率：设定流体在x、y方向上的分辨率。

Z分辨率：设定3D容器在z方向上的分辨率。

10.5.12 使碰撞

"使碰撞"命令主要用来制作流体和物体之间的碰撞效果，使它们相互影响，以避免流体穿过物体。打开"使碰撞选项"对话框，如图10-172所示。

图10-172

使碰撞选项参数介绍

细分因子：Maya在模拟动画之前会将NURBS对象内部转化为多边形，"细分因子"用来设置在该转化期间创建的多边形数目。创建的多边形越少，几何体越粗糙，动画的精确度越低（这意味着有更多流体通过几何体），但会加快播放速度并延长处理时间。

10.5.13 生成运动场

"生成运动场"命令主要用来模拟物体在流体容器中移动时，物体对流体动画产生的影响。当一个物体在流体中运动时，该命令可以对流体产生推动和粘滞效果。

> **技巧与提示**
> 物体必须置于流体容器的内部，"生成运动场"命令才起作用，并且该命令对海洋无效。

10.5.14 设置初始状态

用"设置初始状态"命令可以将所选择的当前帧或任意一帧设为初始状态，即初始化流体。打开"设置初始状态选项"对话框，如图10-173所示。

图10-173

设置初始状态选项参数介绍

设置：选择要初始化的属性，包括"密度""速度""温度""燃料""颜色""纹理坐标"和"衰减"7个选项。

10.5.15 清除初始状态

如果已经对流体设置了初始状态，用"清除初始状态"命令可以清除初始状态，将流体恢复到默认状态。

10.5.16 状态另存为

用"状态另存为"命令可以将当前的流体状态写入到文件并进行储存。

10.6 效果

效果也称"特效"，这是一种比较难制作的动画效果，但在Maya中制作这些效果就是件比较容易的事情。Maya可以模拟出现实生活中的很多特效，如光效、火焰、闪电和碎片等，如图10-174所示。

图10-174

展开"效果"菜单，该菜单下有8种与效果相关的命令，如图10-175所示。

效果	
创建火	□
创建烟	□
创建焰火	□
创建闪电	□
创建破碎	□
创建曲线流	□
创建曲面流	□
删除曲面流	□

图10-175

本节知识概要

名称	主要作用	重要程度
创建火	制作火焰动画	高
创建烟	制作烟雾和云彩动画	高
创建焰火	制作焰火动画	高
创建闪电	制作闪电动画	高
创建破碎	制作爆炸碎片	中
创建曲线流	制作粒子沿曲线流动的效果	中
创建曲面流	在曲面上创建粒子流效果	中
删除曲面流	删除创建的曲面流	低

10.6.1 创建火

用"创建火"命令可以很容易地创建出火焰动画特效，只需要调整简单的参数就能制作出效果很好的火焰，如图10-176所示。

图10-176

打开"创建火效果选项"对话框，如图10-177所示。

图10-177

创建火效果选项参数介绍

着火对象：设置着火的名称。如果在场景视图中已经选择了着火对象，则该选项将被忽略。

火粒子名称：设置生成的火焰粒子的名字。

火发射器类型：选择粒子的发射类型，有"泛向粒子""定向粒子""表面"和"曲线"4种类型。创建火焰之后，发射器类型不可以再修改。

火密度：设置火焰粒子的数量，同时将影响火焰整体的亮度。

火焰起始/结束半径：火焰效果将发射的粒子显示为"云"粒子渲染类型。这些属性将设置在其寿命开始和结束的每个粒子云的半径大小。

火强度：设置火焰的整体亮度。值越大，亮度越强。

火扩散：设置粒子发射的展开角度，其取值的范围为0~1。当值为1时，展开角度为180°。

火速率：设置发射扩散角度，该角度定义粒子随机发射的圆锥形区域，如图10-178所示。可以输入0~1之间的值，值为1表示180°。

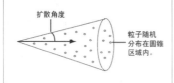

图10-178

火方向X/Y/Z：设置火焰的移动方向。

火湍流：设置扰动的火焰速度和方向的数量。

火比例：缩放"火密度""火焰起始半径""火焰结束半径""火速率"和"火湍流"。

10.6.2 创建烟

"创建烟"命令主要用来制作烟雾和云彩效果。打开"创建烟效果选项"对话框，如图10-179所示。

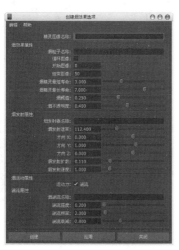

图10-179

创建烟效果选项参数介绍

精灵图像名称：标识用于烟的系列中第1个图像的文件名（包括扩展名）。

技巧与提示

在"精灵图像名称"中必须输入名称才可以创建烟雾的序列，而且烟雾属于粒子，所以在渲染时必须将渲染器设置为"Maya硬件"渲染器。

烟粒子名称：为发射的粒子对象命名。如果未提供名称，则Maya会为对象使用默认名称。

循环图像：如果启用"循环图像"选项，则每个发射的粒子将在其寿命期间内通过一系列图像进行循环；如果关闭"循环图像"选项，则每个粒子将拾取一个图像并自始至终都使用该图像。

开始/结束图像：指定该系列的开始图像和结束图像的数值文件扩展名。系列中的扩展名编号必须是连续的。

烟精灵最短/最长寿命：粒子的寿命是随机的，均匀分布在"烟精灵最短寿命"和"烟精灵最长寿命"值之间。例如，如果最短寿命为3，最长寿命为7，则每个粒子的寿命在3~7秒之间。

烟阈值：每个粒子在发射时，其不透明度为0。不透明度逐渐增加并达到峰值后，会再次逐渐减少到0。"烟阈值"可以设定不透明度达到峰值的时刻，指定为粒子寿命的分数形式。例如，如果设置"烟阈值"为0.25，则每个粒子的不透明度在其寿命的1/4时达到峰值。

烟不透明度：从0~1按比例划分整个烟雾的不透明度。值越接近0，烟越淡；值越接近1，烟越浓。

烟发射器名称：设置烟雾发射器的名称。

烟发射速率：设置每秒发射烟雾粒子的数量。

方向X/Y/Z：设置烟雾发射的方向。

烟发射扩散：设置烟雾在发射过程中的扩散角度。

烟发射速度：设置烟雾发射的速度。值越大，烟雾发射的速度越快。

运动力：为烟雾添加"湍流"场，使其更加接近自然状态。

烟湍流名称：设置烟雾"湍流"场的名字。

湍流强度：设置湍流的强度。值越大，湍流效果越明显。

湍流频率：设置烟雾湍流的频率。值越大，在单位时间内发生湍流的频率越高；值越小，在单位时间内发生湍流的频率越低。

湍流衰减：设置"湍流"场对粒子的影响。值越大，"湍流"场对粒子的影响就越小；如果值为0，则忽略距离对粒子的影响。

10.6.3 创建焰火

"创建焰火"命令主要用于创建焰火效果。打开"创建焰火效果选项"对话框，其参数分为"火箭属性""火箭轨迹属性"和"焰火火花属性"3个卷展栏，如图10-180所示。

图10-180

焰火名称：指定焰火对象的名称。

1.火箭属性

展开"火箭属性"卷展栏，如图10-181所示。

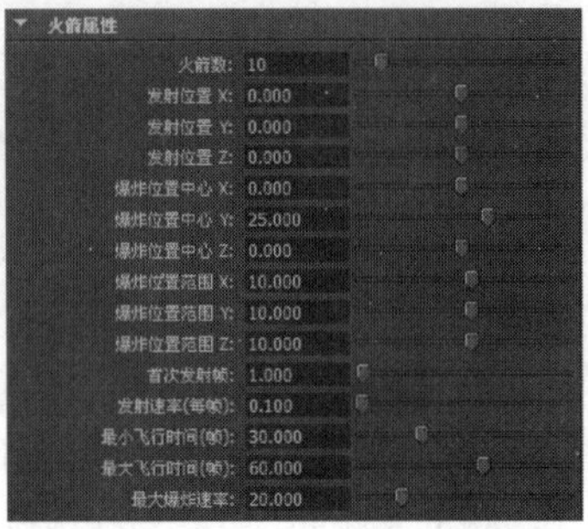

图10-181

火箭属性参数介绍

火箭数：指定发射和爆炸的火箭粒子数量。

 技巧与提示

一旦创建焰火效果，就无法添加或删除火箭。如果需要更多或更少的火箭，需要再次执行"创建焰火"命令。

发射位置X/Y/Z：指定用于创建所有焰火火箭的发射坐标。只能在创建时使用这些参数，之后可以指定每个火箭的不同发射位置。

爆裂位置中心X/Y/Z：指定所有火箭爆炸围绕的中心位置坐标。只能在创建时使用这些参数；之后可以移动爆炸位置。

爆裂位置范围X/Y/Z：指定包含随机爆炸位置的矩形体积大小。

首次发射帧：在首次发射火箭时设定帧。

发射速率（每帧）：设定首次发射后的火箭发射率。

最小/最大飞行时间：时间范围设定为每个火箭的发射和爆炸之间。

最大爆炸速率：设定所有火箭的爆炸速度，并因此设定爆炸出现的范围。

2.火箭轨迹属性

展开"火箭轨迹属性"卷展栏，如图10-182所示。

图10-182

火箭轨迹属性参数介绍

发射速率：设定焰火拖尾的发射速率。

发射速度：设定焰火拖尾的发射速度。

发射扩散：设定焰火拖尾发射时的展开角度。

最小/最大尾部大小：焰火的每个拖尾元素都是由圆锥组成，用这两个选项能够随机设定每个锥形的长短。

设置颜色创建程序：勾选该选项后，可以使用用户自定义的颜色程序。

颜色创建程序：勾选"设置颜色创建程序"选项时，可以激活该选项。可以使用一个返回颜色信息的程序，利用返回的颜色值来重新定义焰火拖尾的颜色，该程序的固定模式为global proc vector [] myFirewoksColors(int $numColors)。

轨迹颜色数：设定拖尾的最多颜色数量，系统会提取这些颜色信息随机指定给每个拖尾。

辉光强度：设定拖尾辉光的强度。

白炽度强度：设定拖尾的自发光强度。

3.焰火火花属性

展开"焰火火花属性"卷展栏，如图10-183所示。

图10-183

焰火火花属性参数介绍

最小/最大火花数：设定火花的数量范围。

最小/最大尾部大小：设定火花尾部的大小。

设置颜色创建程序：勾选该选项时，用户可以使用自定义的颜色程序。

颜色创建程序：勾选"设置颜色创建程序"选项时，可以激活该选项，该选项可以使用一个返回颜色信息的程序。

火花颜色数：设定火花的最大颜色数量。

火花颜色扩散：设置每个火花爆裂时，所用到的颜色数量。

辉光强度：设定火花拖尾辉光的强度。

白炽度强度：设定火花拖尾的自发光强度。

📕 课堂案例

制作烟火动画

案例位置	案例文件>CH10>课堂案例——制作烟火动画.mb
视频位置	多媒体教学>CH10>课堂案例——制作烟火动画.flv
难易指数	★☆☆☆☆
学习目标	学习烟火动画的制作方法

烟火动画如图10-184所示。

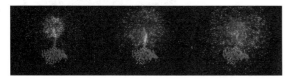

图10-184

① 打开"场景文件>CH10>l.mb"文件，如图10-185所示。

图10-185

② 执行"效果>创建焰火"菜单命令，此时建筑群中会创建一个Fireworks焰火发射器，如图10-186所示。播放动画，效果如图10-187所示。

图10-186　　　　图10-187

③ 打开Fireworks焰火发射器的"属性编辑器"对话框，然后在"附加属性"卷展栏下设置"最大爆炸速率"为80、"最小火花数"为200、"最大火花数"为400，如图10-188所示。

图10-188

④ 播放动画，最终效果如图10-189所示。

图10-189

10.6.4 创建闪电

"创建闪电"命令主要用来制作闪电特效。打开"创建闪电效果选项"对话框，如图10-190所示。

图10-190

创建闪电效果选项参数介绍

闪电名称：设置闪电的名称。

分组闪电：勾选该选项时，Maya将创建一个组节点并将新创建的闪电放置于该节点内。

创建选项：指定闪电的创建方式，共有以下3种。

全部：在所有选定对象之间创建闪电，如图10-191所示。

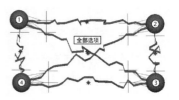

图10-191

按顺序：按选择顺序将闪电从第1个选定对象创建到其他选定对象，如图10-192所示。

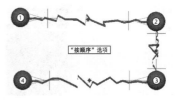

图10-192

来自第一个：将闪电从第1个对象创建到其他所有选定对象，如图10-193所示。

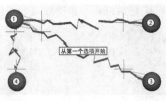

图10-193

曲线分段：闪电由具有挤出曲面的柔体曲线组成。"曲线分段"可以设定闪电中的分段数量，如图10-194所示是设置该值为10和100时的闪电效果。

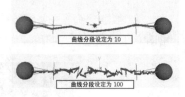

图10-194

厚度：设定闪电曲线的粗细。

最大扩散：设置闪电的最大扩散角度。

闪电开始/结束：设定闪电距离起始、结束物体的距离百分比。

闪电辉光强度：设定闪电辉光的强度。数值越大，辉光强度越大。

技巧与提示

闪电必须借助物体才能够创建出来，能借助的物体包括NURBS物体、多边形物体、细分曲面物体、定位器和组等有变换节点的物体。

10.6.5 创建破碎

爆炸或电击都会产生一些碎片，"创建破碎"命令就能实现这个效果。打开"创建破碎效果选项"对话框，可以观察到破碎分3种类型，分别是"曲面破碎""实体破碎"和"裂缝破碎"，如图10-195、图10-196和图10-197所示。

图10-195

图10-196

图10-197

下面只讲解"曲面破碎"选项卡下的参数。

曲面破碎参数介绍

曲面破碎名称：设置要创建的曲面碎片的名称。

碎片数：设定物体破碎的片数。数值越大，生成的破碎片数量就越多。

挤出碎片：指定碎片的厚度。正值会将曲面向外推以产生厚度；负值会将曲面向内推。

种子值：为随机数生成器指定一个值。如果将"种子值"设定为0，则每次都会获得不同的破碎结果；如果将"种子值"设定为大于0的值，则会获得相同的破碎结果。

后期操作：设置碎片产生的类型，共有以下6个选项。

曲面上的裂缝：仅适用于"裂缝破碎"。创建裂缝线，但不实际打碎对象。

形状：将对象打碎，使其成为形状，这些形状称为碎片。一旦将对象打碎，使其成为形状，即可对碎片应用任何类型的动画，例如关键帧动画。

碰撞为禁用的刚体：将对象打碎，使其成为刚体。禁用碰撞是为了防止碎片接触时出现穿透错误。

具有目标的柔体：将对象打碎，使其成为柔体，在应用动力学作用力时柔体会变形。

具有晶格和目标的柔体：将对象打碎，使其成为碎片。Maya会将"晶格"变形器添加到每个碎片，并使晶格成为柔体。

集：仅适用于"曲面破碎"和"裂缝破碎"，将构成碎片的各个面置于称为surfaceShatter#Shard#的集中。当选择"集"选项时，Maya实际上不会打碎对象，而只是将每个碎片的多边形置于集中。

三角形化曲面：勾选该选项时，可以三角形化破碎模型，即将多边形转化为三角形面。

平滑碎片：在碎片之间重新分配多边形，以便碎片具有更加平滑的边。

原始曲面：指定如何处理原始对象。

无：保持原始模型，并创建破碎效果。

隐藏：创建破碎效果后，隐藏原始模型。

删除：创建破碎效果后，删除原始模型。

链接到碎片：创建若干从原始曲面到碎片的连接。该选项允许使用原始曲面变换节点的一个属性控制原始曲面和碎片的可见性。

使原始曲面成为刚体：使原始对象成为主动刚体。

详细模式：在"命令反馈"对话框中显示消息。

技巧与提示

"曲面破碎"和"实体碎片"是针对NURBS物体而言的，而"裂缝破碎"对于NURBS物体和多边形物体都适用，如图10-198所示。

曲面破碎　　　　实体破碎　　　　裂缝破碎

图10-198

10.6.6 创建曲线流

用"创建曲线流"命令可以创建出粒子沿曲线流动的效果，流从曲线的第1个CV点开始发射，到曲线的最后一个CV点结束。打开"创建流效果选项"对话框，如图10-199所示。

图10-199

创建流效果选项参数介绍

流组名称：设置曲线流的名称。

将发射器附加到曲线：如果启用该选项，"点"约束会使曲线流效果创建的发射器附加到曲线上的第1个流定位器（与曲线的第1个CV最接近的那个定位器）；如果禁用该选项，则可以将发射器移动到任意位置。

控制分段数：在可对粒子扩散和速度进行调整的流动路径上设定分段数。数值越大，对扩散和速度的操纵器控制越精细；数值越小，播放速度越快。

控制截面分段数：在分段之间设定分段数。数值越大，粒子可以更精确地跟随曲线；数值越小，播放速度越快。

发射速率：设定每单位时间发射粒子的速率。

随机运动速率：设定沿曲线移动时粒子的迂回程度。数值越大，粒子漫步程度越高；值为0表示禁用漫步。

粒子寿命：设定从曲线的起点到终点每个发射粒子存在的秒数。值越高，粒子移动越慢。

目标权重：每个发射粒子沿路径移动时都跟随一个目标位置。"目标权重"设定粒子跟踪其目标的精确度。权重为1表示粒子精确跟随其目标；值越小，跟随精确度越低。

技巧与提示

若要丰富曲线流动效果，可以在同一曲线上多次应用"创建曲线流"命令，然后仔细调节每个曲线流的效果。

10.6.7 创建曲面流

用"创建曲面流"可以在曲面上创建粒子流效果。打开"创建曲面流效果选项"对话框，如图10-200所示。

图10-200

创建曲面流效果选项参数介绍

流组名称：设置曲面流的名称。

创建粒子：如果启用该选项，则会为选定曲面上的流创建粒子；如果禁用该选项，则不会创建粒子。

技巧与提示

如果使用场景中现有的粒子来制作曲面流，可以选择粒子后执行"创建曲面流"命令，这样可以使粒子沿着曲面流动。

逐流创建粒子：如果选择了多个曲面并希望为每个

选定曲面创建单独的流，可以启用该选项。禁用该选项可在所有选定曲面中创建一个流。

操纵器方向：设置流的方向。该方向可在U/V坐标系中指定，该坐标系是曲面的局部坐标系，U或V是正向，而-U或-V是反向。

控制分辨率：设置流操纵器的数量。使用流操纵器可以控制粒子速率与曲面的距离及指定区域的其他设置。

子控制分辨率：设置每个流操纵器之间的子操纵器数量。子操纵器控制粒子流，但不能直接操纵它们。

控制器分辨率：设定控制器的分辨率。数值越大，粒子流动与表面匹配得越精确，表面曲率变化也越多。

发射速率：设定在单位时间内发射粒子的数量。

粒子寿命：设定粒子从发射到消亡的存活时间。

目标权重：设定流控制器对粒子的吸引程度。数值越大，控制器对粒子的吸引力就越大。

最小/最大年龄比率：设置粒子在流中的生命周期。

技巧与提示

曲面流体是通过粒子表达式来控制的，因此操作起来比较复杂烦琐。

10.6.8 删除曲面流

创建曲面流以后，执行"删除曲面流"命令可以删除曲面流。打开"删除曲面流效果选项"对话框，如图10-201所示。

图10-201

删除曲面流效果选项参数介绍

删除曲面流组：启用该选项将移除选定曲面流的节点。

从曲面流中移除粒子：启用该选项将仅移除与流相关联的粒子，而不移除流本身。

删除曲面流粒子：启用该选项将移除与流相关联的粒子节点；如果禁用该选项并删除曲面流，粒子节点将保留在场景中，即使粒子消失也是如此。

10.7 综合案例——制作粒子爆炸动画

案例位置	案例文件>CH10>综合案例——制作粒子爆炸动画.mb
视频位置	多媒体教学>CH10>综合案例——制作粒子爆炸动画.flv
难易指数	★★★★☆
学习目标	学习粒子与动力场的综合运用

爆炸动画是实际工作中经常遇到的动画之一，也是比较难制作的动画。本例就用粒子系统与动力场相互配合来制作爆炸动画，效果如图10-202所示。

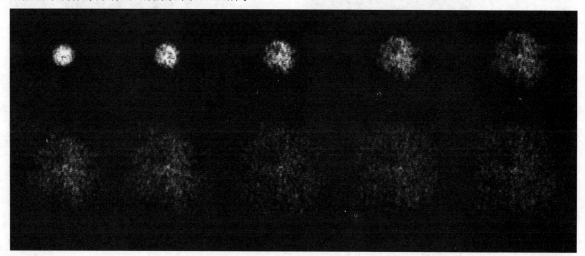

图10-202

10.7.1 创建爆炸动画

(01) 打开"场景文件>CH10>m-1.mb"文件，如图
10-203所示。

图10-203

(02) 选择模型，然后执行"修改>激活"菜单命
令，接着打开"粒子工具"的"工具设置"对话
框，设置"粒子数"为15、"最大半径"为4，如
图10-204所示，最后在模型上多次单击鼠标左键，
创建出粒子，如图10-205所示。

图10-204

图10-205

 技巧与提示

　　这个不规则的模型并没有实质性的作用，它主要用来
定位粒子的大致位置。

(03) 选择模型，按Ctrl+H组合键将其隐藏，然后选
择粒子particle1，按Ctrl+A组合键打开其"属性编
辑器"对话框，接着在particleShape1选项卡上设置
"粒子渲染类型"为"云（s/w）"，再单击"当
前渲染属性"按钮 当前渲染类型，最后设置"半径"为
0.7，如图10-206所示，效果如图10-207所示。

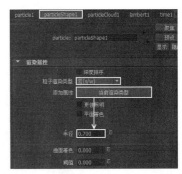

图10-206

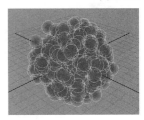

图10-207

(04) 选择粒子，然后单击"场>湍流"菜单命令后
面的 按钮，打开"湍流选项"对话框，接着设
置"幅值"为400、"频率"为1.1，最后单击"创
建"按钮 创建，如图10-208所示。

图10-208

(05) 选择粒子，然后单击"场>阻力"菜单命令后
面的 按钮，打开"阻力选项"对话框，接着设置
"幅值"为5、"衰减"为1，最后单击"创建"按
钮 创建，如图10-209所示。

图10-209

(06) 选择粒子，然后单击"场>径向"菜单命令后
面的 按钮，打开"径向选项"对话框，接着设置
"体积形状"为"球体"，最后单击"创建"按钮
创建，如图10-210所示。

(07) 选择径向场radialField1，确定当前时间为第1
帧，然后在"通道盒"中设置"幅值"和"衰减"

为1，如图10-211所示，接着按S键记录一个关键帧；确定当前时间为第30帧，然后在"通道盒"中设置"幅值"为3，如图10-212所示，接着按S键记录一个关键帧。

图10-210

图10-211　　　　　图10-212

08 播放动画，可以观察到粒子已经发生了爆炸动画，如图10-213所示。

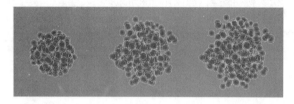

图10-213

10.7.2 设置爆炸颜色

01 打开粒子的"属性编辑器"对话框，单击particleCloud1选项卡，然后在"寿命中颜色"通道中加载一个"渐变"节点，接着编辑出图10-214所示的渐变色。

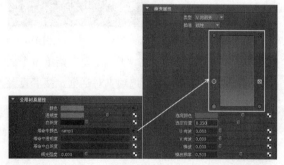

图10-214

02 在"寿命中透明度"通道中加载一个"渐变"节点，然后编辑出如图10-215所示的渐变色。

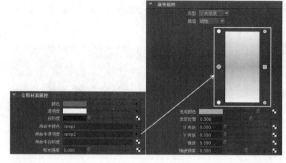

图10-215

03 继续在"寿命中白炽度"通道中加载一个"渐变"节点，然后编辑出如图10-216所示的渐变色。

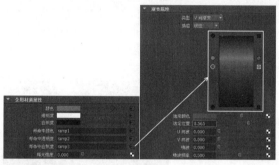

图10-216

04 在"辉光强度"属性上单击右键，然后在弹出的菜单中选择"创建新表达式"命令，如图10-217所示，接着在弹出的"表达式编辑器"对话框中输入表达式particleCloud1.glowIntensity = .I[0];，最后单击"创建"按钮 创建 ，如图10-218所示。

图10-217

图10-218

05 展开"透明度"卷展栏,然后在"水滴贴图"通道中加载一个"凹陷"纹理节点,接着设置"振动器"为15,再设置"通道1"的颜色为(R:168, G:134, B:0)、"通道2"的颜色为(R:82, G:35, B:0)、"通道3"的颜色为(R:82, G:35, B:0),最后设置"融化"为0.05、"平衡"为0.6、"频率"为0.8,如图10-219所示。

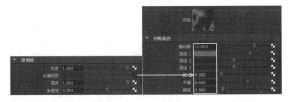

图10-219

10.7.3 创建爆炸碎片

01 执行"文件>导入"菜单命令,导入"场景文件>CH10>m-2.mb"文件,如图10-220所示。这是一些不规则的多边形,主要用来模拟爆炸时产生的碎片。

图10-220

02 执行"窗口>关系编辑器>动力学关系"菜单命令,打开"动力学关系编辑器"对话框,然后在"解算器"列表中选择pPlane1碎片,接着在"选择模式"列表中选择3个动力场,这样可以将pPlane1碎片与3个动力场建立链接关系,如图10-221所示。设置完成后,用相同的方法为pPlane2~pPlane12碎片与3个动力场也建立链接关系。

图10-221

03 播放动画,最终效果如图10-222所示。

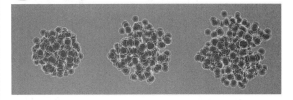

图10-222

10.8 综合案例——制作流体火球动画

案例位置	案例文件>CH10>综合案例——制作流体火球动画.mb
视频位置	多媒体教学>CH10>综合案例——制作流体火球动画.flv
难易指数	★★★☆☆
学习目标	学习真实火焰动画特效的制作方法

相信很多用户都在为不能制作出真实的火焰动画特效而烦恼。针对这个问题,本节就安排一个火球燃烧实例来讲解如何用流体制作火焰动画特效,如图10-223所示是本例的渲染效果。

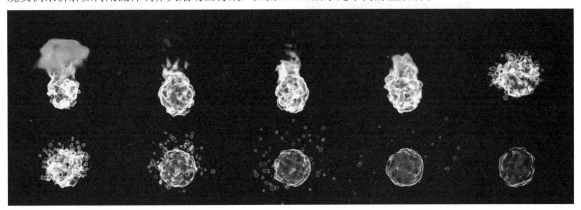

图10-223

① 执行"流体效果>创建3D容器"菜单命令，在视图中创建一个3D容器，如图10-224所示。

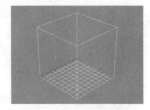

图10-224

② 按Ctrl+A组合键打开3D容器的"属性编辑器"对话框，然后设置"分辨率"为（70, 70, 70），接着设置"边界x""边界y"和"边界z"为"无"，最后设置"密度""速度""温度"和"燃料"为"动态栅格"，如图10-225所示。

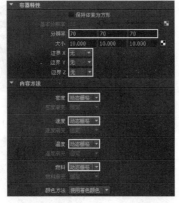

图10-225

③ 选择3D容器，单击"流体效果>添加/编辑内容>发射器"菜单命令后面的■按钮，打开"发射器选项"对话框，然后设置"发射器类型"为"体积"、"体积形状"为"球体"，接着单击"应用并关闭"按钮 应用并关闭 ，如图10-226所示，创建的发射器如图10-227所示。

图10-226

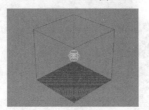

图10-227

④ 打开3D容器的"属性编辑器"对话框，然后在"动力学模拟"卷展栏下设置"阻尼"为0.006、"模拟速率比率"为4，接着在"内容详细信息"卷展栏下展开"速度"复卷展栏，最后设置"速度比例"为（1, 0.5, 1）、"漩涡"为10，如图10-228所示。

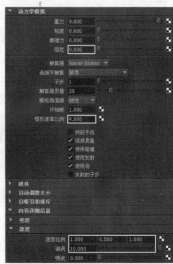

图10-228

⑤ 在"大纲视图"对话框中选择fluidEmitter1节点，然后打开其"属性编辑器"对话框，接着在"流体属性"卷展栏下设置"流体衰减"为0，最后在"流体发射湍流"卷展栏下设置"湍流"为10、"湍流速度"为2、"湍流频率"为（2, 2, 2），如图10-229所示。

图10-229

⑥ 播放动画并观察流体的运动，效果如图10-230所示。

图10-230

⑦ 打开fluid1流体的"属性编辑器"对话框，然后展开"内容详细信息"卷展栏下的"密度"复卷展栏，接着设置"浮力"为1.6、"消散"为1，最后在"温度"复卷展栏下设置"浮力"为5、"消散"为3、"扩散"和"湍流"为0，如图10-231所示。

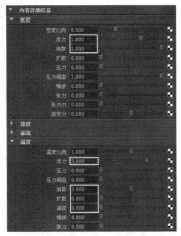

图10-231

08 展开"燃料"复卷展栏,然后设置"反应速度"为0.03,如图10-232所示。

图10-232

09 打开流体fluid1的"属性编辑器"对话框,展开"着色"卷展栏,然后在"颜色"复卷展栏下设置"选定颜色"为黑色,如图10-233所示。

图10-233

10 展开"白炽度"复卷展栏,然后设置第1个色标的"选定位置"为0.642、"选定颜色"为黑色,接着设置第2个色标的"选定位置"为0.717、"选定颜色"为(R:229, G:51, B:0),再设置第3个色标的"选定位置"为0.913、"选定颜色"为(R:765, G:586, B:230),最后设置"输入偏移"为0.8,如图10-234所示。

图10-234

11 展开"不透明度"卷展栏,然后将曲线调节成如图10-235所示的形状。

图10-235

12 展开"着色质量"复卷展栏,然后设置"质量"为5,"渲染插值器"为"平滑",如图10-236所示。

图10-236

13 展开"显示"卷展栏,然后设置"着色显示"为"密度",接着设置"不透明度预览增益"为0.8,如图10-237所示。

图10-237

14 播放动画,最终效果如图10-238所示。

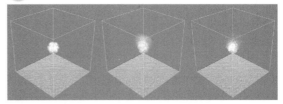

图10-238

10.9 本章小结

本章主要讲解了Maya的动力学、流体和效果的运用。虽然本章的内容比较多,但是并不是很难,重点知识也比较突出。本章没有对每个重点知识都安排课堂案例,是因为有很多知识都是相通的,所以大家在学习案例制作时,需要做到举一反三。

10.10 课后习题

本章安排了两个综合性很强的课后习题，一个针对粒子系统，另外一个针对流体、粒子系统和动力场。

10.10.1 课后习题——制作树叶粒子飞舞动画

习题位置	案例文件>CH10>课后习题——制作树叶粒子飞舞动画.mb
视频位置	多媒体教学>CH10>课后习题——制作树叶粒子飞舞动画.flv
难易指数	★★★★☆
练习目标	练习粒子动画的制作方法

本习题是对粒子系统的综合练习，所涉及的内容不只包含粒子动画的制作方法，同时还涉及了粒子材质的制作方法与粒子动态属性的添加方法，效果如图10-239所示。

图10-239

10.10.2 课后习题——制作叉车排气流体动画

习题位置	案例文件>CH10>课后习题——制作叉车排气流体动画.mb
视频位置	多媒体教学>CH10>课后习题——制作叉车排气流体动画.flv
难易指数	★★★★☆
练习目标	练习如何用粒子与流体配合制作烟雾动画

本习题是一个技术性较强的案例，在内容方面不仅涉及了流体技术，同时还涉及了前面所学的粒子与动力场技术，效果如图10-240所示。

图10-240